Hugo Reinhardt

Quantenmechanik 3

De Gruyter Studium

Weitere empfehlenswerte Titel

Quantenmechanik
Hugo Reinhardt, 2026
Band 1: Funktionalintegralformulierung und Operatorformalismus
ISBN 978-3-11-126677-0, e-ISBN 978-3-11-126825-5
Band 2: Zeitabhängige Prozesse, Symmetrien, Relativistische Teilchen
ISBN 978-3-11-126937-5, e-ISBN 978-3-11-127150-7

Quantenphysik
Gerhard Franz, 2023
Quantenmechanik
ISBN 978-3-11-123798-5, e-ISBN (PDF) 978-3-11-123867-8
Festkörperphysik
ISBN 978-3-11-124075-6, e-ISBN (PDF) 978-3-11-124157-9

Moderne Physik
Von Kosmologie über Quantenmechanik zur Festkörperphysik
Jan Peter Gehrke, Patrick Köberle, 2024
ISBN 978-3-11-125881-2, e-ISBN (PDF) 978-3-11-126057-0

Klassische Mechanik Kapieren
Experimentalphysik
Matthias Zschornak, Dirk C. Meyer, 2023
ISBN 978-3-11-102989-4, e-ISBN (PDF) 978-3-11-103027-2

Quantum Mechanics
An Introduction to the Physical Background and Mathematical Structure
Gregory L. Naber, 2021
ISBN 978-3-11-075161-1, e-ISBN (PDF) 978-3-11-075194-9

Hugo Reinhardt

Quantenmechanik 3

Vielteilchensysteme und Relativistische Felder

3., überarbeitete Auflage

DE GRUYTER
OLDENBOURG

Autor
Prof. Dr. Hugo Reinhardt
Eberhard-Karls-Universität
Institut für theoretische Physik
Auf der Morgenstelle 14
72076 Tübingen
hugo.reinhardt@uni-tuebingen.de

ISBN 978-3-11-162508-9
e-ISBN (PDF) 978-3-11-162512-6
e-ISBN (EPUB) 978-3-11-162511-9

Library of Congress Control Number: 2025944858

Bibliografische Information der Deutschen Nationalbibliothek
Die Deutsche Nationalbibliothek verzeichnet diese Publikation in der Deutschen Nationalbibliografie; detaillierte bibliografische Daten sind im Internet über
http://dnb.dnb.de abrufbar.

Coverabbildung: Studio-Pro / DigitalVision Vectors / Getty Images
Satz: VTeX UAB, Lithuania

www.degruyterbrill.com
Fragen zur allgemeinen Produktsicherheit:
productsafety@degruyterbrill.com

Meinen Eltern

Vorwort zur 3. Auflage

Die dritte Auflage wurde gegenüber der zweiten Auflage durch einige Stoffgebiete erweitert. Der umfangreichere Stoff bedingt, dass das Buch jetzt in drei statt wie bisher in zwei Bänden erscheint.

Gegenstand des vorliegenden 3. Bandes ist die Quantentheorie der Vielteilchensysteme einschließlich der Quantenstatistik sowie der relativistischen Felder. Wie in den vorangegangenen Bänden wird neben dem traditionellen Operatorformalismus auch die Pfad- oder Funktionalintegralbeschreibung entwickelt, die eine Reihe konzeptioneller und praktischer Vorzüge besitzt.

Ausführlich wird die Zweite Quantisierung behandelt. Die statistischen Ensembles werden aus dem Prinzip der maximalen Entropie abgeleitet. Ausgehend von den kohärenten Bose- und Fermi-Zuständen wird detailliert die Funktionalintegralbeschreibung dieser Systeme (sowohl bei Temperatur Null als auch bei endlichen Temperaturen) ausgearbeitet. Ausführlich werden auch die Vielteilchen-Green-Funktionen sowie deren erzeugendes Funktional behandelt. Die bei den Vielteilchensystemen erarbeiteten Konzepte bilden dann die Grundlage für die anschließende Behandlung der relativistischen Quantenfelder. Die in diesem Band entwickelten theoretischen Konzepte bzw. Methoden werden anhand der Beschreibung der Supraleitung bei endlichen Temperaturen illustriert.

Große Sorgfalt wird auf Verständlichkeit gelegt: Bei den mathematischen Ableitungen werden sämtliche erforderlichen Teilschritte angegeben, sodass das Buch auch zum Selbststudium geeignet ist. Erstmals benutzte Fachbegriffe sowie wichtige Textpassagen sind *kursiv* gedruckt. Wichtige Gleichungen sind eingerahmt, wichtige Aussagen farbig hinterlegt und bei besonderer Bedeutung zusätzlich mit dem Icon versehen. Beweise sind durch ein , Kommentare durch ein gekennzeichnet. Einige Kapitel bzw. Unterkapitel, die für ein Verständnis des restlichen Stoffes nicht unmittelbar notwendig sind und deshalb bei einer ersten Lektüre übergangen werden können, sind mit einem Stern* gekennzeichnet. Zur einfacheren Referenzierung der Kapitel wurden diese fortlaufend von Band 1 nummeriert.

Mein Dank gilt den Herren Privatdozenten Dr. D. Campangnari und Dr. M. Quandt, die einige Abbildungen erstellt sowie das gesamte Manuskript gelesen haben und durch zahlreiche wertvolle Hinweise und Kommentare zur Verbesserung des Buches beigetragen haben. Auch dem Verlag sei gedankt für die aufgebrachte Geduld und die angenehme Zusammenarbeit.

Tübingen, im Februar 2025 Hugo Reinhardt

https://doi.org/10.1515/9783111625126-203

Inhaltsübersicht

https://doi.org/10.1515/9783111625126-204

Band 3

Inhalt

* Dieses Kapitel ist für das Verständnis der übrigen Kapitel nicht erforderlich und kann deshalb beim ersten Lesen übersprungen werden.

29 Vielteilchensysteme

Unsere bisherigen Überlegungen waren auf die quantenmechanische Beschreibung eines einzelnen Teilchens gerichtet. Im Folgenden wollen wir nun Quantensysteme aus mehreren Teilchen untersuchen. Dabei werden wir auf ein neues Wesensmerkmal der quantenmechanischen Teilchen stoßen, das klassischen Teilchen fremd ist: *Teilchen der selben Sorte sind ununterscheidbar*. Die Ununterscheidbarkeit hat weitreichende Folgen für die Wellenfunktionen und damit für das Verhalten bzw. die Eigenschaften dieser Systeme. Zum besseren Verständnis der Ununterscheidbarkeit werden wir im nächsten Abschnitt zunächst unterscheidbare Teilchen, d. h. Teilchen verschiedener Sorten behandeln.

29.1 Unterscheidbare Teilchen

Wir betrachten zunächst ein System aus zwei verschiedenen Teilchen, z. B. ein Elektron und ein Neutron. Das Elektron besitzt nur elektromagnetische Wechselwirkung, jedoch keine starke Wechselwirkung. Das Neutron hingegen unterliegt der starken Wechselwirkung, ist jedoch elektrisch neutral. Solange wir von seiner Mikrostruktur absehen, wechselwirkt es folglich nicht mit dem Elektron.

Der Hamilton-Operator eines einzelnen Teilchens hat die übliche Form

$$H^{(i)} = \frac{\boldsymbol{p}_i^2}{2m_i} + V^{(i)}(\boldsymbol{x}_i)\,, \quad i = 1, 2$$

und besitzt die Eigenzustände $|\nu_i\rangle^{(i)}$

$$H^{(i)}|\nu_i\rangle^{(i)} = \epsilon^{(i)}_{\nu_i}|\nu_i\rangle^{(i)}\,,$$

wobei für den Zustandsvektor $|\nu_i\rangle^{(i)}$ der Superskript „(i)“ den Hilbert-Raum des i-ten Teilchens bezeichnet, während „ν_i“ für einen vollständigen Satz von Einteilchen-Quantenzahlen des i-ten Teilchens steht.

Falls keine Wechselwirkung zwischen den Teilchen besteht, so ist der Hamilton-Operator des Zweiteilchen-Systems offenbar

$$H = H^{(1)} + H^{(2)}\,. \tag{29.1}$$

Dementsprechend ist die Wellenfunktion des Zweiteilchen-Systems $|\nu_1, \nu_2\rangle$ durch das Produkt

$$|\nu_1, \nu_2\rangle = |\nu_1\rangle^{(1)}|\nu_2\rangle^{(2)}$$

der Einteilchenwellenfunktionen gegeben. Anwendung des Gesamt-Hamilton-Operators auf die Produktwellenfunktion liefert in der Tat

https://doi.org/10.1515/9783111625126-001

$$\begin{aligned} H|\nu_1,\nu_2\rangle &= (H^{(1)}+H^{(2)})|\nu_1\rangle^{(1)}|\nu_2\rangle^{(2)} = H^{(1)}|\nu_1\rangle^{(1)}|\nu_2\rangle^{(2)} + |\nu_1\rangle^{(1)}H^{(2)}|\nu_2\rangle^{(2)} \\ &= (\epsilon^{(1)}_{\nu_1}+\epsilon^{(2)}_{\nu_2})|\nu_1\rangle^{(1)}|\nu_2\rangle^{(2)} \\ &= (\epsilon^{(1)}_{\nu_1}+\epsilon^{(2)}_{\nu_2})|\nu_1,\nu_2\rangle\,. \end{aligned}$$

Entsprechend der Produktform der Wellenfunktion ist der Hilbert-Raum des Zweiteilchen-Systems durch das Tensorprodukt der Hilbert-Räume der beiden Teilchen gegeben. Während die $H^{(i)}$ Operatoren auf $\mathbb{H}^{(i)}$ sind, ist der Hamilton-Operator des Zweiteilchen-Systems H ein Operator auf dem Gesamt-Hilbert-Raum $\mathbb{H} = \mathbb{H}^{(1)} \otimes \mathbb{H}^{(2)}$, wobei $\otimes$ das *Tensorprodukt* bezeichnet, siehe Abschnitt 10.7. Dementsprechend müsste der Gesamt-Hamilton-Operator streng genommen geschrieben werden als:

$$H = H^{(1)} \otimes \hat{1}^{(2)} + \hat{1}^{(1)} \otimes H^{(2)}\,, \tag{29.2}$$

wobei $\hat{1}^{(i)}$ der Einheitsoperator im Einteilchen-Hilbert-Raum $\mathbb{H}^{(i)}$ ist.

Wechselwirken die beiden Teilchen miteinander, wie z. B. Proton und Elektron, so enthält der Hamilton-Operator des Gesamtsystems noch ein Wechselwirkungsterm $H^{(1,2)}$:

$$H = H^{(1)} + H^{(2)} + H^{(1,2)}\,.$$

Die Eigenfunktionen des Hamilton-Operators $H|\varphi\rangle = E|\varphi\rangle$ sind dann nicht mehr die Produktzustände

$$|\varphi\rangle \neq |\nu_1\rangle^{(1)}|\nu_2\rangle^{(2)}$$

und dementsprechend sind die Energieeigenwerte nicht mehr durch die Summe der Energieeigenwerte der einzelnen Teilchen gegeben:

$$H \neq H^{(1)} + H^{(2)}\,, \quad E \neq \epsilon^{(1)}_{\nu_1} + \epsilon^{(2)}_{\nu_2}\,.$$

Der Hilbert-Raum ändert sich durch Einschalten der Wechselwirkung nicht, $\mathbb{H} = \mathbb{H}^{(1)} \otimes \mathbb{H}^{(2)}$, und die Produktwellenfunktionen $|\nu_1\rangle^{(1)}\,|\nu_2\rangle^{(2)}$ bilden auch für ein wechselwirkendes System eine vollständige Basis.

Die Hamilton-Operatoren der beiden unabhängigen Teilchen, $H^{(i)}(\boldsymbol{x}_i)$, wirken auf verschiedene Koordinaten und daher in verschiedenen Hilbert-Räumen und müssen deshalb miteinander kommutieren

$$[H^{(1)}(\boldsymbol{x}_1), H^{(2)}(\boldsymbol{x}_2)] = \hat{0}\,.$$

Dies kommt in der ausführlichen Schreibweise (29.2)

$$[H^{(1)} \otimes \hat{1}^{(2)}, \hat{1}^{(1)} \otimes H^{(2)}] = (H^{(1)} \otimes \hat{1}^{(2)})(\hat{1}^{(1)} \otimes H^{(2)}) - (\hat{1}^{(1)} \otimes H^{(2)})(H^{(1)} \otimes \hat{1}^{(2)})$$

$$= H^{(1)} \otimes H^{(2)} - H^{(1)} \otimes H^{(2)} = \hat{0}\,,$$

unmittelbar zum Ausdruck. Operatoren, die ausschließlich auf verschiedene, d. h. disjunkte Variablen wirken, kommutieren. Die Hamilton-Operatoren der einzelnen unabhängigen Teilchen, $H^{(i)}$, kommutieren jedoch i. A. nicht mit dem Wechselwirkungsterm,

$$[H^{(i)}(\boldsymbol{x}_i), H^{(1,2)}(\boldsymbol{x}_1, \boldsymbol{x}_2)] \neq \hat{0}\,, \quad i = 1, 2\,,$$

z. B. wenn dieser durch ein Potential $V(\boldsymbol{x}_1, \boldsymbol{x}_2)$ gegeben ist. Falls die Wechselwirkung jedoch nur von der Relativkoordinate abhängt,

$$H^{(1,2)}(\boldsymbol{x}_1, \boldsymbol{x}_2) = V(\boldsymbol{x}_1 - \boldsymbol{x}_2)\,,$$

lässt sich die Schwerpunktsbewegung, wie wir in Abschnitt 18.1 gesehen haben, separieren und das Zweiteilchenproblem reduziert sich auf ein Einteilchenproblem für die Relativbewegung.

Die obigen Überlegungen lassen sich unmittelbar auf ein System von N *unterscheidbaren* Teilchen verallgemeinern. Falls die Teilchen miteinander wechselwirken, ist der Hamilton-Operator durch

$$\boxed{H(\boldsymbol{x}_1, \ldots, \boldsymbol{x}_N) = \sum_{i=1}^{N} H^{(i)}(\boldsymbol{x}_i) + \sum_{i>j} H^{(i,j)}(\boldsymbol{x}_i, \boldsymbol{x}_j)}$$

gegeben, wobei $H^{(i,j)}$ die Wechselwirkung des i-ten mit dem j-ten Teilchen repräsentiert. Auch bei Anwesenheit einer Wechselwirkung bilden die Produktfunktionen

$$|\nu_1, \nu_2, \ldots, \nu_N\rangle = |\nu_1\rangle^{(1)} \ldots |\nu_N\rangle^{(N)} \tag{29.3}$$

eine vollständige Basis und die exakte Wellenfunktion kann als Superposition dieser Basisfunktionen geschrieben werden:

$$|\varphi\rangle_N = \sum_{\nu_1 \ldots \nu_N} C_{\nu_1 \ldots \nu_N} |\nu_1, \nu_2, \ldots, \nu_N\rangle\,.$$

Dementsprechend ist der Hilbert-Raum des wechselwirkenden N-Teilchen-Systems durch das Tensorprodukt der Hilbert-Räume der einzelnen Teilchen gegeben:

$$\mathbb{H} = \mathbb{H}^{(1)} \otimes \mathbb{H}^{(2)} \otimes \cdots \otimes \mathbb{H}^{(N)}\,. \tag{29.4}$$

29.2 Identische Teilchen

Bisher haben wir vorausgesetzt, dass es sich um Teilchen verschiedener Sorten handelt, die sich unterscheiden lassen, z. B. ein Elektron und ein Proton, die sich z. B. in der elektrischen Ladung unterscheiden. Wir wollen jetzt identische Teilchen, d. h. Teilchen derselben Sorte, betrachten. Unter *identischen Teilchen* verstehen wir solche Teilchen, die in sämtlichen inneren Eigenschaften wie Masse, Ladung, Spin nicht unterscheidbar sind, z. B. ein System von Elektronen (wie Leitungselektronen im Festkörper) oder ein System von Neutronen (z. B. ein Neutronenstern).

In der klassischen Mechanik bewegen sich die Teilchen auf wohldefinierten Bahnen bzw. Trajektorien. Die einzelnen Teilchen derselben Sorte bewegen sich auf verschiedenen Trajektorien und können deshalb unterschieden werden. Wir können z. B. die Teilchen dadurch unterscheiden, dass wir ihre Trajektorien nummerieren und die Nummer der Trajektorien den entsprechenden Teilchen zuordnen. Die Bewegung eines quantenmechanischen Teilchens hingegen verläuft auf allen möglichen Trajektorien und jede Trajektorie liefert einen Beitrag $\exp(iS/\hbar)$ zur Gesamtübergangsamplitude. Liegen mehrere identische Teilchen vor, so läuft jedes dieser Teilchen auf allen möglichen Trajektorien und wir können nicht mehr unterscheiden, welches der Teilchen sich gerade auf einer herausgegriffenen Trajektorie bewegt. Nach dem Unschärfeprinzip besitzt ein quantenmechanisches Teilchen keine wohldefinierte Trajektorie, sondern die Teilchen sind als Wellenpakete mit Orts- und Impulsunschärfe realisiert. Sind die identischen Teilchen nahe beieinander, überlappen ihre Wellenfunktionen (siehe Abb. 29.1). Im Überlappungsgebiet ist ohnehin keine Unterscheidung der überlappenden Anteile des Wellenpaketes möglich, da wir im Experiment nur die Aufenthaltswahrscheinlichkeit eines Teilchens am Ort messen können. Diese gibt jedoch keine Auskunft darüber, welches der Teilchen wir gerade mit unserer Messapparatur nachweisen.

Selbst gut separierte identische Teilchen können wir in der Quantenmechanik nicht unterscheiden. Ursache hierfür ist die Einwirkung des Messapparates auf das Messobjekt. Wir können die Teilchen in der Quantenmechanik nur nach einem vollständigen Satz von Zuständen bzw. nach den Eigenwerten von kommutierenden Observablen klassifizieren. Darüber hinaus ist keine weitere Unterscheidung z. B. durch Nummerierung oder farbiges Anstreichen der Teilchen möglich, da dies den Zustand des Teilchens wesentlich verändern würde, d. h. die Unterscheidbarkeit der Teilchen würde erst durch den Einfluss des „Messapparates der Unterscheidbarkeit" (z. B. „Anstreichen") auf die Teilchen möglich. Durch einen solchen Messprozess würden aus *ununterscheidbaren* (identischen) Teilchen *unterscheidbare* gemacht.

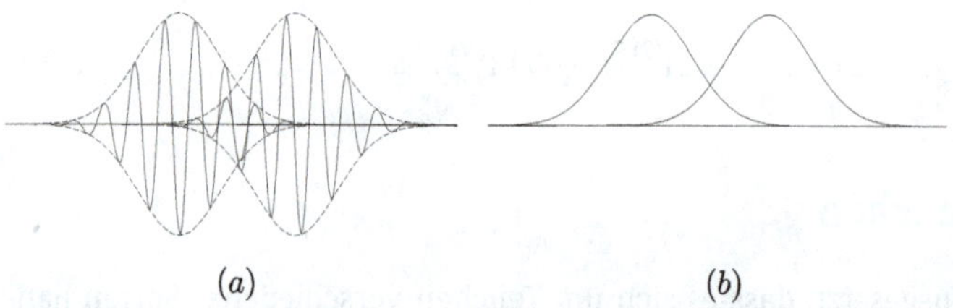

Abb. 29.1: Überlappende Wellenpakete: (a) Wellenfunktionen und (b) Aufenthaltswahrscheinlichkeiten.

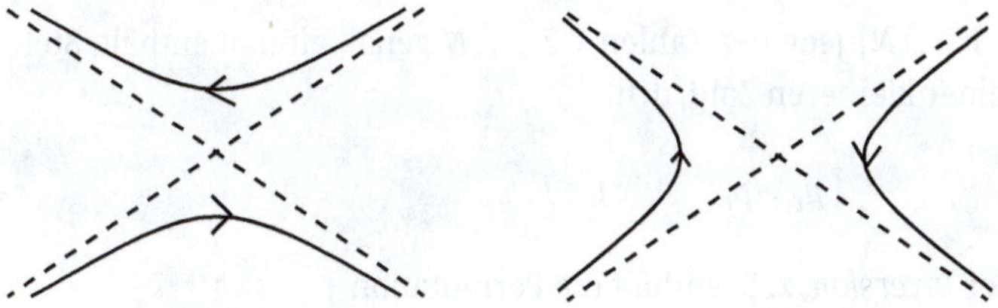

Abb. 29.2: Streuung zweier identischer Teilchen: (a) direkte Streuung, (b) Austauschstreuung.

Der Teilchen-Welle-Dualismus verbietet bereits eine Unterscheidbarkeit der identischen Teilchen. Die Teilcheneigenschaft ist nur eine mögliche Erscheinungsform eines quantenmechanischen Objektes. Für Wellenphänomene ist die Teilchenvorstellung ohnehin sinnlos.

Zur Illustration betrachten wir die Streuung zweier identischer Teilchen, siehe Abb. 29.2. Während in der klassischen Mechanik direkter Streuprozess (a) und Austauschprozess (b) unterschieden werden können, ist in der Quantenmechanik keine Unterscheidung möglich, da wir nur asymptotisch das Teilchen in großer Entfernung vom Streuzentrum nachweisen, jedoch nicht seinen Ort während des Streuprozesses verfolgen können.

Bevor wir zur Behandlung von identischen Teilchen kommen, ist es ratsam, sich einige mathematische Eigenschaften von Permutationen in Erinnerung zu rufen.

29.3 Permutationen

Die Anordnung einer Menge von Elementen in einer bestimmten Reihenfolge wird als *Permutation* bezeichnet. Für N Elemente existieren $N!$ verschiedene Permutationen, was man leicht durch vollständige Induktion beweist. Werden zwei Permutationen P und P' nacheinander ausgeführt, was ihr *Produkt* $P'P$ definiert, so erhalten wir eine dritte Permutation

$$P'' = P'P\,.$$

Dies zeigt, dass die Gesamtheit der $N!$ Permutationen von N Elementen eine Gruppe bildet (siehe Anhang E), die sogenannte *symmetrische Gruppe* oder *Permutationsgruppe* S_N.

Für eine Permutation P der Zahlen $1, 2, \ldots, N$ wählen wir die Darstellung

$$P = \begin{pmatrix} 1 & 2 & 3 & \ldots & N \\ p_1 & p_2 & p_3 & \ldots & p_N \end{pmatrix} \equiv [p_1, p_2, p_3, \ldots, p_N]\,, \qquad (29.5)$$

wobei der Satz $\{p_i,\ i = 1, \dots, N\}$ jede der Zahlen $1, 2, \dots, N$ genau einmal enthält. Steht eine größere Zahl vor einer kleineren Zahl, d. h.

$$p_i > p_j\,, \quad \text{für } i < j\,,$$

so spricht man von einer *Inversion*; z. B. enthält die Permutation

$$[3214]$$

drei Inversionen:

$$3 \text{ vor } 2\,, \quad 3 \text{ vor } 1\,, \quad 2 \text{ vor } 1\,.$$

Eine Permutation heißt *gerade* (*ungerade*), wenn sie eine gerade (ungerade) Anzahl von Inversionen enthält. Der *Charakter* einer Permutation $\chi(P)$ ist durch

$$\chi(P) = (-1)^{I(P)} \tag{29.6}$$

definiert, wobei $I(P)$ die Zahl der Inversionen der Permutation P ist. Folglich gilt:

$$\chi(P) = \begin{cases} 1, & P \text{ – gerade Permutation}\,, \\ -1, & P \text{ – ungerade Permutation.} \end{cases} \tag{29.7}$$

Eine Vertauschung (Permutation) zweier *benachbarter* Elemente ändert die Anzahl der Inversionen um 1 und damit den Charakter der Permutation. Hieraus lässt sich unmittelbar der folgende Satz beweisen:

Der Charakter einer Permutation ändert sich, wenn zwei ihrer Elemente miteinander vertauscht werden.

P_{ij} bezeichne die Vertauschung (Permutation) des i-ten mit dem j-ten Element. Offenbar gilt $P_{ij} = P_{ji}$. Sei

$$P = [p_1, \dots, p_i, \dots, p_j, \dots, p_N]\,,$$

dann gilt per Definition von P_{ij}:

$$P_{ij}P = [p_1, \dots, p_j, \dots, p_i, \dots, p_N]\,.$$

Zwischen dem i-ten und j-ten Element (p_i und p_j) befinden sich k Elemente. Um von der ursprünglichen Permutation P zur Permutation $P_{ij}P$ zu gelangen, muss zunächst p_i an k Elementen vorbeigezogen werden, was k Zweier-Permutation von benachbarten Elementen liefert und folglich den Charakter der Permutation um $(-1)^k$ ändert. Anschließend wird das i-te und j-te Element vertauscht, was den Charakter der Permutation um (-1) verändert. Schließlich muss das j-te Element p_j an k Elementen vorbeigezogen werden, was k Zweier-Permutationen erfordert und somit den Charakter der Permutation um $(-1)^k$ ändert. Insgesamt finden wir, dass die Vertauschung von zwei Elementen, zwischen denen sich k Elemente befinden, den Charakter der Permutation um

$$(-1)^{2k+1} = -1$$

ändert. Damit finden wir

$$\chi(P_{ij}P) = -\chi(P)\,. \tag{29.8}$$

Eine Vertauschung von zwei Elementen wird als *Transposition* bezeichnet. Nach dem obigen Satz ändert sich der Charakter einer Permutation bei jeder Transposition. Aus der Definition (29.6) des Charakters folgt:

$$\chi(P'P) = \chi(P')\chi(P) \tag{29.9}$$

und somit aus (29.8)

$$\chi(P_{ij}) = -1\,. \tag{29.10}$$

Mithilfe des obigen Satzes zeigt man auch: Unter den $N!$ Permutationen ($N \geq 2$) gibt es $N!/2$ gerade und $N!/2$ ungerade Permutationen. Hieraus folgt unmittelbar:

$$\sum_P \chi(P) = 0\,, \tag{29.11}$$

wobei die Summation über sämtliche $N!$ Permutationen läuft.

Eine beliebige Permutation P lässt sich durch nacheinander Ausführen von Zweier-Permutationen erzeugen:

$$P = P_{ij} \dots P_{kl}\,. \tag{29.12}$$

Hieraus folgt mit (29.9) und (29.10), dass

$$\chi(P) = (-1)^{T(P)}\,, \tag{29.13}$$

wobei $T(P)$ die Zahl der Transpositionen ist, die zur Erzeugung von P erforderlich sind.

Für die Permutation P (29.5) der Einteilchen-Indizes in einem N-Teilchen-Zustand $|\nu_1, \dots, \nu_N\rangle$ definieren wir den Operator $\mathcal{P}$ dieser Permutation durch:

$$\mathcal{P}|\nu_1, \dots, \nu_N\rangle = |\nu_{p_1}, \dots, \nu_{p_N}\rangle\,.$$

Der Operator $\mathcal{P}$ einer beliebigen Permutation lässt sich gemäß (29.12) durch ein Produkt von Operatoren $\mathcal{P}_{ij}$ von Transpositionen P_{ij} darstellen:

$$\mathcal{P} = \mathcal{P}_{ij} \dots \mathcal{P}_{kl}\,.$$

Die Operatoren der Transpositionen sind hermitesch und unitär:

$$\mathcal{P}_{ij}^\dagger = \mathcal{P}_{ij} = \mathcal{P}_{ij}^{-1} . \tag{29.14}$$

Da die verschiedenen $\mathcal{P}_{ij}$ nicht miteinander kommutieren, ist der Operator $\mathcal{P}$ einer beliebigen Permutation P i. A. nicht hermitesch, sondern nur unitär:

$$\mathcal{P}^\dagger = \mathcal{P}^{-1} \neq \mathcal{P} .$$

Aus den Operatoren $\mathcal{P}$ der Permutationen P der N Teilchen konstruieren wir den Symmetrisierungsoperator

$$\mathcal{S} = \frac{1}{N!} \sum_P \mathcal{P} \tag{29.15}$$

sowie den Antisymmetrisierungsoperator

$$\mathcal{A} = \frac{1}{N!} \sum_P \chi(P) \mathcal{P} . \tag{29.16}$$

Für einen beliebigen Permutationsoperator $\mathcal{P}$ gilt:

$$\mathcal{P}\mathcal{S} = \mathcal{S} , \quad \mathcal{P}\mathcal{A} = \chi(P)\mathcal{A} . \tag{29.17}$$

Diese Beziehungen lassen sich unmittelbar beweisen, wenn man die Gruppeneigenschaft der Permutationen beachtet.

Zur Illustration beweisen wir die zweite Gleichung in (29.17):

Aus der Definition des Antisymmetrisierungsoperators (29.16) folgt:

$$\mathcal{P}\mathcal{A} = \frac{1}{N!} \sum_{P'} \chi(P') \mathcal{P}\mathcal{P}' .$$

Sei $PP' = P''$ und somit $\mathcal{P}\mathcal{P}' = \mathcal{P}''$. Aus Gl. (29.9) und $(\chi(P))^2 = 1$ folgt dann unmittelbar:

$$\begin{aligned} \mathcal{P}\mathcal{A} &= \frac{1}{N!} \sum_{P'} \chi(P)\chi(PP') \mathcal{P}\mathcal{P}' \\ &= \frac{1}{N!} \chi(P) \sum_{P''} \chi(P'') \mathcal{P}'' = \chi(P)\mathcal{A} . \end{aligned}$$

In ähnlicher Weise zeigt man unter Ausnutzung der Gruppeneigenschaft der Permutationen, dass der Symmetrisierungs- und Antisymmetrisierungsoperator Projektoren sind:

$$\mathcal{S}\mathcal{S} = \mathcal{S} , \quad \mathcal{A}\mathcal{A} = \mathcal{A} , \quad \mathcal{A}\mathcal{S} = \mathcal{S}\mathcal{A} = \hat{0} . \tag{29.18}$$

Beim Beweis benutzt man Gl. (29.11). Ferner lässt sich leicht zeigen, dass diese Operatoren auch hermitesch sind

$$\mathcal{S}^\dagger = \mathcal{S}\,, \quad \mathcal{A}^\dagger = \mathcal{A}\,.$$

Bei der nachfolgenden Behandlung von Systemen aus identischen Teilchen werden wir von den oben angegebenen Eigenschaften der Permutationen des Öfteren Gebrauch machen.

29.4 Zwei identische Teilchen

Jedes einzelne Teilchen wird durch einen vollständigen Satz von Quantenzahlen, ν, charakterisiert, die sein Zustand $|\nu\rangle$ festlegen. Für zwei *unterscheidbare* Teilchen konnten wir jedem Teilchen einen eigenen Hilbert-Raum zuordnen,

$$|\nu_1\rangle^{(1)} \in \mathbb{H}^{(1)}\,, \quad |\nu_2\rangle^{(2)} \in \mathbb{H}^{(2)}\,,$$

und die Basiszustände des Zweiteilchen-Systems waren durch

$$|\nu_1, \nu_2\rangle = |\nu_1\rangle^{(1)} |\nu_2\rangle^{(2)}$$

gegeben. Für unterscheidbare Teilchen ist dieser Basiszustand verschieden von dem Zustand mit vertauschten Quantenzahlen,

$$|\nu_1, \nu_2\rangle \neq |\nu_2, \nu_1\rangle = |\nu_2\rangle^{(1)} |\nu_1\rangle^{(2)}\,,$$

und in der Tat sind diese beiden Zustände für $\nu_1 \neq \nu_2$ orthogonal.

Für identische Teilchen hingegen können wir zwischen diesen beiden Zuständen nicht unterscheiden. Finden wir in einer Messung die Quantenzahlen ν_1 für eines der beiden identischen Teilchen und ν_2 für das andere Teilchen, so wissen wir a priori nicht, ob der zugehörige Zustand $|\nu_1, \nu_2\rangle$ oder $|\nu_2, \nu_1\rangle$ ist. Jeder dieser beiden Zustände und in der Tat jede Linearkombination dieser Zustände,

$$|\varphi_{\nu_1\nu_2}\rangle = c_1|\nu_1, \nu_2\rangle + c_2|\nu_2, \nu_1\rangle \equiv c_1|\nu_1\rangle^{(1)}|\nu_2\rangle^{(2)} + c_2|\nu_2\rangle^{(1)}|\nu_1\rangle^{(2)}\,,$$

führt auf dasselbe Messergebnis. Dieser Umstand wird als *Austauschentartung* bezeichnet: Die Spezifikation der Quantenzahlen der einzelnen Teilchen legt noch nicht eindeutig die Wellenfunktion des Gesamtsystems fest.

Für ein System von *ununterscheidbaren* Teilchen darf sich der Hamilton-Operator bei Vertauschung zweier beliebiger Teilchen nicht ändern. Zum Beispiel der Hamilton-Operator eines Systems von zwei identischen Teilchen, $H(\xi_1, \xi_2)$, wobei $\xi_i = (\boldsymbol{x}_i, m_i^s, \dots)$ einen vollständigen Satz von Einteilchen-Variablen (Ort, Spinkomponente, ...) bezeichnet, muss die Symmetrie

$$H(\xi_1, \xi_2) = H(\xi_2, \xi_1) \tag{29.19}$$

besitzen. Der Hamilton-Operator (29.1) zweier nichtwechselwirkender Teilchen genügt offenbar dieser Bedingung.

Wir wollen diese Beziehung jetzt in darstellungsunabhängiger Form ausdrücken. Dazu benutzen wir den Permutationsoperator $\mathcal{P}_{ij}$ für die Vertauschung des i-ten mit dem j-ten Teilchen. Anwendung des Permutationsoperators $\mathcal{P}_{ij}$ auf die Schrödinger-Gleichung liefert:

$$\mathcal{P}_{ij} H |\varphi\rangle = E \mathcal{P}_{ij} |\varphi\rangle .$$

Durch Einschieben von $\hat{1} = \mathcal{P}_{ij}^{-1} \mathcal{P}_{ij}$ erhalten wir:

$$\mathcal{P}_{ij} H \mathcal{P}_{ij}^{-1} (\mathcal{P}_{ij} |\varphi\rangle) = E (\mathcal{P}_{ij} |\varphi\rangle) .$$

Dies zeigt: Vertauschen der Teilchen i, j in der Wellenfunktion $|\varphi\rangle \to \mathcal{P}_{ij}|\varphi\rangle$, verlangt die Transformation des Hamilton-Operators

$$H \to \mathcal{P}_{ij} H \mathcal{P}_{ij}^{-1} .$$

Für den Hamilton-Operator zweier identischer Teilchen gilt die Operatorbeziehung

$$H(\xi_2, \xi_1) = \mathcal{P}_{12} H(\xi_1, \xi_2) \mathcal{P}_{12}^{-1} .$$

Hiermit lässt sich die Symmetriebeziehung (29.19) in koordinatenunabhängiger Form

$$\mathcal{P}_{12} H \mathcal{P}_{12}^{-1} = H$$

bzw.

$$[\mathcal{P}_{12}, H] = \hat{0}$$

ausdrücken. Wir können deshalb die Eigenfunktionen $|\varphi_{\nu_1 \nu_2}\rangle$ des Hamilton-Operators des Systems zweier identischer Teilchen

$$H |\varphi_{\nu_1 \nu_2}\rangle = E_{\nu_1 \nu_2} |\varphi_{\nu_1 \nu_2}\rangle$$

gleichzeitig als Eigenfunktionen des Operators $\mathcal{P}_{12}$ der Permutation der beiden Teilchen wählen:

$$\mathcal{P}_{12} |\varphi_{\nu_1 \nu_2}\rangle = |\varphi_{\nu_2 \nu_1}\rangle = \lambda |\varphi_{\nu_1 \nu_2}\rangle .$$

Wegen $(\mathcal{P}_{12})^2 = \hat{1}$, siehe Gl. (29.14), sind die Eigenwerte des Permutationsoperators $\lambda = \pm 1$ und seine Eigenfunktionen sind entweder *symmetrisch* bzw. *antisymmetrisch*:

$$|\varphi_{\nu_2 \nu_1}\rangle = \pm |\varphi_{\nu_1 \nu_2}\rangle .$$

Die Wellenfunktion eines Systems aus zwei identischen Teilchen ist deshalb entweder symmetrisch oder antisymmetrisch bezüglich Vertauschung der beiden Teilchen. Dieses Ergebnis lässt sich unmittelbar auf ein System von N identischen Teilchen verallgemeinern.

29.5 Systeme identischer Teilchen

Besitzt irgendein Paar des Systems die Eigenschaft, durch symmetrische bzw. antisymmetrische Wellenfunktionen beschrieben zu werden, so muss wegen der Ununterscheidbarkeit der Teilchen auch jedes andere Teilchenpaar diese Eigenschaft besitzen. Die Wellenfunktion eines Systems von identischen Teilchen muss damit entweder symmetrisch bzw. antisymmetrisch bezüglich Vertauschung zweier beliebiger Teilchen sein:

$$\begin{aligned}\mathcal{P}_{ij}|\varphi_{\nu_1\ldots\nu_i\ldots\nu_j\ldots\nu_N}\rangle &\equiv |\varphi_{\nu_1\ldots\nu_j\ldots\nu_i\ldots\nu_N}\rangle \\ &= \pm|\varphi_{\nu_1\ldots\nu_i\ldots\nu_j\ldots\nu_N}\rangle\,.\end{aligned}$$

Ferner müssen offenbar die Wellenfunktionen sämtlicher Zustände eines Systems einund dasselbe Symmetrieverhalten besitzen. Das heißt: Falls Vertauschung des i-ten und j-ten Teilchens in einer Wellenfunktion das Vorzeichen unverändert lässt (wechselt), muss dies für alle Wellenfunktionen des Systems gelten. Anderenfalls könnten wir aufgrund des Superpositionsprinzips Wellenfunktionen konstruieren, die weder symmetrisch noch antisymmetrisch sind. Da jede Permutation aus Transpositionen erzeugt werden kann, muss die Wellenfunktion auch für jede beliebige Vertauschung von Teilchen entweder unverändert bleiben oder ihr Vorzeichen ändern. Die Wellenfunktionen $|\varphi\rangle$, die sich bei Vertauschung zweier Teilchen nicht ändern, $\mathcal{P}_{ij}|\varphi\rangle = |\varphi\rangle$, müssen folglich auch unter einer beliebigen Permutation P der Teilchen invariant bleiben

$$\mathcal{P}|\varphi\rangle = |\varphi\rangle\,. \tag{29.20}$$

Die Wellenfunktionen $|\varphi\rangle$, die bei Vertauschen zweier Teilchen ihr Vorzeichen wechseln, $\mathcal{P}_{ij}|\varphi\rangle = -|\varphi\rangle$, multiplizieren sich hingegen nach Gl. (29.13) bei einer beliebigen Permutation $\mathcal{P}$ der Teilchen mit deren Charakter $\chi(P)$

$$\mathcal{P}|\varphi\rangle = \chi(P)|\varphi\rangle\,. \tag{29.21}$$

N-Teilchen-Wellenfunktionen mit der Eigenschaft (29.20) bzw. (29.21) werden als *total symmetrisch* bzw. *total antisymmetrisch* bezeichnet. Wir erhalten damit das wichtige Ergebnis:

Systeme aus identischen Teilchen werden entweder durch total symmetrische oder total antisymmetrische Wellenfunktionen beschrieben.

Identische Teilchen mit total symmetrischer (antisymmetrischer) Wellenfunktion werden als *Bosonen (Fermionen)* bezeichnet.

Wir setzen im Folgenden voraus, dass die Wechselwirkung zwischen den Teilchen vernachlässigbar ist. Für identische Teilchen sind die Einteilchen-Hamilton-Operatoren für alle Teilchen dieselben. Es ist somit kein Index zur Unterscheidung erforderlich und wir werden deshalb $H^{(i)}(\xi_i)$ durch $h(\xi_i)$ ersetzen. Der Hamilton-Operator des wechselwirkungsfreien N-Teilchen-Systems ist damit durch

$$H = \sum_i h(\xi_i)\,, \quad \xi_i = (\boldsymbol{x}_i, m_i^s, \dots) \tag{29.22}$$

gegeben. Wir setzen voraus, dass wir das Einteilchenproblem bereits gelöst haben, d. h. die Lösungen der Einteilchen-Schrödinger-Gleichung

$$h(\xi)\varphi_\nu(\xi) = \epsilon_\nu \varphi_\nu(\xi)$$

und somit die Wellenfunktion der einzelnen Teilchen

$$\varphi_{\nu_i}(\xi_i) \equiv \langle \xi_i | \nu_i \rangle^{(i)}$$

bereits kennen. Für ein System von N ***unterscheidbaren*** (nichtwechselwirkender) Teilchen ist die Wellenfunktion durch das Produkt der Wellenfunktionen der einzelnen Teilchen (29.3)

$$\begin{aligned} \langle \xi_1, \dots, \xi_N | \nu_1, \dots, \nu_N \rangle &= \langle \xi_1 | \nu_1 \rangle^{(1)} \langle \xi_2 | \nu_2 \rangle^{(2)} \dots \langle \xi_N | \nu_N \rangle^{(N)} \\ &= \varphi_{\nu_1}(\xi_1)\varphi_{\nu_2}(\xi_2)\dots\varphi_{\nu_N}(\xi_N) \end{aligned} \tag{29.23}$$

gegeben. Die Produktwellenfunktion ist offenbar Eigenfunktion des Hamilton-Operators (29.22) des wechselwirkungsfreien Vielteilchensystems

$$H|\nu_1, \dots, \nu_N\rangle = E|\nu_1, \dots, \nu_N\rangle\,,$$

zur Energie

$$E = \epsilon_{\nu_1} + \dots + \epsilon_{\nu_N}\,.$$

Die Produktwellenfunktion $|\nu_1, \dots, \nu_N\rangle$ (29.23) gibt jedoch an, welches der Teilchen i sich in welchem Zustand $|\nu_i\rangle$ befindet. Für nicht-unterscheidbare Teilchen ist dies jedoch eine Information, die nicht verfügbar ist. Für Systeme aus *identischen* Teilchen können wir nur angeben, wie viele Teilchen sich in welchem Zustand befinden. Die Produktwellenfunktion (29.23) enthält deshalb für ein System aus identischen Teilchen irrelevante Informationen. Außerdem hatten wir gesehen, dass für identische Teilchen die Wellenfunktionen entweder total symmetrisch oder total antisymmetrisch bezüglich Vertauschung der Teilchen sind.

Für *Bose*-Systeme muss die Wellenfunktion *total symmetrisch* sein. Wir können aus der Produktwellenfunktion total symmetrische Wellenfunktionen erzeugen, indem wir über alle Permutationen P der Teilchen in den Produktfunktionen summieren:

$$\begin{aligned}|\nu_1, \nu_2, \dots, \nu_N\rangle^{(+)} &= \mathcal{N}_+(N) \sum_P |\nu_{p_1}, \nu_{p_2}, \dots \nu_{p_N}\rangle \\ &= \mathcal{N}_+(N) \sum_P |\nu_{p_1}\rangle^{(1)} |\nu_{p_2}\rangle^{(2)} \dots |\nu_{p_N}\rangle^{(N)}\end{aligned}$$

und somit die irrelevante Information eliminieren. Den Vorfaktor $\mathcal{N}_+(N)$ können wir aus der Normierung bestimmen.

Aus den Produktwellenfunktionen lassen sich auch *total antisymmetrische* Wellenfunktionen erzeugen. Dies gelingt ähnlich wie die Symmetrisierung, indem wir über alle Permutationen summieren, jedoch zusätzlich jede Produktfunktion mit dem Charakter der Permutation (29.7) multiplizieren:

$$\begin{aligned}|\nu_1, \nu_2, \dots, \nu_N\rangle^{(-)} &= \mathcal{N}_-(N) \sum_P \chi(P) |\nu_{p_1}, \nu_{p_2}, \dots \nu_{p_N}\rangle \\ &= \mathcal{N}_-(N) \sum_P \chi(P) |\nu_{p_1}\rangle^{(1)} |\nu_{p_2}\rangle^{(2)} \dots |\nu_{p_N}\rangle^{(N)} . \end{aligned} \tag{29.24}$$

Da jede einzelne Produktwellenfunktion $|\nu_{p_1}\rangle^{(1)} \dots |\nu_{p_N}\rangle^{(N)}$ Eigenfunktion von H (29.22) zur selben Energie

$$E = \epsilon_{\nu_1} + \dots + \epsilon_{\nu_N}$$

ist, gilt dies auch für die (anti-)symmetrischen Wellenfunktionen

$$H|\nu_1, \dots \nu_N\rangle^{(\pm)} = (\epsilon_{\nu_1} + \dots + \epsilon_{\nu_N}) |\nu_1, \dots, \nu_N\rangle^{(\pm)} .$$

In den total symmetrischen Wellenfunktionen $|\nu_1 \dots \nu_N\rangle^{(+)}$ können mehrere der Einteilchen-Quantenzahlen ν_i denselben Wert annehmen, d. h. mehrere Bosonen können sich in ein und demselben Einteilchenzustand befinden. Demgegenüber verschwindet die total antisymmetrische Wellenfunktion $|\nu_1 \dots \nu_N\rangle^{(-)}$, wenn zwei Sätze von Einteilchen-Quantenzahlen übereinstimmen, $\nu_i = \nu_j$ für $i \neq j$. In einem Fermi-System können sich deshalb nie zwei Teilchen in ein und demselben Einteilchenzustand befinden. Dies ist der Inhalt des *Pauli-Prinzips*.

Das Pauli-Prinzip hat weitreichende Konsequenzen für den Aufbau unserer Materie und gibt insbesondere eine Erklärung für die Schalenstruktur der Elektronenhülle und des periodischen Systems der chemischen Elemente. Die Elektronen in einem Atom besetzen die Quantenzustände niedrigster Energie. Aufgrund des Pauli-Prinzips kann

Tab. 29.1: Elektronenverteilung der ersten zehn chemischen Elemente im Grundzustand. Die Notation nl^k ($n = 1, 2, 3, \ldots$ Hauptquantenzahl, $l = 0, 1, \ldots, n-1 = s, p, d, \ldots$ Drehimpulsquantenzahl) besagt, dass sich – sofern vorhanden – in der l-ten Unterschale der n-ten Schale k Elektronen [$k \leq 2(2l+1)$] befinden.

	Element	Elektronenkonfiguration
$_1$H	Wasserstoff	$1s^1$
$_2$He	Helium	$1s^2$
$_3$Li	Lithium	$1s^2\,2s^1$
$_4$Be	Beryllium	$1s^2\,2s^2$
$_5$B	Bor	$1s^2\,2s^2\,2p^1$
$_6$C	Kohlenstoff	$1s^2\,2s^2\,2p^2$
$_7$N	Stickstoff	$1s^2\,2s^2\,2p^3$
$_8$O	Sauerstoff	$1s^2\,2s^2\,2p^4$
$_9$F	Fluor	$1s^2\,2s^2\,2p^5$
$_{10}$Ne	Neon	$1s^2\,2s^2\,2p^6$

sich jedoch in jedem Zustand höchstens ein Elektron befinden, sodass die Elektronen sukzessiv die energetisch niedrigst liegenden Zustände in einem Atom besetzen, bis alle Elektronen untergebracht sind. Die Elektronenanordnungen der ersten zehn chemischen Elemente sind in Tabelle 29.1 angegeben.

Wie wir beim Wasserstoff-Atom in Abschnitt 18.3 kennengelernt haben, beträgt die Entartung einer Hauptschale:

$$2\sum_{l=0}^{n-1}(2l+1) = 2n^2 ,$$

wobei n die Hauptquantenzahl ist und der Faktor 2 von der Entartung im Elektronenspin kommt. Auf die erste Hauptschale $n = 1$ ($l = 0$) passen demnach genau zwei Elektronen. Diese Schale ist ab dem Helium-Atom gefüllt. In der zweiten Hauptschale $n = 2$ finden acht Elektronen Platz. Diese Schale wird erstmals beim Neon-Atom aufgefüllt, das zehn Elektronen besitzt.

Das chemische Verhalten der Atome wird durch ihre Schalenstruktur bestimmt. Abgeschlossene Elektronenschalen sind chemisch inaktiv. *Die chemische Aktivität kommt dadurch zustande, dass Atome ihre Elektronen so austauschen, dass abgeschlossene Schalen entstehen.* Atome, die bereits vollständig abgeschlossene Schalen besitzen, sind deshalb chemisch inaktiv. Dies sind die Edelgase Helium, Neon, Argon, Krypton, Xenon und Radon, bei denen sämtliche Elektronenschalen abgeschlossen sind.

29.6 Spin-Statistik-Theorem

Es besteht ein direkter Zusammenhang zwischen dem Spin der Teilchen und der Symmetrie ihrer Wellenfunktion:

Teilchen mit ganzzahligem Spin werden durch total symmetrische Wellenfunktionen beschrieben und sind folglich Bosonen. Teilchen mit halbzahligem Spin werden durch total antisymmetrische Wellenfunktionen beschrieben und sind folglich Fermionen.

Dieser Zusammenhang wurde von W. Pauli abgeleitet und wird als *Spin-Statistik-Theorem* bezeichnet. Auf dessen Beweis soll aufgrund seiner Komplexität verzichtet werden.

Eine Übersicht über die gegenwärtig als elementar angesehenen fundamentalen Teilchen, aus denen unsere gesamte (bekannte) Materie aufgebaut ist, und deren Spin, wird in Abschnitt 37.5 gegeben.

Wie wir oben gesehen haben, bestimmt die Symmetrie der Wellenfunktionen die Besetzungszahlen der Zustände, d. h. wie viele Teilchen einer Sorte sich in einem Einteilchenzustand befinden können. Für Bose-Systeme kann ein Einteilchenzustand mit beliebig vielen Teilchen besetzt werden. Demgegenüber kann ein Einteilchenzustand für Fermi-Systeme entweder nur unbesetzt oder mit einem Teilchen besetzt sein. Die bisherigen Überlegungen lassen sich unmittelbar auch auf *zusammengesetzte Teilchen* verallgemeinern. Unter einem zusammengesetzten Teilchen verstehen wir einen Satz von aneinander gebundenen Elementarteilchen. Beispiele für zusammengesetzte Teilchen sind die Atome. Das Wasserstoff-Atom ist aus einem Proton und einem Elektron zusammengesetzt, die durch die Coulomb-Wechselwirkung gebunden sind. Ein anderes Beispiel sind die Mesonen, die aus einem Quark und einem Antiquark aufgebaut sind. Durch die starke Wechselwirkung zwischen den Quarks können diese nicht frei, sondern nur in Bindungszuständen wie den Mesonen oder Baryonen existieren, siehe Abschnitt 37.5.

Die Symmetrie der Wellenfunktionen von zusammengesetzten Teilchensystemen ergibt sich unmittelbar aus dem Symmetrieverhalten der Wellenfunktionen bezüglich Vertauschen der Elementarteilchen, da die Vertauschung eines zusammengesetzten Teilchens dem Austausch von Gruppen von Elementarteilchen entspricht. Offenbar verhält sich ein vollständig aus Bosonen aufgebautes zusammengesetztes Teilchen wie ein Boson, d. h. wird durch total symmetrische Wellenfunktionen beschrieben. Enthält das zusammengesetzte Teilchen auch Fermionen, so bestimmt die Anzahl der Fermionen die Statistik des zusammengesetzten Teilchens. *Für eine gerade Anzahl von Fermionen verhält sich das zusammengesetzte Teilchen wie ein Boson,* da der Austausch von Fermionenpaaren die bezüglich Austausch von Elementarteilchen total antisymmetrische Wellenfunktion nicht ändert. *Enthält das zusammengesetzte Teilchen hingegen eine ungerade Anzahl von Fermionen, so verhält es sich selbst wie ein Fermion.* Dies ist in Übereinstimmung mit der Drehimpuls-Kopplung. Eine gerade Anzahl von halbzahligen Spins koppelt stets zu einem ganzzahligen Gesamtspin, während eine ungerade Anzahl von halbzahligen Spins zu einem halbzahligen Gesamtspin koppelt. Für die Wellenfunktion des zusammengesetzten Teilchens gilt somit ebenfalls das Spin-Statistik-Theorem.

Als Beispiel betrachten wir die stark wechselwirkenden „Elementarteilchen“, die Hadronen. Die elementaren Bausteine der Hadronen sind die Quarks und Gluonen.

Quarks sind Fermionen mit Spin $s = 1/2$, während Gluonen den Spin $s = 1$ besitzen. Die Anzahl der Gluonen im Hadron ist damit irrelevant für die Statistik der Hadronen, die allein durch die Anzahl der Quarks bestimmt wird.

Ein *Meson* ist aus einem Quark und einem Antiquark aufgebaut, die beide Spin 1/2 besitzen und somit zum Gesamtspin $S = 0, 1$ koppeln können. Die Mesonen müssen sich deshalb wie Bosonen verhalten. Die *Baryonen* sind aus drei Quarks aufgebaut. Elementare Drehimpuls-Algebra liefert, dass der Gesamtspin die Werte 1/2 und 3/2 annehmen kann. Baryonen müssen sich deshalb wie Fermionen verhalten. Dies wird in der Tat beobachtet: Im Grundzustand besitzen die Mesonen Spin 0 oder 1, während die Baryonen Spin 1/2 oder 3/2 besitzen.

Als weiteres Beispiel betrachten wir das Helium-Atom. Die chemischen Eigenschaften der Elemente werden durch die Elektronenhülle bestimmt. Helium-Atome besitzen eine abgeschlossene Elektronenschale (die $(n = 1)$-Schale ist mit 2 Elektronen besetzt) und ist deshalb chemisch inaktiv, d. h. ein Edelgas. Da die abgeschlossene Elektronenschale im Grundzustand den Spin 0 besitzt, ist der Gesamtspin eines Helium-Atoms durch seinen Kernspin gegeben. Helium existiert in zwei Isotopen, ^{3}He und ^{4}He. Beide Isotope haben natürlich dieselbe Elektronenschale, unterscheiden sich jedoch in ihrem Atomkern. Der ^{3}He-Kern ist aus zwei Protonen und einem Neutron aufgebaut, während der ^{4}He-Kern zwei Protonen und zwei Neutronen enthält. Die drei Nukleonen des ^{3}He können nur zu halbzahligen Spins koppeln, während die vier Nukleonen des ^{4}He-Kerns zu ganzzahligem Gesamtspin koppeln. Wir erwarten deshalb, dass ^{3}He-Atome sich wie Fermionen, ^{4}He-Atome jedoch wie Bosonen verhalten. Dies wird in der Tat beobachtet: ^{3}He-Atome zeigen die für Fermionen typische *Suprafluidität*, die analog der Supraleitung der Elektronen ist, siehe Kap. 36. Demgegenüber zeigen ^{4}He-Atome typische *Bose-Einstein-Kondensation*, siehe Kap. 31.

29.7 Observablen von Systemen identischer Teilchen

Wir hatten oben festgestellt, dass die Wellenfunktion eines Systems aus identischen Teilchen

$$|\varphi\rangle^{(\pm)} \equiv |\varphi^{(\pm)}_{\nu_1 \dots \nu_N}\rangle = |\nu_1, \dots, \nu_i, \dots, \nu_j, \dots, \nu_N\rangle^{(\pm)}$$

bei Vertauschung zweier Fermionen das Vorzeichen ändert, bei Vertauschung zweier Bosonen hingegen unverändert bleibt.[1] Bezeichnen wir wieder mit $\mathcal{P}_{ij}$ den Permutationsoperator, der das i-te mit dem j-ten Teilchen vertauscht, so gilt offenbar:

1 Diese Aussage gilt auch für gemischte Systeme, die sowohl Bosonen als auch Fermionen enthalten. Wird in einem solchen System ein Fermion mit einem Boson vertauscht, ändert sich das Vorzeichen der Wellenfunktion (nicht), wenn das Fermion dabei eine ungerade (gerade) Anzahl von Fermionen passiert, d. h. wenn dabei eine ungerade (gerade) Anzahl von Vertauschungen benachbarter Fermionen erforderlich ist.

$$\mathcal{P}_{ij}|\varphi\rangle^{(\pm)} = |\nu_1, \ldots, \nu_j, \ldots, \nu_i, \ldots, \nu_N\rangle^{(\pm)}$$
$$= \pm|\varphi\rangle^{(\pm)} . \tag{29.25}$$

In der Quantentheorie werden messbare Größen bekanntlich durch hermitesche Operatoren beschrieben. Die Symmetrie bzw. Antisymmetrie der Wellenfunktionen hat unmittelbar Konsequenzen für das Verhalten der Operatoren O gegenüber Vertauschung von Teilchen. In der Tat, betrachten wir den Erwartungswert eines solchen Operators, der eine physikalisch messbare Größe darstellt

$${}^{(\pm)}\langle\varphi|O|\varphi\rangle^{(\pm)}$$

und benutzen die Eigenschaft (29.25), so erhalten wir:

$${}^{(\pm)}\langle\varphi|O_N|\varphi\rangle^{(\pm)} = {}^{(\pm)}\langle\varphi|\mathcal{P}_{ij}^{\dagger} O \mathcal{P}_{ij}|\varphi\rangle^{(\pm)} .$$

Da diese Beziehung für beliebige Wellenfunktionen $|\varphi\rangle^{(\pm)}$ gelten muss, erhalten wir die Operatoridentität

$$\mathcal{P}_{ij}^{\dagger} O \mathcal{P}_{ij} = O .$$

Multiplizieren wir diese Gleichung von links mit dem Permutationsoperator $\mathcal{P}_{ij}$ und benutzen (29.14) $\mathcal{P}_{ij}^{\dagger} = \mathcal{P}_{ij}^{-1}$, so erhalten wir:

$$[\mathcal{P}_{ij}, O] = \hat{0} . \tag{29.26}$$

Da sich jede beliebige Permutation von N Elementen aus Zweier-Permutationen (Transpositionen) aufbauen lässt, erhalten wir das wichtige Ergebnis: *Die Observablen eines Systems aus identischen Teilchen vertauschen mit den Permutationsoperatoren*

$$\boxed{[\mathcal{P}, O] = \hat{0} .} \tag{29.27}$$

Damit existiert keine Observable, die die Individualität der Teilchen festlegt. Dies war natürlich für ununterscheidbare Teilchen zu erwarten. Die Bedingung (29.27) ist trivial erfüllt für sogenannte *Einteilchenoperatoren*, die sich als Summe der Operatoren der einzelnen Teilchen darstellen lassen:

$$\boxed{O(\xi_1, \xi_2, \ldots, \xi_N) = \sum_{i=1}^{N} O^{(i)}(\xi_i) .}$$

Die Wechselwirkung zwischen zwei Teilchen wird durch sogenannte *Zweiteilchenoperatoren* beschrieben, die gleichzeitig in den Hilbert-Räumen zweier Teilchen wirken bzw. definiert sind und damit von den Koordinaten zweier Teilchen abhängen:

$$\boxed{O(\xi_1, \xi_2, \ldots, \xi_N) = \sum_{i<j} O^{(i,j)}(\xi_i, \xi_j)\,.} \tag{29.28}$$

Damit dieser Operator invariant bezüglich Vertauschungen der Teilchen ist, muss

$$O^{(i,j)}(\xi_i, \xi_j) = O^{(j,i)}(\xi_j, \xi_i) \tag{29.29}$$

gelten. Dies folgt wieder aus der Tatsache, dass eine beliebige Permutation durch Zweier-Permutationen ausgedrückt werden kann. Falls (29.29) gilt, werden bei einer solchen Permutation lediglich Summanden in (29.28) vertauscht, was die Summe invariant lässt.

29.8 Fermi-Systeme

Im Folgenden wollen wir etwas ausführlicher Systeme aus Fermionen betrachten.

29.8.1 Slater-Determinanten

Benutzen wir die aus der linearen Algebra bekannte Darstellung der Determinante einer N-dimensionalen Matrix[2] A_{ij}

$$\begin{aligned} \det(A) &= \sum_{j_1, j_2, \ldots, j_N} \epsilon_{j_1 j_2 \ldots j_N} A_{1j_1} A_{2j_2} \ldots A_{Nj_N} \\ &= \sum_P \chi(P) A_{1p_1} A_{2p_2} \ldots A_{Np_N}\,, \end{aligned}$$

so können wir die total antisymmetrische Wellenfunktion eines nichtwechselwirkenden Fermi-Systems (29.24) als Determinante schreiben

$$|\nu_1, \ldots, \nu_N\rangle^{(-)} = \mathcal{N}_-(N) \det(|\nu_i\rangle^{(j)}) = \mathcal{N}_-(N) \begin{vmatrix} |\nu_1\rangle^{(1)} & |\nu_1\rangle^{(2)} & \ldots & \nu_1\rangle^{(N)} \\ |\nu_2\rangle^{(1)} & |\nu_2\rangle^{(2)} & \ldots & |\nu_2\rangle^{(N)} \\ \vdots & \vdots & \vdots & \vdots \\ |\nu_N\rangle^{(1)} & |\nu_N\rangle^{(2)} & \ldots & |\nu_N\rangle^{(N)} \end{vmatrix}\,, \tag{29.30}$$

die als *Slater-Determinante* bezeichnet wird. Der Zeilenindex i ist hier durch den Index an der Quantenzahl ν_i gegeben, während der Spaltenindex j die Teilchen nummeriert. Per Definition einer Determinante ändert diese ihr Vorzeichen bei Vertauschung benachbarter Zeilen bzw. Spalten. Diese Eigenschaft gewährleistet die Antisymmetrie der

2 Hierbei ist $\epsilon_{j_1 j_2 \ldots j_N} = \pm 1$ der total antisymmetrische Tensor N-ter Stufe, wobei das obere (untere) Vorzeichen für eine gerade (ungerade) Permutation $[j_1, j_2, \ldots, j_N]$ gilt.

Wellenfunktion. Außerdem wissen wir, dass eine Determinante verschwindet, wenn zwei Zeilen oder Spalten der Matrix linear abhängig sind. Dies ist insbesondere der Fall, wenn zwei Spalten oder Zeilen identisch sind. Hieraus folgt unmittelbar, dass die total antisymmetrische Wellenfunktion verschwindet, wenn sich zwei Teilchen im selben Quantenzustand befinden, d. h.

$$|\nu_1,\dots,\nu_i,\dots,\nu_j,\dots,\nu_N\rangle^{(-)} = o\,, \qquad \text{falls } \nu_i = \nu_j \text{ für } i \neq j\,,$$

in Übereinstimmung mit dem Pauli-Prinzip.

Normierung der Slater-Determinante

Wir setzen voraus, dass die Einteilchenzustände, aus denen die Slater-Determinante aufgebaut ist, orthonormiert sind:

$$^{(i)}\langle\nu_k|\nu_l\rangle^{(i)} = \delta_{kl}\,, \quad i = 1,\dots,N\,. \tag{29.31}$$

Für die Norm der Slater-Determinante erhalten wir dann:

$$\begin{aligned}
&^{(-)}\langle\nu_1,\dots,\nu_N|\nu_1,\dots,\nu_N\rangle^{(-)} \\
&= |\mathcal{N}_-(N)|^2 \sum_P \sum_{P'} \chi(P)\chi(P')\,^{(1)}\langle\nu_{p_1}|\nu_{p'_1}\rangle^{(1)} \dots {}^{(N)}\langle\nu_{p_N}|\nu_{p'_N}\rangle^{(N)} \\
&= |\mathcal{N}_-(N)|^2 \sum_P \sum_{P'} \chi(P)\chi(P')\delta_{p_1p'_1}\dots\delta_{p_Np'_N}\,.
\end{aligned}$$

Aufgrund der Orthonormiertheit der Einteilchenwellenfunktionen (29.31) trägt zur Doppelsumme nur der Summand $P = P'$ bei:

$$p_i = p'_i\,, \quad i = 1,\dots,N\,.$$

Wegen

$$\delta_{p_1p'_1}\dots\delta_{p_Np'_N} = \delta_{PP'}$$

vereinfacht sich die Norm damit zu:

$$^{(-)}\langle\nu_1,\dots,\nu_N|\nu_1,\dots,\nu_N\rangle^{(-)} = |\mathcal{N}_-(N)|^2 \sum_P \left(\chi(P)\right)^2 \stackrel{!}{=} 1\,.$$

Wegen $(\chi(P))^2 = 1$ wird die Summation über die Permutationen P trivial:

$$\sum_P 1 = N!\,.$$

Fordern wir, dass die Slater-Determinante auf eins normiert ist und wählen den Normierungsfaktor reell, so folgt

$$\mathcal{N}_-(N) = \frac{1}{\sqrt{N!}}\,.$$

Abschließend geben wir die Slater-Determinante (29.30) noch in der Koordinatendarstellung an:

$$\varphi^{(-)}_{\nu_1\ldots\nu_N}(\xi_1,\ldots,\xi_N) = \frac{1}{\sqrt{N!}}\begin{vmatrix} \varphi_{\nu_1}(\xi_1) & \varphi_{\nu_1}(\xi_2) & \ldots & \varphi_{\nu_1}(\xi_N) \\ \varphi_{\nu_2}(\xi_1) & \varphi_{\nu_2}(\xi_2) & \ldots & \varphi_{\nu_2}(\xi_N) \\ \vdots & \vdots & \vdots & \vdots \\ \varphi_{\nu_N}(\xi_1) & \varphi_{\nu_N}(\xi_2) & \ldots & \varphi_{\nu_N}(\xi_N) \end{vmatrix} . \tag{29.32}$$

29.8.2 Zwei identische Fermionen mit Spin 1/2

Das einfachste nicht-triviale Fermisystem besteht aus zwei Fermionen mit jeweils Spin 1/2, z. B. aus zwei Elektronen, wie die Hülle des Heliumatoms. Die Slater-Determinante für zwei Fermionen hat die Gestalt

$$\begin{aligned} |\nu_1\nu_2\rangle^{(-)} &= \frac{1}{\sqrt{2}}\begin{vmatrix} |\nu_1\rangle^{(1)} & |\nu_1\rangle^{(2)} \\ |\nu_2\rangle^{(1)} & |\nu_2\rangle^{(2)} \end{vmatrix} \\ &= \frac{1}{\sqrt{2}}\left(|\nu_1\rangle^{(1)}|\nu_2\rangle^{(2)} - |\nu_2\rangle^{(1)}|\nu_1\rangle^{(2)}\right) . \end{aligned} \tag{29.33}$$

Diese Determinante ist Eigenfunktion des Hamilton-Operators, wenn das System keine Wechselwirkung besitzt, siehe Abschnitt 29.5. Zur Vereinfachung nehmen wir im Folgenden an, dass das System in nichtrelativistischer Quantenmechanik beschrieben wird, sodass keine Spin-Bahn-Wechselwirkung existiert. Darüber hinaus soll kein äußeres Magnetfeld vorhanden sein. Die Eigenfunktionen $|\nu\rangle$ des Einteilchen-Hamilton-Operators faktorisieren dann in Orts- $|\alpha\rangle^{(i)}$ und Spinanteil $|sm\rangle^{(i)}$ $(s = 1/2)$:

$$\nu = (\alpha s m), \quad |\nu\rangle^{(i)} = |\alpha\rangle^{(i)}|sm\rangle^{(i)} .$$

Diese Zustände sind offenbar Eigenfunktionen des Einteilchen-Spinoperators $\boldsymbol{S}^{(i)}$, da dieser mit dem Ortsteil $|\alpha\rangle^{(i)}$ der Wellenfunktion vertauscht

$$\begin{aligned} \left(\boldsymbol{S}^{(i)}\right)^2|\nu\rangle^{(i)} &= \hbar^2 s(s+1)|\nu\rangle^{(i)} , \quad s = 1/2 , \\ S_z^{(i)}|\nu\rangle^{(i)} &= \hbar m|\nu\rangle^{(i)} . \end{aligned}$$

Die Slater-Determinante ist ebenfalls Eigenfunktion zum Quadrat des Spin eines einzelnen Teilchens $(\boldsymbol{S}^{(i)})^2$, nicht aber zur z-Komponente des Einteilchen-Spins $S_z^{(i)}$. In der Tat haben wir:

$$\begin{aligned} \left(\boldsymbol{S}^{(i)}\right)^2|\nu_1\nu_2\rangle^{(-)} &= \hbar^2 s(s+1)|\nu_1\nu_2\rangle^{(-)} , \\ S_z^{(1)}|\nu_1\nu_2\rangle^{(-)} &= \frac{\hbar}{\sqrt{2}}\left(m_1|\nu_1\rangle^{(1)}|\nu_2\rangle^{(2)} - m_2|\nu_2\rangle^{(1)}|\nu_1\rangle^{(2)}\right) , \end{aligned} \tag{29.34}$$

$$S_z^{(2)}|\nu_1\nu_2\rangle^{(-)} = \frac{\hbar}{\sqrt{2}}(m_2|\nu_1\rangle^{(1)}|\nu_2\rangle^{(2)} - m_1|\nu_2\rangle^{(1)}|\nu_1\rangle^{(2)}) . \tag{29.35}$$

Ohne die aus der Dirac-Gleichung resultierende Spin-Bahn-Kopplung und ohne äußeres Magnetfeld kommutiert der Spin eines Teilchens mit dem Hamilton-Operator

$$[\boldsymbol{S}^{(i)}, H] = \hat{\boldsymbol{0}} ,$$

da Orts- und Spinvariablen unabhängig voneinander sind. Observablen eines Systems identischer Teilchen sind invariant gegenüber beliebigen Permutationen der Teilchen (siehe Gl. (29.26)). Der Spin eines einzelnen Teilchens $\boldsymbol{S}^{(i)}$ besitzt jedoch nicht diese Eigenschaft: Unter einer Permutation der beiden Teilchen geht $\boldsymbol{S}^{(1)}$ in $\boldsymbol{S}^{(2)}$ über. Nur der Gesamtspin

$$\boldsymbol{S} = \boldsymbol{S}^{(1)} + \boldsymbol{S}^{(2)}$$

bleibt unter Teilchenpermutation invariant. Die Wellenfunktion des Systems aus zwei identischen Teilchen muss deshalb Eigenfunktion zu

$$\boldsymbol{S}^2 = (\boldsymbol{S}^{(1)} + \boldsymbol{S}^{(2)})^2 , \quad S_z = S_z^{(1)} + S_z^{(2)}$$

sein.

Die Slater-Determinante (29.33) ist bereits Eigenfunktion zur z-Komponente des Gesamtspins:

$$S_z|\nu_1, \nu_2\rangle^{(-)} = (S_z^{(1)} + S_z^{(2)})|\nu_1, \nu_2\rangle^{(-)} = \hbar(m_1 + m_2)|\nu_1, \nu_2\rangle^{(-)} ,$$

was unmittelbar durch Addition von Gln. (29.34) und (29.35) folgt. Sie ist allerdings noch nicht Eigenfunktion zum Quadrat des Gesamtspins. Wir wissen jedoch, wie wir aus Eigenfunktionen zu den Einteilchen-Spinoperatoren die entsprechenden Eigenfunktionen $|SM\rangle$ zum Gesamtspin $\boldsymbol{S}^2$, S_z durch Vektoraddition konstruieren können (vgl. Abschnitt 15.7). Dazu müssen wir die ungekoppelten Spinproduktfunktionen $|sm_1\rangle|sm_2\rangle$ mit den entsprechenden Clebsch-Gordan-Koeffizienten $\langle sm_1, sm_2|SM\rangle$ überlagern:

$$|SM\rangle = \sum_{m_1+m_2=M} \langle sm_1, sm_2|SM\rangle |sm_1\rangle^{(1)}|sm_2\rangle^{(2)} .$$

Bei einer solchen Superposition bleibt natürlich die Antisymmetrie der Wellenfunktion erhalten, sodass die antisymmetrischen Wellenfunktionen mit gutem Gesamtspin ebenfalls durch

$$|\alpha_1, \alpha_2, SM\rangle^{(-)} = \sum_{m_1+m_2=M} \langle sm_1, sm_2|SM\rangle |\alpha_1 sm_1, \alpha_2 sm_2\rangle^{(-)} \tag{29.36}$$

gegeben sind.

Für die Kopplung zweier Teilchen mit Spin $s = 1/2$ wurden die Clebsch-Gordan-Koeffizienten in Abschnitt 15.8 berechnet. Unter Benutzung dieser Koeffizienten erhalten wir für die Spinwellenfunktionen mit gutem Gesamtspin $|SM\rangle$ $(S = 0, 1)$:

$$
\begin{aligned}
|S=0, M=0\rangle^{(1,2)} &= \frac{1}{\sqrt{2}}\left(\left|\frac{1}{2}\,\frac{1}{2}\right\rangle^{(1)}\left|\frac{1}{2}\,-\frac{1}{2}\right\rangle^{(2)} - \left|\frac{1}{2}\,-\frac{1}{2}\right\rangle^{(1)}\left|\frac{1}{2}\,\frac{1}{2}\right\rangle^{(2)}\right),\\
|S=1, M=1\rangle^{(1,2)} &= \left|\frac{1}{2}\,\frac{1}{2}\right\rangle^{(1)}\left|\frac{1}{2}\,\frac{1}{2}\right\rangle^{(2)},\\
|S=1, M=0\rangle^{(1,2)} &= \frac{1}{\sqrt{2}}\left(\left|\frac{1}{2}\,\frac{1}{2}\right\rangle^{(1)}\left|\frac{1}{2}\,-\frac{1}{2}\right\rangle^{(2)} + \left|\frac{1}{2}\,-\frac{1}{2}\right\rangle^{(1)}\left|\frac{1}{2}\,\frac{1}{2}\right\rangle^{(2)}\right),\\
|S=1, M=-1\rangle^{(1,2)} &= \left|\frac{1}{2}\,-\frac{1}{2}\right\rangle^{(1)}\left|\frac{1}{2}\,-\frac{1}{2}\right\rangle^{(2)}.
\end{aligned}
$$

Sie erfüllen die Orthonormierungsbedingung

$$
{}^{(1,2)}\langle SM|S'M'\rangle^{(1,2)} = \delta_{SS'}\delta_{MM'}\,.
$$

Die Spinwellenfunktion mit Gesamtspin $S = 0$ ist antisymmetrisch, während die mit Gesamtspin $S = 1$ symmetrisch bezüglich Vertauschen der beiden Teilchen mit $s = 1/2$ sind:

$$
|SM\rangle^{(2,1)} = -(-1)^S|SM\rangle^{(1,2)}\,, \quad S = 0, 1\,.
$$

Die Gesamtwellenfunktion $|\alpha_1, \alpha_2, SM\rangle^{(-)}$ (29.36) ist in jedem Fall antisymmetrisch bezüglich Vertauschen der beiden Fermionen. Mit $|SM\rangle := |SM\rangle^{(1,2)}$ erhalten wir:

$$
|\alpha_1, \alpha_2, SM\rangle^{(-)} = \begin{cases} |\varphi^{(-)}_{\alpha_1\alpha_2}\rangle|SM\rangle, & S = 1\\ |\varphi^{(+)}_{\alpha_1\alpha_2}\rangle|00\rangle, & S = 0\,, \end{cases} \tag{29.37}
$$

wobei

$$
|\varphi^{(\pm)}_{\alpha_1\alpha_2}\rangle = \frac{1}{\sqrt{2}}\frac{1}{\sqrt{1+\delta_{\alpha_1\alpha_2}}}\left(|\alpha_1\rangle^{(1)}|\alpha_2\rangle^{(2)} \pm |\alpha_2\rangle^{(1)}|\alpha_1\rangle^{(2)}\right) \tag{29.38}
$$

der Ortsanteil der Wellenfunktion ist. Demnach besitzen zwei Elektronen mit Gesamtspin $S = 0$ eine symmetrische Ortswellenfunktion $|\varphi^{(+)}_{\alpha_1\alpha_2}\rangle$, da ihre Spinfunktion bereits antisymmetrisch gegenüber Vertauschung der Teilchen ist. Die Spin $(S = 1)$-Funktion hingegen ist symmetrisch bezüglich Teilchenvertauschung und dementsprechend muss die zugehörige Ortswellenfunktion $|\varphi^{(-)}_{\alpha_1\alpha_2}\rangle$ antisymmetrisch sein. Der zusätzliche Normierungsfaktor

$$
\frac{1}{\sqrt{1+\delta_{\alpha_1\alpha_2}}}
$$

ist erforderlich für die symmetrische Wellenfunktion $|\varphi^{(+)}_{\alpha_1\alpha_2}\rangle$ für $\alpha_1 = \alpha_2$, da in diesem Fall auch die gemischten Terme zur Norm beitragen. Diese ist durch

$$\begin{aligned}\langle\varphi^{(\pm)}_{\alpha_1\alpha_2}|\varphi^{(\pm)}_{\beta_1\beta_2}\rangle &= \frac{1}{2}\frac{1}{\sqrt{1+\delta_{\alpha_1\alpha_2}}}\frac{1}{\sqrt{1+\delta_{\beta_1\beta_2}}}\\ &\times\left[{}^{(1)}\langle\alpha_1|\beta_1\rangle^{(1)}\,{}^{(2)}\langle\alpha_2|\beta_2\rangle^{(2)} + {}^{(1)}\langle\alpha_2|\beta_2\rangle^{(1)}\,{}^{(2)}\langle\alpha_1|\beta_1\rangle^{(2)}\right.\\ &\left.\pm\left({}^{(1)}\langle\alpha_1|\beta_2\rangle^{(1)}\,{}^{(2)}\langle\alpha_2|\beta_1\rangle^{(2)} + {}^{(1)}\langle\alpha_2|\beta_1\rangle^{(1)}\,{}^{(2)}\langle\alpha_1|\beta_2\rangle^{(2)}\right)\right]\end{aligned}$$

gegeben. Vorausgesetzt die Einteilchenwellenfunktionen sind korrekt normiert,

$$\langle\alpha|\beta\rangle = \delta_{\alpha\beta}\,,$$

erhalten wir:

$$\langle\varphi^{(\pm)}_{\alpha_1\alpha_2}|\varphi^{(\pm)}_{\beta_1\beta_2}\rangle = \frac{1}{\sqrt{1+\delta_{\alpha_1\alpha_2}}}\frac{1}{\sqrt{1+\delta_{\beta_1\beta_2}}}\left[\delta_{\alpha_1\beta_1}\delta_{\alpha_2\beta_2} \pm \delta_{\alpha_1\beta_2}\delta_{\alpha_2\beta_1}\right].$$

Für die antisymmetrische Ortswellenfunktion verschwindet dieser Ausdruck natürlich für $\alpha_1 = \alpha_2$ oder $\beta_1 = \beta_2$, während in allen übrigen Fällen die Wellenfunktion auf eins normiert ist.

In der Ortsdarstellung

$$\varphi^{(\pm)}_{\alpha_1\alpha_2}(\boldsymbol{x}_1, \boldsymbol{x}_2) = \langle\boldsymbol{x}_1, \boldsymbol{x}_2|\varphi^{(\pm)}_{\alpha_1\alpha_2}\rangle$$

hat der räumliche Anteil (29.38) der Wellenfunktionen die Form

$$\varphi^{(\pm)}_{\alpha_1\alpha_2}(\boldsymbol{x}_1, \boldsymbol{x}_2) = \frac{1}{\sqrt{2}}\frac{1}{\sqrt{1+\delta_{\alpha_1\alpha_2}}}\left(\varphi_{\alpha_1}(\boldsymbol{x}_1)\varphi_{\alpha_2}(\boldsymbol{x}_2) \pm \varphi_{\alpha_2}(\boldsymbol{x}_1)\varphi_{\alpha_1}(\boldsymbol{x}_2)\right). \tag{29.39}$$

Er besitzt die bekannte Wahrscheinlichkeitsinterpretation: Die Größe

$$\left|\varphi^{(\pm)}_{\alpha_1\alpha_2}(\boldsymbol{x}_1, \boldsymbol{x}_2)\right|^2$$

ist die Wahrscheinlichkeitsdichte dafür, dass eines der Elektronen sich am Ort $\boldsymbol{x}_1$ und das andere sich am Ort $\boldsymbol{x}_2$ aufhält. Sie gibt somit die Aufenthaltswahrscheinlichkeitsdichte des Zweiteilchensystems an. Diese Aufenthaltswahrscheinlichkeitsdichte hat die explizite Gestalt

$$\begin{aligned}\left|\varphi^{(\pm)}_{\alpha_1\alpha_2}(\boldsymbol{x}_1, \boldsymbol{x}_2)\right|^2 &= \frac{1}{2}\frac{1}{1+\delta_{\alpha_1\alpha_2}}\left|\varphi_{\alpha_1}(\boldsymbol{x}_1)\varphi_{\alpha_2}(\boldsymbol{x}_2) \pm \varphi_{\alpha_2}(\boldsymbol{x}_1)\varphi_{\alpha_1}(\boldsymbol{x}_2)\right|^2\\ &= \frac{1}{2}\frac{1}{1+\delta_{\alpha_1\alpha_2}}\left(|\varphi_{\alpha_1}(\boldsymbol{x}_1)|^2|\varphi_{\alpha_2}(\boldsymbol{x}_2)|^2 + |\varphi_{\alpha_2}(\boldsymbol{x}_1)|^2|\varphi_{\alpha_1}(\boldsymbol{x}_2)|^2\right.\\ &\qquad\left.\pm 2\mathrm{Re}\{\varphi_{\alpha_1}(\boldsymbol{x}_1)\varphi_{\alpha_2}(\boldsymbol{x}_2)\varphi^*_{\alpha_2}(\boldsymbol{x}_1)\varphi^*_{\alpha_1}(\boldsymbol{x}_2)\}\right).\end{aligned} \tag{29.40}$$

Die ersten beiden Terme hier haben die übliche Wahrscheinlichkeitsinterpretation: Der erste Term gibt die Wahrscheinlichkeitsdichte an, dass sich das Elektron 1 am Orte $\boldsymbol{x}_1$ und das Elektron 2 am Orte $\boldsymbol{x}_2$ befindet. Analog gibt der zweite Term die Wahrscheinlichkeitsdichte an, dass das Elektron 1 sich am Ort $\boldsymbol{x}_2$ und das Elektron 2 am Ort $\boldsymbol{x}_1$ befindet. Für unterscheidbare Teilchen besitzen diese beiden Terme getrennte physikalische Bedeutung, für identische Teilchen hingegen macht eine Unterscheidung dieser beiden Terme keinen Sinn. Der dritte Term im Quadrat der Ortswellenfunktion lässt sich nicht in der bisher bekannten Weise interpretieren und wird als *Austauschdichte* bezeichnet.

Für zwei Elektronen im Spin ($S = 1$)-Zustand ist die Ortsfunktion antisymmetrisch und verschwindet folglich, wenn $\boldsymbol{x}_1 = \boldsymbol{x}_2$ wird. Dies bedeutet, dass sich zwei Fermionen mit Gesamtspin $S = 1$ niemals am selben Ort aufhalten können. Demgegenüber besitzen zwei Elektronen im Zustand mit Gesamtspin $S = 0$ eine symmetrische Ortsfunktion. Durch die Austauschdichte kommt es zur Vergrößerung der Aufenthaltswahrscheinlichkeit der beiden Elektronen am selben Ort. Zwei Elektronen mit Gesamtspin $S = 0$ versuchen sich deshalb anzunähern. Wir stellen damit fest, dass zwischen identischen Teilchen gewisse Korrelationen bestehen, die allein aufgrund ihrer Identität zustande kommen, ohne dass eine eigentliche (tatsächliche[3]) Wechselwirkung vorhanden wäre. Diese Korrelationen werden als *Austauschwechselwirkung* bezeichnet.

Aus der Diskussion der Aufenthaltswahrscheinlichkeit ist ersichtlich, dass die Ununterscheidbarkeit der Teilchen nur dann wichtig ist, wenn die Austauschdichte wesentlich von null verschieden ist, d. h. wenn die beiden Einteilchenwellenfunktionen $\varphi_{\alpha_1}(\boldsymbol{x})$ und $\varphi_{\alpha_2}(\boldsymbol{x})$ sich wesentlich überlappen, d. h. die beiden identischen Teilchen sich dicht beieinander aufhalten, siehe Abb. 29.3(a). Für zwei weit separiert identische Teilchen hingegen, deren Wellenfunktionen nicht überlappen, siehe Abb. 29.3(b),

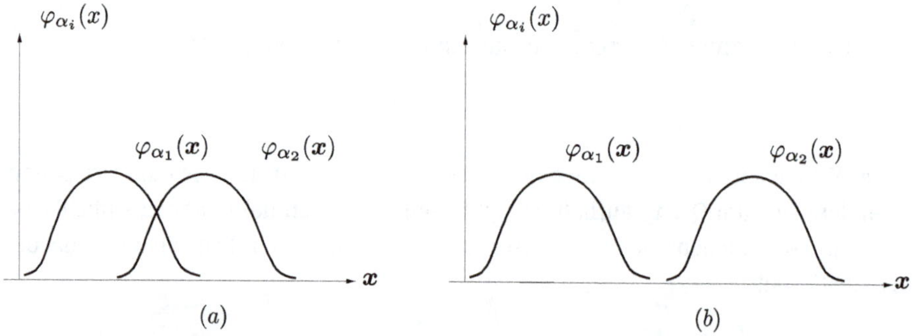

Abb. 29.3: (a) Überlappende Wellenfunktionen führen zu einer von null verschiedenen Austauschdichte, (b) weit separierte Wellenfunktionen führen zu verschwindender Austauschdichte.

3 Mit „tatsächlicher" Wechselwirkung ist hier eine Wechselwirkung gemeint, die auch zwischen unterscheidbaren Teilchen auftritt, wie z. B. die Coulomb-Wechselwirkung.

$$\varphi_{\alpha_1}(\boldsymbol{x})\varphi_{\alpha_2}^{(*)}(\boldsymbol{x}) \simeq 0\,, \qquad \alpha_1 \neq \alpha_2\,,$$

verschwindet die Austauschdichte und die Aufenthaltswahrscheinlichkeit (29.40) reduziert sich mit $\alpha_1 \neq \alpha_2$ auf

$$\frac{1}{2}\left(\left|\varphi_{\alpha_1}(\boldsymbol{x}_1)\right|^2\left|\varphi_{\alpha_2}(\boldsymbol{x}_2)\right|^2 + \left|\varphi_{\alpha_2}(\boldsymbol{x}_1)\right|^2\left|\varphi_{\alpha_1}(\boldsymbol{x}_2)\right|^2\right).$$

Dieser Ausdruck besitzt die gewöhnliche Wahrscheinlichkeitsinterpretation für zwei unterscheidbare Teilchen. Der Interferenzterm zwischen Teilchen 1 und 2 ist damit verschwunden, ähnlich wie in der klassischen Mechanik. Für klassische Teilchen sind die Wellenfunktionen gut lokalisiert und besitzen keinen Überlapp. Deshalb tritt für klassische Teilchen die Problematik der Ununterscheidbarkeit nicht auf.

Zusammenfassend können wir feststellen: Die Identität der Teilchen (bei Fermionen die Antisymmetrisierung der Wellenfunktion und damit die Austauschdichte) wird dann wichtig, wenn die Teilchen sich nahe beieinander befinden. Die Identität wird jedoch irrelevant, wenn die Teilchen räumlich weit voneinander separiert sind. Ein Elektron auf dem Mond kann keinen Einfluss auf ein Elektron auf der Erde besitzen.

29.9 Das Helium-Atom

Das einfachste realistische Vielfermionensystem, in dem die Identität der Teilchen eine Rolle spielt, ist das Helium-Atom. Selbst dieses einfache System lässt sich nicht mehr streng analytisch behandeln, sodass wir auf die Störungstheorie zurückgreifen müssen, siehe Abschnitt 19.3. Zur Vereinfachung setzen wir voraus, dass der Helium-Kern unendlich schwer gegenüber den Elektronen ist und im Koordinatenursprung ruht. Diese Näherung hat sich schon als sehr gut bei der Behandlung des Wasserstoff-Atoms erwiesen und sollte für Helium-Atome aufgrund der größeren Masse noch wesentlich besser sein. Bei Abwesenheit von kinetischer Energie für den Helium-Kern ist der Hamilton-Operator des Helium-Atoms durch

$$H = H^{(1)} + H^{(2)} + V^{(1,2)} \tag{29.41}$$

gegeben. Hierbei ist

$$H^{(i)} = H_0(\boldsymbol{x}_i) = \frac{\boldsymbol{p}_i^2}{2m} - \frac{Ze^2}{4\pi|\boldsymbol{x}_i|}\,, \qquad i = 1, 2$$

mit der Kernladungszahl $Z = 2$ der Hamilton-Operator eines einzelnen Elektrons im Coulomb-Potential des Atomkerns und

$$V^{(1,2)} = V^{(1,2)}(\boldsymbol{x}_1, \boldsymbol{x}_2) = \frac{e^2}{4\pi|\boldsymbol{x}_1 - \boldsymbol{x}_2|} \tag{29.42}$$

die Coulomb-Wechselwirkung der Elektronen.

Die abstoßende Coulomb-Wechselwirkung zwischen den Protonen des Kerns wird durch die *viel stärkere* anziehende *starke Wechselwirkung* überkompensiert. Obwohl die Wechselwirkung zwischen den beiden Elektronen nur vom Abstand abhängt, lässt sich die Schwerpunktskoordinate der Elektronen nicht eliminieren, da sich diese noch im lokalisierten Coulomb-Feld des Helium-Kerns befinden.

Wenn wir die Wechselwirkung zwischen den Elektronen und deren Identität vernachlässigen, reduziert sich das Helium-Problem auf das Wasserstoff-Problem mit der Kernladungszahl $Z = 2$. Die Wellenfunktionen der Elektronen sind dann durch die Produktwellenfunktion

$$\varphi(\boldsymbol{x}_1, \boldsymbol{x}_2) = \varphi_{n_1 l_1 m_1}(\boldsymbol{x}_1)\varphi_{n_2 l_2 m_2}(\boldsymbol{x}_2)$$

gegeben, wobei $\varphi_{nlm}(\boldsymbol{x})$ die Wasserstoff-Wellenfunktionen für $Z = 2$ sind.

In der hier betrachteten nichtrelativistischen Behandlung des Helium-Atoms ist der Hamilton-Operator H und insbesondere auch die Wechselwirkung $V^{(1,2)}$ unabhängig vom Spin. Deshalb gilt:

$$[\boldsymbol{S}^{(i)}, H] = \hat{\boldsymbol{0}}, \quad i = 1, 2,$$

und der Gesamtspin der Elektronen muss erhalten bleiben. Wir können demnach die Eigenzustände der Elektronen selbst bei Anwesenheit der Wechselwirkung nach ihrem Gesamtspin klassifizieren. Im Folgenden wollen wir zunächst von der Wechselwirkung zwischen den Elektronen absehen, aber ihre Identität berücksichtigen. Die Wellenfunktion des nichtwechselwirkenden Zweifermionen-Systems haben wir bereits im vorangegangenen Abschnitt gefunden. Diese sind zum Gesamtspin S gekoppelte Slater-Determinanten. Der Gesamtspin legt dabei lediglich die Symmetrie der Ortswellenfunktion fest. Die Wellenfunktion lautet, siehe Gl. (29.37), (29.39):

$$\begin{aligned} |\alpha_1\alpha_2, SM\rangle &= |\varphi^{(\pm)}_{\alpha_1\alpha_2}\rangle|SM\rangle, \\ \langle \boldsymbol{x}_1, \boldsymbol{x}_2|\varphi^{(\pm)}_{\alpha_1\alpha_2}\rangle &= \varphi^{(\pm)}_{\alpha_1\alpha_2}(\boldsymbol{x}_1, \boldsymbol{x}_2) \\ &= \frac{1}{\sqrt{2}}\frac{1}{\sqrt{1+\delta_{\alpha_1\alpha_2}}}(\varphi_{\alpha_1}(\boldsymbol{x}_1)\varphi_{\alpha_2}(\boldsymbol{x}_2) \pm \varphi_{\alpha_1}(\boldsymbol{x}_2)\varphi_{\alpha_2}(\boldsymbol{x}_1)), \end{aligned} \tag{29.43}$$

wobei das obere (untere) Vorzeichen für $S = 0$ ($S = 1$) gilt und α für den Satz (n, l, m) von Einteilchenquantenzahlen steht. Für $\alpha_1 = \alpha_2$ verschwindet die antisymmetrische Wellenfunktion $|\varphi^{(-)}_{\alpha_1\alpha_2}\rangle$, während die symmetrische Wellenfunktion $|\varphi^{(+)}_{\alpha_1\alpha_2}\rangle$ den zusätzlichen Normierungsfaktor

$$\frac{1}{\sqrt{1+\delta_{\alpha_1\alpha_1}}} = \frac{1}{\sqrt{2}}$$

besitzt. Dieser zusätzliche Faktor entsteht dadurch, dass für $\alpha_1 = \alpha_2$ die gemischten Terme

$$\varphi^*_{\alpha_1}(\boldsymbol{x}_1)\varphi^*_{\alpha_2}(\boldsymbol{x}_2)\varphi_{\alpha_1}(\boldsymbol{x}_2)\varphi_{\alpha_2}(\boldsymbol{x}_1) + \text{komplex konjugiert}$$

ebenfalls zur Norm beitragen, siehe Gl. (29.40).

Die Heliumatome mit Elektronenkonfigurationen mit Gesamtspin $S = 0$ bzw. $S = 1$ werden als *Parahelium* bzw. *Orthohelium* bezeichnet:

$$\begin{aligned} S = 0: &\quad |\varphi^{(+)}_{\alpha_1\alpha_2}\rangle\,, \quad \text{Parahelium}\,, \\ S = 1: &\quad |\varphi^{(-)}_{\alpha_1\alpha_2}\rangle\,, \quad \text{Orthohelium}\,. \end{aligned}$$

29.9.1 Das ungestörte Helium-Spektrum

Die antisymmetrischen Eigenfunktionen zum Gesamtspin sind gleichzeitig Eigenfunktionen zum Gesamteinteilchen-Hamilton-Operator,

$$(H^{(1)} + H^{(2)})|\alpha_1\alpha_2, SM\rangle = (E_{\alpha_1} + E_{\alpha_2})|\alpha_1\alpha_2, SM\rangle\,,$$

wobei

$$E_\alpha = E_n = -\frac{Z^2 R}{n^2}$$

die Energieeigenwerte im Coulomb-Potential mit Ladung $Z = 2$ sind. Im ungestörten Grundzustand ($V^{(1,2)}(\boldsymbol{x}_1, \boldsymbol{x}_2) = \hat{0}$) befinden sich beide Elektronen im niedrigsten Einteilchenzustand $\alpha_1 = \alpha_2 = (1, 0, 0)$. Dieser Zustand hat deshalb die Gesamtenergie

$$E^{(0)}_0 = E_1 + E_1 = -8R\,.$$

Dieser Wert ist betragsmäßig etwa 30 % größer als die experimentelle Bindungsenergie der Elektronen im Helium, was nicht verwunderlich ist, da wir die abstoßende Coulomb-Wechselwirkung der Elektronen vernachlässigt haben. Da sich im Grundzustand beide Elektronen im selben Orts-Einteilchenzustand befinden, verschwindet hier die antisymmetrische Ortswellenfunktion und die Elektronen können nur den Gesamtspin $S = 0$ bilden. Der ungestörte Grundzustand des Helium-Atoms ist folglich durch

$$|\alpha\alpha, S = 0\, M = 0\rangle = |\varphi^{(+)}_{\alpha\alpha}\rangle|S = 0\, M = 0\rangle$$

mit der symmetrischen Ortswellenfunktion (29.43)

$$\varphi^{(+)}_{\alpha\alpha}(\boldsymbol{x}_1, \boldsymbol{x}_2) = \varphi_\alpha(\boldsymbol{x}_1)\varphi_\alpha(\boldsymbol{x}_2)\,, \quad \alpha = (1, 0, 0) \tag{29.44}$$

gegeben, wobei

$$\varphi_{100}(\mathbf{x}) = \sqrt{\frac{Z^3}{\pi a^3}} \exp\left(-Z\frac{r}{a}\right)$$

die Grundzustandswellenfunktion (18.27) des Wasserstoff-Atoms, jedoch mit $Z = 2$ ist (a bezeichnet den Bohr'schen Atomradius). Da sich die Elektronen in diesem symmetrischen Ortszustand beliebig nahe kommen können, ist es nicht verwunderlich, dass die Coulomb-Wechselwirkung (Abstoßung) der Elektronen in diesem Zustand groß ist.

i Dieselbe Ortswellenfunktion (29.44) würde man auch für *unterscheidbare* Teilchen unter Vernachlässigung des Spins erhalten, siehe Gl. (19.18). Für den Grundzustand von Helium hat deshalb die Antisymmetrisierung der Wellenfunktion keinen dynamischen Effekt, abgesehen von der Tatsache, dass die Antisymmetrisierung die beiden Elektronen in einen Gesamtspin ($S = 0$)-Zustand zwingt. Da außerdem der Hamilton-Operator (29.41) unabhängig vom Spin ist, bleibt die in Abschnitt 19.3 durchgeführte störungstheoretische Berechnung der Grundzustandsenergie des Helium-Atoms auch bei Berücksichtigung der Identität der Elektronen korrekt. Dasselbe gilt für die in Abschnitt 20.2 durchgeführte Variationsrechnung.

In der Tabelle 29.2 sind die ungestörten Elektronenenergien im Helium-Atom angegeben. Für ein Helium-Atom im Grundzustand ist die Ablösungsarbeit eines Elektrons, d. h. die sogenannte *Ionisationsenergie*, durch[4]

$$E_{\text{ion}} = E_1 + E_\infty - 2E_1 = -E_1 = 4R = 54{,}4 \text{ eV} \tag{29.45}$$

gegeben. Befinden sich beide Elektronen im ersten angeregten Zustand ($n_1 = n_2 = 2$), so ist ihre gesamte Anregungsenergie bereits größer als die Ionisationsenergie (29.45) eines einzelnen Elektrons:

$$(E_2 - E_1) + (E_2 - E_1) > E_{\text{ion}}\,.$$

Tab. 29.2: Die ungestörte Elektronenenergien im Helium-Atom.

n_1	n_2	E [R]	E [eV]
1	1	−8	−108,8
1	2	−5	−68,0
1	3	−40/9	−60,4
1	∞	−4	−54,4
2	2	−2	−27,2

4 Die Ionisationsenergie ist die Energie, welche aufgebracht werden muss, um ein Elektron aus dem (gebundenen) Grundzustand ($E = E_1$) zur Ionisationskante $E_\infty = 0$ anzuregen.

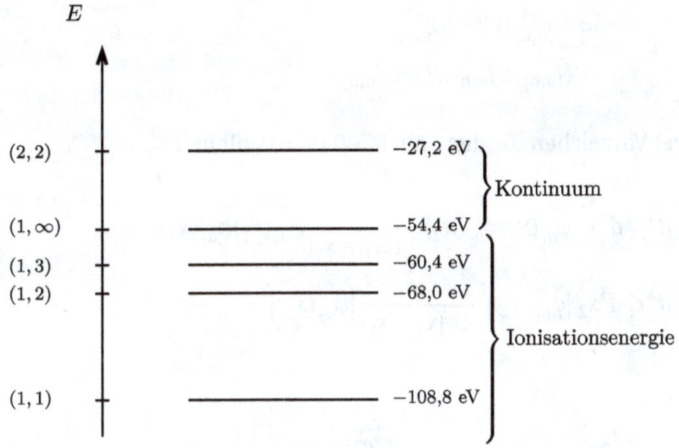

Abb. 29.4: Das ungestörte Spektrum des Helium-Atoms. Angegeben sind die Energien eines Elektrons, wenn sich das andere Elektron im Grundzustand $n = 1$ befindet, so wie die Energie des Zustandes, in welchem beide Elektronen sich im ersten angeregten Zustand $n = 2$ befinden.

Dieser Zustand $n_1 = n_2 = 2$ kann folglich kein Bindungszustand sein, sondern liegt im Kontinuum. Er wird jedoch als Resonanz beobachtet. Demnach sind alle ungestörten Zustände, in denen sich beide Elektronen in angeregten Einteilchen-Niveaus $n_1, n_2 \geq 2$ befinden, keine Bindungszustände, da sie eine höhere Energie als der einfach ionisierte Zustand $n_1 = 1$, $n_2 = \infty$ besitzen (siehe Abb. 29.4). Befinden sich beide Elektronen in einem angeregten Zustand, so kommt es deshalb zur spontanen Emission eines der beiden Elektronen (*Autoionisation*), wobei das im Atom verbleibende Elektron in den Grundzustand zurückfällt.

29.9.2 Einschluss der Coulomb-Wechselwirkung der Elektronen in die Störungstheorie

Der Hamilton-Operator des Helium-Atoms, insbesondere die Coulomb-Wechselwirkung zwischen den Elektronen, ist unabhängig vom Spin. Deshalb kann dieser Hamilton-Operator keine Zustände mit verschiedenem Gesamtspin der Elektronen mischen. Der Gesamtspin ist erhalten, und da der Hamilton-Operator nicht vom Spin abhängt, fallen die Spinfunktionen bei der Berechnung des Erwartungswertes heraus. Der Gesamtspin bestimmt jedoch die Symmetrie des Ortsanteiles der Wellenfunktion. Nach Multiplikation von Gl. (29.40) mit der Coulomb-Wechselwirkung (29.42) und Ausnutzung deren Symmetrie $V^{(1,2)}(\boldsymbol{x}_1, \boldsymbol{x}_2) = V^{(2,1)}(\boldsymbol{x}_2, \boldsymbol{x}_1)$ sowie Integration über die Teilchenkoordinate erhalten wir für die Energiekorrektur in erster Ordnung Störungstheorie:

$$\Delta E^S_{a_1 a_2} = {}^{(-)}\langle a_1 a_2, SM | H^{(1,2)} | a_1 a_2, SM \rangle^{(-)}$$

$$
\begin{aligned}
&= \langle \varphi^{(\pm)}_{\alpha_1\alpha_2} | V^{(1,2)} | \varphi^{(\pm)}_{\alpha_1\alpha_2} \rangle \\
&= (I_{\alpha_1\alpha_2} \pm J_{\alpha_1\alpha_2})/(1 + \delta_{\alpha_1\alpha_2}) ,
\end{aligned}
$$

wobei das obere (untere) Vorzeichen für den Spin $S = 0$ ($S = 1$) gilt und

$$
\begin{aligned}
I_{\alpha_1\alpha_2} &= \int d^3x_1\, d^3x_2\, \varphi^*_{\alpha_1}(\boldsymbol{x}_1)\varphi^*_{\alpha_2}(\boldsymbol{x}_2)\frac{e^2}{4\pi|\boldsymbol{x}_1 - \boldsymbol{x}_2|}\varphi_{\alpha_1}(\boldsymbol{x}_1)\varphi_{\alpha_2}(\boldsymbol{x}_2) \\
&= \int d^3x_1\, d^3x_2\, |\varphi_{\alpha_1}(\boldsymbol{x}_1)|^2 \frac{e^2}{4\pi|\boldsymbol{x}_1 - \boldsymbol{x}_2|}|\varphi_{\alpha_2}(\boldsymbol{x}_2)|^2
\end{aligned}
$$

bzw.

$$
J_{\alpha_1\alpha_2} = \int d^3x_1\, d^3x_2\, \varphi^*_{\alpha_1}(\boldsymbol{x}_1)\varphi^*_{\alpha_2}(\boldsymbol{x}_2)\frac{e^2}{4\pi|\boldsymbol{x}_1 - \boldsymbol{x}_2|}\varphi_{\alpha_1}(\boldsymbol{x}_2)\varphi_{\alpha_2}(\boldsymbol{x}_1)
$$

den direkten bzw. Austauschterm des Erwartungswertes der Coulomb-Wechselwirkung repräsentieren. Wie wir oben gesehen haben, existieren gebundene Zustände nur, wenn sich mindestens eines der Elektronen im Einteilchenzustand niedrigster Energie befindet. Für diese Fälle kann man zeigen, dass sowohl der direkte Term I als auch der Austauschterm J positiv sind. Wir erhalten deshalb in führender Ordnung Störungstheorie das in Abb. 29.5 dargestellte Schema der Energieniveaus. Dieses besitzt eine anschauliche physikalische Interpretation. Im Spin ($S = 0$)-Zustand ist die räumliche Wellenfunktion symmetrisch und die Elektronen sind bestrebt, sich sehr nahe zu kommen. Insbesondere können sie sich beliebig dicht beieinander aufhalten. Deshalb spüren sie die Coulomb-Abstoßung sehr stark, und dieser Zustand wird stark nach oben verschoben. Demgegenüber ist die Ortswellenfunktion zum Gesamtspin $S = 1$ antisymmetrisch. Die beiden Elektronen weichen einander aus, kommen sich daher nicht sehr nahe, sodass die Coulomb-Abstoßung nicht sehr wirksam werden kann. Die Austauschkorrelationen J kompensieren hier teilweise die direkte Abstoßung der Coulomb-Wechselwirkung I. Die Direkte Coulomb-Abstoßung I und die Austauschkorrelationen J wirken demnach konstruktiv im Spin ($S = 0$)-Zustand (Parahelium) und destruktiv im Spin ($S = 1$)-Zustand (Orthohelium).

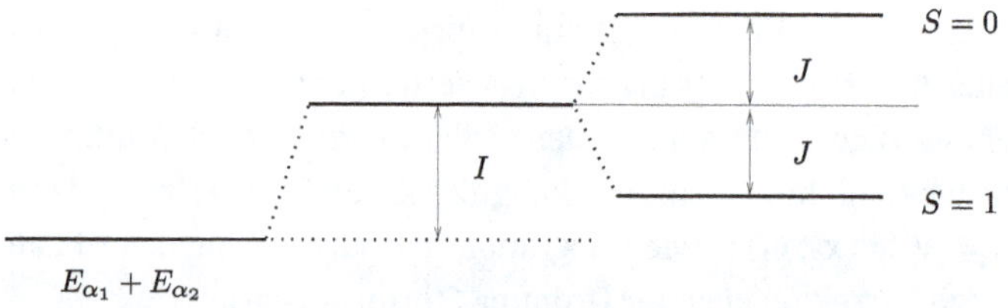

Abb. 29.5: Verschiebung und Aufspaltung der Elektronenniveaus im Helium-Atom aufgrund der abstoßenden Coulomb-Wechselwirkung der Elektronen.

Abschließend betonen wir, dass diese Aufspaltung der Niveaus mit verschiedenem Spin erhalten wurde, obwohl der Hamilton-Operator unabhängig vom Spin ist. Die Aufspaltung der Niveaus mit verschiedenem Spin ist allein eine Folge der Identität der Teilchen, die eine total antisymmetrische Wellenfunktion fordert. Da ($S = 0$)- und ($S = 1$)-Zustände verschiedene Symmetrie bezüglich Vertauschen der beiden Teilchen besitzen, haben diese Zustände auch im Ortsanteil ihrer Wellenfunktion verschiedene Symmetrien, und verschiedene Ortswellenfunktionen geben natürlich verschiedene Erwartungswerte für den ortsabhängigen Hamilton-Operator.

Befinden sich beide Elektronen im selben (Einteilchen-)Zustand $\varphi_a(\boldsymbol{x})$, so verschwindet die antisymmetrische Ortswellenfunktion (29.43), $\varphi^{(-)}_{aa}(\boldsymbol{x}_1, \boldsymbol{x}_2) = 0$, und die Elektronen können nur den Gesamtdrehimpuls $S = 0$ besitzen, der folglich über dem ungestörten Zustand liegt, siehe Abb. 29.5.

29.10 Die Hartree-Fock-Methode

Für Atome mit mehr als zwei Elektronen wird die störungstheoretische Behandlung der Elektronenniveaus wegen der Coulomb-Wechselwirkung der Elektronen untereinander fragwürdig. Letztere wächst mit der Kernladungszahl Z wie Z^2, während das Potential des Kerns nur linear in Z ansteigt. Demzufolge sollte für große Z die Wechselwirkungsenergie der Elektronen gegenüber der Summe der Einteilchenenergien der Elektronen im Coulomb-Potential des Atomkerns dominieren und die Störungstheorie sollte folglich zusammenbrechen. Im Folgenden wollen wir deshalb eine nichtstörungstheoretische Behandlung der Coulomb-Wechselwirkung der Elektronen vornehmen, die es uns erlaubt, auch Atome mit größeren Kernladungszahlen zu behandeln. Bei dieser Methode geht man von der Vorstellung aus, dass ein Elektron in einem Atom neben dem Coulomb-Potential des Atomkerns noch ein zusätzliches effektives Potential erfährt, das durch seine Wechselwirkung mit den übrigen Elektronen der Hülle entsteht.

Zweckmäßigerweise legen wir den Atomkern in den Koordinatenursprung und betrachten ihn der Einfachheit halber wieder als unendlich schwer. Er besitzt dann keine kinetische Energie und der Hamilton-Operator der Elektronen ist durch

$$H = \sum_k H^{(k)} + \frac{1}{2} \sum_{k \neq l} V^{(k,l)}$$

gegeben. Hierbei ist

$$H^{(k)} = \frac{\boldsymbol{p}_k^2}{2m} + \frac{Ze^2}{4\pi|\boldsymbol{x}_k|} \equiv H_0(\boldsymbol{x}_k)$$

der Hamilton-Operator eines einzelnen Elektrons im Coulomb-Feld des Atomkerns der Kernladungszahl Z und

$$V^{(k,l)} = \frac{e^2}{4\pi|\boldsymbol{x}_k - \boldsymbol{x}_l|} \equiv V(\boldsymbol{x}_k, \boldsymbol{x}_l)$$

ist die Coulomb-Wechselwirkung zwischen dem k-ten und l-ten Elektron. Im Folgenden werden wir uns jedoch nicht auf geladene Vielteilchensysteme mit Coulomb-Wechselwirkung beschränken, sondern beliebige Einteilchenoperatoren

$$H_0(x) = \frac{\boldsymbol{p}^2}{2m} + U_0(\boldsymbol{x})$$

und spinunabhängige Zweiteilchenwechselwirkungen $V^{(k,l)} = V(\boldsymbol{x}_k, \boldsymbol{x}_l)$ zulassen.

Zur Berechnung der Grundzustandsenergie des Vielteilchensystems benutzen wir die Variationsmethode. Die Uneingeschränkte Variation der Energie

$$E[\psi] = \langle\psi|H|\psi\rangle \to \min \tag{29.46}$$

unter der Nebenbedingung

$$\langle\psi|\psi\rangle = 1$$

liefert die exakte Lösung der stationären Schrödinger-Gleichung, siehe Kap. 20. Für ein System mit vielen Teilchen ist die uneingeschränkte Variation unmöglich und wir sind gezwungen, den Raum der Testwellenfunktionen $|\psi\rangle$ einzuschränken. Der Erfolg des Variationsverfahrens hängt bekanntlich von der Wahl der Testfunktionen $|\psi\rangle$ ab. Bei der praktischen Durchführung des Variationsproblems ist man gezwungen, einen Kompromiss zwischen Komplexität der Testwellenfunktionen und der Güte der Näherungen einzugehen.

29.10.1 Hartree-Näherung

Eine besonders einfache Testwellenfunktion für ein Vielteilchensystem ist die Produktwellenfunktion

$$\psi(\xi_1, \xi_2, \dots, \xi_N) = \phi_1(\xi_1)\phi_2(\xi_2)\dots\phi_N(\xi_N), \tag{29.47}$$

wobei

$$\phi_i(\xi_i) \equiv \varphi_i(\boldsymbol{x}_i)\chi_i(m_i^s)$$

die Wellenfunktion des i-ten Teilchens ist. Sie setzt sich zusammen aus einer Orts- und Spinwellenfunktion. Im Folgenden werden wir jedoch der Einfachheit halber wieder den Spin der Teilchen vernachlässigen. Dies ist gerechtfertigt, da der Hamilton-Operator H unabhängig vom Spin ist und folglich die Spinwellenfunktionen bei der Bildung des Erwartungswertes von H herausfallen.

Die Produktwellenfunktion

$$\psi(\boldsymbol{x}_1, \boldsymbol{x}_2, \dots, \boldsymbol{x}_N) = \prod_{k=1}^{N} \varphi_k(\boldsymbol{x}_k) \tag{29.48}$$

beschreibt ein System unabhängiger, unterscheidbarer Teilchen. Sie trägt weder der Wechselwirkung zwischen den Teilchen noch ihrer Ununterscheidbarkeit (Identität) Rechnung. Effekte, die von der Identität der Teilchen herrühren, wie die Austauschkorrelationen, können deshalb im Rahmen dieses Ansatzes nicht erfasst werden. Um für Fermi-Systeme das Pauli-Prinzip wenigstens teilweise zu berücksichtigen, müssen sämtliche Einteilchenwellenfunktionen in dem Produktansatz verschieden bzw. zueinander orthogonal sein. Mithilfe des Variationsprinzips erhalten wir die bestmögliche Wellenfunktion im Rahmen unseres Variationsansatzes (29.47), d. h. die bestmögliche Beschreibung des wechselwirkenden Systems aus identischen Teilchen als ein System unabhängiger, unterscheidbarer Teilchen.

Wir setzen die Produktwellenfunktion (29.48) in das Energiefunktional (29.46) ein

$$E[\psi] = \sum_{k=1}^{N} \langle\psi|H_0(\boldsymbol{x}_k)|\psi\rangle + \frac{1}{2}\sum_{k\neq l=1}^{N} \langle\psi|V(\boldsymbol{x}_k, \boldsymbol{x}_l)|\psi\rangle \,.$$

Da $H^{(k)} = H_0(x_k)$ nur auf die k-te Teilchenkoordinate $\boldsymbol{x}_k$ und $V^{(k,l)} = V(\boldsymbol{x}_k, \boldsymbol{x}_l)$ nur auf die k-te und l-te Teilchenkoordinaten wirken, erhalten wir:

$$\boxed{\begin{aligned} E[\psi] &= \sum_k \int d^3x_k\, \varphi_k^*(\boldsymbol{x}_k) H_0(\boldsymbol{x}_k)\varphi_k(\boldsymbol{x}_k) \\ &\quad + \frac{1}{2}\sum_{k\neq l} \int d^3x_k\, d^3x_l\, \varphi_k^*(\boldsymbol{x}_k)\varphi_l^*(\boldsymbol{x}_l) V(\boldsymbol{x}_k, \boldsymbol{x}_l)\varphi_k(\boldsymbol{x}_k)\varphi_l(\boldsymbol{x}_l)\,, \end{aligned}} \tag{29.49}$$

wobei wir die korrekte Normierung der Einteilchenwellenfunktionen

$$\int d^3x \varphi_k^*(\boldsymbol{x})\varphi_k(\boldsymbol{x}) = 1 \tag{29.50}$$

vorausgesetzt haben. Diese Normierung muss bei der Variation des Energiefunktionals erhalten werden. Die Nebenbedingung (29.50) können wir durch Einführung von Lagrange-Multiplikatoren ϵ_k gewährleisten, was auf das Energiefunktional

$$\bar{E}[\psi] = E[\psi] - \sum_k \epsilon_k \int d^3x\, \varphi_k^*(\boldsymbol{x})\varphi_k(\boldsymbol{x}) \tag{29.51}$$

führt. Die Variation nach den Einteilchenwellenfunktionen $\varphi_k(\boldsymbol{x})$ liefert unter Berücksichtigung von[5]

5 Man beachte, dass bei der Variation nach einer speziellen Einteilchenfunktion $\varphi_l(\boldsymbol{x})$ die übrigen Einteilchenwellenfunktionen $\varphi_{k\neq l}(\boldsymbol{x})$ festgehalten werden.

$$\frac{\delta\varphi_k(\boldsymbol{y})}{\delta\varphi_l(\boldsymbol{x})} = \delta_{kl}\delta(\boldsymbol{x}-\boldsymbol{y})$$

die Beziehung

$$\boxed{(H_0(\boldsymbol{x}) + \mathcal{V}_k(\boldsymbol{x}))\varphi_k(\boldsymbol{x}) = \epsilon_k\varphi_k(\boldsymbol{x})\,,} \tag{29.52}$$

wobei die Größe

$$\boxed{\mathcal{V}_k(\boldsymbol{x}) = \sum_{l\neq k}\int d^3x_l\; V(\boldsymbol{x},\boldsymbol{x}_l)|\varphi_l(\boldsymbol{x}_l)|^2} \tag{29.53}$$

ein effektives Potential für das k-te Teilchen darstellt, das von den Wellenfunktionen $\varphi_l(\boldsymbol{x})$ der übrigen Teilchen $l \neq k$ abhängt. Es ist nur eine Funktion der Koordinate des k-ten Teilchens. Es stellt ein mittleres Potential dar, das das k-te Teilchen aufgrund seiner Wechselwirkung mit den übrigen Teilchen erfährt. Führen wir die Dichte

$$\rho_k(\boldsymbol{x}) = \sum_{l\neq k}|\varphi_l(\boldsymbol{x})|^2 \tag{29.54}$$

dieser Teilchen ein, so lässt sich das mittlere Potential $\mathcal{V}_k(\boldsymbol{x})$ (29.53) als Faltung der Wechselwirkung mit dieser Teilchendichte schreiben:

$$\mathcal{V}_k(\boldsymbol{x}) = \int d^3y\; V(\boldsymbol{x},\boldsymbol{y})\rho_k(\boldsymbol{y})\,. \tag{29.55}$$

Das effektive Potential $\mathcal{V}_k(\boldsymbol{x})$ entsteht damit durch Mittelung der Zweiteilchenwechselwirkung über die Dichte der übrigen Teilchen. Es wird deshalb als *mittleres Feld* bezeichnet. Gleichung (29.52) ist die *Hartree-Gleichung*. Sie hat die Form einer Einteilchen-Schrödinger-Gleichung.

Durch den Produktansatz im Variationsproblem ist es uns gelungen, das N-Teilchen-Problem auf N gekoppelte Einteilchen-Probleme

$$\mathcal{H}_k(\boldsymbol{x})\varphi_k(\boldsymbol{x}) = \epsilon_k\varphi_k(\boldsymbol{x}) \tag{29.56}$$

zurückzuführen, wobei die Kopplung durch das mittlere Feld $\mathcal{V}_k(\boldsymbol{x})$ im effektiven Einteilchen-Hamilton-Operator

$$\mathcal{H}_k(\boldsymbol{x}) = H_0(\boldsymbol{x}) + \mathcal{V}_k(\boldsymbol{x}) \tag{29.57}$$

hervorgerufen wird, da das mittlere Potential $\mathcal{V}_k(\boldsymbol{x})$ für das k-te Teilchen von den Wellenfunktionen der übrigen Teilchen abhängt. Die Einteilchen-Schrödinger-Gleichungen (29.56) sind jedoch keine gewöhnlichen Differentialgleichungen, sondern wegen der $\varphi_{l\neq k}(\boldsymbol{x})$-Abhängigkeit des mittleren Feldes sogenannte *Integrodifferentialgleichungen*, die sich i. A. nur iterativ lösen lassen. Zur iterativen Lösung der Hartree-Gleichung wählt man einen Satz von N linear unabhängigen, i. A. orthonormierten Einteilchen-Funktionen $\varphi_k^{(0)}(\boldsymbol{x})$, z. B. die untersten Zustände im harmonischen Oszillatorpotential, berechnet mit diesen Wellenfunktionen das mittlere Potential $\mathcal{V}_k(\boldsymbol{x})$ (29.53) und löst mit diesem Potential die Hartree-Gleichung (29.52). Dies liefert einen neuen Satz von N Wellenfunktionen $\varphi_k^{(1)}(\boldsymbol{x})$, mit denen die Iteration wiederholt wird, bis es zur Konvergenz der Einteilchenenergien ϵ_k und der Wellenfunktionen $\varphi_k(\boldsymbol{x})$ kommt. Das mit den Lösungen der Hartree-Gleichung berechnete effektive Potential $\mathcal{V}_k(\boldsymbol{x})$ (29.53) wird als *Hartree'sches selbstkonsistentes* oder *mittleres Feld* bezeichnet.

Da das mittlere Potential $\mathcal{V}_k(\boldsymbol{x})$ (29.55) und damit der Hartree-Hamiltonian $\mathcal{H}_k(\boldsymbol{x})$ (29.57) für jedes der N Teilchen prinzipiell verschieden ist, sind die Einteilchen-Wellenfunktionen $\varphi_k(\boldsymbol{x})$, die als Lösung der Hartree-Gleichung (29.56) erhalten werden, nicht orthogonal. Für eine sehr große Anzahl von Teilchen hängt jedoch das mittlere Potential $\mathcal{V}_k(\boldsymbol{x})$ nur wenig von k ab und es empfiehlt sich deshalb, die Dichte $\rho_k(\boldsymbol{x})$ (29.54) der $(N-1)$ Teilchen $l \neq k$ durch die Einteilchendichte des Gesamtsystems zu ersetzen:

$$\rho(\boldsymbol{x}) = \sum_l |\varphi_l(\boldsymbol{x})|^2 .$$

Das mittlere Potential (29.55)

$$\mathcal{V}(\boldsymbol{x}) = \int d^3y \, V(\boldsymbol{x},\boldsymbol{y})\rho(\boldsymbol{y})$$

und damit der Hartree-Hamiltonian sind dann für alle Zustände dieselben. Da der Hartree-Hamiltonian außerdem hermitesch ist, erhalten wir dann orthogonale Einteilchenzustände $\varphi_k(\boldsymbol{x})$.

Für lokalisierte Probleme, wie z. B. die Berechnung der Elektronenenergie im Atom, wird das numerische Lösen der Hartree-Gleichung dadurch erschwert, dass das mittlere Hartree-Potential $\mathcal{V}_k(\boldsymbol{x})$ im Gegensatz zum Coulomb-Potential des Atomkerns nicht sphärisch symmetrisch ist. Eine Vereinfachung ergibt sich, wenn das Hartree-Potential $\mathcal{V}_k(\boldsymbol{x})$ durch das kugelsymmetrische Potential

$$\mathcal{V}_k(\boldsymbol{x}) \to \bar{\mathcal{V}}_k(|\boldsymbol{x}|) = \frac{1}{4\pi} \int d\Omega \, \mathcal{V}_k(\boldsymbol{x})$$

ersetzt wird, das durch Mittelung über den Raumwinkel entsteht.

Für translationsinvariante Probleme, wie z. B. bei unendlich ausgedehnter Kernmaterie ist die Teilchendichte (29.54) und damit das mittlere Potential $\mathcal{V}_k(\boldsymbol{x})$ (29.55) ortsunabhängig. Die Lösungen der Hartree-Gleichung sind dann ebene Wellen.

Die ϵ_k hatten wir ursprünglich als Lagrange-Multiplikatoren eingeführt. In der Hartree-Gleichung (29.56) erscheinen sie als die Eigenwerte des Hartree-Hamilton-Operators $\mathcal{H}_k(\boldsymbol{x})$ (29.57) und können deshalb als die Einteilchenenergien in Hartree-Näherung interpretiert werden. Beachten wir, dass

$$\epsilon_k = \langle\varphi_k|\mathcal{H}_k|\varphi_k\rangle = \int d^3x\, \varphi_k^*(\boldsymbol{x})H_0(\boldsymbol{x})\varphi_k(\boldsymbol{x}) + \sum_{l\neq k}\int d^3x \int d^3y\, \varphi_k^*(\boldsymbol{x})\varphi_l^*(\boldsymbol{y})V(\boldsymbol{x},\boldsymbol{y})\varphi_k(\boldsymbol{x})\varphi_l(\boldsymbol{y}),$$

so erkennen wir, dass die Summe der Einteilchenenergien

$$\sum_k \epsilon_k$$

nicht mit dem Energiefunktional in Hartree-Näherung $E[\psi]$ (29.49) zusammenfällt, sondern die Wechselwirkungsenergie doppelt enthält:

$$E[\psi] = \sum_k \epsilon_k - \frac{1}{2}\sum_{k\neq l}\int d^3x \int d^3y\, \varphi_k^*(\boldsymbol{x})\varphi_l^*(\boldsymbol{y})V(\boldsymbol{x},\boldsymbol{y})\varphi_k(\boldsymbol{x})\varphi_l(\boldsymbol{y}).$$

Der zweite Term korrigiert die doppelte Berücksichtigung der Wechselwirkung in der Summe der Einteilchenenergien.

29.10.2 Hartree-Fock-Näherung

Der Nachteil der Hartree-Näherung besteht in der Vernachlässigung der Identität der Teilchen durch den Produktansatz für die Wellenfunktion. Für Fermionen sollte die Wellenfunktion antisymmetrisch bezüglich Vertauschen von Teilchenpaaren sein. Deshalb ist für Fermi-Systeme die Slater-Determinante (29.32)

$$\psi(\boldsymbol{x}_1,\ldots,\boldsymbol{x}_N) = \frac{1}{\sqrt{N!}}\begin{vmatrix} \varphi_1(\boldsymbol{x}_1) & \varphi_1(\boldsymbol{x}_2) & \ldots & \varphi_1(\boldsymbol{x}_N) \\ \varphi_2(\boldsymbol{x}_1) & \varphi_2(\boldsymbol{x}_2) & \ldots & \varphi_2(\boldsymbol{x}_N) \\ \vdots & \vdots & & \vdots \\ \varphi_N(\boldsymbol{x}_1) & \varphi_N(\boldsymbol{x}_2) & \ldots & \varphi_N(\boldsymbol{x}_N) \end{vmatrix} \tag{29.58}$$

ein besserer Variationsansatz. Hierbei sind die $\varphi_k(\boldsymbol{x})$ wieder orthonormierte Einteilchen-Wellenfunktionen. Zur Berechnung des Energiefunktionals $E[\psi] = \langle\psi|H|\psi\rangle$ bemerken wir, dass ein Einteilchen-Operator im Determinantenzustand (29.58) denselben Erwartungswert wie im Produktzustand (29.47) besitzt. Dies erkennt man sofort, wenn man die Determinante nach einer Zeile oder Spalte entwickelt (Laplace'scher Entwicklungssatz). Entwicklung nach der i-ten Spalte liefert:

$$\psi(\boldsymbol{x}_1,\ldots,\boldsymbol{x}_N) = \frac{1}{\sqrt{N}}\sum_{k=1}^{N}(-1)^{i+k}\varphi_k(\boldsymbol{x}_i)\psi_k^i(\boldsymbol{x}_1,\ldots,\boldsymbol{x}_{i-1},\boldsymbol{x}_{i+1},\ldots,\boldsymbol{x}_N), \tag{29.59}$$

wobei ψ_k^i ein normierter Zustand des $(N-1)$-Fermionensystems ist, in welchem der k-te Einteilchenzustand φ_k und die i-te Koordinate $\boldsymbol{x}_i$ fehlen.[6] Man kann sich leicht davon überzeugen, dass

$$\int \prod_{m\neq i} d^3x_m \psi_k^{i*}(\ldots)\psi_l^i(\ldots) = \delta_{kl}$$

gilt, vorausgesetzt die Einteilchenwellenfunktionen $\varphi_k(\boldsymbol{x})$ der Slater-Determinante (29.58) sind korrekt normiert, Gl. (29.50). Folglich liefert der Zustand (29.59) zum Erwartungswert von $H_0(\boldsymbol{x}_i)$ (für festes i) den Beitrag

$$\begin{aligned}\langle\psi|H_0(\boldsymbol{x}_i)|\psi\rangle &= \frac{1}{N}\sum_{k=1}^{N}\int d^3x_i\, \varphi_k^*(\boldsymbol{x}_i)H_0(\boldsymbol{x}_i)\varphi_k(\boldsymbol{x}_i)\\ &= \frac{1}{N}\sum_{k=1}^{N}\langle k|H_0|k\rangle\,.\end{aligned}$$

Dieser ist unabhängig von dem betrachteten Teilchen i, was die Identität der Teilchen widerspiegelt. Deshalb erhalten wir für den Erwartungswert des gesamten Einteilchenoperators:

$$\langle\psi|\sum_{i=1}^{N} H_0(\boldsymbol{x}_i)|\psi\rangle = \sum_{i=1}^{N}\langle\psi|H_0(\boldsymbol{x}_i)|\psi\rangle = \sum_{i=1}^{N}\frac{1}{N}\sum_{k=1}^{N}\langle k|H_0|k\rangle = \sum_{k=1}^{N}\langle k|H_0|k\rangle\,. \tag{29.60}$$

Für einen Zweiteilchen-Operator sind nur zwei der N Einteilchenwellenfunktionen relevant. Zur Berechnung des Erwartungswertes der Zweiteilchenwechselwirkung entwickeln wir deshalb die ψ_k^i (29.59) noch nach der j-ten Spalte. Das führt auf einen Zustand

$$\psi_k^i(\ldots) = \frac{1}{\sqrt{N-1}}\sum_{\substack{l=1\\(l\neq k)}}^{N}(-1)^{j+l}\varphi_l(\boldsymbol{x}_j)\psi_{kl}^{ij}(\ldots)\,, \tag{29.61}$$

wobei die ψ_{kl}^{ij} normierte Slater-Determinanten der Dimension $(N-2)$ sind, die aus der ursprünglichen Determinante durch Streichen der i-ten und j-ten Spalte und der k-ten und l-ten Zeile entstehen. Dementsprechend fehlen die i-te und j-te Koordinate im Argument von $\psi_{kl}^{ij}(\ldots)$. Für $i<j$ haben wir:

$$\psi_{kl}^{ij}(\ldots) = \psi_{kl}^{ij}(\boldsymbol{x}_1,\ldots,\boldsymbol{x}_{i-1},\boldsymbol{x}_{i+1},\ldots,\boldsymbol{x}_{j-1},\boldsymbol{x}_{j+1},\ldots,\boldsymbol{x}_N)\,.$$

Für festes (i,j) gilt wegen der Antisymmetrie der Slater-Determinante die Orthogonalitätsbeziehung

6 Wir haben hier $N! = N(N-1)!$ benutzt und den Normierungsfaktor $1/\sqrt{(N-1)!}$ in die Zustände ψ_k^i einbezogen.

$$\int \prod_{m\neq i,j} d^3x_m\, \psi^{ij}_{kl}(\ldots)^* \psi^{ij}_{k'l'}(\ldots) = \delta_{kk'}\delta_{ll'} - \delta_{kl'}\delta_{lk'}\,.$$

Einsetzen von (29.61) in (29.59) liefert für die Gesamtwellenfunktion die Entwicklung

$$\psi(\boldsymbol{x}_1,\ldots,\boldsymbol{x}_N) = \frac{1}{\sqrt{N(N-1)}} \sum_{k=1}^{N} \sum_{\substack{l=1\\(l\neq k)}}^{N} (-1)^{i+j+k+l} \varphi_k(\boldsymbol{x}_i)\varphi_l(\boldsymbol{x}_j)\psi^{ij}_{kl}(\ldots)\,.$$

Mit dieser Darstellung der Slater-Determinante erhalten wir für den Erwartungswert von $V^{(i,j)} = V(\boldsymbol{x}_i, \boldsymbol{x}_j)$ (für festes i und j):

$$\begin{aligned}
&\langle\psi|V(\boldsymbol{x}_i,\boldsymbol{x}_j)|\psi\rangle \\
&= \frac{1}{N(N-1)} \sum_{k=1}^{N} \sum_{\substack{l=1\\(l\neq k)}}^{N} (-1)^{i+j+k+l} \sum_{k'=1}^{N} \sum_{\substack{l'=1\\(l'\neq k')}}^{N} (-1)^{i+j+k'+l'} \\
&\quad \times \int d^3x_i \int d^3x_j\, \varphi^*_k(\boldsymbol{x}_i)\varphi^*_l(\boldsymbol{x}_j)V(\boldsymbol{x}_i,\boldsymbol{x}_j)\varphi_{k'}(\boldsymbol{x}_i)\varphi_{l'}(\boldsymbol{x}_j)(\delta_{kk'}\delta_{ll'} - \delta_{kl'}\delta_{lk'}) \\
&= \frac{1}{N(N-1)} \sum_{k=1}^{N} \sum_{\substack{l=1\\(l\neq k)}}^{N} \left[\langle kl|V|kl\rangle - \langle kl|V|lk\rangle\right],
\end{aligned}$$

wobei

$$\langle kl|V|mn\rangle = \int d^3x \int d^3y\, \varphi^*_k(\boldsymbol{x})\varphi^*_l(\boldsymbol{y})V(\boldsymbol{x},\boldsymbol{y})\varphi_m(\boldsymbol{x})\varphi_n(\boldsymbol{y})$$

die Matrixelemente der Zweiteilchenwechselwirkung bezeichnen. Das Ergebnis ist unabhängig von dem betrachteten Teilchenpaar (i,j), was aufgrund der Identität der Teilchen nicht verwunderlich ist. Wegen

$$\sum_{i\neq j} 1 = \sum_{i=1}^{N} \sum_{\substack{j=1\\(j\neq i)}}^{N} 1 = N(N-1)$$

erhalten wir für den Erwartungswert der gesamten Zweiteilchenwechselwirkung in der Slater-Determinante $|\psi\rangle$ (29.58):

$$\langle\psi|\sum_{i\neq j} V(\boldsymbol{x}_i,\boldsymbol{x}_j)|\psi\rangle = \sum_{k,l}\left[\langle kl|V|kl\rangle - \langle kl|V|lk\rangle\right]. \tag{29.62}$$

Die hier erhaltene Antisymmetrisierung der Zweiteilchen-Matrixelemente der Wechselwirkung ist eine Folge der Antisymmetrie der Slater-Determinante bezüglich Teilchenaustausch und stellt den Unterschied zur Hartree-Näherung dar, welche die Produktwellenfunktion (29.47) benutzt. Mit (29.60) und (29.62) finden wir für das Energiefunktional (29.46) für die Slater-Determinante (29.58)

$$E[\psi] = \sum_k \langle k|H_0|k\rangle + \frac{1}{2}\sum_{k,l}[\langle kl|V|kl\rangle - \langle kl|V|lk\rangle] . \qquad (29.63)$$

Diese Größe wird als *Hartree-Fock-Energie* bezeichnet. Variation von (29.63) nach den Einteilchenwellenfunktionen $\varphi_k^*(\boldsymbol{x})$ liefert unter Berücksichtigung der Nebenbedingung $\langle k|k\rangle = 1$, siehe Gl. (29.51), die *Hartree-Fock-Gleichung*

$$(H_0(\boldsymbol{x}) + \tilde{V}_k(\boldsymbol{x}))\varphi_k(\boldsymbol{x}) = \epsilon_k \varphi_k(\boldsymbol{x}) . \qquad (29.64)$$

Diese besitzt formal dieselbe Gestalt wie die Hartree-Gleichung (29.52), jedoch ist das mittlere Einteilchen-Potential jetzt durch

$$\tilde{V}_k(\boldsymbol{x})\varphi_k(\boldsymbol{x}) = \sum_{l\neq k} \int d^3y\, \varphi_l^*(\boldsymbol{y})V(\boldsymbol{x},\boldsymbol{y})[\varphi_l(\boldsymbol{y})\varphi_k(\boldsymbol{x}) - \varphi_k(\boldsymbol{y})\varphi_l(\boldsymbol{x})]$$

gegeben. Der von der Antisymmetrie der Slater-Determinante herrührende zweite Term wird als *Austauschterm* bezeichnet. Durch ihn ist das mittlere Feld $\tilde{V}_k(\boldsymbol{x})$ und damit der Hartree-Fock-Hamiltonian *nicht lokal.* Die Hartree-Fock-Gleichung (29.64) lässt sich genau wie die Hartree-Gleichung (29.52) iterativ lösen.

Sowohl in der Hartree- als auch in der Hartree-Fock-Approximation wird die 2-Teilche-Wechselwirkung durch ein mittleres 1-Teilchen-Potential ersetzt, welches jedoch aus der 2-Teilchen-Wechselwirkung selbstkonsistent bestimmt wird. Delshalb werden diese Näherungen auch als *Näherung des mittleren Feldes* bzw. *Mean-Field-Approximation* bezeichnet.

Die obigen Berechnungen der Erwartungswerte lassen sich wesentlich vereinfachen, wenn die Methode der *Zweiten Quantisierung* benutzt wird, die im Kapitel 30 entwickelt wird.

29.11 Das ideale Fermi-Gas

Wir betrachten ein Gas aus nicht wechselwirkenden Fermionen, die in einem quaderförmigen Volumen

$$V = L_1 L_2 L_3$$

mit den Abmessungen L_i, $i = 1, 2, 3$ eingeschlossen sind. Die Fermionen sollen sich frei im Inneren des Volumens bewegen, jedoch dieses nicht verlassen können. Die undurchdringlichen Außenwände stellen für die Teilchen unendlich hohe Potentialwände dar

$$V(\boldsymbol{x}) = V(x_1, x_2, x_3) = \begin{cases} 0, & 0 < x_i < L_i, \quad i = 1, 2, 3 , \\ \infty , & \text{sonst.} \end{cases}$$

Für $0 < x_i < L_i$ können wir die Schrödinger-Gleichung durch den Produktansatz

$$\varphi(x_1, x_2, x_3) = \varphi_1(x_1)\varphi_2(x_2)\varphi_3(x_3)$$

auf die freie eindimensionale Schrödinger-Gleichung

$$\varphi_i''(x_i) = k_i^2 \varphi_i(x_i), \quad k_i = \frac{\sqrt{2mE_i}}{\hbar}$$

für jede der drei Dimensionen zurückführen, sodass

$$E = E_1 + E_2 + E_3 \tag{29.65}$$

die Gesamtenergie des Teilchens ist. Mit den durch die unendlich hohen Potentialwände induzierten Randbedingungen

$$\varphi_i(x_i = 0) = 0 = \varphi_i(x_i = L_i) \tag{29.66}$$

lauten die normierten Lösungen (siehe Kapitel 8.5)

$$\varphi_{n_i}(x_i) = \sqrt{\frac{2}{L_i}} \sin(k_i x_i),$$

wobei die Wellenzahlen quantisiert sind

$$k_i = n_i \frac{\pi}{L_i}, \quad n_i = 1, 2, 3, \dots . \tag{29.67}$$

Da $\sin(-x) = -\sin x$ liefern negative n_i keine neuen Zustände, sodass die n_i auf die positiven ganzen Zahlen beschränkt sind. Die Gesamtenergie (29.65) eines Teilchens erhalten wir deshalb zu

$$E = \sum_{i=1}^{3} \frac{(\hbar k_i)^2}{2m} = \frac{\hbar^2 k^2}{2m}, \tag{29.68}$$

wobei $k = |\boldsymbol{k}|$ der Betrag des Wellenvektors

$$\boldsymbol{k} = k_1 \boldsymbol{e}_1 + k_2 \boldsymbol{e}_2 + k_3 \boldsymbol{e}_3$$

ist. Unterscheidbare Teilchen oder Bosonen würden sämtlich den Zustand niedrigster Energie $n_1 = n_2 = n_3 = 1$ besetzen. Für Fermionen ist dies jedoch aufgrund des Pauli-Prinzips nicht möglich. Vielmehr können diese jeden Einteilchenzustand nur mit $2s + 1$ Teilchen besetzen, wobei s der Spin des Teilchens ist. Die Fermionen besetzen somit sukzessiv die untersten Einteilchenzustände mit $2s + 1$ Teilchen, bis sämtliche Teilchen untergebracht sind. Die dabei maximal auftretende (Einteilchen-)Energie wird als *Fermi-*

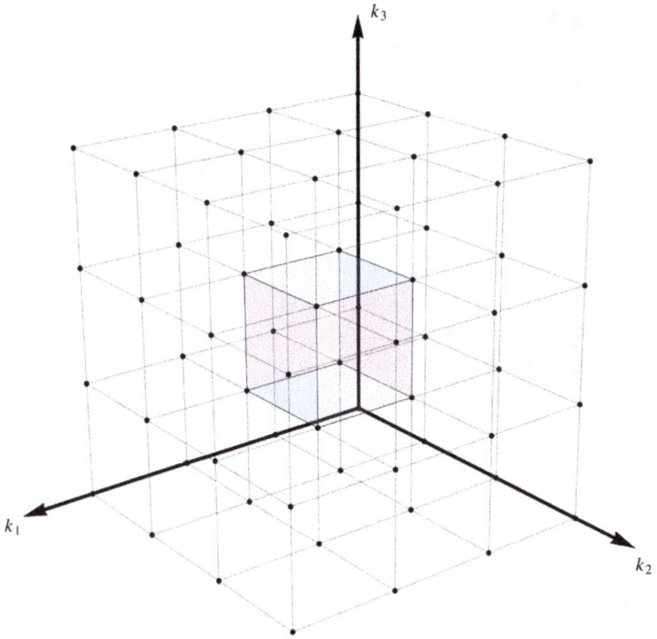

Abb. 29.6: Kubisches Gitter, das durch die quantisierten Wellenzahlen $k_{i=1,2,3}$ (29.67) eines Teilchens in einer Box aufgespannt wird. Jeder Gitterpunkt definiert einen Einteilchenzustand im $\boldsymbol{k}$-Raum. Gezeigt ist auch eine Elementarzelle dieses Gitters.

Energie ϵ_F bezeichnet. Sie hängt offenbar von der Teilchenzahl N ab. Um ϵ_F zu bestimmen, betrachten wir die Einteilchenzustände im dreidimensionalen Raum mit den kartesischen Koordinaten $k_{i=1,2,3}$. An jeden Koordinatenwert $k_i = n_i\pi/L_i$ (29.67) zeichnen wir eine Ebene senkrecht zur i-ten Koordinatenachse. Die Schnittpunkte dieser Ebenen im Oktanten $k_i > 0$ repräsentieren die möglichen Einteilchenzustände. Sie bilden ein reguläres kubisches Gitter mit Gitterabstand $a_i = \pi/L_i$, siehe Abb. 29.6.

Die minimalen Quader des Gitters (auch *Elementarzellen* genannt) besitzen das Volumen

$$a_1 a_2 a_3 = \frac{\pi}{L_1}\frac{\pi}{L_2}\frac{\pi}{L_3} = \frac{\pi^3}{V}\,. \tag{29.69}$$

Man überzeugt sich leicht, dass es so viele elementare Quader wie Zustände auf dem Gitter gibt. Formal lässt dies sich wie folgt erkennen: Durch die Verschiebung

$$k_i = n_i\frac{\pi}{L_i} \to k_i^* = \left(n_i + \frac{1}{2}\right)\frac{\pi}{L_i} \tag{29.70}$$

in jeder Richtung $i = 1, 2, 3$ entsteht aus dem ursprünglichen $\boldsymbol{k}$-Gitter ein neues $\boldsymbol{k}^*$-Gitter, das als *duales Gitter* bezeichnet wird. Die dualen Gitterpunkte $\boldsymbol{k}^*$ sind aber gerade die

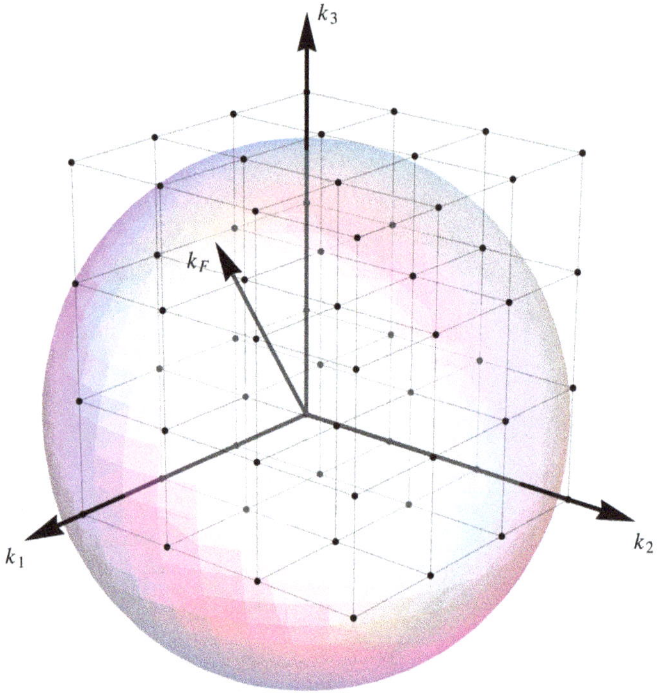

Abb. 29.7: Fermi-Kugel (mit Radius k_F) der besetzten Einteilchenzustände im $\boldsymbol{k}$-Raum.

Mittelpunkte der Elementarzellen (Quader) des ursprünglichen $\boldsymbol{k}$-Gitters. Aus der bijektiven Beziehung (29.70) zwischen $\boldsymbol{k}$ und $\boldsymbol{k}^*$ folgt aber, dass es genau einen Zustand $\boldsymbol{k}$ (d. h. einen Gitterpunkt) pro Elementarzelle gibt. Jeder Einteilchenzustand nimmt deshalb im $\boldsymbol{k}$-Raum das Volumen der Elementarzelle (29.69) ein.

Da die Einteilchenenergie (29.68) nur vom Betrag des Wellenvektors $\boldsymbol{k}$ abhängt, besetzen die Fermionen eine Kugel im $\boldsymbol{k}$-Raum (genauer den durch $k_i > 0$ definierten Oktanten der Kugel), die als *Fermi-Kugel* bezeichnet wird, siehe Abb. 29.7. Der Radius dieser Kugel, k_F, definiert den Fermi-Impuls $p_F = \hbar k_F$ bzw. die Fermi-Energie

$$\epsilon_F = \frac{(p_F)^2}{2m} = \frac{(\hbar k_F)^2}{2m}$$

und ist dadurch festgelegt, dass jeweils $2s + 1$ Fermionen ein Volumen (29.69) π^3/V einnehmen. Für N Fermionen führt dies auf die Bedingung

$$\frac{1}{8}\,\frac{4}{3}\,\pi k_F^3 = \frac{N}{2s+1}\,\frac{\pi^3}{V}\,,$$

die k_F als Funktion der Teilchendichte

$$\rho = \frac{N}{V}$$

festlegt

$$k_F = \left(\frac{6\pi^2}{2s+1} \rho \right)^{1/3} . \qquad (29.71)$$

Streng genommen bilden die besetzten Zustände im $\boldsymbol{k}$-Raum keine Kugel, sondern eine Gitterapproximation der Kugel. Für (große Teilchenzahlen N und) große Volumina, wie dies für die Elektronen in einem Festkörper der Fall ist, ist jedoch π^3/V sehr klein und die Einteilchenzustände sind quasi kontinuierlich verteilt, sodass die glatte Kugeloberfläche eine sehr gute Näherung zur tatsächlichen eckigen Oberfläche des Volumens ist, das durch die besetzten Zustände des $\boldsymbol{k}$-Raums aufgespannt wird.

Die Grenzflächen zwischen den besetzten und unbesetzten Zuständen im $\boldsymbol{k}$-Raum werden allgemein als *Fermi-Flächen* bezeichnet. Im vorliegenden Fall nichtwechselwirkender Fermionen ist die Fermi-Fläche durch die Oberfläche der Kugel mit Radius k_F im Oktanten $k_i > 0$ gegeben. Für wechselwirkende Systeme besitzen die Fermi-Flächen jedoch im Allgemeinen eine kompliziertere Form.

Aus Gl. (29.71) folgt für die Fermi-Energie

$$\epsilon_F = \frac{\hbar^2 k_F^2}{2m} = \frac{\hbar^2}{2m} \left(\frac{6\pi^2}{2s+1} \rho \right)^{2/3} .$$

Schließlich wollen wir die Gesamtenergie des Fermi-Gases berechnen. Dazu müssen wir die Energien sämtlicher besetzter Zustände aufsummieren. Eine Kugelschale mit Radius k und Dicke dk besitzt in einem Oktanten das Volumen (siehe Abb. 29.8)

$$\frac{1}{8}(4\pi k^2) dk .$$

Da jeder Zustand das Volumen π^3/V einnimmt, befinden sich in der Kugelschale

$$dN = (2s+1)\frac{1}{8}(4\pi k^2) dk/(\pi^3/V) = \frac{2s+1}{2\pi^2} V k^2 dk \qquad (29.72)$$

Zustände. Jeder dieser Zustände besitzt die Energie $\hbar^2 k^2/2m$. Folglich beträgt die Energie der besetzten Kugelschale

$$dE = \frac{\hbar^2 k^2}{2m} dN = \frac{\hbar^2}{2m} \frac{2s+1}{2\pi^2} V k^4 dk .$$

Für die Gesamtenergie aller bis zum Fermi-Impuls $\hbar k_F$ besetzten Zustände finden wir

$$E = \int dE = \frac{\hbar^2}{2m} \frac{2s+1}{2\pi^2} V \int_0^{k_F} dk\, k^4 = \frac{2s+1}{2} \frac{\hbar^2}{10\pi^2} \frac{k_F^5}{m} V$$

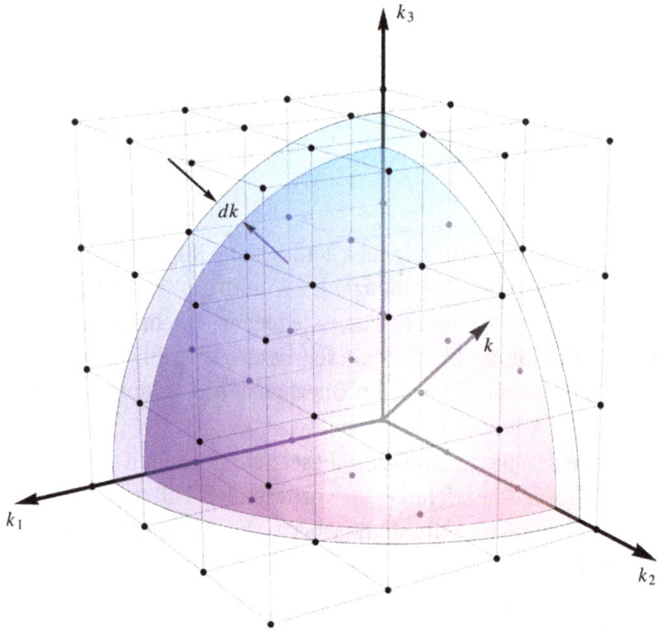

Abb. 29.8: Oktant einer Kugelschale mit Radius k und Dichte dk im $\boldsymbol{k}$-Raum.

bzw. nach Einsetzen des Ausdruckes für k_F (29.71)

$$E = \frac{2s+1}{2} \frac{\hbar^2}{10\pi^2 m} \left(\frac{6\pi^2}{2s+1} N \right)^{5/3} V^{-2/3} . \tag{29.73}$$

Für die wechselwirkungsfreien Fermionen, die sich im Inneren des Volumens frei bewegen können, ist diese Energie rein kinetischer Natur und verursacht wie bei klassischen Teilchen einen Druck auf die Wände des Behälters. Um diesen zu bestimmen, expandieren wir das Volumen um einen Beitrag dV. Dabei verringert sich die Energie (29.73) des Fermisystems um

$$dE = -\frac{2}{3} E \frac{dV}{V} .$$

Nach dem Energiesatz verrichtet das expandierende System die Arbeit

$$dW = PdV = -dE$$

an der Umgebung, woraus wir den Druck

$$P = \frac{2}{3} \frac{E}{V}$$

erhalten. Dieser Druck, der rein quantenmechanischen Ursprungs und letztendlich eine Konsequenz des Pauli-Prinzips ist, stabilisiert das Fermi-System und verhindert, dass es bei niedrigen Temperaturen kollabiert, wie dies Bose-Systeme tun. Er wird als *Entartungsdruck* bezeichnet. Allgemein werden (wechselwirkungsfreie) Fermi-Systeme bei niedrigen Temperaturen als *entartete Fermi-Gase* bezeichnet.

Zustandsbelegung des Phasenraumes

Wir haben oben festgestellt, dass die Quantenzahlen n_i und damit die k_i (29.67) prinzipiell auf positive Werte beschränkt sind. Wegen

$$\varphi_{-n_i}(x) = \varphi_{n_i}(-x) = -\varphi_{n_i}(x)$$

können wir jedoch auch mit negativen n_i arbeiten bzw. mit positiven und negativen n_i, wenn wir durch geeignete Zählweise

$$\sum_{n_i=1}^{\infty} \longrightarrow \frac{1}{2} \sum_{n_i=-\infty}^{\infty}$$

eine Doppelberücksichtigung der Zustände vermeiden. Der Term $n_i = 0$ trägt wegen $\varphi_{n_i=0}(x) = 0$ nicht zur Summe bei. In drei Dimensionen können wir entsprechend die Ersetzung

$$\sum_{n_1=1}^{\infty} \sum_{n_2=1}^{\infty} \sum_{n_3=1}^{\infty} \longrightarrow \frac{1}{2^3} \sum_{n_1=-\infty}^{\infty} \sum_{n_2=-\infty}^{\infty} \sum_{n_3=-\infty}^{\infty} \tag{29.74}$$

vornehmen.

Statt über die ganzen Zahlen n_i können wir auch über die quantisierten Wellenzahlen k_i (29.67) summieren. Für große L_i liegen diese sehr dicht auf der reellen Achse und wir können von der Summation zur Integration übergehen. Dabei müssen wir jedoch beachten, dass jeder Einteilchenzustand im Oktanten ($k_i > 0$) des $\boldsymbol{k}$-Raumes das Volumen (29.69) π^3/V der Elementarzelle besetzt. Durch dieses Volumen müssen wir das Integral über die k_i dividieren, um die korrekte Zählung der Einteilchenzustände zu gewährleisten. Deshalb finden wir

$$\sum_{n_1=1}^{\infty} \sum_{n_2=1}^{\infty} \sum_{n_3=1}^{\infty} \ldots = \sum_{k_1>0} \sum_{k_2>0} \sum_{k_3>0} \ldots = \frac{V}{\pi^3} \int_0^{\infty} dk_1 \int_0^{\infty} dk_2 \int_0^{\infty} dk_3 \ldots .$$

Nehmen wir schließlich noch die Ersetzung (29.74) vor, so können wir über den gesamten $\boldsymbol{k}$-Raum integrieren und erhalten die Beziehung

$$\boxed{\sum_{n_1=1}^{\infty} \sum_{n_2=1}^{\infty} \sum_{n_3=1}^{\infty} \ldots = \frac{V}{(2\pi)^3} \int_{-\infty}^{\infty} dk_1 \int_{-\infty}^{\infty} dk_2 \int_{-\infty}^{\infty} dk_3 \ldots \equiv \frac{V}{(2\pi)^3} \int d^3k \ldots .} \tag{29.75}$$

Dies zeigt, dass wir bei der Summation über die Zustände die Einschränkung auf $k_i > 0$ fallen lassen können und stattdessen über den gesamten $\boldsymbol{k}$-Raum integrieren dürfen, vorausgesetzt, wir ordnen einem Zustand im $\boldsymbol{k}$-Raum das Volumen

$$(2\pi)^3/V$$

statt (29.69) zu. In einer Kugelschale des $\boldsymbol{k}$-Raumes mit Radius $k = |\boldsymbol{k}|$ und Dicke dk befinden sich dann

$$dN = (2s+1)\left(4\pi k^2\right)dk/\left((2\pi)^3/V\right) = \frac{2s+1}{2\pi^2}Vk^2dk$$

Zustände. Dieses Ergebnis stimmt mit Gl. (29.72) überein, welche durch Einschränkung auf $n_i > 0$, d. h. auf einen Oktanten der Kugelschale erhalten wurde.

Benutzen wir statt der Wellenzahl k den Impuls $p = \hbar k$, so lautet (29.75)

$$\boxed{\sum_{n_1=1}^{\infty}\sum_{n_2=1}^{\infty}\sum_{n_3=1}^{\infty}\ldots = V\int\frac{d^3p}{(2\pi\hbar)^3}\ldots .} \tag{29.76}$$

Jeder Zustand nimmt somit im Impulsraum das Volumen

$$(2\pi\hbar)^3/V$$

ein. Im Phasenraum besetzt er daher das Volumen

$$(2\pi\hbar)^3 .$$

Dieses Ergebnis ist in Übereinstimmung mit der Bohr-Sommerfeld'schen Quantisierungsbedingung (5.37), wonach sich der Phasenraum (für ein eindimensionales System) beim Übergang zum benachbarten Energiezustand um $2\pi\hbar$ vergrößert.

Wir betonen, dass die Beziehung (29.75) bzw. (29.76) auf der Quantisierungsbedingung (29.67) basiert, die eine Folge der Randbedingung (29.66) an die Wellenfunktionen ist. Liegen statt Gl. (29.66) hingegen *periodische Randbedingungen*

$$\varphi_i(x_i + L_i) = \varphi_i(x_i)$$

vor, wie sie gewöhnlich in der Festkörperphysik auftreten, so sind die auf dem Volumen $V = L_1L_2L_3$ normierten Eigenfunktionen durch

$$\varphi_{n_j}(x_j) = \frac{1}{\sqrt{L_j}}e^{ik_jx_j}$$

gegeben, wobei die quantisierten Wellenzahlen k_i jetzt die Werte

$$k_i = \frac{2\pi}{L_i}n_i\,,\quad n_i = 0, \pm 1, \pm 2, \ldots$$

annehmen. Sie unterscheiden sich von den Wellenzahlen (29.67) durch einen zusätzlichen Faktor 2. Darüber hinaus können die n_i jetzt sämtliche ganze Zahlen annehmen. Die zu (29.75) bzw. (29.76) analoge Beziehung lautet in diesem Fall

$$\boxed{\begin{aligned}\sum_{n_1=-\infty}^{\infty}\sum_{n_2=-\infty}^{\infty}\sum_{n_3=-\infty}^{\infty}\ldots &\equiv \sum_{k_1}\sum_{k_2}\sum_{k_3}\ldots\\ &= V\int\frac{d^3k}{(2\pi)^3}\ldots \equiv V\int\frac{d^3p}{(2\pi\hbar)^3}\ldots .\end{aligned}} \tag{29.77}$$

Man beachte, dass die rechten Seiten von Gln. (29.77) und (29.76) übereinstimmen, obwohl sie unterschiedlichen Ursprungs sind. Wir werden des Öfteren von diesen Beziehungen Gebrauch machen.

29.12 Die Thomas-Fermi-Näherung

Die Anwendung der Hartree-(Fock-)Methode zur Berechnung der Elektronenverteilung in einem Atom ist numerisch sehr aufwendig, insbesondere für große Kernladungszahlen. In diesen Atomen befinden sich die meisten Elektronen in Einteilchenzuständen mit relativ großen Hauptquantenzahlen, sodass eine semiklassische Behandlung möglich ist.

Für große Teilchenzahlen ist der Beitrag eines einzelnen Teilchens zum mittleren Potential $\mathcal{V}_k(\boldsymbol{x})$ (29.53) unwichtig und wir können die Summation über sämtliche besetzten Einteilchenzustände (einschließlich des Zustandes k) erstrecken. Sämtliche Teilchen sehen dann das gleiche mittlere Potential

$$U(\boldsymbol{x}) = U_0(\boldsymbol{x}) + \mathcal{V}(\boldsymbol{x}), \quad \mathcal{V}(\boldsymbol{x}) = \int d^3y\, V(\boldsymbol{x},\boldsymbol{y})\rho(\boldsymbol{y}), \tag{29.78}$$

wobei

$$\rho(\boldsymbol{x}) = \sum_k |\varphi_k(\boldsymbol{x})|^2 \tag{29.79}$$

die gesamte Teilchendichte ist. Im Folgenden werden wir eine Methode ableiten, die eine genäherte Berechnung der Teilchendichte erlaubt, ohne die Hartree-Gleichungen explizit lösen zu müssen.

Wir setzen voraus, dass das mittlere Potential eine glatte Funktion des Ortes ist, sodass wir es in eine Taylor-Reihe um einen zunächst beliebigen Ort $\bar{\boldsymbol{x}}$ entwickeln können:

$$U(\boldsymbol{x}) = U(\bar{\boldsymbol{x}}) + (\boldsymbol{x} - \bar{\boldsymbol{x}})\cdot\nabla U(\bar{\boldsymbol{x}}) + \cdots. \tag{29.80}$$

Wir setzen diese Entwicklung in die Hartree-Gleichung (29.52) ein:

$$\left(\frac{\boldsymbol{p}^2}{2m} + U(\bar{\boldsymbol{x}}) + (\boldsymbol{x} - \bar{\boldsymbol{x}})\cdot\nabla U(\bar{\boldsymbol{x}}) + \cdots\right)\varphi_k(\boldsymbol{x}) = \epsilon_k\varphi_k(\boldsymbol{x}). \tag{29.81}$$

Falls die Entwicklung (29.80) konvergent ist und wir diese bis zur unendlichen Ordnung ausführen, erhalten wir natürlich das korrekte Ergebnis unabhängig von der Wahl des Ortes $\bar{\boldsymbol{x}}$. Dies würde jedoch auch keine Vereinfachung mit sich bringen. Brechen wir die Entwicklung (29.80) in unterster Ordnung ab, so vereinfacht sich die Hartree-Gleichung (29.81) zu:

$$\left(\frac{\boldsymbol{p}^2}{2m} + U(\bar{\boldsymbol{x}})\right)\varphi_k(\boldsymbol{x}) = \epsilon_k\varphi_k(\boldsymbol{x}).$$

Das Potential ist dann unabhängig von der Teilchenkoordinate $\boldsymbol{x}$ und die zugehörigen Eigenfunktionen $\varphi_k(\boldsymbol{x})$ sind durch ebene Wellen

$$\varphi_k(\boldsymbol{x}) \sim e^{i\boldsymbol{k}\cdot\boldsymbol{x}}$$

gegeben, was auf die Energieeigenwerte

$$\epsilon_k(\bar{x}) = \frac{(\hbar \boldsymbol{k})^2}{2m} + U(\bar{\boldsymbol{x}}) \tag{29.82}$$

führt.[7] Für festes $\bar{\boldsymbol{x}}$ sind dies aber gerade die Eigenenergien nichtwechselwirkender Teilchen in einem konstanten Potential. Für nichtkonstante Potentiale kann die Ersetzung $U(\boldsymbol{x}) \to U(\bar{\boldsymbol{x}})$ offensichtlich nur für $\boldsymbol{x} \simeq \bar{\boldsymbol{x}}$ brauchbare Näherungen liefern. Wir ersetzen deshalb in den obigen Ausdrücken den Ort $\bar{\boldsymbol{x}}$ durch die tatsächliche Teilchenkoordinate $\boldsymbol{x}$. Unsere Teilchen erhalten dann eine ortsabhängige Energie $\epsilon_k(\boldsymbol{x})$, Gl. (29.82), und werden dann folglich durch ihre Koordinate $\boldsymbol{x}$ und ihre Wellenzahl $\boldsymbol{k}$ (bzw. Impuls $\boldsymbol{p} = \hbar \boldsymbol{k}$) beschrieben, die bekanntlich den Phasenraum aufspannen. Wir wissen bereits aus Abschnitt 29.11, dass jeder Einteilchenzustand ein Volumen von $(2\pi\hbar)^3$ im Phasenraum einnimmt. Im Phasenraumvolumen $d^3x\, d^3p$ befinden sich folglich

$$d^2N = \frac{d^3x\, d^3p}{(2\pi\hbar)^3} = \frac{d^3x\, d^3k}{(2\pi)^3}$$

Zustände. Besetzen wir gemäß dem Pauli-Prinzip jeden Zustand des Phasenraumes, beginnend bei $k = 0$ bis zu einer maximalen Einteilchenenergie ϵ_F, der Fermienergie, mit jeweils einem Fermion, so erhalten wir die Teilchendichte

$$\begin{aligned} \rho(\boldsymbol{x}) &= \frac{dN}{d^3x} = \int \frac{d^2N}{d^3x}\, \Theta(\epsilon_F - \epsilon_k(\boldsymbol{x})) \\ &= \int \frac{d^3k}{(2\pi)^3}\, \Theta(\epsilon_F - \epsilon_k(\boldsymbol{x}))\,. \end{aligned} \tag{29.83}$$

Die bisher noch unbekannte Fermi-Energie ϵ_F wird so gewählt, dass die Gesamtteilchenzahl

$$\int d^3x\, \rho(\boldsymbol{x}) \stackrel{!}{=} N \tag{29.84}$$

den (für das betrachtete Fermi-System) vorgegebenen Wert N annimmt. Definieren wir den zugehörigen (lokalen) Fermi-Impuls $k_F(\boldsymbol{x})$ durch

$$\epsilon_F = \frac{(\hbar k_F(\boldsymbol{x}))^2}{2m} + U(\boldsymbol{x})\,, \tag{29.85}$$

so lautet die Teilchendichte (29.83):

---

7 Die Ersetzung $U(\boldsymbol{x}) \to U(\bar{\boldsymbol{x}})$ bedeutet de facto die Vernachlässigung von $[\frac{p^2}{2m}, U(\boldsymbol{x})]$, was nur für schwach ortsabhängige Potentiale eine brauchbare Näherung ist.

$$\rho(\boldsymbol{x}) = \int \frac{d^3k}{(2\pi)^3}\,\Theta(k_F^2(\boldsymbol{x}) - k^2)\,. \tag{29.86}$$

Elementare Ausführung der k-Integration liefert:

$$\boxed{\rho(\boldsymbol{x}) = \frac{1}{6\pi^2}k_F^3(\boldsymbol{x})\,\Theta(\epsilon_F - U(\boldsymbol{x}))\,,} \tag{29.87}$$

wobei die Θ-Funktion die Bedingung $k_F^2(\boldsymbol{x}) > 0$ berücksichtigt, die sich aus Gl. (29.86) an der unteren Integrationsgrenze $k^2 = 0$ ergibt. Dabei wurde (29.85) benutzt, wonach

$$\Theta(k_F^2(\boldsymbol{x})) = \Theta(\epsilon_F - U(\boldsymbol{x}))$$

und der Fermi-Impuls durch

$$\boxed{k_F(\boldsymbol{x}) = \frac{1}{\hbar}\sqrt{2m(\epsilon_F - U(\boldsymbol{x}))}} \tag{29.88}$$

gegeben ist. Man beachte, dass das mittlere Potential $U(\boldsymbol{x})$ bzw. $\mathcal{V}(\boldsymbol{x})$ (29.78) von der Teilchendichte $\rho(\boldsymbol{x})$ (29.87) selbst abhängt. Für feste Fermi-Energien ϵ_F stellt Gl. (29.87) mit $k_F(\boldsymbol{x})$ definiert in (29.88) und $U(\boldsymbol{x})$ definiert in (29.78) eine nichtlineare und nichtlokale Gleichung für die Teilchendichte $\rho(\boldsymbol{x})$ dar, die iterativ gelöst werden muss. Diese Gleichung ist jedoch wesentlich einfacher als das Hartree-Fock- oder Hartree-Problem zu lösen, da hier nur eine einzige Funktion, die Teilchendichte $\rho(\boldsymbol{x})$, bei gegebenen äußeren Potential $U_0(\boldsymbol{x})$ und gegebener Zweiteilchenwechselwirkung $V(\boldsymbol{x},\boldsymbol{y})$ iterativ bestimmt werden muss. Diese Vereinfachung des Vielfermionenproblems auf die effektive Gleichung (29.87) für die Teilchendichte wird als *Thomas-Fermi-Näherung* bezeichnet.

Die Thomas-Fermi-Approximation wird nicht nur zur genäherten Behandlung von wechselwirkenden Fermi-Systemen angewandt, sondern auch für Fermionen, die sich (ohne gegenseitige Wechselwirkung nur) in einem gegebenen äußeren Potential befinden, wenn man die numerische Lösung der Einteilchen-Schrödinger-Gleichung umgehen möchte. Bei der Thomas-Fermi-Näherung wird de facto das Potential lokal durch eine Konstante ersetzt. Die Näherung ist deshalb besonders gut für räumlich schwach veränderliche Potentiale und für große Teilchenzahlen, da bei diesen (wegen des Pauli-Prinzips) die Mehrheit der Teilchen große Energien besitzen, sodass semiklassische Betrachtungen anwendbar sind. In der Thomas-Fermi-Näherung werden die Teilchen de facto wie klassische Teilchen in einem (lokal) konstanten Potential behandelt. Von der Quantentheorie wird nur das Pauli-Prinzip bei der Besetzung des Phasenraumes berücksichtigt.

Um die charakteristischen Eigenschaften der Thomas-Fermi-Näherung aufzuzeigen, betrachten wir wechselwirkungsfreie Fermionen im isotropen harmonischen Oszillatorpotential

$$U(\boldsymbol{x}) = U_0(\boldsymbol{x}) = \frac{1}{2}m\omega^2\boldsymbol{x}^2\,.$$

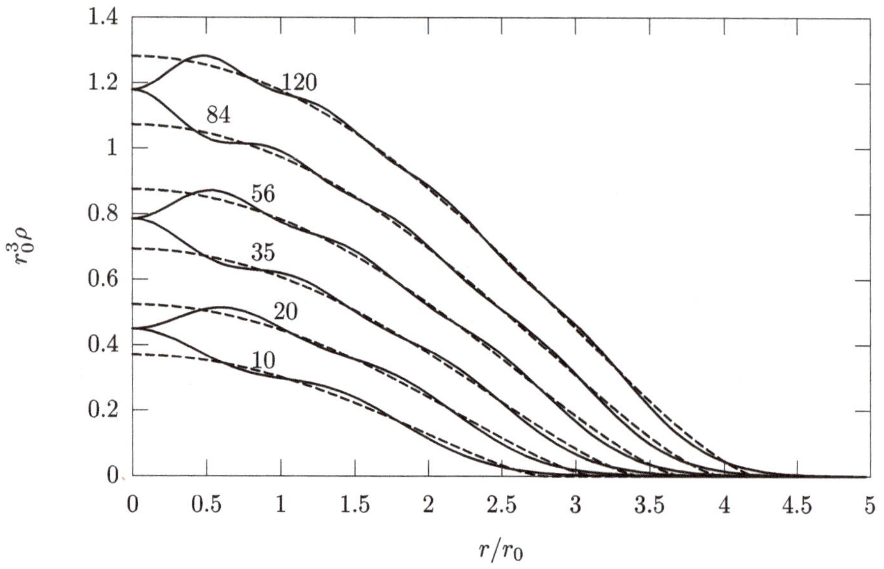

Abb. 29.9: Teilchendichte eines nichtwechselwirkenden Fermi-Systems, das sich im isotropen harmonischen Oszillatorpotential befindet und die untersten $n_{max} = 2, 3, 4, 5, 6, 7$ Hauptschalen besetzt. Die durchgezogenen Kurven sind die exakten Teilchendichten, die gestrichelten Kurven sind die entsprechenden Dichten in Thomas-Fermi-Näherung ($r_0 = (\hbar/m\omega)^{1/2}$ ist die Oszillatorlänge (17.66)).

am Potentialrand werden durch die Thomas-Fermi-Näherung nicht korrekt beschrieben. Während die exakte Teilchendichte nur exponentiell abklingt, verschwindet die Thomas-Fermi-Dichte am klassischen Umkehrpunkt r_{cl}. Für die mittlere Teilchendichte liefert die Thomas-Fermi-Methode jedoch eine brauchbare Näherung.

30 Zweite Quantisierung

Die *Zweite Quantisierung* ist eine elegante Methode, quantenmechanische Systeme aus identischen Teilchen zu beschreiben. Der Name „Zweite Quantisierung" ist etwas irreführend. Es handelt sich hierbei nicht um eine neue Quantentheorie, die über die ursprüngliche Quantentheorie hinausgeht, sondern um eine vereinfachende Beschreibung von Systemen aus *identischen Teilchen* in der gewöhnlichen Quantentheorie, die in diesem Kontext auch als *Erste Quantisierung* bezeichnet wird. Die Methode ist insbesondere vorteilhaft für die Beschreibung von Prozessen, bei denen die Teilchenzahl nicht erhalten bleibt, wie dies in der Quantenfeldtheorie der Fall ist. Deshalb liefert die Zweite Quantisierung auch die Basis für die Quantenfeldtheorie.

30.1 Identische Teilchen

Zunächst rufen wir uns noch einmal einige wesentliche Erkenntnisse des vorangegangenen Kapitels in Erinnerung. Dort hatten wir bereits festgestellt, dass in der Quantenmechanik Teilchen derselben Sorte keine Individualität besitzen. Sie lassen sich nicht unterscheiden, sie sind *ununterscheidbar* oder *identisch*. Dies bedeutet, dass es keine Observable gibt, welche die Individualität der Teilchen festlegt. Die Observablen eines Systems identischer Teilchen dürfen folglich nicht zwischen den einzelnen Teilchen unterscheiden und müssen deshalb bei einer beliebigen Permutation der Teilchen invariant bleiben. Daher müssen sämtliche Observablen eines Systems identischer Teilchen mit den zugehörigen Permutationsoperatoren $\mathcal{P}$ kommutieren

$$[O, \mathcal{P}] = \hat{0}\,. \tag{30.1}$$

Diese Symmetrie der Observablen schlägt sich auch in der Wellenfunktion eines Systems identischer Teilchen nieder. Die Ununterscheidbarkeit oder Identität der Teilchen verlangt, dass ihre Wellenfunktion entweder total symmetrisch oder total antisymmetrisch bezüglich der Vertauschung von Teilchen ist, siehe Abschnitt 29.5.

Zur Konstruktion der Wellenfunktionen für Systeme aus identischen Teilchen betrachten wir zunächst ein System aus N *unterscheidbaren* Teilchen. Sei $\mathbb{H}^{(i)}$ der Hilbert-Raum des i-ten Teilchens. Der Hilbert-Raum des N-Teilchen-Systems ist dann durch das Tensorprodukt der Hilbert-Räume der einzelnen Teilchen

$$\mathbb{H}_N = \mathbb{H}^{(1)} \otimes \mathbb{H}^{(2)} \otimes \cdots \otimes \mathbb{H}^{(N)} \tag{30.2}$$

gegeben, siehe Abschnitt 10.7. Jedes Teilchen besitzt hier seinen eigenen Unterraum und ist deshalb unterscheidbar. Sei $|k\rangle^{(i)}$ eine vollständige Basis des Hilbert-Raumes des i-ten

https://doi.org/10.1515/9783111625126-002

Teilchens $\mathbb{H}^{(i)}$. Eine Basis des Hilbert-Raumes des N-Teilchensystems $\mathbb{H}_N$ erhalten wir nach (30.2) durch die Produktwellenfunktion[1]

$$|k_1, \ldots, k_N\rangle_N = |k_1\rangle^{(1)} \otimes |k_2\rangle^{(2)} \otimes \cdots \otimes |k_N\rangle^{(N)} . \tag{30.3}$$

Das Tensorproduktzeichen $\otimes$ werden wir in der Wellenfunktion (30.3) wie allgemein üblich im Folgenden weglassen. Der Hilbert-Raum $\mathbb{H}_N$ (30.2) des Systems aus N unterscheidbaren Teilchen lässt sich zerlegen in Unterräume der total symmetrischen Wellenfunktionen $\mathbb{H}_N^{(+)}$, der total antisymmetrischen Wellenfunktionen $\mathbb{H}_N^{(-)}$ und der Wellenfunktionen mit gemischter Symmetrie $\mathbb{H}_N^{(\sim)}$:

$$\mathbb{H}_N = \mathbb{H}_N^{(+)} \oplus \mathbb{H}_N^{(-)} \oplus \mathbb{H}_N^{(\sim)} . \tag{30.4}$$

Aus den Basisfunktionen (30.3) des Systems aus N unterscheidbaren Teilchen lassen sich mithilfe des Symmetrisierungs- bzw. Antisymmetrisierungsoperator (29.15), (29.16), die Basiszustände von $\mathbb{H}_N^{(+)}$,

$$|k_1, \ldots, k_N\rangle_N^{(+)} = \sqrt{N!}\,\mathcal{S}|k_1, \ldots, k_N\rangle_N , \tag{30.5}$$

bzw. von $\mathbb{H}_N^{(-)}$,

$$|k_1, \ldots, k_N\rangle_N^{(-)} = \sqrt{N!}\,\mathcal{A}|k_1, \ldots, k_N\rangle_N , \tag{30.6}$$

konstruieren. Wegen (29.18)

$$\mathcal{A}\mathcal{S} = \mathcal{S}\mathcal{A} = \hat{0} \tag{30.7}$$

sind die total symmetrischen Zustände orthogonal zu den total antisymmetrischen Zuständen:

$${}_N^{(+)}\langle k_1, \ldots, k_N | l_1, \ldots, l_N\rangle_N^{(-)} = 0 .$$

Da die Observablen von Systemen identischer Teilchen mit sämtlichen Permutationsoperatoren kommutieren (30.1), müssen sie folglich auch mit den Symmetrisierungs- bzw. Antisymmetrisierungsoperatoren kommutieren:

$$[\mathcal{S}, O] = \hat{0} , \quad [\mathcal{A}, O] = \hat{0} .$$

Hieraus folgt mit (30.7), dass es keine Observablen gibt, die eine total symmetrische Wellenfunktion in eine total antisymmetrische Wellenfunktion überführen können oder umgekehrt. Falls also $\psi \in \mathbb{H}_N^{(\pm)}$, so ist auch $O\psi \in \mathbb{H}_N^{(\pm)}$.

---

1 Aus didaktischen Gründen geben wir in diesem Kapitel (im Gegensatz zum vorigen Kapitel) die Teilchenzahl N eines Zustandes als Index an.

In einem Vielteilchensystem klassifiziert man die Observablen bzw. Operatoren nach der Anzahl der Teilchen, auf die sie wirken. Operatoren, die nur auf die Koordinate eines einzelnen Teilchens wirken, werden als *Einteilchenoperatoren* bezeichnet. Für ein System aus N (unterscheidbaren) Teilchen sind dies Operatoren in $\mathbb{H}_N$, die sich additiv aus den N Operatoren der einzelnen Teilchen zusammensetzen und deshalb die Gestalt

$$O = \sum_{i=1}^{N} \hat{O}_i \tag{30.8}$$

besitzen, wobei $\hat{O}_i$, $i = 1, 2, \ldots, N$, der Operator des i-ten Teilchens ist (d. h. der Operator des N-Teilchensystems, der auf die Koordinate des i-ten Teilchens wirkt). Beachten wir, dass $\mathbb{H}_N$ durch das Tensorprodukt der N Hilbert-Räume der einzelnen Teilchen gegeben ist, siehe Gl. (30.2); so haben die $\hat{O}_i$, $i = 1, 2, \ldots, N$ die explizite Form

$$\hat{O}_i = \hat{1}^{(1)} \otimes \hat{1}^{(2)} \otimes \cdots \otimes \hat{O}^{(i)} \otimes \cdots \otimes \hat{1}^{(N)}, \tag{30.9}$$

wobei $\hat{O}^{(i)}$ der Operator ist, der im Einteilchen-Hilbert-Raum des i-ten Teilchens, $\mathbb{H}^{(i)}$, wirkt und $\hat{1}^{(i)}$ der Einheitsoperator in diesem Raum ist. Der Einfachheit halber werden wir im Folgenden gewöhnlich die Einheitsoperatoren in den Observablen (30.9) nicht explizit angeben, sodass nach Gl. (30.8)

$$O = \sum_{i=1}^{N} \hat{O}^{(i)} . \tag{30.10}$$

Relevant sind vor allem noch *Zweiteilchenoperatoren*, die in der Ersten Quantisierung die Gestalt

$$O = \frac{1}{2} \sum_{i \neq j} \hat{O}^{(i,j)} \tag{30.11}$$

besitzen, wobei $\hat{O}^{(i,j)}$ ein Operator ist, der auf die Koordinate des i-ten und j-ten Teilchens wirkt. Offenbar sind sowohl die Einteilchen- als auch die Zweiteilchenoperatoren invariant gegenüber einer beliebigen Permutation der Teilchen. Somit kommutieren sie mit den (Anti-)Symmetrisierungsoperatoren $\mathcal{A}$ bzw. $\mathcal{S}$ und können somit auch als Operatoren identischer Teilchen betrachtet werden, die in den Räumen $\mathbb{H}_N^{(\pm)}$ wirken, aber nicht aus diesen Räumen herausführen.

30.2 Besetzungszahldarstellung

In den Gln. (30.5), (30.6) haben wir die total (anti-)symmetrischen Basisfunktionen $|k_1, \ldots, k_N\rangle_N^{(\pm)}$ durch (Anti-)Symmetrisierung der Produktzustände (30.3) $|k_1, \ldots, k_N\rangle_N$

gewonnen. Für Fermi-Systeme sind die antisymmetrisierten Zustände (30.6) korrekt normiert, falls die Einteilchenzustände $|k_i\rangle$, aus denen die Produktzustände (30.3) aufgebaut sind, korrekt orthonormiert sind

$$\langle k|l\rangle = \delta_{kl} . \tag{30.12}$$

In der antisymmetrischen Wellenfunktion können nicht zwei Sätze von Einteilchenquantenzahlen k_i und k_j übereinstimmen, d. h. es gilt hier stets $k_i \neq k_j$ für $i \neq j$. Für Bose-Systeme hingegen kann ein Einteilchenzustand $|k_i\rangle$ mehrfach im N-Teilchenzustand $|k_1, \ldots, k_N\rangle_N^{(+)}$ besetzt sein, d. h. $k_i = k_j$ für $i \neq j$. Der symmetrisierte Zustand $|k_1, \ldots, k_N\rangle_N^{(+)}$ (30.5) ist dann nicht mehr auf 1 normiert. Nehmen wir an, der Einteilchenzustand $|k\rangle$ tritt n_k-mal im N-Teilchen-Zustand auf, wobei $n_k \in \{0, 1, \ldots, N\}$ und ferner die Summe dieser *Besetzungszahlen* n_k die Gesamtteilchenzahl N ergeben muss:

$$\sum_k n_k = N . \tag{30.13}$$

Der total symmetrische Zustand $|k_1, \ldots, k_N\rangle_N^{(+)}$ enthält insgesamt $N!$ Terme (bestehend jeweils aus einem Produkt von N Einteilchenwellenfunktionen), von denen jedoch dann nur

$$\frac{N!}{\prod_k n_k!} = \frac{(\sum_k n_k)!}{\prod_k n_k!}$$

Terme voneinander verschieden sind und diese jeweils mit der Vielfachheit $\prod_k n_k!$ auftreten. Für die Norm der total symmetrischen Zustände (30.5) erhalten wir folglich:

$${}_N^{(+)}\langle k_1, \ldots, k_N | k_1, \ldots, k_N\rangle_N^{(+)} = \left(\frac{1}{\sqrt{N!}}\right)^2 \frac{N!}{\prod_k n_k!} \left(\prod_k n_k!\right)^2 = \prod_k n_k! ,$$

wobei der Faktor $1/\sqrt{N!}$ aus dem Faktor $\sqrt{N!}$ in der Definition des Zustands (30.5) $|k_1, \ldots, k_N\rangle^{(\pm)}$ und dem Faktor $1/N!$ aus der Definition des Symmetrisierungsoperators (29.15) resultiert.

Bei Mehrfachbesetzungen der Einteilchenzustände lauten die korrekt normierten total symmetrischen Basisfunktionen:

$$\boxed{|\{n_k\}\rangle^{(+)} \equiv |n_1, n_2, \ldots, n_k, \ldots\rangle^{(+)} := \frac{1}{\sqrt{\prod_k n_k!}} |k_1, \ldots, k_N\rangle_N^{(+)} .} \tag{30.14}$$

Diese Zustände sind vollständig durch die *Besetzungszahlen* n_k charakterisiert, die angeben, wie oft ein Einteilchenzustand $|k\rangle$ in der N-Teilchen-Wellenfunktion vorkommt, bzw. mit wie vielen Teilchen dieser Zustand besetzt ist; d. h. n_k ist die Anzahl der Teilchen im (Einteilchen-)Zustand $|k\rangle$. Der Index $k = 1, 2, 3, \ldots$ an den Besetzungszahlen n_k

bezeichnet also die Einteilchen-Quantenzahl k und nummeriert *nicht* die Teilchen (wie der Index $i = 1, \dots, N$ an k_i in den Basisfunktionen (30.3)). Wie bereits oben bemerkt, muss die Summe der n_k die Gesamtteilchenzahl ergeben, siehe Gl. (30.13).

Die *Besetzungszahldarstellung* (30.14) können wir auch für Fermi-Systeme benutzen, indem wir definieren

$$|\{n_k\}\rangle^{(-)} \equiv |n_1, n_2, \dots, n_k, \dots\rangle^{(-)} := |k_1, k_2, \dots, k_N\rangle_N^{(-)}, \tag{30.15}$$

wobei wieder (30.13) gilt und aufgrund der Antisymmetrie der Wellenfunktion die Besetzungszahlen auf $n_k = 0, 1$ beschränkt sind. Mit dieser Besonderheit lassen sich Bose- und Fermi-Systeme weitgehend parallel behandeln. Wir werden deshalb im Folgenden den Superskript $(\pm)$ an den Zuständen $|\{n_k\}\rangle^{(\pm)}$ oftmals weglassen.

Aus der Definition (30.14) bzw. (30.15) folgt unmittelbar, dass Zustände $|n_1, n_2, \dots\rangle$ mit verschiedenen Besetzungszahlen zueinander orthogonal sind:

$$\langle n_1, n_2, \dots | n_1', n_2', \dots\rangle = \delta_{n_1 n_1'} \delta_{n_2 n_2'} \cdots . \tag{30.16}$$

Damit sind insbesondere auch Zustände mit verschiedener Gesamtteilchenzahl orthogonal.

Da für Fermi-Systeme die Besetzungszahlen prinzipiell auf $n_k = 0, 1$ beschränkt sind, ist die Besetzungszahldarstellung für diese Systeme etwas aufgebläht. Für Fermi-Systeme ist es oft bequemer, die Basiszustände nur durch Angabe der besetzten Einteilchenzustände, d. h. der Zustände mit $n_k = 1$, zu charakterisieren, wie dies in der Notation (30.6) $|k_1, \dots, k_n\rangle_N^{(-)}$ geschieht.

In der nichtrelativistischen Physik, sowohl in der klassischen Mechanik als auch in der nichtrelativistischen Quantenmechanik, bleibt die Identität und die Anzahl der Teilchen streng erhalten. Wir wissen jedoch, dass es in der Natur Prozesse gibt, bei denen Teilchen spontan erzeugt und vernichtet bzw. in andere Teilchen umgewandelt werden. Als Beispiel sei der β-Zerfall erwähnt

$$n \to p + e^- + \bar{\nu}_e ,$$

bei dem ein Neutron in ein Proton und ein Elektron, sowie ein Anti-Neutrino zerfällt. Beim β-Zerfall eines Atomkerns erhöht sich folglich die Anzahl der Protonen um 1, während die Anzahl der Neutronen um 1 abnimmt. Bei einem Prozess, in dem sich die Zahl der identischen Teilchen verändert, wird ein Zustandsvektor aus einem Hilbert-Raum $\mathbb{H}_N^{(\pm)}$ in einen Zustandsvektor eines anderen Hilbert-Raumes $\mathbb{H}_{M \neq N}^{(\pm)}$ überführt. Zur Beschreibung solcher Prozesse ist unsere bisherige Formulierung der Quantentheorie, die als *Erste Quantisierung* bezeichnet wird, nicht geeignet. (Die Operatoren, die wir bisher in der Ersten Quantisierung betrachtet haben, wirken alle nur innerhalb eines Unterraumes mit fester Teilchenzahl und führen somit einen N-Teilchen-Zustand wieder in einen N-Teilchen-Zustand über.) Vielmehr ist es zweckmäßiger, zur Beschreibung von

Prozessen mit variabler Teilchenzahl sämtliche Hilbert-Räume $\mathbb{H}_N^{(\pm)}$ mit den verschiedenen Teilchenzahlen N zu einem Gesamtraum $\mathbb{H}^{(\pm)}$ zusammenzufassen, der als *Fock-Raum* bezeichnet wird. Dies ist Gegenstand der sogenannten *Zweiten Quantisierung*, welche die Grundlage für die (relativistische) Quantenfeldtheorie ist.

Bevor wir die Theorie des Fock-Raumes entwickeln, empfiehlt es sich, die algebraische Behandlung des harmonischen Oszillators zu rekapitulieren (siehe Kapitel 12).

30.3 Der harmonische Oszillator als ein Ensemble von Phononen

In Kap. 12 konnten wir den Hamilton-Operator des harmonischen Oszillators durch Einführung von Erzeugungs- und Vernichtungsoperatoren $a^\dagger$, a algebraisch diagonalisieren. Mit den Operatoren $a^\dagger$ bzw. a ist die Erzeugung bzw. Vernichtung eines Schwingungsquants (Phonon) verbunden, d. h. der Operator $a^\dagger$ regt den Oszillator in den nächst höher gelegenen Zustand an

$$\boxed{a^\dagger|n\rangle = \sqrt{n+1}\,|n+1\rangle\,,} \tag{30.17}$$

während der Operator a den Oszillator in den darunter liegenden Zustand abregt:

$$\boxed{a|n\rangle = \sqrt{n}\,|n-1\rangle\,.} \tag{30.18}$$

Der n-te angeregte Zustand wird durch n-malige Anwendung des Operators $a^\dagger$ auf den Grundzustand $|0\rangle$ erzeugt

$$\boxed{|n\rangle = \frac{1}{\sqrt{n!}}\left(a^\dagger\right)^n|0\rangle} \tag{30.19}$$

und lässt sich somit als einen Zustand mit n Phononen interpretieren. Da die Phononen sämtlich durch denselben Operator $a^\dagger$ bzw. a erzeugt bzw. vernichtet werden, existieren sie nur in einem einzigen Einteilchenzustand.[2] Wegen $[a^\dagger, a^\dagger] = 0$ ist der n-Phononenzustand (30.19) symmetrisch bezüglich Vertauschung der Phononen und Phononen sind somit Bosonen. Der harmonische Oszillator lässt sich somit als ein Ensemble von Bosonen (Phononen) interpretieren, die nur in einem einzigen Einteilchenzustand existieren. Bei An- bzw. Abregung des harmonischen Oszillators ändert sich die Phononenzahl.

Bezeichnen wir mit $\mathbb{H}_n$ den (eindimensionalen) Hilbert-Raum, der nur aus dem n-ten angeregten Zustand $|n\rangle$ besteht, so ist der gesamte Hilbert-Raum des harmonischen Oszillators $\mathbb{H}$ durch die direkte Summe der Hilbert-Räume der einzelnen Zustände

---

2 Dieser ist durch den ersten angeregten Zustand des harmonischen Oszillators gegeben.

$$\mathbb{H} = \mathbb{H}_0 \oplus \mathbb{H}_1 \oplus \mathbb{H}_2 \oplus \cdots \oplus \mathbb{H}_n \oplus \cdots = \bigoplus_{n=0}^{\infty} \mathbb{H}_n \tag{30.20}$$

gegeben. Die Zustände der einzelnen Hilbert-Räume $\mathbb{H}_n$ sind zueinander orthogonal:

$$\langle n|m\rangle = 0\,, \quad n \neq m\,.$$

Interpretieren wir wieder den n-ten angeregten Zustand des harmonischen Oszillators als ein Zustand aus n Phononen, dann stellt offenbar der gesamte Hilbert-Raum des harmonischen Oszillators die Summe der Hilbert-Räume der Systeme mit fester Phononenzahl dar.

Die obige Behandlung des harmonischen Oszillators stellt bereits die Zweite Quantisierung für das einfachste Bose-System dar, nämlich für ein System von Bosonen, die nur in einem einzigen Einteilchenzustand existieren. Im Folgenden werden wir dieses Konzept der Zweiten Quantisierung auf beliebige Bose- und Fermi-Systeme verallgemeinern.

30.4 Der Fock-Raum

In Analogie zum harmonischen Oszillator konstruieren wir jetzt den Hilbertraum $\mathbb{H}$ mit einer beliebigen Anzahl von identischen Teilchen, vgl. Gl. (30.20): Wir bezeichnen mit $|0\rangle$ den Vakuumzustand, der kein Teilchen enthält und mit $\mathbb{H}_0 = \{|0\rangle\}$ den Hilbert-Raum, der nur durch diesen einzigen Zustand aufgespannt ist. Zu diesem Hilbert-Raum addieren wir orthogonal den Hilbert-Raum $\mathbb{H}_1 = \{|k\rangle\}$, der sämtliche Zustände mit einem einzelnen Teilchen (Einteilchenzustände) $|k\rangle$ enthält,[3] siehe Abb. 30.1. Zu dem so gewonnenen Raum addieren wir alle (anti-)symmetrischen Zweiteilchenzustände, die den Hilbert-Raum $\mathbb{H}_2^{(\pm)}$ bilden. Setzen wir dieses Verfahren fort, so erhalten wir den Gesamtraum der total (anti-)symmetrischen Zustände mit beliebiger Teilchenzahl (vgl. Gl. (30.20)):

$$\mathbb{H}^{(\pm)} = \mathbb{H}_0 \oplus \mathbb{H}_1 \oplus \mathbb{H}_2^{(\pm)} \oplus \cdots \oplus \mathbb{H}_N^{(\pm)} \oplus \cdots = \bigoplus_{N=0}^{\infty} \mathbb{H}_N^{(\pm)}\,. \tag{30.21}$$

Dieser Raum wird als *Fock-Raum* bezeichnet. Er ist die direkte Summe der Zustandsräume zu einer festen Teilchenzahl. Wegen der orthogonalen Konstruktion von $\mathbb{H}^{(\pm)}$ sind Zustände in diesem Raum mit verschiedener Teilchenzahl zueinander orthogonal. Ein Element $|\psi\rangle$ des Fock-Raumes ist i. A. eine Linearkombination von Zuständen verschiedener Teilchenzahlen. Der Fock-Raum ist zunächst ein *unitärer Raum*. Durch die Einschränkung auf normierbare Zustände wird er zum Hilbert-Raum.

3 An den „brackets" des Null- und Einteilchen-Sektors lassen wir die Indizes, welche die Teilchenzahl angeben, gewöhnlich weg und schreiben $|0\rangle$ statt $|0\rangle_0$ und $|k\rangle$ statt $|k\rangle_1$.

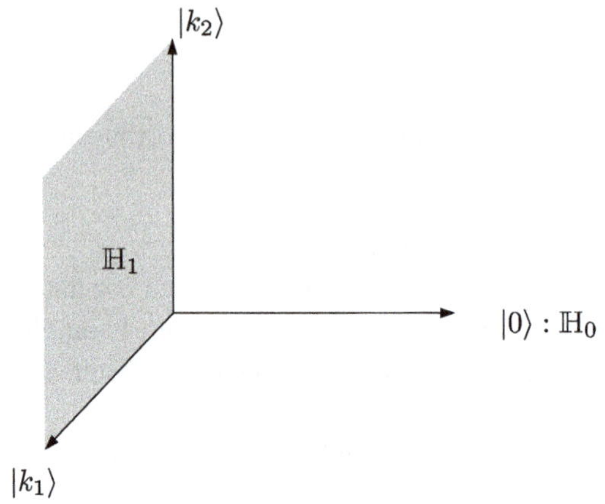

Abb. 30.1: Illustration des Hilbert-Raumes $\mathbb{H}_0 \oplus \mathbb{H}_1$ der Null- und Einteilchenzustände für den Fall, dass nur zwei Einteilchenzustände vorliegen.

Da $\mathbb{H}^{(\pm)}$ (30.21) die direkte Summe der $\mathbb{H}_N^{(\pm)}$ ist, ist auch der Einheitsoperator des Fock-Raumes durch die direkte Summe der Einheitsoperatoren der Teilräume gegeben:

$$\hat{1}^{(\pm)} = \sum_{N=0}^{\infty} \hat{1}_N^{(\pm)}, \tag{30.22}$$

wobei

$$\hat{1}_N^{(\pm)} = \frac{1}{N!} \sum_{k_1, k_2, \dots, k_N} |k_1, k_2, \dots, k_N\rangle_N^{(\pm)}\,{}_N^{(\pm)}\langle k_1, k_2, \dots, k_N|$$

der Einheitsoperator im Raum der total (anti-)symmetrischen Zustände mit fester Teilchenzahl N ist. Drücken wir Letztere in der Besetzungszahldarstellung (30.14), (30.15) aus, so erhalten wir für den Einheitsoperator des Fock-Raumes

$$\begin{aligned} \hat{1}^{(\pm)} &= \sum_{\{n_k\}} |\{n_k\}\rangle^{(\pm)(\pm)}\langle\{n_k\}| \\ &\equiv \sum_{n_1}\sum_{n_2} \dots |n_1, n_2, \dots\rangle^{(\pm)(\pm)}\langle n_1, n_2, \dots|, \end{aligned} \tag{30.23}$$

wobei die Summation über die Besetzungszahlen n_k für Fermi-Systeme auf $n_k = 0, 1$ beschränkt ist, für Bose-Systeme jedoch über sämtliche natürlichen Zahlen $n_k = 0, 1, 2, \dots$ läuft. Ein beliebiger Vektor $|\phi\rangle^{(\pm)}$ aus $\mathbb{H}^{(\pm)}$ besitzt dann die Entwicklung

$$\begin{aligned} |\phi\rangle^{(\pm)} &\equiv \hat{1}^{(\pm)}|\phi\rangle^{(\pm)} \\ &= \sum_{\{n_k\}} |\{n_k\}\rangle^{(\pm)(\pm)}\langle\{n_k\}|\phi\rangle^{(\pm)}, \end{aligned}$$

wobei die hier auftretenden Amplituden ${}^{(\pm)}\langle\{n_k\}|\phi\rangle^{(\pm)}$ die übliche Wahrscheinlichkeitsinterpretation besitzen: Falls der Zustand $|\phi\rangle^{(\pm)}$ korrekt normiert ist, ${}^{(\pm)}\langle\phi|\phi\rangle^{(\pm)} = 1$, ist $|\langle\{n_k\}|\phi\rangle^{(\pm)}|^2$ die Wahrscheinlichkeit, dass sich im Zustand $|\phi\rangle^{(\pm)}$ jeweils n_k Teilchen im Einteilchenzustand $|k\rangle$ befinden.[4]

30.5 Bosonen

In Analogie zum harmonischen Oszillator können wir auch für beliebige Bose-Systeme *Erzeugungs- und Vernichtungsoperatoren* definieren, die einen Zustand mit N Teilchen in einen Zustand mit $N \pm 1$ Teilchen überführen, siehe Gln. (30.17), (30.18). Der *Erzeugungsoperator* $a_k^\dagger$ ist durch[5]

$$\boxed{a_k^\dagger|\ldots, n_k, \ldots\rangle = \sqrt{n_k + 1}\,|\ldots, n_k + 1, \ldots\rangle} \tag{30.24}$$

definiert und erhöht die Besetzungszahl des Einteilchenzustandes $|k\rangle$ um 1. Der auf der rechten Seite auftretende Faktor garantiert, dass der neue Zustand mit der um 1 vergrößerten Besetzungszahl wieder korrekt normiert ist. Derselbe Normierungsfaktor trat bereits beim harmonischen Oszillator auf, siehe Gl. (30.17).

Durch Bildung des hermitesch Adjungierten der Gl. (30.24) erhalten wir:

$$\langle\ldots, n_k, \ldots|a_k = \sqrt{n_k + 1}\,\langle\ldots, n_k + 1, \ldots|\,,$$

wobei

$$a_k = \left(a_k^\dagger\right)^\dagger$$

der zu $a_k^\dagger$ adjungierte Operator ist. Die Multiplikation dieser Gleichung mit $|\ldots, n_k', \ldots\rangle$ ergibt:

$$\langle\ldots, n_k, \ldots|a_k|\ldots, n_k', \ldots\rangle = \sqrt{n_k + 1}\,\delta_{n_k+1, n_k'} = \sqrt{n_k'}\,\delta_{n_k, n_k'-1}\,. \tag{30.25}$$

Der Operator a_k verringert somit die Besetzungszahl n_k um 1 und wird als *Vernichtungsoperator* bezeichnet. In der Tat gilt die Beziehung

4 Es sei an dieser Stelle noch einmal daran erinnert, dass der Index k an den Besetzungszahlen n_k einen kompletten Satz von Quantenzahlen bezeichnet, der den Einteilchenzustand $|k\rangle$ vollständig charakterisiert. Sofern die Gesamtheit der Zustände $\{|k\rangle\}$ abzählbar ist, kann man unter k auch eine einzelne natürliche Zahl in der gewählten Abzählung (Nummerierung) der Einteilchenzustände verstehen.
Den Superscript „(±)" an den Wellenfunktionen $|\ldots\rangle^{(\pm)}$ werden wir im Folgenden gewöhnlich weglassen, wenn die Zuordnung eindeutig ist.

5 Da wir in diesem Abschnitt ausschließlich Bose-Zustände $|n_1, n_2, \ldots\rangle^{(+)}$ betrachten, unterdrücken wir den Superskript (+).

$$\boxed{a_k|\ldots,n_k,\ldots\rangle = \sqrt{n_k}\,|\ldots,n_k-1,\ldots\rangle\,.} \tag{30.26}$$

Zum Beweis multiplizieren wir diese Gleichung von links mit der Vollständigkeitsrelation (30.23) und benutzen Gl. (30.25):

$$\begin{aligned} a_k|\ldots,n_k,\ldots\rangle &= \sum_{n'_k=0}^{\infty} |\ldots,n'_k,\ldots\rangle\langle\ldots,n'_k,\ldots|a_k|\ldots,n_k,\ldots\rangle \\ &= \sum_{n'_k=0}^{\infty} |\ldots,n'_k,\ldots\rangle\sqrt{n_k}\,\delta_{n'_k,n_k-1} \\ &= \sqrt{n_k}\,|\ldots,n_k-1,\ldots\rangle\,. \end{aligned}$$

Für $n_k = 0$ verschwindet die rechte Seite und wir erhalten

$$a_k|\ldots,n_k=0,\ldots\rangle = o\,,$$

womit garantiert ist, dass die Besetzungszahlen nicht negativ werden können. Aus den Beziehungen (30.24) und (30.26) folgt, dass die Bose-Erzeugungs- und Vernichtungsoperatoren den Vertauschungsrelationen

$$\boxed{[a_k,a_l] = \hat{0}\,,\quad [a_k^\dagger,a_l^\dagger] = \hat{0}\,,\quad [a_k,a_l^\dagger] = \delta_{kl}} \tag{30.27}$$

genügen. Tatsächlich ergibt sich aus (30.26) unmittelbar:

$$\begin{aligned} a_l a_k|\ldots,n_k,\ldots,n_l,\ldots\rangle &= a_l\sqrt{n_k}\,|\ldots,n_k-1,\ldots,n_l,\ldots\rangle \\ &= \sqrt{n_k}\,\sqrt{n_l}\,|\ldots,n_k-1,\ldots,n_l-1,\ldots\rangle\,. \end{aligned}$$

Der erhaltene Ausdruck ist unabhängig von der Reihenfolge der Vernichtungsoperatoren auf der linken Seite der Gleichung. Damit ist die erste der Beziehungen in (30.27) bewiesen. Die zweite Beziehung folgt dann unmittelbar durch Bildung des Adjungierten der ersten Relation. Zum Beweis der letzten Relation in Gl. (30.27) betrachten wir zunächst den Fall $k \neq l$ und verwenden nacheinander die Beziehungen (30.24) und (30.26). Dies liefert:

$$\begin{aligned} a_k a_l^\dagger|\ldots,n_k,\ldots,n_l,\ldots\rangle &= \sqrt{n_l+1}\,a_k|\ldots,n_k,\ldots,n_l+1,\ldots\rangle \\ &= \sqrt{n_l+1}\,\sqrt{n_k}\,|\ldots,n_k-1,\ldots,n_l+1,\ldots\rangle \\ &= \sqrt{n_k}\,a_l^\dagger|\ldots,n_k-1,\ldots,n_l,\ldots\rangle \\ &= a_l^\dagger a_k|\ldots,n_k,\ldots,n_l,\ldots\rangle\,, \end{aligned}$$

womit die Beziehung für $k \neq l$ bewiesen ist. Für $k = l$ finden wir aus (30.24) und (30.26) hingegen:

$$a_k a_k^\dagger|\ldots,n_k,\ldots\rangle = \sqrt{n_k+1}\,a_k|\ldots,n_k+1,\ldots\rangle$$
$$= \sqrt{n_k+1}\,\sqrt{n_k+1}\,|\ldots,n_k,\ldots\rangle\,, \qquad (30.28)$$

während die Anwendung der Operatoren in umgekehrter Reihenfolge liefert:

$$a_k^\dagger a_k|\ldots,n_k,\ldots\rangle = \sqrt{n_k}\,a_k^\dagger|\ldots,n_k-1,\ldots\rangle$$
$$= \sqrt{n_k}\,\sqrt{n_k}\,|\ldots,n_k,\ldots\rangle\,. \qquad (30.29)$$

Die Subtraktion der letzten Gleichung von Gl. (30.28) liefert die gewünschte Beziehung.

Ähnlich wie beim harmonischen Oszillator lassen sich ausgehend vom Vakuumzustand (Grundzustand)

$$|0\rangle \equiv |0,0,\ldots\rangle\,,$$

in welchem keine Teilchen vorhanden sind, sämtliche Zustände mit beliebiger Bosonenzahl durch wiederholte Anwendung der Erzeugungsoperatoren unter Benutzung von Gl. (30.24) aufbauen, z. B.:

– *Ein-Boson-Zustände:*

$$a_k^\dagger|0\rangle = |k\rangle\,.$$

– *Zwei-Bosonen-Zustände:*

$$\frac{1}{\sqrt{2!}}(a_k^\dagger)^2|0\rangle\,,\quad a_k^\dagger a_l^\dagger|0\rangle\,,\quad k\neq l\,.$$

Für den allgemeinen, korrekt normierten Mehr-Bosonen-Zustand liefert dies die Besetzungszahldarstellung

$$\boxed{|\{n\}\rangle := |n_1,n_2,\ldots\rangle = \frac{1}{\sqrt{n_1!n_2!\ldots}}(a_1^\dagger)^{n_1}(a_2^\dagger)^{n_2}\ldots|0\rangle\,.} \qquad (30.30)$$

Dies sind aber gerade die Wellenfunktionen eines Systems ungekoppelter harmonischer Oszillatoren. Jeder unabhängige Einteilchenzustand k der Bosonen entspricht einem harmonischen Oszillator, wobei die Besetzungszahl n_k dieses Einteilchenzustandes dem n_k-ten angeregten Zustand des k-ten harmonischen Oszillators entspricht, wie wir es im vorangegangenen Kapitel gesehen haben. Wie beim harmonischen Oszillator sind auch hier die Besetzungszahlen n_k die Eigenwerte des *Besetzungszahloperators*[6]

$$\boxed{\mathsf{n}_k = a_k^\dagger a_k\,.} \qquad (30.31)$$

6 Hier und im Folgenden bezeichnen wir Operatoren im Fock-Raum (außer den Feldoperatoren) mit *serifenlosen* Buchstaben.

In der Tat folgt aus Gl. (30.29)

$$\mathsf{n}_k|\ldots,n_k,\ldots\rangle = n_k|\ldots,n_k,\ldots\rangle\,. \tag{30.32}$$

Wegen (30.13) ist der Operator der Gesamtteilchenzahl durch

$$\boxed{\mathsf{N} = \sum_k \mathsf{n}_k} \tag{30.33}$$

gegeben. Mit (30.32) liefert seine Anwendung auf die Zustände $|n_1, n_2, \ldots\rangle$:

$$\mathsf{N}|n_1, n_2, \ldots\rangle = \left(\sum_k n_k\right)|n_1, n_2, \ldots\rangle\,.$$

Die Summe auf der rechten Seite ist nach Gl. (30.13) die Gesamtteilchenzahl im Zustand $|n_1, n_2 \ldots\rangle$.

30.6 Fermionen

Die oben durchgeführte Zweite Quantisierung von Bose-Systemen lässt sich sofort auf Fermi-Systeme übertragen. Dabei sind die total symmetrischen Basiszustände durch total antisymmetrische zu ersetzen. Des Weiteren ist zu beachten, dass sich nicht mehrere Fermionen im selben Einteilchenzustand befinden können, sodass die Besetzungszahlen auf $n_k = 0, 1$ beschränkt sind. Dies führt zu Vereinfachungen gegenüber den Bose-Systemen. Die von den Besetzungszahlen abhängigen Normierungsfaktoren (siehe Gl. (30.14)) entfallen. Gleichzeitig ist damit die Besetzungszahldarstellung $(\{n_k\})$ etwas aufgebläht und wir werden deshalb oftmals die etwas effizientere Darstellung (30.6) $|k_1, k_2, \ldots, k_N\rangle_N^{(-)}$ der Fermi-Basiszustände benutzen, in der wir nur die besetzten Einteilchenzustände explizit angeben.

Wie für Bose-Systeme können wir auch für Fermi-Systeme *Erzeugungs-* und *Vernichtungsoperatoren* definieren, die uns hier von dem Raum $\mathbb{H}_N^{(-)}$ in die Räume $\mathbb{H}_{N\pm1}^{(-)}$ bringen: Den Erzeugungsoperator $a_k^\dagger$ definieren wir durch die Beziehung[7,8]

$$a_k^\dagger|k_1, \ldots, k_N\rangle_N = |k, k_1, \ldots, k_N\rangle_{N+1}\,. \tag{30.34}$$

Bezeichnen wir wieder mit $|0\rangle$ den Zustand, der kein Fermion enthält, so haben wir insbesondere

---

7 Der für Bose-Systeme in Gl. (30.24) zusätzlich auftretende Normierungsfaktor ist für Fermi-Systeme nicht notwendig, da die Besetzungszahlen hier nur die Werte $n_k = 0, 1$ annehmen können, für welche $n_k! = 1$.

8 Da wir es in diesem Abschnitt ausschließlich mit Fermionen zu tun haben, unterdrücken wir den Superskript (−) an den total antisymmetrischen Zuständen $|\ldots\rangle^{(-)}$.

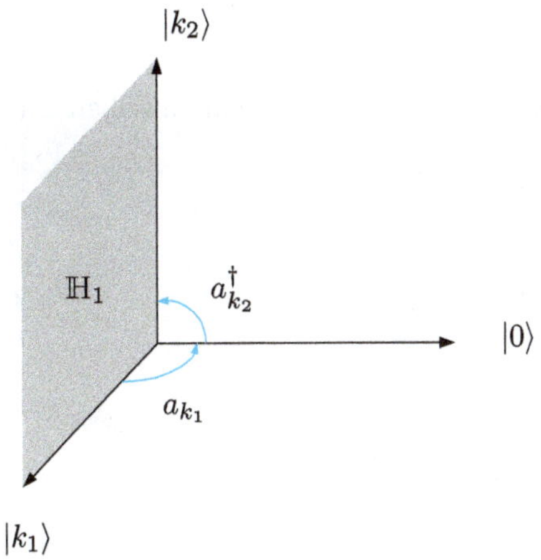

Abb. 30.2: Illustration der Wirkungsweise der Erzeugungs- und Vernichtungsoperatoren.

$$|k\rangle = a_k^\dagger|0\rangle\,,$$
$$|k,k_1\rangle_2 = a_k^\dagger|k_1\rangle = a_k^\dagger a_{k_1}^\dagger|0\rangle\,.$$

Der Operator $a_k^\dagger$ erzeugt aus dem Vakuum $|0\rangle$ ein Teilchen im Einteilchenzustand $|k\rangle$ in $\mathbb{H}_1$ (siehe Abb. 30.2), aus einem Einteilchenzustand $|k_1\rangle$ erzeugt er einen antisymmetrischen Zweiteilchenzustand $|k,k_1\rangle_2$, der sich wiederum durch Anwendung von $a_k^\dagger a_{k_1}^\dagger$ auf das Vakuum erzeugen lässt. Dementsprechend lassen sich durch sukzessive Anwendung von Erzeugungsoperatoren $a_k^\dagger$ auf das Vakuum $|0\rangle$ die antisymmetrischen N-Teilchen-Zustände erzeugen:

$$|k_1,\ldots,k_N\rangle_N = a_{k_1}^\dagger\ldots a_{k_N}^\dagger|0\rangle\,. \tag{30.35}$$

Da bei Vertauschung zweier Teilchen, d. h. zweier Einteilchenindizes (Quantenzahlen der Einteilchenzustände) der antisymmetrische Zustand sein Vorzeichen wechselt,

$$|k_2,k_1\rangle_2 = -|k_1,k_2\rangle_2\,,$$

muss gelten:

$$a_{k_1}^\dagger a_{k_2}^\dagger = -a_{k_2}^\dagger a_{k_1}^\dagger\,,$$

bzw.

$$\{a_{k_1}^\dagger, a_{k_2}^\dagger\} \equiv a_{k_1}^\dagger a_{k_2}^\dagger + a_{k_2}^\dagger a_{k_1}^\dagger = \hat{0}\,. \tag{30.36}$$

Hieraus folgt insbesondere, dass $(a_k^\dagger)^2 = a_k^\dagger a_k^\dagger$ und alle höheren Potenzen von $a_k^\dagger$ verschwinden und somit

$$a_k^\dagger |k\rangle = |k,k\rangle_2 = o\,,$$

was Ausdruck des *Pauli-Prinzips* ist, wonach sich zwei Fermionen nicht im selben Einteilchenzustand befinden können.

Für den zu $a_k^\dagger$ hermitesch adjungierten Operator

$$a_k = \left(a_k^\dagger\right)^\dagger \tag{30.37}$$

finden wir aus (30.34)

$${}_N\langle k_1,\dots,k_N|a_k = {}_{N+1}\langle k,k_1,\dots,k_N|\,,$$

bzw. aus Gl. (30.35):

$${}_N\langle k_1,\dots,k_N| = \langle 0|a_{k_N}\dots a_{k_1} \tag{30.38}$$

und somit insbesondere:

$$\langle k| = \langle 0|a_k\,,$$
$${}_2\langle k_1,k_2| = \langle 0|a_{k_2}a_{k_1}\,.$$

Aus (30.36) folgt mit (30.37), dass die a_k ebenfalls antikommutieren

$$\{a_k,a_l\} = \hat{0}\,. \tag{30.39}$$

Wir multiplizieren $a_k^\dagger$ von rechts mit dem Einheitsoperator des Fockraumes (30.22) und benutzen die Definition des Erzeugungsoperators (30.34)

$$a_k^\dagger \equiv a_k^\dagger \hat{1}^{(-)} = |k\rangle\langle 0| + \sum_{k_1} |kk_1\rangle_2\,\langle k_1| + \frac{1}{2!}\sum_{k_1,k_2} |kk_1k_1\rangle_3\,{}_2\langle kk_2| + \cdots\,. \tag{30.40}$$

Hieraus erhalten wir für den zu $a_k^\dagger$ hermitesch adjungierten Operator (30.37) unter Beachtung von

$$\left(|a\rangle\langle b|\right)^\dagger = |b\rangle\langle a| \tag{30.41}$$

die Spektraldarstellung im Fock-Raum

$$a_k = |0\rangle\langle k| + \sum_{k_1} |k_1\rangle_2\,\langle kk_1| + \frac{1}{2!}\sum_{k_1<k_2} |k_1k_2\rangle_2\,{}_3\langle kk_1k_2| + \cdots\,. \tag{30.42}$$

Wegen der Orthogonalität und Normierung der Basiszustände $|k_1\dots k_N\rangle_N$, insbesondere wegen der Orthogonalität der Zustände mit verschiedener Teilchenzahl, und der Orthonormierung der Einteilchenzustände

$$\langle k|l\rangle = \delta_{kl}\,, \tag{30.43}$$

finden wir hieraus

$$\begin{aligned} a_k|0\rangle &= o \\ a_k|k_1\rangle &= |0\rangle\langle k|k_1\rangle = \delta_{kk_1}|0\rangle \\ a_k|k_1k_2\rangle_2 &= \sum_l |l\rangle\,{}_2\langle kl|k_1k_2\rangle_2 \\ &= \sum_l |l\rangle(\delta_{kk_1}\delta_{lk_2} - \delta_{kk_2}\delta_{lk_1}) \\ &= \delta_{kk_1}|k_2\rangle - \delta_{kk_2}|k_1\rangle \end{aligned} \tag{30.44}$$

oder allgemein

$$\begin{aligned} a_k|k_1k_2\dots k_N\rangle_N &= \delta_{kk_1}|k_2\dots k_N\rangle_{N-1} \\ &\quad - \delta_{kk_2}|k_1k_3\dots k_N\rangle_{N-1} + \delta_{kk_3}|k_1k_2k_4\dots k_N\rangle_{N-1} - \cdots \\ &= \sum_{i=1}^{N}(-1)^{i-1}\delta_{kk_i}|k_1,\dots,k_{i-1},k_{i+1},\dots k_N\rangle_{N-1}\,. \end{aligned} \tag{30.45}$$

Der Operator a_k führt somit einen Zustand aus $\mathbb{H}_N^{(-)}$ in einen Zustand in $\mathbb{H}_{N-1}$ über, vorausgesetzt, der ursprüngliche Zustand enthält ein Teilchen im Einteilchenzustand k. Er vernichtet damit ein Teilchen aus dem Zustand k und wird deshalb als *Vernichtungsoperator* bezeichnet. Abb. 30.2 illustriert die Wirkungsweise der Erzeugungs- und Vernichtungsoperatoren. Die Erzeugungs- und Vernichtungsoperatoren $a_k^\dagger$ und a_k treten in der Quantenfeldtheorie als Entwicklungskoeffizienten der quantisierten Felder auf und werden deshalb auch als *Feldoperatoren* bezeichnet.

Bilden wir das hermitesch konjugierte von Gl. (30.44), so erhalten wir

$$\langle 0|a_k^\dagger = 0\,. \tag{30.46}$$

Der duale Vakuumvektor $\langle 0|$ wird also durch die $a_k^\dagger$ vernichtet.

Aus Gl. (30.34) und (30.45) folgt

$$\begin{aligned} a_k a_l^\dagger|k_1\dots k_N\rangle_N &= a_k|lk_1\dots k_N\rangle_{N+1} \\ &= \delta_{kl}|k_1\dots k_N\rangle_N - \delta_{kk_1}|lk_2\dots k_N\rangle_N + \delta_{kk_2}|lk_1k_3\dots k_N\rangle_N - \cdots\,. \end{aligned} \tag{30.47}$$

Wenden wir die Operatoren in umgekehrter Reihenfolge an, erhalten wir

$$a_l^\dagger a_k|k_1\dots k_N\rangle_N = \qquad + \delta_{kk_1}|lk_2\dots k_N\rangle_N - \delta_{kk_2}|lk_1k_3\dots k_N\rangle_N + \cdots\,. \tag{30.48}$$

Auf der rechten Seite entstehen hier dieselben Terme wie in der obigen Gleichung (30.47), jedoch mit Ausnahme des ersten Terms und mit umgekehrten Vorzeichen. Addieren wir Gl. (30.47) und (30.48), so fallen folglich sämtliche Terme mit Ausnahme des ersten Terms in Gl. (30.47) weg und wir erhalten

$$(a_k a_l^\dagger + a_l^\dagger a_k)|k_1 \dots k_N\rangle_N = \delta_{kl}|k_1 \dots k_N\rangle_N \,. \tag{30.49}$$

Da jeder beliebige Zustand sich nach den Basiszuständen $|k_1 \dots k_N\rangle_N$ entwickeln lässt, gilt die obige Beziehung für beliebige Zustände und damit auch für die Operatoren

$$a_k a_l^\dagger + a_l^\dagger a_k = \delta_{kl}\hat{1}^{(-)} \,, \tag{30.50}$$

wobei $\hat{1}^{(-)}$ wieder den Einheitsoperator des fermionischen Fockraumes bezeichnet. Wir werden diesen Operator im Folgenden nicht mehr explizit angeben. Nach (30.36), (30.39) und (30.50) haben wir die folgenden Antikommutationsbeziehungen für die Fermi-Erzeugungs- und Vernichtungsoperatoren:

$$\boxed{\{a_k^\dagger, a_l^\dagger\} = \hat{0} \,, \quad \{a_k, a_l\} = \hat{0} \,, \quad \{a_k, a_l^\dagger\} = \delta_{kl} \,.} \tag{30.51}$$

---

i Das Kronecker-Symbol δ_{kl} auf der rechten Seite von Gl. (30.51) resultiert aus der Orthonormierung (30.12) der Einteilchenbasiszustände $|k\rangle$. Wird eine andere Normierung der Basiszustände

$$|k\rangle \equiv a_k^\dagger|0\rangle \,, \quad \langle k| \equiv \langle 0|a_k$$

benutzt, z. B.

$$\langle k|l\rangle = f(k)\delta_{kl} \,,$$

so ändert sich dementsprechend die rechte Seite der letzten Beziehung in Gl. (30.51),

$$\{a_k, a_l^\dagger\} = f(k)\delta_{kl} \,,$$

welche die „Normierung" der Erzeugungs- und Vernichtungsoperatoren festlegt.

Mittels der Darstellungen (30.35) und (30.38) für die bra- und ket-Vektoren lässt sich leicht das Skalarprodukt

$${}_N\langle k_1, \dots, k_N|l_1, \dots, l_N\rangle_N = \langle 0|a_{k_N} \dots a_{k_1} a_{l_1}^\dagger \dots a_{l_N}^\dagger|0\rangle$$

berechnen, indem man mittels der Antikommutationsbeziehungen (30.51) die Erzeugungsoperatoren links der Vernichtungsoperatoren bringt und die Beziehungen (30.44) und (30.46):

$$a_k|0\rangle = o \,, \quad \langle 0|a_k^\dagger = o$$

benutzt. Dies liefert:

$$
{}_N\langle k_1,\ldots,k_N|l_1,\ldots,l_N\rangle_N = \begin{vmatrix} \delta_{k_1 l_1} & \ldots & \delta_{k_1 l_N} \\ \vdots & & \vdots \\ \delta_{k_N l_1} & \ldots & \delta_{k_N l_N} \end{vmatrix} = \det(\delta_{k_i l_j})\,. \tag{30.52}
$$

Setzen wir hier $l_i = k_i$ für sämtliche $i = 1, 2, \ldots, N$, so finden wir, dass die Zustände $|k_1, k_2, \ldots, k_N\rangle_N$ tatsächlich auf eins normiert sind.

Um die Analogie zu den Bose-Systemen herzustellen, geben wir die Fermi-Zustände (30.35), (30.38) auch in der Besetzungsdarstellung (30.15) an:

$$
\boxed{|\{n\}\rangle := |n_1, n_2, \ldots\rangle = (a_1^\dagger)^{n_1}(a_2^\dagger)^{n_2}\ldots|0\rangle \equiv \prod_k (a_k^\dagger)^{n_k}|0\rangle\,.} \tag{30.53}
$$

Im Unterschied zu den Bose-Systemen (siehe Gl. (30.30)) fehlen hier nur die Normierungsfaktoren $1/\sqrt{n_k!}$, die jedoch für Fermi-Systeme wegen $n_k = 0, 1$ sämtlich 1 sind. Mit der Einschränkung der Besetzungszahlen auf $n_k = 0, 1$ bleibt die Besetzungszahldarstellung (30.30) offenbar auch für Fermi-Systeme gültig.

Unter Benutzung der Antikommutationsbeziehung (30.51) findet man aus (30.53)

$$
a_k^\dagger|\ldots, n_k, \ldots\rangle = (1 - n_k)(-1)^{\sum_{l<k} n_l}|\ldots, n_k + 1, \ldots\rangle\,. \tag{30.54}
$$

Der Operator $a_k^\dagger|$ erhöht die Besetzungszahl n_k um 1, allerdings nur, falls der Einteilchenzustand $|k\rangle$ ursprünglich unbesetzt war ($n_k = 0$). Andernfalls (für $n_k = 1$) wird der Zustand vernichtet, was der Faktor $1 - n_k$ gewährleistet. Der Phasenfaktor berücksichtigt die Anzahl der Antikommutationen, die erforderlich sind, um den Operator $a_k^\dagger$ an die k-te Position zu bringen.

In analoger Weise findet man für den Vernichtungsoperator

$$
a_k|\ldots, n_k, \ldots\rangle = n_k(-1)^{\sum_{l<k} n_l}|\ldots, n_k - 1, \ldots\rangle\,. \tag{30.55}
$$

Benutzen wir die beiden letzten Beziehungen nacheinander, so finden wir für den Besetzungszahloperator

$$
\mathsf{n}_k = a_k^\dagger a_k
$$

die Eigenwertgleichung

$$
\mathsf{n}_k|\ldots n_k \ldots\rangle = n_k|\ldots n_k \ldots\rangle\,, \tag{30.56}
$$

wobei wir $n_k^2 = n_k$ benutzt haben.

30.7 Operatoren

Zur Formulierung der Quantentheorie mittels Erzeugungs- und Vernichtungsoperatoren reicht es nicht aus, die Wellenfunktionen (Zustandsvektoren) mittels dieser Operatoren darzustellen, sondern wir müssen auch die Observablen des N-Teilchen-Systems, d. h. die Operatoren in $\mathbb{H}^{(-)}$ bzw. $\mathbb{H}^{(+)}$, durch die $a_k^\dagger$ und a_k ausdrücken. Eine ausführliche Ableitung der Darstellung von Operatoren in der zweiten Quantisierung ist im Anhang F.1 gegeben. Hier begnügen wir uns mit einer vereinfachten Ableitung, die wir explizit nur für Fermi-Systeme durchführen, da sie für Bose-Systeme völlig analog verläuft. Zur Vereinfachung der Bezeichnung fassen wir im Folgenden die Erzeugungs- und Vernichtungsoperatoren für Bose- bzw. Fermi-Systeme zu *Bose- bzw. Fermi-Operatoren* zusammen. Darüber hinaus werden wir Bose- und Fermi-Operatoren kollektiv als *Feldoperatoren* bezeichnen.

30.7.1 Einteilchenoperatoren

Wir betrachten zunächst einen Einteilchenoperator (30.10). Der Anteil $\hat{O}^{(i)}$, der auf das i-te Teilchen wirkt, besitzt die Spektraldarstellung

$$\hat{O}^{(i)} = \sum_{k,l} O(k,l)|k\rangle^{(i)\,(i)}\langle l| ,$$

wobei seine Matrixelemente

$$O(k,l) = {}^{(i)}\langle k|\hat{O}^{(i)}|l\rangle^{(i)} \tag{30.57}$$

wegen der Identität der Teilchen unabhängig vom Index i sind. Für den Gesamtoperator (30.10) des N-Teilchensystems haben wir deshalb

$$O = \sum_{k,l} O(k,l) \sum_{i=1}^{N} |k\rangle^{(i)\,(i)}\langle l| . \tag{30.58}$$

Um diesen Operator durch die Erzeugungs- und Vernichtungsoperatoren auszudrücken, betrachten wir die Wirkung des Einteilchenoperators

$$\sum_{i=1}^{N} |k\rangle^{(i)\,(i)}\langle l| \tag{30.59}$$

auf einen beliebigen Basiszustand (30.6), (30.3) des Fock-Raumes

$$\begin{aligned}\left(\sum_{i=1}^{N} |k\rangle^{(i)\,(i)}\langle l|\right)&|k_1, k_2, \ldots, k_N\rangle_N^{(-)} \\ &= \sum_{i=1}^{N} |k\rangle^{(i)\,(i)}\langle l| \sqrt{N!}\mathcal{A}(|k_1\rangle^{(1)}\,|k_2\rangle^{(2)} \ldots |k_N\rangle^{(N)}) .\end{aligned} \tag{30.60}$$

Da der Operator (30.59) invariant gegenüber einer Permutation der Teilchen ist, kommutiert er mit dem Antisymmetrisierungsoperator $\mathcal{A}$ und wir erhalten mit ${}^{(i)}\langle l||k_i\rangle^{(i)} \equiv \langle l|k_i\rangle = \delta_{lk_i}$

$$\begin{aligned}
(30.60) &= \sqrt{N!}\mathcal{A}\sum_{i=1}^{N}|k_1\rangle^{(1)}|k_2\rangle^{(2)}\cdots|k\rangle^{(i)}\,{}^{(i)}\langle l||k_i\rangle^{(i)}\cdots|k_N\rangle^{(N)} \\
&= \sum_{i=1}^{N}\delta_{lk_i}\sqrt{N!}\mathcal{A}|k_1\rangle^{(1)}\cdots|k\rangle^{(i)}\cdots|k_N\rangle^{(N)} \\
&= \sum_{i=1}^{N}\delta_{lk_i}|k_1,\ldots,k_{i-1},k,k_{i+1},\ldots,k_N\rangle_N^{(-)}\,,
\end{aligned} \tag{30.61}$$

wobei wir im letzten Schritt wieder die Definition (30.6), (30.3) der antisymmetrischen Basisfunktionen benutzt haben. Mit Gl. (30.34)

$$\begin{aligned}
&|k_1,\ldots,k_{i-1},k,k_{i+1},\ldots,|k_N\rangle_N^{(-)} \\
&\quad= (-1)^{i-1}|k,k_1,\ldots,k_{i-1},k_{i+1},\ldots,k_N\rangle_N^{(-)} \\
&\quad= (-i)^{i-1}a_k^\dagger|k_1,\ldots,k_{i-1},k_{i+1},\ldots,k_N\rangle_{N-1}^{(-)}
\end{aligned}$$

und Gl. (30.45):

$$\begin{aligned}
&\sum_{i=1}^{N}(-1)^{i-1}\delta_{lk_i}|k_1,\ldots,k_{i-1},k_{i+1},\ldots,k_N\rangle_{N-1}^{(-)} \\
&\quad= a_l|k_1,\ldots,k_{i-1},k_i,k_{i+1},\ldots,k_N\rangle_N^{(-)}
\end{aligned}$$

finden wir schließlich

$$\left(\sum_{i=1}^{N}|k\rangle^{(i)}\,{}^{(i)}\langle l|\right)|k_1,\ldots,k_N\rangle_N^{(-)} = a_k^\dagger a_l|k_1,\ldots,k_N\rangle_N^{(-)}\,.$$

Da diese Beziehung für beliebige Basiszustände gilt, erhalten wir die folgende Operatoridentität im Fock-Raum:

$$\boxed{\sum_{i=1}^{N}|k\rangle^{(i)}\,{}^{(i)}\langle l| = a_k^\dagger a_l\,.} \tag{30.62}$$

Diese Gleichung ist die grundlegende Formel für die Transformation eines Operators eines Systems identischer Teilchen aus der Ersten in die Zweite Quantisierung. Wir haben sie oben explizit für Fermi-Systeme abgeleitet. Sie lässt sich jedoch auf analoge Weise auch für Bose-Systeme beweisen. Einsetzen dieses Ergebnisses in (30.58) liefert die gesuchte Darstellung eines Einteilchenoperators in der Zweiten Quantisierung:[9]

9 Wir erinnern hier an unsere Konvention: Observablen in der Zweiten Quantisierung (die also im Fock-Raum wirken) bezeichnen wir mit *serifenlosen* Buchstaben.

$$\boxed{\mathsf{O} = \sum_{k,l} O(k,l) a_k^\dagger a_l \,,} \tag{30.63}$$

wobei

$$\boxed{O(k,l) \equiv \langle k|\hat{O}|l\rangle = \int d^3x \, \varphi_k^*(\boldsymbol{x}) \hat{O}(\boldsymbol{x}) \varphi_l(\boldsymbol{x})}$$

die Einteilchenmatrixelemente der Observable $\hat{O}$ in $\mathbb{H}_{N=1}$ sind. Wir betonen, dass diese Darstellung sowohl für Bose- als auch Fermi-Systeme gilt, obwohl die Operatoren a_k, $a_k^\dagger$ in einem Fall Kommutations- und im anderen Fall Antikommutationsbeziehungen genügen.

Ein besonders einfacher Einteilchenoperator (30.8) ist der *Teilchenzahloperator*

$$N = \sum_{i=1}^{N} \hat{1}^{(i)} \,,$$

für den offensichtlich $\hat{O}^{(i)} = \hat{1}^{(i)}$ gilt und dessen Einteilchenmatrixelemente folglich durch

$$O(k,l) = \langle k|\hat{1}|l\rangle = \delta_{kl}$$

gegeben sind. In der Zweiten Quantisierung (30.63) besitzt er somit die Darstellung

$$\boxed{\mathsf{N} = \sum_k a_k^\dagger a_k = \sum_k \mathsf{n}_k \,,} \tag{30.64}$$

die wir bereits in (30.33) auf eine alternative Weise gefunden hatten.

Als nichttriviales Beispiel für einen Einteilchenoperator betrachten wir den Impulsoperator. Für ein System aus N unterscheidbaren Teilchen lautet dieser:

$$\mathsf{p} = \sum_{i=1}^{N} \hat{\boldsymbol{p}}^{(i)} \,, \quad \hat{\boldsymbol{p}}^{(i)} = \frac{\hbar}{i} \nabla^{(i)} \,, \quad \nabla^{(i)} = \boldsymbol{e}_j \frac{d}{dx_j^{(i)}} \,,$$

wobei $x_j^{(i)}$ die Koordinaten des i-ten Teilchens bezeichnet. Wie bereits oben verabredet, lassen wir aufgrund der Identität der Teilchen den Index $^{(i)}$, welcher die Teilchen nummeriert, weg und schreiben $\boldsymbol{x}$ statt $\boldsymbol{x}^{(i)}$, $\boldsymbol{p}$ statt $\boldsymbol{p}^{(i)}$ und $|\boldsymbol{k}\rangle$ statt $|\boldsymbol{k}\rangle^{(i)}$. Wählen wir die Einteilchenbasiszustände $|\boldsymbol{k}\rangle$ als Eigenzustände des Einteilchenimpulsoperators $\hat{\boldsymbol{p}}$, welche durch die (hier auf die δ-Funktion normierten) ebenen Wellen

$$\langle \boldsymbol{x}|\boldsymbol{k}\rangle = \left(\frac{1}{2\pi}\right)^{3/2} e^{i\boldsymbol{k}\cdot\boldsymbol{x}} \,, \quad \langle \boldsymbol{k}|\boldsymbol{k}'\rangle = \delta(\boldsymbol{k} - \boldsymbol{k}') \tag{30.65}$$

gegeben sind, so gilt:

$$\hat{\boldsymbol{p}}|\boldsymbol{k}\rangle = \hbar\boldsymbol{k}|\boldsymbol{k}\rangle$$

und für das Einteilchenmatrixelement (30.57) finden wir:

$$\boldsymbol{p}(\boldsymbol{k},\boldsymbol{k}') = \langle\boldsymbol{k}|\hat{\boldsymbol{p}}|\boldsymbol{k}'\rangle = \hbar\boldsymbol{k}\delta(\boldsymbol{k}-\boldsymbol{k}')\,.$$

Aus (30.63) erhalten wir damit für die Darstellung des Operators des (Gesamt-)Impulses in der Zweiten Quantisierung:

$$\mathbf{p} = \int d^3k \int d^3k'\, \boldsymbol{p}(\boldsymbol{k},\boldsymbol{k}')a^\dagger_{\boldsymbol{k}}a_{\boldsymbol{k}'}\,,$$

oder nach trivialer Ausführung eines Impulsintegrals:

$$\boxed{\mathbf{p} = \int d^3k\, \hbar\boldsymbol{k}\, a^\dagger_{\boldsymbol{k}}a_{\boldsymbol{k}}\,.} \tag{30.66}$$

Wegen der oben gewählten Normierung der Einteilchenzustände $|\boldsymbol{k}\rangle$ genügen die Fermi-Operatoren hier den üblichen Antikommutationsbeziehungen

$$\boxed{\{a_{\boldsymbol{k}}, a^\dagger_{\boldsymbol{k}'}\} = \delta(\boldsymbol{k}-\boldsymbol{k}')\,.}$$

---

i

Wählt man die ebenen Wellen in der Form

$$\langle\boldsymbol{x}|\boldsymbol{k}\rangle = e^{i\boldsymbol{k}\cdot\boldsymbol{x}}\,,$$

sodass sie der Normierung

$$\langle\boldsymbol{k}|\boldsymbol{k}'\rangle = (2\pi)^3\delta\big(\boldsymbol{k}-\boldsymbol{k}'\big)$$

und damit der Vollständigkeitsrelation

$$\hat{1} = \int \frac{d^3k}{(2\pi)^3}\, |\boldsymbol{k}\rangle\langle\boldsymbol{k}|$$

genügen, so findet man für den Impulsoperator:

$$\boxed{\mathbf{p} = \int \frac{d^3k}{(2\pi)^3}\, \hbar\boldsymbol{k}\, a^\dagger_{\boldsymbol{k}}a_{\boldsymbol{k}}\,,} \tag{30.67}$$

(statt Gl. (30.66)) wobei wegen $|\boldsymbol{k}\rangle = a^\dagger_{\boldsymbol{k}}|0\rangle$ jetzt

$$\boxed{\{a_{\boldsymbol{k}}, a^\dagger_{\boldsymbol{k}'}\} = (2\pi)^3\delta\big(\boldsymbol{k}-\boldsymbol{k}'\big)}$$

gilt; siehe auch **i** in Abschnitt 30.6.

Ein weiteres Beispiel für einen Einteilchenoperator ist der Drehimpuls

$$\boldsymbol{L} = \sum_k \boldsymbol{L}^{(k)}\,.$$

Da die Drehimpulsoperatoren $\boldsymbol{L}^{(k)}$ der einzelnen Teilchen in verschiedenen Hilbert-Räumen wirken, kommutieren sie miteinander

$$[\boldsymbol{L}^{(i)}, \boldsymbol{L}^{(k)}] = \hat{0}\,, \qquad i \neq k\,.$$

Deshalb zerfällt der Drehoperator (23.32) in ein Produkt von Drehoperatoren der einzelnen Teilchen:

$$\mathcal{R}(\boldsymbol{\omega}) = \prod_k \mathcal{R}^{(k)}(\boldsymbol{\omega})\,, \qquad \mathcal{R}^{(k)}(\boldsymbol{\omega}) = e^{-\frac{i}{\hbar}\boldsymbol{\omega}\cdot\boldsymbol{L}^{(k)}}\,. \tag{30.68}$$

In der Zweiten Quantisierung ist der Drehimpulsoperator durch

$$\boldsymbol{L} = \sum_{k,l} \boldsymbol{L}(k,l) a_k^\dagger a_l$$

gegeben ist, wobei

$$\boldsymbol{L}(k,l) = \langle k|\boldsymbol{L}|l\rangle$$

die Matrixelemente des Drehimpulses in der gewählten Einteilchen-Basis sind. Für den Drehoperator (30.68) eines Systems identischer Teilchen findet man deshalb

$$\boxed{\mathsf{R}(\boldsymbol{\omega}) = e^{-\frac{i}{\hbar}\boldsymbol{\omega}\cdot\boldsymbol{L}} = e^{-\frac{i}{\hbar}\sum_{k,l}\boldsymbol{\omega}\cdot\boldsymbol{L}(k,l) a_k^\dagger a_l}\,.}$$

30.7.2 Zweiteilchenoperatoren

Analog verfährt man mit Operatoren, die auf mehr als ein Teilchen wirken. Wir begnügen uns hier darauf, die Fock-Raum-Darstellung für Zweiteilchenoperatoren

$$O = \frac{1}{2}\sum_{i\neq j} \hat{O}^{(i,j)} \tag{30.69}$$

abzuleiten, wobei $\hat{O}^{(i,j)} = \hat{O}(\boldsymbol{x}_i, \boldsymbol{x}_j)$ von den Koordinaten zweier Teilchen abhängt. Der Term $i = j$ ist hier ausgeschlossen, da er ein Einteilchenoperator repräsentiert. Der Faktor 1/2 berücksichtigt, dass durch die unabhängige Summation über i und j jedes Teilchenpaar zweimal auftritt. Wegen der Identität der Teilchen gilt $\hat{O}^{(i,j)} = \hat{O}^{(j,i)}$. Für den Zweiteilchenoperator findet man die Fock-Raum-Darstellung

$$\boxed{O = \frac{1}{2} \sum_{k,l,m,n} O(kl,mn) a_k^\dagger a_l^\dagger a_n a_m ,} \tag{30.70}$$

wobei

$$\boxed{O(kl,mn) = {}_2\langle kl|\hat{O}|mn\rangle_2 = \int d^3x \int d^3y\, \varphi_k^*(\boldsymbol{x}) \varphi_l^*(\boldsymbol{y}) \hat{O}(\boldsymbol{x},\boldsymbol{y}) \varphi_m(\boldsymbol{x}) \varphi_n(\boldsymbol{y})}$$

die Zweiteilchen-Matrixelemente des betrachteten Operators in der gewöhnlichen (Ersten) Quantisierung sind. Man beachte, dass die Vernichtungsoperatoren $a_n a_m$ in *umgekehrter* Reihenfolge im Vergleich zu den Einteilchen-Quantenzahlen m, n in dem Zweiteilchen-Matrixelement auftreten.

Eine strenge Ableitung der Darstellung (30.70) wird im Anhang F gegeben. Nachfolgend geben wir eine sehr viel einfachere dafür aber etwas heuristische Ableitung: Dazu gehen wir wieder von der Spektraldarstellung des Operators (30.69)

$$O = \frac{1}{2} \sum_{i \neq j} \sum_{k,l,m,n} O(kl,mn) |k\rangle^{(i)} |l\rangle^{(j)}\, {}^{(i)}\langle m|\, {}^{(j)}\langle n| \tag{30.71}$$

aus und wenden auf den Ausdruck

$$\begin{aligned} \sum_{i \neq j} |k\rangle^{(i)}\, {}^{(i)}\langle m|\, |l\rangle^{(j)}\, {}^{(j)}\langle n| &= \left(\sum_i |k\rangle^{(i)}\, {}^{(i)}\langle m| \right) \left(\sum_j |l\rangle^{(j)}\, {}^{(j)}\langle n| \right) \\ &\quad - \sum_i |k\rangle^{(i)}\, \underbrace{{}^{(i)}\langle m||l\rangle^{(i)}}_{\delta_{ml}}\, {}^{(i)}\langle n| \end{aligned} \tag{30.72}$$

die Formel (30.62) an. Dies liefert:

$$(30.72) = a_k^\dagger a_m a_l^\dagger a_n - a_k^\dagger \delta_{ml} a_n .$$

Unter Benutzung der (Anti-)Kommutationsbeziehung

$$a_m a_l^\dagger \mp a_l^\dagger a_m = \delta_{ml}$$

erhalten wir hieraus

$$\begin{aligned} (30.72) &= a_k^\dagger a_m a_l^\dagger a_n - a_k^\dagger (a_m a_l^\dagger \mp a_l^\dagger a_m) a_n \\ &= \pm a_k^\dagger a_l^\dagger a_m a_n = a_k^\dagger a_l^\dagger a_n a_m . \end{aligned}$$

Einsetzen dieses Ausdruckes in (30.71) liefert die Darstellung (30.70).

30.7.3 Nützliche Operatorbeziehungen

Das Produkt zweier Einteilchenoperatoren ist offensichtlich ein Zweiteilchenoperator. Jedoch bilden die Einteilchenoperatoren eine geschlossene Algebra: Der Kommutator zweier Einteilchenoperatoren führt wieder auf einen Einteilchenoperator, wie leicht zu zeigen ist: Es seien

$$\mathsf{A} = \sum_{k,l} A_{kl} a_k^\dagger a_l\,, \qquad \mathsf{B} = \sum_{m,n} B_{mn} a_m^\dagger a_n\,. \tag{30.73}$$

Ihr Kommutator ist durch

$$[\mathsf{A}, \mathsf{B}] = \sum_{k,l} \sum_{m,n} A_{kl} B_{mn} [a_k^\dagger a_l, a_m^\dagger a_n] \tag{30.74}$$

gegeben. Unter Benutzung der (Anti-)Kommutationsbeziehungen für (Fermi- bzw.) Bose-Operatoren finden wir:

$$\begin{aligned} a_k^\dagger a_l a_m^\dagger a_n &= \delta_{lm} a_k^\dagger a_n \pm a_k^\dagger a_m^\dagger a_l a_n \\ &= \delta_{lm} a_k^\dagger a_n \pm a_m^\dagger a_k^\dagger a_n a_l \\ &= \delta_{lm} a_k^\dagger a_n - \delta_{kn} a_m^\dagger a_l + a_m^\dagger a_n a_k^\dagger a_l \end{aligned}$$

und somit:

$$[a_k^\dagger a_l, a_m^\dagger a_n] = \delta_{lm} a_k^\dagger a_n - \delta_{kn} a_m^\dagger a_l\,.$$

Einsetzen in (30.74) liefert:

$$\begin{aligned} [\mathsf{A}, \mathsf{B}] &= \sum_{k,l} \sum_{m,n} A_{kl} B_{mn} (\delta_{lm} a_k^\dagger a_n - \delta_{kn} a_m^\dagger a_l) \\ &= \sum_{k,n} \sum_{l} A_{kl} B_{ln} a_k^\dagger a_n - \sum_{m,l} \sum_{n} B_{mn} A_{nl} a_m^\dagger a_l \end{aligned}$$

und nach Umbenennung der Summationsindizes:

$$\boxed{[\mathsf{A}, \mathsf{B}] = \sum_{k,l} ([A, B])_{kl} a_k^\dagger a_l\,.} \tag{30.75}$$

Damit lässt sich der Kommutator $[\mathsf{A}, \mathsf{B}]$ zwischen zwei Einteilchenoperatoren A und B im Fock-Raum durch den Kommutator $[A, B]$ der zugehörigen Matrizen A und B im Einteilchen-Hilbert-Raum ausdrücken.

Bei der Anwendung der Zweiten Quantisierung zur Beschreibung von Systemen identischer Teilchen stoßen wir oft auf Kommutatoren von Produkten von Feldoperatoren. Zum einen sind die quantenmechanischen Bewegungsgleichungen (Heisenberg-

Gleichungen) durch Kommutatoren gegeben. Zum anderen wird man bei der Berechnung von Matrixelementen stets versuchen, die Erzeugungsoperatoren links von den Vernichtungsoperatoren anzuordnen (da Letztere das Vakuum vernichten). Dies führt wieder auf Kommutatoren von Feldoperatoren. Wir haben bereits früher die allgemeine Beziehung (siehe Tabelle 7.1)

$$[AB, C] = A[B, C] + [A, C]B \tag{30.76}$$

kennengelernt, die für beliebige Operatoren A, B, C und somit auch für Feldoperatoren gilt. Für Bose-Operatoren, die sehr einfache Kommutationsbeziehungen besitzen, ist die Beziehung sehr bequem. Für Kommutatoren von Produkten von Fermi-Operatoren ist es jedoch zweckmäßig, die Kommutatoren durch Antikommutatoren zweier Feldoperatoren auszudrücken. Dazu benutzen wir die zu (30.76) analoge Beziehung

$$[AB, C] = A\{B, C\} - \{A, C\}B\,, \tag{30.77}$$

die wie (30.76) für beliebige Operatoren A, B, C gilt und sich genauso schnell beweisen lässt. Man beachte das negative Vorzeichen des zweiten Terms auf der rechten Seite von (30.77) (im Gegensatz zu (30.76)). Ganz allgemein ist beim Ausdrücken eines Kommutators durch Antikommutatoren das Vorzeichen durch die Anzahl der Zweier-Permutation benachbarter Operatoren gegeben, die erforderlich sind, um die ursprüngliche Reihenfolge der Operatoren in dem betrachteten Kommutator in die des betreffenden Terms mit den Antikommutatoren zu bringen: Eine gerade (ungerade) Anzahl bedingt keinen (einen) Vorzeichenwechsel.

Aus (30.77) gewinnt man

$$[A, BC] = -B\{A, C\} + \{A, B\}C \tag{30.78}$$

und aus (30.77) und (30.76) finden wir:

$$\begin{aligned}[AB, CD] &= A[B, CD] + [A, CD]B \\ &= -AC\{B, D\} + A\{B, C\}D - C\{A, D\}B + \{A, C\}DB\,.\end{aligned}$$

Für den Antikommutator gelten ähnliche Beziehungen, das Analogon zu (30.78) lautet:

$$\{A, BC\} = \{A, B\}C - B[A, C]\,.$$

Abschließend wollen wir noch einige sehr nützliche Beziehungen ableiten, von denen wir des Öfteren Gebrauch machen werden. Es sei A ein beliebiger, nicht notwendigerweise hermitescher Einteilchenoperator (30.73). Sowohl für Bose- als auch für Fermi-Systeme gelten dann die Beziehungen

$$[a_k, \mathsf{A}] = A_{kl}a_l\,, \tag{30.79}$$

$$[\mathsf{A}, a_k^\dagger] = a_l^\dagger A_{lk} \,. \tag{30.80}$$

Durch wiederholte Anwendung der Beziehung (30.79) finden wir

$$\begin{aligned} e^{-\mathsf{A}} a_k e^{\mathsf{A}} &= \sum_{n=0}^{\infty} \frac{1}{n!} [\cdots [[a_k, \mathsf{A}], \mathsf{A}] \cdots, \mathsf{A}] \\ &= \sum_{n=0}^{\infty} \frac{1}{n!} (A^n)_{kl} a_l \end{aligned}$$

und nach Aufsummation der Reihe

$$\boxed{e^{-\mathsf{A}} a_k e^{\mathsf{A}} = (e^{A})_{kl} a_l \,.} \tag{30.81}$$

In analoger Weise erhält man aus (30.80)

$$\boxed{e^{-\mathsf{A}} a_k^\dagger e^{\mathsf{A}} = a_l^\dagger (e^{-A})_{lk} \,.} \tag{30.82}$$

Man beachte, dass auf der rechten Seite die Matrix A, auf der linken Seite aber der Operator A (30.73) steht.

Unter Benutzung von Gln. (30.81), (30.82) sowie $e^{\mathsf{A}} e^{-\mathsf{A}} = 1$, zeigt man leicht, dass für zwei beliebige (nicht notwendigerweise hermitesche) Einteilchenoperatoren A und B (30.73) die folgende Beziehung gilt

$$\boxed{e^{-\mathsf{A}} \mathsf{B} e^{\mathsf{A}} = \sum_{k,l} (e^{-A} B e^{A})_{kl} a_k^\dagger a_l \,.} \tag{30.83}$$

30.7.4 Das Wick'sche Theorem

Die Berechnung von Erwartungswerten von Produkten von Feldoperatoren in unkorrelierten Zuständen[10] vereinfacht sich wesentlich durch Benutzung des *Wick'schen Theorems*, welches in allgemeinster Form in Kapitel 34 bewiesen wird. Für nachfolgende Anwendungen geben wir hier nur den Spezialfall dieses Theorems für zeitunabhängige Feldoperatoren an. Dazu führen wir zunächst zwei Begriffe ein:

1. Das *normalgeordnete Produkt* (oder kurz *Normalprodukt*) $: AB \ldots :$ von Feldoperatoren $A, B, \ldots$ erhält man, indem man die Erzeugungsoperatoren sämtlich links von den Vernichtungsoperatoren anordnet und mit dem Charakter der erforderlichen Permutation der Fermi-Operatoren multipliziert. So gilt z. B.

10 Unkorrelierte Zustände beschreiben Vielteilchensysteme ohne (Zweiteilchen-, Dreiteilchen-, …) Wechselwirkung. Für (Fermi-)Bose-Systeme sind sie durch (anti-)symmetrisierte Produktzustände (d. h. durch Slater-Determinanten für Fermi-Systeme) gegeben.

$$: a_k a_l^\dagger : = \pm a_l^\dagger a_k\,,$$
$$: a_k^\dagger a_l a_m^\dagger a_n^\dagger a_i : = a_k^\dagger a_m^\dagger a_n^\dagger a_l a_i\,,$$

wobei das obere (untere) Vorzeichen für Bose-(Fermi-)Operatoren gilt. Innerhalb eines Normalproduktes können Bose-Operatoren beliebig vertauscht werden, während eine Vertauschung von Fermi-Operatoren eine Multiplikation mit dem Charakter der Permutation bewirkt

$$: a_k^\dagger a_l a_m^\dagger a_n a_i : = \pm : a_k^\dagger a_l a_n a_m^\dagger a_i : \,.$$

Wegen $a|0\rangle = o = \langle 0|a^\dagger$ verschwindet offenbar der Vakuumerwartungswert normalgeordneter Produkte

$$\langle 0| :\cdots: |0\rangle = 0\,. \tag{30.84}$$

2. Die *Kontraktion* $\sqcap AB$ zweier Feldoperatoren A, B ist definiert als Differenz zwischen ihrem Produkt AB und Normalprodukt $: AB$:

$$\overset{\sqcap}{AB} = AB - : AB : \,. \tag{30.85}$$

Offenbar verschwinden alle Kontraktionen

$$\overset{\sqcap}{a_k a_l} = 0\,, \quad \overset{\sqcap}{a_l^\dagger a_l^\dagger} = 0\,, \quad \overset{\sqcap}{a_l^\dagger a_l} = 0$$

mit Ausnahme von

$$\begin{aligned}\overset{\sqcap}{a_k a_l^\dagger} &= a_k a_l^\dagger - : a_k a_l^\dagger : \\ &= a_k a_l^\dagger \mp a_l^\dagger a_k\,.\end{aligned}$$

Falls die Feldoperatoren den gewöhnlichen (Anti-)Kommutationsbeziehungen, Gl. (30.51) bzw. Gl. (30.27) genügen, folgt offenbar

$$\overset{\sqcap}{a_k a_l^\dagger} = \delta_{kl}$$

sowohl für Bose- als auch Fermi-Systeme.

Das *Wick'sche Theorem* lautet:

Das Produkt von Feldoperatoren (Erzeugungs- und Vernichtungsoperatoren) ABC . . . ist gleich seinem Normalprodukt plus der Summe aller Normalprodukte mit einem Paar von Feldoperatoren kontrahiert plus der Summe aller Normalprodukte mit zwei Paaren von Feldoperatoren kontrahiert usw. bis alle Möglichkeiten der Kontraktion von Feldoperatoren ausgeschöpft sind. Dabei ist jeder entstehende Term mit dem Charakter der Per-

mutation zu multiplizieren, die erforderlich ist, um die kontrahierten Fermi-Operatoren zueinander (benachbart) zu bringen.

Zur Illustration des Theorems geben wir folgendes Beispiel an:

$$\begin{aligned} a_i a_j a_k^\dagger a_l^\dagger = {} & :a_i a_j a_k^\dagger a_l^\dagger: + \overline{a_j a_k^\dagger} :a_i a_l^\dagger: \\ & \pm \overline{a_i a_k^\dagger} :a_j a_l^\dagger: + \overline{a_i a_l^\dagger} :a_j a_k^\dagger: \pm \overline{a_j a_l^\dagger} :a_i a_k^\dagger: + \overline{a_j a_k^\dagger}\,\overline{a_i a_l^\dagger} \pm \overline{a_i a_k^\dagger}\,\overline{a_j a_l^\dagger} . \end{aligned}$$

Bilden wir hiervon den Vakuumerwartungswert, so finden wir unter Berücksichtigung von (30.84)

$$\langle 0 | a_i a_j a_k^\dagger a_l^\dagger | 0 \rangle = \overline{a_j a_k^\dagger}\,\overline{a_i a_l^\dagger} \pm \overline{a_i a_k^\dagger}\,\overline{a_j a_l^\dagger} = \delta_{jk}\delta_{il} \pm \delta_{ik}\delta_{jl} .$$

Das Verschwinden des Vakuumerwartungswertes von normalgeordneten Produkten, Gl. (30.84), macht die Anwendung des Wick'schen Theorems sehr vorteilhaft. Die oben angegebene Form des Wick'schen Theorems lässt sich sehr einfach durch vollständige Induktion beweisen. Wir verzichten an dieser Stelle jedoch auf den Beweis, da wir die allgemeinste Form dieses Theorems in Kapitel 34 beweisen werden.

30.8 Die Ortsdarstellung

30.8.1 Feldoperatoren

Die oben eingeführten Operatoren $a_k^\dagger$ und a_k erzeugen bzw. vernichten ein Teilchen im Einteilchenzustand

$$|k\rangle = a_k^\dagger |0\rangle .$$

Ähnliche Operatoren existieren natürlich auch für die Erzeugung und Vernichtung von Teilchen in anderen Basiszuständen. Neben der bisher betrachteten Einteilchenbasis $\{|k\rangle\}$ existiere ein zweites vollständiges Funktionensystem $\{|\xi\rangle\}$, dessen Zustände $|\xi\rangle$ nach unserer ursprünglichen Basis $\{|k\rangle\}$ entwickelt werden können:

$$|\xi\rangle = \sum_k |k\rangle\langle k|\xi\rangle . \tag{30.86}$$

Sind $a_\xi^\dagger$ und a_ξ die Erzeugungs- und Vernichtungsoperatoren der neuen Basis, d. h.

$$|\xi\rangle = a_\xi^\dagger |0\rangle ,$$

so folgt aus (30.86) der Zusammenhang

$$a_\xi^\dagger = \sum_k a_k^\dagger \langle k|\xi\rangle\,, \tag{30.87}$$

bzw. durch Adjungieren:

$$a_\xi = \sum_k \langle \xi|k\rangle a_k\,. \tag{30.88}$$

Von besonderem Interesse sind die Ortseigenfunktionen $|\boldsymbol{x}\rangle$. Es hat sich eingebürgert, die zugehörigen Erzeugungs- und Vernichtungsoperatoren mit $\psi^\dagger(\boldsymbol{x})$, $\psi(\boldsymbol{x})$ zu bezeichnen, d. h. es gilt:

$$\boxed{|\boldsymbol{x}\rangle = \psi^\dagger(\boldsymbol{x})|0\rangle\,, \quad \langle \boldsymbol{x}| = \langle 0|\psi(\boldsymbol{x})\,.} \tag{30.89}$$

Die Operatoren $\psi^\dagger(\boldsymbol{x})$, $\psi(\boldsymbol{x})$ erzeugen bzw. vernichten ein Teilchen am Ort $\boldsymbol{x}$. Beachten wir, dass $\langle \boldsymbol{x}|k\rangle = \varphi_k(\boldsymbol{x})$ die Basisfunktionen in der Ortsdarstellung sind, so erhalten wir aus (30.88), (30.87) die Beziehungen

$$\psi(\boldsymbol{x}) = \sum_k \varphi_k(\boldsymbol{x}) a_k\,, \tag{30.90}$$

$$\psi^\dagger(\boldsymbol{x}) = \sum_k \varphi_k^*(\boldsymbol{x}) a_k^\dagger\,. \tag{30.91}$$

Wegen $a_k|0\rangle = o = \langle 0|a_k^\dagger$ gilt offensichtlich

$$\psi(\boldsymbol{x})|0\rangle = o = \langle 0|\psi^\dagger(\boldsymbol{x})\,.$$

Für Fermi- bzw. Bose-Systeme erfüllen die Operatoren $\psi^\dagger(\boldsymbol{x})$, $\psi(\boldsymbol{x})$ die (Anti-)Kommutationsrelationen

$$\boxed{\begin{gathered}[\psi(\boldsymbol{x}), \psi(\boldsymbol{x}')]_\mp = \hat{0}\,, \quad [\psi^\dagger(\boldsymbol{x}), \psi^\dagger(\boldsymbol{x}')]_\mp = \hat{0}\,, \\ [\psi(\boldsymbol{x}), \psi^\dagger(\boldsymbol{x}')]_\mp = \delta(\boldsymbol{x} - \boldsymbol{x}')\,,\end{gathered}} \tag{30.92}$$

wobei die Klammern mit den Indizes $\mp$ den gewöhnlichen Kommutator bzw. den Antikommutator bezeichnen:

$$[A, B]_\mp = AB \mp BA\,.$$

Die Beziehungen (30.92) ergeben sich mit Gln. (30.90), (30.91) aus den (Anti-)Kommutationsbeziehungen (30.51), (30.27). In die letzte Beziehung von (30.92) fließt auch die Vollständigkeit der Basisfunktionen ein:

$$[\psi(\boldsymbol{x}), \psi^\dagger(\boldsymbol{x}')]_\mp = \sum_{k,l} \varphi_k(\boldsymbol{x}) \varphi_l^*(\boldsymbol{x}') [a_k, a_l^\dagger]_\mp$$

$$= \sum_{k,l} \varphi_k(\boldsymbol{x})\varphi_l^*(\boldsymbol{x}')\delta_{kl}$$
$$= \delta(\boldsymbol{x} - \boldsymbol{x}')\,.$$

Aufgrund ihrer Abhängigkeit von der räumlichen Koordinate $\boldsymbol{x}$ werden die Operatoren $\psi(\boldsymbol{x})$, $\psi^\dagger(\boldsymbol{x})$ gewöhnlich als *Feldoperatoren* bezeichnet. Wir werden jedoch diesen Term als Oberbegriff für Erzeugungs- und Vernichtungsoperatoren in einer beliebigen Darstellung verwenden.

Für die Feldoperatoren in der Ortsdarstellung $\psi(\boldsymbol{x})$, $\psi^\dagger(\boldsymbol{x})$ finden wir mit (30.92) als einzige nicht-verschwindende Kontraktion

$$\overbracket{\psi(\boldsymbol{x})\psi}^{\dagger}(\boldsymbol{y}) = \delta(\boldsymbol{x} - \boldsymbol{y})\,. \tag{30.93}$$

Der Operator der *Teilchendichte* des Gesamtsystems ist durch

$$\mathsf{n}(\boldsymbol{x}) = \psi^\dagger(\boldsymbol{x})\psi(\boldsymbol{x}) \tag{30.94}$$

gegeben und entsprechend ist

$$\boxed{\mathsf{N} = \int d^3x\; \psi^\dagger(\boldsymbol{x})\psi(\boldsymbol{x})}$$

der Operator der Gesamtteilchenzahl des Systems. In der Tat, wenden wir den Operator $\mathsf{n}(\boldsymbol{x})$ auf den Zustand $|\boldsymbol{x}'\rangle$ (30.89) an, so erhalten wir unter Benutzung der (Anti)-Kommutationsbeziehungen (30.92) sowie $\psi(\boldsymbol{x})|0\rangle = 0$:

$$\begin{aligned}
\mathsf{n}(\boldsymbol{x})|\boldsymbol{x}'\rangle &= \psi^\dagger(\boldsymbol{x})\psi(\boldsymbol{x})\psi^\dagger(\boldsymbol{x}')|0\rangle \\
&= \psi^\dagger(\boldsymbol{x})([\psi(\boldsymbol{x}), \psi^\dagger(\boldsymbol{x}')]_\mp \pm \psi^\dagger(\boldsymbol{x}')\psi(\boldsymbol{x}))|0\rangle \\
&= \delta(\boldsymbol{x} - \boldsymbol{x}')\psi^\dagger(\boldsymbol{x})|0\rangle = \delta(\boldsymbol{x} - \boldsymbol{x}')|\boldsymbol{x}\rangle \\
&= \delta(\boldsymbol{x} - \boldsymbol{x}')|\boldsymbol{x}'\rangle\,.
\end{aligned}$$

Der Operator der Teilchendichte $\mathsf{n}(\boldsymbol{x})$ (30.94) des Vielteilchensystems hat formal dieselbe Gestalt wie die Wahrscheinlichkeitsdichte eines Teilchens im Zustand $\psi(\boldsymbol{x})$:

$$|\psi(\boldsymbol{x})|^2 = \psi^*(\boldsymbol{x})\psi(\boldsymbol{x})\,.$$

Diese Analogie ist jedoch nur formaler Natur, da es sich in einem Fall um einen Operator, im anderen Fall um eine komplexe Funktion handelt. Diese formale Korrespondenz hat zu dem Begriff *Zweite Quantisierung* geführt, da man die Darstellung der Operatoren im Fock-Raum erhält, indem man in ihren gewöhnlichen Dichten oder Erwartungswerten die Einteilchenwellenfunktionen bzw. deren komplex-Konjugiertes durch die Feldoperatoren $\psi(\boldsymbol{x})$ bzw. $\psi^\dagger(\boldsymbol{x})$ ersetzt. Diese formale Korrespondenz erlaubt uns sofort die

Fock-Raumdarstellung von Operatoren aufzuschreiben, ohne auf die im Anhang F abgeleitete allgemeingültige Darstellung (F.7) zurückgreifen zu müssen.[11] Diese Ersetzung liefert z. B. für den Operator der Stromdichte eines Systems identischer Teilchen:

$$\mathsf{j}(\boldsymbol{x}) = \frac{\hbar}{2mi}[\psi^\dagger(\boldsymbol{x})\boldsymbol{\nabla}\psi(\boldsymbol{x}) - (\boldsymbol{\nabla}\psi^\dagger(\boldsymbol{x}))\psi(\boldsymbol{x})]\,,$$

für den Operator der kinetischen Energie:

$$\begin{aligned}\mathsf{T} &= \frac{\hbar^2}{2m}\int d^3x\,(\boldsymbol{\nabla}\psi^\dagger(\boldsymbol{x}))\boldsymbol{\nabla}\psi(\boldsymbol{x}) = \sum_{k,l}\int d^3x\; a_k^\dagger\varphi_k^*(\boldsymbol{x})\Big(-\frac{\hbar^2}{2m}\Delta\Big)\varphi_l(\boldsymbol{x})a_l\\ &= \sum_{k,l} a_k^\dagger\langle k|\frac{-\hbar^2}{2m}\Delta|l\rangle a_l\,,\end{aligned}$$

für den Operator eines Einteilchenpotentials:

$$\begin{aligned}\mathsf{U} &= \int d^3x\;\psi^\dagger(\boldsymbol{x})U(\boldsymbol{x})\psi(\boldsymbol{x}) = \sum_{k,l}\int d^3x\; a_k^\dagger\varphi_k^*(\boldsymbol{x})U(\boldsymbol{x})\varphi_l(\boldsymbol{x})a_l\\ &= \sum_{k,l} a_k^\dagger\langle k|U|l\rangle a_l\end{aligned}$$

und für eine Zweiteilchenwechselwirkung bzw. einen beliebigen Zweiteilchenoperator:

$$\begin{aligned}\mathsf{V} &= \frac{1}{2}\int d^3x\,d^3x'\;\psi^\dagger(\boldsymbol{x})\psi^\dagger(\boldsymbol{x}')V(\boldsymbol{x},\boldsymbol{x}')\psi(\boldsymbol{x}')\psi(\boldsymbol{x})\\ &= \frac{1}{2}\sum_{k,l,m,n}\int d^3x\,d^3x'\;\varphi_k^*(\boldsymbol{x})\varphi_l^*(\boldsymbol{x}')V(\boldsymbol{x},\boldsymbol{x}')\varphi_m(\boldsymbol{x})\varphi_n(\boldsymbol{x}')a_k^\dagger a_l^\dagger a_n a_m\\ &= \frac{1}{2}\sum_{k,l,m,n}{}_2\langle kl|V|mn\rangle_2\, a_k^\dagger a_l^\dagger a_n a_m\,.\end{aligned}$$

Für den Hamilton-Operator eines Vielteilchensystems, das sich in einem äußeren Potential $U(\boldsymbol{x})$ befindet und dessen Teilchen über eine Zweiteilchenkraft (Potential) $V(\boldsymbol{x},\boldsymbol{x}')$ wechselwirken, erhalten wir die Fock-Raumdarstellung:

$$\boxed{\begin{aligned}\mathsf{H} &= \int d^3x\left[\frac{\hbar^2}{2m}(\boldsymbol{\nabla}\psi^\dagger(\boldsymbol{x}))\boldsymbol{\nabla}\psi(\boldsymbol{x}) + \psi^\dagger(\boldsymbol{x})U(\boldsymbol{x})\psi(\boldsymbol{x})\right]\\ &\quad+\frac{1}{2}\int d^3x\,d^3x'\;\psi^\dagger(\boldsymbol{x})\psi^\dagger(\boldsymbol{x}')V(\boldsymbol{x},\boldsymbol{x}')\psi(\boldsymbol{x}')\psi(\boldsymbol{x})\,.\end{aligned}}$$

11 Vorausgesetzt, man ignoriert mögliche Kontraktionen, denn $\psi^\dagger(\boldsymbol{x})\psi(\boldsymbol{x})$ und $\psi(\boldsymbol{x})\psi^\dagger(\boldsymbol{x})$ besitzen dasselbe Analogon in der „ersten“ Quantisierung, $|\psi(\boldsymbol{x})|^2$, unterscheiden sie sich jedoch durch eine Kontraktion (30.93).

Durch partielle Integration im kinetischen Term können wir den Hamilton-Operator auch in folgende Form bringen:

$$\boxed{\begin{aligned}\mathsf{H} &= \int d^3x\, d^3x'\, \psi^\dagger(\boldsymbol{x}) H_0(\boldsymbol{x},\boldsymbol{x}')\psi(\boldsymbol{x}') \\ &\quad + \frac{1}{2}\int d^3x\, d^3x'\, \psi^\dagger(\boldsymbol{x})\psi^\dagger(\boldsymbol{x}')V(\boldsymbol{x},\boldsymbol{x}')\psi(\boldsymbol{x}')\psi(\boldsymbol{x}) \\ &\equiv \mathsf{H}_0 + \mathsf{V},\end{aligned}} \tag{30.95}$$

wobei

$$H_0(\boldsymbol{x},\boldsymbol{x}') = H_0(\boldsymbol{x})\delta(\boldsymbol{x}-\boldsymbol{x}'), \quad H_0(\boldsymbol{x}) = -\frac{\hbar^2}{2m}\Delta + U(\boldsymbol{x})$$

der Hamilton-Operator eines einzelnen Teilchens im äußeren Feld $U(\boldsymbol{x})$ ist. Wählen wir in der Zerlegung (30.90), (30.91) die Einteilchenbasisfunktion $\varphi_k(\boldsymbol{x})$ als Eigenzustände des Einteilchen-Hamilton-Operators $H_0(\boldsymbol{x})$

$$H_0(\boldsymbol{x})\varphi_k(\boldsymbol{x}) = \epsilon_k\varphi_k(\boldsymbol{x}), \tag{30.96}$$

so finden wir für den Hamilton-Operator der nichtwechselwirkenden Teilchen

$$\mathsf{H}_0 = \int d^3x \psi^\dagger(\boldsymbol{x})H_0(\boldsymbol{x})\psi(\boldsymbol{x})$$

unter Ausnutzen der Eigenwert-Gleichuung (30.96) und der Orthonormiertheit der Basisfunktionen $\varphi_k(\boldsymbol{x})$

$$\mathsf{H}_0 = \sum_k \epsilon_k a_k^\dagger a_k . \tag{30.97}$$

Ferner zeigt man leicht mithilfe der (Anti-)Kommutationsbeziehung der Feldoperatoren und $a_k|0\rangle = 0$, dass die Basiszustände des Fock-Raumes $|\{n_k\}\rangle$ (30.30) dann gerade die Eigenfunktionen von H_0 (30.97)

$$\mathsf{H}_0|\{n\}\rangle = E^{(0)}_{\{n\}}|\{n\}\rangle$$

mit den Eigenwerten

$$E^{(0)}_{\{n\}} = \sum_k n_k\epsilon_k$$

sind. Für den Erwartungswert der Wechselwirkung in diesen Zuständen finden wir

$$E^{(1)}_{\{n\}} = \langle\{n\}|\mathsf{V}|\{n\}\rangle = \frac{1}{2}\sum_{kl}[{}_2\langle kl|V|kl\rangle_2 - {}_2\langle kl|V|lk\rangle_2]n_k n_l . \tag{30.98}$$

Dies ist gleichzeitig der Beitrag der Wechselwirkung zur Energie erster in der Ordnung Rayleigh-Schrödinger Störungstheorie (siehe Gl. (19.8)).

Wir betonen, dass die obigen Überlegungen sowohl für Bose- als auch für Fermi-Systeme gelten. Dies trifft insbesondere für die oben angegebenen Fock-Raumdarstellungen von Operatoren zu.

30.8.2 Die Dichtematrix

Es sei $|\phi\rangle$ ein beliebiger (auf 1 normierter) Zustand des N-Teilchen-Systems. Für den Erwartungswert in diesem Zustand führen wir die Abkürzung

$$\langle \ldots \rangle = \langle \phi | \ldots | \phi \rangle \tag{30.99}$$

ein. Das N-Teilchen-System kann sowohl ein Bose- als auch ein Fermi-System sein. Ferner muss der Zustand $|\phi\rangle$ *nicht* ein System unabhängiger Teilchen beschreiben (d. h. für Fermi-Systeme muss es keine Slater-Determinante sein[12]), sondern kann den exakten Grundzustand eines wechselwirkenden Systems repräsentieren.

Die (Einteilchen-)*Dichtematrix* $\rho(\boldsymbol{x}, \boldsymbol{x}')$ eines Vielteilchensystems ist definiert durch:

$$\boxed{\rho(\boldsymbol{x}, \boldsymbol{x}') := \langle \psi^\dagger(\boldsymbol{x}')\psi(\boldsymbol{x}) \rangle\,,} \tag{30.100}$$

wobei $\psi(\boldsymbol{x})$, $\psi^\dagger(\boldsymbol{x})$ die im vorigen Abschnitt eingeführten Feldoperatoren sind. (Man beachte die Reihenfolge der Koordinatenargumente!) Der Diagonalteil der Dichtematrix fällt mit dem Erwartungswert des Operators der Teilchendichte $\mathsf{n}(\boldsymbol{x})$ (30.94) zusammen:

$$\rho(\boldsymbol{x}, \boldsymbol{x}) = \langle \mathsf{n}(\boldsymbol{x}) \rangle\,.$$

Unter Benutzung der Zerlegung der Feldoperatoren, Gln. (30.90) und (30.91), können wir die Dichtematrix in der Form

$$\rho(\boldsymbol{x}, \boldsymbol{x}') = \sum_{k,l} \varphi_k^*(\boldsymbol{x}') \langle a_k^\dagger a_l \rangle \varphi_l(\boldsymbol{x}) \tag{30.101}$$

schreiben. Die Dichtematrix hängt offenbar von der Wahl des Zustandes $|\phi\rangle$ ab, siehe Gl. (30.99). Wählen wir $|\phi\rangle$ als Basiszustand $|n_1, n_2, \ldots\rangle$ (30.30), so erhalten wir:

12 Slater-Determinanten beschreiben Systeme unabhängiger Fermionen, d. h. eine Slater-Determinante kann nur Eigenfunktion eines Einteilchen-(Hamilton-)Operators sein. Die Fermionen können also mit einem äußeren Feld wechselwirken, was einen Einteilchenoperator darstellt, dürfen aber keine Wechselwirkung untereinander besitzen, die bekanntlich durch Zwei-(oder Mehr-)teilchenoperatoren realisiert ist.

$$\langle a_k^\dagger a_l \rangle = \delta_{kl} n_k \,, \tag{30.102}$$

wobei n_k die Besetzungszahl des Einteilchenzustandes $|k\rangle$ ist. Einsetzen von (30.102) in Gl. (30.101) liefert mit $\varphi_k(\boldsymbol{x}) = \langle \boldsymbol{x}|k\rangle$ für die Dichtematrix die Darstellung

$$\rho(\boldsymbol{x}, \boldsymbol{x}') = \sum_k \varphi_k(\boldsymbol{x}) n_k \varphi_k^*(\boldsymbol{x}') = \sum_k \langle \boldsymbol{x}|k\rangle n_k \langle k|\boldsymbol{x}'\rangle = \langle \boldsymbol{x}|\hat{\rho}|\boldsymbol{x}'\rangle \,, \tag{30.103}$$

wobei

$$\boxed{\hat{\rho} = \sum_k |k\rangle n_k \langle k|} \tag{30.104}$$

der *Dichteoperator* (zum Zustand $|\phi\rangle = |n_1, n_2, \ldots\rangle$) ist. Er hängt explizit von den Besetzungszahlen $n_k \neq 0$ ab. Nach Gl. (30.103) ist die Dichtematrix $\rho(\boldsymbol{x}, \boldsymbol{x}')$ gerade die Ortsdarstellung des Dichteoperators $\hat{\rho}$. Die Spur des Dichteoperators liefert mit $\mathrm{Sp}(|k\rangle\langle k|) = \langle k|k\rangle = 1$ gerade die Gesamtteilchenzahl (30.13):

$$\mathrm{Sp}\,\hat{\rho} = \sum_k n_k = N \,.$$

Dasselbe Ergebnis erhalten wir natürlich auch in der Ortsdarstellung:

$$\begin{aligned}\mathrm{Sp}\,\hat{\rho} &= \int d^3x\, \langle \boldsymbol{x}|\hat{\rho}|\boldsymbol{x}\rangle = \int d^3x\, \rho(\boldsymbol{x}, \boldsymbol{x}) \\ &= \sum_k n_k \int d^3x\, |\varphi_k(\boldsymbol{x})|^2 = \sum_k n_k \,,\end{aligned}$$

wobei wir die Normierung der Einteilchenwellenfunktionen $\varphi_k(\boldsymbol{x})$ benutzt haben.

Für Fermi-Systeme sind die Besetzungszahlen auf $n_k = 0, 1$ beschränkt. Der Dichteoperator $\hat{\rho}$ (30.104) besitzt dann die Eigenschaft

$$\hat{\rho}^2 = \hat{\rho}$$

und ist folglich ein Projektor. Er projiziert den Hilbert-Raum der Einteilchenzustände $\{|k\rangle\}$ auf die besetzten Einteilchenzustände (für die $n_k = 1$). Ganz allgemein lässt sich beweisen: Falls die Dichtematrix eines Fermi-Systems $\rho(\boldsymbol{x}, \boldsymbol{x}')$ (30.100) der Beziehung

$$\int d^3z\, \rho(\boldsymbol{x}, \boldsymbol{z}) \rho(\boldsymbol{z}, \boldsymbol{y}) = \rho(\boldsymbol{x}, \boldsymbol{y})$$

genügt, so ist der der Dichtematrix zugrunde liegende N-Fermion-Zustand $|\phi\rangle$ (30.99) eine Slater-Determinante, d. h. von der Form (30.35).

Abschließend wollen wir für spätere Zwecke den Erwartungswert des Hamilton-Operators (30.95) in einem beliebigen *unkorrelierten* Zustand berechnen. Durch geeignete Wahl der Einteilchenbasis lässt sich ein solcher Zustand stets in die Form der Basiszustände (30.30) bringen. Da die Basiszustände (30.30) Systeme unabhängiger (nichtwechselwirkender) Teilchen beschreiben, gilt für die Erwartungswerte in diesen Zuständen das *Wick'sche Theorem*, das im Abschnitt 30.7.4 besprochen wurde und in Kapitel 34 bewiesen wird. Nach diesem Theorem erhält man für den Erwartungswert der Feldoperatoren im Wechselwirkungsterm in unkorrelierten Zuständen (wie den Basiszuständen) die faktorisierte Form (G.50):

$$\begin{aligned}
&\langle\psi^\dagger(\boldsymbol{x})\psi^\dagger(\boldsymbol{x}')\psi(\boldsymbol{x}')\psi(\boldsymbol{x})\rangle \\
&= \langle\psi^\dagger(\boldsymbol{x})\psi(\boldsymbol{x})\rangle\langle\psi^\dagger(\boldsymbol{x}')\psi(\boldsymbol{x}')\rangle \pm \langle\psi^\dagger(\boldsymbol{x})\psi(\boldsymbol{x}')\rangle\langle\psi^\dagger(\boldsymbol{x}')\psi(\boldsymbol{x})\rangle \\
&= \rho(\boldsymbol{x},\boldsymbol{x})\rho(\boldsymbol{x}',\boldsymbol{x}') \pm \rho(\boldsymbol{x}',\boldsymbol{x})\rho(\boldsymbol{x},\boldsymbol{x}')\,, \qquad (30.105)
\end{aligned}$$

wobei das obere (untere) Vorzeichen für Bose-(Fermi-)Systeme gilt. Hierbei haben wir berücksichtigt, dass wegen der Teilchenzahlerhaltung (die Basiszustände (30.30) besitzen eine wohl definierte Teilchenzahl, siehe Gl. (30.33)) die Paarerwartungswerte verschwinden:

$$\langle\psi(\boldsymbol{x})\psi(\boldsymbol{x}')\rangle = 0\,, \quad \langle\psi^\dagger(\boldsymbol{x})\psi^\dagger(\boldsymbol{x}')\rangle = 0\,.$$

Ferner haben wir im letzten Schritt die Definition der Dichtematrix (30.100) benutzt. Mithilfe von (30.105) erhalten wir aus (30.95):

$$\boxed{\begin{aligned}
E[\rho] := \langle\mathsf{H}\rangle = &\int d^3x\,d^3x'\,H_0(\boldsymbol{x},\boldsymbol{x}')\rho(\boldsymbol{x}',\boldsymbol{x}) \\
&+ \frac{1}{2}\int d^3x\,d^3x'\,V(\boldsymbol{x},\boldsymbol{x}')[\rho(\boldsymbol{x},\boldsymbol{x})\rho(\boldsymbol{x}',\boldsymbol{x}') \pm \rho(\boldsymbol{x}',\boldsymbol{x})\rho(\boldsymbol{x},\boldsymbol{x}')]\,.
\end{aligned}} \qquad (30.106)$$

Offenbar ist $\langle\mathsf{H}\rangle = E[\rho]$ ein Funktional der Dichtematrix. Wenn Letztere in der Basis der Einteilchenzustände entwickelt wird (siehe Gl. (30.103)), geht $E[\rho]$ (30.106) in die Hartree-Fock-Energie (29.63) über, in welcher sich die Summation nur über die besetzten Einteilchenzustände mit $n_k = 1$ erstreckt.

30.9 Fermi-Systeme

Die elementaren Bausteine unserer Materie wie Elektronen, Protonen, Neutronen oder, auf fundamentalem Niveau, die Quarks (und Leptonen) sind sämtlich Fermionen mit Spin 1/2. Die Bosonen wie Photonen, Gluonen oder $W^\pm$- und Z^0-Bosonen vermitteln hingegen die Wechselwirkung zwischen den Fermionen. Wir wollen uns deshalb etwas eingehender mit den Wellenfunktionen von Fermi-Systemen beschäftigen. Bekanntlich müssen diese Wellenfunktionen total antisymmetrisch bezüglich Vertauschung zweier Teilchen sein. Eine bequeme Basis für Fermi-Systeme bilden die Slater-Determinanten. Wir werden in diesem Kapitel eine spezielle Darstellung für die Slater-Determinanten in der Zweiten Quantisierung ableiten, die sich als sehr vorteilhaft für die Beschreibung von Fermi-Systemen erwiesen hat.

30.9.1 Slater-Determinanten

Wir betrachten zunächst ein System von Fermionen, deren Wechselwirkung untereinander vernachlässigbar ist. Das System kann sich aber in einem äußeren Feld befinden. Der Einfachheit halber setzen wir voraus, dass das Spektrum der Einteilchenzustände

$$|k\rangle = a_k^\dagger |0\rangle \tag{30.107}$$

diskret ist. Dies können wir immer erreichen, indem wir das System in eine Box einsperren. Die Wellenfunktion eines nichtwechselwirkenden Fermi-Systems ist, wie wir in Abschnitt 29.8 gesehen haben, durch eine Slater-Determinante gegeben. In der Zweiten Quantisierung besitzt diese die Darstellung (30.35)

$$\boxed{|\phi\rangle = \prod_{h=1}^{N} a_h^\dagger |0\rangle\,,} \tag{30.108}$$

wobei das Produkt über alle besetzten Einteilchenzustände $|h\rangle$ läuft. Hier und im Folgenden bezeichnen wir die N *besetzten* (Einteilchen-)Zustände mit einem Index $k = h = 1, 2, \ldots, N$, die *unbesetzten* Zustände hingegen mit einem Index[13] $k = p$. Die nachfolgenden Überlegungen bleiben auch dann richtig, wenn die in der Determinante $|\phi\rangle$ besetzten Einteilchenzustände nicht die energetisch niedrigsten sind. Wegen

$$a_k|0\rangle = o \tag{30.109}$$

und

$$\{a_k^\dagger, a_l^\dagger\} = \hat{0}\,, \quad \{a_k, a_l\} = \hat{0}$$

genügt die Slater-Determinante (30.108) den Bedingungen

$$a_p|\phi\rangle = o\,, \quad a_h^\dagger|\phi\rangle = o\,.$$

Falls die Fermi-Operatoren a_k, $a_k^\dagger$ die gewöhnlichen Antikommutationsbeziehungen

$$\{a_k, a_l^\dagger\} = \delta_{kl} \tag{30.110}$$

13 Die Buchstaben „h“ und „p“ beziehen sich hier auf die englischen Wörter „hole“ (Loch) und „particle“ (Teilchen). Weshalb diese Bezeichnung sinnvoll ist, werden wir in Abschnitt 30.9.2 erkennen.

erfüllen, ist die Slater-Determinante (30.108) korrekt normiert, $\langle\phi|\phi\rangle = 1$ (siehe Gl. (30.52)). Dies impliziert, dass die Einteilchenwellenfunktion (30.107) orthonormiert sind:

$$\langle k|l\rangle = \delta_{kl} . \tag{30.111}$$

In diesem Fall (30.110) können wir die Slater-Determinante (30.108) unter Benutzung der Antikommutationsbeziehungen auch in der alternativen Form

$$|\phi\rangle = \prod_{h=1}^{N}(a_h + a_h^\dagger)|0\rangle \tag{30.112}$$

schreiben. Die gegenüber (30.108) hier zusätzlich entstehenden Terme verschwinden sämtlich, da wir zunächst wegen $\{a_k, a_{l\neq k}^\dagger\} = \hat{0}$ die a_k nach rechts antivertauschen können und diese Terme dann wegen $a_k|0\rangle = o$ verschwinden.

Die Einteilchenzustände in der Slater-Determinante müssen nicht notwendigerweise orthogonal sein; es reicht aus, dass sie linear unabhängig sind. Sind die Einteilchenzustände $|k\rangle$ nicht orthonormiert, so folgt aus (30.107) und (30.109):

$$\langle k|l\rangle = \langle 0|a_k a_l^\dagger|0\rangle = \langle 0|\{a_k, a_l^\dagger\}|0\rangle .$$

Da der Antikommutator zweier Fermi-Operatoren eine c-Zahl ist,[14] folgt mit $\langle 0|0\rangle = 1$ die Beziehung

$$\{a_k, a_l^\dagger\} = \langle k|l\rangle . \tag{30.113}$$

Diese Beziehung lässt sich auch direkt durch Zerlegung der Einteilchenzustände $|k\rangle$ in eine vollständige orthonormale Basis zeigen, in welcher dann die üblichen Antikommutationsbeziehungen gelten.

Durch sukzessive Anwendung der Beziehung (30.113) lässt sich die Norm des Zustandes $|\phi\rangle$ (30.108) berechnen. Einfacher geht es mithilfe des Wick'schen Theorems (siehe Abschnitt 30.7.4, wenn man berücksichtigt, dass die Kontraktionen der Fermi-Operatoren durch

$$\begin{aligned}
\overset{\sqcap}{a_k a_l} &\equiv \langle 0|a_k a_l|0\rangle = 0 ,\\
\overset{\sqcap}{a_k^\dagger a_l^\dagger} &= \langle 0|a_k^\dagger a_l^\dagger|0\rangle = 0 ,\\
\overset{\sqcap}{a_k a_l^\dagger} &= \langle 0|a_k a_l^\dagger|0\rangle = \langle k|l\rangle
\end{aligned}$$

14 Dies gilt i. A. nicht mehr für zeitabhängige Feldoperatoren im Heisenberg- oder Wechselwirkungsbild, siehe Abschnitt 34.1.

gegeben sind. Dies führt unmittelbar auf die Norm der Slater-Determinante (30.108):

$$\langle\phi|\phi\rangle = \det(\langle h|h'\rangle)\,. \tag{30.114}$$

Die rechte Seite ist die Determinante der aus den besetzten Einteilchenzuständen gebildeten Überlappmatrix $\langle h|h'\rangle$. Das Ergebnis (30.114) mag auf den ersten Blick etwas verblüffen, da das Quadrat der Norm

$$\langle\phi|\phi\rangle = \|\phi\|^2 \geq 0$$

bekanntlich nichtnegativ ist, eine Determinante aber vorzeichenbehaftet ist und darüber hinaus die Einteilchen-Überlappungsintegrale $\langle k|k'\rangle$ i. A. komplex sind. Man kann sich jedoch leicht davon überzeugen, dass $\det(\langle h|h'\rangle)$ in der Tat reell und nichtnegativ ist. Wir illustrieren dies für den Fall zweier Teilchen in den Zuständen $|1\rangle$ und $|2\rangle$. In diesem Fall ist

$$\begin{aligned}\det(\langle h|h'\rangle) &= \det\begin{pmatrix}\langle 1|1\rangle & \langle 1|2\rangle\\ \langle 2|1\rangle & \langle 2|2\rangle\end{pmatrix}\\ &= \langle 1|1\rangle\langle 2|2\rangle - \langle 1|2\rangle\langle 2|1\rangle\\ &= \big\||1\rangle\big\|^2\big\||2\rangle\big\|^2 - \big|\langle 1|2\rangle\big|^2\,.\end{aligned}$$

Beide Summanden sind offenbar reell. Ferner ist der Ausdruck positiv semidefinit aufgrund der Schwarz'schen Ungleichung (10.2)

$$\|\varphi_1\|\,\|\varphi_2\| \geq |\langle\varphi_1|\varphi_2\rangle|\,,$$

wobei das Gleichheitszeichen nur für den Fall $\varphi_1 \sim \varphi_2$ gilt, was bedeutet, dass die beiden Zustände φ_1 und φ_2 (bis auf Normierung) gleich sind. Sind zwei Einteilchenzustände in einer Slater-Determinante $|\phi\rangle$ (30.108) identisch, so verschwindet diese wegen ihrer Antisymmetrie bezüglich Vertauschen der Einteilchenzustände, was bekanntlich Ausdruck des Pauli-Prinzips ist. Für $|\phi\rangle = o$ muss natürlich auch die Norm $\langle\phi|\phi\rangle$ verschwinden.

30.9.2 Das Quasiteilchen-Bild

Im Grundzustand besetzen nichtwechselwirkende Fermionen die untersten Energiezustände, wobei gemäß dem Pauli-Prinzip jeder Einteilchenzustand nur mit einem Fermion besetzt ist. Die Energie des höchsten besetzten Einteilchenzustandes wird als Fermi-Energie oder *Fermi-Kante* ϵ_F bezeichnet, die wir bereits in Abschnitt 29.11 eingeführt haben. Falls die Einteilchenzustände entartet sind, finden mehrere Teilchen in diesen Zuständen Platz, ohne das Pauli-Prinzip zu verletzen.

Wird eine Wechselwirkung zwischen den Fermionen eingeschaltet, so kommt es zu Anregungen: Teilchen aus Zuständen unterhalb der Fermi-Kante werden mit einer

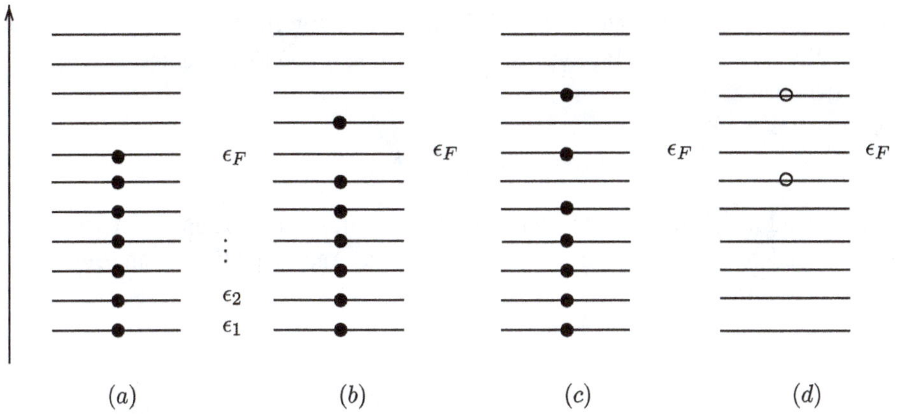

Abb. 30.3: (a) Schematische Darstellung der Besetzung der Einteilchenenergieniveaus eines Fermi-Systems; ϵ_F bezeichnet die Fermi-Kante. (a) Besetzung im Grundzustand; (b) und (c) zeigen Teilchen-Loch-Anregungen. (d) zeigt die Teilchen-Loch-Anregung (c) im Quasiteilchenbild.

gewissen Wahrscheinlichkeit in Zustände oberhalb der Fermi-Kante angeregt, siehe Abb. 30.3. Die Fermi-Kante wird damit „aufgeweicht“. Die unbesetzten Zustände unterhalb der Fermi-Kante werden als *Lochzustände* oder einfach *Löcher* bezeichnet, während die besetzten Zustände oberhalb der Fermi-Kante als *Teilchen* bezeichnet werden. Durch die Wechselwirkung kommt es folglich zu *Teilchen-Loch-Anregungen*. Der Eigenzustand des wechselwirkenden Fermi-Systems ergibt sich aus einer solchen Überlagerung von Teilchen-Loch-Anregungen. Jede einzelne (Mehr-)Teilchen-(Mehr-)Loch-Anregung lässt sich wieder als Slater-Determinante schreiben. Überlagerungen von Teilchen-Loch-Anregungen (d. h. von Slater-Determinanten) bilden jedoch i. A. keine Slater-Determinante.

Die sehr tief liegenden Einteilchenzustände werden i. A. jedoch durch die Wechselwirkung wenig beeinflusst. Es empfiehlt sich deshalb, zu einer *Quasiteilchen-Darstellung* überzugehen, in welcher der unkorrelierte N-Teilchen-Zustand $|\phi\rangle$ (30.108) als Vakuum dient. Für die unbesetzten Zustände oberhalb der Fermi-Kante stellt der Zustand $|\phi\rangle$ tatsächlich das Vakuum dar:

$$a_k|\phi\rangle = o\,, \quad k = p > N\,, \tag{30.115}$$

während für Einteilchenzustände unterhalb der Fermi-Kante aufgrund der Antikommutationsbeziehungen (Pauli-Prinzip) dieser Zustand durch die Erzeugungsoperatoren vernichtet wird:

$$a_k^\dagger|\phi\rangle = o\,, \quad k = h \leq N\,. \tag{30.116}$$

Die Vernichtungsoperatoren der Einteilchenzustände unterhalb der Fermi-Kante hingegen überführen den N-Teilchen-Zustand $|\phi\rangle \equiv |\phi\rangle_N$ (30.108) in einen Zustand aus $(N-1)$-Teilchen:

$$a_k|\phi\rangle_N = |\phi\rangle_{N-1}^{(k)}, \quad k = h \leq N .$$

Der Zustand $|\phi\rangle_{N-1}^{(k)}$ entsteht aus dem Zustand $|\phi\rangle_N$ durch Entfernen des Teilchens im k-ten Einteilchenzustand unterhalb der Fermi-Kante. Analog gilt für Zustände oberhalb der Fermi-Kante:

$$a_k^\dagger|\phi\rangle_N = |\phi\rangle_{N+1}^{(k)}, \quad k = p > N ,$$

wobei der Zustand $|\phi\rangle_{N+1}^{(k)}$ gegenüber dem Zustand $|\phi\rangle_N$ ein zusätzliches Teilchen in einem Zustand $k > N$ oberhalb der Fermi-Kante besitzt.

Um die Symmetrie zwischen den Zuständen oberhalb und unterhalb der Fermi-Kante herzustellen, nehmen wir eine Uminterpretation der Erzeugungs- und Vernichtungsoperatoren für Zustände unterhalb der Fermi-Kante vor, indem wir die Fermi-Operatoren

$$b_k := a_k^\dagger, \quad k = h \leq N$$

einführen, woraus

$$b_k^\dagger = a_k, \quad k = h \leq N \tag{30.117}$$

folgt. Wegen (30.116) gilt:

$$b_k|\phi\rangle = o .$$

Man beachte, dass die Operatoren b_k, $b_k^\dagger$ nur für Zustände $k = h$ unterhalb der Fermi-Kante definiert sind. Ferner folgt aus den Antikommutationsbeziehungen der ursprünglichen Operatoren:

$$\{b_k, b_l\} = \hat{0}, \quad \{b_k^\dagger, b_l^\dagger\} = \hat{0},$$
$$\{b_k, b_l^\dagger\} = \delta_{kl},$$
$$\{b_k, a_p\} = \{b_k, a_p^\dagger\} = \hat{0} .$$

Der Operator $b_k^\dagger$ entfernt per Definition (30.117) ein Teilchen aus dem Zustand k unterhalb der Fermi-Kante. Ein ungefüllter Einteilchenzustand unterhalb der Fermi-Kante wird als *Loch* bezeichnet. Die Operatoren $b_k^\dagger$ bzw. b_k erzeugen bzw. vernichten folglich ein Loch im Grundzustand $|\phi\rangle$.

Die Löcher (d. h. unbesetzte Zustände mit $\epsilon_k < \epsilon_F$) besitzen ähnliche Eigenschaften wie die besetzten Zustände oberhalb der Fermi-Kante (tatsächliche „Teilchen"). (In der Tat besitzt ein Atom mit einem Elektron auf der Valenzschale sehr ähnliche Eigenschaften wie ein Atom mit nur einem unbesetzten Zustand der Valenzschale.) Um der Äquivalenz von Teilchen (mit $\epsilon_k > \epsilon_F$) und Löchern (mit $\epsilon_k < \epsilon_F$) Rechnung zu tragen und diese gemeinsam behandeln zu können, bezeichnet man in diesem Kontext beide als *Quasiteilchen* und führt die *Quasiteilchen-Operatoren*[15]

$$c_k^\dagger = \begin{cases} a_k^\dagger\,, & k = p\,, \quad \epsilon_p > \epsilon_F\,, \\ b_k^\dagger = a_k\,, & k = h\,, \quad \epsilon_h \leq \epsilon_F\,. \end{cases} \tag{30.118}$$

ein, sodass nach (30.115) und (30.116) der Grundzustand $|\phi\rangle$ (30.108) das Quasiteilchenvakuum ist

$$c_k|\phi\rangle = 0\,, \quad \langle\phi|c_k^\dagger = 0\,. \tag{30.119}$$

Statt einer Teilchen-Loch-Anregung, d. h. der Anregung eines Teilchens von einem besetzten Zustand $|h\rangle$ (mit $\epsilon_h < \epsilon_F$) in einen unbesetzten Zustand $|p\rangle$ (mit $\epsilon_p > \epsilon_F$), spricht man von einer Zweiquasiteilchen-Anregung:

$$a_p^\dagger a_h|\phi\rangle = a_p^\dagger b_h^\dagger|\phi\rangle = c_p^\dagger c_h^\dagger|0\rangle\,. \tag{30.120}$$

Ferner empfiehlt es sich dann, die Einteilchenenergien von der Fermi-Kante aus zu messen und die Quasiteilchen-Energien

$$\bar{\epsilon}_k = \begin{cases} \epsilon_k - \epsilon_F\,, & k = p \\ \epsilon_F - \epsilon_k\,, & k = h \end{cases} \tag{30.121}$$

zu definieren, die sämtlich positiv sind, $\bar{\epsilon}_k > 0$. Der Einteilchen-Hamiltonian (30.97) nimmt dann in der Quasiteilchen-Basis die Gestalt

$$\begin{aligned} \mathsf{H}_0 &= \sum_k \epsilon_k a_k^\dagger a_k = \sum_{\substack{k \\ \epsilon_k > \epsilon_F}} \bar{\epsilon}_k c_k^\dagger c_k + \sum_{\substack{k \\ \epsilon_k < \epsilon_F}} (-\bar{\epsilon}_k) c_k c_k^\dagger \\ &= \sum_k \bar{\epsilon}_k c_k^\dagger c_k + \sum_{\substack{k \\ \epsilon_k < \epsilon_F}} \epsilon_k \end{aligned}$$

an. Der erste Term ist der Hamilton-Operator eines Systems unabhängiger (Quasi-)Teilchen, während der zweite Term die Energie des Quasiteilchenvakuums, d. h. die Grundzustandsenergie des (nichtwechselwirkenden) Fermi-Systems ist. Man beachte, dass die Quasiteilchen sowohl für Zustände $|k\rangle$ oberhalb ϵ_F ($\epsilon_k > \epsilon_F$) als auch für Zustände $|k\rangle$

15 Der Begriff „Quasiteilchen“ wird gewöhnlich in einem etwas allgemeineren Sinne gebraucht und schließt dann auch eine Überlagerung von Teilchen- und Lochoperatoren ein, siehe Abschnitt I.

unterhalb ϵ_F ($\epsilon_k < \epsilon_F$) sämtlich positive Energien $\bar{\epsilon}_k > 0$ besitzen und völlig symmetrisch in den Hamilton-Operator eingehen.

Relativistische Fermionen mit Spin $s = 1/2$ werden durch die Dirac-Gleichung beschrieben (siehe Abschnitt 28.6), die sowohl positive als auch negative Energielösungen besitzt. Aus Stabilitätsgründen sind im Vakuum sämtliche negativen Energiezustände besetzt. Die Gesamtheit der besetzten negativen Energiezustände bilden den sogenannten Dirac-See, der den oben betrachteten besetzten Zuständen unterhalb der Fermi-Kante entspricht. Für die Dirac-Fermionen liegt somit die Fermi-Kante bei $\epsilon_F = 0$. Das oben betrachtete Quasiteilchen-Bild findet auch hier Anwendung: Teilchen-Loch-Anregungen eines Dirac-Fermions aus einem besetzten (negativen Energie-)Zustand des Dirac-Sees in einen positiven Energiezustand wird als *Teilchen-Antiteilchen-Anregung* (Paarproduktion) interpretiert, d. h. ein Loch (unbesetzter Zustand) im Dirac-See wird als *Antiteilchen* bezeichnet. Diese besitzen ähnliche Eigenschaften wie die *Teilchen*: dieselbe (positive!) Masse, denselben Spin, jedoch entgegengesetzte Ladung.[16] Ein prominentes Beispiel ist das Elektron, dessen Antiteilchen, das Positron, sich vom Elektron nur im Vorzeichen der elektrischen Ladung unterscheidet.

30.9.3 Das Thouless-Theorem

Teilchen-Loch-Anregungen (30.120) sind offenbar orthogonal auf dem unkorrelierten Grundzustand $|\phi\rangle$ (30.108). In der Tat gilt wegen (30.119):

$$\langle\phi|a_p^\dagger a_h|\phi\rangle \equiv \langle\phi|a_p^\dagger b_h^\dagger|\phi\rangle \equiv \langle\phi|c_p^\dagger c_h^\dagger|\phi\rangle = 0\,. \tag{30.122}$$

Für ein wechselwirkendes Fermi-System wird die Wellenfunktion eine Überlagerung von Slater-Determinanten mit beliebiger Anzahl von Teilchen-Loch-Anregungen sein. Solche korrelierten Zustände lassen sich i. A. nicht als reine Fermion-Determinante schreiben. Es gibt jedoch spezielle Überlagerungen von Fermion-Determinanten, die sich wieder als Fermion-Determinanten ausdrücken lassen: Es sei $|\phi\rangle$ eine Fermion-Determinante von der Art, wie sie in Gl. (30.108) definiert ist. Dabei ist es unwichtig, ob die besetzten Einteilchenzustände $|h\rangle$ die energetisch niedrigsten sind oder nicht. Es lässt sich dann folgendes Theorem von D. J. Thouless zeigen:

Jede Slater-Determinante $|Z\rangle$, die nicht orthogonal zur ursprünglichen Determinante $|\phi\rangle$ ist, lässt sich (bis auf Normierung) in der Form

16 Wie in dem oben entwickelten Quasiteilchenbild führt man auch in der relativistischen Quantenfeldtheorie zwei Arten von Erzeugungs- und Vernichtungsoperatoren ein, nämlich $a^\dagger$, a für die Teilchen und $b^\dagger$, b für die Antiteilchen. Das physikalische Vakuum (der besetzte Dirac-See) wird dann sowohl von den Vernichtungsoperatoren der Teilchen als auch der Antiteilchen vernichtet: $a|0\rangle = o = b|0\rangle$.

$$|Z\rangle = \exp\left[\sum_{p,h} Z_{ph} a_p^\dagger a_h\right] |\phi\rangle \tag{30.123}$$

darstellen, wobei Z_{ph} im Allgemeinen komplexe Zahlen sind.

In der Quasiteilchendarstellung (30.118) besitzt der Zustand (30.123) die Gestalt

$$|Z\rangle = \exp\left[\sum_{p,h} Z_{ph} c_p^\dagger c_h^\dagger\right] |\phi\rangle \tag{30.124}$$

und ist somit eine Überlagerung von Quasiteilchenpaaranregungen über dem Zustand $|\phi\rangle$, der das Quasiteilchenvakuum ist, da nach (30.119)

$$c_p|\phi\rangle = 0\,, \quad c_h|\phi\rangle = 0\,.$$

Zunächst ist sehr leicht einzusehen, dass die Determinante $|Z\rangle$ nicht orthogonal auf der Determinante $|\phi\rangle$ ist. Dazu entwickeln wir den Exponenten in eine Taylor-Reihe:

$$|Z\rangle = \left(1 + \sum_{p,h} Z_{ph} a_p^\dagger a_h + \frac{1}{2}\sum_{p,h}\sum_{p',h'} Z_{ph} Z_{p'h'} a_p^\dagger a_h a_{p'}^\dagger a_{h'} + \cdots\right)|\phi\rangle\,.$$

Der Term unterster Ordnung liefert die ursprüngliche Determinante $|\phi\rangle$, während die nächsten Terme Teilchen-Loch-Anregungen enthalten, die nach Gl. (30.122) sämtlich orthogonal auf der ursprünglichen Determinante sind. Damit gilt:

$$\langle\phi|Z\rangle = \langle\phi|\phi\rangle = 1\,.$$

Beweis des Thouless-Theorems (30.123)

Zum Beweis des Theorems müssen wir zeigen, dass sich $|Z\rangle$ (30.123) in der Form einer Determinante (30.108) oder (30.112) schreiben lässt. Dazu benutzen wir die Identität[17]

$$\begin{aligned}\exp\left[\sum_{p,h} Z_{ph} a_p^\dagger a_h\right] &= \prod_{h=1}^{N} \exp\left[\sum_p Z_{ph} a_p^\dagger a_h\right] \\ &= \prod_{h=1}^{N}\left(\hat{1} + \sum_p Z_{ph} a_p^\dagger a_h\right),\end{aligned}$$

wobei wir im letzten Schritt die Exponentialfunktion in eine Taylor-Reihe entwickelt haben. Wegen $(a_h)^2 = \hat{0}$ bricht diese Entwicklung nach dem linearen Term ab. Setzen wir diesen Ausdruck und (30.108) in Gl. (30.123) ein und benutzen die fermionischen Antikommutationsbeziehungen, so erhalten wir:

---

17 Man beachte, dass $\exp(A + B) = \exp A \exp B$ nur gilt, falls $[A, B] = 0$. Im vorliegenden Fall ist $A = \sum_p Z_{ph} a_p^\dagger a_h$ und $B = \sum_p Z_{ph'} a_p^\dagger a_{h'}$ mit $h \neq h'$. Die Relation $[A, B] = 0$ ergibt sich hier unmittelbar aus den fundamentalen Antivertauschungsrelationen der $a_k^\dagger$, a_k.

$$
\begin{aligned}
|Z\rangle &= \left[\prod_{h=1}^{N}\left(\hat{1} + \sum_p Z_{ph} a_p^\dagger a_h\right)\right] \prod_{h'=1}^{N} a_{h'}^\dagger |0\rangle \\
&= \prod_{h=1}^{N}\left[\left(\hat{1} + \sum_p Z_{ph} a_p^\dagger a_h\right) a_h^\dagger\right] |0\rangle \\
&= \prod_{h=1}^{N}\left[a_h^\dagger + \sum_p Z_{ph} a_p^\dagger\right] |0\rangle ,
\end{aligned}
\tag{30.125}
$$

wobei wir in der zweiten Zeile wieder benutzt haben, dass die $a_{h'}^\dagger$ für $h' \neq h$ mit den a_h antikommutieren. In der letzten Zeile haben wir (30.110) und (30.109) benutzt. Führen wir die neuen Einteilchenzustände

$$
|\tilde{h}\rangle = |h\rangle + \sum_p Z_{ph} |p\rangle \tag{30.126}
$$

ein, bzw. die durch

$$
|\tilde{h}\rangle = \tilde{a}_h^\dagger |0\rangle \tag{30.127}
$$

definierten zugehörigen Fermi-Operatoren

$$
\tilde{a}_h^\dagger = a_h^\dagger + \sum_p Z_{ph} a_p^\dagger , \tag{30.128}
$$

so erhält der Zustand $|Z\rangle$ (30.125) in der Tat die Form einer Slater-Determinante (30.108):

$$
|Z\rangle = \prod_{h=1}^{N} \tilde{a}_h^\dagger |0\rangle . \tag{30.129}
$$

Aus (30.126) erhalten wir mit $\langle h|p\rangle = 0$ für die Norm der neuen Einteilchenzustände

$$
\begin{aligned}
\langle \tilde{h}'|\tilde{h}\rangle &= \langle h'|h\rangle + \sum_{p,p'} Z_{p'h'}^* Z_{ph} \langle p'|p\rangle \\
&= \delta_{h'h} + \sum_p Z_{ph'}^* Z_{ph} = (\mathbb{1} + Z^\dagger Z)_{h'h} ,
\end{aligned}
\tag{30.130}
$$

wobei wir vorausgesetzt haben, dass die ursprünglichen Einteilchenzustände $|k\rangle$ korrekt orthonormiert sind, siehe Gl. (30.111). Man beachte, dass $Z^\dagger Z$ eine quadratische, hermitesche Matrix im Raum der Lochzustände ist:

$$
(Z^\dagger Z)_{hh'} = \sum_p (Z^\dagger)_{hp} Z_{ph'} = \sum_p Z_{ph}^* Z_{ph'} .
$$

Ihre Spur ist nicht nur reell, sondern auch positiv definit

$$
\mathrm{Sp}(Z^\dagger Z) = \sum_h (Z^\dagger Z)_{hh} = \sum_h \sum_p |Z_{ph}|^2 .
$$

Aus den Antikommutationsbeziehungen der ursprünglichen Fermi-Operatoren a_k, $a_k^\dagger$ folgt für die in Gl. (30.128) definierten Operatoren

$$
\begin{aligned}
\{\tilde{a}_h^\dagger, \tilde{a}_{h'}^\dagger\} &= \hat{0}\,,\\
\{\tilde{a}_h, \tilde{a}_{h'}^\dagger\} &= (\mathbb{1} + Z^\dagger Z)_{hh'}\,.
\end{aligned}
$$

Die Slater-Determinante $|Z\rangle$ (30.129) ist offensichtlich das Vakuum für die Quasiteilchenoperatoren

$$
c_k = \begin{cases} \tilde{a}_h^\dagger\,, & k = h\,,\\ a_p\,, & k = p\,, \end{cases} \tag{30.131}
$$

Die Determinante $|Z\rangle$ (30.129) beschreibt ein Fermi-System mit derselben Anzahl von Teilchen wie die Determinante $|\phi\rangle$ (30.108), ist jedoch nicht auf 1 normiert, da die Einteilchenzustände $|\tilde{h}\rangle$ (30.126) nicht auf 1 normiert sind. Analog zur Gl. (30.114) ergibt sich die Norm der Determinante $|Z\rangle$ (30.129) zu:

$$
\langle Z|Z\rangle = \det(\langle \tilde{h}|\tilde{h}'\rangle)\,. \tag{30.132}
$$

Hieraus folgt mit (30.130)

$$
\boxed{\langle Z|Z\rangle = \det(\mathbb{1} + Z^\dagger Z)\,.} \tag{30.133}
$$

Somit lautet die auf 1 normierte Slater-Determinante

$$
\boxed{
\begin{aligned}
|\tilde{Z}\rangle &= \frac{1}{\sqrt{\det(\mathbb{1} + Z^\dagger Z)}}\,|Z\rangle\\
&= \frac{1}{\sqrt{\det(1 + Z^\dagger Z)}}\,\exp\Bigg[\sum_{p,h} Z_{ph} a_p^\dagger a_h\Bigg]|\phi\rangle\,.
\end{aligned}
} \tag{30.134}
$$

Die Slater-Determinanten $|Z\rangle$ (30.123) bzw. $|\tilde{Z}\rangle$ (30.134) mit beliebigen komplexen Z_{ph} bilden eine übervollständige Basis für Fermi-Systeme mit fester Teilchenzahl. Für ein festes $|\phi\rangle$ besitzen sämtliche $|Z\rangle$ dieselbe Teilchenzahl wie $|\phi\rangle$.

31 Quantenstatistik

Die bisher von uns betrachteten Zustände $|\psi\rangle$ eines quantenmechanischen Systems sind sogenannte *reine Zustände*. Sie werden durch Vektoren (genauer gesagt Strahlen) im Hilbert-Raum beschrieben und enthalten die maximale, im Rahmen der Quantenmechanik zugängige Information über das System. Jeder reine Zustand lässt sich nach einer vollständigen Basis entwickeln, wobei die Basiszustände $|\nu_i\rangle$ durch einen vollständigen Satz von kommutierenden Observablen (hermiteschen Operatoren) O_i spezifiziert werden. Werden alle diese Operatoren gleichzeitig gemessen, so spricht man von einer *vollständigen Präparation* des Systems. Bei dieser Messung geht der ursprüngliche reine Zustand $|\psi\rangle$ in einen der Basiszustände $|\nu_i\rangle$ über, was bekanntlich als *Zustandsreduktion* oder *Kollaps der Wellenfunktion* bezeichnet wird. (Die Basiszustände sind natürlich auch reine Zustände.) Welcher Basiszustand $|\nu_i\rangle$ nach der Messung der Observablen O_i angenommen wird, lässt sich aufgrund des intrinsischen Wahrscheinlichkeitscharakters (Indeterminismus) der Quantenmechanik nicht mit Sicherheit vorhersagen. Wir kennen nur die Wahrscheinlichkeit $|\langle\psi|\nu_i\rangle|^2$, mit welcher der Zustand $|\nu_i\rangle$ nach der Messung realisiert ist.

31.1 Gemischte Zustände

Oftmals bilden die gemessenen Observablen jedoch keinen vollständigen Satz. Das System ist dann *unvollständig präpariert*. Ein quantenmechanisches System befindet sich zwar immer in einem reinen Zustand, allerdings wissen wir nicht in welchem, solange nicht sämtliche Observablen des vollständig kommutierenden Satzes gemessen wurden.[1] Quantensysteme sind gewöhnlich keine isolierten, abgeschlossenen Systeme, sondern wechselwirken mit ihrer (i. A. makroskopischen) Umgebung. Diese Wechselwirkung induziert Übergänge des Quantensystems von einem reinen Zustand in einen anderen reinen Zustand. Selbst, wenn wir zu einem bestimmten Zeitpunkt einen vollständigen Satz von kommutierenden Observablen gemessen haben, wird das System sich aufgrund seiner Wechselwirkung mit der Umgebung zu einem späteren Zeitpunkt in einem anderen reinen Zustand befinden. Wir sind dann gezwungen, statistische Methoden zu benutzen und dem System ein statistisches Gemisch (Ensemble) von Zuständen $|\alpha\rangle$ zuzuordnen, die mit einer gewissen Wahrscheinlichkeit (statistischem Gewicht) w_α realisiert sind. Ein durch diese Wahrscheinlichkeiten w_α definiertes Gemisch von Zu-

1 Diese Unkenntnis aufgrund der fehlenden Präparationen des Quantensystems hat nichts mit dem Indeterminismus der Quantenmechanik zu tun. Dieser besteht vielmehr darin, dass das Ergebnis einer Messung nicht mit Sicherheit vorhergesagt werden kann, sondern nur die Wahrscheinlichkeit angegeben werden kann, mit der ein bestimmter Messwert bei einer Messung gefunden wird, wenn diese am selben Ausgangszustand (d. h. an identisch präparierten Systemen) sehr oft wiederholt wird.

https://doi.org/10.1515/9783111625126-003

ständen ist *kein* reiner Zustand, sondern wird als *gemischter Zustand* oder *statistisches Gemisch* bzw. *statistisches Ensemble* bezeichnet.

Beim gemischten Zustand besitzt die Vorhersage eines Messergebnisses in zweifacher Hinsicht Wahrscheinlichkeitscharakter: Zum einen kennen wir nur die Wahrscheinlichkeit w_α, mit der sich das betreffende System in einem konkreten reinen Zustand $|\alpha\rangle$ befindet. Zum anderen können wir aufgrund der unkontrollierten Störung des quantenmechanischen Systems beim Messprozess nur Wahrscheinlichkeitsaussagen über den Ausgang der Messung machen, selbst wenn sich das zu messende System in einem reinen Zustand $|\alpha\rangle$ befindet. Dies ist der übliche quantenmechanische Indeterminismus.

31.1.1 Der statistische Operator

Der Erwartungswert einer Observablen O in einem reinen Zustand $|\alpha\rangle$ ist bekanntlich durch

$$\langle O \rangle = \langle \alpha | O | \alpha \rangle \tag{31.1}$$

gegeben, vorausgesetzt $|\alpha\rangle$ ist korrekt normiert, $\langle \alpha | \alpha \rangle = 1$, was wir im Folgenden für die reinen Zustände annehmen wollen. Den Erwartungswert in einem statistischen Gemisch von reinen Zuständen $|\alpha\rangle$, die mit der Wahrscheinlichkeit w_α realisiert sind, definieren wir als statistisches Mittel der Erwartungswerte in den reinen Zuständen:

$$\boxed{\langle O \rangle = \sum_\alpha w_\alpha \langle \alpha | O | \alpha \rangle\,.} \tag{31.2}$$

Dieser Ausdruck enthält sowohl die quantenmechanische Mittelung $\langle \alpha | O | \alpha \rangle$ (d. h. die quantenmechanische Wahrscheinlichkeitsverteilung) der Eigenwerte der Observablen O in einem reinen Quantenzustand $|\alpha\rangle$, als auch die statistischen Wahrscheinlichkeiten w_α, die der Bedingung

$$\boxed{\sum_\alpha w_\alpha = 1} \tag{31.3}$$

genügen müssen und folglich auf das Intervall

$$0 \le w_\alpha \le 1$$

beschränkt sind. Mithilfe des Projektors (vgl. Abschnitt 10.6)

$$P_\alpha = |\alpha\rangle\langle\alpha|$$

lässt sich der quantenmechanische Erwartungswert (31.1) als Spur schreiben:

$$\langle \alpha | O | \alpha \rangle = \mathrm{Sp}\,(P_\alpha O)\,. \tag{31.4}$$

Diese Beziehung folgt unmittelbar, wenn man beachtet, dass die Spur in einer beliebigen Basis berechnet werden kann. Ist $\{|k\rangle\}$ eine vollständige Basis, so gilt:

$$\begin{aligned}\mathrm{Sp}\,(P_\alpha O) &= \sum_k \langle k|P_\alpha O|k\rangle \\ &= \sum_k \langle k|\alpha\rangle\langle\alpha|O|k\rangle = \sum_k \langle\alpha|O|k\rangle\langle k|\alpha\rangle \\ &= \langle\alpha|O|\alpha\rangle\,.\end{aligned}$$

Mit (31.4) können wir den Erwartungswert im statistischen Gemisch (31.2) in der Form

$$\langle O\rangle = \sum_\alpha w_\alpha\,\mathrm{Sp}\,(P_\alpha O) = \mathrm{Sp}\left(\sum_\alpha w_\alpha P_\alpha O\right) \tag{31.5}$$

schreiben. Mit der Definition des *statistischen Operators*

$$\boxed{\mathcal{D} = \sum_\alpha w_\alpha P_\alpha = \sum_\alpha |\alpha\rangle w_\alpha\langle\alpha|} \tag{31.6}$$

nimmt der Erwartungswert im statistischen Gemisch (31.5) die gewöhnliche Form eines statistischen Mittelwertes an:

$$\boxed{\langle O\rangle = \mathrm{Sp}\,(\mathcal{D}O)\,.} \tag{31.7}$$

Ein reiner Zustand $|\beta\rangle$ ist ein Spezialfall des gemischten Zustandes, für den

$$w_\alpha = \delta_{\alpha\beta} \quad\Rightarrow\quad \mathcal{D} = P_\beta$$

gilt. Für diesen reduziert sich der Mittelwert (31.7) auf den gewöhnlichen quantenmechanischen Erwartungswert (31.1). Der statistische Operator wird auch als *Dichteoperator* bezeichnet. Seine Matrixelemente

$$\mathcal{D}_{kl} = \langle k|\mathcal{D}|l\rangle = \sum_\alpha \langle k|\alpha\rangle w_\alpha\langle\alpha|l\rangle$$

bilden die *Dichtematrix.*

Eigenschaften des statistischen Operators $\mathcal{D}$

1. *Hermitizität:*

$$\mathcal{D}^\dagger = \mathcal{D}\,,$$

da $w_\alpha^* = w_\alpha$ und $|\alpha\rangle^\dagger = \langle\alpha|$.

2. *Normierung:*

$$\mathrm{Sp}\,\mathcal{D} = 1\,, \tag{31.8}$$

da

$$\mathrm{Sp}\,\mathcal{D} = \sum_\alpha \mathrm{Sp}\left(|\alpha\rangle w_\alpha \langle\alpha|\right) = \sum_\alpha w_\alpha \langle\alpha|\alpha\rangle = \sum_\alpha w_\alpha = 1\,.$$

3. *Positivität:*
   Für einen beliebigen reinen Zustand $|\psi\rangle$ gilt:

$$\langle\psi|\mathcal{D}|\psi\rangle \geq 0\,,$$

da

$$\langle\psi|\mathcal{D}|\psi\rangle = \sum_\alpha \langle\psi|\alpha\rangle w_\alpha \langle\alpha|\psi\rangle = \sum_\alpha w_\alpha |\langle\alpha|\psi\rangle|^2 \geq 0\,.$$

4. *Spurkriterium:*

$$\mathrm{Sp}\left(\mathcal{D}^2\right) \leq 1\,.$$

Falls $\mathrm{Sp}\,(\mathcal{D}^2) = 1$, so beschreibt $\mathcal{D}$ einen reinen Zustand.

Beweis des Spurkriteriums:

Der Einfachheit halber setzen wir voraus, dass die Zustände $|\alpha\rangle$ im statistischen Operator (31.6) orthonormiert sind

$$\langle\alpha|\beta\rangle = \delta_{\alpha\beta}\,.$$

Dann folgt unmittelbar aus (31.6)

$$\mathrm{Sp}\,\mathcal{D}^2 = \sum_\alpha w_\alpha^2\,.$$

Falls $\mathcal{D}$ *keinen* reinen Zustand beschreibt, sind nach (31.3) sämtliche $w_\alpha < 1$ und somit $w_\alpha^2 < w_\alpha$, woraus

$$\sum_\alpha w_\alpha^2 < \sum_\alpha w_\alpha = 1$$

folgt. Falls andererseits $\mathrm{Sp}\,\mathcal{D}^2 = 1$, d. h.

$$\sum_\alpha w_\alpha^2 = 1\,,$$

so folgt nach Abzug von Gl. (31.3)

$$\sum_\alpha w_\alpha(1 - w_\alpha) = 0\,.$$

Da sämtliche $0 \leq w_\alpha \leq 1$ und somit jeder Summand nichtnegativ ist, wird diese Gleichung nur für $w_\alpha = 0, 1$ erfüllt. Wegen der Normierung (31.3) kann aber $w_\beta = 1$ nur für einen einzigen Zustand $|\beta\rangle$ gelten, während sämtliche $w_{\alpha\neq\beta} = 0$. Dies definiert einen reinen Zustand $\mathcal{D} = |\beta\rangle\langle\beta|$:

$$w_\alpha = \begin{cases} 0\,, & \alpha \neq \beta \\ 1\,, & \alpha = \beta\,. \end{cases}$$

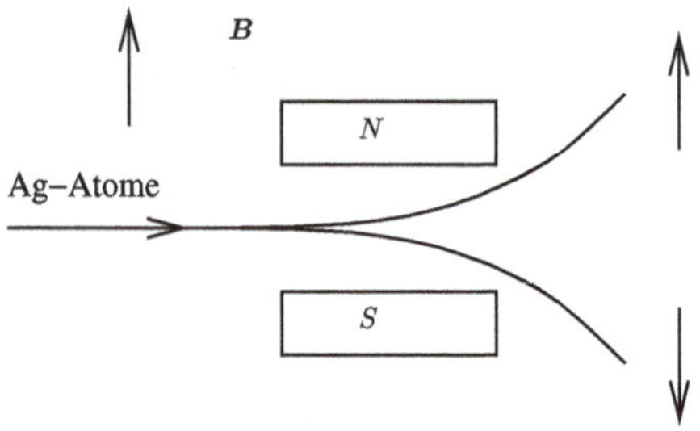

Abb. 31.1: Schematischer Aufbau des Stern-Gerlach-Experimentes.

31.1.2 Der statistische Operator für einen Spin-1/2

Als Beispiel für die Beschreibung eines Systems durch gemischte Zustände betrachten wir das sogenannte Stern-Gerlach-Experiment, das 1922 von O. Stern und W. Gerlach zum Nachweis der Quantisierung des Drehimpulses durchgeführt wurde: Ein Atomstrahl bestehend aus Silberatomen wird durch ein *inhomogenes* Magnetfeld geschickt, siehe Abb. 31.1. Die Atome wechselwirken über das magnetische Moment $\vec{\mu}$ mit dem äußeren $\boldsymbol{B}$-Feld und erfahren eine Ablenkung, die proportional zur Komponente des magnetischen Momentes in Richtung des Magnetfeldes ist. Während ein homogenes Magnetfeld auf einen magnetischen Dipol keine Kraft, sondern lediglich ein Drehmoment ausübt, wirkt auf den Dipol im inhomogenen $\boldsymbol{B}$-Feld auch eine Kraft, und zwar je nach Richtung von $\vec{\mu}$ in Richtung zunehmender oder abnehmender Feldstärke. Dies ist unmittelbar einsichtig, wenn der Dipol durch zwei entgegengesetzte magnetische Ladungen repräsentiert wird, die einen endlichen Abstand voneinander besitzen.

Das Silberatom besitzt in seiner Valenzschale ein Elektron, das den Spin der Atomhülle bestimmt. Die übrigen Elektronen bilden abgeschlossene Schalen, die zum Gesamtdrehimpuls Null koppeln. Ferner kann der Kernspin unberücksichtigt bleiben, da wegen $\vec{\mu} \sim 1/m$ das zugehörige magnetische Moment gegenüber dem des Valenzelektrons vernachlässigbar ist. Deshalb ist das magnetische Moment $\boldsymbol{\mu}$ proportional zum Spin $\boldsymbol{S}$ des Valenzelektrons (siehe Gl. (25.19)). Für den Spin $s = 1/2$ gibt es $2s + 1 = 2$ verschiedene Spinprojektionen und man erwartet deshalb eine Aufspaltung des Silberatomstrahls in zwei Teilstrahlen, was in der Tat im Experiment beobachtet wird.

Wir legen das Magnetfeld parallel zur z-Achse. Wir präparieren die Atome so, dass ihr Spin in eine fest vorgegebene Richtung in der xy-Ebene,

$$\hat{\boldsymbol{n}}(\varphi) = \cos\varphi \boldsymbol{e}_x + \sin\varphi \boldsymbol{e}_y$$

zeigt, d. h. die Spinfunktionen der Elektronen sollen Eigenfunktionen zum Operator

$$S_{\hat{\boldsymbol{n}}(\varphi)} = \boldsymbol{S} \cdot \hat{\boldsymbol{n}}(\varphi)$$

sein. Wegen

$$S = \frac{\hbar}{2}\boldsymbol{\sigma}$$

mit den Pauli-Matrizen σ_i (15.44) haben wir:

$$\begin{aligned}
S_{\hat{\boldsymbol{n}}(\varphi)} &= \frac{\hbar}{2}(\cos\varphi\sigma_x + \sin\varphi\sigma_y) \\
&= \frac{\hbar}{2}\left(\cos\varphi\begin{pmatrix}0 & 1\\ 1 & 0\end{pmatrix} + \sin\varphi\begin{pmatrix}0 & -i\\ i & 0\end{pmatrix}\right) \\
&= \frac{\hbar}{2}\begin{pmatrix}0 & e^{-i\varphi}\\ e^{i\varphi} & 0\end{pmatrix}.
\end{aligned}$$

Die Eigenfunktion von $S_{\hat{\boldsymbol{n}}(\varphi)}$ zum Eigenwert $\hbar/2$ ist durch

$$|\varphi\rangle = \frac{1}{\sqrt{2}}\begin{pmatrix}1\\ e^{i\varphi}\end{pmatrix} \tag{31.9}$$

gegeben. Der statistische Operator zu diesem reinen Zustand lautet:

$$\mathcal{D}_\varphi = P_\varphi = |\varphi\rangle\langle\varphi| = \frac{1}{2}\begin{pmatrix}1 & e^{-i\varphi}\\ e^{i\varphi} & 1\end{pmatrix}. \tag{31.10}$$

Für ihn gilt, wie man durch explizites Nachrechnen überprüft:

$$\mathcal{D}_\varphi^2 = \mathcal{D}_\varphi\,, \quad \mathrm{Sp}\,(\mathcal{D}_\varphi^2) = 1\,.$$

Schicken wir einen im Zustand $|\varphi\rangle$ präparierten Teilchenstrahl durch eine Stern-Gerlach-Apparatur, so erfolgt eine Aufspaltung in zwei Teilchenstrahlen, in denen die Atome (Elektronen) ihren Spin parallel bzw. antiparallel zur z-Achse (Richtung des $\boldsymbol{B}$-Feldes) ausgerichtet haben. Dies sind die Spin-Eigenzustände von $S_z = \hbar\sigma_z/2$:

$$S_z|\pm\rangle = \pm\frac{\hbar}{2}|\pm\rangle\,, \quad |+\rangle = \begin{pmatrix}1\\ 0\end{pmatrix}, \quad |-\rangle = \begin{pmatrix}0\\ 1\end{pmatrix}. \tag{31.11}$$

Zerlegen wir den ursprünglichen Zustand $|\varphi\rangle$ (31.9) nach den Eigenzuständen der z-Komponente des Spin-Operators (31.11),

$$|\varphi\rangle = \frac{1}{\sqrt{2}}(|+\rangle + e^{i\varphi}|-\rangle)\,,$$

so erkennen wir, dass diese mit gleicher Wahrscheinlichkeit im ursprünglichen Strahl vorkommen (was intuitiv auch sofort klar ist). Folglich besitzen die beiden aus der Stern-Gerlach-Apparatur austretenden Teilchenstrahlen dieselbe Intensität.

Durch äußere Einflüsse kann die Phasenbeziehung zwischen den beiden Teilstrahlen gestört werden. Dabei ändert sich die relative Phase $e^{i\varphi}$ zwischen den Spin-Eigenzuständen $|-\rangle$ und $|+\rangle$. Da wir als Ergebnis der äußeren Störung keine Kenntnis mehr über die relative Phase $e^{i\varphi}$ haben, erhalten wir die bestmögliche Beschreibung, indem wir über diese Phase mitteln. Mitteln wir den Dichteoperator $\mathcal{D}_\varphi$ (31.10) des reinen Zustandes $|\varphi\rangle$ (31.9) über sämtliche Phasen φ, so erhalten wir den Dichteoperator eines statistischen Gemisches. Da sämtliche Phasen (Winkel) φ gleich gewichtet sind, ist das statistische Gewicht eines Winkels φ durch $w_\varphi = 1/2\pi$ gegeben, und wir erhalten für das Gemisch:

$$\begin{aligned}\bar{\mathcal{D}} &= \int_0^{2\pi} d\varphi\, w_\varphi \mathcal{D}_\varphi = \frac{1}{2\pi}\int_0^{2\pi} d\varphi\, \mathcal{D}_\varphi = \frac{1}{2}\begin{pmatrix}1 & 0\\ 0 & 1\end{pmatrix} \\ &= \frac{1}{2}(|+\rangle\langle+|+|-\rangle\langle-|)\,, \quad \mathrm{Sp}(\bar{\mathcal{D}}^2) = \frac{1}{2} < 1\,.\end{aligned}$$

Hierin sind die beiden Spin-Projektionen auf die z-Achse mit gleicher Wahrscheinlichkeit enthalten.

31.1.3 Beziehung zu reinen Zuständen

Das obige Beispiel zeigt, dass die relativen Phasen der reinen Quantenzustände, die für die Interferenz erforderlich sind, in einem statistischen Gemisch nicht enthalten sind. Dies tritt explizit zutage, wenn wir den statistischen Operator

$$\mathcal{D} = |\psi\rangle\langle\psi| \tag{31.12}$$

eines reinen Zustandes $|\psi\rangle$ betrachten und diesen nach einem vollständigen Orthonormalsystem $\{|k\rangle\}$ entwickeln:

$$|\psi\rangle = \sum_k c_k |k\rangle\,.$$

Dies liefert für den Dichteoperator (31.12):

$$\begin{aligned}\mathcal{D} = |\psi\rangle\langle\psi| &= \sum_{k,l} c_k c_l^* |k\rangle\langle l| \\ &= \sum_k |c_k|^2 |k\rangle\langle k| + \sum_{k\neq l} c_k c_l^* |k\rangle\langle l|\,.\end{aligned}$$

Der erste Term (auch als *Populationen* bezeichnet) stellt ein statistisches Gemisch mit den Wahrscheinlichkeiten

$$w_k = |c_k|^2$$

dar,[2] während der zweite Term (auch als *Kohärenzen* bezeichnet) die für die Interferenz erforderlichen relativen Phasen der reinen Basiszustände $|k\rangle$ enthält. In der Dichtematrix eines statistischen Gewichtes sind diese Interferenzterme nicht enthalten.

Im Schrödinger-Bild sind die reinen Zustände zeitabhängig und genügen der Schrödinger-Gleichung

$$i\hbar \frac{d}{dt}|\alpha(t)\rangle = H|\alpha(t)\rangle \,.$$

Falls die Wahrscheinlichkeiten w_α nicht von der Zeit abhängen, erhalten wir hieraus mit

$$\begin{aligned} i\hbar \frac{d\mathcal{D}(t)}{dt} &= i\hbar \sum_\alpha w_\alpha \frac{d}{dt}\left(|\alpha(t)\rangle\langle\alpha(t)|\right) \\ &= \sum_\alpha w_\alpha \left[\left(i\hbar\frac{d}{dt}|\alpha(t)\rangle\right)\langle\alpha(t)| - |\alpha(t)\rangle\left(-i\hbar\frac{d}{dt}\langle\alpha(t)|\right)\right] \\ &= \sum_\alpha w_\alpha\left(H|\alpha(t)\rangle\langle\alpha(t)| - |\alpha(t)\rangle\langle\alpha(t)|H\right) \end{aligned}$$

für den statistischen Operator im Schrödinger-Bild die Bewegungsgleichung

$$i\hbar \frac{d\mathcal{D}(t)}{dt} = [H, \mathcal{D}(t)] \,. \tag{31.13}$$

Sie hat formal die Gestalt einer Heisenberg-Gleichung für die „Observable“ $\mathcal{D}$. Wir betonen jedoch, dass (31.13) die Bewegungsgleichung für $\mathcal{D}$ im Schrödinger-Bild ist. Im Heisenberg-Bild sind die Zustände zeitunabhängig und für zeitunabhängige Wahrscheinlichkeiten ist der statistische Operator folglich ebenfalls zeitunabhängig:

$$\frac{d}{dt}\mathcal{D}_H = 0 \,.$$

31.2 Statistische Ensembles

Bei komplexen Systemen wissen wir gewöhnlich nicht, in welchem reinen Zustand sich das System befindet, sondern können nur (statistische) Wahrscheinlichkeiten angeben, mit denen ein reiner Zustand realisiert ist. Diese Wahrscheinlichkeiten definieren den statistischen Operator (31.6) und die Kenntnis dieses Operators ist äquivalent zur Kenntnis der (statistischen) Mittelwerte (31.7) sämtlicher Observablen. Die Hauptaufgaben der statistischen Physik bestehen deshalb in der Bestimmung des statistischen Operators. Im Folgenden werden wir eine allgemeine Methode kennenlernen, aus der die vorliegende

2 Wegen der Normierung $\langle\psi|\psi\rangle = \sum_k = |c_k|^2 = \mathbb{1}$ sind die statistischen Gewichte $w_k = |c_k|^2$ ebenfalls korrekt normiert.

Information über das zu beschreibende System den bestmöglichen statistischen Operator zu konstruieren. Diese Methode basiert auf dem *Prinzip der maximalen Entropie.*

31.2.1 Das Prinzip der Maximalen Entropie

Die zentrale Größe einer statistischen Beschreibung ist die *Entropie*[3]

$$\boxed{S = -\langle \ln \mathcal{D} \rangle = -\mathrm{Sp}\,(\mathcal{D} \ln \mathcal{D}) = -\sum_\alpha w_\alpha \ln w_\alpha\,.} \tag{31.14}$$

Da die Wahrscheinlichkeiten w_α auf das Intervall $0 \leq w_\alpha \leq 1$ beschränkt sind, ist $\ln w_\alpha \leq 0$ und die Entropie somit positiv semidefinit

$$S \geq 0\,,$$

wobei der Wert $S = 0$ nur für einen reinen Zustand angenommen wird, für welchen bekanntlich ein einziges $w_\alpha = 1$ und sämtliche übrigen $w_\alpha = 0$ sind.[4]

Die Entropie gibt an, wie sehr sich der durch $\mathcal{D}$ beschriebene gemischte Zustand von einem reinen Zustand unterscheidet und ist somit ein Maß für unsere Unkenntnis über das betrachtete System. Sie erreicht ihren maximalen Wert, wenn unsere Unkenntnis am größten ist, d. h. wenn sämtliche reinen Zustände mit der gleichen Wahrscheinlichkeit realisiert sind. In der Tat, maximieren wir die Entropie (31.14) unter der Nebenbedingung (31.3), die wir mittels eines Lagrange-Multiplikators λ berücksichtigen,

$$\bar{S} = S - \lambda \sum_\alpha w_\alpha \to \text{maximal}\,,$$

so finden wir die Bedingungen

$$\frac{\partial \bar{S}}{\partial w_\alpha} = -(\ln w_\alpha + \lambda) - 1 \stackrel{!}{=} 0\,,$$

was auf

$$w_\alpha = e^{-\lambda - 1} \tag{31.15}$$

führt. Die Entropie wird offenbar extremal, wenn alle Zustände mit derselben Wahrscheinlichkeit realisiert sind. Wegen

---

3 In der Thermodynamik wird diese Größe aus historischen Gründen mit der Boltzmann-Konstante $k_B = 1.3807 \cdot 10^{-23}\,\mathrm{J/K}$ multipliziert.

4 Man beachte: $\lim_{x \to 0} x \ln x = 0$.

$$\frac{\partial^2 \bar{S}}{\delta w_\alpha \partial w_\beta} = \frac{\partial^2 S}{\partial w_\alpha \partial w_\beta} = -\frac{1}{w_\alpha}\delta_{\alpha\beta} < 0$$

ist dieses Extremum in der Tat ein Maximum.

Einsetzen des Ausdruckes (31.15) in die Normierungsbedingung (31.3) liefert eine Gleichung zur Bestimmung von λ. Besitzt das System N reine Zustände, so finden wir

$$Ne^{-\lambda-1} = 1$$

und somit

$$w_\alpha = \frac{1}{N},$$

was wir natürlich erwartet haben.

Die Kenntnis des Dichteoperators (31.6) ist äquivalent zur Kenntnis der Mittelwerte (31.7) sämtlicher Observablen. Letztere stehen uns aber i. A. nicht zur Verfügung, sodass wir gewöhnlich den Dichteoperator nicht vollständig bestimmen können. Vielmehr sind uns gewöhnlich nur die Mittelwerte $\langle R_k \rangle$ einiger weniger Observablen R_k bekannt, die wir als *relevant* bezeichnen. Aus deren Kenntnis lässt sich jedoch der Dichteoperator (31.6) nicht eindeutig bestimmen, da sehr viele Dichteoperatoren existieren, die alle dieselben Mittelwerte $\langle R_k \rangle$ für die relevanten Observablen R_k, jedoch gänzlich verschiedene Mittelwerte für die übrigen Observablen liefern, die wir in diesem Kontext als *irrelevant* bezeichnen. Da wir keine Information über die Mittelwerte der irrelevanten Observablen besitzen, empfiehlt es sich, unter all den Dichteoperatoren, die äquivalent bezüglich der R_i sind (d. h. dieselben $\langle R_k \rangle$ liefern), denjenigen auszuwählen, der die wenigste Information über die Mittelwerte der irrelevanten Observablen enthält. Dies ist aber gerade die Dichtematrix, die unter den Nebenbedingungen

$$\langle R_k \rangle \equiv \mathrm{Sp}\,(\mathcal{D} R_k) = r_k\,, \quad k = 1, 2, \ldots \tag{31.16}$$

für gegebene r_k die Entropie (31.14) maximiert:

$$S[\mathcal{D}] \to \max.$$

Mit den Randbedingungen (31.16) definiert diese Forderung ein eingeschränktes Variationsprinzip, das als *Prinzip der maximalen Entropie* bezeichnet wird. Der resultierende Dichteoperator besitzt die minimal mögliche Information über die (unbekannten) Mittelwerte der irrelevanten Observablen und minimiert somit den möglichen Fehler in der Vorhersage dieser Mittelwerte.

Zur Bestimmung dieses Dichteoperators berücksichtigen wir die Nebenbedingungen (31.16) sowie die Normierung $\mathrm{Sp}\,\mathcal{D} = 1$ mittels Lagrange-Multiplikatoren λ_k bzw. λ_0 und variieren das Funktional[5]

$$\bar{S}[\mathcal{D}] = S[\mathcal{D}] - \sum_k \lambda_k \langle R_k \rangle - \lambda_0 \langle \hat{1} \rangle$$

5 Formal können wir die Normierung $\mathrm{Sp}\,\mathcal{D} = 1$ auch berücksichtigen, indem wir den Einheitsoperator $\hat{1}$ mit in den Satz der relevanten Variablen einschließen und $R_0 = \hat{1}$ setzen.

$$= S[\mathcal{D}] - \sum_k \lambda_k \mathrm{Sp}\,(\mathcal{D}R_k) - \lambda_0 \mathrm{Sp}\,\mathcal{D}$$
$$= -\mathrm{Sp}\left(\mathcal{D}\left[\ln\mathcal{D} + \sum_k \lambda_k R_k + \lambda_0\right]\right).$$

Da der Logarithmus eine monotone Funktion ist, können wir statt nach $\mathcal{D}$ auch nach $\ln\mathcal{D}$ variieren. Mit $\mathcal{D} = \exp(\ln\mathcal{D})$ und der Beziehung (C.5)[6]

$$\delta\mathcal{D} = \int_0^1 ds\,\mathcal{D}^s\,(\delta\ln\mathcal{D})\mathcal{D}^{1-s}$$

finden wir

$$\delta\bar{S}[\mathcal{D}] = -\mathrm{Sp}\left(\int_0^1 ds\,\mathcal{D}^s(\delta\ln\mathcal{D})\mathcal{D}^{1-s}\left[\ln\mathcal{D} + \sum_k \lambda_k R_k + \lambda_0\right] + \mathcal{D}\delta\ln\mathcal{D}\right).$$

Benutzen wir die zyklische Eigenschaft der Spur sowie

$$\mathcal{D} \equiv \int_0^1 ds\mathcal{D}^s\mathcal{D}^{1-s},$$

so folgt

$$\delta\bar{S}[\mathcal{D}] = -\mathrm{Sp}\left(\delta\ln\mathcal{D}\int_0^1 ds\,\mathcal{D}^{1-s}\left\{\ln\mathcal{D} + \sum_k \lambda_k R_k + \lambda_0 + 1\right\}\mathcal{D}^s\right) \stackrel{!}{=} 0\,.$$

Damit die Variation $\delta\bar{S}[\mathcal{D}]$ für beliebige $\delta\ln\mathcal{D}$ verschwindet, muss der Ausdruck in der geschweiften Klammer verschwinden. Dies liefert

$$\ln\mathcal{D} = -\sum_k \lambda_k R_k - \lambda_0 - 1$$

bzw.

$$\mathcal{D} = \exp\left[-\sum_k \lambda_k R_k - \lambda_0 - 1\right].$$

Der Lagrange-Multiplikator λ_0 wird durch die Normierung $\mathrm{Sp}\,\mathcal{D} = 1$ festgelegt. Da

$$\mathrm{Sp}\,\mathcal{D} = e^{-\lambda_0 - 1}\mathrm{Sp}\,e^{-\sum_k \lambda_k R_k}$$

6 Siehe Band 1, Anhang C. Man beachte, dass im Allgemeinen $[\delta\mathcal{D}, \mathcal{D}] \neq 0$.

erhalten wir

$$\boxed{\mathcal{D} = \frac{1}{Z} e^{-\sum_k \lambda_k R_k}} \tag{31.17}$$

mit

$$\boxed{Z = \operatorname{Sp} e^{-\sum_k \lambda_k R_k} .} \tag{31.18}$$

Die verbleibenden Lagrange-Multiplikatoren λ_k werden bei gegebenen Mittelwerten ρ_k durch die Nebenbedingungen (31.16) festgelegt. Der statistische Operator mit maximaler Entropie (31.17) wird als *verallgemeinerte kanonische Dichte* bezeichnet. Er liefert die optimale statistische Beschreibung, die wir bei alleiniger Kenntnis der $\langle R_i \rangle$ erreichen können. Der Dichteoperator $\mathcal{D}$ maximaler Entropie definiert den *Gleichgewichtszustand* bzw. das *thermodynamische Gleichgewicht*.

31.2.2 Das kanonische Ensemble

Realistische Vielteilchensysteme befinden sich gewöhnlich nicht in ihrem Grundzustand, vielmehr sind ihre Teilchen aufgrund ihrer Wechselwirkung mit der Umgebung angeregt. Insbesondere findet gewöhnlich (d. h. bei nichtwärmeisolierten Systemen) ein Wärmeaustausch mit der Umgebung statt, die in diesem Zusammenhang als *Wärmebad* bezeichnet wird. Dadurch besitzt das betrachtete System keine feste Energie mehr, sondern es lässt sich nur noch der statistische Mittelwert der Energie $\langle H \rangle$ angeben.

Haben wir nur Kenntnis über die Energie des Systems, aber keine weitere Information über die Mittelwerte anderer Observablen, so erhalten wir nach den Überlegungen des vorigen Abschnittes die optimale statistische Beschreibung, indem wir nur die Energie, d. h. den Hamilton-Operator als relevante Observable auswählen. Mit $R_1 = H$ finden wir aus (31.17) für den optimalen Dichteoperator

$$\boxed{\mathcal{D} = \frac{1}{Z} e^{-\beta H}} \tag{31.19}$$

mit

$$\boxed{Z = \operatorname{Sp} e^{-\beta H} ,} \tag{31.20}$$

wobei wir den zugehörigen Lagrange-Multiplikator mit $\lambda_1 = \beta$ bezeichnet haben. Dieser legt die mittlere Energie des Systems

$$E = \langle H \rangle \equiv \operatorname{Sp}(\mathcal{D}H)$$

fest. Die Größe

$$\boxed{T = \frac{1}{\beta}} \tag{31.21}$$

wird als *Temperatur* bezeichnet.[7] Die Temperatur ist damit ein Maß für die mittlere Energie des Systems.

---

i Die in der Thermodynamik verwendete Entropie entsteht aus der hier benutzten dimensionslosen Entropie (31.14) durch Multiplikation mit der *Boltzmann-Konstante* $k_B = 1{,}3807 \cdot 10^{-23}\,\mathrm{J/K}$. Als Konsequenz unterscheidet sich die in Gl. (31.21) definierte Temperatur T durch einen zusätzlichen Faktor k_B von der üblicherweise in der Thermodynamik verwendeten Temperatur $1/(k_B\beta)$ und besitzt die Dimension Energie. Diese sehr zweckmäßige Konvention wird durchgängig in diesem Buch verwendet.

Der Dichteoperator $\mathcal{D}$ (31.19) definiert das *kanonische Ensemble.* Dementsprechend wird Z (31.20) als *kanonische Zustandssumme* bezeichnet.

Unter Benutzung der Eigenwertgleichung des Hamilton-Operators

$$H|n\rangle = E_n|n\rangle$$

und der Vollständigkeitsrelation

$$\hat{1} = \sum_n |n\rangle\langle n|$$

finden wir für den kanonischen Dichteoperator (31.19) die Spektraldarstellung

$$\mathcal{D} = \sum_n |n\rangle w_n \langle n| \tag{31.22}$$

mit

$$\boxed{w_n = \frac{1}{Z}\, e^{-\beta E_n}\,.} \tag{31.23}$$

Ferner folgt für die kanonische Zustandssumme (31.20)

$$\boxed{Z = \sum_n e^{-\beta E_n}} \tag{31.24}$$

und somit die korrekte Normierung

$$\sum_n w_n = 1\,.$$

---

7 Aufgrund des Energieaustausches mit dem Wärmebad nimmt das System im thermodynamischen Gleichgewicht die Temperatur des Bades an.

Die w_n (31.23) geben die Anregungswahrscheinlichkeit eines Zustandes $|n\rangle$ mit Energie E_n im thermodynamischen Gleichgewicht mit der Temperatur $T = 1/\beta$ und definieren die *Boltzmann-* (oder *Gibbs-)Verteilung*.

Aus (31.22), (31.23) und (31.24) finden wir für den thermischen Erwartungswert (31.7) einer Observable O

$$\langle O\rangle = \frac{\sum_n e^{-\beta E_n}\langle n|O|n\rangle}{\sum_n e^{-\beta E_n}} .$$

Die Boltzmann-Verteilung (31.23) gilt prinzipiell für sämtliche Quantensysteme, die sich in einem Wärmebad der Temperatur T befinden. Dabei muss es sich nicht notwendigerweise um Vielteilchensysteme handeln, sondern das Quantensystem kann auch nur aus einem einzigen Teilchen bestehen. Die Zahl der Teilchen ist jedoch im kanonischen Ensemble unveränderlich, da dieses nur Energieaustausch, jedoch kein Teilchenaustausch des betrachteten Quantensystems mit der Umgebung (dem Wärmebad) berücksichtigt. Auch gilt das kanonische Ensemble gleichermaßen für unterscheidbare wie für identische Teilchen. Was auch immer das betrachtete Quantensystem ist, $|n\rangle$ sind die exakten Energieeigenzustände. Ferner sind im kanonischen Ensemble (31.23) die angeregten Zustände $|n > 0\rangle$ gegenüber dem Grundzustand $|n = 0\rangle$ exponentiell unterdrückt und im Limes $\beta \to \infty$ ($T \to 0$) bleibt nur der Grundzustand erhalten

$$\lim_{\beta\to\infty} \mathcal{D} = |0\rangle\langle 0| . \tag{31.25}$$

Die kanonische Zustandssumme (31.20), (31.24) definiert über

$$\boxed{Z =: e^{-\beta F}.} \tag{31.26}$$

die *freie Energie F*. Da die exakten Energieniveaus E_n von der Teilchenzahl N und dem Volumen V abhängen, hängt die freie Energie F (31.26) wie die kanonische Zustandssumme Z (31.24) neben der Temperatur T auch von N und V ab

$$F = F(T, N, V) .$$

Aus der Entropie (31.14) des kanonischen Ensembles (31.19)

$$S = -\langle \ln \mathcal{D}\rangle = -\mathrm{Sp}\,(\mathcal{D}\ln\mathcal{D}) = \beta\mathrm{Sp}\,(\mathcal{D}H) + \ln Z$$

finden wir die thermodynamische Beziehung

$$\boxed{F = E - TS}$$

zwischen Energie $E = \langle H\rangle$ und freier Energie F.

31.2.3 Das großkanonische Ensemble

Kann das betrachtete System nicht nur Energie, sondern auch Teilchen mit der Umgebung austauschen, so besitzt es weder feste Energie noch feste Teilchenzahl. Es lassen sich dann nur deren statistischen Mittelwerte $\langle \mathsf{H} \rangle$ bzw. $\langle \mathsf{N} \rangle$ angeben,[8] wobei die Mittelung $\langle \ldots \rangle$ die Summation über die Teilchenzahl mit einschließt. Besitzen wir nur Kenntnis über diese beiden Observablen, so ergibt sich die optimale statistische Beschreibung, in dem wir nur diese beiden Observablen als relevant betrachten. Mit $R_1 = \mathsf{H}$ und $R_2 = \mathsf{N}$ finden wir aus (31.17), (31.18) den Dichteoperator

$$\boxed{\mathsf{D} = \frac{1}{\mathcal{Z}} e^{-\beta(\mathsf{H}-\mu\mathsf{N})}\,,} \tag{31.27}$$

wobei

$$\boxed{\mathcal{Z} = \mathrm{Sp}\left(e^{-\beta(\mathsf{H}-\mu\mathsf{N})}\right)} \tag{31.28}$$

und wir $\lambda_1 = \beta$ und $\lambda_2 = -\beta\mu$ gesetzt haben. Diese Lagrange-Multiplikatoren legen die statistischen Erwartungswerte von Energie und Teilchenzahl

$$E = \langle \mathsf{H} \rangle = \mathrm{Sp}\,(\mathsf{DH})\,, \quad N = \langle \mathsf{N} \rangle = \mathrm{Sp}\,(\mathsf{DN})$$

fest. Dabei wird $T = 1/\beta$ wie bereits beim kanonischen Ensemble als die Temperatur und μ als das *chemische Potential* bezeichnet. Die Spur Sp in (31.28) läuft über sämtliche Zustände mit beliebiger Teilchenzahl. Sie erstreckt sich damit über sämtliche Hilbert-Räume mit beliebiger Teilchenzahl, d. h. über den direkten Produktraum $\mathbb{H}$ (29.4) für unterscheidbare Teilchen bzw. über den Fock-Raum (30.21) für identische Teilchen. Aus (31.27) und (31.28) folgt die Normierung

$$\mathrm{Sp}\,\mathsf{D} = 1\,.$$

Der Dichteoperator (31.27) definiert das *großkanonische Ensemble* mit $\mathcal{Z}$ (31.28) der *großkanonischen Zustandssumme*. Dieses gilt für alle Vielteilchensysteme, die sich mit ihrer Umgebung im thermodynamischen Gleichgewicht bezüglich Energie- und Teilchenaustausch befinden. Das großkanonische Ensemble gilt gleichermaßen für Systeme aus unterscheidbaren und identischen Teilchen.

Mit der Eigenwertgleichung von H,

$$\mathsf{H}|n,N\rangle = E_n(N)|n,N\rangle\,,$$

8 Für Systeme mit variabler Teilchenzahl benutzen wir die im Rahmen der Zweiten Quantisierung eingeführte Notation, in welcher Operatoren durch *serifenlose* Buchstaben bezeichnet werden.

und der des Teilchenzahloperators N

$$\mathsf{N}|n,N\rangle = N|n,N\rangle$$

sowie der Vollständigkeitsrelation des Raumes $\mathbb{H}$ (29.4)

$$\hat{1} = \sum_{N=0}^{\infty} \sum_{n} |n,N\rangle\langle n,N|$$

erhalten wir für den Dichteoperator die Spektraldarstellung

$$\mathsf{D} = \sum_{N=0}^{\infty} \sum_{n} |n,N\rangle w_{n,N} \langle n,N| .$$

Hierbei ist

$$w_{n,N} = \frac{1}{\mathcal{Z}} e^{-\beta(E_n(N)-\mu N)} \tag{31.29}$$

die Wahrscheinlichkeit, das System in einem Zustand $|n,N\rangle$ mit Energie $E_n(N)$ und Teilchenzahl N anzutreffen. In analoger Weise erhält man für die großkanonische Zustandssumme (31.28)

$$\mathcal{Z} = \sum_{N=0}^{\infty} \sum_{n} e^{-\beta(E_n(N)-\mu N)} . \tag{31.30}$$

Offensichtlich sind die Wahrscheinlichkeiten $w_{n,N}$ (31.29) korrekt normiert

$$\sum_{N=0}^{\infty} \sum_{n} w_{n,N} = 1 .$$

Der thermische Erwartungswert im großkanonischen Ensemble

$$\langle \mathsf{O} \rangle = \mathrm{Sp}\,(\mathsf{DO}) \tag{31.31}$$

enthält die Summation über alle Teilchenzahlen

$$\langle \mathsf{O} \rangle = \sum_{N=0}^{\infty} \sum_{n} \mathrm{Sp}\,(|n,N\rangle w_{n,N} \langle n,N|\mathsf{O}) = \sum_{N=0}^{\infty} \sum_{n} w_{n,N} \langle n,N|\mathsf{O}|n,N\rangle .$$

Wie bereits angedeutet, hängen die Energien $E_n(N)$ neben dem Volumen auch von der Teilchenzahl N ab. Diese Abhängigkeit wird im kanonischen Ensemble unterdrückt, da dort die Teilchenzahl unveränderlich ist. Auch im großkanonischen Ensemble trägt im Limes $\beta \to \infty$ nur der Grundzustand $|n = 0, N_0(\mu)\rangle$ zum Dichteoperator bei:

$$\lim_{\beta\to\infty} \mathsf{D} = |n = 0, N_0(\mu)\rangle\langle n = 0, N_0(\mu)| \,, \tag{31.32}$$

wobei die Teilchenzahl $N_0(\mu)$ durch das chemische Potential μ festgelegt ist.

Die Zustandssumme $\mathcal{Z}$ (31.28) bzw. (31.30) definiert das *großkanonische Potential* Ω über

$$\mathcal{Z} = e^{-\beta\Omega} \,, \tag{31.33}$$

welches von der Temperatur $T = 1/\beta$, dem chemischen Potential μ und dem Volumen V abhängt

$$\Omega = \Omega(T, \mu, V) \,.$$

Aus der Entropie (31.14) des großkanonischen Ensembles (31.27)

$$\begin{aligned} S &= -\langle \ln \mathsf{D} \rangle = -\mathrm{Sp}\,(\mathsf{D} \ln \mathsf{D}) \\ &= -\mathrm{Sp}(\mathsf{D}[-\beta(\mathsf{H} - \mu\mathsf{N}) - \ln \mathcal{Z}]) \\ &= \beta(\langle \mathsf{H} \rangle - \mu\langle \mathsf{N} \rangle - \Omega) \end{aligned}$$

finden wir mit $\beta = 1/T$ die bekannte thermodynamische Beziehung

$$\boxed{\Omega = E - TS - \mu N} \tag{31.34}$$

zwischen Ω und der mittleren Energie $E = \langle \mathsf{H} \rangle$ und der mittleren Teilchenzahl $N = \langle \mathsf{N} \rangle$.

Aus der Herleitung des großkanonischen Ensembles ist ersichtlich: Das chemische Potential μ ist der Lagrange-Multiplikator, der die Teilchenzahlerhaltung (im Mittel) bei der Variation der Entropie gewährleistet. Für Teilchensorten, deren Zahl nicht erhalten bleibt, wie z. B. die Photonen, die spontan von einem elektrisch geladenen Teilchen emittiert oder absorbiert werden können, kann die Bedingung der Teilchenzahlerhaltung nicht gestellt werden. Diese Bedingung lässt sich aus dem großkanonischen Ensemble entfernen, indem das chemische Potential auf null gesetzt wird, $\mu = 0$. Ganz allgemein gilt deshalb:

Eichbosonen besitzen das chemische Potential $\mu = 0$.

31.3 Das großkanonische Ensemble identischer Teilchen

Für Systeme aus identischen Teilchen bleibt die Definition des großkanonischen Ensembles, Gl. (31.31), (31.27), (31.28) gültig, wenn H, N und somit auch D als die entsprechenden Operatoren in der Zweiten Quantisierung interpretiert werden und die Spur „Sp“ über den gesamten Fock-Raum erstreckt wird.

Der Hamilton-Operator eines realen Quantengases enthält aufgrund der Wechselwirkung der Konstituenten neben einem Einteilchenoperator auch einen Zweiteilchenoperator. Für viele thermodynamische Betrachtungen ist es jedoch ausreichend, im

Dichteoperator den vollen Hamilton-Operator durch einen *effektiven Einteilchenoperator* zu ersetzen, während in der Energie $\langle \mathsf{H} \rangle$ des Gases die Zweiteilchenwechselwirkung mitgenommen werden muss. Wie ein geeigneter effektiver Einteilchenoperator gefunden werden kann, werden wir in Abschnitt 31.5 erfahren. Wir wollen deshalb im Folgenden zunächst Dichteoperatoren betrachten, die durch den Exponenten eines Einteilchenoperators

$$\mathsf{K} = \sum_{k,l} K_{kl} a_k^\dagger a_l \tag{31.35}$$

gegeben sind,

$$\boxed{\mathsf{D} = \frac{1}{\mathcal{Z}} e^{-\mathsf{K}}, \quad \mathcal{Z} = \mathrm{Sp}\, e^{-\mathsf{K}}.} \tag{31.36}$$

Insbesondere betrachten wir hier das großkanonische Ensemble (31.27):

$$\boxed{\mathsf{K} = \beta(\mathsf{H} - \mu \mathsf{N}).} \tag{31.37}$$

Ein Dichteoperator der Form (31.35), (31.36) beschreibt ein System unabhängiger (nichtwechselwirkender) identischer Teilchen. Für solche Systeme kann der Hamilton-Operator in die *Diagonalform*

$$\mathsf{H} = \sum_k \epsilon_k \mathsf{n}_k , \quad \mathsf{n}_k = a_k^\dagger a_k \tag{31.38}$$

gebracht werden, wobei ϵ_k die Einteilchenenergie und n_k der Besetzungszahloperator (30.31) ist. Dies erfordert lediglich eine geeignete Wahl der Einteilchenbasis $|k\rangle$, siehe Anhang F.2, wo wir nichtdiagonale Hamilton-Operatoren explizit behandeln werden. Der Teilchenzahloperator

$$\mathsf{N} = \sum_k \mathsf{n}_k$$

ist in jeder orthonormierten 1-Teilchenbasis diagonal.

Zur Berechnung der Spur über den Fock-Raum wählen wir zweckmäßigerweise die Basiszustände in der Besetzungszahldarstellung (30.30)

$$|n, N\rangle = |n_1, n_2, \ldots, n_k, \ldots\rangle , \tag{31.39}$$

wobei die Gesamtteilchenzahl N durch die Summe der Besetzungszahlen n_k gegeben ist

$$N = \sum_k n_k .$$

Mit (30.32) bzw. (30.56) folgt:

$$\mathsf{N}|n_1, n_2, \ldots\rangle = \sum_k n_k |n_1, n_2, \ldots\rangle\,,$$
$$\mathsf{H}|n_1, n_2, \ldots\rangle = \sum_k \epsilon_k n_k |n_1, n_2, \ldots\rangle$$

und unter Benutzung von (30.23) finden wir:

$$\begin{aligned}\mathcal{Z} = \mathrm{Sp}(e^{-\beta(\mathsf{H}-\mu\mathsf{N})}) &= \sum_{n_1,n_2,\ldots} \langle n_1, n_2, \ldots | e^{-\beta(\mathsf{H}-\mu\mathsf{N})} | n_1, n_2, \ldots\rangle \\ &= \sum_{n_1,n_2,\ldots} \langle n_1, n_2, \ldots | e^{-\beta\sum_k(\epsilon_k-\mu)n_k} | n_1, n_2, \ldots\rangle \\ &= \sum_{n_1,n_2,\ldots} e^{-\beta\sum_k(\epsilon_k-\mu)n_k} = \sum_{n_1,n_2,\ldots} \prod_k e^{-\beta(\epsilon_k-\mu)n_k} \\ &= \prod_k \sum_{n_k} e^{-\beta(\epsilon_k-\mu)n_k}\,.\end{aligned}$$

Für unabhängige, d. h. nichtwechselwirkende Teilchen zerfällt die großkanonische Zustandssumme in das Produkt

$$\boxed{\mathcal{Z} = \prod_k \mathcal{Z}_k\,,} \tag{31.40}$$

wobei

$$\boxed{\mathcal{Z}_k = \sum_{n_k} e^{-\beta(\epsilon_k-\mu)n_k}} \tag{31.41}$$

die großkanonische Zustandssumme der Teilchen im Einteilchenzustand $|k\rangle$ ist. Das über Gl. (31.33) definierte großkanonische Potential $\Omega = \Omega(T, \mu)$ zerfällt dann in eine Summe von Beiträgen Ω_k der einzelnen Einteilchenzustände:

$$\Omega = \sum_k \Omega_k\,, \qquad \Omega_k = -\frac{1}{\beta}\ln(\mathcal{Z}_k)\,. \tag{31.42}$$

Für spätere Betrachtungen geben wir nachfolgend noch die (Einteilchen-)Dichtematrix (30.100) im großkanonischen Ensemble (31.36) an. Diese ist weiterhin durch (30.101) gegeben, wobei allerdings $\langle a_k^\dagger a_l\rangle$ jetzt den durch (31.31) definierten thermischen Erwartungswert bezeichnet. In der Einteilchenbasis, in der D diagonal ist, folgt unter Benutzung von (30.26) bzw. (30.55) und der Orthogonalität der Basiszustände (31.39) für verschiedene Besetzungszahlen $\{n_k\}$

$$\langle a_k^\dagger a_l\rangle = \delta_{kl}\mathcal{N}_k\,, \tag{31.43}$$

wobei

$$\boxed{\mathcal{N}_k = \langle \mathsf{n}_k\rangle = \langle a_k^\dagger a_k\rangle\,,} \tag{31.44}$$

die *thermische Besetzungszahl* des Einteilchenzustandes $|k\rangle$ ist. Offensichtlich ist $\mathcal{N}_k$ die mittlere Besetzungszahl eines Einteilchen-Niveaus $|k\rangle$ der Energie ϵ_k in einem System identischer Teilchen, welches sich im thermodynamischen Gleichgewicht bei der Temperatur $T = 1/\beta$ und dem chemischen Potential μ befindet. Mit (31.43) finden wir aus (30.101) für die Dichtematrix bei endlichen Temperaturen

$$\rho(\boldsymbol{x}, \boldsymbol{x}') = \sum_k \varphi_k(\boldsymbol{x}) \mathcal{N}_k \varphi_k^*(\boldsymbol{x}') = \langle \boldsymbol{x} | \hat{\rho} | \boldsymbol{x}' \rangle \,, \tag{31.45}$$

wobei

$$\boxed{\hat{\rho} = \sum |k\rangle \mathcal{N}_k \langle k|} \tag{31.46}$$

der zugehörige *thermische* (Einteilchen-)*Dichteoperator* ist.[9] Gegenüber dem entsprechenden Ausdruck (30.104) bei $T = 0$ sind hier die Besetzungszahlen n_k durch ihr thermisches Pendant $\mathcal{N}_k$ ersetzt. Mittels der Zustandssumme (31.28) können wir unter Berücksichtigung der Form des Hamilton-Operators (31.38) die thermischen Besetzungszahlen $\mathcal{N}_k$ (31.44) durch

$$\mathcal{N}_k = -\frac{1}{\beta} \frac{\partial \ln \mathcal{Z}}{\partial \epsilon_k} = -\frac{1}{\beta} \frac{\partial \ln \mathcal{Z}_k}{\partial \epsilon_k} = \frac{1}{\beta} \frac{\partial \ln \mathcal{Z}_k}{\partial \mu} \tag{31.47}$$

ausdrücken. Mit (31.42) erhalten wir

$$\boxed{\mathcal{N}_k = -\frac{\partial \Omega_k}{\partial \mu} \,,} \tag{31.48}$$

und mit (31.46) finden wir für die mittlere Gesamtteilchenzahl

$$N = \operatorname{Sp} \hat{\rho} = \sum_k \mathcal{N}_k \tag{31.49}$$

die bekannte thermodynamische Beziehung

$$N = -\frac{\partial \Omega}{\partial \mu} \,.$$

9 Unglücklicherweise wird in der physikalischen Literatur der Begriff *Dichteoperator* sowohl für die (Vielteilchen-)Operatoren $\mathcal{D}$ der statistischen Ensembles, siehe Gln. (31.19), (31.27), als auch für den Einteilchenoperator $\hat{\rho}$ (31.46) benutzt.

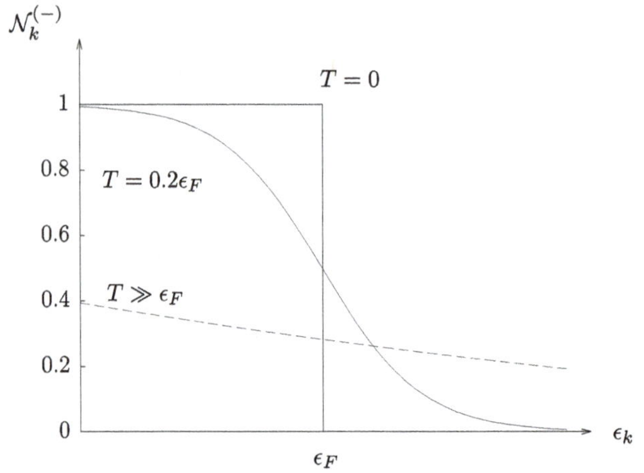

Abb. 31.2: Die Fermi-Verteilung $\mathcal{N}_k^{(-)}$ als Funktion der Einteilchenenergie ϵ_k für verschiedene Temperaturen. Für $T = 0$ ist das chemische Potential μ durch die Fermi-Kante ϵ_F gegeben. Der Grenzfall $T \to \infty$ verlangt bei fester Teilchenzahl $\mu \to -\infty$.

31.3.1 Fermi-Verteilung

Für *Fermi-Systeme* sind die (tatsächlichen) Besetzungszahlen n_k der Einteilchenzustände $|k\rangle$ wegen des Pauli-Prinzips auf

$$n_k = 0, 1$$

beschränkt und wir erhalten für die großkanonische Zustandssumme (31.41):

$$\mathcal{Z}_k^{(-)} = \sum_{n_k=0,1} e^{-\beta(\epsilon_k-\mu)n_k} = 1 + e^{-\beta(\epsilon_k-\mu)} . \tag{31.50}$$

Hiermit finden wir aus (31.47) für die thermischen Besetzungszahlen eines Systems unabhängiger Fermionen:

$$\boxed{\mathcal{N}_k^{(-)} = \frac{1}{e^{\beta(\epsilon_k-\mu)} + 1} .} \tag{31.51}$$

Dies ist die *Fermi-Verteilung* (oftmals auch als *Fermi-Dirac-Statistik* bezeichnet). Sie ist qualitativ in Abb. 31.2 dargestellt. Im Limes $\beta \to \infty$ ($T \to 0$) finden wir:

$$\mathcal{N}_k^{(-)}(\beta \to \infty) = \begin{cases} 1, & \epsilon_k < \mu \\ 0, & \epsilon_k > \mu . \end{cases} \tag{31.52}$$

Bei $T = 0$ sind offenbar sämtliche Einteilchenzustände mit einer Energie $\epsilon_k < \mu$ mit jeweils einem Fermion besetzt, $\mathcal{N}_k^{(-)} = 1$, während alle Zustände oberhalb des chemischen Potentials $\epsilon_k > \mu$ unbesetzt sind, $\mathcal{N}_k^{(-)} = 0$. Die scharfe Kante der Besetzungszahl bei $\epsilon_k = \mu$ wird als *Fermi-Kante* bezeichnet. Wächst die Temperatur an, so wird diese Fermi-Kante „aufgeweicht" und es kommt zu den Besetzungszahlverteilungen, die in der Abb. 31.2 angegeben sind.

31.3.2 Bose-Verteilung

Für *Bose-Systeme* können die Besetzungszahlen n_k der Einteilchenzustände $|k\rangle$ sämtliche nichtnegativen ganzen Zahlen annehmen:

$$n_k = 0, 1, 2, \ldots .$$

Die Zustandssumme (31.41) führt dann auf die geometrische Reihe

$$\mathcal{Z}_k^{(+)} = \sum_{n_k=0}^{\infty} e^{-\beta(\epsilon_k-\mu)n_k} ,$$

deren Summation für $\epsilon_k > \mu$

$$\mathcal{Z}_k^{(+)} = \frac{1}{1 - e^{-\beta(\epsilon_k-\mu)}} \tag{31.53}$$

liefert. Hiermit finden wir aus (31.47) für die thermischen Besetzungszahlen eines Systems unabhängiger Bosonen

$$\boxed{\mathcal{N}_k^{(+)} = \frac{1}{e^{\beta(\epsilon_k-\mu)} - 1} ,} \tag{31.54}$$

die als *Bose-Verteilung* (bzw. *Bose-Einstein-Statistik*) bezeichnet wird. Sie wurde ursprünglich von S. Bose für Photonen ($\mu = 0$) eingeführt und von A. Einstein auf $\mu \neq 0$ verallgemeinert.

Bei der obigen Ableitung der Bose-Statistik haben wir $\mu < \epsilon_k$ vorausgesetzt. In der Tat sehen wir, dass für $\epsilon_k = \mu$ Besetzungszahl in einem Bose-System divergiert. Wir können hieraus schließen, dass für Bose-Systeme das chemische Potential nicht größer sein kann als die niedrigste Einteilchenenergie, die wir mit ϵ_0 bezeichnen wollen:

$$\mu \leq \epsilon_0 , \quad \epsilon_0 = \min\{\epsilon_k\} .$$

Für $\mu < \epsilon_k$ fällt die mittlere Besetzungszahl (31.54) stark mit wachsender Energie ab, sodass sich die Bosonen bevorzugt im Zustand niedrigster Energie ϵ_0 aufhalten. Die Bose-Verteilung (31.54) ist in der Abb. 31.3 illustriert.

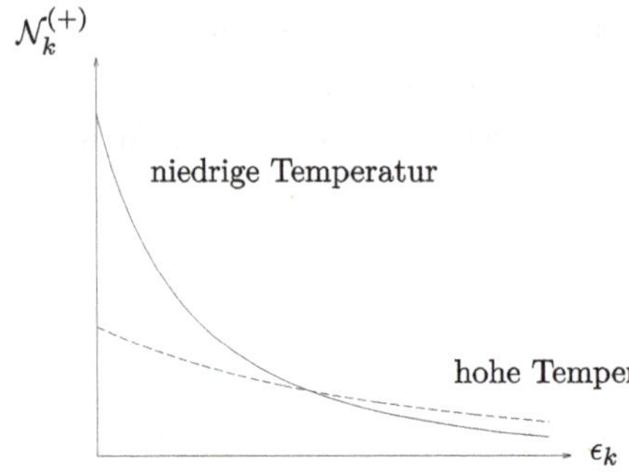

Abb. 31.3: Die Bose-Verteilung $\mathcal{N}_k^{(+)}$ (31.54) als Funktion der Einteilchenenergie ϵ_k für niedrige und hohe Temperaturen.

Im Limes $\beta \to \infty$ ($T \to 0$) verschwinden sämtliche Bose-Besetzungszahlen $\mathcal{N}_k^{(+)}$ (31.54) mit $\epsilon_k > \mu$. Da für diese Systeme $\mu \leq \epsilon_0 = \min\{\epsilon_k\}$ gilt, ist nur die Besetzungszahl des untersten Energieniveaus ϵ_0 von null verschieden. Sämtliche Teilchen besetzen deshalb den Zustand minimaler Energie[10]

$$\mathcal{N}_k^{(+)}(\beta \to \infty) = \begin{cases} N\,, & \epsilon_k = \epsilon_0 \\ 0\,, & \epsilon_k > \epsilon_0\,. \end{cases} \tag{31.55}$$

Dieses Phänomen wird als *Bose-Einstein-Kondensation* bezeichnet. Ein Bose-Einstein-Kondensat konnte erstmalig 1995 im Labor hergestellt werden, wofür E. A. Cornell, C. E. Wieman und W. Ketterle 2001 den Nobelpreis erhielten.

Abschließend betrachten wir noch den Beitrag der Zustände nahe dem chemischen Potential zur Energie. Entwicklung der Bose-Verteilung (31.54) für kleine $\beta(\epsilon_k - \mu)$ liefert

$$\mathcal{N}_k^{(+)} \simeq \frac{1}{\beta(\epsilon_k - \mu)}\,, \qquad |\epsilon_k - \mu| \ll 1/\beta = T\,,$$

woraus

$$\lim_{\epsilon_k \to \mu} (\epsilon_k - \mu)\mathcal{N}_k^{(+)} = \frac{1}{\beta} = T \tag{31.56}$$

folgt. Sämtliche Zustände in der Nähe des chemischen Potentials ($\epsilon_k \approx \mu$) liefern denselben Beitrag T zur Energie, unabhängig vom konkreten Wert der ϵ_k.

10 Die Beziehung (31.55) für $\epsilon_k = \epsilon_0$ impliziert, dass für $\beta \to \infty$ das chemische Potential sich wie $\mu = \epsilon_0 - c/\beta$ verhält mit $c = \ln(1 + 1/N)$.

Der harmonische Oszillator bei endlichen Temperaturen

Der Hamilton-Operator des harmonischen Oszillators lässt sich in die Form (12.41)

$$\mathrm{H} = \hbar\omega\left(\mathrm{n} + \frac{1}{2}\right)$$

bringen, wobei $\mathrm{n} = a^\dagger a$ der Besetzungszahloperator ist, der die Anzahl der Schwingungsquanten (Phononen) misst. Dies ist der Hamilton-Operator eines Systems nichtwechselwirkender Bosonen (Phononen), denen nur ein einziger 1-Teilchen-Zustand, mit Energie $\hbar\omega$, zur Verfügung steht und deren Vakuum-Zustand $|0\rangle$ die Energie $\frac{1}{2}\hbar\omega$ besitzt.

Wir betrachten einen harmonischen Oszillator im Wärmebad. Durch Energieaustausch mit der Umgebung wird der Oszillator angeregt oder abgeregt und somit die Phononenzahl verändert. Das Wärmebad ist somit gleichzeitig ein Teilchenreservoir für die Phononen. Folglich ist das *kanonische* Ensemble des Oszillators gleichzeitig das *großkanonische* Ensemble der Phononen. Da die Phononenzahl durch die Anregungsenergie gegeben ist, die prinzipiell nicht erhalten ist, besitzen die Phononen das chemische Potential $\mu = 0$, siehe die Blaubox am Ende von Abschnitt 31.3. Mit $E_n = \hbar\omega(n + 1/2)$ finden wir aus (31.24) für die *kanonische* Zustandssumme des Oszillators

$$Z_{n0}(\beta) = e^{-\frac{1}{2}\beta\hbar\omega} \sum_{n=0}^{\infty} e^{-n\beta\hbar\omega} = e^{-\frac{1}{2}\beta\hbar\omega} \mathcal{Z}^{(+)}(\beta)\,,$$

wobei

$$\mathcal{Z}^{(+)}(\beta) = \frac{1}{1 - e^{-\beta\hbar\omega}}$$

die *großkanonische* Zustandssumme (31.53) der Phononen mit Energie $\hbar\omega$ und chemischem Potential $\mu = 0$ ist. Die Temperatur $T = 1/\beta$ legt die mittlere thermische Phononenzahl (31.54)

$$\mathcal{N}(\omega) = \frac{1}{e^{\beta\hbar\omega} - 1} \tag{31.57}$$

und damit die mittlere Energie

$$\langle \mathrm{H} \rangle = -\frac{\partial \ln Z}{\partial \beta} = \hbar\omega\left(\mathcal{N} + \frac{1}{2}\right) = E(\omega) + E_0\,, \quad E(\omega) = \hbar\omega\mathcal{N}(\omega) \tag{31.58}$$

des Oszillators fest.

31.3.3 Gibbs-Statistik

Für große Einteilchenenergien $\epsilon_k \gg \mu$ können wir im Nenner der Gln. (31.51) bzw. (31.54) die 1 gegenüber der Exponentialfunktion vernachlässigen und die mittleren Fermi- bzw. Bose-Besetzungszahlen vereinfachen sich zur *Gibbs-* oder *Boltzmann-Verteilung*

$$\mathcal{N}_k^{(\pm)}(\epsilon_k \gg \mu) \simeq e^{-\beta(\epsilon_k - \mu)}\,,$$

die sowohl für unterscheidbare als auch klassische Teilchen gilt. Abbildung 31.4 zeigt die Bose-, Fermi- sowie die Boltzmann-Verteilung jeweils für dieselbe Teilchenzahl. Für

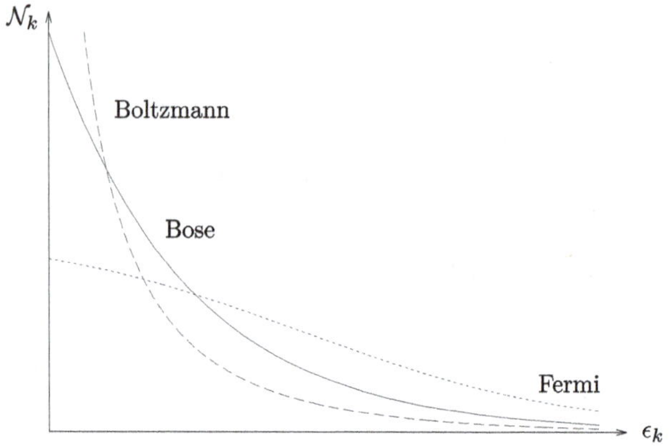

Abb. 31.4: Vergleich von Fermi-, Bose- und Boltzmann-Verteilung für Systeme bestehend aus der gleichen Anzahl von Teilchen.

große ϵ_k nähert sich sowohl die Bose- als auch die Fermi-Verteilung der Boltzmann-Verteilung an. Dies ist nicht verwunderlich, da sich die Teilchen bei sehr hohen Energien wie klassische Teilchen verhalten und dabei ihre Identität, die in ihrer Quantennatur begründet ist, verlieren. Außerdem sind für sehr hohe Energien die mittleren Besetzungszahlen so klein, $\mathcal{N}_k^{(\pm)} \ll 1$, dass die Identität der Teilchen irrelevant wird. Insbesondere wird das Pauli-Prinzip für $\mathcal{N}_k^{(-)} \ll 1$ bedeutungslos.

In Abb. 31.5 ist das chemische Potential als Funktion der Temperatur für Bose- und Fermi-Systeme und im Vergleich dazu für ein ideales klassisches Gas dargestellt. Für $T \to \infty$ nähern sich die chemischen Potentiale aller drei Gase an. Dies ist nicht verwunderlich, da bei hohen Temperaturen die mittleren kinetischen Energien der Konstituenten sehr groß werden und der Einfluss der Quantenmechanik, insbesondere die Austauschwechselwirkung, vernachlässigbar ist.

Für das Bose-System ist das chemische Potential stets negativ und strebt gegen null für $T \to 0$, in Übereinstimmung mit den Ergebnissen des Abschnitts 31.3.2.

31.3.4 Die Entropie identischer Teilchen

Wie wir bereits in Abschnitt 31.2 bemerkt haben, ist die Entropie (31.14) die zentrale Größe in der Beschreibung von statistischen Systemen. Nachfolgend wollen wir diese Größe für das großkanonische Ensemble D (31.27) identischer Teilchen,

$$\boxed{S = -\langle \ln \mathsf{D} \rangle = -\mathrm{Sp}\,(\mathsf{D} \ln \mathsf{D})\,,} \tag{31.59}$$

berechnen, da diese im Abschnitt 31.5 benötigt wird. Unter Ausnutzung der expliziten Gestalt von D (31.27) können wir die Entropie (31.59) in der Form

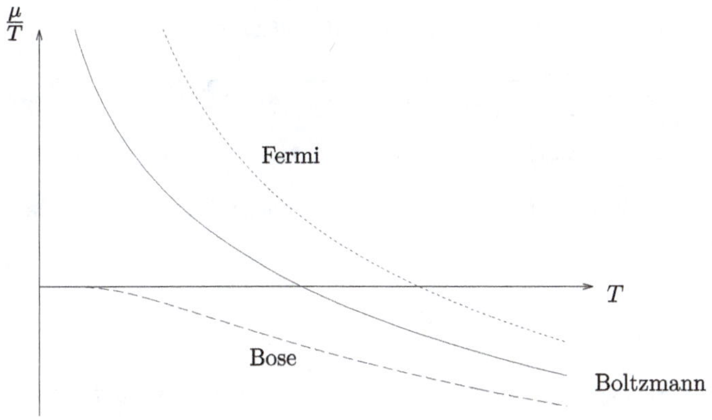

Abb. 31.5: Das chemische Potential μ (in Einheiten von T) als Funktion der Temperatur T für ein ideales Gas aus Fermionen, Bosonen bzw. klassischen Teilchen mit jeweils derselben Teilchenzahl.

$$\boxed{S = \ln \mathcal{Z} - \beta \frac{\partial \ln \mathcal{Z}}{\partial \beta}} \tag{31.60}$$

schreiben. Für die Überlegungen des Abschnitts 31.5 ist es ausreichend, Systeme unabhängiger Teilchen zu betrachten. Die Zustandssumme für ein System unabhängiger Bosonen bzw. Fermionen haben wir bereits in den Abschnitten 31.3.1 bzw. 31.3.2 berechnet. Aus (31.40) und (31.50) bzw. (31.53) erhalten wir

$$\ln \mathcal{Z}^{(\pm)} = \sum_k \ln \mathcal{Z}_k^{(\pm)} = \mp \sum_k \ln(1 \mp e^{-\beta(\epsilon_k - \mu)}) = \pm \sum_k \ln(1 \pm \mathcal{N}_k^{(\pm)}), \tag{31.61}$$

wobei wir die expliziten Ausdrücke für die thermischen Besetzungszahlen

$$\mathcal{N}_k^{(\pm)} = \left[e^{\beta(\epsilon_k - \mu)} \mp 1\right]^{-1}$$

benutzt haben. Aus (31.61) folgt

$$\frac{\partial \ln Z^{(\pm)}}{\partial \beta} = -\sum_k (\epsilon_k - \mu)\mathcal{N}_k^{(\pm)}$$

und mit

$$e^{\beta(\epsilon_k - \mu)} = \frac{1 \pm \mathcal{N}_k^{(\pm)}}{\mathcal{N}_k^{(\pm)}}$$

finden wir

$$\beta \frac{\partial \ln \mathcal{Z}^{(\pm)}}{\partial \beta} = -\sum_k \mathcal{N}_k^{(\pm)} \ln \frac{1 \pm \mathcal{N}_k^{(\pm)}}{\mathcal{N}_k^{(\pm)}} .$$

Zusammen mit (31.61) erhalten wir schließlich für die Entropie (31.60)

$$\boxed{S = -\sum_k [\mathcal{N}_k^{(\pm)} \ln \mathcal{N}_k^{(\pm)} \mp (1 \pm \mathcal{N}_k^{(\pm)}) \ln(1 \pm \mathcal{N}_k^{(\pm)})] .} \tag{31.62}$$

Man beachte, dass für Fermi-Systeme (unteres Vorzeichen) dieser Ausdruck invariant ist gegenüber der Ersetzung

$$\mathcal{N}_k^{(-)} \longrightarrow 1 - \mathcal{N}_k^{(-)} .$$

Mithilfe der Dichtematrix $\hat{\rho}$ (31.46) lässt sich die Entropie (31.62) in der kompakten Form

$$\boxed{S = -\mathrm{Sp}\,[\hat{\rho} \ln \hat{\rho} \mp (\hat{1} \pm \hat{\rho}) \ln(\hat{1} \pm \hat{\rho})]} \tag{31.63}$$

schreiben. Die Spur läuft hier über den Hilbertraum der Einteilchenzustände.

31.4 Die Wärmestrahlung

Bei hohen Temperaturen glühen Festkörper bekanntlich. Sie emittieren dabei sichtbares Licht, d. h. elektromagnetische Wellen. Bei niedrigeren Temperaturen geben sie Wärmestrahlung in Form unsichtbarer elektromagnetischer Wellen im Infrarot-Bereich ab. Da beide Formen der Strahlung gleichen elektromagnetischen Ursprungs sind, müssen sie durch dieselben Gesetze beschreibbar sein. Wir werden deshalb generell von Wärmestrahlung sprechen, auch wenn sie sich im sichtbaren Bereich befindet.

Die erste systematische Theorie der Wärmestrahlung wurde 1859 von G. KIRCHHOFF aufgestellt. Dazu führte er die mathematische Idealisierung eines „Schwarzen Körpers" ein, der sämtliche auf ihn einfallende Strahlung absorbiert. In guter Näherung lässt sich ein *Schwarzer Körper* durch einen Hohlraum mit einem kleinen Loch als Öffnung realisieren. Dieses Loch ist ein fast idealer Absorber. Die aus ihm heraustretende Strahlung ist weitgehend identisch mit der Wärmestrahlung, welche zwischen den Innenwänden des Hohlraumes ausgetauscht wird.

In einem Hohlraum mit dem Volumen $V = L^3$ und der Temperatur T soll Strahlungsgleichgewicht herrschen (Abb. 31.6). Die Wände sollen aus einem ideal leitenden Metall bestehen. Aus der Elektrodynamik wissen wir, dass das elektrische Feld in einem idealen Leiter verschwindet. Die Metallwände sind deshalb für elektromagnetische Wellen ideal reflektierende Wände, auf denen $\boldsymbol{E}(\boldsymbol{x}) = \boldsymbol{0}$ gilt. Die Lösungen der Maxwell-Gleichungen für das Vakuum im Hohlraum sind deshalb durch stehende Wellen

$$\boldsymbol{E}(\boldsymbol{x}, t) = e^{-i\omega t} \boldsymbol{E}_0(\boldsymbol{x}) ,$$
$$\boldsymbol{E}_0(\boldsymbol{x}) \sim \sin(k_1 x_1) \sin(k_2 x_2) \sin(k_3 x_3)$$

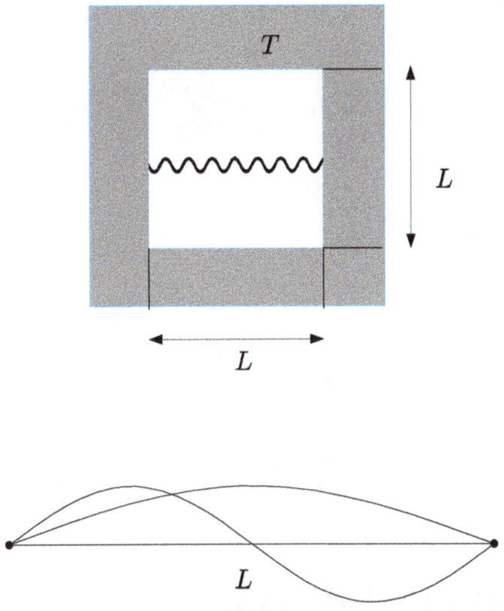

Abb. 31.6: Stehende Welle in einem Hohlraum.

gegeben, welche Knoten an den Wänden besitzen. Dazu muss in jede der drei Richtungen des Hohlraumes L^3 gerade ein Vielfaches der halben Wellenlängen λ_i passen (Abb. 31.6), d. h.:

$$n_i \frac{\lambda_i}{2} = L\,, \quad n_i = 1, 2, \ldots\,, \quad i = 1, 2, 3\,,$$
$$k_i = \frac{2\pi}{\lambda_i} = n_i \frac{\pi}{L}\,.$$

Dies ist gerade die de Broglie-Quantisierungsbedingung, die wir in Abschnitt 5.4 gefunden haben. Ferner gilt für elektromagnetische Wellen die Dispersionsbeziehung

$$\omega(k) = ck\,, \quad k = |\boldsymbol{k}|\,, \quad \boldsymbol{k} = (k_1, k_2, k_3)\,, \tag{31.64}$$

wobei c die Lichtgeschwindigkeit bezeichnet.

Bei stehenden Wellen können wir uns auf positive Wellenzahlen $k_i > 0$ beschränken ($k_i \to -k_i$ führt zu keiner neuen stehenden Welle). Demzufolge sind die möglichen $\boldsymbol{k}$-Werte durch diskrete Punkte im Oktanten des $\boldsymbol{k}$-Raumes mit $k_i > 0$ gegeben, die einen Abstand π/L voneinander besitzen (Abb. 31.7). Die Anzahl $d\bar{N}$ der Wellenvektor-Punkte $\boldsymbol{k}$ mit Beträgen $k = |\boldsymbol{k}|$ im Intervall $[k, k + dk]$ ist demnach durch

$$d\bar{N} = \frac{\frac{1}{8}\,\text{Volumen der } \boldsymbol{k}\text{-Raum-Kugelschale } (k, dk)}{\text{Volumen pro Punkt im } \boldsymbol{k}\text{-Raum}} \tag{31.65}$$

gegeben, wobei 1/8 von der Beschränkung auf den Oktanten mit $k_i > 0$ herrührt. Eine Kugelschale mit (innerem) Radius k und infinitesimaler Dicke dk besitzt das Volumen

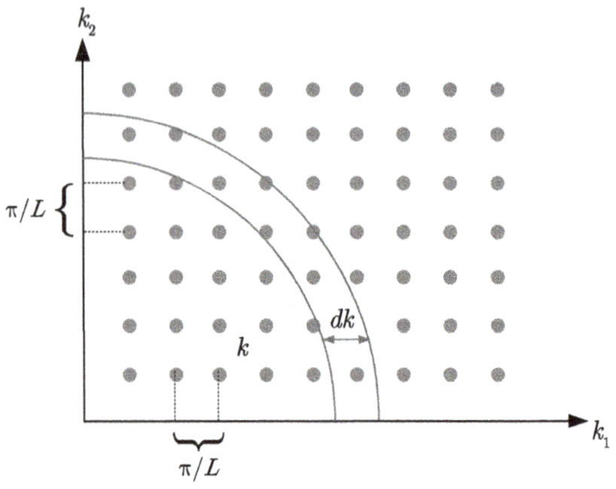

Abb. 31.7: Wellenvektor-Punkte im Oktanten des **k**-Raumes.

$$dV(k) = 4\pi k^2 dk\,,$$

wobei $4\pi k^2$ die Oberfläche der Kugelschale ist. Dasselbe Ergebnis erhält man natürlich auch durch Bildung des Differentials des Volumens der Kugel mit Radius k

$$V(k) = \frac{4\pi}{3}k^3\,.$$

Das Volumen pro Punkt (erlaubter Wellenzahl) im **k**-Raum beträgt wie oben festgestellt $(\pi/L)^3$. Beachten wir noch, dass eine elektromagnetische Welle bei gegebenem Wellenvektor $\boldsymbol{k}$ zwei Polarisationsrichtungen besitzt, so erhalten wir für die Anzahl der stehenden Wellen mit $|\boldsymbol{k}|$ im Intervall $[k, k + dk]$:[11]

$$dN = 2d\bar{N} = 2\cdot\frac{1}{8}\frac{4\pi k^2\,dk}{(\pi/L)^3} = 2\cdot\frac{4\pi k^2\,dk}{(2\pi/L)^3}\,.$$

Mittels der Dispersionsbeziehung (31.64) lässt sich dN durch ω statt k ausdrücken:

$$dN = \frac{L^3}{\pi^2 c^3}\omega^2\,d\omega\,,\qquad d\omega = c\,dk\,. \tag{31.66}$$

Damit gibt dN auch die Zahl der Wellen mit einer Frequenz im Intervall $[\omega, \omega + d\omega]$ an. Die stehenden elektromagnetischen Wellen im Hohlraum sollen sich nun im thermodynamischen Gleichgewicht mit den Wänden des Kastens befinden. Dies bedeutet insbesondere, dass im Hohlraum die gleiche Temperatur wie auf den Wänden herrscht, die als

11 Das hier gewonnene Ergebnis ist nicht auf stehende Wellen begrenzt, falls wir die Einschränkung $k_i > 0$ fallen lassen. Berücksichtigen wir, dass $4\pi k^2\,dk$ das Volumen der Kugelschale im **k**-Raum ist, so zeigt (31.65), dass jede Welle (fester Polarisation) ein Volumen $(2\pi/L)^3$ im **k**-Raum einnimmt. Dasselbe Ergebnis hatten wir auch in Abschnitt 29.11 für Materiewellen gefunden.

Wärmereservoir (oder Wärmebad) für den Hohlraum dienen. Die mittlere thermische Energie eines Oszillators mit der Frequenz ω im thermodynamischen Gleichgewicht mit einem Wärmebad der Temperatur T ist nach Gl. (31.58) durch

$$E(\omega) = \hbar\omega\mathcal{N}(\omega)$$

gegeben, wobei $\mathcal{N}(\omega)$ die thermische Phononenzahl (31.57)

$$\mathcal{N}(\omega) = \frac{1}{e^{\beta\omega} - 1} \tag{31.67}$$

ist. Eine elektromagnetische Welle der Frequenz ω hat deshalb die Energie

$$E(\omega) = \frac{\hbar\omega}{e^{\beta\hbar\omega} - 1} . \tag{31.68}$$

Die Energie dE der stehenden Wellen mit Frequenzen im Intervall $[\omega, \omega + d\omega]$ beträgt

$$dE = dN\, E(\omega) .$$

Hieraus finden wir mit (31.66) und (31.68) für die zugehörige Energiedichte $e := E/V$ (Energie pro Volumen $V = L^3$)

$$de(\omega) = \frac{dE}{V} = \frac{dE}{L^3} = \frac{\omega^2\, d\omega}{\pi^2 c^3} \frac{\hbar\omega}{e^{\beta\hbar\omega} - 1} = u(\omega)\, d\omega .$$

Dies liefert für die *spektrale Energiedichte*, die Energiedichte pro Frequenzeinheit,

$$u(\omega) = \frac{de(\omega)}{d\omega} ,$$

die *Planck'sche Strahlungsformel*

$$\boxed{u(\omega) = \frac{\hbar}{\pi^2 c^3} \frac{\omega^3}{e^{\hbar\omega/T} - 1} ,} \tag{31.69}$$

die für alle ω sehr gut mit dem Experiment übereinstimmt (Abb. 31.8). M. Planck fand diese Formel 1900 unter der Hypothese, dass Energie von den Wänden des Hohlraumes an die Strahlung nur in Vielfachen von Strahlungsquanten $\hbar\omega$ abgegeben wird. Der Erfolg dieser Hypothese war der erste deutliche Hinweis auf die Quantisierung der Strahlungsenergie. Das elektromagnetische Strahlungsfeld muss also quantisiert sein: Es besteht aus Strahlungsquanten mit der Energie $\hbar\omega$, die als *Photonen* bezeichnet werden. Durch Anpassen von Gl. (31.69) an die gemessenen Spektraldichten wurde der numerische Wert von $\hbar$ ermittelt

$$\hbar = 1{,}0546 \cdot 10^{-34}\, \mathrm{J \cdot s} .$$

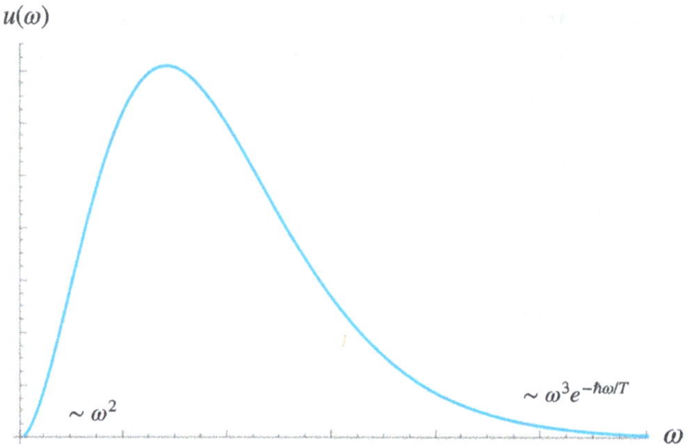

Abb. 31.8: Die spektrale Energiedichte $u(\omega)$ (31.69): Angegeben sind die Gesetze für die Grenzfälle $\omega \to 0$ und $\omega \to \infty$.

Diese Größe wurde später als *Planck'sches Wirkungsquantum* bezeichnet. Die Ableitung der Strahlungsformel (31.69) durch Planck gilt als die Geburtsstunde der Quantentheorie.

Für kleine Frequenzen $\hbar\omega \ll 1/\beta = T$ reduziert sich die Energie (31.68) der elektromagnetischen Welle mit Frequenz ω auf[12]

$$E(\omega) = T$$

und die spektrale Energiedichte (31.69) auf das *Rayleigh-Jeans'sche Strahlungsgesetz*

$$u(\omega) = \frac{de(\omega)}{d\omega} = \frac{T}{\pi^2 c^3}\omega^2 . \tag{31.70}$$

Dieses ursprünglich im Rahmen der klassischen Elektrodynamik gewonnene Ergebnis stimmt für kleine ω sehr gut mit dem Experiment überein, führt jedoch bei Integration über den gesamten Frequenzbereich zur sogenannten „Ultraviolett-Katastrophe"

12 Dies ist die klassische Energie, die die elektromagnetische Welle nach dem *Gleichverteilungssatz* besitzen würde. Dieser besagt, dass jeder Freiheitsgrad im thermodynamischen Gleichgewicht mit einem Wärmebad der Temperatur T die Energie $\frac{1}{2}T$ besitzt. (Man beachte, dass in unseren Einheiten $k_B = 1$.) Die elektromagnetische Welle besitzt zwei Freiheitsgrade aufgrund ihrer beiden Polarisationsrichtungen. Die Anzahl $\mathcal{N}(\omega)$ (31.67) der Strahlungsquanten oder Photonen mit der Frequenz $\omega = c|\boldsymbol{k}|$ bzw. Wellenzahl $|\boldsymbol{k}|$, die im thermodynamischen Gleichgewicht bei der Temperatur T angeregt sind, divergiert für $\omega \to 0$. Im thermodynamischen Gleichgewicht sind also unendlich viele Photonen mit $k = 0$ bzw. $\omega = 0$ angeregt. Obwohl ihre Anzahl unendlich groß ist, liefern sie insgesamt nur einen endlichen Beitrag zur thermodynamischen Energie: $\lim_{\omega\to 0} E(\omega) = T$. Dieses Ergebnis folgt auch unmittelbar aus Gl. (31.56) mit $\mu = 0$.

$$\int de = \int_0^\infty d\omega\, u(\omega) \sim \int_0^\infty d\omega\, \omega^2 = \infty\,.$$

Der Hohlraum müsste demzufolge eine unendlich große Energiedichte e besitzen. Dieses unsinnige Resultat zeigte, dass die spektrale Energiedichte für große Frequenzen einem anderen Gesetz als (31.70) gehorchen muss.

Die Energiedichte der Planck'schen Strahlungsformel (31.69) besitzt die Gestalt

$$u(\omega) = \omega^3 f\left(\frac{\omega}{T}\right). \tag{31.71}$$

Vor Planck fand bereits W. WIEN durch Kombination von Thermodynamik und der elektromagnetischen Theorie des Lichtes dieses empirisch bestätigte Verhalten für große ω. Misst man die spektrale Energiedichte $u(\omega)$ bei verschiedenen Temperaturen T, so findet man für $u(\omega)/\omega^3$ als Funktion von ω/T jeweils dieselbe Kurve $f(\omega/T)$. Ferner konnte Wien unter gewissen Annahmen zeigen, dass diese Funktion für $\omega \to \infty$ die asymptotische Gestalt

$$f\left(\frac{\omega}{T}\right) \sim e^{-g\omega/T}\,, \qquad g = \text{const} \tag{31.72}$$

besitzt, was im Experiment verifiziert wurde und mit der führenden Ordnung der Planck'schen Strahlungsformel (31.69) für $\beta\omega \gg 1$ übereinstimmt.

Berechnen wir die zum Wien'schen Gesetz (31.71) gehörende Gesamtenergiedichte

$$e = \int_0^\infty d\omega\, u(\omega)\,,$$

so finden wir nach der Variablensubstitution $x = \omega/T$:

$$e = T^4 \int_0^\infty dx\, x^3 f(x) = T^4 \cdot \text{const}\,.$$

Dies ist das empirisch gut bestätigte *Stefan-Boltzmann-Gesetz* (1884).

Für das Maximum $\bar{\omega}$ der spektralen Energiedichte finden wir aus der Wien'schen Verteilung (31.71) die Bestimmungsgleichung:

$$\left.\frac{du(\omega)}{d\omega}\right|_{\bar{\omega}} = 3\bar{\omega}^2 f\left(\frac{\bar{\omega}}{T}\right) + \frac{\bar{\omega}^3}{T} f'\left(\frac{\bar{\omega}}{T}\right) = \bar{\omega}^2\left[3f\left(\frac{\bar{\omega}}{T}\right) + \frac{\bar{\omega}}{T} f'\left(\frac{\bar{\omega}}{T}\right)\right] = 0\,.$$

Hieraus ergibt sich mithilfe von (31.72) für die Lage des Maximums $\bar{\omega}$:

$$\bar{\omega} = T \cdot \text{const}\,.$$

Dies ist das *Wien'sche Verschiebungsgesetz*.

31.5 Approximation des mittleren Feldes bei endlichen Temperaturen

Wir wollen jetzt mittels des Variationsprinzips eine genäherte Beschreibung von wechselwirkenden Systemen identischer Teilchen bei endlichen Temperaturen erreichen. Für Fermi-Systeme wird dies eine Verallgemeinerung der im Abschnitt 29.10 (im Rahmen der Ersten Quantisierung) besprochenen Hartree-Fock-Methode auf endliche Temperaturen sein. Wir werden dabei feststellen, dass die Zweite Quantisierung eine wesentlich kompaktere und elegantere Formulierung der Hartree-Fock-Methode erlaubt.

Wie bereits oben festgestellt, beschreiben die in der Besetzungszahldarstellung angegebenen Basiszustände (30.30) Systeme unabhängiger Teilchen. Sie können deshalb nicht die exakten Zustände von wechselwirkenden Vielteilchensystemen repräsentieren. Allerdings besitzen sie die aufgrund der Teilchenidentität erforderliche Symmetrie bezüglich einer Permutation der Teilchen. Wir werden jetzt diese Zustände benutzen, um zumindest eine approximative Beschreibung von wechselwirkenden Vielteilchensystemen zu erhalten. Dazu werden wir mithilfe des Variationsprinzips die für das betrachtete wechselwirkende System bestmöglichen (optimalen) Basisfunktionen finden. Dies verlangt nicht nur die Bestimmung der Einteilchen-Basisfunktionen $|k\rangle = a_k^\dagger|0\rangle$, sondern auch der optimalen Besetzungszahlen dieser Zustände. Wir erwarten, dass die Besetzungszahlen von der Temperatur abhängen, was möglicherweise auch eine Temperaturabhängigkeit der optimalen Einteilchenzustände zur Folge hat.

Systeme bei endlichen Temperaturen werden nicht durch eine einzelne (Vielteilchen)-Wellenfunktion, sondern durch den Dichteoperator charakterisiert. Für ein System im thermischen und chemischen Gleichgewicht[13] ist dieser durch das großkanonische Ensemble (31.27)

$$\mathsf{D} = \frac{1}{\mathcal{Z}} e^{-\beta(\mathsf{H}-\mu\mathsf{N})} \tag{31.73}$$

gegeben, wobei H der exakte Hamilton-Operator, N der Teilchenzahl-Operator und

$$\mathcal{Z} = \mathrm{Sp}\, e^{-\beta(\mathsf{H}-\mu\mathsf{N})}$$

die Zustandssumme ist, die die Normierung

$$\mathrm{Sp}\,\mathsf{D} = 1$$

gewährleistet. Für wechselwirkende Systeme kann der exakte Dichteoperator (31.73) i. A. nicht streng behandelt werden. Wir werden deshalb einen geeigneten Ansatz für den

13 Ein System befindet sich im thermischen (chemischen) Gleichgewicht, wenn es sich im Gleichgewicht mit seiner Umgebung bezüglich Energie- bzw. Teilchenaustausch befindet. Die Umgebung wird in diesem Zusammenhang als Wärmebad (Teilchenreservoir) bezeichnet und durch eine Temperatur $T = 1/\beta$ (ein chemisches Potential μ) charakterisiert, siehe Abschnitt 31.2.3.

Dichteoperator D machen und diesen dann durch das Variationsprinzip optimieren. Wie aus der Thermodynamik bekannt, wird für Systeme, die sich im thermischen Gleichgewicht (mit Temperatur T) und im chemischen Gleichgewicht (mit chemischem Potential μ) befinden, das großkanonische Potential Ω (31.34)

$$\Omega = E - TS - \mu N \tag{31.74}$$

statt der Energie $E = \langle H \rangle$ minimal. Um die thermischen Erwartungswerte mittels des Wick'schen Theorems (siehe Abschnitt 30.7.4) berechnen zu können, approximieren wir den Hamilton-Operator H im Dichteoperator (31.73) durch einen Einteilchen-Operator

$$\mathsf{h} = \sum_k \omega_k a_k^\dagger a_k \tag{31.75}$$

mit (bisher noch) unbekannten Einteilchenenergien ω_k. Der Dichteoperator des großkanonischen Ensembles lautet dann

$$\mathsf{D} = \frac{1}{\mathcal{Z}} e^{-\beta(\mathsf{h}-\mu\mathsf{N})}, \qquad \mathcal{Z} = \mathrm{Sp}\, e^{-\beta(\mathsf{h}-\mu\mathsf{N})}. \tag{31.76}$$

Die Einteilchenenergie ω_k werden wir durch Minimierung des großkanonischen Potentials Ω (31.74)

$$\frac{\partial \Omega}{\partial \omega_k} = 0$$

bestimmen, was uns den optimalen Dichteoperator innerhalb des Ansatzes (31.76) liefern wird.

Formal ist der durch die Zustandssumme $\mathcal{Z}$ (31.33) definierte Ausdruck für Ω äquivalent zu dem in Gl. (31.74) angegebenen Ausdruck. Allerdings besteht diese Äquivalenz nur für den exakten Dichteoperator (31.73). Da wir jedoch für den Dichteoperator den (Einteilchen-)Ansatz (31.76) gemacht haben, würden wir bei der Berechnung von Ω aus der zugehörigen Zustandssumme $\mathcal{Z}$ (31.76) die Zweiteilchenwechselwirkung vollständig verlieren. Deshalb berechnen wir Ω über Gleichung (31.74), wobei die Energie $E = \langle \mathsf{H} \rangle$ durch den thermischen Erwartungswert des vollen Hamilton-Operators H (30.95) gegeben ist.

Unter Benutzung des Wick'schen Theorems (siehe Abschnitt 30.7.4), das auch für die thermischen Erwartungswerte gilt, falls D die Exponentialfunktion eines Einteilchenoperators ist (wie in Kapitel 34 bewiesen wird), finden wir für $\langle \mathsf{H} \rangle$ formal denselben Ausdruck (30.106) wie für den Erwartungswert in einem Basiszustand (30.30)

$$\begin{aligned} E[\rho] = \langle \mathsf{H} \rangle = & \int d^3x \int d^3x'\, H_0(\boldsymbol{x}, \boldsymbol{x}')\rho(\boldsymbol{x}', \boldsymbol{x}) \\ & + \frac{1}{2} \int d^3x \int d^3x'\, V(\boldsymbol{x}, \boldsymbol{x}')[\rho(\boldsymbol{x}, \boldsymbol{x})\rho(\boldsymbol{x}', \boldsymbol{x}') \pm \rho(\boldsymbol{x}', \boldsymbol{x})\rho(\boldsymbol{x}, \boldsymbol{x}')], \end{aligned} \tag{31.77}$$

jedoch ist die Dichtematrix ρ jetzt durch ihren Ausdruck (31.45) bei endlichen Temperaturen gegeben

$$\rho(\boldsymbol{x},\boldsymbol{x}') = \sum_k \varphi_k(\boldsymbol{x})\mathcal{N}_k^{(\pm)}\varphi_k^*(\boldsymbol{x}') = \sum_k \langle \boldsymbol{x}|k\rangle \mathcal{N}_k^{(\pm)}\langle k|\boldsymbol{x}'\rangle \tag{31.78}$$

mit den thermischen Besetzungszahlen (31.51) bzw. (31.54)

$$\mathcal{N}_k^{(\pm)} = \left(e^{\beta(\omega_k-\mu)} \mp 1\right)^{-1} \tag{31.79}$$

für Bose- bzw. Fermi-Systeme. Ferner sind $|k\rangle = a_k^\dagger|0\rangle$ die Eigenzustände des Einteilchen-Hamilton-Operators (31.75), den wir im Ansatz (31.76) für den statistischen Operator gewählt haben. Die Energie $E[\rho]$ (31.77) ist offensichtlich ein Funktional der Dichtematrix ρ. Dasselbe gilt für die Teilchenzahl N (31.49) und die Entropie S (31.63) und damit für das großkanonische Potential (31.74)

$$\Omega[\rho] = E[\rho] - TS[\rho] - \mu N[\rho] .$$

Über die Besetzungszahlen $\mathcal{N}_k^{(\pm)}$ hängt ρ (31.78) von den noch unbekannten Einteilchenenergien ω_k ab, die wir jetzt durch Minimierung von $\Omega[\rho]$ bestimmen. Da die Besetzungszahlen $\mathcal{N}_k^{(\pm)}$ monotone Funktionen der Energien ω_k sind (siehe Abb. 31.2, 31.3), können wir statt der Ableitung nach ω_k auch die Ableitung nach $\mathcal{N}_k^{(\pm)}$ nehmen. Die Ableitung der Teilchenzahl (31.49) ist dann trivial

$$\frac{\partial N}{\partial \mathcal{N}_k^{(\pm)}} = 1 .$$

Für die Ableitung der Entropie (31.62) finden wir

$$\frac{\partial S}{\partial \mathcal{N}_k^{(\pm)}} = -\ln \frac{\mathcal{N}_k^{(\pm)}}{1 \pm \mathcal{N}_k^{(\pm)}} = \frac{\omega_k - \mu}{T} .$$

Somit lautet die Ableitung des großkanonischen Potentials Ω (31.74) nach den Besetzungszahlen[14]

$$\frac{\partial \Omega}{\partial \mathcal{N}_k^{(\pm)}} = \frac{\partial E[\rho]}{\partial \mathcal{N}_k^{(\pm)}} - \mu - (\omega_k - \mu) \stackrel{!}{=} 0 . \tag{31.80}$$

14 Wir erinnern an dieser Stelle daran, dass die Temperatur T und das chemische Potential μ durch die Umgebung vorgegeben sind, mit der sich das betrachtete System im thermischen und chemischen Gleichgewicht befindet. T und μ sind also keine inneren Eigenschaften des betrachteten Systems und können folglich auch nicht von ω_k oder der benutzten Einteilchenbasis abhängen.

Zur Ableitung der Energie $E[\rho]$ benutzen wir die (funktionale) Kettenregel (siehe Abschnitt D.2)

$$\frac{\partial E[\rho]}{\partial \mathcal{N}_k} = \int d^3x\, d^3x' \, \frac{\delta E[\rho]}{\delta \rho(\mathbf{x},\mathbf{x}')} \frac{\partial \rho(\mathbf{x},\mathbf{x}')}{\partial \mathcal{N}_k} \,. \tag{31.81}$$

Variation der Energie $E[\rho]$ (31.77)

$$\boxed{\frac{\delta E[\rho]}{\delta \rho(\mathbf{x},\mathbf{x}')} =: \mathcal{H}[\rho](\mathbf{x}',\mathbf{x})} \tag{31.82}$$

liefert unter Berücksichtigung der Symmetrie der Wechselwirkung $V(\mathbf{x},\mathbf{x}') = V(\mathbf{x}',\mathbf{x})$ den effektiven Einteilchen-Hamilton-Operator

$$\boxed{\mathcal{H}[\rho](\mathbf{x},\mathbf{x}') = H_0(\mathbf{x})\delta(\mathbf{x}-\mathbf{x}') + \delta(\mathbf{x}-\mathbf{x}') \int d^3y \, V(\mathbf{x},\mathbf{y})\rho(\mathbf{y},\mathbf{y}) \pm V(\mathbf{x},\mathbf{x}')\rho(\mathbf{x},\mathbf{x}') \,,} \tag{31.83}$$

der von der Dichtematrix ρ abhängt. Für Fermi-Systeme stimmt $\mathcal{H}[\rho]$ formal mit dem Hartree-Fock-Hamilton-Operator (29.64) überein, wenn für ρ die Dichtematrix (30.104) bei $T = 0$ eingesetzt wird. Jedoch ist ρ hier die thermische Dichtematrix (31.78), für welche

$$\frac{\partial \rho(\mathbf{x},\mathbf{x}')}{\partial \mathcal{N}_k} = \langle \mathbf{x}|k\rangle\langle k|\mathbf{x}'\rangle \tag{31.84}$$

gilt. Einsetzen von Gl. (31.82) und (31.84) in Gl. (31.81) liefert

$$\frac{\partial E[\rho]}{\partial \mathcal{N}_k} = \int d^3x\, d^3x' \, \langle k|\mathbf{x}'\rangle \mathcal{H}[\rho](\mathbf{x}',\mathbf{x})\langle \mathbf{x}|k\rangle = \langle k|\mathcal{H}[\rho]|k\rangle =: \epsilon_k \,. \tag{31.85}$$

Nach Gl. (31.80) wird das großkanonische Potential folglich extremal für

$$\omega_k = \epsilon_k \,, \tag{31.86}$$

was die Energien ω_k im Dichteoperator mit den Erwartungswerten ϵ_k des Einteilchen-Hamilton-Operators (31.83) in der gewählten Einteilchenbasis $|k\rangle$ identifiziert, ein sehr plausibles Ergebnis. Mit $\omega_k = \epsilon_k$ liefert (31.75) und Gl. (31.76) die optimale Einteilchennäherung zum Dichteoperator bei gegebener Einteilchenbasis $|k\rangle$.

Bisher haben wir Ω bezüglich der Parameter (Einteilchenenergien) ω_k im Dichteoperator D (31.76) bei fester, d. h. gegebener Einteilchenbasis $|k\rangle$ minimiert. Zur Berechnung der Spur in den thermischen Erwartungswerten kann jede beliebige vollständige Basis verwendet werden und das Ergebnis ist unabhängig von der Wahl der Basis, solange der exakte Dichteoperator verwendet wird. Da wir jedoch im exakten Dichteoperator

H durch den Einteilchenoperator h (31.75) ersetzt haben, hängen die resultierenden thermischen Erwartungswerte sehr wohl von der Wahl der verwendeten Einteilchenbasis $|k\rangle$ ab. Die optimale Basis ist diejenige, die das großkanonische Potential (bei vorgegebenen D bzw. ω_k) minimiert. Wir werden deshalb jetzt Ω bezüglich der Basiszustände $\langle \boldsymbol{x}|k\rangle = \varphi_k(\boldsymbol{x})$ variieren. Da die Entropie (31.62) und die Teilchenzahl (31.49) nur von den Besetzungszahlen $\mathcal{N}_k$, nicht aber von den Wellenfunktionen $\varphi_k(\boldsymbol{x})$ abhängen, erhalten wir

$$\frac{\delta\Omega}{\delta\varphi_k(\boldsymbol{x})} = \frac{\delta E[\rho]}{\delta\varphi_k(\boldsymbol{x})} .$$

Bei der Variation der Energie bezüglich der Wellenfunktion $\varphi_k(\boldsymbol{x})$ dürfen wir nur solche Variationen zulassen, die die Norm der Zustände erhalten. Wir berücksichtigen die Erhaltung der Norm eines Zustandes $\varphi_k(\boldsymbol{x})$ mittels eines Lagrange-Multiplikators λ_k, in dem wir statt $E[\rho]$ das Funktional

$$\begin{aligned}\bar{E}[\rho] &= E[\rho] - \sum_k \lambda_k \langle k|k\rangle \\ &= E[\rho] - \sum_k \lambda_k \int d^3x\, \varphi_k^*(\boldsymbol{x})\varphi_k(\boldsymbol{x}) \end{aligned} \tag{31.87}$$

variieren. Wir führen die Variation zweckmäßigerweise nach $\varphi_k^*(\boldsymbol{x})$ durch.[15] Zur Variation von $E[\rho]$ benutzen wir die Kettenregel (siehe Abschnitt D.2):

$$\frac{\delta E[\rho]}{\delta\varphi_k^*(\boldsymbol{x})} = \int d^3y\, d^3y'\, \frac{\delta E[\rho]}{\delta\rho(\boldsymbol{y}',\boldsymbol{y})} \frac{\delta\rho(\boldsymbol{y}',\boldsymbol{y})}{\delta\varphi_k^*(\boldsymbol{x})} .$$

Aus (31.45) folgt mit $\delta\varphi_k(\boldsymbol{x})/\delta\varphi_l^*(\boldsymbol{y}) = 0$:

$$\frac{\delta\rho(\boldsymbol{y}',\boldsymbol{y})}{\delta\varphi_k^*(\boldsymbol{x})} = \delta(\boldsymbol{x}-\boldsymbol{y})\mathcal{N}_k\varphi_k(\boldsymbol{y}')$$

und mit der Definition (31.82) finden wir

$$\frac{\delta E[\rho]}{\partial\varphi_k^*(\boldsymbol{x})} = \mathcal{N}_k \int d^3y\, \mathcal{H}[\rho](\boldsymbol{x},\boldsymbol{y})\varphi_k(\boldsymbol{y}) .$$

Das Funktional $\bar{E}[\rho]$ (31.87) wird deshalb extremal bezüglich Variation der Basisfunktionen, $\delta\bar{E}[\rho]/\delta\varphi_k^*(\boldsymbol{x}) = 0$, falls diese der Bedingung

15 Wir erinnern daran, dass wir bei der Variation nach einer komplexwertigen Funktion $\varphi_k(\boldsymbol{x})$ anstelle von Real- und Imaginärteil auch die Funktion $\varphi_k(\boldsymbol{x})$ und ihr komplex Konjugiertes $\varphi_k^*(\boldsymbol{x})$ als unabhängig betrachten können (siehe Abschnitt 20.3).

$$\mathcal{N}_k \int d^3x\, \mathcal{H}[\rho](\boldsymbol{x},\boldsymbol{y})\varphi_k(\boldsymbol{y}) = \lambda_k \varphi_k(\boldsymbol{x}) \tag{31.88}$$

genügen. Bilden wir das Skalarprodukt dieser Gleichung mit $\varphi_k(\boldsymbol{x})$, so folgt mit (31.85)

$$\mathcal{N}_k \epsilon_k = \lambda_k$$

und die Bedingung (31.88) reduziert sich auf die Eigenwertgleichung

$$\boxed{\mathcal{H}[\rho]|k\rangle = \epsilon_k |k\rangle\,.} \tag{31.89}$$

Die optimale Einteilchenbasis $|k\rangle$ ist deshalb durch die Eigenfunktionen des Einteilchen-Hamilton-Operators $\mathcal{H}[\rho]$ (31.83) gegeben und seine Eigenwerte liefern die optimalen Einteilchenenergien ϵ_k (31.85), (31.86) des Dichteoperators bzw. der thermischen Besetzungszahlen (31.79). Zusammen mit der Gleichung für die Dichtematrix (31.78) stellt (31.89) ein abgeschlossenes Eigenwertproblem dar, das für beliebig vorgegebene Temperatur T und chemisches Potential μ im Prinzip gelöst werden kann. Da ρ (31.78) selbst von der Einteilchenbasis $|k\rangle$ abhängt, ist Gl. (31.89) hochgradig nichtlinear. Für Systeme mit einer gegebenen (endlichen) Teilchenzahl N muss darüber hinaus noch aus Gl. (31.49) das zugehörige chemische Potential μ bestimmt werden. Gleichungen (31.89), (31.78) und (31.49) definieren die *Näherungen des mittleren Feldes* für Systeme aus identischen Teilchen bei gegebener Temperatur T und Teilchenzahl N. In dieser Näherung wird das wechselwirkende Vielteilchensystem durch ein System unabhängiger Teilchen ersetzt, die optimal gewählte Einteilchenzustände entsprechend dem thermodynamischen Gleichgewicht besetzen. Die Wechselwirkung der Teilchen wird hier nur durch ein mittleres (nichtlokales) Feld (der zweite Term auf der rechten Seite von Gl. (31.83)) berücksichtigt, das durch Faltung der Wechselwirkung mit der temperaturabhängigen Dichtematrix ρ (31.78) entsteht. Korrekt berücksichtigt sind jedoch die Austauschkorrelationen aufgrund der Teilchenidentität, die zur Bose- bzw. Fermi-Statistik führen.

Die durch Gln. (31.89), (31.78) und (31.49) definierte Theorie des mittleren Feldes ist für beliebige Temperaturen T definiert. Wir können deshalb diese Theorie auch für $T \to 0$ untersuchen. Für $T \to 0$ sind die fermionischen Besetzungszahlen in Gl. (31.52) gegeben. Sämtliche Einteilchenzustände $|k\rangle$ mit Energien ϵ_k unterhalb der Fermi-Kante $\epsilon_F = \mu$ sind dann entsprechend dem Pauli-Prinzip mit einem Fermion besetzt, während die Zustände oberhalb von ϵ_F unbesetzt bleiben. Die Theorie des mittleren Feldes reduziert sich dann auf die gewöhnliche Hartree-Fock-Theorie, siehe Abschnitt 29.10. Für Bose-Systeme verschwinden für $T \to 0$ ebenfalls alle Besetzungszahlen mit $\epsilon_k - \mu > 0$, siehe Gl. (31.55). In diesem Fall halten sich sämtliche Bosonen im Zustand niedrigster Energie $\epsilon_0 = \min\{\epsilon_k\}$ auf, was bekanntlich als *Bose-Einstein-Kondensation* bezeichnet wird, siehe Abschnitt 31.3.2.

32 Kohärente Bose- und Fermi-Zustände

Die Überlegungen im Rahmen der Zweiten Quantisierung haben gezeigt, dass Bose-Systeme sich als Ensembles von Oszillatoren interpretieren lassen. Umgekehrt stellt ein eindimensionaler harmonischer Oszillator das einfachste Bose-System dar, bei welchem die Bosonen nur in einem einzigen Einteilchenzustand existieren, der durch den ersten angeregten Zustand des harmonischen Oszillators gegeben ist. Dieser kann jedoch mehrfach mit den Bosonen (Phononen) derselben Sorte besetzt werden. Der n-te angeregte Oszillatorzustand entspricht dem n-Bosonen-Zustand.

Die Oszillatoreigenzustände nehmen eine besonders einfache Form in der Basis der *kohärenten Zustände* an, welche sich durch eine Reihe von sehr vorteilhaften Eigenschaften, wie z. B. minimale Unschärfe, auszeichnen, siehe Abschnitt 12.11. Wir werden jetzt analoge kohärente Zustände für Bose- und Fermi-Systeme kennenlernen, die sich ebenfalls sehr vorteilhaft für die Beschreibung dieser Systeme benutzen lassen. Für Bose-Systeme sind diese Zustände die direkte Verallgemeinerung der kohärenten Zustände des harmonischen Oszillators auf mehrere (d. h. i. A. unendlich viele) Freiheitsgrade. Mit jedem Freiheitsgrad, d. h. mit jedem Einteilchenzustand $|k\rangle = a_k^T|0\rangle$, ist ein komplexer Parameter (klassische Variable) ζ_k verknüpft, von denen die kohärenten Bose-Zustände wie beim Oszillator abhängen. Die kohärenten Fermi-Zustände ergeben sich aus den Bose-Zuständen, wenn die komplexen Parameter durch antikommutierende *Graßmann-Variablen* ersetzt werden. Diese sind Objekte, die ähnliche algebraische Eigenschaften wie komplexe Zahlen besitzen, jedoch nicht kommutieren, sondern antikommutieren, d. h. die Vertauschung zweier Graßmann-Variablen führt zum Vorzeichenwechsel. Diese Eigenschaft ist erforderlich, um die Antisymmetrie der Wellenfunktion von Fermi-Systemen zu gewährleisten. Mittels der komplexen bzw. Graßmann-Variablen lässt sich eine analytische Formulierung der Zweiten Quantisierung geben, die eine Alternative zur üblichen algebraischen Formulierung mittels Feldoperatoren darstellt und in diesem Kapitel entwickelt wird. Unter Benutzung der kohärenten Zustände wird im Kap. 33 die Funktionalintegralbeschreibung von Bose- und Fermi-Systemen abgeleitet, aus der sich unmittelbar die Funktionalintegralformulierung der Quantenfeldtheorie ergibt. Für eine Funktionalintegralbeschreibung von Fermi-Systemen ist die Benutzung der kohärenten Zustände unumgänglich.

32.1 Bose-Systeme

32.1.1 Kohärente Bose-Zustände

Die beim harmonischen Oszillator definierten kohärenten Zustände können wir unmittelbar für ein Ensemble von harmonischen Oszillatoren, d. h. für ein Bose-System, verallgemeinern. In Analogie zum harmonischen Oszillator definieren wir die kohärenten Bose-Zustände $|\zeta\rangle$ als Eigenfunktionen der Vernichtungsoperatoren a_k:

https://doi.org/10.1515/9783111625126-004

$$\boxed{a_k|\zeta\rangle = \zeta_k|\zeta\rangle\,,} \tag{32.1}$$

wobei die ζ_k komplexe Zahlen sind. Der einzige Unterschied zum harmonischen Oszillator besteht darin, dass die Vernichtungsoperatoren a_k jetzt einen zusätzlichen Index k tragen, der die Quantenzahlen der Einteilchenzustände des Bose-Systems charakterisiert. Die in Abschnitt 12.11 gegebene Ableitung der kohärenten Zustände des harmonischen Oszillators können wir Schritt für Schritt für Bose-Systeme (Ensemble von Oszillatoren) wiederholen: Die Gesamtheit der Bosonen in ein und demselben Einteilchenzustand $|k\rangle$ ist äquivalent zu einem harmonischen Oszillator. Entsprechend ist ihr kohärenter Zustand durch den des Oszillators gegeben:

$$|\zeta_k\rangle_k = e^{a_k^\dagger \zeta_k}|0\rangle_k\,.$$

Der Einfachheit halber haben wir hier die unnormierten kohärenten Zustände (12.91) benutzt. Den kohärenten Zustand für ein System von Bosonen, die sich in mehreren Einteilchenzuständen $|k\rangle$ aufhalten können, erhalten wir, indem wir das *direkte Produkt* der kohärenten Zustände $|\zeta_k\rangle_k$ von sämtlichen Einteilchenzuständen $|k\rangle$ nehmen:

$$|\zeta\rangle = \prod_k |\zeta_k\rangle_k = \prod_k e^{a_k^\dagger \zeta_k}|0\rangle_k = \prod_k e^{a_k^\dagger \zeta_k}|0\rangle\,,$$

wobei

$$|0\rangle = \prod_k |0\rangle_k$$

das Fock-Vakuum des gesamten Bose-Systems ist. Wegen $[a_k^\dagger, a_l^\dagger] = 0$ gilt auch die alternative Darstellung:

$$\boxed{|\zeta\rangle = \exp\Big(\sum_k a_k^\dagger \zeta_k\Big)|0\rangle\,.} \tag{32.2}$$

Der zu $|\zeta\rangle$ adjungierte Zustand

$$\boxed{\langle\zeta| = \langle 0|\exp\Big(\sum_k \zeta_k^* a_k\Big)} \tag{32.3}$$

genügt der zur Definitionsgleichung (32.1) dualen Relation

$$\boxed{\langle\zeta|a_k^\dagger = \langle\zeta|\zeta_k^*\,.} \tag{32.4}$$

Aus der expliziten Form der kohärenten Zustände (32.2) und (32.3) folgen unmittelbar die Beziehungen

$$\boxed{a_k^\dagger|\zeta\rangle = \frac{\partial}{\partial\zeta_k}|\zeta\rangle\,, \quad \langle\zeta|a_k = \frac{\partial}{\partial\zeta_k^*}\langle\zeta|\,.} \tag{32.5}$$

Genau wie beim harmonischen Oszillator bilden die kohärenten Zustände eine (über-) vollständige Basis mit dem Skalarprodukt

$$\boxed{\langle\zeta|y\rangle = \exp\Big(\sum_k \zeta_k^* y_k\Big)}$$

und gestatten eine Darstellung des Einheitsoperators des Fock-Raumes

$$\boxed{\hat{1} = \int \prod_k \frac{d\zeta_k^*\, d\zeta_k}{2\pi i}\ \exp\Big(-\sum_k \zeta_k^*\zeta_k\Big)|\zeta\rangle\langle\zeta|\,.} \tag{32.6}$$

Zur Abkürzung der Notation definieren wir für die Integration über komplexe Variablen ζ, ζ^* das Integrationsmaß

$$\begin{aligned} d(\zeta^*,\zeta) &:= \frac{d\zeta^*\,d\zeta}{2\pi i}\,, \\ d\mu(\zeta) &:= \Big(\prod_k d(\zeta_k^*,\zeta_k)\Big)\ \exp\Big(-\sum_k \zeta_k^*\zeta_k\Big) = \prod_k \big(d(\zeta_k^*,\zeta_k)\, e^{-\zeta_k^*\zeta_k}\big), \end{aligned} \tag{32.7}$$

womit sich die Vollständigkeitsrelation (32.6) auf

$$\hat{1} = \int d\mu(\zeta)\, |\zeta\rangle\langle\zeta| \tag{32.8}$$

reduziert. Mithilfe dieser Relation können wir sämtliche Zustände und Operatoren des Fock-Raumes von Bose-Systemen in der Basis der kohärenten Zustände ausdrücken.

Multiplizieren wir den Erzeugungs- bzw. Vernichtungsoperator von links bzw. rechts mit dem Einheitsoperator (32.8) und benutzen die Eigenwertgleichungen (32.1) und (32.4), so finden wir die *Spektraldarstellung* dieser Operatoren:

$$a_k = \int d\mu(\zeta)\, |\zeta\rangle\zeta_k\,\langle\zeta|\,, \quad a_k^\dagger = \int d\mu(\zeta)\, |\zeta\rangle\zeta_k^*\,\langle\zeta|\,. \tag{32.9}$$

Hierin treten die komplexen Variablen ζ_k bzw. ζ_k^* als Eigenwerte von a_k bzw. $a_k^\dagger$ auf. Die Beziehungen (32.9) sind eine direkte Verallgemeinerung der Spektraldarstellung (12.99) der Bose-Operatoren des harmonischen Oszillators.

32.1.2 Darstellung des Fock-Raumes

Für einen Zustand $|\psi\rangle$ finden wir nach Multiplikation mit dem Einheitsoperator (32.8):

$$|\psi\rangle = \int d\mu(\zeta)\, |\zeta\rangle\langle\zeta|\psi\rangle\,,$$

wobei nach der üblichen *bracket*-Notation $\langle\zeta|\psi\rangle$ die Darstellung von $|\psi\rangle$ in der Basis der kohärenten Zustände bezeichnet. Aus Gl. (32.3) ist jedoch ersichtlich, dass die Funktion $\langle\zeta|\psi\rangle$ nicht von ζ selbst, sondern allein von ζ^* abhängt. Dies mag als Folge einer ungeschickten Notation in der Definition der kohärenten Zustände (32.1) erscheinen, die wir jedoch gern in Kauf nehmen, damit der Eigenwert von a durch ζ und nicht ζ^* gegeben ist. Tatsächlich sollten wir jedoch erwarten, dass $\langle\zeta|\psi\rangle = \langle\psi|\zeta\rangle^*$ von ζ^* statt ζ abhängt. Gewöhnlich tritt dieser Sachverhalt nicht zu Tage, da man üblicherweise als Basis die Eigenzustände von hermiteschen Operatoren benutzt und ihre reellen Eigenwerte zur Bezeichnung der Basiszustände verwendet; z. B. ist die Ortsdarstellung $\langle x|\psi\rangle \equiv \psi(x)$ durch die reellen Eigenwerte x des Ortsoperators $\hat{x}$ charakterisiert.

Ein beliebiger Zustand $|\psi\rangle$ des Fock-Raumes lässt sich in der Form

$$|\psi\rangle = \psi(a^\dagger)|0\rangle$$

darstellen, wobei $\psi(a^\dagger)$ eine bestimmte Funktion der Erzeugungsoperatoren ist. In der üblichen *bracket*-Notation finden wir dann für die Darstellung dieses Zustandes in der Basis der kohärenten Zustände wegen (32.4)

$$\langle\zeta|\psi\rangle = \langle\zeta|\psi(a^\dagger)|0\rangle = \psi(\zeta^*)\langle\zeta|0\rangle\,.$$

Da $a_k|0\rangle = o$ folgt

$$\langle\zeta|0\rangle = \langle 0|\exp\Big(\sum_k \zeta_k^* a_k\Big)|0\rangle = \langle 0|0\rangle = 1$$

und somit die Beziehung

$$\boxed{\langle\zeta|\psi\rangle = \psi(\zeta^*)\,.} \tag{32.10}$$

Wie bereits oben bemerkt, steht im Argument der Funktion ψ hier die komplex konjugierte Variable ζ^* statt ζ. Bilden wir das komplex Konjugierte von Gl. (32.10), so erhalten wir

$$\boxed{\langle\psi|\zeta\rangle = \left(\psi(\zeta^*)\right)^* =: \bar{\psi}(\zeta)\,.} \tag{32.11}$$

Die hier definierte Operation $\bar{\psi}$ bezeichnet das komplex konjugierte der Funktion ψ, wobei jedoch das Argument der Funktion von der komplexen Konjugation ausgeschlossen wird; $\bar{\psi}(\zeta)$ hängt somit von ζ statt ζ^* ab. Um den Unterschied zum gewöhnlich komplex konjugierten „$*$“ zu verdeutlichen, betrachten wir eine beliebige Funktion $\psi(\zeta)$ der komplexen Variablen ζ, die wir in eine Taylorreihe entwickeln können

$$\psi(\zeta) = c_0 + c_1\zeta + \ldots, \qquad c_0, c_1 \in \mathbb{C}.$$

Während die gewöhnliche komplexe Konjugation

$$\psi^*(\zeta) := (\psi(\zeta))^* = c_0^* + c_1^*\zeta^* + \ldots$$

liefert, ist die Operation „–“ durch

$$\bar{\psi}(\zeta) = c_0^* + c_1^*\zeta + \ldots \tag{32.12}$$

definiert. Vergleich dieser beiden Operationen zeigt den Zusammenhang

$$\psi^*(\zeta) = \bar{\psi}(\zeta^*).$$

Für die in Abschnitt 30.5 eingeführten Basiszustände (30.30) der Bose-Systeme in der Besetzungszahldarstellung

$$|n_1, n_2, \ldots\rangle = \frac{1}{\sqrt{n_1! n_2! \ldots}} (a_1^\dagger)^{n_1} (a_2^\dagger)^{n_2} \ldots |0\rangle$$

erhalten wir dann in der Basis der kohärenten Zustände unter Benutzung von Gl. (32.4):

$$\boxed{\langle\zeta|n_1, n_2, \ldots\rangle = \frac{1}{\sqrt{n_1! n_2! \ldots}} (\zeta_1^*)^{n_1} (\zeta_2^*)^{n_2} \ldots .} \tag{32.13}$$

Das Skalarprodukt von zwei Zuständen des Fock-Raumes ergibt sich mit (32.8) in der Basis der kohärenten Zustände zu

$$\langle\phi|\psi\rangle = \int d\mu(\zeta) \bar{\phi}(\zeta) \psi(\zeta^*), \tag{32.14}$$

wobei das Integrationsmaß $d\mu(\zeta)$ in (32.7) definiert ist.

Schließlich wollen wir die Darstellung von Operatoren in der Zweiten Quantisierung $\mathsf{O}(a^\dagger, a)$ in der Basis der kohärenten Zustände angeben. Dazu multiplizieren wir den gegebenen Operator von rechts und links mit der Vollständigkeitsrelation (32.8):

$$\begin{aligned} \mathsf{O}(a^\dagger, a) &= \hat{1}\mathsf{O}(a^\dagger, a)\hat{1} \\ &= \int d\mu(\zeta) \int d\mu(\gamma)\, |\zeta\rangle\langle\zeta|\mathsf{O}(a^\dagger, a)|\gamma\rangle\langle\gamma| . \end{aligned}$$

Zur Berechnung der Matrixelemente des Operators $\mathsf{O}(a^\dagger, a)$ in den kohärenten Zuständen setzen wir der Einfachheit halber voraus, dass der Operator $\mathsf{O}(a^\dagger, a)$ *normalgeordnet* ist, d. h. die Erzeugungsoperatoren $a^\dagger$ stehen links von den Vernichtungsoperatoren a. Dies ist keine Einschränkung der Allgemeinheit, da wir unter Benutzung der Kommutationsbeziehungen der Feldoperatoren einen beliebigen Operator stets in eine Summe von normalgeordneten Operatoren zerlegen können (siehe Wick'sches Theorem, Abschnitt 30.7.4). Mit Gl. (32.1) und (32.4) erhalten wir unmittelbar:

$$\langle\zeta| : \mathsf{O}(a^\dagger, a) : |\gamma\rangle = \mathsf{O}(\zeta^*, \gamma)\langle\zeta|\gamma\rangle\,, \tag{32.15}$$

wobei die Größe $\mathsf{O}(\zeta^*, \gamma)$ aus dem Operator $\mathsf{O}(a^\dagger, a)$ durch die Ersetzung

$$a_k^\dagger \to \zeta_k^*\,, \quad a_k \to \gamma_k\,.$$

hervorgeht. Unter Benutzung von Gln. (32.4) und (32.5) erhalten wir für einen *beliebigen*, *nicht notwendigerweise normalgeordneten* Operator

$$\langle\zeta|\mathsf{O}(a^\dagger, a) = \mathsf{O}\left(\zeta^*, \frac{\partial}{\partial\zeta^*}\right)\langle\zeta|$$

und hieraus mit (32.10) für einen beliebigen Zustand $|\psi\rangle$

$$\boxed{\langle\zeta|\mathsf{O}(a^\dagger, a)|\psi\rangle = \mathsf{O}\left(\zeta^*, \frac{\partial}{\partial\zeta^*}\right)\psi(\zeta^*)\,.} \tag{32.16}$$

Damit ist es uns gelungen, Bose-Systeme vollständig in der Basis der kohärenten Zustände zu beschreiben.

32.2 Fermi-Systeme

32.2.1 Der fermionische Oszillator

Wir betrachten zunächst das fermionische Analogon des eindimensionalen harmonischen Oszillators. Dies ist offenbar ein Fermi-System, in welchem die Fermionen nur in einem einzigen Einteilchenzustand existieren können. Da die Fermionen dem Pauli-Prinzip unterliegen, kann der Einteilchenzustand maximal mit einem einzigen Fermion besetzt werden. Folglich besteht dieses System nur aus zwei Zuständen: dem Vakuum $|0\rangle$, in welchem der Einteilchenzustand unbesetzt ist und dem Einfermionenzustand $|1\rangle$, in welchem der Einteilchenzustand einfach besetzt ist. Die einfachste Realisierung eines solchen Systems ist durch einen Spin $s = 1/2$ gegeben, ein Teilchen mit Spin 1/2, dessen Ortsbewegung eingefroren wurde. Dieses System ist das fermionische Analogon eines harmonischen Oszillators, der ebenfalls nur Schwingungsquanten (Phononen) einer einzigen Sorte (Frequenz) besitzt, die jedoch aufgrund der Bose-Statistik in beliebiger Teilchenzahl vorliegen können.

Der Spin 1/2 besitzt zwei Quantenzustände, die einer parallelen oder antiparallelen Einstellung des Spins zur Quantisierungsachse entsprechen, $|\uparrow\rangle$ und $|\downarrow\rangle$. Ohne Beschränkung der Allgemeinheit können wir den Zustand $|\downarrow\rangle$ mit dem fermionischen Vakuum $|0\rangle$ identifizieren. Der Zustand $|\uparrow\rangle$ repräsentiert dann den Einfermionenzustand $|1\rangle$.

Wir können diese Zustände wieder durch Fermi-Erzeugungs- und Vernichtungsoperatoren $a^\dagger, a$ generieren, die den üblichen Antivertauschungsrelationen

$$\{a, a\} = \hat{0} = \{a^\dagger, a^\dagger\}, \quad \{a, a^\dagger\} = \hat{1}$$

genügen. Im vorliegenden Fall ist kein Einteilchen-Index erforderlich, da nur ein einziger Einteilchenzustand existiert. Mittels dieser Operatoren sind die Zustände durch

$$a|0\rangle = o, \quad |1\rangle = a^\dagger|0\rangle$$

definiert. Unter Ausnutzung der Antivertauschungsrelationen folgt:

$$a|1\rangle = |0\rangle, \quad a^\dagger|1\rangle = a^\dagger a^\dagger|0\rangle = o.$$

Die letzte Gleichung drückt das Pauli-Prinzip aus. Den Hamilton-Operator des fermionischen Oszillators wählen wir in der Form

$$h = \epsilon a^\dagger a. \tag{32.17}$$

Nach den obigen Beziehungen gilt dann

$$h|0\rangle = o, \quad h|1\rangle = \epsilon|1\rangle.$$

Folglich ist ϵ die Einteilchenenergie, während im Vakuum $|0\rangle$ die Energie verschwindet.

32.2.2 Kohärente Fermi-Zustände und Graßmann-Variablen

Beim harmonischen Oszillator hatten wir *kohärente Zustände* definiert, die Eigenfunktionen des Vernichtungsoperators waren. Die Eigenwerte der Bose-Vernichtungsoperatoren waren durch die komplexen Zahlen gegeben. In Analogie hierzu definieren wir im Folgenden *kohärente Fermi-Zustände* als Eigenfunktionen der Fermi-Vernichtungsoperatoren. Aufgrund der Antikommutationsbeziehungen der Fermi-Operatoren können die zugehörigen Eigenwerte nicht durch gewöhnliche komplexe Zahlen gegeben sein. Bei der Einführung dieser Zustände werden wir uns zunächst auf das einfachste Fermi-System, den fermionischen Oszillator, beschränken. Dieser besteht aus einem einzigen Einteilchenzustand, der entweder besetzt oder unbesetzt sein kann. Demzufolge besitzt der fermionische Oszillator nur die beiden Zustände $|0\rangle$ und $|1\rangle$.

Wir definieren die kohärenten Fermi-Zustände $|\zeta\rangle$ analog zu denen der Bose-Systeme als Eigenfunktionen des Vernichtungsoperators:

$$\boxed{a|\zeta\rangle = \zeta|\zeta\rangle\,.} \tag{32.18}$$

Durch hermitesche Konjugation folgt hieraus:

$$\boxed{\langle\zeta|a^\dagger = \langle\zeta|\zeta^*\,.} \tag{32.19}$$

Wegen $aa = \hat{0}$ muss gelten:

$$o = aa|\zeta\rangle = a\zeta|\zeta\rangle = a|\zeta\rangle\zeta = \zeta^2|\zeta\rangle\,.$$

Die Objekte ζ können deshalb keine von null verschiedenen Zahlen sein, sondern sind *nilpotente* Objekte, deren Quadrat verschwindet:

$$\zeta^2 = 0\,, \quad (\zeta^*)^2 = 0\,. \tag{32.20}$$

Diese Bedingungen lassen sich nicht im Körper der komplexen Zahlen erfüllen, wohl aber im Körper der sogenannten *Graßmann-Variablen*, welche die fermionischen Analoga der komplexen Zahlen sind. Diese sind durch die folgende *Graßmann-Algebra* definiert:[1]

$$\boxed{\{\zeta,\zeta\} = 0\,, \quad \{\zeta^*,\zeta^*\} = 0\,, \quad \{\zeta,\zeta^*\} = 0\,.} \tag{32.21}$$

Sie besitzt eine ähnliche Struktur wie die Algebra der Fermi-Operatoren, unterscheidet sich jedoch von der Letzteren dadurch, dass der Antikommutator von ζ mit ζ^* verschwindet. Die Operation „$*$“ ist das Gegenstück zu der komplexen Konjugation der gewöhnlichen komplexen Zahlen und wird als *Involution* bezeichnet, da

$$(\zeta^*)^* = \zeta\,.$$

Diese Operation ordnet jedem Element ζ ein Element ζ^* zu und ist ähnlich definiert wie das Adjungieren von Operatoren. Wie Letztere verändert die Involution die Reihenfolge der Objekte: Sind ζ, γ zwei Graßmann-Variablen derselben Algebra, so folgt für ihr Produkt unter der Involution:

1 Streng genommen ist die „0“ auf der rechten Seite der Gln. (32.20), (32.21) nicht die gewöhnliche Null, sondern das Nullelement in der Algebra der Graßmann-Variablen (vergleiche hierzu das Nullelement im Körper der komplexen Zahlen). Wir werden jedoch für die verschiedenen Nullelemente dasselbe Symbol benutzen.

$$(\zeta\gamma)^* = \gamma^*\zeta^* .$$

Um komplexe Zahlen und Graßmann-Variablen gemeinsam behandeln zu können, vereinbaren wir, dass die Operation „$*$“ die Involution für Graßmann-Variablen η, γ und die gewöhnliche komplexe Konjugation für komplexe Zahlen z, u bedeutet:

$$(zu\eta\gamma)^* = \gamma^*\eta^*u^*z^* .$$

Diese Konvention ist besonders zweckmäßig für den Umgang mit Funktionen von Graßmann-Variablen $f(\zeta^*,\zeta)$. Jede Funktion der Graßmann-Variablen $f(\zeta^*,\zeta)$ besitzt eine endliche Taylor-Entwicklung:

$$f(\zeta^*,\zeta) = f_0 + f_1\zeta + f_2\zeta^* + f_{12}\zeta^*\zeta , \tag{32.22}$$

wobei die f_0, f_1, f_2, f_{12} gewöhnliche komplexe Zahlen sind, die mit den Graßmann-Zahlen kommutieren. Wegen der Antikommutationsbeziehungen $(\zeta^*)^2 = \zeta^2 = 0$ können keine höheren Potenzen der Graßmann-Variablen in der Taylor-Entwicklung auftreten. Neben der Graßmann-Algebra (32.21) fordert man von den Graßmann-Variablen, dass sie mit den Fermi-Operatoren a, $a^\dagger$ *antikommutieren*[2]

$$\boxed{\{a,\zeta\} = \{a^\dagger,\zeta\} = \{a,\zeta^*\} = \{a^\dagger,\zeta^*\} = \hat{0} ,}$$

und dass ferner

$$\boxed{(a\zeta)^\dagger = \zeta^* a^\dagger .}$$

Unter Berücksichtigung der Eigenschaften der Fermi-Operatoren und Graßmann-Variablen lassen sich die in den Beziehungen (32.18), (32.19) eingeführten kohärenten Fermi-Zustände explizit darstellen als:

$$\boxed{\begin{aligned} |\zeta\rangle &= e^{a^\dagger\zeta}|0\rangle = |0\rangle + a^\dagger\zeta|0\rangle , \\ \langle\zeta| &= \langle 0|e^{\zeta^* a} = \langle 0| + \langle 0|\zeta^* a . \end{aligned}} \tag{32.23}$$

Zur Illustration zeigen wir, dass diese Darstellung in der Tat die Beziehung (32.18) erfüllt:

$$\begin{aligned} a|\zeta\rangle &= ae^{a^\dagger\zeta}|0\rangle = a(|0\rangle + a^\dagger\zeta|0\rangle) \\ &= aa^\dagger\zeta|0\rangle = \zeta(\hat{1} - a^\dagger a)|0\rangle \end{aligned}$$

2 Man könnte auch fordern, dass die Graßmann-Variablen mit den Fermi-Operatoren *kommutieren*. Dies würde auch eine konsistente (wenngleich auch weniger bequeme) Beschreibung der Fermi-Systeme mittels kohärenter Zustände erlauben.

$$
\begin{aligned}
&= \zeta|0\rangle = \zeta|0\rangle - \zeta^2 a^\dagger|0\rangle = \zeta(|0\rangle + a^\dagger\zeta|0\rangle) \\
&= \zeta|\zeta\rangle ,
\end{aligned}
$$

wobei wir $\zeta^2 = 0$ benutzt haben. Analog zeigt man mit (32.23) die Beziehungen

$$
\langle 0|\zeta\rangle = 1 , \quad \langle 1|\zeta\rangle \equiv \langle 0|a|\zeta\rangle = \zeta . \tag{32.24}
$$

Die so definierten kohärenten Fermi-Zustände spannen keinen gewöhnlichen Fock-Raum, sondern einen erweiterten Raum auf, der die Multiplikation des Vektors (Zustandes) mit einer Graßmann-Variablen einschließt, d. h. dieser erweiterte Fock-Raum wird nicht über dem Körper der komplexen Zahlen (wie der gewöhnliche Fock-Raum) sondern über der Algebra der Graßmann-Variablen definiert, siehe Abschnitt 32.2.4.

Wie die kohärenten Zustände des harmonischen Oszillators sind auch die fermionischen kohärenten Zustände zu verschiedenem „Argument" nicht orthogonal:

$$
\boxed{\langle \zeta|\gamma\rangle = 1 + \zeta^*\gamma = e^{\zeta^*\gamma} ,} \tag{32.25}
$$

wie man unmittelbar unter Benutzung von Gl. (32.23) zeigt. Sie bilden jedoch ebenfalls eine vollständige Basis, wie wir im nächsten Abschnitt sehen werden.

32.2.3 Differentiation und Integration für Graßmann-Variablen

Für die Graßmann-Variablen lässt sich ähnlich wie für die komplexen Zahlen die Operation der Differentiation und Integration definieren. Die Differentiation $\partial/\partial\zeta$ bzw. $\partial/\partial\zeta^*$ ist durch

$$
\boxed{\begin{aligned}
\frac{\partial}{\partial\zeta}1 &= 0 , & \frac{\partial}{\partial\zeta^*}1 &= 0 , \\
\frac{\partial}{\partial\zeta}\zeta &= 1 , & \frac{\partial}{\partial\zeta^*}\zeta^* &= 1 , \\
\frac{\partial}{\partial\zeta}\zeta^* &= 0 , & \frac{\partial}{\partial\zeta^*}\zeta &= 0
\end{aligned}} \tag{32.26}
$$

definiert. Ferner gelten die Antivertauschungsregeln mit den Graßmann-Variablen:

$$
\boxed{\begin{aligned}
\left\{\frac{\partial}{\partial\zeta}, \zeta\right\} &= 1 , & \left\{\frac{\partial}{\partial\zeta^*}, \zeta^*\right\} &= 1 , \\
\left\{\frac{\partial}{\partial\zeta}, \zeta^*\right\} &= 0 , & \left\{\frac{\partial}{\partial\zeta^*}, \zeta\right\} &= 0 .
\end{aligned}} \tag{32.27}
$$

Bei den ersten beiden Beziehungen ist zu beachten, dass diese streng genommen stets auf Testfunktionen $f = f(\zeta^*, \zeta)$ wirken, sodass nach der Produktregel der Differentiation

$$\frac{\partial}{\partial\zeta}\zeta f = \frac{\partial}{\partial\zeta}\underline{\zeta} f + \frac{\partial}{\partial\zeta}\zeta \underline{f} = f - \zeta\frac{\partial}{\partial\zeta}f$$

gilt. Hierbei wirkt der Ableitungsoperator stets nur auf das unterstrichene Objekt „_", d. h. im ersten Summanden lediglich auf ζ und im zweiten lediglich auf f. Damit erhalten wir:

$$\left\{\frac{\partial}{\partial\zeta}, \zeta\right\} f = f \,.$$

und somit die erste der Beziehungen (32.27). Die übrigen Beziehungen lassen sich ähnlich unter Benutzung der Definitionen (32.26) beweisen. Ferner fordert man, dass die Ableitungen nach den Graßmann-Variablen mit den komplexen Zahlen kommutieren. Damit gilt die Produktregel

$$\boxed{\frac{\partial}{\partial\zeta}(f(\zeta)g(\zeta)) = \left(\frac{\partial f(\zeta)}{\partial\zeta}\right)g(\zeta) + f(-\zeta)\frac{\partial g(\zeta)}{\partial\zeta}}$$

für beliebige Funktionen $f(\zeta)$ und $g(\zeta)$ der Graßmann-Variablen. Diese unterscheidet sich von der gewöhnlichen Produktregel für die Ableitung von Funktionen von komplexen Variablen durch das negative Vorzeichen im zweiten Term. Das Minuszeichen ist notwendig, da die Funktion $f(\zeta)$ auch ungerade Potenzen von Graßmann-Variablen enthalten kann.

Die *Integration über Graßmann-Variablen* ist formal durch

$$\boxed{\begin{aligned} &\int d\zeta\, 1 = 0\,, && \int d\zeta^*\, 1 = 0\,, \\ &\int d\zeta\, \zeta = 1\,, && \int d\zeta^*\, \zeta^* = 1\,, \\ &\int d\zeta\, \zeta^* = 0\,, && \int d\zeta^*\, \zeta = 0 \end{aligned}} \tag{32.28}$$

definiert.[3]

3 Mit dieser Definition der Integration lassen sich auch die „Differentiale" $d\zeta, d\zeta^*$ formal wie Graßmann-Variablen behandeln, die den Antivertauschungsrelationen

$$\{d\zeta, d\zeta\} = \left\{d\zeta^*, d\zeta^*\right\} = \left\{d\zeta, d\zeta^*\right\} = 0\,,$$
$$\{d\zeta, \zeta\} = \left\{d\zeta^*, \zeta^*\right\} = \left\{d\zeta^*, \zeta\right\} = \left\{d\zeta, \zeta^*\right\} = 0$$

genügen. Diese Beziehungen müssen jedoch nicht gefordert werden, sondern folgen aus Gln. (32.21) und (32.28).

Diese Regeln ergeben sich zwangsläufig, wenn man fordert, dass die Integration ein komplexwertiges, lineares Funktional auf der Graßmann-Algebra bildet, für das der Hauptsatz

$$\int d\zeta \frac{\partial}{\partial \zeta} f(\zeta) = 0$$

gilt. Mit $f(\zeta) = \zeta$ folgt die erste Regel in (32.28) und das einzige nichtverschwindene Integral $\int d\zeta\zeta = \int d\zeta^* \zeta^*$ wird auf 1 normiert.

Das so definierte Integral über Graßmann-Variablen kann aber nicht als Grenzwert einer Summe (wie beim Riemann-Integral) aufgefasst werden. Diese Integration ist auch nicht das Inverse der Differentiation. So folgt unter Benutzung der Taylor-Entwicklung (32.22):

$$\int d\zeta\, f(\zeta^*, \zeta) = f_1 - f_{12}\zeta^* = \frac{\partial}{\partial \zeta} f(\zeta^*, \zeta),$$
$$\int d\zeta^*\, f(\zeta^*, \zeta) = f_2 + f_{12}\zeta = \frac{\partial}{\partial \zeta^*} f(\zeta^*, \zeta),$$
$$\int d\zeta\, d\zeta^*\, f(\zeta^*, \zeta) = f_{12} = \frac{\partial}{\partial \zeta} \frac{\partial}{\partial \zeta^*} f(\zeta^*, \zeta),$$

d. h. die Integration über eine Graßmann-Variable ist de facto äquivalent zu einer Differentiation. Dies ist auch der Grund, weshalb bei einer Variablentransformation

$$\zeta \to \gamma = z\zeta\,, \quad \zeta^* \to \gamma^* = z^* \zeta^* \tag{32.29}$$

mit $z \in \mathbb{C}$ sich die Differentiale invers zu den Graßmann-Variablen transformieren

$$d\gamma = \frac{1}{z} d\zeta\,, \quad d\gamma^* = \frac{1}{z^*} d\zeta^*\,, \tag{32.30}$$

was unmittelbar aus der zweiten Gleichung von (32.28) folgt:

$$1 = \int d\gamma\, \gamma = \int d(z\zeta)\,(z\zeta) = z \int d(z\zeta)\,\zeta\,. \tag{32.31}$$

Da $\int d\zeta\, \zeta = 1$, muß gelten:

$$\boxed{d(z\zeta) = \frac{1}{z} \int d\zeta\,, \quad z \in \mathbb{C}\,.} \tag{32.32}$$

Aus den Integrationsregeln (32.28) ergeben sich unmittelbar die Integrale

$$\int d\zeta\, e^{z\zeta} = z\,, \quad \int d\zeta\, e^{-z\zeta^* \zeta} = z\zeta^*\,.$$

Integration der letzten beiden Beziehungen über ζ^* liefert:

$$\int d\zeta^* \, d\zeta \, e^{z\zeta} = 0\,, \quad \int d\zeta^* \, d\zeta \, e^{-z\zeta^*\zeta} = z\,. \tag{32.33}$$

Mit den oben angegebenen Regeln und der expliziten Darstellung (32.23) der kohärenten Zustände zeigt man leicht, dass folgende Beziehungen gelten:

$$a^\dagger|\zeta\rangle = -\frac{\partial}{\partial\zeta}|\zeta\rangle = -\frac{\partial}{\partial\zeta}(1 + a^\dagger\zeta)|0\rangle = a^\dagger|0\rangle = |1\rangle\,, \tag{32.34}$$

$$\langle\zeta|a = \langle\zeta|\left(-\frac{\overleftarrow{\partial}}{\partial\zeta^*}\right) = \frac{\partial}{\partial\zeta^*}\langle\zeta| = \langle 0|\frac{\partial}{\partial\zeta^*}(1 + \zeta^* a) = \langle 0|a = \langle 1|\,, \tag{32.35}$$

wobei der Pfeil „$\leftarrow$“ die Wirkung des Ableitungsoperators nach links angibt.

Die kohärenten Fermi-Zustände (32.23) erfüllen die Vollständigkeitsrelation

$$\boxed{\int d\mu(\zeta)\,|\zeta\rangle\langle\zeta| = \hat{1}\,, \quad d\mu(\zeta) = e^{-\zeta^*\zeta}\,d\zeta^*\,d\zeta\,,} \tag{32.36}$$

deren Richtigkeit schnell gezeigt ist:

$$\begin{aligned}\int d\mu(\zeta)\,|\zeta\rangle\langle\zeta| &= \int d\zeta^*\,d\zeta\,(1 - \zeta^*\zeta)(|0\rangle + a^\dagger\zeta|0\rangle)(\langle 0| + \langle 0|\zeta^* a) \\ &= |0\rangle\langle 0| + a^\dagger|0\rangle\langle 0|a = |0\rangle\langle 0| + |1\rangle\langle 1| = \hat{1}\,.\end{aligned}$$

Multiplizieren wir den Erzeugungs- bzw. Vernichtungsoperator von links bzw. rechts mit dem Einheitsoperator (32.36) in der Basis der kohärenten Zustände und benutzen die Eigenwertgleichungen (32.18) und (32.19), so finden wir die *Spektraldarstellung* dieser Operatoren:

$$a = \int d\mu(\zeta)\,|\zeta\rangle\zeta\,\langle\zeta|\,, \quad a^\dagger = \int d\mu(\zeta)\,|\zeta\rangle\zeta^*\,\langle\zeta|\,. \tag{32.37}$$

Hierin treten die Graßmann-Variablen ζ bzw. ζ^* als Eigenwerte von a bzw. $a^\dagger$ auf. Die Beziehungen (32.37) sind analog der Spektraldarstellung (12.99) der Bose-Operatoren des harmonischen Oszillators.

Die Spur des Einheitsoperators (im Fock-Raum) liefert die Zahl der Zustände:

$$\begin{aligned}\mathrm{Sp}\hat{1} &= \mathrm{Sp}(|0\rangle\langle 0| + |1\rangle\langle 1|) \\ &= \mathrm{Sp}(|0\rangle\langle 0|) + \mathrm{Sp}(|1\rangle\langle 1|) \\ &= \langle 0|0\rangle + \langle 1|1\rangle = 1 + 1 = 2\,.\end{aligned}$$

Dasselbe Ergebnis müssen wir natürlich auch durch Spurbildung von Gl. (32.36) erhalten. Dabei ist zu beachten, dass für die kohärenten Fermi-Zustände die folgende Beziehung gilt:

$$\boxed{\mathrm{Sp}(|\zeta\rangle\langle\gamma|) = \langle\gamma|-\zeta\rangle = \langle-\gamma|\zeta\rangle\,,} \tag{32.38}$$

die sich sehr leicht in der Besetzungszahldarstellung:

$$\mathrm{Sp}(|\zeta\rangle\langle\gamma|) = \sum_{n=0,1} \langle n|\zeta\rangle\langle\gamma|n\rangle = \langle 0|\zeta\rangle\langle\gamma|0\rangle + \langle 1|\zeta\rangle\langle\gamma|1\rangle \tag{32.39}$$

beweisen lässt. Unter Benutzung von Gln. (32.24) und (32.25) erhalten wir hieraus:

$$\mathrm{Sp}(|\zeta\rangle\langle\gamma|) = 1 + \zeta\gamma^* = 1 - \gamma^*\zeta = \langle -\gamma|\zeta\rangle = \langle\gamma|-\zeta\rangle\,.$$

Analog zu den komplexen Zahlen definieren wir die *δ-Funktion* für Graßmann-Variablen durch

$$\boxed{\int d\zeta\delta(\zeta,\gamma)f(\zeta) = f(\gamma)\,,} \tag{32.40}$$

was

$$\int d\zeta\;\delta(\zeta,\gamma) = 1$$

impliziert. Eine Darstellung dieser Funktion ist durch

$$\boxed{\delta(\zeta,\gamma) = \zeta - \gamma =: \delta(\zeta - \gamma)} \tag{32.41}$$

gegeben, wie man leicht durch Einsetzen in die obige Definition (32.40) und Ausnutzung der Integrationsregeln sowie der Taylor-Entwicklung

$$f(\zeta) = f_0 + f_1\zeta$$

überprüft:

$$\begin{aligned}\int d\zeta\delta(\zeta,\gamma)f(\zeta) &= \int d\zeta(\zeta - \gamma)(f_0 + f_1\zeta)\\ &= \int d\zeta(\zeta f_0 - \gamma f_1\zeta)\\ &= f_0 + f_1\gamma = f(\gamma)\,.\end{aligned}$$

Aus der Darstellung (32.41) ergibt sich unmittelbar:

$$\delta^*(\zeta,\gamma) = \delta(\zeta^*,\gamma^*)\,,\quad \delta^*(\zeta) = \delta(\zeta^*)\,.$$

sowie für eine beliebige Funktion $f(\zeta)$ der Graßmann-Variablen:

$$\delta(\gamma,\eta)f(\zeta) = f(-\zeta)\delta(\gamma,\eta)\,.$$

Ferner folgt aus der Darstellung (32.41):

$$\delta(z\zeta) = z\delta(\zeta)\,, \quad z \in \mathbb{C}\,, \tag{32.42}$$

was das Gegenstück zur Gl. (A.11) für die gewöhnliche δ-Funktion einer reellen Variablen ist. Setzen wir hier $z = -1$, so finden wir, dass die δ-Funktion (32.41) einer Graßmann-Variable „ungerade"

$$\delta(-\zeta) = -\delta(\zeta)$$

bzw. „antisymmetrisch" ist

$$\delta(\gamma, \zeta) = -\delta(\zeta, \gamma)\,.$$

Die δ-Funktion besitzt auch eine Art „Fourier-Darstellung":

$$\boxed{\delta(\zeta, \gamma) = \int d\chi^*\, e^{\chi^*(\zeta-\gamma)}\,,} \tag{32.43}$$

die sich leicht durch Taylor-Entwicklung des Exponenten beweisen lässt:

$$\int d\chi^* e^{\chi^*(\zeta-\gamma)} = \int d\chi^*\, [1 + \chi^*(\zeta - \gamma)] = \zeta - \gamma\,.$$

32.2.4 Darstellung des Fock-Raumes

Jeder Zustand im Fock-Raum lässt sich in der Form

$$\boxed{|\phi\rangle = \phi(a^\dagger)|0\rangle} \tag{32.44}$$

darstellen, wobei $\phi(a^\dagger)$ eine beliebige differenzierbare Funktion der Erzeugungsoperatoren ist. Mithilfe der Vollständigkeitsrelation (32.36) lassen sich die Zustände des Fock-Raumes als Linearkombination der kohärenten Zustände schreiben:

$$|\phi\rangle = \hat{1}|\phi\rangle = \int d\mu(\zeta)\, |\zeta\rangle\langle\zeta|\phi\rangle\,.$$

Nach der üblichen *bracket*-Notation liefert das Skalarprodukt $\langle\zeta|\phi\rangle$ die Darstellung des Zustandsvektors $|\phi\rangle$ in der Basis der kohärenten Zustände $|\zeta\rangle$. Mit (32.19) erhalten wir aus (32.44) für diese Darstellung:

$$\langle\zeta|\phi\rangle = \langle\zeta|\phi(a^\dagger)|0\rangle = \phi(\zeta^*)\langle\zeta|0\rangle = \phi(\zeta^*)\,,$$

wobei wir im letzten Schritt $\langle\zeta|0\rangle = 1$ (32.24) benutzt haben. Somit gilt:

$$\boxed{\langle\zeta|\phi\rangle = \phi(\zeta^*)\,.} \tag{32.45}$$

Aus (32.44) finden wir für die zugehörigen bra-Vektoren des Fock-Raumes

$$\langle\phi| = \left[\phi(a^\dagger)|0\rangle\right]^\dagger = \langle 0|\bar{\phi}(a)\,, \tag{32.46}$$

wobei die Operation „–" das komplex Konjugierte einer Funktion bezeichnet, ohne dabei das Argument der Funktion mit einzubeziehen. Sie ist in Gln. (32.11), (32.12) definiert. Bilden wir das Skalarprodukt von (32.46) mit dem kohärenten Zustand $|\zeta\rangle$ (32.18), so finden wir

$$\langle\phi|\zeta\rangle = \bar{\phi}(\zeta)\,.$$

Dasselbe Ergebnis finden wir auch aus Gl. (32.45) durch Bildung der Involution „$*$"

$$\langle\phi|\zeta\rangle = \langle\zeta|\phi\rangle^* = \left(\phi(\zeta^*)\right)^* = \bar{\phi}(\zeta)\,.$$

Damit lassen sich die Skalarprodukte beliebiger Zustandsvektoren durch

$$\langle\psi|\phi\rangle = \int d\mu(\zeta)\,\langle\psi|\zeta\rangle\langle\zeta|\phi\rangle = \int d\mu(\zeta)\,\bar{\psi}(\zeta)\phi(\zeta^*)$$

darstellen. Für die Matrixelemente der Erzeugungs- und Vernichtungsoperatoren finden wir:

$$\begin{aligned}\langle\zeta|a|\gamma\rangle &= \gamma\langle\zeta|\gamma\rangle = \partial_{\zeta^*}\langle\zeta|\gamma\rangle\,,\\ \langle\zeta|a^\dagger|\gamma\rangle &= \zeta^*\langle\zeta|\gamma\rangle = \langle\zeta|\gamma\rangle\overleftarrow{\partial}_\gamma\,,\end{aligned}$$

und analog:

$$\begin{aligned}\langle\zeta|a|\phi\rangle &= \partial_{\zeta*}\langle\zeta|\phi\rangle = \partial_{\zeta^*}\phi(\zeta^*)\,,\\ \langle\zeta|a^\dagger|\phi\rangle &= \zeta^*\langle\zeta|\phi\rangle = \zeta^*\phi(\zeta^*)\,.\end{aligned}$$

Die Operatoren a und $a^\dagger$ werden somit in der Basis der kohärenten Zustände durch $\partial_{\zeta^*} = \partial/\partial\zeta^*$ und ζ^* dargestellt.

Wir betrachten einen beliebigen Operator der Erzeugungs- und Vernichtungsoperatoren $\mathrm{O}(a^\dagger, a)$. Durch Taylor-Entwicklung können wir diesen Operator als Summe von Produkten der a und $a^\dagger$ darstellen. Dabei können prinzipiell die a und $a^\dagger$ in beliebiger Reihenfolge auftreten. Wir betrachten einen typischen Term $\ldots a^\dagger a a^\dagger a^\dagger a \ldots$. Unter Benutzung von Gln. (32.19) und (32.35) erhalten wir:

$$\langle\zeta|\ldots a^\dagger a a^\dagger a^\dagger a\ldots = \ldots\zeta^*\frac{\partial}{\partial\zeta^*}\zeta^*\zeta^*\frac{\partial}{\partial\zeta^*}\ldots\langle\zeta|\,.$$

Für einen beliebigen Operator finden wir deshalb:

$$\boxed{\langle\zeta|\mathrm{O}(a^\dagger,a) = \mathrm{O}\left(\zeta^*,\frac{\partial}{\partial\zeta^*}\right)\langle\zeta|\,.} \tag{32.47}$$

Jeder Operator im Fock-Raum ist eine Funktion $\mathrm{O}(a^\dagger,a)$ der Operatoren a und $a^\dagger$ und kann deshalb als eine Funktion $\mathrm{O}(\zeta^*,\partial_{\zeta^*})$ der Graßmann-Variablen dargestellt werden. Aus Gl. (32.47) erhalten wir unmittelbar:

$$\langle\zeta|\mathrm{O}(a^\dagger,a)|\gamma\rangle = \mathrm{O}(\zeta^*,\partial_{\zeta^*})\langle\zeta|\gamma\rangle\,, \tag{32.48}$$

bzw. für beliebige Fock-Zustände $|\phi\rangle$

$$\boxed{\langle\zeta|\mathrm{O}(a^\dagger,a)|\phi\rangle = \mathrm{O}(\zeta^*,\partial_{\zeta^*})\phi(\zeta^*)\,.} \tag{32.49}$$

Umgekehrt definiert jede Funktion von Graßmann-Variablen $\mathrm{O}(\zeta^*,\gamma)$ ein Matrixelement des normalgeordneten Operators $:\mathrm{O}(a^\dagger,a):$ in den kohärenten Zuständen:

$$\boxed{\langle\zeta|:\mathrm{O}(a^\dagger,a):|\gamma\rangle = \mathrm{O}(\zeta^*,\gamma)\langle\zeta|\gamma\rangle\,,} \tag{32.50}$$

wobei unter normalgeordnet wieder zu verstehen ist, dass alle Erzeugungsoperatoren links von den Vernichtungsoperatoren stehen (bei jeder Zweierpermutation ist aber ein Faktor (-1) zu berücksichtigen). Man beachte den Unterschied zwischen Gl. (32.48) und (32.50): Die Matrixelemente des normalgeordneten Produktes $:\mathrm{O}(a^\dagger,a):$ zwischen kohärenten Fermi-Zuständen $\langle\zeta|$ und $|\gamma\rangle$ erhält man unmittelbar unter Benutzung von Gln. (32.18), (32.19) durch Ersetzen von a bzw. $a^\dagger$ durch γ bzw. ζ^*. Das Matrixelement des nicht-normalgeordneten Operators $\mathrm{O}(a^\dagger,a)$ hingegen erhält man durch Ersetzen von a bzw. $a^\dagger$ durch ∂_{ζ^*} bzw. ζ^*, siehe Gl. (32.47). Die Gleichungen (32.48) und (32.49) haben formal dieselbe Gestalt wie die analogen Beziehungen (32.15) und (32.16) für Bose-Systeme.

32.2.5 Verallgemeinerung auf Fermi-Systeme mit mehreren Freiheitsgraden

Die Graßmann-Variablen lassen sich sehr leicht verallgemeinern für Fermi-Systeme, in denen den Fermionen mehrere Einteilchenzuständen zur Verfügung stehen. Für jeden Einteilchenzustand $|k\rangle = a_k^\dagger|0\rangle$ gibt es dann entsprechende Graßmann-Variablen ζ_k, ζ_k^*, die sich im oben angegebenen Sinne als die (rechts- bzw. linksseitigen) Eigenwerte der Fermi-Vernichtungs- bzw. Erzeugungsoperatoren a_k, $a_k^\dagger$ interpretieren lassen.

Im Folgenden betrachten wir ein Fermi-System mit n Einteilchenzuständen. Für reale Systeme haben wir gewöhnlich $n \to \infty$. Die zugehörige Graßmann-Algebra besitzt dann $2n$ verschiedene Elemente ζ_k, ζ_k^*, $k = 1, 2, \ldots, n$, die sämtlich miteinander

$$\boxed{\{\zeta_k,\zeta_l\} = 0\,, \quad \{\zeta_k^*,\zeta_l^*\} = 0\,, \quad \{\zeta_k,\zeta_l^*\} = 0} \tag{32.51}$$

und mit den Fermi-Operatoren

$$\boxed{\{\zeta_k, a_l\} = 0\,, \quad \{\zeta_k, a_l^\dagger\} = 0\,, \quad \text{etc.}}$$

antikommutieren. Die Taylor-Entwicklung einer Funktion dieser Graßmann-Variablen bricht dann erst nach dem n-ten Glied ab, d. h. die Terme der Entwicklung enthalten höchstens n ζ's und ζ^*'s. Ferner gilt wegen der Antivertauschungsrelationen (32.51) die Beziehung

$$\boxed{\zeta_{k_1}\zeta_{k_2}\dots\zeta_{k_n} = \varepsilon_{k_1k_2\dots k_n}\zeta_1\zeta_2\dots\zeta_n\,,} \tag{32.52}$$

wobei $k_i \in \{1, 2, \dots, n\}$ und $\varepsilon_{k_1k_2\dots k_n}$ der total antisymmetrische Tensor in n Dimensionen ist.

Die im vorigen Abschnitt für den Fall eines einzigen Einteilchenzustandes angegebenen Beziehungen lassen sich unmittelbar auf ein Fermi-System mit n Einteilchenzuständen verallgemeinern. So haben wir jetzt für die Differentiation (32.26)

$$\boxed{\frac{\partial}{\partial\zeta_k}\zeta_l = \delta_{kl}\,, \quad \frac{\partial}{\partial\zeta_k^*}\zeta_l^* = \delta_{kl}}$$

und Integration (32.28)

$$\boxed{\int d\zeta_k\zeta_l = \delta_{kl}\,, \quad \int d\zeta_k^*\zeta_l^* = \delta_{kl}\,.}$$

Die zu Gl. (32.27) analogen Beziehungen lauten jetzt

$$\left\{\frac{\partial}{\partial\zeta_k}, \zeta_l\right\}f = \delta_{kl}f\,, \quad \left\{\frac{\partial}{\partial\zeta_k}, \zeta_l^*\right\}f = 0\,,$$
$$\left\{\frac{\partial}{\partial\zeta_k^*}, \zeta_l^*\right\}f = \delta_{kl}f\,, \quad \left\{\frac{\partial}{\partial\zeta_k^*}, \zeta_l\right\}f = 0\,,$$

wobei f eine beliebige Funktion der ζ_k, ζ_k^* ist.

Die kohärenten Zustände (32.23) sind jetzt durch

$$\boxed{|\zeta\rangle = \exp\left(\sum_k a_k^\dagger\zeta_k\right)|0\rangle} \tag{32.53}$$

gegeben, wobei im Exponenten über sämtliche Einteilchenzustände $|k\rangle$ summiert wird. Für die Zustände (32.53) gilt:

$$\boxed{a_k|\zeta\rangle = \zeta_k|\zeta\rangle\,, \quad \langle\zeta|a_k^\dagger = \langle\zeta|\zeta_k^*\,,} \tag{32.54}$$

sowie (vgl. Gln. (32.34), (32.35) und die analogen Beziehungen (32.5) für Bose-Systeme)

$$\boxed{a_k^\dagger|\zeta\rangle = -\frac{\partial}{\partial\zeta_k}|\zeta\rangle\,, \qquad \langle\zeta|a_k = \frac{\partial}{\partial\zeta_k^*}\langle\zeta|\,.}$$

Das Skalarprodukt zweier kohärenter Zustände ist durch

$$\boxed{\langle\zeta|\gamma\rangle = \exp\Big(\sum_k \zeta_k^*\gamma_k\Big)}$$

gegeben, was unmittelbar aus Gln. (32.53) und (32.54) mittels Taylor-Entwicklung folgt

$$\begin{aligned}\langle\zeta|\gamma\rangle &= \langle\zeta|\exp\Big(\sum_k a_k^\dagger\gamma_k\Big)|0\rangle = \langle\zeta|\exp\Big(\sum_k \zeta_k^*\gamma_k\Big)|0\rangle\\ &= \exp\Big(\sum_k \zeta_k^*\gamma_k\Big)\langle\zeta|0\rangle = \exp\Big(\sum_k \zeta_k^*\gamma_k\Big)\langle 0|\exp\Big(\sum_l \zeta_l^* a_l\Big)|0\rangle\\ &= \exp\Big(\sum_k \zeta_k^*\gamma_k\Big)\langle 0|0\rangle = \exp\Big(\sum_k \zeta_k^*\gamma_k\Big),\end{aligned}$$

wobei wir $a_l|0\rangle = o$ benutzt haben. Für $\gamma = \zeta$ ergibt sich hieraus die Norm der kohärenten Zustände:

$$\langle\zeta|\zeta\rangle = \exp\Big(\sum_k \zeta_k^*\zeta_k\Big).$$

Unter Benutzung von Gl. (32.54) erhalten wir für die Basiszustände (30.35) bzw. (30.53) des Fock-Raumes in der Darstellung der kohärenten Zustände

$$\boxed{\langle\zeta|k_1, k_2\cdots, k_N\rangle_N = \zeta_{k_1}^*\zeta_{k_2}^*\cdots\zeta_{k_N}^* = \prod_k(\zeta_k^*)^{n_k} = \langle\zeta|n_1, n_2, \ldots\rangle\,,} \tag{32.55}$$

wobei die Besetzungszahlen auf $n_k = 0, 1$ beschränkt sind. Die Vollständigkeitsrelation hat formal dieselbe Gestalt wie für den fermionischen Oszillator, Gl. (32.36),

$$\boxed{\hat{1} = \int d\mu(\zeta)\,|\zeta\rangle\langle\zeta|\,,} \tag{32.56}$$

jedoch ist das Integrationsmaß jetzt durch

$$\boxed{d\mu(\zeta) = \Big(\prod_k d(\zeta_k^*, \zeta_k)\Big)\,\exp\Big(-\sum_k \zeta_k^*\zeta_k\Big) = \prod_k\big(d(\zeta_k^*, \zeta_k)\,e^{-\zeta_k^*\zeta_k}\big)} \tag{32.57}$$

gegeben. Hierbei haben wir zur Vereinheitlichung der Notation mit dem bosonischen Fall (32.7) für Graßmann-Variablen

$$d(\zeta^*, \zeta) := d\zeta^* d\zeta \tag{32.58}$$

definiert. Die Integrationsmaße $d\mu(\zeta)$ für Bose- und Fermi-Systeme, (32.7) und (32.57), sind dann formal identisch.

Analog zum fermionischen Oszillator (siehe Gl. (32.37)) finden wir aus der Vollständigkeitsrelation (32.56) und den Eigenwertgleichungen (32.54) die Spektraldarstellung der Erzeugungs- und Vernichtungsoperatoren

$$a_k = \int d\mu(\zeta)\, |\zeta\rangle\, \zeta_k\, \langle\zeta|\,, \quad a_k^\dagger = \int d\mu(\zeta)\, |\zeta\rangle\, \zeta_k^*\, \langle\zeta|\,. \tag{32.59}$$

Aus dem Skalarprodukt (30.52) der Basiszustände (30.35):

$$_N\langle k_1, \dots, k_N | l_1, \dots, l_N\rangle_N = \det(\delta_{k_i l_j})\,. \tag{32.60}$$

und der Darstellung dieses Produktes in der Basis der kohärenten Zustände

$$_N\langle k_1, \dots, k_N | l_1, \dots, l_N\rangle_N = \int d\mu(\zeta)\, _N\langle k_1, \dots, k_N|\zeta\rangle\langle\zeta| l_1, \dots, l_N\rangle_N$$

folgt mit Gl. (32.55) die Beziehung

$$\int d\mu(\zeta)\, \zeta_{l_N} \dots \zeta_{l_2}\zeta_{l_1}\zeta_{k_1}^*\zeta_{k_2}^* \dots \zeta_{k_N}^* = \det(\delta(l_i, k_j))\,, \quad i,j = 1,2,\dots,N\,.$$

Man beachte, dass von der Taylor-Entwicklung der Exponentialfunktion im Integrationsmaß (32.57) hier nur der unterste Term (die Eins) beiträgt, sodass auch die Beziehung

$$\int \left(\prod_{i=1}^{N} d\zeta_{k_i}^* d\zeta_{k_i}\right) \zeta_{l_N} \dots \zeta_{l_2}\zeta_{l_1}\zeta_{k_1}^*\zeta_{k_2}^* \dots \zeta_{k_N}^* = \det(\delta(l_i, k_j))\,, \quad i,j = 1,2,\dots,N\,.$$

gilt, die sich auch unmittelbar aus den Regeln der Integration über Graßmann-Variablen ergibt.

Die Verallgemeinerung der im Abschnitt 32.2.4 abgeleiteten Darstellung der Zustände und Operatoren des Fock-Raumes auf Fermi-Systeme mit mehreren Einteilchenzuständen ist trivial und wird deshalb nicht explizit angegeben.

32.3 Beschreibung von Bose- und Fermi-Systemen mittels kohärenter Zustände

Die in Kapitel 30 entwickelte Zweite Quantisierung führte auf einen einheitlichen Formalismus für Bose- und Fermi-Systeme. Der einzige Unterschied zwischen diesen beiden

Systemen besteht darin, dass die Feldoperatoren a_k, $a_k^\dagger$ für Bose-Systeme den Kommutationsbeziehungen (30.27), für Fermi-Systeme hingegen den Antikommutationsbeziehungen (30.51) genügen:

$$[a_k, a_l]_\mp = \hat{0} = [a_k^\dagger, a_l^\dagger]_\mp ,$$
$$[a_k, a_l^\dagger]_\mp = \delta_{kl} . \tag{32.61}$$

Diese Beziehungen garantieren die (Anti-)Symmetrie der Wellenfunktion bezüglich einer Permutation der Teilchen. Eine ähnliche Analogie zwischen Bose- und Fermi-Systemen haben wir auch bei den kohärenten Zuständen festgestellt, deren wichtigste Eigenschaften wir nachfolgend zusammenstellen:

Die kohärenten Zustände sind als Eigenfunktionen der Vernichtungsoperatoren definiert

$$a_k|\zeta\rangle = \zeta_k|\zeta\rangle , \quad \langle\zeta|a_k^\dagger = \langle\zeta|\zeta_k^* , \tag{32.62}$$

wobei die „Eigenwerte" ζ_k gewöhnliche komplexe Variablen für Bose-Systeme, jedoch antikommutierende Graßmann-Variablen für Fermi-Systeme sind:

$$[\zeta_k, \zeta_l]_\mp = 0 = [\zeta_k^*, \zeta_l^*]_\mp ,$$
$$[\zeta_k, \zeta_k^*]_\mp = 0 .$$

Wie sich später zeigen wird, können die ζ als die *klassische Variablen* oder *klassische Koordinaten* der Bose- bzw. Fermi-Systeme betrachtet werden.[4]

Die kohärenten Zustände sind explizit durch

$$|\zeta\rangle = e^{a^\dagger \cdot \zeta}|0\rangle , \quad \langle\zeta| = \langle 0|e^{\zeta^* \cdot a} \tag{32.63}$$

gegeben. Hierbei bezeichnet $|0\rangle$ das Teilchenvakuum

$$a_k|0\rangle = o , \quad \langle 0|a_k^\dagger = o .$$

Ferner haben wir das Skalarprodukt im Raum der Einteilchenzustände

$$a^\dagger \cdot \zeta = \sum_k a_k^\dagger \zeta_k , \quad \zeta^* \cdot a = \sum_k \zeta_k^* a_k ,$$
$$\zeta^* \cdot \eta = \sum_k \zeta_k^* \eta_k \tag{32.64}$$

eingeführt.

In einer kontinuierlichen Basis ist das Kronecker-Symbol δ_{kl} in (32.61) durch eine Deltafunktion und die Summation in (32.64) durch eine Integration zu ersetzen. So haben wir in der Ortsdarstellung, in der wir die Feldoperatoren gewöhnlich mit $\psi(\boldsymbol{x})$, $\psi^\dagger(\boldsymbol{x})$ bezeichnen,

$$[\psi(\boldsymbol{x}), \psi^\dagger(\boldsymbol{y})]_\mp = \delta(\boldsymbol{x}, \boldsymbol{y})$$

4 Die Funktionalintegralbeschreibung der Bose- und Fermi-Systeme, die im Kapitel 33 entwickelt wird, führt auf Funktionalintegrale über genau diese Variablen, analog zu den Funktionalintegralen über die klassischen Koordinaten eines Punktteilchens, siehe Kap. 3, Band 1.

und die kohärenten Zustände sind in Analogie zu (32.62) durch

$$\psi(\boldsymbol{x})|\zeta\rangle = \zeta(\boldsymbol{x})|\zeta\rangle\,, \quad \langle\zeta|\psi^\dagger(\boldsymbol{x}) = \langle\zeta|\zeta^*(\boldsymbol{x}) \tag{32.65}$$

definiert, wobei die $\zeta(\boldsymbol{x})$ jetzt Funktionen des Ortes $\boldsymbol{x}$ sind: gewöhnliche komplexe Funktionen für Bose-Systeme und Graßmann-Variablen, die von einem kontinuierlichen „Index" $\boldsymbol{x}$ abhängen, für Fermi-Systeme. Da nach Definition (32.65) der kohärenten Zustände die $\zeta(\boldsymbol{x})$ die Eigenwerte und somit auch die Erwartungswerte der Feldoperatoren

$$\zeta(\boldsymbol{x}) = \frac{\langle\zeta|\psi(\boldsymbol{x})|\zeta\rangle}{\langle\zeta|\zeta\rangle}$$

sind, werden wir die $\zeta(\boldsymbol{x})$ als *klassische Bose- bzw. Fermi-Felder* bezeichnen. In Analogie zu Gl. (32.63) finden wir die explizite Darstellung

$$|\zeta\rangle = \exp\big(\psi^\dagger\cdot\zeta\big)|0\rangle\,, \quad \langle\zeta| = \langle 0|\exp\big(\zeta^*\cdot\psi\big)$$

mit

$$\psi^\dagger\cdot\zeta = \int d^3x\,\psi^\dagger(\boldsymbol{x})\,\zeta(\boldsymbol{x})\,, \quad \zeta^*\cdot\psi = \int d^3x\,\zeta^*(\boldsymbol{x})\,\psi(\boldsymbol{x})\,.$$

Das Skalarprodukt zweier kohärenter Zustände ist durch

$$\langle\eta|\zeta\rangle = \exp\big(\eta^*\cdot\zeta\big) \tag{32.66}$$

gegeben.

Ein beliebiger Zustand im Fock-Raum

$$|\phi\rangle = \phi\big(a^\dagger\big)|0\rangle \tag{32.67}$$

wird in der Basis der kohärenten Zustände

$$\langle\zeta|\phi\rangle = \phi\big(\zeta^*\big)\,,$$
$$\langle\phi|\zeta\rangle = \big(\phi\big(\zeta^*\big)\big)^* =: \bar\phi(\zeta)$$

zu einer gewöhnlichen Funktion $\phi(\zeta^*)$ der klassischen Variablen ζ_k^*. ($\phi(\zeta^*)$ ergibt sich aus $\phi(a^\dagger)$ durch Ersetzen von $a_k^\dagger$ durch ζ_k^*.) Die kohärenten Zustände bilden eine (über-)vollständige Basis des Fock-Raumes

$$\hat 1 = \int d\mu(\zeta)\,|\zeta\rangle\langle\zeta|\,, \quad d\mu(\zeta) = \prod_k \frac{d\zeta_k^*\,d\zeta_k}{C}e^{-\zeta_k^*\zeta_k}\,, \tag{32.68}$$

$$C = \begin{cases} 2\pi i\,, & \text{Bose-Systeme,} \\ 1\,, & \text{Fermi-Systeme,} \end{cases} \tag{32.69}$$

in der ein beliebiger Zustand (32.67) des Fock-Raumes entwickelt werden kann

$$|\phi\rangle = \int d\mu(\zeta)\phi\big(\zeta^*\big)|\zeta\rangle\,, \tag{32.70}$$

wobei zu beachten ist, dass für beliebige Zustände $|\phi_1\rangle$ und $|\phi_2\rangle$ des Fock-Raumes die Beziehung:

$$\langle\phi_1|\zeta\rangle\langle\zeta|\phi_2\rangle = \langle\pm\zeta|\phi_2\rangle\langle\phi_1|\zeta\rangle = \langle\zeta|\phi_2\rangle\langle\phi_1|\pm\zeta\rangle\,. \tag{32.71}$$

gilt.

Die Matrixelemente normalgeordneter Operatoren in den kohärenten Zuständen sind durch

$$\langle\zeta| : \mathrm{O}(a^\dagger, a) : |\zeta'\rangle = \mathrm{O}(\zeta^*, \zeta')\langle\zeta|\zeta'\rangle \tag{32.72}$$

gegeben. Für einen beliebigen, nicht notwendigerweise normalgeordneten Operator $\mathrm{O}(a^\dagger, a)$ findet man in der Basis der kohärenten Zustände

$$\langle\zeta|\mathrm{O}(a^\dagger, a) = \mathrm{O}\left(\zeta^*, \frac{\partial}{\partial\zeta^*}\right)\langle\zeta| \tag{32.73}$$

und somit für die Wirkung des Operators auf einen Zustand des Fock-Raumes:

$$\langle\zeta|\mathrm{O}(a^\dagger, a)|\phi\rangle = \mathrm{O}\left(\zeta^*, \frac{\partial}{\partial\zeta^*}\right)\phi(\zeta^*) . \tag{32.74}$$

Bei der Ersetzung der $a_k^\dagger$ bzw. a_k durch ζ_k^* bzw. $\partial/\partial\zeta_k^*$ ist unbedingt die gegebene Reihenfolge einzuhalten, da

$$\left[\frac{\partial}{\partial\zeta_k^*}, \zeta_l^*\right]_\mp = \delta_{kl} .$$

Mit Ausnahme der (Anti-)Kommutationsrelationen gelten sämtliche Beziehungen sowohl für Bose- als auch für Fermi-Systeme. Wir werden deshalb im Folgenden beide Systeme zusammen behandeln.

32.3.1 Die Schrödinger-Gleichung in klassischen Variablen

Nachfolgend wollen wir die oben entwickelte Beschreibung von Bose- und Fermi-Systemen mittels kohärenter Zustände anhand der stationären Schrödinger-Gleichung für ein System unabhängiger Teilchen illustrieren.

Zunächst müssen wir die Schrödinger-Gleichung

$$\mathrm{H}(a^\dagger, a)|\phi\rangle = E|\phi\rangle \tag{32.75}$$

in die Basis der kohärenten Zustände transformieren, d. h. durch die klassischen Variablen ausdrücken. Dazu multiplizieren wir diese Gleichung skalar mit einem kohärenten Zustand $\langle\zeta|$:

$$\langle\zeta|\mathrm{H}(a^\dagger, a)|\phi\rangle = E\langle\zeta|\phi\rangle .$$

Beachten wir, dass $\langle\zeta|\phi\rangle = \phi(\zeta^*)$ und verwenden Gl. (32.74), so nimmt die Schrödinger-Gleichung die Form

$$\mathrm{H}\left(\zeta^*, \frac{\partial}{\partial\zeta^*}\right)\phi(\zeta^*) = E\phi(\zeta^*) \tag{32.76}$$

an. Dies ist eine Differentialgleichung in den klassischen Variablen ζ_k^*, die völlig äquivalent zu der algebraischen Gleichung (32.75) in den Feldoperatoren ist.

Der Hamilton-Operator eines Systems nichtwechselwirkender Teilchen ist durch einen Einteilchenoperator

$$\mathsf{H}(a^\dagger, a) = \sum_{k,l} a_k^\dagger H_{kl} a_l$$

gegeben. O. B. d. A. können wir in eine Basis gehen, in welcher die hermitesche Matrix H_{kl} diagonal ist

$$H_{kl} = \epsilon_k \delta_{kl} ,$$

wobei die reellen Eigenwerte ϵ_k die Einteilchenenergien sind. Setzen wir diesen Hamilton-Operator

$$\mathsf{H}(a^\dagger, a) = \sum_k \epsilon_k a_k^\dagger a_k \tag{32.77}$$

in die Schrödinger-Gleichung (32.76) ein, so lautet diese

$$\left(\sum_k \epsilon_k \zeta_k^* \frac{\partial}{\partial \zeta_k^*}\right) \phi(\zeta^*) = E\phi(\zeta^*) . \tag{32.78}$$

Wie wir nachfolgend zeigen, besitzt die Schrödinger-Gleichung (32.78) die normierten Lösungen

$$\phi_{\{n_k\}}(\zeta^*) = \prod_k \frac{1}{\sqrt{n_k!}} (\zeta_k^*)^{n_k} \tag{32.79}$$

mit den Eigenenergien

$$E = \sum_k n_k \epsilon_k ,$$

wobei n_k die Besetzungszahlen sind, die für Bose-Systeme alle nichtnegativen ganzen Zahlen

$$n_k = 0, 1, 2, \ldots$$

annehmen können und für Fermi-Systeme auf

$$n_k = 0, 1$$

beschränkt sind. Die Zustände (32.79) sind gerade die in (30.30), (30.53) definierten Basiszustände des Fock-Raumes in der Darstellung der kohärenten Zustände (32.13), (32.55). Die Zustände zu verschiedenen Sätzen $\{n_k\}$ von Besetzungszahlen sind orthogonal

$$\langle \phi_{\{n_k\}} | \phi_{\{n'_k\}} \rangle = \prod_k \delta_{n_k, n'_k} ,$$

wie in den nachfolgenden Rechnungen noch explizit gezeigt wird.

Lösung der Schrödinger-Gleichung (32.78)

Da der Hamilton-Operator (32.77)

$$\mathsf{H}\left(\zeta^*, \frac{\partial}{\partial \zeta^*}\right) = \sum_k \mathsf{H}_k , \quad \mathsf{H}_k = \epsilon_k \zeta_k^* \frac{\partial}{\partial \zeta_k^*}$$

in eine Summe von unabhängigen Operatoren zerfällt, lässt sich die Schrödinger-Gleichung (32.78) durch einen Produktansatz

$$\phi(\zeta^*) = \prod_k \varphi_k(\zeta_k^*) , \quad E = \sum_k E_k$$

lösen und es genügt die Eigenwertgleichung für einen einzelnen Summanden (d. h. einen einzigen Einteilchenzustand k)

$$\mathsf{H}_k \varphi_k(\zeta_k^*) = E_k \varphi_k(\zeta_k^*)$$

zu betrachten. Zur Vereinfachung der Notation setzen wir hier $\lambda = E_k/\epsilon_k$ und ignorieren den Index k im Folgenden:

$$\zeta^* \frac{\partial}{\partial \zeta^*} \varphi(\zeta^*) = \lambda \varphi(\zeta^*) . \tag{32.80}$$

Wir betrachten zunächst den *bosonischen* Fall. Für eine komplexe Variable ζ^* wird diese Gleichung durch

$$\varphi_a(\zeta^*) = \mathcal{N}_a (\zeta^*)^a , \quad \lambda = a \tag{32.81}$$

mit beliebigem a gelöst, wobei $\mathcal{N}_a$ eine noch zu bestimmende Normierungskonstante ist. Jedoch nicht alle Lösungen qualifizieren sich als Wellenfunktion, die bekanntlich normierbar sein muss. In der Basis der kohärenten Bose-Zustände ist das Skalarprodukt durch (32.14)

$$\langle \phi | \psi \rangle = \int \frac{d\zeta^* d\zeta}{2\pi i} e^{-\zeta^* \zeta} \bar{\phi}(\zeta) \psi(\zeta^*) \tag{32.82}$$

gegeben. Zur Berechnung der Norm der Zustände (32.81) benutzen wir zweckmäßigerweise Polarkoordinaten

$$\zeta = R e^{i\phi} , \tag{32.83}$$

in welchen das Integrationsmaß durch

$$\frac{d\zeta^* d\zeta}{2\pi i} = \frac{R \, dR \, d\phi}{\pi}$$

gegeben ist (siehe Abschnitt 12.11). In diesen Koordinaten lautet das Normierungsintegral

$$\langle \varphi_a | \varphi_a \rangle = |\mathcal{N}_a|^2 \int \frac{d\zeta^* \zeta}{2\pi i} e^{-\zeta^* \zeta} |\zeta|^{2a}$$

$$= \frac{1}{\pi}|\mathcal{N}_a|^2 \int_0^\infty dR\, R^{2a+1} e^{-R^2} \int_0^{2\pi} d\phi 1$$

$$= |\mathcal{N}_a|^2 \int_0^\infty dx\, x^a e^{-x}\,, \quad x = R^2\,. \tag{32.84}$$

Aufgrund der Anwesenheit der Gauß-Funktion im Integrationsmaß existiert dieses Integral bei $x \to \infty$ für alle a. Damit es jedoch auch bei $x = 0$ existiert, muss $a > -1$ gelten. Außerdem muss die Wellenfunktion eine analytische Funktion sein, insbesondere bei $\zeta = 0$. Dies schränkt die Werte von a auf die nichtnegativen ganzen Zahlen ein. Damit finden wir für Bose-Systeme die Lösungen

$$\varphi_n(\zeta^*) = \mathcal{N}_n(\zeta^*)^n\,, \quad E = n\epsilon \tag{32.85}$$

mit

$$n = 0, 1, 2, \ldots\,.$$

Die $\varphi_n(\zeta^*)$ zu verschiedenen n sind orthogonal: Nach Gl. (32.82) haben wir

$$\langle\varphi_n|\varphi_{n'}\rangle = \mathcal{N}_n^* \mathcal{N}_{n'} \int \frac{d\zeta^*\zeta}{2\pi i} e^{-\zeta^*\zeta} \zeta^n (\zeta^*)^{n'}\,. \tag{32.86}$$

Die Integrale lassen sich elementar in Polarkoordinaten (32.83) auswerten:

$$\langle\varphi_n|\varphi_{n'}\rangle = \frac{1}{\pi}\mathcal{N}_n^* \mathcal{N}_{n'} \int_0^\infty dR\, R^{n+n'+1} e^{-R^2} \int_0^{2\pi} d\phi e^{i\phi(n-n')}\,.$$

Das Winkelintegral liefert $2\pi\delta_{nn'}$. Das verbleibende Radialintegral reduziert sich nach Substitution $x = R^2$ auf

$$\int_0^\infty dx x^n e^{-x} = \Gamma(n+1) = n!\,,$$

sodass

$$\langle\varphi_n|\varphi_{n'}\rangle = \delta_{nn'}|\mathcal{N}_n|^2 n!\,.$$

Mit der Wahl

$$\mathcal{N}_n = \frac{1}{\sqrt{n!}}\,.$$

erhalten wir die normierten Lösungen (32.85) von (32.80):

$$\varphi_n(\zeta^*) = \frac{1}{\sqrt{n!}}(\zeta^*)^n\,. \tag{32.87}$$

Dies sind die bekannten Eigenzustände des harmonischen Oszillators in der Basis der kohärenten Zustände $\langle\zeta|n\rangle$, siehe Gln. (12.85), (12.90), (12.91). Dies war natürlich zu erwarten, da $\mathrm{H}(a^\dagger, a)$ (32.77) für Bose-Systeme der Hamilton-Operator eines Systems ungekoppelter harmonischer Oszillatoren mit Frequenzen ϵ_k ist.

Für *Fermi*-Systeme ist die Lösung der hier betrachteten Schrödinger-Gleichung unabhängiger Teilchen trivial: Für Graßmann-Variablen ζ besitzt Gl. (32.80) wegen $(\zeta^*)^2 = 0$ nur die beiden Lösungen (32.87) mit $n = 0, 1$:

$$\varphi_{n=0}(\zeta^*) = 1 \,, \quad \varphi_{n=1}(\zeta^*) = \zeta^* \,. \tag{32.88}$$

Diese Funktionen sind korrekt normiert:

$$\begin{aligned}\langle\varphi_0|\varphi_0\rangle &= \int d\mu(\zeta)1 = \int d\zeta^* d\zeta e^{-\zeta^*\zeta} = -\int d\zeta^* d\zeta\zeta^*\zeta = 1 \,, \\ \langle\varphi_1|\varphi_1\rangle &= \int d\mu(\zeta)\zeta\zeta^* = \int d\zeta^* d\zeta e^{-\zeta^*\zeta}\zeta\zeta^* = \int d\zeta^* d\zeta\zeta\zeta^* = 1\end{aligned} \tag{32.89}$$

und auch orthogonal zueinander:

$$\langle\varphi_0|\varphi_1\rangle = \int d\mu(\zeta)\zeta^* = \int d\zeta^* d\zeta e^{-\zeta^*\zeta}\zeta^* = \int d\zeta^* d\zeta\zeta^* = 0 \,, \tag{32.90}$$

wobei wir jeweils die Taylor-Entwicklung des Integrationsmaßes $e^{-\zeta^*\zeta} = 1 - \zeta^*\zeta$ benutzt haben.

32.3.2 Die Spur im Fock-Raum

Für die statistische Beschreibung von Vielteilchensystemen im Rahmen des großkanonischen Ensembles sowie für die Quantenfeldtheorie, die mit Prozessen der Teilchenerzeugung und -vernichtung konfrontiert ist, benötigen wir die Spur eines Operators $\mathrm{O} \equiv \mathrm{O}(a^\dagger, a)$ im Fock-Raum. Wir erinnern daran, dass der Fock-Raum Zustände mit fester, aber jeder beliebigen Teilchenzahl enthält. Die Summation über die Zustände des Fock-Raumes schließt somit auch die Summation über die Teilchenzahl mit ein.

Die kohärenten Zustände liefern eine (über-)vollständige Basis des Fock-Raumes. Folglich können wir die Spur über den Fock-Raum auch in dieser Basis darstellen. Dazu multiplizieren wir den Operator O zunächst von links und rechts mit dem Einsoperator (32.68) in der Basis der kohärenten Zustände:

$$\mathrm{O} = \int d\mu(\zeta) \int d\mu(\zeta')|\zeta\rangle\langle\zeta|\mathrm{O}|\zeta'\rangle\langle\zeta'| \,. \tag{32.91}$$

Das Matrixelement $\langle\zeta|\mathrm{O}|\zeta'\rangle$ können wir an dem kohärenten Zustand $|\zeta\rangle$ (32.63) vorbeiziehen, da dieser nur Terme mit einer geraden Anzahl von antikommutierenden Objekten (Graßmann-Variablen oder Fermi-Operatoren) enthält:

$$\mathrm{O} = \int d\mu(\zeta)d\mu(\zeta')\langle\zeta|\mathrm{O}|\zeta'\rangle|\zeta\rangle\langle\zeta'| \,. \tag{32.92}$$

Für die Spur der Dyade $|\zeta\rangle\langle\zeta'|$ über den Fock-Raum:

$$\mathrm{Sp}(|\zeta\rangle\langle\zeta'|) \equiv \sum_n \langle n|\zeta\rangle\langle\zeta'|n\rangle \,, \tag{32.93}$$

wobei sich die Summation über einen vollständigen Satz von orthonormierten Zuständen $|n\rangle$ des Fock-Raumes erstreckt, erhalten wir unter Benutzung von Gl. (32.71),

$$\langle n|\zeta\rangle\langle\zeta'|n\rangle = \langle\zeta'|n\rangle\langle n|\pm\zeta\rangle \,,$$

und

$$\sum_n |n\rangle\langle n| = \hat{1} \tag{32.94}$$

die Beziehung

$$\boxed{\mathrm{Sp}(|\zeta\rangle\langle\zeta'|) = \langle\pm\zeta'|\zeta\rangle = \langle\zeta'|\pm\zeta\rangle\,,} \tag{32.95}$$

wobei das obere Vorzeichen für Bose-, das untere für Fermi-Systeme gilt.[5] Mit dieser Beziehung finden wir aus Gl. (32.92) für die Spur eines beliebigen Operators O des Fock-Raumes: $\mathrm{Sp}\,\mathrm{O} = \int d\mu(\zeta)d\mu(\zeta')\langle\zeta|\mathrm{O}|\zeta'\rangle\langle\zeta'|-\zeta\rangle$ und nach Benutzung der Vollständigkeitsrelation (32.68)

$$\mathrm{Sp}\,\mathrm{O} = \int d\mu(\zeta)\langle\zeta|\mathrm{O}|\pm\zeta\rangle\,. \tag{32.96}$$

Für *Bose-Systeme* (oberes Vorzeichen) ist dies die intuitiv erwartete Beziehung. Für *Fermi-Systeme* (unteres Vorzeichen) tritt hingegen ein zusätzliches Minuszeichen zwischen bra- und ket-Zustand auf. Dieses Minuszeichen ist ein Wesensmerkmal der Beschreibung von Fermi-Systemen mittels Graßmann-Variablen und besitzt weitreichende Konsequenzen. Es bewirkt beispielsweise, dass Fermi-Felder antiperiodische Randbedingungen erfüllen während Bose-Felder periodischen Randbedingungen genügen (siehe Abschnitt 33.2).

Abschließend bemerken wir noch: Da das Integrationsmaß $d\mu(\zeta)$ invariant gegenüber der Ersetzung $\zeta \to (-\zeta)$, $\zeta^* \to (-\zeta^*)$ ist, $d\mu(-\zeta) = d\mu(\zeta)$, können wir die Spur (32.96) auch in der alternativen Form

$$\boxed{\mathrm{Sp}\,\mathrm{O} = \int d\mu(\zeta)\langle\pm\zeta|\mathrm{O}|\zeta\rangle} \tag{32.97}$$

schreiben.

32.3.3 Ensemble-Mittel

Die oben abgeleitete Formel (32.97) für die Spur im Fock-Raum lässt sich vorteilhaft für die Berechnung der thermischen Erwartungswerte (Ensemble-Mittel) benutzen. Dazu ersetzen wir in dieser Formel den Operator O durch

5 Der Zustand $|-\zeta\rangle$ ergibt sich aus $|\zeta\rangle$ (32.55), indem *jedes* ζ_k durch $(-\zeta_k)$ ersetzt wird. Der Leser mache sich klar, dass das Minuszeichen sowohl für Wellenfunktionen mit einer ungeraden als auch mit einer geraden Anzahl von Graßmann-Variablen gilt. Für eine ungerade Zahl von Graßmann-Variablen ist das Minuszeichen absolut notwendig; für eine gerade Zahl ist es zwar nicht notwendig, kann aber gesetzt werden (da es sich herauskürzt), um sämtliche Fermi-Zustände auf einheitliche Weise zu behandeln.

$$\mathsf{O}(a^\dagger, a)e^{-\mathsf{K}},$$

wobei

$$e^{-\mathsf{K}}, \quad \mathsf{K} = \beta(\mathsf{H} - \mu\mathsf{N}) \tag{32.98}$$

der (unnormierte) Dichteoperator (31.27) des großkanonischen Ensembles ist, und finden:

$$\mathsf{Sp}(\mathsf{O}(a^\dagger, a)e^{-\mathsf{K}}) = \int d\mu(\zeta)\langle \pm\zeta|\mathsf{O}(a^\dagger, a)e^{-\mathsf{K}}|\zeta\rangle\,. \tag{32.99}$$

Wählen wir hier $\mathsf{O}(a^\dagger, a) = \hat{1}$, so erhalten wir die großkanonische Zustandssumme

$$\mathcal{Z} = \mathsf{Sp}\, e^{-\mathsf{K}} = \int d\mu(\zeta)\langle \pm\zeta|e^{-\mathsf{K}}|\zeta\rangle\,. \tag{32.100}$$

Schließen wir auch Quellterme mit ein (siehe Gl. (32.113))

$$\mathsf{O}(a^\dagger, a) = e^{a^\dagger\cdot\eta}e^{\eta^*\cdot a},$$

so erhalten wir das *erzeugende Funktional* der thermischen Erwartungswerte

$$\mathcal{Z}[\eta^*, \eta] = \mathsf{Sp}(e^{a^\dagger\cdot\eta}e^{\eta^*\cdot a}e^{-\mathsf{K}}) = \int d\mu(\zeta)\langle \pm\zeta|e^{a^\dagger\cdot\eta}e^{\eta^*\cdot a}e^{-\mathsf{K}}|\zeta\rangle\,, \tag{32.101}$$

welches sich für verschwindende Quellen η, η^* auf die Zustandssumme (32.100) reduziert. Durch Ableiten von $\mathcal{Z}[\eta^*, \eta]$ nach den Quellen lassen sich die thermischen Erwartungswerte der Observablen von Vielteilchensystemen gewinnen.

Die Rechnungen werden besonders einfach, wenn der Dichteoperator (32.98) durch den Exponenten eines Einteilchenoperators

$$\mathsf{K} = \sum_{k,l} K_{kl}a_k^\dagger a_l \tag{32.102}$$

gegeben ist. Wir betrachten die Wirkung des Operators $\exp(-\mathsf{K})$ auf einen kohärenten Zustand. Da der Operator K (32.102) das Vakuum vernichtet

$$\mathsf{K}|0\rangle = \sum_{k,l} K_{kl}a_k^\dagger a_l|0\rangle = o\,,$$

gilt

$$e^{\mathsf{K}}|0\rangle = |0\rangle$$

und somit für die kohärenten Zustände

$$e^{-\mathsf{K}}|\zeta\rangle = e^{-\mathsf{K}} e^{a^\dagger \cdot \zeta}|0\rangle = e^{-\mathsf{K}} e^{a^\dagger \cdot \zeta} e^{\mathsf{K}}|0\rangle = \exp(e^{-\mathsf{K}} a^\dagger \cdot \zeta\, e^{\mathsf{K}})|0\rangle\,.$$

Die letzte Beziehung folgt durch Taylor-Entwicklung von $\exp(a^\dagger \cdot \zeta)$, Einfügen von $\hat{1} = e^{\mathsf{K}} e^{-\mathsf{K}}$ zwischen benachbarten $a^\dagger \cdot \zeta$-Termen und Aufsummation der verbleibenden Reihe. Unter Benutzung von Gl. (30.82) haben wir

$$e^{-\mathsf{K}} a^\dagger \cdot \zeta\, e^{\mathsf{K}} = \sum_k e^{-\mathsf{K}} a_k^\dagger e^{\mathsf{K}} \zeta_k = \sum_{k,l} a_l^\dagger (e^{-K})_{lk} \zeta_k = a^\dagger \cdot (e^{-K} \zeta)$$

und somit

$$e^{-\mathsf{K}}|\zeta\rangle = |e^{-K}\zeta\rangle\,. \tag{32.103}$$

Mit dieser Beziehung finden wir aus (32.99)

$$\mathsf{Sp}(\mathsf{O}(a^\dagger, a) e^{-\mathsf{K}}) = \int d\mu(\zeta) \langle \pm\zeta | \mathsf{O}(a^\dagger, a) | e^{-K} \zeta\rangle \tag{32.104}$$

und aus Gl. (32.101) für das erzeugende Funktional die Darstellung

$$\mathcal{Z}[\eta^*, \eta] = \int d\mu(\zeta) \langle \pm\zeta | e^{a^\dagger \cdot \eta} e^{\eta^* \cdot a} | e^{-K} \zeta\rangle\,.$$

Mit der Definition (32.62) der kohärenten Zustände und Gl. (32.66) erhalten wir hieraus

$$\begin{aligned}
\mathcal{Z}[\eta^*, \eta] &= \int d\mu(\zeta)\, e^{\pm\zeta^* \cdot \eta}\, e^{\eta^* \cdot e^{-K} \zeta}\, \langle \pm\zeta | e^{-K} \zeta\rangle \\
&= \int d\mu(\zeta)\, e^{\pm\zeta^* \cdot \eta}\, e^{\eta^* \cdot e^{-K} \zeta}\, e^{\pm\zeta^* \cdot e^{-K} \zeta} \\
&= \int \prod_k \frac{d\zeta_k^* \, d\zeta_k}{(2\pi i)^\lambda} \exp[-\zeta^* \cdot (1 \mp e^{-K}) \zeta \pm \zeta^* \cdot \eta + \eta^* \cdot e^{-K} \zeta]\,,
\end{aligned}$$

wobei $\lambda = 1$ bzw. $\lambda = 0$ für Bose- bzw. Fermi-Systeme. Nach Ausführen des verbleibenden Gauß-Integrals mittels (H.10) erhalten wir

$$\mathcal{Z}[\eta^*, \eta] = \det(1 \mp e^{-K})^{\mp 1} \exp[\eta^* e^{-K} (1 \mp e^{-K})^{-1} (\pm\eta)]\,. \tag{32.105}$$

Setzen wir hier $\eta = 0$, $\eta^* = 0$, so finden wir für die großkanonische Zustandssumme

$$\mathcal{Z} = \det(1 \mp e^{-K})^{\mp 1}\,. \tag{32.106}$$

Vergleich mit der Definition der Zustandssumme (32.100) liefert die Beziehung

$$\boxed{\mathsf{Sp}\, e^{-\mathsf{K}} = \det(1 \mp e^{-K})^{\mp 1}\,.} \tag{32.107}$$

Man beachte, dass auf der linken Seite der Operator K in der Zweiten Quantisierung, auf der rechten Seite jedoch die Matrix K steht (siehe Gl. (32.102)).

Mit (32.106) erhalten wir aus (32.105)

$$\mathcal{Z}[\eta^*,\eta] = \mathcal{Z}\exp[\pm\eta^*\rho\eta]\,, \tag{32.108}$$

wobei wir die Abkürzung

$$\rho = (e^K \mp 1)^{-1} \tag{32.109}$$

eingeführt haben. Man erkennt leicht, dass ρ gerade die Dichtematrix (31.46) des großkanonischen Ensembles ist: In der Basis, in der H diagonal ist,

$$H_{kl} = \delta_{kl}\epsilon_k\,, \quad K_{kl} = \delta_{kl}\beta(\epsilon_k - \mu)$$

besitzt ρ (32.109) die Spektraldarstellung

$$\rho = \sum_k |k\rangle \mathcal{N}_k^{(\pm)} \langle k|\,,$$

wobei

$$\mathcal{N}_k^{(\pm)} = (e^{\beta(\epsilon_k-\mu)} \mp 1)^{-1}$$

die thermischen Besetzungszahlen (31.54), (31.51) sind.

32.3.4 Das erzeugende Funktional der Dichtematrizen*

Die stationäre Beschreibung eines Vielteilchensystems lässt sich auf die Berechnung der *n-Teilchendichtematrizen* (auch kurz als *n-Teilchendichten* bezeichnet) zurückführen. Diese sind als Grundzustandserwartungswerte von Produkten von n Erzeugungs- und Vernichtungsoperatoren definiert:

$$\rho(l_1 l_2 \ldots, k_1 k_2 \ldots) = \langle\phi| a^\dagger_{k_1} a^\dagger_{k_2} \ldots a_{l_2} a_{l_1} |\phi\rangle\,. \tag{32.110}$$

Hierbei bezeichnet $|\phi\rangle$ die Wellenfunktion des Grundzustandes. Die Kenntnis sämtlicher n-Teilchendichten ist äquivalent zur Kenntnis der Wellenfunktion $|\phi\rangle$. Dies erkennt man sofort, wenn man beachtet, dass sich die Erwartungswerte sämtlicher Observablen vollständig durch die n-Teilchendichten ausdrücken lassen. Für den Erwartungswert eines Einteilchenoperators (30.63)

---

* Dieser Abschnitt ist für das Verständnis der übrigen Abschnitte nicht erforderlich und kann deshalb beim ersten Lesen übersprungen werden.

$$\langle\phi|O|\phi\rangle = \sum_{k,l} O(k,l)\rho(l,k) = \mathrm{Sp}\,(O\rho)$$

benötigen wir die Einteilchendichte

$$\rho(l,k) = \langle\phi|a_k^\dagger a_l|\phi\rangle\,, \tag{32.111}$$

die bereits in (30.100) in der Ortsdarstellung eingeführt wurde, während für einen Zweiteilchenoperator (30.66)

$$\langle\phi|O|\phi\rangle = \sum_{kl,mn} O(kl,mn)\rho(mn,kl)$$

die 2-Teilchendichte

$$\rho(mn,kl) = \langle\phi|a_k^\dagger a_l^\dagger a_n a_m|\phi\rangle \tag{32.112}$$

erforderlich ist. Aufgrund der (Anti-)Kommutationsbeziehungen der Feldoperatoren ist sie (anti-)symmetrisch bezüglich einer Vertauschung der Indizes der Erzeugungs- bzw. Vernichtungsoperatoren

$$\rho(mn,kl) = \pm\rho(nm,kl) = \pm\rho(mn,lk) = \rho(nm,lk)\,.$$

Sämtliche n-Teilchendichten (32.110) lassen sich aus dem *erzeugenden Funktional*

$$Z[\eta^*,\eta] = \langle\phi|\exp(a^\dagger\cdot\eta)\exp(\eta^*\cdot a)|\phi\rangle \tag{32.113}$$

durch Differentiation nach den *Quellen* η_k, η_k^* gewinnen.[6] Für Bose-Systeme sind die Quellen η, η^* gewöhnliche komplexe Variablen, während sie Graßmann-Variablen für Fermi-Systeme sind. Mit diesem Unterschied gelten die nachfolgenden Überlegungen sowohl für Bose- als auch für Fermi-Systeme. Die 1-und 2-Teilchendichtematrizen aus (32.111), (32.112) lassen sich zum Beispiel durch

$$\rho(l,k) = \frac{\delta}{\delta\eta_k^*}\frac{\delta}{\delta\eta_l}Z[\eta^*,\eta]\Big|_{\eta=0,\eta^*=0}\,, \tag{32.114}$$

$$\rho(mn,kl) = \frac{\delta}{\delta\eta_m^*}\frac{\delta}{\delta\eta_n^*}\frac{\delta}{\delta\eta_l}\frac{\delta}{\delta\eta_k}Z[\eta^*,\eta]\Big|_{\eta=0,\eta^*=0} \tag{32.115}$$

ausdrücken. Für Fermi-Systeme ist die Reihenfolge der Variation (nach den Graßmann-Variablen) wichtig.

---

6 Die Bezeichnung „Quelle“ ergibt sich, da η_k bzw. η_k^* die Amplituden für die Erzeugung bzw. Vernichtung eines Teilchens durch $a_k^\dagger$ bzw. a_k sind.

Unter Benutzung der Definition der Norm eines Zustandes lässt sich das erzeugende Funktional (32.113) auch in der Form

$$Z[\eta^*, \eta] = \left\| \exp(\eta^* \cdot a)|\phi\rangle \right\|^2 \tag{32.116}$$

schreiben. Für den Fall, dass der Grundzustand durch das triviale Vakuum $|\phi\rangle = |0\rangle$ gegeben ist, welches durch

$$a_k|0\rangle = o$$

definiert ist, erhalten wir mit $\exp(\eta^* \cdot a)|0\rangle = |0\rangle$

$$Z[\eta^*, \eta] = \langle 0|0\rangle = 1$$

und sämtliche n-Teilchendichten verschwinden.

Das erzeugende Funktional (32.113) ist bequem zur Berechnung von Erwartungswerten von Produkten von Feldoperatoren, bei denen die Vernichtungsoperatoren a rechts von den Erzeugungsoperatoren $a^\dagger$ stehen:

$$\langle \phi|a^\dagger \dots a^\dagger a \dots a|\phi\rangle \tag{32.117}$$

Erwartungswerte mit einer anderen Reihenfolge der Feldoperatoren können prinzipiell unter Benutzung der (Anti)-Kommutationsbeziehungen auf die Form (32.117) zurückgeführt werden. Für Erwartungswerte der Form

$$\langle \phi|a \dots a a^\dagger \dots a^\dagger|\phi\rangle \,.$$

ist es jedoch bequemer, statt (32.113) das erzeugende Funktional

$$\tilde{Z}[\eta^*, \eta] = \langle \phi| \exp(\eta^* \cdot a) \exp(a^\dagger \cdot \eta)|\phi\rangle \tag{32.118}$$

zu benutzen, welches sich jedoch auf Z (32.113) zurückführen lässt: Da

$$[\eta^* \cdot a, a^\dagger \cdot \eta] \equiv \sum_{k,l} [\eta_k^* a_k, a_l^\dagger \eta_l] = \sum_{k,l} \eta_k^* \eta_l [a_k, a_l^\dagger]_\mp = \sum_{k,l} \eta_k^* \eta_l \delta_{kl} = \sum_{k,l} \eta_k^* \eta_k \equiv \eta^* \cdot \eta$$

eine c-Zahl ist, folgt mittels Gl. (C.20)

$$e^A e^B = e^{-[B,A]} e^B e^A \,,$$

für die Operatoren in Gl. (32.113):

$$\exp(a^\dagger \cdot \eta) \exp(\eta^* \cdot a) = \exp(-\eta^* \cdot \eta) \exp(\eta^* \cdot a) \exp(a^\dagger \cdot \eta).$$

Damit erhalten wir die Beziehung

$$Z[\eta^*,\eta] = \exp(-\eta^* \cdot \eta)\tilde{Z}[\eta^*,\eta]\,. \tag{32.119}$$

Der zusätzliche Exponent mit den Quellen ist jedoch einfach zu handhaben.

Das erzeugende Funktional $\tilde{Z}[\eta^*,\eta]$ (32.118) lässt sich unmittelbar durch kohärente Zustände ausdrücken. Dazu schieben wir zwischen den beiden Exponenten den Einheitsoperator (32.8) bzw. (32.56) in der Basis der kohärenten Zustände ein:

$$\tilde{Z}[\eta^*,\eta] = \int d\mu(\zeta)\, \langle\phi| \exp(\eta^* \cdot a)|\zeta\rangle\langle\zeta| \exp(a^\dagger \cdot \eta)|\phi\rangle\,.$$

Unter Benutzung der Eigenwertgleichung (32.62) der Feldoperatoren erhalten wir dann:

$$\begin{aligned}\tilde{Z}[\eta^*,\eta] &= \int d\mu(\zeta)\, \langle\phi|\zeta\rangle \exp(\eta^* \cdot \zeta + \zeta^* \cdot \eta)\langle\zeta|\phi\rangle \\ &= \int d(\zeta^*,\zeta)\, \bar{\phi}(\zeta) \exp(-\zeta^* \cdot \zeta + \eta^* \cdot \zeta + \zeta^* \cdot \eta)\phi(\zeta^*)\,. \end{aligned} \tag{32.120}$$

Zur Illustration berechnen wir das erzeugende Funktional $\tilde{Z}[\eta^*,\eta]$ (32.118) aus Gl. (32.120) für den unkorrelierten Zustand[7]

$$|\phi\rangle = \prod_{h=1}^{N} a_h^\dagger|0\rangle = a_N^\dagger \ldots a_2^\dagger a_1^\dagger|0\rangle \tag{32.121}$$

als Modell des Grundzustands. In der Basis der kohärenten Zustände besitzt dieser Zustand die Darstellung, siehe Gl. (32.13) bzw. (32.55),

$$\langle\zeta|\phi\rangle = \phi(\zeta^*) = \zeta_N^* \ldots \zeta_2^*\zeta_1^*\,,$$

woraus sich

$$\bar{\phi}(\zeta) \equiv (\phi(\zeta^*))^* = \zeta_1\zeta_2 \ldots \zeta_N$$

ergibt. Einsetzen dieser Ausdrücke in (32.120) liefert

$$\tilde{Z}[\eta^*,\eta] = \int d\mu(\zeta)\left(\prod_{h=1}^{N} \zeta_h\zeta_h^*\right)e^{\zeta^*\cdot\eta+\eta^*\cdot\zeta}\,.$$

Die ζ_h, ζ_h^* vor dem Exponenten drücken wir durch Ableitung nach den Quellen η_k^*, η_k aus

7 Die Reihenfolge der $a_k^\dagger$ können wir willkürlich wählen, da eine Permutation der $a_k^\dagger$ den Zustand $|\phi\rangle$ invariant lässt für Bose-Systeme und höchstens eine nicht beobachtbare Phase (-1) für Fermi-Systeme hervorruft.

$$\tilde{Z}[\eta^*, \eta] = \left(\prod_{h=1}^{N} \frac{\delta}{\delta \eta_h} \frac{\delta}{\delta \eta_h^*} \right) \int d\mu(\zeta) e^{\zeta^* \eta + \eta^* \cdot \zeta} .$$

Mit dem Integrationsmaß der kohärenten Zustände (32.7) bzw. (32.57) ist dies ein komplexes Gauß-Integral (H.10) und wir erhalten

$$\tilde{Z}[\eta^*, \eta] = \left(\prod_{h=1}^{N} \frac{\delta}{\delta \eta_h} \frac{\delta}{\delta \eta_h^*} \right) e^{\eta^* \cdot \eta} .$$

Die verbleibenden Ableitungen lassen sich elementar nehmen

$$\frac{\delta}{\delta \eta_h} \frac{\delta}{\delta \eta_h^*} e^{\eta^* \cdot \eta} = \frac{\delta}{\delta \eta_h} \eta_h e^{\eta^* \cdot \eta} = \left(1 \pm \eta_h \frac{\delta}{\delta \eta_h} \right) e^{\eta^* \cdot \eta} = (1 + \eta_h \eta_h^*) e^{\eta^* \cdot \eta} .$$

Damit finden wir schließlich

$$\tilde{Z}[\eta^*, \eta] = e^{\eta^* \cdot \eta} \prod_{h=1}^{N} (1 + \eta_h \eta_h^*)$$

und aus (32.119)

$$Z[\eta^*, \eta] = \prod_{h=1}^{N} (1 + \eta_h \eta_h^*) . \tag{32.122}$$

Dieses Ergebnis lässt sich natürlich auch direkt in der Operatorformulierung der Zweiten Quantisierung gewinnen (wenn auch nicht so elegant).

Ableitung von Gl. (32.122) in der Operatorformulierung:

Wir gehen von der Darstellung (32.116) aus und betrachten zunächst die Wirkung von $\exp(\eta^* \cdot a)$ auf den Zustand $|\phi\rangle$ (32.121). Da

$$e^{\eta^* \cdot a} |0\rangle = |0\rangle , \tag{32.123}$$

empfiehlt es sich, den Exponenten an den Erzeugungsoperatoren von $|\phi\rangle$ vorbeizukommutieren. Das gelingt durch Einfügen von

$$\hat{1} = \exp(-\eta^* \cdot a) \exp(\eta^* \cdot a)$$

zwischen benachbarten $a_h^\dagger$ und Benutzung von (32.123):

$$e^{\eta^* \cdot a} |\phi\rangle = \prod_{h=1}^{N} \left(e^{\eta^* \cdot a} a_h^\dagger e^{-\eta^* \cdot a} \right) |0\rangle . \tag{32.124}$$

Sowohl für Bose- als auch für Fermi-Systeme gilt

$$\left[\eta^* \cdot a, a_h^\dagger \right] = \eta_h^* . \tag{32.125}$$

Für Bose-Operatoren folgt diese Beziehung unmittelbar aus ihren Kommutationsrelationen

$$[\eta^* \cdot a, a_h^\dagger] = \sum_k \eta_k^* [a_k, a_h^\dagger] = \sum_k \eta_k^* \delta_{kh} = \eta_h^* .$$

Für Fermi-Systeme müssen wir zusätzlich beachten, dass die Graßmann-Variablen mit den Fermi-Operatoren antikommutieren, sodass

$$[\eta^* \cdot a, a_h^\dagger] = \eta^* \cdot \{a, a_h^\dagger\} .$$

Mit (32.125) folgt unter Benutzung von (C.17)

$$e^{\eta^* \cdot a} a_h^\dagger e^{-\eta^* \cdot a} = a_h^\dagger + \eta_h^* ,$$

wobei Kommutatoren höherer Ordnung verschwinden, da $[\eta_h^*, \eta^* \cdot a] = 0$. Damit erhalten wir aus (32.124)

$$e^{\eta^* \cdot a} |\phi\rangle = \prod_{h=1}^{N} (a_h^\dagger + \eta_h^*) |0\rangle .$$

Das erzeugende Funktional ergibt sich nach Gl. (32.116) als Norm dieses Zustandes

$$Z[\eta^*, \eta] = \langle 0| \prod_{h'=1}^{N} (a_{h'} + \eta_{h'}) \prod_{h=1}^{N} (a_h^\dagger + \eta_h^*) |0\rangle .$$

Berücksichtigen wir, dass die $a_{h'}$ mit den $a_h^\dagger$ für $h' \neq h$ (anti-)kommutieren, so finden wir

$$\begin{aligned} Z[\eta^*, \eta] &= \langle 0| \prod_{h=1}^{N} (a_h + \eta_h)(a_h^\dagger + \eta_h^*) |0\rangle \\ &= \langle 0| \prod_{h=1}^{N} (a_h a_h^\dagger + \eta_h a_h^\dagger + a_h \eta_h^* + \eta_h \eta_h^*) |0\rangle . \end{aligned}$$

Mit $a_h a_h^\dagger = 1 \pm a_h^\dagger a_h$ und $a_h |0\rangle = 0 = \langle 0| a_h^\dagger$ erhalten wir schließlich Gl. (32.122).

Aus Gl. (32.122) ergibt sich die Einteilchendichte (32.114)

$$\rho_{kl} = \begin{cases} \delta_{kl} , & k \in \{h\} \\ 0 , & \text{sonst.} , \end{cases}$$

wobei wir mit $\{h\}$ den Satz der in $|\phi\rangle$ besetzten Einteilchenzustände bezeichnet haben. Für die 2-Teilchendichte (32.115) finden wir für $k, l \in \{h\}$:

$$\begin{aligned} \rho(mn, kl) &= \frac{\delta}{\delta\eta_m^*} \frac{\delta}{\delta\eta_n^*} \frac{\delta}{\delta\eta_l} \frac{\delta}{\delta\eta_k} \prod_h (1 + \eta_h^* \eta_h) \bigg|_{\eta=0,\eta^*=0} \\ &= \frac{\delta}{\delta\eta_m^*} \frac{\delta}{\delta\eta_n^*} \frac{\delta}{\delta\eta_l} \prod_{h \neq k} (1 + \eta_h \eta_h^*) \eta_k^* \bigg|_{\eta=0,\eta^*=0} \\ &= \frac{\delta}{\delta\eta_m^*} \frac{\delta}{\delta\eta_n^*} \prod_{h \neq k,l} (1 + \eta_h \eta_h^*) \eta_l^* \eta_k^* \bigg|_{\eta=0,\eta^*=0} \\ &= \prod_{h \neq k,l} (1 + \eta_h \eta_h^*) \frac{\delta}{\delta\eta_m^*} (\delta_{nl} \eta_k^* \pm \delta_{nk} \eta_l^*) \bigg|_{\eta=0,\eta^*=0} . \end{aligned}$$

Für $k, l \notin \{h\}$ verschwinden diese Ausdrücke. Damit erhalten wir

$$\rho(mn, kl) = \begin{cases} \delta_{mk}\delta_{nl} \pm \delta_{nk}\delta_{ml}\,, & k, l \in \{h\} \\ 0\,, & \text{sonst}\,. \end{cases}$$

Korrelierte Vielteilchensysteme besitzen eine Wellenfunktion $|\phi\rangle$, die sich nicht in der Produktform (32.121) darstellen lässt. Die explizite Berechnung des erzeugenden Funktionals (32.113) lässt sich dann nicht mehr exakt (d. h. in geschlossener Form) durchführen. In vielen Fällen lassen sich jedoch auch korrelierte Systeme durch nichtwechselwirkende *Quasiteilchen* approximieren, deren Grundzustandswellenfunktion wieder die Produktform (32.121) besitzt. Dies gilt insbesondere für supraleitende Systeme, die wir im Kapitel 36 behandeln.

33 Pfadintegralquantisierung von Vielteilchensystemen

In Band 1 haben wir ausgehend vom Doppelspaltexperiment die Quantenmechanik aus dem Prinzip der Summation über interferierende Alternativen gewonnen. Dieses Prinzip führte auf die Pfad- oder Funktionalintegraldarstellung der Übergangsamplitude, aus der wir die Schrödinger-Gleichung abgeleitet haben. Dieser Zugang besitzt zweifelsohne konzeptionelle Vorzüge. Für konkrete Probleme in der Quantentheorie eines Punktteilchens ist jedoch die Lösung der Schrödinger-Gleichung im Allgemeinen wesentlich einfacher als die explizite Berechnung des zugehörigen Pfadintegrals. Als Beispiel vergleiche man etwa die Pfadintegralbehandlung des unendlich hohen Potentialtopfes in Abschnitt 6.2 mit der Lösung der zugehörigen Schrödinger-Gleichung in Abschnitt 8.5. Der Pfadintegralzugang entfaltet seine Vorzüge erst bei der Beschreibung von komplexeren Systemen wie Vielteilchensystemen oder in der Quantenfeldtheorie. Numerische Behandlungen von Quantenfeldtheorien erfolgen gewöhnlich unter Benutzung der Pfadintegralformulierung. Diese ist insbesondere die Grundlage für die sogenannten *Gitterrechnungen* in den Eichtheorien. Auch die Störungstheorie in der Quantenfeldtheorie lässt sich am bequemsten und elegantesten im Rahmen der Pfadintegralbeschreibung formulieren. In der Quantenfeldtheorie, aber auch in der Vielteilchenphysik, gehört die Pfadintegralbeschreibung zum wichtigsten Handwerkzeug und ihre Kenntnis ist für Theoretiker absolut notwendig. Wir werden deshalb in diesem Kapitel die Pfadintegralformulierung der Quantentheorie von Vielteilchensystemen ableiten. Dazu werden wir die im Kap. 32 behandelten kohärenten Zustände benutzen. Aus der Pfadintegralformulierung der Vielteilchensysteme ergibt sich dann zwangsläufig die der Quantenfeldtheorie (siehe Kapitel 37), *denn ein Quantenfeld ist nichts anderes als ein Vielteilchensystem bestehend aus unendlich vielen realen oder virtuellen Teilchen.*

Im Kapitel 7 (Band 1) haben wir aus der Pfadintegraldarstellung (3.39) der Übergangsamplitude $K(\boldsymbol{x}, t; \boldsymbol{x}', t')$ die (zeitabhängige) Schrödinger-Gleichung abgeleitet. Im Abschnitt 21.1.2 haben wir festgestellt, dass die quantenmechanische Übergangsamplitude gerade durch das Matrixelement $\langle \boldsymbol{x}|U(t,t')|\boldsymbol{x}'\rangle$ des Zeitentwicklungsoperators $U(t,t')$ gegeben ist, der eine formale Lösung der Schrödinger-Gleichung repräsentiert. Wir wollen jetzt den umgekehrten Weg beschreiten und bei gegebenem Hamilton-Operator eine Funktionalintegraldarstellung für die Matrixelemente des Zeitentwicklungsoperators für Systeme aus identischen Teilchen ableiten. Dazu werden wir zweckmäßigerweise die Zweite Quantisierung benutzen und den Fock-Raum durch kohärente Zustände darstellen. Wir können die Ableitung gleichzeitig für Bose- und Fermi-Systeme durchführen, da sowohl der Hamilton-Operator als auch die kohärenten Zustände für beide Arten von Systemen formal übereinstimmen. Um die formalen Manipulationen nicht durch Indizes unnötig zu verkomplizieren, werden wir nachfolgend die Einteilchenindizes gewöhnlich unterdrücken. Formal entspricht das der Behandlung von Systemen, in welchen die identischen Teilchen nur in einem einzigen Einteil-

https://doi.org/10.1515/9783111625126-005

chenzustand existieren können (harmonischer oder fermionischer Oszillator, siehe Abschnitt 32.2.1). Die Verallgemeinerung auf beliebig viele Einteilchenzustände, d. h. die Wiederherstellung der Einteilchenindizes, wird jedoch trivial sein.

33.1 Pfadintegraldarstellung der Übergangsamplitude

Wir betrachten ein beliebiges Matrixelement des Zeitentwicklungsoperators $\mathsf{U}(t_f, t_i)$ zwischen zwei Zuständen $|\phi_i\rangle$ und $\langle\phi_f|$. Unter Benutzung der Vollständigkeitsrelation (32.8), (32.56) der kohärenten Zustände

$$\hat{1} = \int d\mu(\zeta)\, |\zeta\rangle\langle\zeta| \tag{33.1}$$

können wir dies in der Form

$$\begin{aligned} \langle\phi_f|\mathsf{U}(t_f,t_i)|\phi_i\rangle &= \int d\mu(\zeta_f) \int d\mu(\zeta_i)\, \langle\phi_f|\zeta_f\rangle\langle\zeta_f|U(t_f,t_i)|\zeta_i\rangle\langle\zeta_i|\phi_i\rangle \\ &= \int d\mu(\zeta_f) \int d\mu(\zeta_i)\, \bar{\phi}_f(\zeta_f)\langle\zeta_f|U(t_f,t_i)|\zeta_i\rangle\phi_i(\zeta_i^*) \end{aligned} \tag{33.2}$$

schreiben. Hieraus ist ersichtlich, dass es ausreichend ist, Matrixelemente von $\mathsf{U}(t_f, t_i)$ in der Basis der kohärenten Zustände zu betrachten.

33.1.1 Ableitung des Pfadintegrals

Zur Ableitung einer Funktionalintegraldarstellung für die Matrixelemente des Zeitentwicklungsoperators $\langle\zeta_f|\mathsf{U}(t_f,t_i)|\zeta_i\rangle$ zerlegen wir das Zeitintervall in infinitesimale Abschnitte der Längen ε

$$t_f - t_i = N\varepsilon\,, \quad t_k = t_i + k\varepsilon \tag{33.3}$$

und benutzen für den Zeitentwicklungsoperator (21.17) die Darstellung (21.16)

$$\begin{aligned} \mathsf{U}(t_f,t_i) &= T\exp\left(-\frac{i}{\hbar}\int_{t_i}^{t_f} dt\, \mathsf{H}(t)\right) \\ &= e^{-\frac{i}{\hbar}\varepsilon\mathsf{H}(t_{N-1})}\cdots e^{-\frac{i}{\hbar}\varepsilon\mathsf{H}(t_1)}e^{-\frac{i}{\hbar}\varepsilon\mathsf{H}(t_0)} \\ &\equiv T\prod_{k=0}^{N-1} e^{-\frac{i}{\hbar}\varepsilon\mathsf{H}(t_k)} \equiv T\prod_{k=1}^{N} e^{-\frac{i}{\hbar}\varepsilon\mathsf{H}(t_k-\varepsilon)}\,, \end{aligned}$$

die auch für zeitabhängige Hamiltonoperatoren (im Limes $\varepsilon \to 0$) gültig ist.[1] Hierbei wurde für das Riemann-Integral im Exponenten die sogenannte *Untersumme* verwendet, in der der Integrand jeweils am unteren Ende der Zeitintervalle $\varepsilon = t_k - t_{k-1}$ genommen wird. Benutzt man stattdessen die *Obersumme*, in der der Integrand jeweils am oberen Ende der Zeitintervalle $\varepsilon = t_k - t_{k-1}$ genommen wird, erhält man

$$\mathsf{U}(t_f, t_i) = T \prod_{k=1}^{N} e^{-\frac{i}{\hbar}\varepsilon \mathsf{H}(t_k)} .$$

Vorausgesetzt, das Riemann-Integral existiert, liefert die Ober- und Untersumme im Limes $\varepsilon \to 0$ dasselbe Resultat. Für endliche ε erhält man eine bessere Approximation als die Ober- und Untersumme, wenn der Integrand jeweils in der Mitte des Zeitintervalls $\varepsilon = t_k - t_{k-1}$ genommen wird

$$\mathsf{U}(t_f, t_i) = T \prod_{k=1}^{N} e^{-\frac{i}{\hbar}\varepsilon \mathsf{H}(t_k - \frac{\varepsilon}{2})} , \tag{33.4}$$

was als *Mittelpunktsvorschrift* bezeichnet wird. Diese werden wir im Folgenden benutzen.[2]

In der Zweiten Quantisierung ist der Hamilton-Operator eine Funktion der Erzeugungs- und Vernichtungsoperatoren:

$$\mathsf{H}(t) \equiv \mathsf{H}(a^\dagger, a; t) . \tag{33.5}$$

Zur Vereinfachung der Notation setzen wir hier voraus, dass die Erzeugungs- und Vernichtungsoperatoren $a^\dagger$, a zeitunabhängig sind, d. h. bezüglich einer zeitunabhängigen Einteilchenbasis $|l\rangle$ definiert sind, $|l\rangle = a_l^\dagger |0\rangle$. Man überzeugt sich jedoch leicht davon, dass die nachfolgenden Betrachtungen auch für explizit zeitabhängige Operatoren $a_l^\dagger(t)$, $a_l(t)$ gelten.

Schieben wir in Gl. (33.4) zwischen zwei aufeinanderfolgende Exponenten

$$e^{-\frac{i}{\hbar}\varepsilon \mathsf{H}(t_k + \frac{\varepsilon}{2})} \quad \text{und} \quad e^{-\frac{i}{\hbar}\varepsilon \mathsf{H}(t_k - \frac{\varepsilon}{2})}$$

jeweils eine Vollständigkeitsrelation (33.1)

$$\hat{1} = \int d\mu(\zeta_k) |\zeta_k\rangle\langle\zeta_k|$$

1 In diesem Abschnitt ist immer der Limes $\varepsilon \to 0$ und somit $N \to \infty$ vorausgesetzt, obwohl er nicht explizit angegeben ist.

2 Im Abschnitt 25.2 wurde gezeigt, dass die Mittelpunktsvorschrift bei Anwesenheit von Eichfeldern erforderlich ist, um die Eichinvarianz auch in der diskretisierten Form der klassischen Wirkung aufrechtzuerhalten. Da wir die unten abgeleitete Funktionalintegraldarstellung im Kapitel 37 auf die Eichtheorien anwenden wollen, empfiehlt es sich, von vornherein die Mittelpunktsvorschrift zu benutzen.

der kohärenten Zustände ein, so finden wir für das Matrixelement des Zeitentwicklungsoperators (33.2) mit dem Hamilton-Operator (33.5) in den kohärenten Zuständen $\langle\zeta_f|$ und $|\zeta_i\rangle$:

$$\begin{aligned}\langle\zeta_f|\mathsf{U}(t_f,t_i)|\zeta_i\rangle &= \int d\mu(\zeta_{N-1})\cdots d\mu(\zeta_1)\,\langle\zeta_f|\exp\Big(-\frac{i}{\hbar}\,\varepsilon\mathsf{H}\Big(a^\dagger,a;t_f-\frac{\varepsilon}{2}\Big)\Big)|\zeta_{N-1}\rangle\\ &\quad\times\langle\zeta_{N-1}|\exp\Big[-\frac{i}{\hbar}\varepsilon\mathsf{H}\Big(a^\dagger,a;t_{N-1}-\frac{\varepsilon}{2}\Big)\Big]|\zeta_{N-2}\rangle\cdots\\ &\quad\cdots\langle\zeta_1|\exp\Big(-\frac{i}{\hbar}\,\varepsilon\mathsf{H}\Big(a^\dagger,a;t_1-\frac{\varepsilon}{2}\Big)\Big)|\zeta_i\rangle\\ &= \int\Big(\prod_{k=1}^{N-1}d\mu(\zeta_k)\Big)\prod_{k=1}^{N}\langle\zeta_k|\exp\Big(-\frac{i}{\hbar}\,\varepsilon\mathsf{H}\Big(a^\dagger,a;t_k-\frac{\varepsilon}{2}\Big)\Big)|\zeta_{k-1}\rangle\,. \end{aligned}\tag{33.6}$$

Im letzten Schritt haben wir

$$\langle\zeta_N| := \langle\zeta_f|\,,\qquad |\zeta_0\rangle := |\zeta_i\rangle \tag{33.7}$$

gesetzt. Diese Notation ist konsistent mit Gl. (33.3), wonach $t_f = t_N$ und $t_i = t_0$. Da $|\zeta\rangle$ nur von ζ, $\langle\zeta|$ nur von ζ^* abhängt, sind die Beziehungen (33.7) äquivalent zu

$$\zeta_N^* := \zeta_f^*\,,\qquad \zeta_0 := \zeta_i\,. \tag{33.8}$$

Ohne Beschränkung der Allgemeinheit können wir voraussetzen, dass der Hamilton-Operator in der Zweiten Quantisierung $\mathsf{H}(a^\dagger,a;t)$ normalgeordnet ist, d. h. sämtliche Erzeugungsoperatoren $a^\dagger$ stehen links von den Vernichtungsoperatoren a. Unter Benutzung von Gl. (32.72) finden wir dann für die Matrixelemente der infinitesimalen Zeitentwicklungsoperatoren

$$\begin{aligned}&\langle\zeta_k|\exp\Big(-\frac{i}{\hbar}\,\varepsilon\mathsf{H}\Big(a^\dagger,a;t_k-\frac{\varepsilon}{2}\Big)\Big)|\zeta_{k-1}\rangle\\ &\quad=\langle\zeta_k|\Big(1-\frac{i}{\hbar}\,\varepsilon\mathsf{H}\Big(a^\dagger,a;t_k-\frac{\varepsilon}{2}\Big)\Big)|\zeta_{k-1}\rangle\\ &\quad=\langle\zeta_k|\zeta_{k-1}\rangle\Big(1-\frac{i}{\hbar}\,\varepsilon\mathsf{H}\Big(\zeta_k^*,\zeta_{k-1};t_k-\frac{\varepsilon}{2}\Big)\Big)\\ &\quad=\langle\zeta_k|\zeta_{k-1}\rangle\exp\Big(-\frac{i}{\hbar}\,\varepsilon\mathsf{H}\Big(\zeta_k^*,\zeta_{k-1};t_k-\frac{\varepsilon}{2}\Big)\Big)\,,\end{aligned}$$

womit wir aus (33.6)

$$\langle\zeta_f|\mathsf{U}(t_f,t_i)|\zeta_i\rangle = \int\prod_{l=1}^{N-1}d\mu(\zeta_l)\prod_{k=1}^{N}\langle\zeta_k|\zeta_{k-1}\rangle\exp\Big[-\frac{i}{\hbar}\,\varepsilon\mathsf{H}\Big(\zeta_k^*,\zeta_{k-1};t_k-\frac{\varepsilon}{2}\Big)\Big]$$

erhalten. Unter Benutzung des expliziten Ausdruckes (32.66) der Skalarprodukte $\langle\zeta_k|\zeta_{k-1}\rangle$ können wir diese umschreiben zu

$$\begin{aligned}\langle\zeta_k|\zeta_{k-1}\rangle &= \exp[\zeta_k^*\zeta_{k-1}]\\ &= \exp[\zeta_k^*(\zeta_k-(\zeta_k-\zeta_{k-1}))]\\ &= \langle\zeta_k|\zeta_k\rangle\exp[-\zeta_k^*(\zeta_k-\zeta_{k-1})]\end{aligned} \tag{33.9}$$

und finden

$$\boxed{\begin{aligned}\langle\zeta_f|\mathsf{U}(t_f,t_i)|\zeta_i\rangle &= \langle\zeta_f|\zeta_f\rangle\int\prod_{k=1}^{N-1}d\mu(\zeta_k)\,\langle\zeta_k|\zeta_k\rangle\\ &\times\exp\left\{\frac{i}{\hbar}\varepsilon\sum_{k=1}^{N}\left[\zeta_k^*i\hbar\frac{\zeta_k-\zeta_{k-1}}{\varepsilon}-\mathsf{H}\left(\zeta_k^*,\zeta_{k-1};t_k-\frac{\varepsilon}{2}\right)\right]\right\}.\end{aligned}} \tag{33.10}$$

Diese Integraldarstellung der Übergangsamplitude ist exakt im Limes $\varepsilon\to 0$.

33.1.2 Der Kontinuum-Limes

Die Darstellung (33.10) der Übergangsamplitude ist noch nicht sehr bequem außer für numerische Rechnungen. Wir können jedoch die ζ_k, ζ_k^* als Werte einer Trajektorie $\zeta(t)$, $\zeta^*(t)$ im Raum der komplexen Zahlen bzw. der Graßmann-Variablen zur Zeit $t_k\pm\varepsilon/2$ interpretieren, sodass

$$\zeta_k=\zeta\left(t_k+\frac{\varepsilon}{2}\right),\quad \zeta_k^*=\zeta^*\left(t_k-\frac{\varepsilon}{2}\right) \tag{33.11}$$

gilt.[3] Wegen (33.8) und

$$\zeta_N^*=\zeta^*\left(t_N-\frac{\varepsilon}{2}\right)\equiv\zeta^*\left(t_f-\frac{\varepsilon}{2}\right),\quad \zeta_0=\zeta\left(t_0+\frac{\varepsilon}{2}\right)\equiv\zeta\left(t_i+\frac{\varepsilon}{2}\right)$$

genügen diese Trajektorien im Limes $\varepsilon\to 0$ den Randbedingungen

$$\boxed{\zeta^*(t_f)=\zeta_f^*,\quad \zeta(t_i)=\zeta_i\,.} \tag{33.12}$$

Per Konstruktion können wir die in Gl. (33.11) definierten Trajektorien $\zeta(t)$ als stetig voraussetzen. Die meisten Trajektorien sind jedoch „gezackt“, d. h. nicht überall stetig differenzierbar.[4] Mit der Definition (33.11) der Trajektorien wird im Limes $\varepsilon\to 0$ ($N\to$

3 Man beachte die unterschiedlichen Zeitargumente in ζ_k und ζ_k^*. In der Hamilton-Funktion in Gleichung (33.10) treten die Koordinaten ζ_k^* und ζ_{k-1} auf, die gemäß der Definition (33.11) zu den Werten der Trajektorien $\zeta^*(t)$ und $\zeta(t)$ am selben Zeitpunkt $t=t_k-\varepsilon/2$ gehören.

4 Wie wir in Abschnitt 11.6 gezeigt haben, sind die „gezackten“ Pfade verantwortlich für die Realisierung der Unschärferelation in der Funktionalintegraldarstellung der Übergangsamplitude.

∞) aus der Summe im Exponenten von Gl. (33.10) ein gewöhnliches Riemann-Integral über die Zeit. Dabei erhalten wir im ersten Term des Exponenten

$$\lim_{\varepsilon\to 0}\frac{\zeta_k-\zeta_{k-1}}{\varepsilon}=\lim_{\varepsilon\to 0}\frac{\zeta(t_k+\frac{\varepsilon}{2})-\zeta(t_{k-1}+\frac{\varepsilon}{2})}{\varepsilon}$$
$$=\lim_{\varepsilon\to 0}\frac{\zeta(t_k+\frac{\varepsilon}{2})-\zeta(t_k-\frac{\varepsilon}{2})}{\varepsilon}=\dot\zeta(t_k)=\lim_{\varepsilon\to 0}\dot\zeta\left(t_k-\frac{\varepsilon}{2}\right),$$

sodass

$$\lim_{\varepsilon\to 0}\varepsilon\sum_{k=1}^{N}\zeta_k^*\frac{\zeta_k-\zeta_{k-1}}{\varepsilon}=\lim_{\varepsilon\to 0}\varepsilon\sum_{k=1}^{N}\zeta^*\left(t_k-\frac{\varepsilon}{2}\right)\dot\zeta\left(t_k-\frac{\varepsilon}{2}\right)=\int_{t_i}^{t_f}dt\,\zeta^*(t)\dot\zeta(t)\,. \tag{33.13}$$

Der zweite Term im Exponenten von (33.10) liefert in diesem Limes

$$\lim_{\varepsilon\to 0}\varepsilon\sum_{k=1}^{N}\mathsf{H}\left(\zeta_k^*,\zeta_{k-1};t_k-\frac{\varepsilon}{2}\right)=\lim_{\varepsilon\to 0}\varepsilon\sum_{k=1}^{N}\mathsf{H}\left(\zeta^*\left(t_k-\frac{\varepsilon}{2}\right),\zeta\left(t_k-\frac{\varepsilon}{2}\right);t_k-\frac{\varepsilon}{2}\right)$$
$$=\int_{t_i}^{t_f}dt\,\mathsf{H}(\zeta^*(t),\zeta(t);t)\,.$$

Für die Übergangsamplitude zwischen den kohärenten Zuständen erhalten wir dann die Funktionalintegraldarstellung

$$\boxed{\langle\zeta_f|\mathsf{U}(t_f,t_i)|\zeta_i\rangle=\int\mathcal{D}(\zeta^*,\zeta)\exp\left\{\frac{i}{\hbar}S[\zeta^*,\zeta](\zeta_f,\zeta_i)\right\},} \tag{33.14}$$

mit der Wirkung

$$\boxed{S[\zeta^*,\zeta](\zeta_f^*,\zeta_i)=\int_{t_i}^{t_f}dt[i\hbar\zeta^*(t)\dot\zeta(t)-\mathsf{H}(\zeta^*,\zeta;t)]-i\hbar\zeta_f^*\zeta_f\,,} \tag{33.15}$$

wobei der Randterm $-i\hbar\zeta_f^*\zeta_f$ aus dem Skalarprodukt $\langle\zeta_f|\zeta_f\rangle$ in Gl. (33.10) resultiert. Ferner ist das Funktionalintegrationsmaß durch

$$\boxed{\mathcal{D}(\zeta^*,\zeta)=\prod_{k=1}^{N-1}d\mu(\zeta_k)\langle\zeta_k|\zeta_k\rangle=\prod_{k=1}^{N-1}\frac{d\zeta^*(t_k)d\zeta(t_k)}{C}=:\prod_t\frac{d\zeta^*(t)d\zeta(t)}{C}\,,} \tag{33.16}$$

gegeben, wobei (siehe Gl. 32.69)

$$C=\begin{cases}2\pi i\,, & \text{Bose-Systeme,}\\ 1\,, & \text{Fermi-Systeme.}\end{cases} \tag{33.17}$$

Für die komplexen Bose-Variablen gilt außerdem

$$\frac{d\zeta^* d\zeta}{2\pi i} = \frac{d\,\mathrm{Re}\,(\zeta) d\,\mathrm{Im}\,(\zeta)}{\pi} . \tag{33.18}$$

Die Trajektorien $\zeta(t)$, über die im Funktionalintegral (33.14) integriert wird, müssen per Konstruktion den Randbedingungen (33.12) genügen.

Die äußeren kohärenten Zustände $|\zeta_i\rangle$ bzw. $\langle\zeta_f|$ hängen von den Variablen ζ_i bzw. ζ_f^*, jedoch nicht von ζ_i^* oder ζ_f ab. Dementsprechend kann auch das Matrixelement $\langle\zeta_f|\mathrm{U}(t_f, t_i)|\zeta_i\rangle$ nur von ζ_f^* und ζ_i aber nicht von ζ_f oder ζ_i^* abhängen. Die Randbedingungen (33.12) enthalten in der Tat nur ζ_f^* und ζ_i. In der Wirkung (33.15) tritt jedoch explizit die Variable ζ_f auf. Die scheinbare Abhängigkeit der Wirkung (33.15) von ζ_f ist durch die Umformung (33.9) des Terms mit $k = N$ entstanden. Der Überlapp $\langle\zeta_N|\zeta_{N-1}\rangle = \langle\zeta_f|\zeta_{N-1}\rangle$ hängt in der Tat nur von ζ_f^* (und ζ_{N-1}), nicht aber von $\zeta_f = \zeta_N$ ab. Da (33.9) eine identische Umformung ist, darf die erhaltene Funktionalintegraldarstellung (33.14) nicht von ζ_f abhängen. Das Integrationsmaß (33.16) hängt nicht von ζ_f ab. Folglich muß sich die scheinbare ζ_f-Abhängigkeit aus der Wirkung (33.15) herauskürzen. Dies erkennt man sofort, wenn man den ersten Term partiell integriert

$$S[\zeta^*, \zeta](\zeta_f^*, \zeta_i) = \int_{t_i}^{t_f} dt \left[-i\hbar\dot{\zeta}^*(t)\zeta(t) - \mathrm{H}(\zeta^*, \zeta; t) - i\hbar\zeta_i^*\zeta_i \right] . \tag{33.19}$$

Die Variable ζ_f tritt jetzt nicht mehr in der Wirkung auf, dafür haben wir uns aber eine (scheinbare) ζ_i^*-Abhängigkeit eingehandelt, die jedoch wieder durch den ersten Term in (33.19) kompensiert wird, wie die Darstellung (33.15) zeigt.

Die beiden äquivalenten Formen der Wirkung (33.15) und (33.19) sind offensichtlich nicht symmetrisch in den Variablen des Anfangs- und Endzustandes ζ_i und ζ_f. Diese Symmetrie lässt sich jedoch leicht herstellen, indem man das arithmetische Mittel dieser beiden äquivalenten Formen benutzt, was auf den Ausdruck

$$S[\zeta^*, \zeta](\zeta_f^*, \zeta_i) = \int_{t_i}^{t_f} dt \left[\frac{i\hbar}{2}(\zeta^*(t)\dot{\zeta}(t) - \dot{\zeta}^*(t)\zeta(t)) - \mathrm{H}(\zeta^*, \zeta; t) \right] - \frac{1}{2} i\hbar(\zeta_f^*\zeta_f + \zeta_i^*\zeta_i) \tag{33.20}$$

führt, der offensichtlich symmetrisch in den Variablen des Anfangs- und Endzustandes ist.

Gleichungen (33.12), (33.14), (33.16) und (33.20) liefern die gesuchte Funktionalintegraldarstellung der quantenmechanischen Übergangsamplitude von Systemen aus identischen Teilchen. Die Funktionalintegration erstreckt sich dabei über *Trajektorien* $\zeta(t)$ im Raum der komplexen Zahlen bzw. Graßmann-Variablen für Bose- bzw. Fermisysteme. Die Funktionalintegraldarstellung (33.14) gilt für beliebige Systeme, die in der zweiten Quantisierung durch die Feldoperatoren $a^\dagger$, a des Fock-Raumes beschrieben werden. Bei der Ableitung der Funktionalintegraldarstellung wurden keine einschränkenden Voraussetzungen über die Form des Hamilton-Operators $\mathsf{H}(a^\dagger, a; t)$ gemacht. Es wurde lediglich vorausgesetzt, dass dieser *normalgeordnet* ist, was jedoch keine Einschränkung ist, da jeder Operator in der zweiten Quantisierung durch Benutzung der (Anti-)Kommutationsbeziehungen der Feldoperatoren in normal-geordnete Form (einschließlich Kontraktionen) gebracht werden kann. Die oben abgeleitete Funktionalintegraldarstellung bleibt deshalb auch in der relativistischen Quantenfeldtheorie gültig. Sie gilt auch, wenn die Feldoperatoren in $\mathsf{H}(a^\dagger, a)$ explizit von der Zeit abhängen, wie wir bereits einleitend bemerkt haben.

Sämtliche oben angegebenen Beziehungen gelten auch für Systeme mit einer beliebigen Anzahl von Einteilchenzuständen. Charakterisieren wir die Einteilchenzustände durch einen Index l, so haben wir dann in expliziter Form

$$\zeta^*(t)\dot{\zeta}(t) = \sum_l \zeta_l^*(t)\dot{\zeta}_l(t),$$
$$\frac{d\zeta^*(t)d\zeta(t)}{C} = \prod_l \frac{d\zeta_l^*(t)d\zeta_l(t)}{C}$$

mit der in Gl. (33.17) definierten Konstante C.

Schließlich wollen wir die Funktionalintegraldarstellung explizit für die Standardform (30.95) des Hamilton-Operators in der Ortsdarstellung der Feldoperatoren, $\psi^\dagger(\boldsymbol{x})$, $\psi(\boldsymbol{x})$, angeben, für welche die kohärenten Zustände in Gl. (32.65) definiert sind. In dieser Darstellung erhalten wir für die die *klassische Wirkung* (33.20)

$$\begin{aligned}S[\zeta^*,\zeta](\zeta_f,\zeta_i) = &-\frac{i}{2}\hbar\int d^3x[\zeta_f^*(\boldsymbol{x})\zeta_f(\boldsymbol{x}) + \zeta_i^*(\boldsymbol{x})\zeta_i(\boldsymbol{x})]\\ &+\int_{t_i}^{t_f} dt\int d^3x\left[\frac{i\hbar}{2}(\zeta^*(\boldsymbol{x},t)\partial_t\zeta(\boldsymbol{x},t) - (\partial_t\zeta^*(\boldsymbol{x},t))\zeta(\boldsymbol{x},t)) - \mathsf{H}(\zeta^*,\zeta)\right],\end{aligned} \tag{33.21}$$

wobei sich $\mathsf{H}(\zeta^*,\zeta)$ aus $\mathsf{H}(\psi^\dagger,\psi)$ (30.95) durch Ersetzen der Feldoperatoren $\psi^\dagger$, ψ durch die klassischen Felder $\zeta^*(\boldsymbol{x},t)$, $\zeta(\boldsymbol{x},t)$ ergibt:

$$\begin{aligned}\mathsf{H}(\zeta^*,\zeta) = &\int d^3x d^3x' \zeta^*(\boldsymbol{x},t)H_0(\boldsymbol{x},\boldsymbol{x}')\zeta(\boldsymbol{x}',t)\\ &+\frac{1}{2}\int d^3x d^3x' \zeta^*(\boldsymbol{x},t)\zeta^*(\boldsymbol{x}',t)V(\boldsymbol{x},\boldsymbol{x}')\zeta(\boldsymbol{x}',t)\zeta(\boldsymbol{x},t).\end{aligned} \tag{33.22}$$

Die Funktionalintegration (33.16)

$$\int \mathcal{D}(\zeta^*,\zeta)\ldots = \int\prod_t\prod_{\boldsymbol{x}}\frac{d\zeta^*(\boldsymbol{x},t)d\zeta(\boldsymbol{x},t)}{C}\ldots \tag{33.23}$$

in der Übergangsamplitude (33.14) $\langle\zeta_f|\mathsf{U}(t_f,t_i)|\zeta_i\rangle$ erstreckt sich jetzt über alle (klassischen) Felder $\zeta(\boldsymbol{x},t)$, $\zeta^*(\boldsymbol{x},t)$, die den Randbedingungen (33.12)

$$\zeta^*(\boldsymbol{x}, t_f) = \zeta_f^*(\boldsymbol{x}), \quad \zeta(\boldsymbol{x}, t_i) = \zeta_i(\boldsymbol{x})$$

genügen. Gl. (33.14) mit (33.21), (33.22) und (33.23) liefern die Funktionalintegralbeschreibung in der Ortsdarstellung. Diese wird gewöhnlich in der relativistischen Quantenfeldtheorie verwendet, siehe Kapitel 37.

33.2 Pfadintegraldarstellung der großkanonischen Zustandssumme

Wir nehmen jetzt die Spur des Zeitentwicklungsoperators in der Basis der kohärenten Zustände, siehe Gl. (32.97)

$$\mathrm{Sp}\,\mathsf{U}(t_f, t_i) = \int d\mu(\zeta) \langle \pm\zeta | \mathsf{U}(t_f, t_i) | \zeta \rangle . \tag{33.24}$$

Für das hier auftretende Matrixelement des Zeitentwicklungsoperators können wir die oben abgeleitete Funktionalintegraldarstellung, Gl. (33.14), benutzen. Dazu müssen wir dort

$$\zeta_f = \pm\zeta , \quad \zeta_i = \zeta \tag{33.25}$$

setzen. Der Zusatzterm $-i\hbar\zeta_f^*\zeta_f = -i\hbar\zeta^*\zeta$ in der Wirkung (33.15) kürzt sich dann gegen den Exponentialfaktor $\exp(-\zeta^*\zeta)$ im Integrationsmaß $d\mu(\zeta)$, siehe Gln. (32.7), (32.36), und wir erhalten die folgende Funktionalintegraldarstellung

$$\boxed{\mathrm{Sp}\,\mathsf{U}(t_f, t_i) = \int \mathcal{D}(\zeta^*, \zeta) \exp\left\{\frac{i}{\hbar} S[\zeta^*, \zeta]\right\}.} \tag{33.26}$$

Hierbei ist die Wirkung jetzt durch

$$\boxed{S[\zeta^*, \zeta] = \int_{t_i}^{t_f} dt \left[i\hbar\zeta^*(t)\dot{\zeta}(t) - \mathsf{H}(\zeta^*, \zeta)\right]} \tag{33.27}$$

gegeben. Das Funktionalintegrationsmaß ist analog zur Gleichung (33.16) definiert

$$\mathcal{D}(\zeta^*, \zeta) = \prod_{k=1}^{N} \frac{d\zeta^*(t_k) d\zeta(t_k)}{C} =: \prod_t \frac{d\zeta^*(t) d\zeta(t)}{C} ,$$

enthält aber jetzt auch die Integration über die Variablen an der Endzeit $t_f \equiv t_N$. Ferner erstreckt sich die Funktionalintegration in (33.26) wegen (33.25) und (33.12) über *periodische* bzw. *antiperiodische* Trajektorien $\zeta(t)$ für Bose- bzw. Fermi-Systeme

$$\zeta(t_f) = \pm\zeta(t_i)\,. \tag{33.28}$$

Wir betrachten jetzt den Fall, dass der Hamilton-Operator nicht explizit von der Zeit abhängt. In diesem Fall ist der Zeitentwicklungsoperator durch Gl. (21.13) gegeben und hängt nur von der Zeitdifferenz $t_f - t_i =: T$ ab. Wir können deshalb ohne Beschränkung der Allgemeinheit $t_i = -T/2$ und $t_f = T/2$ setzen. Aus Gl. (33.26) erhalten wir dann die Beziehung

$$\mathsf{Sp}(e^{-\frac{i}{\hbar}T\mathsf{H}}) = \int\limits_{\zeta(T/2)=\pm\zeta(-T/2)} \mathcal{D}(\zeta^*,\zeta)\exp\left(\frac{i}{\hbar}S[\zeta^*,\zeta]\right). \tag{33.29}$$

Wir haben hier explizit am Integralzeichen die Randbedingungen (33.28) an die Trajektorien $\zeta(t)$ angegeben. Setzen wir jetzt in (33.29) die Zeit zu imaginären Werten fort

$$t = -i\hbar\tau\,, \quad \tau = \frac{i}{\hbar}t \tag{33.30}$$

und setzen außerdem

$$T = -i\hbar\beta\,, \quad \beta = \frac{i}{\hbar}T\,, \tag{33.31}$$

so erhalten wir aus Gl. (33.29) die Funktionalintegraldarstellung der großkanonischen Zustandssumme (31.28) für ein verschwindendes chemisches Potential, $\mu = 0$,

$$\mathcal{Z}(\beta) = \mathsf{Sp}(e^{-\beta\mathsf{H}}) = \int\limits_{\zeta(\beta/2)=\pm\zeta(-\beta/2)} \mathcal{D}(\zeta^*,\zeta)e^{-S_E[\zeta^*,\zeta]}\,, \tag{33.32}$$

wobei die hier auftretende Wirkung durch analytische Fortsetzung der Zeit, Gl. (33.30), aus (33.27) folgt

$$S_E[\zeta^*,\zeta] = \int\limits_{-\beta/2}^{\beta/2} d\tau[\zeta^*(\tau)\partial_\tau\zeta(\tau) + \mathsf{H}(\zeta^*,\zeta)]\,.$$

Ferner erstreckt sich die Funktionalintegration über periodische bzw. antiperiodische Trajektorien in der imaginären Zeit

$$\zeta(\beta/2) = \pm\zeta(-\beta/2)\,. \tag{33.33}$$

Um aus Gleichung (33.32) die gewöhnliche großkanonische Zustandssumme für $\mu \neq 0$ zu erhalten, müssen wir lediglich den Hamilton-Operator $\mathsf{H}(a^\dagger, a)$ durch

$$\mathsf{H}'(a^\dagger,a) = \mathsf{H}(a^\dagger,a) - \mu\mathsf{N}(a^\dagger,a)$$

ersetzen, wobei

$$\mathsf{N}(a^\dagger, a) = \sum_l a_l^\dagger a_l$$

der Teilchenzahloperator ist. Die großkanonische Zustandssumme ist dann nach wie vor durch das Funktionalintegral (33.32) gegeben

$$\boxed{\mathcal{Z}(\beta,\mu) = \mathrm{Sp}\, e^{-\beta(\mathsf{H}-\mu\mathsf{N})} = \int\limits_{\zeta(\beta/2)=\pm\zeta(-\beta/2)} \mathcal{D}(\zeta^*,\zeta) e^{-S_E[\zeta^*,\zeta]}\,,} \tag{33.34}$$

die Wirkung lautet jetzt jedoch

$$\boxed{S_E[\zeta^*,\zeta] = \int\limits_{-\beta/2}^{\beta/2} d\tau \left(\sum_l \zeta_l^*(\tau)(\partial_\tau - \mu)\zeta_l(\tau) + \mathsf{H}(\zeta^*,\zeta) \right).} \tag{33.35}$$

Auf der Funktionalintegraldarstellung (33.34), (33.35) der großkanonischen Zustandssumme basiert die Pfadintegralbeschreibung von Vielteilchensystemen bei endlichen Temperaturen, siehe Kapitel 35. In Abschnitt 36.5 werden wir ausgehend von dieser Darstellung eine elegante Ableitung der BCS-Theorie der Supraleitung bei endlichen Temperaturen geben.

33.3 Nicht stetig differenzierbare Pfade

Wie wir in Abschnitt 11.6 gezeigt haben, verursachen die „gezackten“ Pfade die Heisenberg'sche Unschärferelation im Funktionalintegralzugang. Die Unschärferelation bedingt u. a. die Nullpunktsenergie, die wir z. B. beim harmonischen Oszillator kennengelernt haben. Im oben genommenen Kontinuumlimes scheinen jedoch auf den ersten Blick nur die glatten, stetig differenzierbaren Pfade berücksichtigt zu sein. Dies scheint insbesondere der Fall zu sein, wenn wir die Trajektorien $\zeta(\tau)$ nach einem vollständigen Satz von stetig differenzierbaren Funktionen $\varphi_n(\tau)$ entwickeln

$$\zeta(\tau) = \sum_n \zeta_n \varphi_n(\tau) \tag{33.36}$$

und das Funktionalintegral durch ein (unendlich dimensionales) Vielfachintegral über die Entwicklungskoeffizienten ζ_n ausdrücken (siehe unten). Diese Vermutung ist jedoch falsch, da auch nicht stetig differenzierbare Funktionen durch Überlagerungen von stetig differenzierbaren Funktionen erzeugt werden können. So besitzt zum Beispiel die Sägezahnfunktion eine Fourier-Darstellung, d. h. sie kann durch eine Überlagerung von (den stetig differenzierbaren) Sinus- und Cosinus-Funktionen generiert werden. Um explizit zu zeigen, dass die nicht stetig differenzierbaren Trajektorien auch im Kontinuumslimes enthalten sind, werden wir nachfolgend als illustratives Beispiel die Zustandssumme des fermionischen Oszillators

$$\mathcal{Z}(\beta,\mu) = \mathrm{Sp}\, e^{-\beta(\epsilon-\mu)a^\dagger a}\,. \tag{33.37}$$

sowohl direkt aus der diskretisierten Form des Funktionalintegrals als auch über dessen Kontinuumslimes berechnen. Diese Größe wurde bereits in (31.50) im Operator-Zugang berechnet. Wir berechnen die Zustandssumme (33.37) zunächst über die diskretisierte Form der Funktionalintegraldarstellung, die explizit über die „gezackten" Pfade summiert.

Diskretisierte Form des Funktionalintegrals

Die diskretisierte Form des Funktionalintgrals der Spur des Zeitentwicklungsoperators über den Fock-Raum erhält man, wenn man Gl. (33.10) in Gl. (33.24) einsetzt,

$$\begin{aligned}\mathrm{Sp}\,\mathsf{U}(t_f,t_i) = \int \prod_{k=1}^{N} d\mu(\zeta_k)\langle\zeta_k|\zeta_k\rangle \\ \times \exp\left\{\sum_{k=1}^{N}\left[-\zeta_k^*(\zeta_k-\zeta_{k-1}) - \frac{i}{\hbar}\,\varepsilon\mathsf{H}(\zeta_k^*,\zeta_{k-1})\right]\right\},\end{aligned}$$

wobei aufgrund der Spur

$$\zeta_0 = \pm\zeta_N$$

zu setzen ist und (im Gegensatz zu (33.10)) die Integration sich jetzt auch über $\zeta_N \equiv \zeta_f$ erstreckt. Nach analytischer Fortsetzung (33.30), (33.31) und der Ersetzung $\mathsf{H} \to \mathsf{H} - \mu\mathsf{N}$ erhalten wir die entsprechende Funktionalintegraldarstellung für die großkanonische Zustandssumme

$$\begin{aligned}\mathcal{Z}(\beta,\mu) = \mathrm{Sp}\, e^{-\beta(\mathsf{H}-\mu\mathsf{N})} = \int \prod_{k=1}^{N} d\mu(\zeta_k)\langle\zeta_k|\zeta_k\rangle \\ \times \exp\left\{-\sum_{k=1}^{N}[\zeta_k^*(\zeta_k-\zeta_{k-1}) + \varepsilon(\mathsf{H}(\zeta_k^*,\zeta_{k-1}) - \mu\zeta_k^*\zeta_{k-1})]\right\}.\end{aligned} \tag{33.38}$$

Mit der expliziten Form des Hamilton-Operators (32.17) des fermionischen Oszillators und des Integrationsmaßes (32.68) haben wir

$$\mathsf{H}(\zeta_k^*,\zeta_{k-1}) = \epsilon\,\zeta_k^*\zeta_{k-1}\,,\quad d\mu(\zeta_k)\langle\zeta_k|\zeta_k\rangle = d\zeta_k^* d\zeta_k \tag{33.39}$$

und somit[5]

5 Die Einteilchenenergie ϵ sollte nicht mit dem infinitesimalen Zeitabschnitt ε verwechselt werden!

$$\mathcal{Z}(\beta,\mu) = \int \prod_{k=1}^{N} d\zeta_k^* d\zeta_k \, \exp\left\{ - \sum_{k=1}^{N} [\zeta_k^* (\zeta_k - \zeta_{k-1}) + \varepsilon(\epsilon - \mu)\zeta_k^* \zeta_{k-1}] \right\}, \tag{33.40}$$

wobei $\zeta_0 = -\zeta_N$. Die Integrationen über die ζ_k^* lassen sich unmittelbar ausführen

$$(-1) \int d\zeta_k^* \, e^{-\zeta_k^* [\zeta_k - \zeta_{k-1} + \varepsilon(\epsilon-\mu)\zeta_{k-1}]} = \delta(\zeta_k - \zeta_{k-1}(1 - \varepsilon(\epsilon - \mu))),$$

wobei wir die „Fourier"-Darstellung (32.43) der δ-Funktion von Graßmann-Variablen benutzt haben. Aufgrund der entstehenden δ-Funktionen lassen sich auch die verbleibenden Integrale über die ζ_k sukzessiv ausführen. Die Integration über ζ_1 liefert

$$\int d\zeta_1 \, \delta(\zeta_2 - \zeta_1(1 - \varepsilon(\epsilon - \mu)))\delta(\zeta_1 - \zeta_0(1 - \varepsilon(\epsilon - \mu))) = \delta(\zeta_2 - \zeta_0(1 - \varepsilon(\epsilon - \mu))^2).$$

Nach Ausführen der $N - 1$ Integrationen über $\zeta_1 \cdots \zeta_{N-1}$ erhalten wir

$$\mathcal{Z}(\beta,\mu) = \int d\zeta_N \, \delta(\zeta_N - \zeta_0(1 - \varepsilon(\epsilon - \mu))^N)$$

und mit $\zeta_0 = -\zeta_N$ finden wir nach Ausführen der verbleibenden Integration unter Benutzung von (32.42)

$$\mathcal{Z}(\beta,\mu) = 1 + (1 - \varepsilon(\epsilon - \mu))^N .$$

Da $\varepsilon = \beta/N$, erhalten wir im Limes $N \to \infty$ mit

$$\lim_{N\to\infty} \left(1 - \frac{x}{N}\right)^N = e^{-x}$$

schließlich

$$\mathcal{Z}(\beta,\mu) = 1 + e^{-\beta(\epsilon-\mu)} . \tag{33.41}$$

Dies ist das korrekte Ergebnis (31.50).

Kontinuumsform des Funktionalintegrals

Wir wollen jetzt alternativ die Zustandssumme des fermionischen Oszillators über den Kontinuumlimes (33.34)

$$\mathcal{Z}(\beta,\mu) = \int_{\zeta(\beta/2)=-\zeta(-\beta/2)} \mathcal{D}(\zeta^*,\zeta) e^{-S[\zeta^*,\zeta]} \tag{33.42}$$

berechnen, wobei die Wirkung (33.35) mit $\mathsf{H}(\zeta^*,\zeta) = \epsilon\,\zeta^*\zeta$ jetzt durch

$$S[\zeta^*, \zeta] = \int_{-\beta/2}^{\beta/2} d\tau\, \zeta^*(\tau)(\partial_\tau + \epsilon - \mu)\zeta(\tau)$$

gegeben ist. Die Funktionalintegration erstreckt sich über zeitabhängige Graßmann-Variablen $\zeta(\tau)$, die den antiperiodischen Randbedingungen $\zeta(\beta/2) = -\zeta(-\beta/2)$ genügen. Wir entwickeln deshalb die $\zeta(\tau)$ nach einer vollständigen Basis von antiperiodischen (stetig differenzierbaren!) Funktionen in der euklidischen Zeit τ

$$\zeta(\tau) = \sum_{n=-\infty}^{\infty} \zeta(n)\varphi_n(\tau)\,, \tag{33.43}$$

die wir in der Form

$$\varphi_n(\tau) = \frac{1}{\sqrt{\beta}}\, e^{i\omega_n^- \tau} \tag{33.44}$$

wählen, wobei

$$\omega_n^- = \frac{(2n+1)\pi}{\beta} \tag{33.45}$$

die fermionischen *Matsubara-Frequenzen* sind, siehe Anhang J. Die Funktionen $\varphi_n(\tau)$ zu verschiedenen n sind orthogonal und außerdem auf 1 normiert:

$$\int_{-\beta/2}^{\beta/2} d\tau\, \varphi_n^*(\tau)\varphi_m(\tau) = \delta_{nm}\,. \tag{33.46}$$

Die Funktionalintegration erstreckt sich dann über die Entwicklungskoeffizienten $\zeta(n)$, die ebenfalls Graßmann-Variablen sind,

$$\mathcal{D}(\zeta^*, \zeta) = J(\beta) \prod_{n=-\infty}^{\infty} d\zeta^*(n) d\zeta(n)\,. \tag{33.47}$$

Den hier enthaltenen Jacobian $J(\beta)$ werden wir weiter unten bestimmen. Prinzipiell kann $J(\beta)$, wie die Basisfunktionen $\varphi_n(\tau)$ (33.44), von β abhängen, jedoch nicht von ϵ oder μ.[6]

i Wie wir bereits einleitend zu diesem Abschnitt bemerkt haben: Durch die Entwicklung der Trajektorien $\zeta(\tau)$ nach den stetig differenzierbaren Funktionen $\varphi_n(\tau)$ verlieren wir nicht die „gezackten", d. h. nicht stetig differenzierbaren Trajektorien. Bekanntlich lassen sich auch nicht stetig differenzierbare Funktionen durch Fourier-Reihen darstellen und Gl. (33.43) ist nichts anderes als eine Fourier-Zerlegung der Trajektorie $\zeta(\tau)$.

6 Die β-Abhängigkeit der Basisfunktionen wird natürlich durch die Randbedingungen $\varphi_n(\beta/2) = -\varphi_n(-\beta/2)$ induziert und manifestiert sich in den Masubara-Frequenzen.

Mit (33.43) und unter Ausnutzung der Orthonormalitätsrelation (33.46) haben wir

$$\int_{-\beta/2}^{\beta/2} d\tau\, \zeta^*(\tau)(\partial_\tau + \epsilon - \mu)\zeta(\tau) = \sum_{n=-\infty}^{\infty} \zeta^*(n)(i\omega_n^- + \epsilon - \mu)\zeta(n)$$

und erhalten aus (33.42) unter Benutzung von Gl. (H.1)

$$\begin{aligned} \mathcal{Z}(\beta,\mu) &= J(\beta) \prod_{n=-\infty}^{\infty} \int d\zeta^*(n) d\zeta(n)\, e^{-\zeta^*(n)(i\omega_n^- + \epsilon - \mu)\zeta(n)} \\ &= J(\beta) \prod_{n=-\infty}^{\infty} [i\omega_n^- + \epsilon - \mu]\,. \end{aligned} \tag{33.48}$$

Das hier auftretende unendliche Produkt schreiben wir in der Form

$$\prod_{n=-\infty}^{\infty} [i\omega_n^- + \epsilon - \mu] = e^{f(\epsilon-\mu)}\,, \tag{33.49}$$

wobei wir die Funktion

$$f(x) = \sum_{n=-\infty}^{\infty} \ln(i\omega_n^- + x) \tag{33.50}$$

definiert haben. Diese Reihe ist divergent und bedarf einer Regularisierung. Wir nehmen zunächst die Ableitung dieser Funktion und erhalten die Reihe

$$f'(x) = \sum_{n=-\infty}^{\infty} \frac{1}{i\omega_n^- + x}\,, \tag{33.51}$$

die nur noch logarithmisch divergent ist und durch die Regularisierung

$$f'(x) = \lim_{\delta\to 0} \sum_{n=-\infty}^{\infty} \frac{e^{-i\delta\omega_n^-}}{i\omega_n^- + x}\,, \tag{33.52}$$

in eine konvergente Reihe überführt wird. Die Summe über die Matsubare-Frequenzen lässt sich mithilfe der Residuentheorie in geschlossener Form berechnen (siehe Anhang J). Aus Gl. (J.26) erhalten wir

$$f'(x) = -\frac{\beta}{e^{\beta x} + 1}\,. \tag{33.53}$$

Der erhaltene Ausdruck ist eine totale Ableitung, wie eine elementare Rechnung zeigt:

$$f'(x) = -\frac{\beta e^{-\beta x}}{1 + e^{-\beta x}} = \frac{d}{dx} \ln(1 + e^{-\beta x})\,. \tag{33.54}$$

Nach Integration über x erhalten wir für die gesuchte Funktion $f(x)$ (33.50) den Ausdruck

$$\begin{aligned} f(x) &= f(0) + \int_0^x dy f'(y) \\ &= f(0) + \ln\left(1 + e^{-\beta x}\right) - \ln 2 \end{aligned} \tag{33.55}$$

und somit für das unendliche Produkt (33.49)

$$\prod_{n=-\infty}^{\infty} \left[i\omega_n^- + \epsilon - \mu\right] = \frac{1}{2} e^{f(0)} \left(1 + e^{-\beta(\epsilon-\mu)}\right). \tag{33.56}$$

Die Größe

$$e^{f(0)} = \prod_{n=-\infty}^{\infty} \left[i\omega_n^-\right] \tag{33.57}$$

ist eine divergente Konstante, die unabhängig von dem betrachteten physikalischen System ist, sondern nur von β abhängt und folglich in den Jacobian $J(\beta)$ absorbiert werden kann, der ebenfalls nur von β abhängt, siehe die Erläuterung nach Gl. (33.47). Man überzeugt sich leicht, dass die Göße $e^{f(0)}$ positiv-definit ist: Für die fermionischen Matsubara-Frequenzen (33.45) gilt

$$\omega_{-n-1} = -\omega_n^-$$

und somit für eine beliebige Funktion $g(\omega_n^-)$

$$\prod_{n=-\infty}^{\infty} g(\omega_n^-) = \prod_{n=0}^{\infty} g(\omega_n^-) g(-\omega_n^-).$$

Mit dieser Beziehung finden wir aus (33.57)

$$e^{f(0)} = \prod_{n=0}^{\infty} \left[\omega_n^-\right]^2. \tag{33.58}$$

Nach Einsetzen dieses Ausdruck in Gl. (33.56) erhalten wir aus Gl. (33.48) schließlich für die Zustandssumme des fermionischen Oszillators:

$$\mathcal{Z}(\beta, \mu) = J(\beta) \frac{1}{2} \left(\prod_{n=0}^{\infty} \left[\omega_n^-\right]^2 \right) \left(1 + e^{-\beta(\epsilon-\mu)}\right). \tag{33.59}$$

Da die Konstante $J(\beta)$ nicht von μ oder ϵ abhängt, können wir sie bei $\mu = \epsilon$ bestimmen, wo die Zustandssumme des fermionischen Oszillators (33.37) den Wert $\mathcal{Z}(\beta, \mu =$

$\epsilon) = 2$ besitzt, unabhängig von dem Wert von β. (Der fermionische Oszillator besitzt nur zwei Zustände: $|0\rangle$ und $|1\rangle$, sodass $\mathrm{Sp}(\hat{1}) = 2$.) Aus (33.59) finden wir dann

$$J(\beta)\,\frac{1}{2}\prod_{n=0}^{\infty}[\omega_n^-]^2 = 1\,.$$

Damit erhalten wir für die großkanonische Zustandssumme des fermionischen Oszillators mit der Energie ϵ

$$\mathcal{Z}(\beta,\mu) = \left(1 + e^{-\beta(\epsilon-\mu)}\right).$$

Dies ist der exakte Ausdruck (33.41), den wir oben auch über die diskretisierte Form des Funktionalintegrals gefunden haben.

Die obigen Rechnungen im Kontinuumslimes lassen sich eleganter unter Benutzung der Green'schen Funktionen durchführen, die wir im nächsten Kapitel kennenlernen werden. Die explizite Berechnung der großkanonischen Zustandssumme aus der Green'schen Funktion erfolgt im Abschnitt 35.1.5.

Abschließend bemerken wir noch, dass bei der numerischen Berechnung der Funktionalintegrale (wie z. B. bei den Gitterrechnungen in der Teilchenphysik) stets die diskretisierte Form (33.10), für analytische Betrachtungen jedoch im Allgemeinen die Kontinuumsform benutzt wird.

34 Green'sche Funktionen und ihr Erzeugendes Funktional

Um die Eigenschaften physikalischer Systeme zu untersuchen, werden diese äußeren Störungen unterworfen. Diese Störungen können z. B. von außen angelegte elektromagnetische Felder sein. Die Reaktion des Systems auf die Störung liefert uns Informationen über Struktur und dynamisches Verhalten des Systems. Aus theoretischer Sicht sind die Störungen nichts weiter als Operatoren, die im Hilbert-Raum der Wellenfunktionen des Systems wirken. In der Zweiten Quantisierung von Vielteilchensystemen sind die Störungen daher durch Funktionen der Feldoperatoren gegeben. (In den meisten Fällen sind dies Einteilchen-Operatoren.) In vielen Fällen sind die von außen angelegten Störungen zeitabhängig. Zur Beschreibung von zeitabhängigen Prozessen ist es gewöhnlich vorteilhaft, vom bisher betrachteten Schrödinger-Bild zum Heisenberg-Bild oder Wechselwirkungsbild überzugehen, womit die Operatoren zwangsläufig zeitabhängig werden, siehe die Abschnitte 21.2 und 21.3. Diese induzierte Zeitabhängigkeit der Operatoren lässt sich in der Zweiten Quantisierung vollständig durch zeitabhängige Feldoperatoren erfassen. Erwartungswerte von Observablen können dann sämtlich durch Erwartungswerte von Produkten der zeitabhängigen Feldoperatoren ausgedrückt werden, die als *Green'sche Funktionen* bezeichnet werden. Diese lassen sich bequem aus einem *erzeugenden Funktional* gewinnen. Ihre explizite Berechnung vereinfacht sich sehr wesentlich durch das *Wick'sche Theorem.*

34.1 Zeitabhängige Feldoperatoren

34.1.1 Feldoperatoren im Heisenberg-Bild

Wie wir im Kapitel 21.6 gesehen haben, ist es bei der Beschreibung zeitabhängiger Prozesse oft vorteilhaft, das Heisenberg- oder das Wechselwirkungsbild zu benutzen, in welchem die Operatoren zeitabhängig sind. In der Zweiten Quantisierung kann die durch diese Bilder induzierte Zeitabhängigkeit vollständig in die Feldoperatoren absorbiert werden, wovon man sich leicht überzeugt: Es sei

$$\mathsf{U}(t, t_0) = T \exp\left[-\frac{i}{\hbar}\int_{t_0}^{t} dt' \mathsf{H}(t')\right] \tag{34.1}$$

der Zeitentwicklungsoperator (21.13) in der Zweiten Quantisierung. Offenbar besitzt dieser Operator dieselben Eigenschaften wie in der ersten Quantisierung:

$$\mathsf{U}(t_2, t_1)\mathsf{U}(t_1, t_0) = \mathsf{U}(t_2, t_0)\,,$$
$$\mathsf{U}^\dagger(t, t_0) = \mathsf{U}^{-1}(t, t_0) = \mathsf{U}(t_0, t)\,.$$

https://doi.org/10.1515/9783111625126-006

Im Heisenberg-Bild sind die Wellenfunktionen zeitunabhängig, während die Operatoren die gesamte Zeitabhängigkeit tragen:

$$\mathsf{O}(t)_H = \mathsf{U}^\dagger(t,t_0)\mathsf{O}\mathsf{U}(t,t_0) = \mathsf{U}(t_0,t)\mathsf{O}\mathsf{U}(t,t_0)\,.$$

In der Zweiten Quantisierung ist jeder Operator $\mathsf{O} = \mathsf{O}(a^\dagger, a)$ durch eine Linearkombination von Produkten von Erzeugungs- und Vernichtungsoperatoren gegeben. Wegen $\mathsf{U}(t,t_0)\mathsf{U}(t_0,t) = \hat{1}$ gilt dann

$$\mathsf{U}(t_0,t)\mathsf{O}(a^\dagger,a)\mathsf{U}(t,t_0) = \mathsf{O}(\mathsf{U}(t_0,t)a^\dagger\mathsf{U}(t,t_0)\,,\, \mathsf{U}(t_0,t)a\mathsf{U}(t,t_0))$$

und somit

$$\mathsf{O}(a^\dagger,a)_H = \mathsf{O}(a^\dagger(t)_H\,,\, a(t)_H)\,,$$

womit die Zeitabhängigkeit in die Feldoperatoren

$$\begin{aligned} a(t)_H &= \mathsf{U}(t_0,t)a\mathsf{U}(t,t_0)\,,\\ a^\dagger(t)_H &= \mathsf{U}(t_0,t)a^\dagger\mathsf{U}(t,t_0)\,, \end{aligned} \tag{34.2}$$

absorbiert ist. Die Feldoperatoren im Heisenberg-Bild $a(t)_H$, $a^\dagger(t)_H$ sind komplizierte Vielteilchenoperatoren, wie man durch Taylorentwicklung der Zeitentwicklungsoperatoren erkennt. Dennoch reduzieren sich für (Fermi-) Bose-Systeme die (Anti-)Kommutatoren $[\cdot,\cdot]_\mp$ der Feldoperatoren zum *selben* Zeitpunkt auf die der *zeitunabhängigen* Operatoren im Schrödinger-Bild, welche durch gewöhnliche Zahlen gegeben sind, siehe Gln. (30.51) bzw. (30.27). So gilt z. B.

$$\begin{aligned} [a_k(t)_H, a_l^\dagger(t)_H]_\mp &\equiv [\mathsf{U}(t_0,t)a_k\mathsf{U}(t,t_0), \mathsf{U}(t_0,t)a_l^\dagger\mathsf{U}(t,t_0)]_\mp\\ &= \mathsf{U}(t_0,t)[a_k, a_l^\dagger]_\mp\mathsf{U}(t,t_0)\\ &= \mathsf{U}(t_0,t)\delta_{kl}\mathsf{U}(t,t_0) = \delta_{kl} \end{aligned}$$

und somit

$$[a_k(t)_H, a_l^\dagger(t)_H]_\mp = [a_k, a_l^\dagger]_\mp\,. \tag{34.3}$$

34.1.2 Feldoperatoren im Wechselwirkungsbild

Für wechselwirkende Vielteilchensysteme ist der volle Zeitentwicklungsoperator $\mathsf{U}(t,t_0)$ schwierig zu handhaben. In vielen Fällen wird jedoch der Hamilton-Operator des Vielteilchensystems,

$$\mathsf{H} = \mathsf{h} + \mathsf{V}\,, \tag{34.4}$$

durch einen Einteilchen-Operator

$$\mathsf{h} = \sum_{k,l} h_{kl}(t) a_k^\dagger a_l \tag{34.5}$$

dominiert (der z. B. durch den Hartree-Fock-Hamilton-Operator $\mathcal{H}[\rho]$ (31.83) gegeben sein kann), während die verbleibenden Korrelationen V in Störungstheorie behandelt werden können. Dann empfiehlt es sich, das Wechselwirkungsbild zu benutzen, wobei der Einteilchen-Operator h (34.5) als „ungestörter" Hamilton-Operator betrachtet wird, der die Zeitabhängigkeit der Operatoren generiert

$$\mathsf{O}(t)_W = \mathsf{u}^\dagger(t, t_0)\mathsf{O}\mathsf{u}(t, t_0) = \mathsf{u}(t_0, t)\mathsf{O}\mathsf{u}(t, t_0) =: \mathsf{O}(t)_h \tag{34.6}$$

mit

$$\mathsf{u}(t, t_0) = T \exp\left[-\frac{i}{\hbar}\int_{t_0}^{t} dt' \mathsf{h}(t')\right] . \tag{34.7}$$

Natürlich kann auch in diesem Bild die Zeitabhängigkeit der Operatoren

$$\mathsf{u}(t_0, t)\mathsf{O}(a^\dagger, a)\mathsf{u}(t, t_0) = \mathsf{O}(a^\dagger(t)_h, a(t)_h)$$

in die Feldoperatoren

$$\begin{aligned} a(t)_h &:= \mathsf{u}(t_0, t) a\, \mathsf{u}(t, t_0) , \\ a^\dagger(t)_h &:= \mathsf{u}(t_0, t) a^\dagger\, \mathsf{u}(t, t_0) \end{aligned} \tag{34.8}$$

absorbiert werden.

Für die Anwendung des Wechselwirkungsbildes ist es nicht prinzipiell erforderlich, dass h ein Einteilchen-Operator ist. Jedoch vereinfachen sich die Rechnungen sehr wesentlich für einen Einteilchen-Operator, da die zeitabhängigen Feldoperatoren (34.8) sich dann in geschlossener Form angeben lassen. Man findet:

$$\begin{aligned} a_k(t)_h &= u_{kl}(t, t_0)\, a_l , \\ a_k^\dagger(t)_h &= a_l^\dagger u_{lk}(t_0, t) , \end{aligned} \tag{34.9}$$

wobei über doppelt auftretende Indizes summiert wird und

$$u(t_2, t_1) = T \exp\left[-\frac{i}{\hbar}\int_{t_1}^{t_2} dt\, h(t)\right] \tag{34.10}$$

der Zeitentwicklungsoperator eines einzelnen Teilchens (in der ersten Quantisierung) ist, dessen Hamilton-Operator durch die in (34.5) auftretende Matrix $h(t)$ gegeben ist.[1] (Man beachte den Unterschied

1 D. h. $h(t)$ und $u(t_2, t_1)$ (34.10) sind Matrizen (mit i. A. komplexen Matrixelementen) im Raum der Einteilchenzustände $|k\rangle$.

zwischen (34.7) und (34.10): $\mathrm{u}(t_2, t_1)$ ist ein Operator im Fock-Raum, während $u(t_2, t_1)$ im Hilbert-Raum eines einzelnen Teilchens definiert ist.)

Beweis von Gleichung (34.9)

Den zeitabhängigen Vernichtungsoperator (34.8) schreiben wir in der Form

$$a_k(t)_h = a_k + \mathrm{u}(t_0, t)\big[a_k, \mathrm{u}(t, t_0)\big]. \tag{34.11}$$

Unter Benutzung von (C.10) haben wir

$$\big[a_k, \mathrm{u}(t, t_0)\big] = -\frac{i}{\hbar}\int_{t_0}^{t} dt'\,\mathrm{u}(t, t')\big[a_k, \mathrm{h}(t')\big]\mathrm{u}(t', t_0).$$

Der Kommutator wurde in (30.79) berechnet

$$\big[a_k, \mathrm{h}(t)\big] = h_{kl}(t)a_l.$$

Mit $\mathrm{u}(t, t') = \mathrm{u}(t, t_0)\mathrm{u}(t_0, t')$ und der Definition (34.8) erhalten wir

$$\big[a_k, \mathrm{u}(t, t_0)\big] = \mathrm{u}(t, t_0)\left(-\frac{i}{\hbar}\right)\int_{t_0}^{t} dt'\,h_{kl}(t')a_l(t')_h.$$

Einsetzen dieses Ausdruckes in (34.11) liefert die Integralgleichung

$$a_k(t)_h = a_k - \frac{i}{\hbar}\int_{t_0}^{t} dt'\,h_{kl}(t')a_l(t')_h.$$

Iteration dieser Gleichung und Aufsummation der entstehenden Reihe mittels Gl. (21.55) liefert die erste Beziehung in Gl. (34.9). Die zweite Beziehung ist das hermitesch Konjugierte der ersten.

Durch Differentiation nach der Zeit t finden wir aus Gln. (34.9) und (34.10) unter Benutzung von Gln. (21.2) und (21.12) die Differentialgleichungen:

$$i\hbar\partial_t a_k(t)_h = h_{kl}(t)a_l(t)_h, \tag{34.12}$$

$$i\hbar\partial_t a_k^\dagger(t)_h = -a_l^\dagger(t)_h h_{lk}(t). \tag{34.13}$$

Die zeitabhängigen Operatoren $a_k(t)_h$ bzw. $a_k^\dagger(t)_h$ sind nach (34.9) durch lineare Kombinationen der zeitunabhängigen Operatoren a_k bzw. $a_k^\dagger$ des Schrödinger-Bildes gegeben. Insbesondere bleiben die $a_k(t)_h$ zu allen Zeiten reine Vernichtungsoperatoren, d. h. im Laufe der Zeit erhalten die $a_k(t)_h$ keine Beimischungen der $a_k^\dagger$. Das Analoge gilt natürlich auch entsprechend für die Erzeugungsoperatoren $a_k^\dagger(t)_h$. Mit Gl. (34.9) finden wir aus den (Anti-)Kommutationsbeziehungen der a_k, $a_k^\dagger$ (30.51) bzw. (30.27) die entsprechenden Beziehungen für die zeitabhängigen Feldoperatoren

$$\big[a_l(t)_h, a_k(t')_h\big]_\mp = 0, \quad \big[a_l^\dagger(t)_h, a_k^\dagger(t')_h\big]_\mp = 0,$$
$$\big[a_l(t)_h, a_k^\dagger(t')_h\big]_\mp = u_{lk}(t, t'). \tag{34.14}$$

In der letzten Beziehung haben wir die Unitarität von $u(t, t_0)$ ausgenutzt. Für gleiche Zeitargumente $t = t'$ reduziert sich der Zeitentwicklungsoperator auf den Einheitsoperator und somit gilt

$$u_{kl}(t,t) = \delta_{kl} .$$

Für gleiche Zeiten besitzen folglich die zeitabhängigen Feldoperatoren $a_k(t)_h$, $a_k^\dagger(t)_h$ (34.8) dieselben (Anti-)Kommutationsbeziehungen wie die zeitunabhängigen Operatoren des Schrödinger-Bildes:

$$\left[a_l(t)_h, a_k^\dagger(t)_h\right]_\mp = \left[a_l, a_k^\dagger\right]_\mp = \delta_{lk} . \tag{34.15}$$

Wir betrachten jetzt die Wirkung der zeitabhängigen Feldoperatoren auf die kohärenten Zustände $|\zeta\rangle$ (32.62). Diese sollen wie bisher bezüglich der zeitunabhängigen Feldoperatoren a, $a^\dagger$ definiert sein. Ferner setzen wir wieder voraus, dass die Zeitabhängigkeit der $a(t)_h$, $a^\dagger(t)_h$ durch Gl. (34.9) gegeben ist. Es gilt dann

$$a_k(t)_h|\zeta\rangle = \zeta_k(t)_h|\zeta\rangle , \tag{34.16}$$

$$\langle\zeta|a_k^\dagger(t)_h = \langle\zeta|\zeta_k^*(t)_h , \tag{34.17}$$

wobei wir die Abkürzungen

$$\zeta_k(t)_h := u_{kl}(t,t_0)\zeta_l , \quad \zeta_k^*(t)_h := \zeta_l^* u_{lk}^\dagger(t,t_0) \tag{34.18}$$

eingeführt haben. Die so definierten zeitabhängigen komplexen bzw. Graßmann-Variablen $\zeta_k(t)_h$, $\zeta_k^*(t)_h$ besitzen dieselbe Zeitabhängigkeit wie die Feldoperatoren $a_k(t)_h$, $a_k^\dagger(t)_h$ (34.9), womit Gln. (34.16), (34.17) die direkte Verallgemeinerung von (32.62) für zeitabhängige Operatoren sind.

Ist der Einteilchen-Hamilton-Operator (34.5) zeitunabhängig, empfiehlt es sich, in die Basis seiner Eigenzustände zu gehen, in der dieser diagonal ist

$$h_{kl} = \epsilon_k \delta_{kl} . \tag{34.19}$$

Der Zeitentwicklungsoperator (34.10) ist dann ebenfalls diagonal:

$$u_{kl}(t,t_0) = \delta_{kl} e^{-\frac{i}{\hbar}\epsilon_k(t-t_0)} .$$

Die Feldoperatoren des Wechselwirkungsbildes (34.9)

$$a_k(t)_h = e^{-\frac{i}{\hbar}\epsilon_k(t-t_0)} a_k ,$$

$$a_k^\dagger(t)_h = e^{\frac{i}{\hbar}\epsilon_k(t-t_0)} a_k^\dagger \tag{34.20}$$

unterscheiden sich dann von den (zeitunabhängigen) Feldoperatoren des Schrödinger-Bildes, a_k, $a_k^\dagger$, nur durch eine zeitabhängige Phase.

34.1.3 Wick'sches Theorem

Für *zeitunabhängige* Feldoperatoren hatten wir in Abschnitt 30.7.4 das *Normalprodukt* und die *Kontraktion* eingeführt. Während die Definition des Normalproduktes unverändert auch für zeitabhängige Feldoperatoren gültig bleibt, wird die Kontraktion modifiziert, wie in der nachfolgenden Box angegeben ist.

Normalprodukt, T-Produkt und Kontraktion zeitabhängiger Feldoperatoren

1. Das *Normalprodukt* oder *normalgeordnete Produkt* von Feldoperatoren erhält man, indem man die Erzeugungsoperatoren links von den Vernichtungsoperatoren anordnet und den so entstehenden Ausdruck mit dem Charakter $\chi(P)$ der Permutation P multipliziert, die erforderlich ist, um die ursprüngliche Anordnung der Fermi-Operatoren in die Normalordnung zu bringen. So gilt z. B.:

$$: a_k a_l^\dagger : = \pm a_l^\dagger a_k$$

oder:

$$: a_k^\dagger a_l a_m a_n^\dagger a_p : = a_k^\dagger a_n^\dagger a_l a_m a_p \,.$$

Innerhalb eines normalgeordneten Produktes kommutieren bzw. antikommutieren die Feldoperatoren je nachdem, ob es sich um Bose- oder um Fermi-Systeme handelt. Dasselbe gilt auch für die Feldoperatoren in dem nachfolgend definierten T-Produkt:

2. Das *T-Produkt* oder *zeitgeordnete Produkt* von Erzeugungs- und Vernichtungsoperatoren erhält man, indem man die Operatoren nach abnehmenden Zeitargument anordnet und mit dem Charakter $\chi(P)$ der Permutation P multipliziert, die erforderlich ist, um die Fermi-Operatoren in die zeitgeordnete Reihenfolge zu bringen. Bezeichnen wir die Erzeugungs- und Vernichtungsoperatoren $a_k^\dagger(t)$, $a_k(t)$ kollektiv mit $c_k(t)$, so gilt

$$T\big(c_k(t)c_l(t')\big) = \begin{cases} c_k(t)c_l(t')\,, & t > t' \\ \pm c_l(t')c_k(t)\,, & t < t'\,, \end{cases} \tag{34.21}$$

woraus

$$T\big(c_k(t)c_l(t')\big) = \pm T\big(c_l(t')c_k(t)\big)$$

folgt. Das T-Produkt ist offensichtlich nicht stetig bei $t = t'$, sodass der gleichzeitige Limes stets eine gewisse Sorgfalt erfordert. Oftmals ist es vorteilhaft, den gleichzeitigen Limes durch die symmetrische Form

$$T\big(c_k(t)c_l(t')\big) = \frac{1}{2}\big[c_k(t)c_l(t) \pm c_l(t)c_k(t)\big], \quad t = t' \tag{34.22}$$

zu definieren (siehe Anhang G).

Die Definition (34.21) des zeitgeordneten Produktes von Fermi-Operatoren unterscheidet sich durch den Einschluss des Charakters $\chi(P)$ der erforderlichen Permutation P offenbar von der in Gln. (21.15) gegebenen allgemeinen Definition des T-Produktes, die wir auch in der Darstellung des Zeitentwicklungsoperators benutzt haben. Dies führt jedoch zu keinem Widerspruch, da die Observablen (insbesondere der Hamilton-Operator) in der zweiten Quantisierung stets eine gerade Anzahl von Fermi-Operatoren enthalten.

3. Die *Kontraktion* zweier Feldoperatoren ist analog zu Gl. (30.85) durch die Differenz von T-Produkt und Normalprodukt definiert:

$$\overbracket{c_k(t)c_l}(t') = T\big(c_k(t)c_l(t')\big) - : c_k(t)c_l(t') : . \tag{34.23}$$

Während die Kontraktion von zwei Erzeugungsoperatoren oder zwei Vernichtungsoperatoren verschwindet:

$$\overbracket{a_k(t)a_l}(t') = 0\,, \quad \overbracket{a_k^\dagger(t)a_l^\dagger}(t') = 0\,,$$

gilt:

$$\overbracket{a_l(t)a_k^\dagger}(t') = \Theta(t-t')\left[a_l(t), a_k^\dagger(t')\right]_\mp , \tag{34.24}$$

und ferner

$$\overbracket{a_k^\dagger(t')a_l}(t) = \pm\, \overbracket{a_l(t)a_k^\dagger}(t') , \tag{34.25}$$

wovon man sich leicht überzeugt. Für die in Abschnitt 34.1.2 betrachteten Feldoperatoren des Wechselwirkungsbildes, deren Zeitabhängigkeit durch den Einteilchen-Hamiltonian h (34.5) definiert ist, finden wir aus Gl. (34.24) mit Gl. (34.14) die Kontraktion

$$\overbracket{a_l(t)_h a_k^\dagger}(t')_h = \Theta(t-t')u_{lk}(t,t') . \tag{34.26}$$

Auch dieser Ausdruck gilt sowohl für Bose- als auch für Fermi-Systeme. Ferner erkennen wir, dass im vorliegenden Fall die Kontraktion kein Operator, sondern eine gewöhnliche komplexe Zahl ist.

Für zeitabhängige Feldoperatoren $a(t)$, $a^\dagger(t)$ deren Kontraktion eine c-Zahl[2] ist, wie z. B. für die in Abschnitt 34.1.2 definierten Feldoperatoren des Wechselwirkungsbildes, deren Zeitentwicklung durch den Einteilchen-Operator h (34.5) generiert ist, gilt die folgende allgemeinste Form des *Wick'schen Theorems* (G.37):

$$\boxed{\begin{aligned} &T \exp\left[\int_{t_a}^{t_b} dt(\eta^*(t)\cdot a(t) + a^\dagger(t)\cdot\eta(t))\right] \\ &\quad =: \exp\left[\int_{t_a}^{t_b} dt(\eta^*(t)\cdot a(t) + a^\dagger(t)\cdot\eta(t))\right] : \\ &\quad \times \exp\left[\int_{t_a}^{t_b} dt \int_{t_a}^{t_b} dt'\, \eta^*(t)\cdot \overbracket{a(t)a^\dagger}(t')\cdot\eta(t')\right] . \end{aligned}} \tag{34.27}$$

Hierin sind $\eta_k(t)$, $\eta_k^*(t)$ gewöhnliche Funktionen der Zeit für Bose-Systeme und zeitabhängige Graßmann-Variablen für Fermi-Systeme.[3] Da diese Funktionen hier als Amplituden der Erzeugungs- bzw. Vernichtungsoperatoren erscheinen, werden sie als *Quellen* bezeichnet. Ein detaillierter Beweis des Theorems ist in Anhang G gegeben.

Aus der allgemeinsten Form des Wick'schen Theorems (34.27) ergibt sich die gewöhnliche, bekanntere Form des Wick'schen Theorems, indem man die Exponentialfunktionen in Taylor-Reihen entwickelt und die Koeffizienten der unabhängigen Poten-

---

2 Unter *c-Zahlen* versteht man allgemein kommutierende Objekte. Die Kommutatoren der Feldoperatoren im Wechselwirkungsbild sind durch die Matrixelemente u_{kl} des Zeitentwicklungsoperators (34.10) gegeben, siehe Gl. (34.14), und somit gewöhnliche komplexe Zahlen.

3 Wir verwenden hier wieder die in (32.64) eingeführte kompakte Notation: $\eta^* \cdot a \equiv \sum_k \eta_k^* a_k$ etc.

zen von η und η^* der rechten und linken Seite gleichsetzt: Identifiziert man die Koeffizienten von $\eta^*(t)\eta(t')$, so erhält man:

$$T(a(t)a^{\dagger}(t')) = :a(t)a^{\dagger}(t'): + \overbracket{a(t)a}^{\dagger}(t')\,. \tag{34.28}$$

Dies ist gerade die Definition (34.23) der Kontraktionen von Erzeugungs- und Vernichtungsoperatoren. Durch Identifikation der Koeffizienten von $\eta^*(t_1)\eta^*(t_2)\eta(t_3)\eta(t_4)$ erhält man die Beziehung

$$\begin{aligned} T(a(t_1)a(t_2)a^{\dagger}(t_3)a^{\dagger}(t_4)) &= :a(t_1)a(t_2)a^{\dagger}(t_3)a^{\dagger}(t_4): \\ &\quad + :a(t_1)a^{\dagger}(t_4):\overbracket{a(t_2)a}^{\dagger}(t_3) + :a(t_2)a^{\dagger}(t_3):\overbracket{a(t_1)a}^{\dagger}(t_4) \\ &\quad \pm :a(t_1)a^{\dagger}(t_3):\overbracket{a(t_2)a}^{\dagger}(t_4) \pm :a(t_2)a^{\dagger}(t_4):\overbracket{a(t_1)a}^{\dagger}(t_3) \\ &\quad + \overbracket{a(t_1)a}^{\dagger}(t_4)\,\overbracket{a(t_2)a}^{\dagger}(t_3) \pm \overbracket{a(t_1)a}^{\dagger}(t_3)\,\overbracket{a(t_2)a}^{\dagger}(t_4)\,. \end{aligned} \tag{34.29}$$

Ganz allgemein findet man für eine beliebige Potenz von η und η^* die gewöhnliche Form des Wick'schen Theorems:

Das T-Produkt von Erzeugungs- und Vernichtungsoperatoren ist gleich dem normalgeordneten Produkt plus der Summe aller normalgeordneten Produkte mit einem Paar von kontrahierten Operatoren plus allen normalgeordneten Produkte mit zwei Kontraktionen usw. bis alle möglichen Kontraktionen der Operatoren erschöpft sind. Jeder dabei entstehende Term wird multipliziert mit dem Charakter $\chi(P)$ der Permutation P, die erforderlich ist, um die kontrahierten Fermi-Operatoren zusammen zu bringen.

Das Theorem ergibt sich aus dem für zeitunabhängige Feldoperatoren (siehe Abschnitt 30.7.4) durch Ersetzung des gewöhnlichen Produktes durch das T-Produkt.

---

i

Das durch die Permutation P der Fermi-Operatoren auftretende Vorzeichen $\chi(P) = \pm 1$ lässt sich vermeiden, wenn man beim Bilden der Kontraktion die Positionen der Operatoren beibehält. So lässt sich Gl. (34.29) alternativ schreiben als

$$\begin{aligned} T\big(a(t_1)a(t_2)a^{\dagger}(t_3)a^{\dagger}(t_4)\big) &= :a(t_1)a(t_2)a^{\dagger}(t_3)a^{\dagger}(t_4): \\ &\quad + :a(t_1)\,\overbracket{a(t_2)a}^{\dagger}(t_3)a^{\dagger}(t_4): + :\overbracket{a(t_1)a(t_2)a^{\dagger}(t_3)a}^{\dagger}(t_4): \\ &\quad + :a(t_1)\,\overbracket{a(t_2)a^{\dagger}(t_3)a}^{\dagger}(t_4): + :\overbracket{a(t_1)a(t_2)a}^{\dagger}(t_3)a^{\dagger}(t_4): \\ &\quad + :\overbracket{a(t_1)\overbracket{a(t_2)a}^{\dagger}(t_3)a}^{\dagger}(t_4): + :\overbracket{a(t_1)a(t_2)a}^{\dagger}(t_3)a^{\dagger}(t_4)\big|_{a(t_2)\text{–}a^{\dagger}(t_4)}:\,. \end{aligned}$$

Das zeitgeordnete Produkt ergibt sich dann einfach als Summe der Normalprodukte mit allen möglichen Kontraktionen der Feldoperatoren. Diese Darstellung besitzt jedoch nur formale Bedeutung. Wenn die explizite Form der Kontraktionen eingesetzt werden soll, kehrt man zwangsläufig wieder zu der Form (34.29) zurück.

Die allgemeinste Form des Wick'schen Theorems (34.27) erweist sich als sehr nützlich bei der störungstheoretischen Berechnung der Green'schen Funktionen im Operatorzugang.

34.2 Green'sche Funktionen

34.2.1 Definition

Wie in der Quantenmechanik eines einzelnen Teilchens ist auch für die Beschreibung von dynamischen Prozessen in Vielteilchensystemen die zentrale Größe die Übergangsamplitude

$$\langle\phi_f|\mathsf{U}(t_f,t_i)|\phi_i\rangle\,, \tag{34.30}$$

wobei $\mathsf{U}(t_f,t_i)$ (34.1) der Zeitentwicklungsoperator und $|\phi_i\rangle$ bzw. $|\phi_f\rangle$ die Zustände des Vielteilchensystems zur Zeit t_i bzw. t_f sind. Ihr Betragsquadrat gibt die Wahrscheinlichkeit an, dass sich der Anfangszustand $|\phi_i\rangle$ während der Zeit $t_f - t_i$ in den Endzustand $|\phi_f\rangle$ entwickelt. Unter Benutzung von

$$\mathsf{U}(t_f,t_i) = \mathsf{U}(t_f,t)\mathsf{U}(t,t_i) = \mathsf{U}^\dagger(t,t_f)\mathsf{U}(t,t_i)$$

können wir die Übergangsamplitude (34.30) auch durch die zeitabhängigen Wellenfunktionen

$$|\phi_{i,f}(t)\rangle = \mathsf{U}(t,t_{i,f})|\phi_{i,f}\rangle \tag{34.31}$$

ausdrücken:

$$\langle\phi_f|\mathsf{U}(t_f,t_i)|\phi_i\rangle = \langle\phi_f(t)|\phi_i(t)\rangle = \langle\phi_f(t_2)|\mathsf{U}(t_2,t_1)|\phi_i(t_1)\rangle\,, \tag{34.32}$$

wobei t_1 und t_2 beliebige Zeiten sind.

In der Natur gibt es Prozesse, in denen Teilchen erzeugt bzw. vernichtet werden. Zum Beispiel wird beim β-Zerfall des Neutrons

$$n \to p + e^- + \bar{\nu}$$

ein Neutron n vernichtet und gleichzeitig ein Proton p, ein Elektron e^- und ein Antineutrino $\bar{\nu}$ erzeugt. Anfangs- und Endzustand in der Übergangsamplitude müssen deshalb nicht notwendigerweise dieselbe Teilchenzahl enthalten.

Gewöhnlich benötigen wir nicht die Gesamtheit aller Übergangsamplituden, sondern interessieren uns für die Bewegung eines einzelnen Teilchens oder zweier Teilchen in einem wechselwirkenden System. Schließlich sind die meisten Observablen von physikalischem Interesse Ein- und Zweiteilchenoperatoren. Dann ist es sinnvoll, die Wahrscheinlichkeit dafür zu betrachten, dass in einem Vielteilchensystem, welches sich in einem Zustand $|\phi(t)\rangle$ befindet, ein Teilchen zur Zeit t_1 im Zustand k_1 erzeugt und zu einem späteren Zeitpunkt $t_2 > t_1$ ein Teilchen[4] im Zustand k_2 vernichtet wird. Dies führt uns auf die Amplitude (34.32) für den Übergang vom Zustand $|\phi_i(t_1)\rangle = a^\dagger_{k_1}|\phi(t_1)\rangle$ in den Zustand $\langle\phi_f(t_2)| = \langle\phi(t_2)|a_{k_2}$:

$$\langle\phi(t_2)|a_{k_2}\mathsf{U}(t_2,t_1)a^\dagger_{k_1}|\phi(t_1)\rangle\,. \tag{34.33}$$

Unter Benutzung von Gl. (34.31) sowie $\mathsf{U}(t_2,t_1) = \mathsf{U}(t_2,t_0)\mathsf{U}(t_0,t_1)$ können wir diese Amplitude durch die Feldoperatoren in der Heisenberg-Darstellung (34.2) ausdrücken:

$$\langle\phi|a_{k_2}(t_2)_H\, a^\dagger_{k_1}(t_1)_H|\phi\rangle\,, \tag{34.34}$$

wobei wir der Einfachheit halber $|\phi(t_0)\rangle = |\phi\rangle$ gesetzt haben.

Um die nachfolgenden Gleichungen übersichtlicher zu gestalten, führen wir die folgende kompakte Notation ein: Den Zustandsindex k_1 und das Zeitargument t_1 fassen wir zu einem numerischen Index $1 = (k_1, t_1)$ zusammen und schreiben die zeitabhängigen Feldoperatoren in der Form

$$a(1) := a_{k_1}(t_1), \quad a^\dagger(1) := a^\dagger_{k_1}(t_1)\,. \tag{34.35}$$

In dieser Notation lautet die Amplitude (34.34)

$$\langle\phi|a(2)_H\, a^\dagger(1)_H|\phi\rangle\,. \tag{34.36}$$

Analog können wir nach der Wahrscheinlichkeit fragen, dass zunächst ein Teilchen zur Zeit t_2 im Zustand k_2 vernichtet wird und zu einem späteren Zeitpunkt $t_1 > t_2$ ein Teilchen im Zustand k_1 erzeugt wird, d. h.

$$|\phi_i(t_2)\rangle = a_{k_2}|\phi(t_2)\rangle\,, \quad \langle\phi_f(t_1)| = \langle\phi(t_1)|a^\dagger_{k_1} \tag{34.37}$$

was uns auf die Amplitude

$$\pm\langle\phi|a^\dagger(1)_H\, a(2)_H|\phi\rangle \tag{34.38}$$

führt, wobei wir ein positives (negatives) Vorzeichen für Bose- (Fermi-)Systeme gewählt haben. Die Summe beider Amplituden (34.36) und (34.38) ergibt die *Einteilchen-Green'sche Funktion*:

---

4 Aufgrund der Identität der Teilchen können wir nicht unterscheiden, ob es sich hier um dasselbe oder ein anderes Teilchen handelt.

$$\begin{aligned} i\hbar\mathcal{G}(2,1) &\equiv i\hbar\mathcal{G}_{k_2k_1}(t_2,t_1) \\ &= \Theta(t_2-t_1)\langle\phi|a(2)_H\, a^\dagger(1)_H|\phi\rangle \pm \Theta(t_1-t_2)\langle\phi|a^\dagger(1)_H\, a(2)_H|\phi\rangle \\ &\equiv i\hbar\mathcal{G}^{(+)}(2,1) + i\hbar\mathcal{G}^{(-)}(2,1)\,, \end{aligned} \tag{34.39}$$

wobei $\mathcal{G}^{(+)}(2,1)$ als *retardierte* oder *kausale* und $\mathcal{G}^{(-)}(2,1)$ als *avancierte* oder *akausale* Green'sche Funktion bezeichnet wird. Mittels des zeitgeordneten Produktes (34.21) lässt sich die Einteilchen-Green'sche Funktion in der kompakten Form

$$i\hbar\mathcal{G}(2,1) = \langle\phi|Ta(2)_H\, a^\dagger(1)_H|\phi\rangle \tag{34.40}$$

zusammenfassen.

Ganz allgemein können wir natürlich auch Übergangsamplituden zwischen Zuständen $|\phi_i\rangle$ und $|\phi_f\rangle$ betrachten, die sich durch Erzeugung bzw. Vernichtung einer beliebigen Anzahl von Teilchen aus einem Zustand $|\phi\rangle$ gewinnen lassen. Insbesondere müssen $|\phi_i\rangle$ und $|\phi_f\rangle$ nicht dieselbe Anzahl von Teilchen enthalten. Dies führt auf die allgemeinen *n-Teilchen-Green'schen Funktionen*

$$i\hbar\mathcal{G}(1,\ldots,n;1',\ldots,m') = \langle\phi|Ta(1)_H\ldots a(n)_H\, a^\dagger(m')_H\ldots a^\dagger(1')_H|\phi\rangle\,, \tag{34.41}$$

die eine beliebige Anzahl von Erzeugungs- und Vernichtungsoperatoren enthalten können. Falls der Zustand $|\phi\rangle$ eine wohldefinierte Teilchenzahl besitzt und der Hamilton-Operator die Teilchenzahl erhält, sind nur solche Green'sche Funktionen von null verschieden, die dieselbe Anzahl von Erzeugungs- und Vernichtungsoperatoren besitzen. Diese Green'schen Funktionen werden auch als *Ausbreitungsfunktionen* oder *Propagatoren* bezeichnet, da sie die Ausbreitung eines oder mehrerer Teilchen beschreiben.

In der Mathematik wird als *Green'sche Funktion* die Lösung einer inhomogenen Differentialgleichung mit punktförmiger Singularität bezeichnet. Wie wir weiter unten noch sehen werden, ist diese Bezeichnung auch für die in Gleichung (34.41) definierten Größen gerechtfertigt.

Wie aus den obigen Betrachtungen hervorgeht, ist die Kenntnis sämtlicher Green'scher Funktionen äquivalent zur Kenntnis sämtlicher Übergangsamplituden und damit zur Kenntnis der Wellenfunktion $|\phi(t)\rangle$ und zwar in ihrer gesamten zeitlichen Entwicklung. Dies erkennt man sofort, wenn man beachtet, dass sich die Erwartungswerte sämtlicher Observablen vollständig durch die n-Teilchen-Green'schen-Funktionen ausdrücken lassen. Für den Erwartungswert eines Einteilchen-Operators (30.63) haben wir zum Beispiel

$$\langle\phi|\mathrm{O}|\phi\rangle = \sum_{k_2,k_1} O(k_1,k_2)\langle\phi|a^\dagger_{k_1}a_{k_2}|\phi\rangle = \pm i\hbar\lim_{\varepsilon\to 0}\mathrm{Sp}\big(O\mathcal{G}(t_0,t_1)_{t_1=t_0+\varepsilon}\big)\,.$$

Zum Glück benötigen wir in praktischen Anwendungen i. A. nur die untersten Green'schen Funktionen. Dies sind vor allem die Ein- und Zweiteilchen-Green'schen-Funktionen, die durch (34.40) und

$$i\hbar\mathcal{G}(1,2;1',2') = \langle\phi|Ta(1)_H\, a(2)_H\, a^\dagger(2')_H\, a^\dagger(1')_H|\phi\rangle \tag{34.42}$$

gegeben sind.

Die explizite Form der Green'schen Funktionen hängt natürlich vom Hamilton-Operator H ab, der in die Definition der zeitabhängigen Feldoperatoren $a(1)_H$, $a^\dagger(2_H)$ (34.35) eingeht, und von der Wahl des Referenzzustandes $|\phi\rangle$. Für Vielteilchensysteme sind vor allem die Green'schen Funktionen zum Grundzustand $|\phi\rangle = |\phi_0\rangle$ von Interesse, während in der Quantenfeldtheorie $|\phi\rangle$ gewöhnlich das physikalische Teilchenvakuum $|0\rangle$ ist.

34.2.2 Die Einteilchen-Green'sche Funktion

Aufgrund des zeitgeordneten Produktes ist die Green'sche Funktion $\mathcal{G}(2,1)$ (34.40) bei $t_2 = t_1$ nicht stetig, sondern genügt gemäß Gl. (34.39) der Bedingung

$$i\hbar \lim_{\varepsilon\to 0}[\mathcal{G}_{kl}(t,t-\varepsilon) - \mathcal{G}_{kl}(t,t+\varepsilon)] = \langle\phi|[a_k(t)_H, a_l^\dagger(t)_H]_\mp|\phi\rangle = \delta_{kl}\,, \tag{34.43}$$

wobei wir (34.3) und die Normierung des Referenzzustands, $\langle\phi|\phi\rangle = 1$, benutzt haben. Ferner liefert der rechtsseitige Limes

$$i\hbar \lim_{\varepsilon\to 0} \mathcal{G}_{kl}(t,t+\varepsilon) = \pm\rho_{kl}(t) \tag{34.44}$$

die Dichtematrix:

$$\rho_{kl}(t) = \langle\phi|a_l^\dagger(t)_H a_k(t)_H|\phi\rangle\,. \tag{34.45}$$

Falls der Referenzzustand $|\phi\rangle$ ein Eigenzustand des (zeitunabhängigen) Hamilton-Operators H ist, kürzt sich die Zeitabhängigkeit heraus und die Dichtematrix wird zeitunabhängig:

$$\rho_{kl} = \langle\phi|a_l^\dagger a_k|\phi\rangle\,, \tag{34.46}$$

wobei $a_l^\dagger$, a_k die zeitunabhängigen Feldoperatoren des Schrödinger-Bildes sind.

Um die grundlegenden Eigenschaften der Einteilchen-Green'schen Funktion herauszuarbeiten, betrachten wir im Folgenden ein System unabhängiger Teilchen, welches durch einen Einteilchen-Hamiltonian h (34.5) beschrieben wird. Bei Abwesenheit einer Wechselwirkung, V = 0, sind die in Abschnitt 34.1 eingeführten zeitabhängigen Feldoperatoren des Heisenberg-Bildes (34.2) und des Wechselwirkungsbildes (34.8) identisch, $a_{k_1}(t_1)_h = a_{k_1}(t_1)_H$. Die resultierende Einteilchen-Green'sche Funktion (34.40), die mit einem unkorrelierten Zustand (d. h. ein Zustand nichtwechselwirkender Teilchen oder Quasiteilchen) $|\varphi\rangle$ als Referenzzustand $|\phi\rangle$ definiert ist

$$i\hbar G(2,1) = \langle\varphi|Ta(2)_h\, a^\dagger(1)_h|\varphi\rangle, \tag{34.47}$$

bezeichnen wir als die *freie* oder *ungestörte* Green'sche Funktion.

Differenzieren wir die Green'sche Funktion (vergl. (34.39))

$$\begin{aligned} i\hbar G(2,1) \equiv i\hbar G_{k_2k_1}(t_2,t_1) &= \Theta(t_2-t_1)\langle\varphi|a(2)_h\, a^\dagger(1)_h|\varphi\rangle \\ &\pm \Theta(t_1-t_2)\langle\varphi|a^\dagger(1)_h\, a(2)_h|\varphi\rangle\,, \end{aligned} \tag{34.48}$$

nach der Zeit t_2 und verwenden dabei Gl. (34.12), so finden wird die Beziehung

$$i\hbar\partial_t G_{kl}(t,t_1) = h_{km}(t)G_{ml}(t,t_1) + \delta(t,t_1)\langle\varphi|[a_k(t)_h, a_l^\dagger(t_1)_h]_\mp|\varphi\rangle\,.$$

Aufgrund der δ-Funktion können wir das Zeitargument von $a_l^\dagger(t_1)$ durch t ersetzen. Mit (34.15)

$$[a_k(t)_h, a_l^\dagger(t)_h]_\mp = [a_k, a_l^\dagger]_\mp = \delta_{kl}$$

und $\langle\varphi|\varphi\rangle = 1$ erhalten wir schließlich

$$(i\hbar\partial_t\delta_{km} - h_{km}(t))G_{ml}(t,t_1) = \delta_{kl}\delta(t,t_1)\,, \tag{34.49}$$

was $G(t_2,t_1)$ in der Tat als die Green'sche Funktion (21.86) zur Schrödinger-Gleichung mit dem Hamilton-Operator $h_{kl}(t)$ qualifiziert. Analog finden wir unter Benutzung von Gl. (34.13) die hermitesch adjungierte Beziehung

$$G_{km}(t_2,t)(-i\hbar\overleftarrow{\partial}_t\delta_{ml} - h_{ml}(t)) = i\hbar\delta_{kl}\delta(t_2,t)\,, \tag{34.50}$$

wobei $G\overleftarrow{\partial}_t = \partial_t G$. Es sind diese Bewegungsgleichungen, die den Namen „Green'sche Funktion" für die Größen (34.41) rechtfertigen.

Aus Gleichung (34.49) folgt, dass die durch

$$\int dt\, G_{km}^{-1}(t_2,t)G_{ml}(t,t_1) = \delta_{kl}\delta(t_2,t_1)$$

definierte *inverse* Green'sche Funktion durch

$$G_{kl}^{-1}(t,t') = (\delta_{kl}i\hbar\partial_t - h_{kl}(t))\delta(t,t') \tag{34.51}$$

gegeben ist. Man beachte:

Im Gegensatz zu der Green'schen Funktion $G(2,1)$ (34.39), (34.40) selbst enthält ihr Inverses $G^{-1}(2,1)$ keine Information mehr über den Referenzzustand $|\phi\rangle$ bzw. $|\varphi\rangle$. Es gibt somit verschiedene Green'sche Funktionen $G(2,1)$ zum selben Differentialoperator $G^{-1}(2,1)$, die sich in ihren Randbedingungen unterscheiden. Soll also die Green'sche Funktion aus ihrem Inversen gewonnen werden, wird zusätzliche Information in Form von Randbedingungen benötigt, die den Referenzzustand spezifizieren.

Ist der Einteilchen-Hamilton-Operator h (34.5) zeitunabhängig, so erhalten wir in der Basis (34.19), in der dieser diagonal ist, mit (34.20)

$$i\hbar G_{kl}(t_2,t_1) = e^{-\frac{i}{\hbar}\epsilon_k(t_2-t_0)}e^{\frac{i}{\hbar}\epsilon_l(t_1-t_0)}\left[\Theta(t_2-t_1)\langle\varphi|a_k a_l^\dagger|\varphi\rangle \pm \Theta(t_1-t_2)\langle\varphi|a_l^\dagger a_k|\varphi\rangle\right]. \quad (34.52)$$

Ist $|\varphi\rangle$ einer der Basis-Zustände $|\{n\}\rangle$ (30.30), (30.53) des Fock-Raumes, so haben wir

$$\begin{aligned}\langle\varphi|a_l^\dagger a_k|\varphi\rangle &= \delta_{kl}n_k\,,\\ \langle\varphi|a_k a_l^\dagger|\varphi\rangle &= \delta_{kl}(1\pm n_k)\,,\end{aligned} \quad (34.53)$$

wobei n_k die Besetzungszahl des Einteilchenzustandes $|k\rangle$ in $|\varphi\rangle$ ist.[5] Die Green'sche Funktion (34.52) ist dann ebenfalls diagonal, $G_{kl}(t_2,t_1) = \delta_{kl}G_k(t_2,t_1)$, mit

$$\boxed{i\hbar G_k(t_2,t_1) = e^{-\frac{i}{\hbar}\epsilon_k(t_2-t_1)}\left[\Theta(t_2-t_1)(1\pm n_k) \pm \Theta(t_1-t_2)n_k\right].} \quad (34.54)$$

Ferner gilt offensichtlich

$$\begin{aligned}\lim_{\epsilon\to 0} i\hbar G_k(t,t+\epsilon) &= \pm n_k\,,\\ \lim_{\epsilon\to 0} i\hbar G_k(t,t-\epsilon) &= 1\pm n_k\,,\end{aligned} \quad (34.55)$$

in Übereinstimmung mit der allgemeinen Randbedingung (34.43), die durch Subtraktion der beiden obigen Beziehungen reproduziert wird:

$$i\hbar\lim_{\epsilon\to 0}\left[G_k(t,t-\epsilon) - G_k(t,t+\epsilon)\right] = 1\,.$$

Durch die Vorgabe der gleichzeitigen Limes $\lim_{\epsilon\to 0} G_k(t,t\pm\epsilon)$ (34.55) können wir somit die Besetzungszahlen n_k der Einteilchenzustände und damit den Referenzzustand $|\varphi\rangle$ festlegen.

Wie erwartet, hängt die Green'sche Funktion (34.54) für einen zeitunabhängigen Hamilton-Operator nur von Zeitdifferenzen ab. Es ist dann zweckmäßig, eine Fourier-Transformation bezüglich der Zeit vorzunehmen:

$$G_k(t_2,t_1) = \int \frac{d\omega}{2\pi\hbar} e^{-\frac{i}{\hbar}\omega(t_2-t_1)} G_k(\omega)\,. \quad (34.56)$$

5 In der Einteilchenbasis (34.19) sind diese Zustände auch Eigenzustände des Hamilton-Operators h (34.5) zum Eigenwert $\sum_k n_k\epsilon_k$.

Mit der Fourier-Darstellung der Θ-Funktion (A.23)

$$\Theta(\pm x) = \pm i\hbar \lim_{\delta \to 0} \int_{-\infty}^{\infty} \frac{d\omega}{2\pi\hbar} \frac{e^{-i\omega x/\hbar}}{\omega \pm i\delta}$$

erhalten wir aus Gl. (34.54)

$$G_k(t_2, t_1) = e^{-\frac{i}{\hbar}\epsilon_k(t_2-t_1)} \int_{-\infty}^{\infty} \frac{d\omega}{2\pi\hbar} e^{-\frac{i}{\hbar}\omega(t_2-t_1)} \lim_{\delta \to 0} \left[(1 \pm n_k) \frac{1}{\omega + i\delta} \mp n_k \frac{1}{\omega - i\delta} \right].$$

Verschieben wir die Integrationsvariable $\omega + \epsilon_k \to \omega$, so finden wir

$$G_k(t_2, t_1) = \int \frac{d\omega}{2\pi\hbar} e^{-\frac{i}{\hbar}\omega(t_2-t_1)} \lim_{\delta \to 0} \left[\frac{1 \pm n_k}{\omega - \epsilon_k + i\delta} \mp \frac{n_k}{\omega - \epsilon_k - i\delta} \right].$$

Der Vergleich mit (34.56) liefert

$$\boxed{G_k(\omega) = G_k^{(+)}(\omega) + G_k^{(-)}(\omega),} \tag{34.57}$$

mit

$$\boxed{G_k^{(+)}(\omega) = \lim_{\delta \to 0} \frac{1 \pm n_k}{\omega - \epsilon_k + i\delta}, \quad G_k^{(-)}(\omega) = \mp \lim_{\delta \to 0} \frac{n_k}{\omega - \epsilon_k - i\delta}.} \tag{34.58}$$

Die Fourier-Transformierte der Green'schen Funktion, $G_k(\omega)$, besitzt Pole bei den Einteilchenenergien ϵ_k, die jedoch in die komplexe ω-Ebene *unterhalb* bzw. *oberhalb* der reellen Achse verschoben sind, siehe Abb. 34.1. Die Residuen dieser Pole sind durch die Besetzungszahlen n_k gegeben. Für einen im Referenzzustand $|\varphi\rangle$ unbesetzten Einteilchenzustand, $|k\rangle, n_k = 0$, verschwindet der zweite Term in (34.57), $G_k^{(-)}(\omega) = 0$, während $G_k^{(+)}(\omega)$ mit der kausalen Green'schen Funktion der Schrödinger-Gleichung eines einzelnen Teilchens, $G_0^{(+)}(\omega = E)$, zusammenfällt, die wir bereits in Gl. (21.92) kennengelernt haben. Für Fermi-Systeme verschwindet hingegen der erste Term in (34.57), $G_k^{(+)}(\omega) = 0$, für einen in $|\varphi\rangle$ besetzten Einteilchenzustand, $n_k = 1$.

Für wechselwirkende Systeme sind die Pole der vollen Einteilchen-Green'schen Funktion $\mathcal{G}$ gewöhnlich um einen endlichen Betrag Γ_k in die komplexe Ebene verschoben. Das System besitzt dann keine scharfen Einteilchanregungen, sondern nur Resonanzen, deren Zerfallsbreite durch den Imaginärteil Γ_k der Polstelle gegeben ist.

34.3 Das Erzeugende Funktional

Die n-Teilchen-Green'schen Funktionen (34.41) lassen sich sehr bequem aus einem *erzeugenden Funktional* gewinnen. Nachfolgend werden wir dieses zunächst in der Operatordarstellung definieren und im Abschnitt 34.3.3 seine Funktionalintegraldarstellung

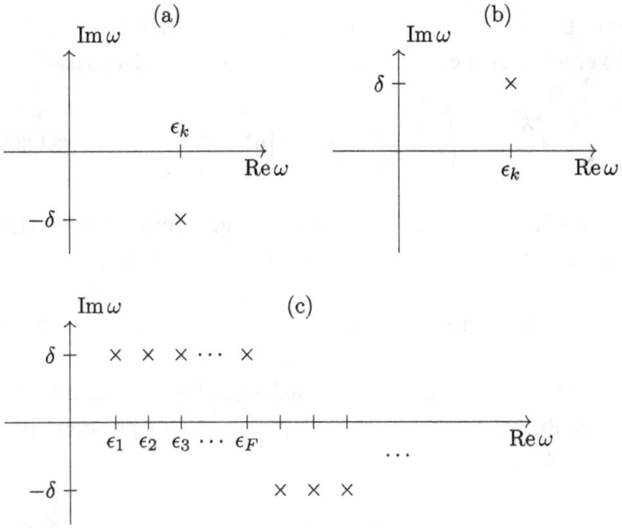

Abb. 34.1: Position (×) der Pole der (a) retardierten, $G_k^{(+)}(\omega)$, und (b) avancierten, $G_k^{(-)}(\omega)$, Einteilchen-Green'schen Funktion (34.57) in der komplexen ω-Ebene. (c) zeigt die Lage der Pole für ein Fermi-System mit Fermi-Energie ϵ_F. Für besetzte Einteilchenzustände, $n_k = 1\,(\epsilon_k \le \epsilon_F)$ liegen die Pole oberhalb, für unbesetzte, $n_k = 0\,(\epsilon_k > \epsilon_F)$ unterhalb der reellen Achse.

ableiten. Zuvor zeigen wir in Abschnitt 34.3.2, wie sich im erzeugenden Funktional mittels einer *infinitesimalen Wick-Rotation* der exakte Grundzustand $|\phi_0\rangle$ eines wechselwirkenden Systems aus einem unkorrelierten Zustand gewinnen lässt, was die Berechnung des erzeugenden Funktionals sehr wesentlich erleichtert. Die störungstheoretische Behandlung des erzeugenden Funktionals wird in Abschnitt 34.4 entwickelt.

34.3.1 Operatordarstellung

34.3.1.1 Heisenberg-Bild

Die n-Teilchen-Green'schen Funktionen (34.41) lassen sich aus dem erzeugenden Funktional:

$$\boxed{\mathcal{Z}[\eta^*,\eta] = \langle\phi|T\exp\left[\frac{i}{\hbar}\int_{-\infty}^{\infty} dt(\eta^*(t)\cdot a(t)_H + a^\dagger(t)_H\cdot\eta(t))\right]|\phi\rangle} \tag{34.59}$$

durch Ableitung nach den *Quellen*, η, η^*, gewinnen.[6] Die Quellen $\eta_k(t)$, $\eta_k^*(t)$ sind gewöhnliche Funktionen der Zeit für Bose-Systeme und zeitabhängige Graßmann-

6 Wir verwenden hier wieder die in (32.64) eingeführte kompakte Notation: $\eta^* \cdot a \equiv \sum_k \eta_k^* a_k$ etc.

Variablen für Fermi-Systeme. Benutzen wir die kompakte Notation (34.35) auch für die Quellen, $\eta(1) = \eta_{k_1}(t_1)$, so ergeben sich die Green'schen Funktionen (34.41) zu:

$$i\hbar\mathcal{G}(1,\ldots,n;1',\ldots,m') = \left[\frac{\hbar}{i}\frac{\delta}{\delta\eta^*(1)}\cdots\left(\pm\frac{\hbar}{i}\frac{\delta}{\delta\eta(1')}\right)\cdots\mathcal{Z}[\eta^*,\eta]\right]_{\eta=0,\eta^*=0}, \tag{34.60}$$

wobei das obere (untere) Vorzeichen für Bose-(Fermi-)Systeme gilt. Ferner haben wir vorausgesetzt, dass der *Referenzzustand* $|\phi\rangle$ auf $\langle\phi|\phi\rangle = 1$ normiert ist, sodass

$$\mathcal{Z}[\eta^* = 0, \eta = 0] = 1\,. \tag{34.61}$$

Falls der Referenzzustand $|\phi\rangle$ eine wohldefinierte Teilchenzahl besitzt, ist die einfachste Green'sche Funktion die Einteilchen-Green'sche Funktion (34.40). Für diese finden wir

$$i\hbar\mathcal{G}(1,2) = \pm\,\frac{\hbar}{i}\frac{\delta}{\delta\eta^*(1)}\frac{\hbar}{i}\frac{\delta}{\delta\eta(2)}\mathcal{Z}[\eta^*,\eta]\Big|_{\eta=0,\eta^*=0}\,. \tag{34.62}$$

Die nächstkompliziertere ist die Zweiteilchen-Green'sche Funktion (34.42), die sich wie folgt darstellen lässt:

$$i\hbar\mathcal{G}(1,2;1',2') = \frac{\hbar}{i}\frac{\delta}{\delta\eta^*(1)}\frac{\hbar}{i}\frac{\delta}{\delta\eta^*(2)}\frac{\hbar}{i}\frac{\delta}{\delta\eta(2')}\frac{\hbar}{i}\frac{\delta}{\delta\eta(1')}\mathcal{Z}[\eta^*,\eta]\Big|_{\eta=0,\eta^*=0}\,.$$

---

i Die obigen Betrachtungen gelten natürlich auch in der Ortsdarstellung der Feldoperatoren (siehe Abschnitt 30.8), die im Heisenberg-Bild analog zu Gl. (34.2) durch:

$$\begin{aligned}\psi(\boldsymbol{x},t)_H &= \mathrm{U}(t_0,t)\psi(\boldsymbol{x})\mathrm{U}(t,t_0)\,,\\ \psi^\dagger(\boldsymbol{x},t)_H &= \mathrm{U}(t_0,t)\psi^\dagger(\boldsymbol{x},)\mathrm{U}(t,t_0)\,.\end{aligned} \tag{34.63}$$

gegeben sind. In der Ortsdarstellung lautet das erzeugende Funktional (34.59):

$$\mathcal{Z}[\eta^*,\eta] = \langle\phi|T\exp\left[\frac{i}{\hbar}\int_{-\infty}^{\infty}dt\int d^3x\big(\eta^*(\boldsymbol{x},t)\psi(\boldsymbol{x},t)_H + \psi^\dagger(\boldsymbol{x},t)_H\eta(\boldsymbol{x},t)\big)\right]|\phi\rangle\,. \tag{34.64}$$

Wie die Feldoperatoren sind die Quellen $\eta(\boldsymbol{x},t)$, $\eta^*(\boldsymbol{x},t)$ hier nicht nur Funktionen der Zeit t, sondern auch des Ortes $\boldsymbol{x}$. In der Ortsdarstellung benutzen wir analog zu Gl. (34.35) die kompakte Notation:

$$\begin{aligned}\psi(1) &\equiv \psi(\boldsymbol{x}_1,t_1)\,, \quad \psi^\dagger(1) \equiv \psi^\dagger(\boldsymbol{x}_1,t_1)\,,\\ \eta(1) &\equiv \eta(\boldsymbol{x}_1,t_1)\,, \quad \eta^*(1) \equiv \eta^*(\boldsymbol{x}_1,t_1)\,,\\ \eta^*(1)\cdot\psi(1) &\equiv \int_{-\infty}^{\infty}dt_1\int d^3x_1\eta^*(\boldsymbol{x}_1,t_1)\,\psi(\boldsymbol{x}_1,t_1)\,.\end{aligned} \tag{34.65}$$

In dieser Notation lautet das erzeugende Funktional (34.64)

$$\mathcal{Z}[\eta^*,\eta] = \langle\phi|T\exp\left[\frac{i}{\hbar}\left(\eta^*(1)\cdot\psi(1)_H + \psi^\dagger(1)_H\cdot\eta(1)\right)\right]|\phi\rangle \tag{34.66}$$

und durch Ableitung (34.60) von $\mathcal{Z}[\eta^*,\eta]$ nach den Quellen erhalten wir die Green'schen Funktionen in der Ortsdarstellung

$$i\hbar\mathcal{G}\left(1,\ldots,n;1',\ldots,m'\right) = \langle\phi|T\psi(1)_H\ldots\psi(n)_H\,\psi^\dagger\left(m'\right)_H\ldots\psi^\dagger\left(1'\right)_H|\phi\rangle\,. \tag{34.67}$$

Im Heisenberg-Bild lassen sich die Green'schen Funktionen zwar sehr kompakt definieren, für praktische Rechnungen ist dieses Bild jedoch ungeeignet, da für wechselwirkende Systeme die Feldoperatoren $a^\dagger(t)_H$, $a(t)_H$ komplizierte Vielteilchenoperatoren sind. Wir werden deshalb nachfolgend alternative Darstellungen des erzeugenden Funktionals ableiten, die vorteilhafter für eine explizite Berechnung der Green'schen Funktionen sind.

34.3.1.2 Schrödinger-Bild

Wir setzen jetzt voraus, dass der Hamilton-Operator $\mathsf{H}(a^\dagger,a)$ *zeitunabhängig* ist und dass der Referenzzustand $|\phi\rangle$ in den Green'schen Funktionen (34.41) ein *Eigenzustand* des Hamilton-Operators ist:

$$\mathsf{H}(a^\dagger,a)|\phi\rangle = E|\phi\rangle\,. \tag{34.68}$$

Dann lässt sich für das erzeugende Funktional (34.59) die folgende Darstellung ableiten (siehe unten):

$$\mathcal{Z}[\eta^*,\eta] = \lim_{t\to\infty}\frac{\mathcal{Z}^\eta(t,-t)}{\mathcal{Z}^{\eta=0}(t,-t)}. \tag{34.69}$$

Hierin ist

$$\mathcal{Z}^\eta(t_f,t_i) = \langle\phi|\mathsf{U}^\eta(t_f,t_i)|\phi\rangle \tag{34.70}$$

die Übergangsamplitude bei Anwesenheit der Quellen, wobei

$$\mathsf{U}^\eta(t_f,t_i) = T\exp\left[-\frac{i}{\hbar}\int_{t_i}^{t_f} dt\,\mathsf{H}^\eta(t)\right] \tag{34.71}$$

der Zeitentwicklungsoperator des Schrödinger-Bildes zum Hamilton-Operator

$$\mathsf{H}^\eta(a^\dagger,a) = \mathsf{H}(a^\dagger,a) - \left(\eta^*(t)\cdot a + a^\dagger\cdot\eta(t)\right) \tag{34.72}$$

ist. Die hier auftretenden Feldoperatoren des Schrödinger-Bildes, a_k, $a_k^\dagger$, sind gewöhnlich zeitunabhängig. Sie hängen jedoch explizit von der Zeit ab, wenn eine zeitabhängige Einteilchenbasis $|k\rangle$ verwendet wird.

Offensichtlich verletzen die *Quellterme* in H^η (34.72) die Teilchenzahlerhaltung $[\mathrm{H}^\eta, \mathrm{N}] \neq 0$. Dies ist aber hier gewollt und kein prinzipielles Problem. Schließlich gibt es in der Natur Teilchenzahl-verletzende Prozesse, wie z. B. den β-Zerfall. Es ist ein wesentlicher Vorteil der Zweiten Quantisierung, dass sie Teilchenerzeugung und -vernichtung beschreiben kann, was in der gewöhnlichen (ersten) Quantisierung problematisch ist.

Aus der Schrödinger-Darstellung (34.69) ist ersichtlich: Das erzeugende Funktional der Green'schen Funktionen setzt die Übergangsamplitude für die Zeitevolution des durch die Quellen gestörten Systems ins Verhältnis zu der des ungestörten Systems.

Ableitung der Schödinger-Darstellung (34.69), (34.70) des erzeugenden Funktionals

Um die Äquivalenz von Gln. (34.59) und (34.69) zu zeigen gehen wir zu einem Wechselwirkungsbild über, siehe Abschnitt 21.3, wobei wir die Quellterme als *Störung* des tatsächlichen („ungestörten") Hamilton-Operators H betrachten. Für verschwindende Quellen entspricht dies dem gewöhnlichen Heisenberg-Bild (Abschnitt 21.2), d. h. bei Abschalten der Störung geht das hier verwendete „Wechselwirkungsbild" in das gewöhnliche Heisenberg-Bild des ungestörten Systems über. Nach Gln. (21.4), (21.47) gilt

$$\mathrm{U}^\eta(t_f, t_i) = \mathrm{U}(t_f, t_0)\mathrm{U}_H^\eta(t_f, t_i)\mathrm{U}(t_0, t_i)\,, \tag{34.73}$$

wobei

$$\mathrm{U}(t_f, t_i) = \mathrm{U}^{\eta=0}(t_f, t_i) = \exp\left[-\frac{i}{\hbar}\mathrm{H}(t_f - t_i)\right] \tag{34.74}$$

der Zeitentwicklungsoperator des „ungestörten" Systems und

$$\mathrm{U}_H^\eta(t_f, t_i) = T\exp\left[\frac{i}{\hbar}\int_{t_i}^{t_f} dt\big(\eta^*(t)\cdot a(t)_H + a^\dagger(t)_H\cdot\eta(t)\big)\right] \tag{34.75}$$

durch die Störung generiert wird. Hierin sind $a(t)_H$, $a^\dagger(t)_H$ die Feldoperatoren in der Heisenberg-Darstellung (34.2) zum ursprünglichen Hamilton-Operator H. Einsetzen von Gl. (34.73) in (34.70) liefert

$$\mathcal{Z}^\eta(t_f, t_i) = \langle\phi|\mathrm{U}(t_f, t_0)\mathrm{U}_H^\eta(t_f, t_i)\mathrm{U}(t_0, t_i)|\phi\rangle\,. \tag{34.76}$$

Benutzen wir die Eigenwertgleichung (34.68) des ungestörten Hamilton-Operators $\mathrm{H}(a^\dagger, a)$, so folgt mit

$$\mathrm{U}(t_2, t_1)|\phi\rangle = e^{-\frac{i}{\hbar}E(t_2 - t_1)}|\phi\rangle \tag{34.77}$$

aus Gl.(34.76)

$$\mathcal{Z}^\eta(t_f, t_i) = e^{-\frac{i}{\hbar}E(t_f - t_i)}\langle\phi|\mathrm{U}_H^\eta(t_f, t_i)|\phi\rangle \tag{34.78}$$

und hieraus mit $\mathrm{U}_H^{\eta=0}(t_f, t_i) = 1$ (unter der Voraussetzung, dass der Zustand $|\phi\rangle$ korrekt normiert ist, $\langle\phi|\phi\rangle = 1$)

$$\mathcal{Z}^{\eta=0}(t_f, t_i) = e^{-\frac{i}{\hbar}E(t_f - t_i)}\,, \tag{34.79}$$

sodass wir aus Gl. (34.69)

$$\mathcal{Z}[\eta^*, \eta] = \langle \phi | \mathrm{U}^\eta_H(\infty, -\infty) | \phi \rangle \tag{34.80}$$

erhalten. Einsetzen von (34.75) in (34.80) liefert dann das erzeugende Funktional (34.59) der Green'schen Funktionen.

Das Schrödinger-Bild ist zwar auch nicht sehr bequem, insbesondere nicht für eine störungstheoretische Berechnung der Green'schen Funktionen. Es gestattet uns aber, die Funktionalintegraldarstellung des erzeugenden Funktionals abzuleiten (siehe Abschnit 34.3.3), die sehr viel flexibler und damit vorteilhafter als die Operatordarstellung ist.

34.3.2 Erzeugung des exakten Grundzustandes durch infinitesimale Wick-Rotation

Bei Systemen mit der Temperatur $T = 0$ interessieren wir uns gewöhnlich für die Green'schen Funktionen, die bezüglich des Grundzustandes definiert sind. (Dies gilt sowohl in der Vielteilchentheorie als auch in der Quantenfeldtheorie.)

Wir werden deshalb von nun an voraussetzen, dass der Referenzzustand $|\phi\rangle$ in den Green'schen Funktionen durch den Grundzustand $|\phi_0\rangle$ gegeben ist:

$$|\phi\rangle = |\phi_0\rangle \tag{34.81}$$

und somit deren erzeugendes Funktional (34.69) durch die Amplitude (34.70):

$$\mathcal{Z}^\eta(t_f, t_i) = \langle \phi_0 | \mathrm{U}^\eta(t_f, t_i) | \phi_0 \rangle \tag{34.82}$$

mit dem Zeitentwicklungsoperator $\mathrm{U}^\eta(t_f, t_i)$ (34.71) definiert ist.

Für wechselwirkende Systeme ist der exakte Grundzustand gewöhnlich nicht bekannt. Im erzeugenden Funktional der Green'schen Funktionen können wir uns jedoch den exakten Grundzustand $|\phi_0\rangle$ sehr einfach aus einem beliebigen Zustand $|\phi\rangle$, der nicht orthogonal zum Grundzustand ist, durch folgenden Trick erzeugen: Wir rotieren die Zeitachse um einen infinitesimalen Winkel $(-\varepsilon), \varepsilon > 0$ in die komplexe Zeitebene (siehe Abb. 34.2) mittels der Transformation

$$t \to t e^{-i\varepsilon}, \quad \varepsilon \to 0\,. \tag{34.83}$$

Für $\varepsilon = \pi/2$ geht diese Transformation in die gewöhnlich *Wick-Rotation* $t \to -it$ über. Deshalb bezeichnen wir die Transformation (34.83) als *infinitesimale Wick-Rotation.*

Um die Generierung des Grundzustandes mittels der infinitesimalen Wick-Rotation zu demonstrieren, benutzen wir für die Amplitude $\mathcal{Z}^\eta(t_f, t_i)$ (34.82) zunächst die Darstellung (34.76) mit $|\phi\rangle = |\phi_0\rangle$:

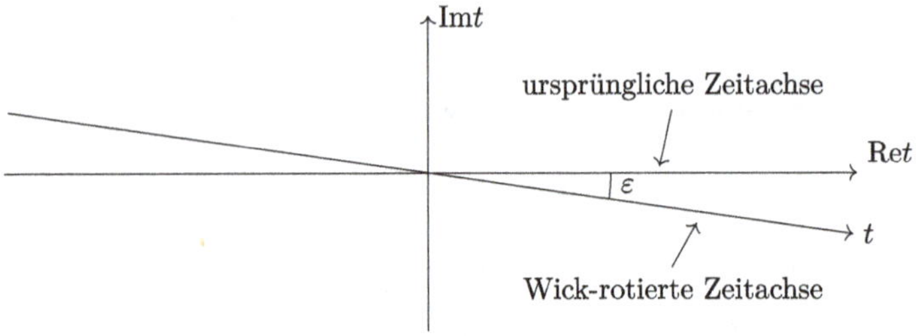

Abb. 34.2: Infinitesimale Wick-Rotation der Zeitachse.

$$\mathcal{Z}^\eta(t_f, t_i) = \langle\phi_0|\mathsf{U}(t_f, t_0)\mathsf{U}_H^\eta(t_f, t_i)\mathsf{U}(t_0, t_i)|\phi_0\rangle\,. \tag{34.84}$$

Im erzeugenden Funktional (34.69) der Green'schen Funktionen benötigen wir diese Amplitude für die Zeitargumente $t_f \to \infty$, $t_i \to -\infty$ und somit die Wirkung des Operators $\mathsf{U}(t_0, t \to -\infty)$ auf den Grundzustand $|\phi_0\rangle$. Wir betrachten stattdessen die Wirkung dieses Operators nach der infinitesimalen Wick-Rotation (34.83)

$$\lim_{t\to-\infty} \mathsf{U}(t_0 e^{-i\varepsilon}, t e^{-i\varepsilon}) = \lim_{t\to-\infty} \exp\left[-\frac{i}{\hbar}\mathsf{H}(t_0 - t)e^{-i\varepsilon}\right] \tag{34.85}$$

auf einen beliebigen Zustand $|\phi\rangle$. Dann lassen sich folgende Beziehungen beweisen:

$$\lim_{t\to-\infty} \mathsf{U}(t_0 e^{-i\varepsilon}, t e^{-i\varepsilon})|\phi\rangle = \langle\phi_0|\phi\rangle \lim_{t\to-\infty} \mathsf{U}(t_0 e^{-i\varepsilon}, t e^{-i\varepsilon})|\phi_0\rangle\,, \tag{34.86}$$

$$\lim_{t\to\infty} \langle\phi|\mathsf{U}(t e^{-i\varepsilon}, t_0 e^{-i\varepsilon}) = \langle\phi|\phi_0\rangle \lim_{t\to\infty} \langle\phi_0|\mathsf{U}(t e^{-i\varepsilon}, t_0 e^{-i\varepsilon})\,. \tag{34.87}$$

Beweis von Gleichungen (34.86), (34.87)

Mit $e^{-i\varepsilon} \simeq 1 - i\varepsilon$ bewirkt die infinitesimale Wick-Rotation im Zeitentwicklungsoperator (34.74) die Multiplikation des (zeitunabhängigen) Hamilton-Operators mit dem Faktor $(1 - i\varepsilon)$:

$$\begin{aligned}\mathsf{U}\left(t_2 e^{-i\varepsilon}, t_1 e^{-i\varepsilon}\right) &= \exp\left[-\frac{i}{\hbar}\mathsf{H}(t_2 - t_1)(1 - i\varepsilon)\right] \\ &= \mathsf{U}(t_2, t_1)\exp\left[-\frac{\varepsilon}{\hbar}\mathsf{H}(t_2 - t_1)\right].\end{aligned} \tag{34.88}$$

Wir entwickeln den Zustand $|\phi\rangle$ nach den exakten Eigenzuständen $|\phi_n\rangle$ des Hamilton-Operators H:

$$|\phi\rangle = \sum_n |\phi_n\rangle\langle\phi_n|\phi\rangle\,, \quad \mathsf{H}|\phi_n\rangle = E_n|\phi_n\rangle \tag{34.89}$$

und erhalten

$$\mathsf{U}\left(t_0 e^{-i\varepsilon}, t e^{-i\varepsilon}\right)|\phi\rangle = \sum_n \langle\phi_n|\phi\rangle \exp\left[-\frac{i}{\hbar}E_n(t_0 - t)\right]\exp\left[-\frac{\varepsilon}{\hbar}E_n(t_0 - t)\right]|\phi_n\rangle\,. \tag{34.90}$$

Der ε- Term bewirkt für $t < t_0$ eine Dämpfung, welche die Summanden mit $E_{n\neq 0} > E_0$ gegenüber dem Beitrag des Grundzustandes $|\phi_0\rangle$ exponentiell unterdrückt und im Limes $t \to -\infty$ überlebt von der Summe über die Eigenzustände $|\phi_n\rangle$ nur der Grundzustand $|\phi_0\rangle$,

$$\begin{aligned}\lim_{t\to-\infty} \mathrm{U}\big(t_0 e^{-i\varepsilon}, t e^{-i\varepsilon}\big)|\phi\rangle &= \langle\phi_0|\phi\rangle \lim_{t\to-\infty} \exp\left[-\frac{i}{\hbar}E_0(t_0-t)\right]\exp\left[-\frac{\varepsilon}{\hbar}E_0(t_0-t)\right]|\phi_0\rangle \\ &= \langle\phi_0|\phi\rangle \lim_{t\to-\infty} \exp\left[-\frac{i}{\hbar}E_0(t_0-t)(1-i\varepsilon)\right]|\phi_0\rangle \\ &= \langle\phi_0|\phi\rangle \lim_{t\to-\infty} \exp\left[-\frac{i}{\hbar}E_0(t_0-t)e^{-i\varepsilon}\right]|\phi_0\rangle, \end{aligned} \tag{34.91}$$

und nach Benutzung von

$$e^{-\frac{i}{\hbar}E_0(t_2-t_1)}|\phi_0\rangle = \mathrm{U}(t_2,t_1)|\phi_0\rangle$$

erhalten wir die gewünschte Beziehung:

$$\lim_{t\to-\infty} \mathrm{U}\big(t_0 e^{-i\varepsilon}, t e^{-i\varepsilon}\big)|\phi\rangle = \langle\phi_0|\phi\rangle \lim_{t\to-\infty} \mathrm{U}\big(t_0 e^{-i\varepsilon}, t e^{-i\varepsilon}\big)|\phi_0\rangle. \tag{34.92}$$

Der Beweis der dualen Beziehung (34.87) erfolgt völlig analog, sodass wir ihn nicht explizit angeben.

Durch die infinitesimale Wick-Rotation (34.83) ist es offenbar gelungen, den Grundzustand $|\phi_0\rangle$ aus einem beliebigen Zustand $|\phi\rangle$ mit

$$\langle\phi_0|\phi\rangle \neq 0\,. \tag{34.93}$$

zu extrahieren. Wir können die Beziehungen (34.86), (34.87) im Limes $\varepsilon \to 0$ benutzen, um in der Amplitude $\mathcal{Z}^\eta(t_f \to \infty, t_i \to -\infty)$ (34.84) des erzeugenden Funktionals (34.69) den exakten Grundzustand $|\phi_0\rangle$ durch einen beliebigen Zustand $|\phi\rangle$ auszudrücken, der nicht orthogonal zum Grundzustand ist.[7] Dies liefert

$$\lim_{t\to\infty} \mathcal{Z}^\eta(t,-t) = |\langle\phi_0|\phi\rangle|^{-2} \lim_{\varepsilon\to 0}\lim_{t\to\infty} \langle\phi|\mathrm{U}(te^{-i\varepsilon}, t_0e^{-i\varepsilon})\mathrm{U}_H^\eta(te^{-i\varepsilon}, -te^{-i\varepsilon})\mathrm{U}(t_0e^{-i\varepsilon}, -te^{-i\varepsilon})|\phi\rangle\,.$$

Man beachte, dass hier zunächst der Limes $t \to \infty$ und erst anschließend der Limes $\varepsilon \to 0$ zu nehmen ist. Mit Gl. (34.73) finden wir hieraus im Schrödinger-Bild

$$\boxed{\mathcal{Z}^\eta \equiv \lim_{t\to\infty} \mathcal{Z}^\eta(t,-t) = \big|\langle\phi_0|\phi\rangle\big|^{-2} \lim_{\varepsilon\to 0}\lim_{t\to\infty} \langle\phi|\mathrm{U}^\eta(te^{-i\varepsilon}, -te^{-i\varepsilon})|\phi\rangle\,.} \tag{34.94}$$

---

7 Dies setzt insbesondere voraus, dass der Zustand $|\phi\rangle$ dieselbe Teilchenzahl wie $|\phi_0\rangle$ besitzt, da Zustände mit verschiedener Teilchenzahl orthogonal zueinander sind. Hierzu siehe Abschnitt 30, insbesondere Gl. (30.16).

Im erzeugenden Funktional (34.69) kürzt sich das Skalarprodukt $\langle\phi_0|\phi\rangle$ heraus:

$$\boxed{\mathcal{Z}[\eta^*,\eta] = \lim_{\varepsilon\to 0}\lim_{t\to\infty}\frac{\langle\phi|\mathsf{U}^\eta(te^{-i\varepsilon},-te^{-i\varepsilon})|\phi\rangle}{\langle\phi|\mathsf{U}(te^{-i\varepsilon},-te^{-i\varepsilon})|\phi\rangle}.} \tag{34.95}$$

Aus der Darstellung (34.94) der Amplitude $\mathcal{Z}^\eta$ werden wir in Abschnitt 34.3.3 die Funktionalintegraldarstellung sowie in Abschnitt 34.4.1.1 eine für die Störungstheorie geeignete Form des erzeugenden Funktionals ableiten.

Die infinitesimale Wick-Rotation (34.83) hat in dem für das erzeugende Funktional relevanten Zeitentwicklungsoperator (34.85) ein Dämpfungsglied eingeführt (siehe Gl. (34.90)), das aus einem beliebigen Zustand $|\phi\rangle$ die in ihm enthaltene Komponente des exakten Grundzustandes $|\phi_0\rangle$ herausprojiziert, siehe Gl. (34.86). Aus der obigen Ableitung dieses Ergebnisses ist ersichtlich: Die Projektion auf den Grundzustand lässt sich auch durch eine endliche Wick-Rotation (34.83) mit $\varepsilon = \pi/2$, (d. h. durch die gewöhnliche Wick-Rotation)

$$t = -i\tau, \quad \tau \in \mathbb{R} \tag{34.96}$$

erreichen.[8] Dabei geht der Minkowski-Raum in den Euklidischen Raum $\mathbb{R}^4$ über. Die Rechnungen können dann im $\mathbb{R}^4$ durchgeführt werden. Anschließend wird das Endergebnis durch die inverse Wick-Rotation

$$\tau = it, \quad t \in \mathbb{R} \tag{34.97}$$

zurück in den Minkowski-Raum fortgesetzt, sofern die Ergebnisse nicht direkt im $\mathbb{R}^4$ interpretiert werden können. Dieser Weg wird gewöhnlich in der Quantenfeldtheorie beschritten. Die endliche Wick-Rotation mit $\varepsilon = \pi/2$ wird de facto auch beim Übergang zu endlichen Temperaturen durchgeführt, siehe Kapitel 35.

Wir werden in diesem Kapitel ausschließlich die infinitesimale Wick-Rotation benutzen. Wie wir oben gesehen haben, bewirkt sie im Zeitentwicklungsoperator $\mathsf{U}(t_2, t_1)$ (34.88) die Multiplikation des Hamilton-Operators H mit dem Faktor $(1 - i\varepsilon)$

$$\mathsf{H} \to \mathsf{H}(1 - i\varepsilon)\,, \tag{34.98}$$

wodurch das Dämpfungsglied eingeführt wird, welches die Projektion auf den Grundzustand vollzieht.

Um die mathematischen Ausdrücke nicht so aufzublähen, werden wir nachfolgend die Größen, in denen die infinitesimale Wick-Rotation (entweder direkt durch die Rotation (34.83) der Zeitachse in die komplexe Ebene oder mittels der Ersetzung (34.98)) implementiert wurde, durch einen Index ε kennzeichnen, z. B.

8 Diese Projektion auf den Grundzustand wird auch im kanonischen Ensemble im Limes $\beta \to \infty$ ($T \to 0$) vollzogen, siehe Gl. (31.25).

$$f(t)_\varepsilon := f\left(te^{-i\varepsilon}\right), \quad \mathsf{U}(t_2,t_1)_\varepsilon := \mathsf{U}\left(t_2 e^{-i\varepsilon}, t_1 e^{-i\varepsilon}\right). \tag{34.99}$$

Falls die betreffende Größe bereits einen anderen Index trägt, wird der Index ε nachgestellt. Außerdem vereinbaren wir, dass in Wick-rotierten Größen mit unendlichem Zeitargument stets der Limes $\varepsilon \to 0$ zu nehmen ist:

$$f(\infty)_\varepsilon := \lim_{\varepsilon\to 0}\lim_{t\to\infty} f(t)_\varepsilon. \tag{34.100}$$

In dieser Notation lautet das erzeugende Funktional (34.95):

$$\boxed{\mathcal{Z}[\eta^*,\eta] = \frac{\langle\phi|\mathsf{U}^\eta(\infty,-\infty)_\varepsilon|\phi\rangle}{\langle\phi|\mathsf{U}(\infty,-\infty)_\varepsilon|\phi\rangle}.} \tag{34.101}$$

Wie wir in den nachfolgenden Abschnitten sehen werden, wird die explizite Berechnung der Green'schen Funktionen sehr wesentlich durch die Möglichkeit erleichtert, in den Übergangsamplituden des erzeugenden Funktionals (34.69) (nach infinitesimaler Wick-Rotation) den Grundzustand $|\phi_0\rangle$ durch einen beliebigen anderen Zustand $|\phi\rangle$ ersetzen zu können, sofern $\langle\phi_0|\phi\rangle \neq 0$.

Die für reale physikalische Systeme relevanten Quantenfeldtheorien lassen sich nicht exakt (d. h. analytisch) lösen. Exakt lösen lassen sich nur die freien Feldtheorien, die ein System unabhängiger Teilchen beschreiben und folglich durch einen Einteilchen-Hamilton-Operator h (34.5) definiert sind. Bei analytischen Betrachtungen sind wir deshalb gewöhnlich auf die Störungstheorie angewiesen. Für eine störungstheoretische Berechnung der Green'schen Funktionen empfiehlt es sich, den Zustand $|\phi\rangle$ in Gl. (34.94) als den Grundzustand $|\varphi_0\rangle$ des ungestörten Hamilton-Operators h zu wählen. Falls die Störungstheorie anwendbar ist, ist dieser nicht orthogonal zum exakten Grundzustand $|\phi_0\rangle$ des vollständigen (gestörten) Hamilton-Operators H (34.4), da in der Störentwicklung der Wellenfunktion der ungestörte Zustand in unterster Ordnung auftritt, siehe Gl. (19.2).

34.3.3 Funktionalintegraldarstellung

Im Kapitel 33 haben wir eine Funktionalintegraldarstellung für die Übergangsamplituden $\langle\zeta_f|\mathsf{U}(t_f,t_i)|\zeta_i\rangle$ zwischen zwei kohärenten Zuständen $|\zeta\rangle$ abgeleitet. Um zur Funktionalintegraldarstellung des erzeugenden Funktionals $\mathcal{Z}[\eta^*,\eta]$ zu gelangen, ist es deshalb zweckmäßig, von der Schrödinger-Darstellung (34.69) auszugehen, die durch das Verhältnis zweier Übergangsamplituden (34.82), $\mathcal{Z}^\eta$ und $\mathcal{Z}^{\eta=0}$, gegeben ist. Ferner müssen wir den exakten Grundzustand $|\phi_0\rangle$ in diesen Amplituden durch die kohärenten Zustände ausdrücken, da wir nur für die Übergangsamplituden zwischen diesen Zuständen eine Funktonalintegraldarstellung zur Verfügung haben. Dies ist prinzipiell mittels Gl. (32.70) möglich, aber nicht sehr bequem. Bequemer ist es natürlich, die durch infinitesimale Wick-Rotation gewonnene Darstellung (34.94) der Amplitude $\mathcal{Z}^\eta$ zu benutzen und hierin den (zum exakten Grundzustand $|\phi_0\rangle$ nichtorthogonalen) alternativen Zustand

$|\phi\rangle$ als einen kohärenten Zustand zu wählen. Für einen beliebigen kohärenten Zustand $|\zeta\rangle$ ist jedoch die Voraussetzung (34.93) $\langle\phi_0|\zeta\rangle \neq 0$ nicht notwendigerweise erfüllt.

Wie am Ende von Abschnitt 34.3.2 erläutert, ist bei Verwendung der infinitesimalen Wick-Rotation der ungestörte Grundzustand $|\varphi_0\rangle$ gewöhnlich eine geeignete Wahl als nichtorthogonale Alternative $|\phi\rangle$. In den Anwendungen der Quantenfeldtheorie in der Teilchenphysik ist der ungestörte Grundzustand $|\varphi_0\rangle$ gewöhnlich durch das nackte Fock-Vakuum $|0\rangle$ gegeben. Da das Fock-Vakuum auch ein kohärenter Zustand ist, $|\zeta = 0\rangle = |0\rangle$, können wir in diesem Fall die Funktionalintegraldarstellung der Amplituden $\mathcal{Z}^\eta$ (34.94) sofort angegeben. Für Vielteilchensysteme, wie sie z. B. in der Kern- und Festkörperphysik auftreten, hingegen, ist der ungestörte Grundzustand $|\varphi_0\rangle$ gewöhnlich ein unkorrelierter Zustand mit einer endlichen Teilchenzahl.[9] Für diese Systeme benötigen wir die kohärenten Zustände $|\zeta \neq 0\rangle$, da der Zustand $|\zeta = 0\rangle$ orthogonal zu allen Zuständen mit einer nichtverschwindenden Teilchenzahl ist. Ein N-Teilchenzustand $|\varphi_0\rangle$ mit $N \neq 0$ enthält folglich nur die kohärenten Zustände $|\zeta \neq 0\rangle$.

Für $\zeta \neq 0$ sind die kohärenten Zustände $|\zeta\rangle$ (32.63) Überlagerungen von Zuständen mit jeder beliebigen Teilchenzahl. In der Entwicklung der Zustände $|\zeta \neq 0\rangle$ nach den exakten Eigenzuständen $|\phi_n(N)\rangle$ eines Hamilton-Operators H, der mit dem Teilchenzahloperator N kommutiert,

$$\mathsf{H}|\phi_n(N)\rangle = E_n(N)|\phi_n(N)\rangle, \quad \mathsf{N}|\phi_n(N)\rangle = N|\phi_n(N)\rangle\,, \tag{34.102}$$

tritt folglich auch die Summation über die Teilchenzahl auf:[10]

$$|\zeta\rangle = \sum_{N=0}^{\infty}\sum_{n} |\phi_n(N)\rangle\langle\phi_n(N)|\zeta\rangle\,. \tag{34.103}$$

Ein kohärenter Zustand $|\zeta\rangle$ enthält zwar für $\zeta \neq 0$ Komponenten mit jeder beliebigen Teilchenzahl und somit auch eine Komponente mit der Teilchenzahl des gesuchten Grundzustandes $|\phi_0(N)\rangle$,[11] die infinitesimale Wick-Rotation würde uns aber aus der Summe über N immer die Teilchenzahl $N_{\min}$ mit der minimalen Grundzustandsenergie

$$E_0(N_{\min}) = \min_N E_0(N) \tag{34.104}$$

9 Für Fermi-Systeme ist ein solcher Zustand durch eine Slater-Determinante gegeben. Wie wir in Abschnitt 30.9.2 gezeigt haben, können solche Zustände als Fock-Vakuum von Quasiteilchenoperatoren dargestellt werden, womit (nach Transformation in die Quasiteilchenbasis) die Funktionalintegraldarstellung des erzeugenden Funktionals in diesem Fall ebenfalls bekannt ist.

10 Wir erinnern daran, dass H den Hamilton-Operator in der Zweiten Quantisierung bezeichnet, der folglich Systeme mit beliebiger Teilchenzahl beschreibt.

11 Die Komponente in $|\zeta\rangle$ mit der Teilchenzahl N kann natürlich auch orthogonal zum Grundzustand $|\phi_0(N)\rangle$ sein.

herausprojizieren. (Dies wird gewöhnlich die Teilchenzahl $N_{\min} = 0$ sein.) Wir hätten dann keine Kontrolle mehr über die Teilchenzahl. Um den gesuchten Grundzustand eines Systems mit einer *definierten Teilchenzahl* $N \neq 0$ aus den kohärenten Zuständen zu extrahieren, muss die in Abschnitt 34.3.2 beschriebene Prozedur etwas modifiziert werden.

34.3.3.1 Erzeugung des Grundzustandes aus den kohärenten Zuständen

Um aus einem kohärenten Zustand $|\zeta\rangle$ die Komponente mit der gewünschten Teilchenzahl herauszufiltern, können wir die Teilchenzahl wie im großkanonischen Ensemble durch eine Nebenbedingung mittels eines Lagrange-Multiplikators μ festlegen, in dem wir im Zeitentwicklungsoperator $\mathsf{U}(t_f, t_i)$ (34.1) die Ersetzung

$$\mathsf{H} \to \mathsf{H}_\mu = \mathsf{H} - \mu \mathsf{N}, \quad \mathsf{N}(a^\dagger, a) = a^\dagger \cdot a \tag{34.105}$$

vornehmen, was uns den Operator

$$\mathsf{U}_\mu(t_f, t_i) = \exp\left[-\frac{i}{\hbar}\mathsf{H}_\mu(t_f - t_i)\right] \tag{34.106}$$

liefert.[12] Es lassen sich dann die folgenden Beziehungen (analog zu den Gln.(34.86), (34.87)) beweisen:

$$\lim_{t\to-\infty} \mathsf{U}_\mu(t_0, t)_\varepsilon|\zeta\rangle = \lim_{t\to-\infty} \mathsf{U}_\mu(t_0, t)_\varepsilon|\phi_0(N_0[\mu])\rangle \langle\phi_0(N_0[\mu])|\zeta\rangle\,, \tag{34.107}$$

$$\lim_{t\to\infty} \langle\zeta'|\mathsf{U}_\mu(t, t_0)_\varepsilon = \langle\zeta'|\phi_0(N_0[\mu])\rangle \lim_{t\to\infty} \langle\phi_0(N_0[\mu])|\mathsf{U}_\mu(t, t_0)_\varepsilon\,, \tag{34.108}$$

wobei $|\zeta\rangle$ und $\langle\zeta'|$ beliebige kohärente Zustände sind und $N_0[\mu]$ die Teilchenzahl ist, für die

$$\min_N[E_0(N) - \mu N] = E_0(N_0[\mu]) - \mu N_0[\mu] \tag{34.109}$$

gilt.

Beweis von Gleichungen (34.107), (34.108)

Wir implementieren die infinitesimale Wick-Rotation (34.83) in $\mathsf{U}_\mu(t_f, t_i)$ (34.106) mittels der Ersetzung (34.98):

$$\mathsf{U}_\mu(t_f, t_i)_\varepsilon = \exp\left[-\frac{i}{\hbar}(\mathsf{H} - \mu\mathsf{N})(t_f - t_i)(1 - i\varepsilon)\right]. \tag{34.110}$$

---

12 Die Teilchenzahl-regulierende Funktion von μ entsteht erst nach der infinitesimalen Wick-Rotation im Zeitentwicklungsoperator, wodurch μ de facto zum chemischen Potential wird, siehe unten.

Unter Benutzung von Gln. (34.103) und (34.102) finden wir

$$\begin{aligned} \mathsf{U}_\mu(t_0, t)_\varepsilon|\zeta\rangle = \sum_{N=0}^{\infty}\sum_n \exp\left[-\frac{i}{\hbar}\big(E_n(N) - \mu N\big)(t_0 - t)\right] \\ \times \exp\left[-\frac{\varepsilon}{\hbar}\big(E_n(N) - \mu N\big)(t_0 - t)\right]|\phi_n(N)\rangle\,\langle\phi_n(N)|\zeta\rangle. \end{aligned} \tag{34.111}$$

Im Limes $t \to -\infty$ projiziert das Dämpfungsglied $\exp[-\frac{\varepsilon}{\hbar}(E_n(N) - \mu N)(t_0 - t)]$ für festes N aus der Summe über n den Grundzustand $|\phi_0(N)\rangle$ heraus. Gleichzeitig selektiert es aus der Summe über N die Teilchenzahl $N_0[\mu]$, die die Bedingung (34.109) erfüllt. Deshalb erhalten wir

$$\begin{aligned} \lim_{t\to-\infty} \mathsf{U}_\mu(t_0, t)_\varepsilon|\zeta\rangle = \lim_{t\to-\infty} \exp\left[-\frac{i}{\hbar}\big(E_0(N_0[\mu]) - \mu N_0[\mu]\big)(t_0 - t)\right] \\ \times \exp\left[-\frac{\varepsilon}{\hbar}\big(E_0(N_0[\mu]) - \mu N_0[\mu]\big)(t_0 - t)\right]|\phi_0(N_0[\mu])\rangle\,\langle\phi_0(N_0[\mu])|\zeta\rangle. \end{aligned} \tag{34.112}$$

Benutzen wir hier wieder die Eigenwertgleichungen (34.102) sowie der Definition (34.110) von $\mathsf{U}_\mu(t_f, t_i)_\varepsilon$:

$$\begin{aligned} &\exp\left[-\frac{i}{\hbar}\big(E_0(N_0[\mu]) - \mu N_0[\mu]\big)(t_0 - t)\right]\exp\left[-\frac{\varepsilon}{\hbar}\big(E_0(N_0[\mu]) - \mu N_0[\mu]\big)(t_0 - t)\right]|\phi_0(N_0[\mu])\rangle \\ &= \exp\left[-\frac{i}{\hbar}\big(E_0(N_0[\mu]) - \mu N_0[\mu]\big)(t_0 - t)(1 - i\varepsilon)\right]|\phi_0(N_0[\mu])\rangle \\ &= \exp\left[-\frac{i}{\hbar}(\mathsf{H} - \mu\mathsf{N})(t_0 - t)(1 - i\varepsilon)\right]|\phi_0(N_0[\mu])\rangle \\ &= \mathsf{U}_\mu(t_0, t)_\varepsilon|\phi_0(N_0[\mu])\rangle, \end{aligned} \tag{34.113}$$

so erhalten wir die gewünschte Beziehung (34.107). Der Beweis der dualen Beziehung (34.108) erfolgt analog.

Die Relation (34.73) zwischen Schrödinger- und Wechselwirkungsbild bleibt natürlich auch nach Einführung des chemischen Potentials, $\mathsf{H} \to \mathsf{H}_\mu$, gültig: Der Zeitentwicklungsoperator bei Anwesenheit der äußeren Quellen,

$$\mathsf{U}^\eta_\mu(t_f, t_i) = T\exp\left[-\frac{i}{\hbar}\mathsf{H}_\mu(t_f - t_i) + \frac{i}{\hbar}\int_{t_i}^{t_f} dt(\eta^*(t)\cdot a + a^\dagger\cdot\eta(t))\right], \tag{34.114}$$

besitzt die Darstellung

$$\mathsf{U}^\eta_\mu(t_f, t_i) = \mathsf{U}_\mu(t_f, t_0)\mathsf{U}^\eta_{H\mu}(t_f, t_i)\mathsf{U}_\mu(t_0, t_i), \tag{34.115}$$

wobei $\mathsf{U}_\mu(t_2, t_1)$ der Zeitentwicklungsoperator (34.106) bei Abwesenheit der Quellen und

$$\mathsf{U}^\eta_{H\mu}(t_2, t_1) = T\exp\left[\frac{i}{\hbar}\int_{t_1}^{t_2} dt(\eta^*(t)\cdot a(t)_{H\mu} + a^\dagger(t)_{H\mu}\cdot\eta(t))\right] \tag{34.116}$$

sich aus $\mathsf{U}_H^\eta(t_2, t_1)$ (34.75) ergibt, wenn in den Feldoperatoren des Heisenberg-Bildes $a_H(t)$, $a_H^\dagger(t)$ (34.2) die Ersetzung $\mathsf{H} \to \mathsf{H}_\mu$, d. h. $\mathsf{U} \to \mathsf{U}_\mu$ vorgenommen wird, was auf die Operatoren:

$$a(t)_{H\mu} = \mathsf{U}_\mu(t, t_0) a \mathsf{U}_\mu(t, t_0)\,,$$
$$a^\dagger(t)_{H\mu} = \mathsf{U}_\mu(t, t_0) a^\dagger \mathsf{U}_\mu(t, t_0) \tag{34.117}$$

führt. Ferner bleibt die Beziehung (34.115) auch nach Implementierung der infinitesimalen Wick-Rotation mittels der Ersetzung $\mathsf{H}_\mu \to \mathsf{H}_\mu(1 - i\varepsilon)$ gültig,

$$\mathsf{U}_\mu^\eta(t_f, t_i)_\varepsilon = \mathsf{U}_\mu(t_f, t_0)_\varepsilon \mathsf{U}_{H\mu}^\eta(t_f, t_i)_\varepsilon \mathsf{U}_\mu(t_0, t_i)_\varepsilon\,, \tag{34.118}$$

wobei diese Ersetzung auch in der Definition des Heisenberg-Bildes (34.117) vorgenommen werden muss.

Mit den beiden Beziehungen (34.107) und (34.108) erhalten wir

$$\begin{aligned}&\lim_{t\to\infty} \langle\zeta'|\mathsf{U}_\mu(t, t_0)_\varepsilon \mathsf{U}_{H\mu}^\eta(t, -t)_\varepsilon \mathsf{U}_\mu(t_0, -t)_\varepsilon|\zeta\rangle\\ &\quad= \langle\zeta'|\phi_0(N_0[\mu])\rangle\langle\phi_0(N_0[\mu])|\zeta\rangle\\ &\qquad\times \lim_{t\to\infty}\langle\phi_0(N_0[\mu])|\mathsf{U}_\mu(t, t_0)_\varepsilon \mathsf{U}_{H\mu}(t, -t)_\varepsilon \mathsf{U}_\mu(t_0, -t)_\varepsilon|\phi_0(N_0[\mu])\rangle\end{aligned} \tag{34.119}$$

und mit Gl. (34.118) im Schrödinger-Bild

$$\begin{aligned}\lim_{t\to\infty}\langle\zeta'|\mathsf{U}_\mu^\eta(t, -t)_\varepsilon|\zeta\rangle &= \langle\zeta'|\phi_0(N_0[\mu])\rangle\langle\phi_0(N_0[\mu])|\zeta\rangle\\ &\quad\times \lim_{t\to\infty}\langle\phi_0(N_0[\mu])|\mathsf{U}_\mu^\eta(t, -t)_\varepsilon|\phi_0(N_0[\mu])\rangle\,.\end{aligned} \tag{34.120}$$

Durch die infinitesimale Wick-Rotation und geeignete Wahl des chemischen Potentials μ können wir somit aus der Übergangsamplitude zwischen zwei kohärenten Zuständen $|\zeta\rangle$ und $|\zeta'\rangle$ die Amplitude des Grundzustandes $|\phi_0(N_0[\mu])\rangle$ eines Systems mit der gewünschten Teilchenzahl $N_0[\mu]$ erzeugen, vorausgesetzt

$$\langle\phi_0(N_0[\mu])|\zeta\rangle \neq 0\,, \quad \langle\phi_0(N_0[\mu])|\zeta'\rangle \neq 0\,. \tag{34.121}$$

Um dies zu gewährleisten, können wir einfach statt eines einzelnen Matrixelements $\langle\zeta'|\mathsf{U}_\mu^\eta|\zeta\rangle$ die Spur über den gesamten Fock-Raum (in der Basis der kohärenten Zustände, Gl.(32.97)) nehmen:

$$\mathsf{Sp}\,\mathsf{U}_\mu^\eta = \int d\mu(\zeta)\langle\pm\zeta|\mathsf{U}_\mu^\eta|\zeta\rangle. \tag{34.122}$$

Da die kohärenten Zustände eine (über-)vollständige Basis des Fock-Raumes bilden, ist in ihrer Gesamtheit auch der gesuchte Grundzustand $|\phi_0(N_0[\mu])\rangle$ enthalten. Setzen wir in Gl. (34.120) $\zeta' = \pm\zeta$ und integrieren über ζ, so finden wir unter Benutzung von Gl. (34.122) und

$$\int d\mu(\zeta)\langle\pm\zeta|\phi_0(N_0[\mu])\rangle\langle\phi_0(N_0[\mu])|\zeta\rangle \tag{34.123}$$

$$\overset{(32.71)}{=} \int d\mu(\zeta)\langle\phi_0(N_0[\mu])|\zeta\rangle\langle\zeta|\phi_0(N_0[\mu])\rangle \tag{34.124}$$

$$\overset{(32.68)}{=} \langle\phi_0(N_0[\mu])|\phi_0(N_0[\mu])\rangle = 1 \tag{34.125}$$

die Beziehung

$$\boxed{\lim_{t\to\infty} \mathrm{Sp}\mathrm{U}_\mu^\eta(t,-t)_\varepsilon = \lim_{t\to\infty} \langle\phi_0(N_0[\mu])|\mathrm{U}_\mu^\eta(t,-t)_\varepsilon|\phi_0(N_0[\mu])\rangle\,,} \tag{34.126}$$

wobei, wie oben gezeigt, $N_0[\mu]$ durch die Bedingung (34.109) bestimmt ist. Die Beziehung (34.126) ist nicht trivial durch die Anwesenheit der Quellen η im Zeitentwicklungsoperator:

$$\mathrm{U}_\mu^\eta(t_f,t_i)_\varepsilon = T\exp\left[-\frac{i}{\hbar}(\mathrm{H}-\mu\mathrm{N})(1-i\varepsilon)(t_f-t_i)+\frac{i}{\hbar}\int_{t_i}^{t_f} dt(\eta^*(t)\cdot a + a^\dagger\cdot\eta(t))\right]. \tag{34.127}$$

Man beachte auch, dass der Quellterm im Schrödinger-Bild (34.127) von der infinitesimalen Wick-Rotation nicht berührt ist. Dies gewährleistet, dass die infinitesimale Wick-Rotation den Grundzustand bei Abwesenheit der Quellen (d. h. den Grundzustand von H und nicht den von H^η (34.72)) liefert.

---

i Für verschwindende Quellen lässt sich die Beziehung (34.126) sehr einfach beweisen. Dazu müssen wir lediglich die Spur über den Fock-Raum in der Basis der Eigenzustände $|\phi_n(N_0[\mu])\rangle$ (34.102) des Hamilton-Operators berechnen und beachten, dass die Zustände $|\phi_{n\neq 0}(N)\rangle$ aufgrund des Dämpfungsgliedes in $\mathrm{U}_\mu^\eta(t,-t)_\varepsilon$ im Limes $t\to\infty$ nicht zur Spur beitragen, siehe Gl. (34.112).

Im Limes $\varepsilon\to 0$ finden wir aus Gl. (34.126) in der Notation (34.100) die Beziehung

$$\boxed{\mathrm{Sp}\mathrm{U}_\mu^\eta(\infty,-\infty)_\varepsilon = \langle\phi_0(N_0[\mu])|\mathrm{U}_\mu^\eta(\infty,-\infty)|\phi_0(N_0[\mu])\rangle\,,} \tag{34.128}$$

aus der wir unmittelbar die Funktionalintegraldarstellung der Grundzustandsamplitude gewinnen können.[13]

34.3.3.2 Funktionalintegraldarstellung des erzeugenden Funktionals

Mit der Beziehung (34.126) bzw. (34.128) finden wir für die Grundzustandsamplitude (34.82) bei Anwesenheit des chemischen Potentials

13 Wir erinnern daran, dass in unserer Notation der Index ε an einer Größe mit unendlichem Zeitargument bedeutet, dass der Limes $\varepsilon\to 0$ zu nehmen ist, siehe Gl. (34.100).

$$\mathcal{Z}_\mu^\eta(t_2,t_1) = \langle\phi_0(N_0[\mu])|\mathsf{U}_\mu^\eta(t_2,t_1)|\phi_0(N_0[\mu])\rangle \tag{34.129}$$

für ein unendlich großes Zeitintervall die Darstellung

$$\mathcal{Z}_\mu^\eta := \lim_{t\to\infty} \mathcal{Z}_\mu^\eta(t,-t) = \mathsf{Sp}\mathsf{U}_\mu^\eta(\infty,-\infty)_\varepsilon . \tag{34.130}$$

Für die Spur des Zeitentwicklungsoperators haben wir in Kapitel 33 eine Funktionalintegraldarstellung (33.26) abgeleitet:

$$\mathsf{Sp}\mathsf{U}_\mu^\eta(t_2,t_1) = \int \mathcal{D}(\zeta^*,\zeta)\exp\left\{\frac{i}{\hbar}S_\mu[\zeta^*,\zeta](t_2,t_1) + \frac{i}{\hbar}\int_{t_1}^{t_2} dt[\eta^*(t)\cdot\zeta(t)+\zeta^*(t)\cdot\eta(t)]\right\}. \tag{34.131}$$

Hierin erstreckt sich die Funktionalintegrationen über (anti-) periodische Felder, $\zeta(t_2) = \pm\zeta(t_1)$, und die Wirkung

$$S_\mu[\zeta^*,\zeta](t_2,t_1) = \int_{t_1}^{t_2} dt[\zeta^*(t)\cdot(i\hbar\partial_t+\mu)\zeta(t) - \mathsf{H}(\zeta^*,\zeta)] \tag{34.132}$$

ergibt sich aus Gl. (33.27) nach der Ersetzung (34.105)

$$\mathsf{H}(\zeta^*,\zeta) \to \mathsf{H}_\mu(\zeta^*,\zeta) = \mathsf{H}(\zeta^*,\zeta) - \mu\mathsf{N}(\zeta^*,\zeta) . \tag{34.133}$$

Mit Gl. (34.131) erhalten wir aus Gl. (34.130) die Funktionalintegraldarstellung der Grundzustandsamplitude

$$\boxed{\mathcal{Z}_\mu^\eta = \int \mathcal{D}(\zeta^*,\zeta)\exp\left\{\frac{i}{\hbar}S_\mu[\zeta^*,\zeta](\infty,-\infty)_\varepsilon + \frac{i}{\hbar}\int_{-\infty}^{\infty} dt[\eta^*(t)\cdot\zeta(t)+\zeta^*(t)\cdot\eta(t)]\right\},} \tag{34.134}$$

wobei die Funktionalintegration über Felder $\zeta(t)$ erfolgt, die den Randbedingungen $\zeta(\infty) = \pm\zeta(-\infty)$ genügen.

Setzen wir die Amplitude $\mathcal{Z}_\mu^\eta$ (34.129) ins Verhältnis zu der bei verschwindenden Quellen, $\mathcal{Z}_\mu^{\eta=0}$, so erhalten wir analog zu Gl. (34.69) das erzeugende Funktional

$$\mathcal{Z}_\mu[\eta^*,\eta] = \frac{\mathcal{Z}_\mu^\eta}{\mathcal{Z}_\mu^{\eta=0}} \tag{34.135}$$

der Green'schen Funktionen $\mathcal{G}_\mu$ bei endlichem chemischen Potential μ. Setzen wir hier die Funktionalintegraldarstellung (34.134) der Amplitude $\mathcal{Z}_\mu^\eta$ ein, so finden wir schließlich für das erzeugende Funktional die Darstellung:

$$\boxed{\mathcal{Z}_\mu[\eta^*,\eta] = \left\langle \exp\left(\frac{i}{\hbar} \int_{-\infty}^{\infty} dt[\eta^*(t)\cdot\zeta(t) + \zeta^*(t)\cdot\eta(t)]\right)\right\rangle_\mu ,} \tag{34.136}$$

wobei der Erwartungswert durch

$$\boxed{\langle\ldots\rangle_\mu = \frac{\int \mathcal{D}(\zeta^*,\zeta)\ \ldots\ \exp\{\frac{i}{\hbar} S_\mu[\zeta^*,\zeta](\infty,-\infty)_\varepsilon\}}{\int \mathcal{D}(\zeta^*,\zeta) \exp\{\frac{i}{\hbar} S_\mu[\zeta^*,\zeta](\infty,-\infty)_\varepsilon\}}} \tag{34.137}$$

definiert ist.

Die oben abgeleitete Funktionalintegraldarstellung (34.137) des erzeugenden Funktionals ist sehr viel bequemer als die Operatordarstellung und wird deshalb auch vorwiegend sowohl in der Quantenfeldtheorie als auch in der Vielteilchentheorie benutzt, siehe Kapitel 35 bis 37.

In der Quantenfeldtheorie interessieren wir uns gewöhnlich (bei Temperatur $T = 0$) für die Green'schen Funktionen, die bezüglich des Vakuumzustandes $|\phi_0(N=0)\rangle$ definiert sind. Da jedes Teilchen relativ zum Vakuum eine positive Energie besitzt, extrahiert die infinitesimale Wick-Rotation in Gl. (34.126) aus der Spur des Zeitentwicklungsoperators $\mathsf{U}_\mu^\eta(\infty,-\infty)_\varepsilon$ über den Zustandsraum für $\mu = 0$ den Beitrag des Vakuumzustandes $|\phi_0(N=0)\rangle$

$$\lim_{\varepsilon\to 0}\lim_{t\to\infty} \mathrm{Sp}\mathsf{U}^\eta(t,-t)_\varepsilon = \langle\phi_0(N=0)|\mathsf{U}^\eta(\infty,-\infty)|\phi_0(N=0)\rangle, \tag{34.138}$$

wobei $\mathsf{U}^\eta \equiv \mathsf{U}^\eta_{\mu=0}$ der Zeitentwicklungsoperator (34.71) ist. Für $\mu = 0$ finden wir aus Gl. (34.134) für die Amplitude

$$\mathcal{Z}^\eta = \langle\phi_0(N=0)|\mathsf{U}^\eta(\infty,-\infty)|\phi_0(N=0)\rangle \tag{34.139}$$

des erzeugenden Funktionals (34.69)

$$\mathcal{Z}[\eta^*,\eta] = \frac{\mathcal{Z}^\eta}{\mathcal{Z}^{\eta=0}} \tag{34.140}$$

der Green'schen Funktionen $\mathcal{G}$ (34.41), die bezüglich des Vakuumzustandes $|\phi\rangle = |\phi_0(N=0)\rangle$ definiert sind, die Funktionalintegraldarstellung:

$$\boxed{\mathcal{Z}^\eta = \int \mathcal{D}(\zeta^*,\zeta) \exp\left\{\frac{i}{\hbar} S[\zeta^*,\zeta](\infty,-\infty)_\varepsilon + \frac{i}{\hbar}\int_{-\infty}^{\infty} dt[\eta^*(t)\cdot\zeta(t) + \zeta^*(t)\cdot\eta(t)]\right\}} \tag{34.141}$$

mit der infinitesimal wick-rotierten Wirkung

$$\boxed{S[\zeta^*,\zeta](t_f,t_i)_\varepsilon = \int_{t_i}^{t_f} dt[\zeta^*(t)\cdot i\hbar\partial_t\zeta(t) - \mathsf{H}(\zeta^*,\zeta)(1-i\varepsilon)].} \tag{34.142}$$

Diese Darstellung der Vakuumübergangsamplitude ist die Basis für die Funktionalintegralquantisierung der relativistischen Felder, die wir in Kapitel 37 behandeln werden.

34.3.3.3 Die Green'schen Funktionen bei endlichem chemischen Potential

Die Green'schen Funktionen bei endlichem chemischen Potential, $\mathcal{G}_\mu$, sind analog zu den Green'schen Funktionen $\mathcal{G} = \mathcal{G}_{\mu=0}$ (34.41) definiert,

$$\begin{aligned} &i\hbar\mathcal{G}_\mu(1,\dots,n;1',\dots,m') \\ &\quad = \langle\phi_0(N_0[\mu])|Ta(1)_{H\mu}\dots a(n)_{H\mu}\, a^\dagger(m')_{H\mu}\dots a^\dagger(1')_{H\mu}|\phi_0(N_0[\mu])\rangle\,, \end{aligned} \tag{34.143}$$

jedoch ist das Heisenberg-Bild (34.2) der Feldoperatoren, $a(1)_{H\mu}$, $a^\dagger(1)_{H\mu}$ (34.117), hier mit dem Hamilton-Operator $\mathsf{H}_\mu = \mathsf{H} - \mu\mathsf{N}$ statt H definiert.

Die Green'schen Funktionen $\mathcal{G}_\mu$ lassen sich wie die $\mathcal{G}$ durch Ableitung des erzeugenden Funktionals (vergl. Gl. (34.59))

$$\begin{aligned} \mathcal{Z}_\mu[\eta^*,\eta] &= \langle\phi(N_0[\mu])|\mathsf{U}^\eta_{H\mu}(t_2,t_1)_\varepsilon|\phi_0(N_0[\mu])\rangle \\ &= \langle\phi(N_0[\mu])|T\exp\left[\frac{i}{\hbar}\int_{-\infty}^{\infty} dt(\eta^*(t)\cdot a(t)_{H\mu} + a^\dagger(t)_{H\mu}\cdot\eta(t))\right]|\phi_0(N_0[\mu])\rangle \end{aligned} \tag{34.144}$$

nach den Quellen gewinnen (vergl Gl. (34.60)):

$$i\hbar\mathcal{G}_\mu(1,\dots,n;1',\dots,m') = \frac{\hbar}{i}\frac{\delta}{\delta\eta^*(1)}\cdots\left(\pm\frac{\hbar}{i}\frac{\delta}{\delta\eta(1')}\right)\cdots\mathcal{Z}_\mu[\eta^*,\eta]\Big|_{\eta=0,\eta^*=0}\,. \tag{34.145}$$

Mit der oben abgeleiteten Funktionalintegraldarstellung (34.136) des erzeugenden Funktionals (34.144)[14] ergeben sich die Green'schen Funktionen (34.143) als Erwartungswerte der klassischen Felder:

$$i\hbar\mathcal{G}_\mu(1,\dots,n;1',\dots,m') = \langle\zeta(1)\dots\zeta(n)\zeta^*(m')\dots\zeta^*(1')\rangle_\mu, \tag{34.146}$$

wobei der Erwartungswert $\langle\dots\rangle_\mu$ in Gl. (34.137) definiert ist.

---

14 Der in Abschnitt 34.3.1.2 abgeleitete Zusammenhang (34.69) zwischen der Darstellung des erzeugenden Funktionals im Heisenberg-Bild (34.144) und der im Schrödinger-Bild (34.135) (aus der wir die Funktionalintegraldarstellung abgeleitet haben) bleibt natürlich auch bei Anwesenheit des chemischen Potentials gültig.

Das chemische Potential μ wird durch die Bedingung

$$\langle \mathsf{N} \rangle_\mu \equiv N_0[\mu] \stackrel{!}{=} N \tag{34.147}$$

bestimmt, wobei N die Teilchenzahl des betrachteten Systems ist. Dazu ist es zweckmäßig, den Erwartungswert von N durch die Einteilchen-Green'sche Funktion (vergl. Gl. (34.40))

$$i\hbar \mathcal{G}_\mu(2,1) = \langle \phi_0(N_0[\mu]) || Ta(2))_{H\mu} a^\dagger(1)_{H\mu} | \phi_0(N_0[\mu]) \rangle \tag{34.148}$$

auszudrücken:

$$\begin{aligned}
\langle \mathsf{N} \rangle_\mu &= \sum_k \langle \phi_0(N_0[\mu]) | a_k^\dagger a_k | \phi_0(N_0[\mu]) \rangle \\
&= \pm \lim_{\varepsilon \to 0} \sum_k \langle \phi_0(N_0[\mu]) | T a_k(t)_{H\mu} a_k^\dagger(t+\varepsilon)_{H\mu} | \phi_0(N_0[\mu]) \rangle \\
&= \pm i\hbar \lim_{\varepsilon \to 0} \mathrm{Sp} \mathcal{G}_\mu(t, t+\varepsilon) \\
&\equiv \pm i\hbar \mathrm{Sp} \mathcal{G}_\mu(t, t+0).
\end{aligned} \tag{34.149}$$

Zur Illustration berechnen wir den Erwartungswert $\langle \mathsf{N} \rangle_\mu$ für ein nichtwechselwirkendes System. Die freie Einteilchen-Green'sche Funktion $G_\mu(2,1)$, die bezüglich des Grundzustandes $|\varphi_0(N_0[\mu])\rangle$ des ungestörten Hamilton-Operators h (34.5) (d. h. für $\mathsf{V} = 0$) mit der Teilchenzahl $N_0[\mu]$ definiert ist, ist in der Basis, in der h diagonal ist, $h_{k_2 k_1} = \delta_{k_2 k_1} \epsilon_{k_1}$, ebenfalls diagonal, $G_{\mu k_2 k_1}(t_2, t_1) = \delta_{k_2 k_1} G_{\mu k_1}(t_2, t_1)$, und analog zu Gln. (34.54) und (34.57) finden wir:

$$i\hbar G_{\mu k}(t_2, t_1) = e^{-\frac{i}{\hbar}(\epsilon_k - \mu)(t_2 - t_1)} \left[\Theta(t_2 - t_1)(1 \pm n_k[\mu]) \pm \Theta(t_1 - t_2) n_k[\mu] \right], \tag{34.150}$$

sowie die Fourierdarstellung

$$G_{\mu k}(\omega) = \lim_{\delta \to 0} \left[\frac{1 \pm n_k[\mu]}{\omega - (\epsilon_k - \mu) + i\delta} \mp \frac{n_k[\mu]}{\omega - (\epsilon_k - \mu) - i\delta} \right]. \tag{34.151}$$

Hierin sind

$$n_k[\mu] = \langle \varphi_0(N_0[\mu]) | a_k^\dagger a_k | \varphi_0(N_0[\mu]) \rangle \tag{34.152}$$

die Besetzungszahlen der Einteilchenzustände $|k\rangle$ im ungestörten Grundzustand

$$|\varphi_0(N_0[\mu])\rangle = \prod_k (a_k^\dagger)^{n_k[\mu]} |0\rangle. \tag{34.153}$$

Die $n_k[\mu]$ hängen natürlich von der Gesamtteilchenzahl $N_0[\mu]$ und somit vom chemischen Potential μ ab. Ihre explizite Abhängigkeit von μ können wir aus den thermischen Besetzungszahlen (siehe Gl. (31.54) bzw. (31.51) für Bose- bzw. Fermi-Systeme):

$$\mathcal{N}_k^{(\pm)} = \frac{1}{e^{\beta(\epsilon_k - \mu)} \mp 1} \tag{34.154}$$

im Limes $\beta \to \infty$ ($T \to 0$) gewinnen,

$$n_k[\mu] = \lim_{\beta \to \infty} \mathcal{N}_k^{(\pm)}, \tag{34.155}$$

da in diesem Limes der Dichteoperator des großkanonischen Ensembles sich auf den Projektor auf den Grundzustand, $|\varphi_0(N_0[\mu])\rangle\langle\varphi_0(N_0[\mu])|$, reduziert, siehe Gl. (31.32). Aus (34.154) folgt für Fermi-Systeme (31.52):

$$n_k[\mu] = \begin{cases} 1 & \text{für } \epsilon_k < \mu \\ 0 & \text{für } \epsilon_k > \mu \end{cases} \tag{34.156}$$

und für Bose-Systeme (31.55):

$$n_k[\mu] = \begin{cases} N & \text{für } \epsilon_k = \epsilon_0 = \mu + 0 \\ 0 & \text{für } \epsilon_k > \mu + 0\,. \end{cases} \tag{34.157}$$

Bei $T = 0$ besetzen Fermionen sämtliche Zustände bis zur Fermikante, siehe Abb. 31.2, die durch das chemische Potential μ gegeben ist, während Bosonen sich sämtlich im Zustand niedrigster Energie ϵ_0 aufhalten (Bose-Kondensation), an die sich das chemische Potential $\mu(\beta)$ für $T \to 0$ von unten annähert, siehe Abb. 31.5.

Ersetzen wir im Erwartungswert (34.149) die volle Green'sche Funktion $\mathcal{G}_\mu$ durch die freie Green'sche Funktion G_μ (34.150), so erhalten wir die zu erwartende Beziehung:

$$\langle \mathsf{N} \rangle_\mu = \sum_k n_k[\mu]. \tag{34.158}$$

Die Green'schen Funktionen $\mathcal{G}_\mu$ besitzen dieselben Eigenschaften wie die $\mathcal{G}$ bei $\mu = 0$, allerdings sind die Polstellen der n-Teilchen-Green'schen Funktionen $\mathcal{G}_\mu$ gegenüber denen der $\mathcal{G}$ um $(-\mu n)$ auf der Energieskala verschoben, vergl. Gln. (34.151) und (34.58).

34.4 Störungstheorie*

Wechselwirkende Vielteilchensysteme werden gewöhnlich durch einen Hamilton-Operator H der Form (34.4) beschrieben, bestehend aus einem Einteilchen-Operator h (34.5) und einer Zweiteilchen-Wechselwirkung V. Abgesehen von einigen sehr einfachen Modellwechselwirkungen, lassen sich solche Systeme nicht exakt behandeln. In vielen

* Dieser Abschnitt ist für das Verständnis der übrigen Abschnitte nicht erforderlich und kann deshalb beim ersten Lesen übersprungen werden.

Fällen kann der dominante Effekt der Wechselwirkung V bereits durch einen effektiven Einteilchen-Operator erfasst werden (z. B. wenn h als der Hartree-Fock-Hamilton-Operator $\mathcal{H}[\rho]$ (31.83) gewählt wird), sodass die verbleibende Restwechselwirkung V in Störungstheorie behandelt werden kann. Nachfolgend werden wir das erzeugende Funktional der Green'schen Funktionen in eine für die Störungstheorie geeignete Form bringen. Dies werden wir zunächst im Operator- und anschließend im Funktionalintegralzugang durchführen.

34.4.1 Operatorzugang

Ausgangspunkt einer störungstheoretischen Berechnung der Amplitude $\mathcal{Z}^{\eta}(t_f, t_i)$ (34.82) des erzeugenden Funktionals ist die Identität

$$\boxed{\mathsf{U}^{\eta}(t_2, t_1) = \exp\left[-\frac{i}{\hbar}\int_{t_1}^{t_2} dt\, \mathsf{V}\left(\pm\frac{\hbar}{i}\frac{\delta}{\delta\eta(t)}, \frac{\hbar}{i}\frac{\delta}{\delta\eta^*(t)}\right)\right]\mathsf{u}^{\eta}(t_2, t_1),} \tag{34.159}$$

wobei

$$\mathsf{u}^{\eta}(t_2, t_1) = T\exp\left[-\frac{i}{\hbar}\int_{t_1}^{t_2} dt\,(\mathsf{h}(a^{\dagger}, a) - [\eta^*(t)\cdot a + a^{\dagger}\cdot\eta(t)])\right] \tag{34.160}$$

der Zeitentwicklungsoperator des nichtwechselwirkenden Systems bei Anwesenheit der äußeren Quellen ist.

Beweis der Identität (34.159)[15]

Wir multiplizieren die Wechselwirkung V im Zeitentwicklungsoperator $\mathsf{U}^{\eta}(t_2, t_1)$ (34.71) mit einem Parameter λ und leiten den resultierenden Operator

$$\mathsf{U}(\lambda) \equiv \mathsf{U}^{\eta}(t_2, t_1; \lambda) = T\exp\left[-\frac{i}{\hbar}\int_{t_1}^{t_2} dt\left(\mathsf{h}\left(a^{\dagger}, a\right) + \lambda\mathsf{V}\left(a^{\dagger}, a\right) - \left[\eta^*(t)\cdot a + a^{\dagger}\cdot\eta(t)\right]\right)\right] \tag{34.161}$$

nach λ ab. Nach Gl. (21.22) liefert dies:

$$\mathsf{U}'(\lambda) \equiv \frac{d\mathsf{U}^{\eta}(t_2, t_1; \lambda)}{d\lambda} = -\frac{i}{\hbar}\int_{t_1}^{t_2} dt\mathsf{U}^{\eta}(t_2, t; \lambda)\mathsf{V}\left(a^{\dagger}, a\right)\mathsf{U}^{\eta}(t, t_1; \lambda). \tag{34.162}$$

---

15 Im Funktionalintegralzugang in Abschnitt 34.3.3 werden wir diese Identität quasi gratis erhalten.

(Der Beweis dieser Beziehung erfolgt über eine Diskretisierung der Zeit, siehe Abschnitt 21.1.2.) Analog hierzu finden wir durch Ableiten von $\mathrm{U}^\eta(t_2, t_1; \lambda)$ nach den Quellen unter Benutzung von Gl. (21.23) sowie $\delta\eta(t')/\delta\eta(t) = \delta(t', t)$ die Beziehungen:

$$\pm\frac{\hbar}{i}\frac{\delta}{\delta\eta(t)}\mathrm{U}^\eta(t_2, t_1; \lambda) = \mathrm{U}^\eta(t_2, t; \lambda)a^\dagger(t)\mathrm{U}^\eta(t, t_1; \lambda), \tag{34.163}$$

$$\frac{\hbar}{i}\frac{\delta}{\delta\eta^*(t)}\mathrm{U}^\eta(t_2, t_1; \lambda) = \mathrm{U}^\eta(t_2, t; \lambda)a(t)\mathrm{U}^\eta(t, t_1; \lambda). \tag{34.164}$$

Da $\mathrm{V}(a^\dagger, a)$ ein Polynom in den Feldoperatoren ist, erhalten wir hieraus die Identität:

$$\mathrm{V}\left[\pm\frac{\hbar}{i}\frac{\delta}{\delta\eta(t)}, \frac{\hbar}{i}\frac{\delta}{\delta\eta^*(t)}\right]\mathrm{U}^\eta(t_2, t_1; \lambda) = \mathrm{U}^\eta(t_2, t; \lambda)\mathrm{V}\big(a^\dagger, a\big)\mathrm{U}^\eta(t, t_1; \lambda). \tag{34.165}$$

Benutzen wir diese Identität in Gl. (34.162), so finden wir

$$\mathrm{U}'(\lambda) \equiv \frac{d\mathrm{U}^\eta(t_2, t_1; \lambda)}{d\lambda} = -\frac{i}{\hbar}\int_{t_1}^{t_2} dt \mathrm{V}\left[\pm\frac{\hbar}{i}\frac{\delta}{\delta\eta(t)}, \frac{\hbar}{i}\frac{\delta}{\delta\eta^*(t)}\right]\mathrm{U}^\eta(t_2, t_1; \lambda). \tag{34.166}$$

Wiederholte Anwendung dieser Relation liefert:

$$\mathrm{U}^{(n)}(\lambda) \equiv \frac{d^n\mathrm{U}^\eta(t_2, t_1; \lambda)}{d\lambda^n} = \left[-\frac{i}{\hbar}\int_{t_1}^{t_2} dt \mathrm{V}\left[\pm\frac{\hbar}{i}\frac{\delta}{\delta\eta(t)}, \frac{\hbar}{i}\frac{\delta}{\delta\eta^*(t)}\right]\right]^n \mathrm{U}^\eta(t_2, t_1; \lambda). \tag{34.167}$$

Mit diesem Ausdruck für die Ableitungen $\mathrm{U}^{(n)}(\lambda)$ finden wir nach Aufsummation der Taylorreihe

$$\mathrm{U}(\lambda) = \sum_{n=0}^{\infty}\frac{\lambda^n}{n!}\mathrm{U}^{(n)}(0) \tag{34.168}$$

für $\lambda = 1$ mit $\mathrm{U}(\lambda = 0) = \mathrm{u}$ die gewünschte Identität (34.159).

Mit der Identität (34.159) finden wir aus Gl. (34.94) für die Amplitude $\mathcal{Z}^\eta(t_f, t_i)$ (34.82) im erzeugenden Funktional $Z[\eta^*, \eta]$ (34.69) die Darstellung

$$\lim_{t\to\infty} \mathcal{Z}^\eta(t, -t) = |\langle\phi_0|\varphi_0\rangle|^{-2}$$
$$\times \lim_{\varepsilon\to 0}\lim_{t\to\infty}\exp\left[-\frac{i}{\hbar}\int_{-te^{-i\varepsilon}}^{te^{-i\varepsilon}} dt' \mathrm{V}\left[\pm\frac{\hbar}{i}\frac{\delta}{\delta\eta^*(t')}, \frac{\hbar}{i}\frac{\delta}{\delta\eta^*(t')}\right]\right] z^\eta(t, -t)_\varepsilon \tag{34.169}$$

mit

$$z^\eta(t_f, t_i) = \langle\varphi_0|\mathrm{u}^\eta(t_f, t_i)|\varphi_0\rangle, \tag{34.170}$$

wobei wir als nichtorthogonale Alternative $|\phi\rangle$ zum exakten Grundzustand $|\phi_0\rangle$ den Grundzustand des ungestörten Systems $|\varphi_0\rangle$,

$$\mathsf{h}|\varphi_0\rangle = e_0|\varphi_0\rangle\,, \tag{34.171}$$

gewählt haben.

34.4.1.1 Wechselwirkungsbild

Im Abschnitt 34.3.1.2 haben wir ein Wechselwirkungsbild benutzt, in welchem wir lediglich die Quellterme als „Störung" betrachtet haben. Dies führte auf zeitabhängige Operatoren, die im gewöhnlichen Heisenberg-Bild definiert sind. Wie bereits früher bemerkt, sind die Feldoperatoren im Heisenberg-Bild (34.2) für wechselwirkende Vielteilchensysteme komplizierte n-Teilchenoperatoren, wobei generisch alle Terme von $n = 1$ bis $n \to \infty$ auftreten, sodass dieses Bild für praktische Rechnungen wenig geeignet ist. Wir werden deshalb jetzt ein der Störungstheorie angepasstes Wechselwirkungsbild benutzen, in welchem wir vom Hamilton-Operator H (34.4) nur den Einteilchen-Operator h (34.5) als „ungestörten" Hamiltonian betrachten, den wir (ebenfalls wie H) als *zeitunabhängig* voraussetzen.

Wiederholen wir jetzt unsere Überlegungen des Abschnitts 34.3.1.2 und gehen im Einteilchen-Zeitentwicklungsoperator u^η (34.160) zu einem Wechselwirkungsbild über, in welchem wieder die Quellterme als Störung betrachtet werden, der ungestörte Hamilton-Operator aber jetzt durch den Einteilchen-Hamiltonian h statt des vollen Hamiltonians H gegeben ist, so finden wir (vergl. Gl. (34.73))

$$\mathsf{u}^\eta(t_f, t_i) = \mathsf{u}(t_f, t_0)\mathsf{u}_h^\eta(t_f, t_i)\mathsf{u}(t_0, t_i)\,, \tag{34.172}$$

wobei

$$\mathsf{u}(t_f, t_i) \equiv \mathsf{u}^{\eta=0}(t_f, t_i) = \exp\left[-\frac{i}{\hbar}\,\mathsf{h}(a^\dagger, a)(t_f - t_i)\right] \tag{34.173}$$

der Zeitentwicklungsoperator des ungestörten Systems und

$$\mathsf{u}_h^\eta(t_f, t_i) = T\exp\left[\frac{i}{\hbar}\int_{t_i}^{t_f} dt(\eta^*(t)\cdot a(t)_h + a^\dagger(t)_h \cdot \eta(t))\right] \tag{34.174}$$

durch die „Störung" generiert wird. Hierin sind $a(t)_h$, $a^\dagger(t)_h$ die Feldoperatoren im Wechselwirkungsbild (34.8), (34.9). Einsetzen von Gl. (34.172) in die Amplitude $z^\eta(t_f, t_i)$ (34.170) liefert:

$$z^\eta(t_f, t_i) = \langle\varphi_0|\mathsf{u}(t_f, t_0)\mathsf{u}_h^\eta(t_f, t_i)\mathsf{u}(t_0, t_i)|\varphi_0\rangle\,. \tag{34.175}$$

Aus der Eigenwertgleichung (34.171) folgt

$$\mathsf{u}(t_1, t_2)|\varphi_0\rangle = e^{-\frac{i}{\hbar}e_0(t_2 - t_1)}|\varphi_0\rangle. \tag{34.176}$$

Unter Benutzung dieser Beziehung finden wir für die Einteilchenamplitude (34.175)

$$z^{\eta}(t_f, t_i) = \exp\left[-\frac{i}{\hbar}e_0(t_f - t_i)\right] z_h^{\eta}(t_f, t_i)\,, \tag{34.177}$$

wobei

$$z_h^{\eta}(t_f, t_i) = \langle\varphi_0|\mathrm{u}_h^{\eta}(t_f, t_i)|\varphi_0\rangle \tag{34.178}$$

die Einteilchenamplitude im Wechselwirkungsbild ist. Einsetzen von Gl. (34.177) in die Amplitude $\mathcal{Z}^{\eta}(t_f, t_i)$ (34.169) liefert für das erzeugende Funktional (34.69) die Darstellung

$$\boxed{\mathcal{Z}[\eta^*, \eta] = \lim_{t\to\infty} \frac{\mathcal{Z}_h^{\eta}(t, -t)_\varepsilon}{\mathcal{Z}_h^{\eta=0}(t, -t)_\varepsilon}}\,, \tag{34.179}$$

wobei

$$\boxed{\mathcal{Z}_h^{\eta}(t_f, t_i) = \exp\left[-\frac{i}{\hbar}\int_{t_i}^{t_f} dt\, \mathrm{V}\left[\pm\frac{\hbar}{i}\frac{\delta}{\delta\eta(t)}, \frac{\hbar}{i}\frac{\delta}{\delta\eta^*(t)}\right]\right] z_h^{\eta}(t_f, t_i)} \tag{34.180}$$

die Amplitude des erzeugenden Funktionals im Wechselwirkungsbild ist. Für die ungestörte Amplitude $z_h^{\eta}(t_f, t_i)$ (34.178) finden wir nach Einsetzen von $\mathrm{u}_h^{\eta}(t_f, t_i)$ (34.174)

$$\boxed{z_h^{\eta}(t_f, t_i) = \langle\varphi_0|T\exp\left[\int_{t_i}^{t_f} dt(\eta^*(t)\cdot a(t)_h + a^{\dagger}(t)_h\cdot\eta(t))\right]|\varphi_0\rangle\,.} \tag{34.181}$$

Die durch die Gln. (34.179), (34.180) und (34.181) definierte Darstellung des erzeugenden Funktionals ist, im Gegensatz zur Heisenberg-Darstellung (34.59), geeignet für eine störungstheoretische Berechnung der Green'schen Funktionen. Diese Rechnungen lassen sich noch vereinfachen, wenn die ungestörte Amplitude $z_h^{\eta}(t_f, t_i)$ (34.181) direkt durch die freie Einteilchen-Green'sche Funktion $G(1, 2)$ (34.47) ausgedrückt wird. Dies gelingt mithilfe des Wick'schen Theorems (Abschnitt 34.4.1.2) bzw. sehr einfach im Funktionalintegralzugang (Abschnitt 34.4.2).

34.4.1.2 Wick'sches Theorem für das erzeugende Funktional

Die ungestörte Amplitude z_h^{η} (34.181) des erzeugenden Funktionals der Green'schen Funktionen des Wechselwirkungbildes lässt sich mithilfe des Wick'schen Theorems noch vereinfachen, falls der ungestörte Grundzustand $|\varphi_0\rangle$ durch das Fock-Vakuum $|0\rangle$ gegeben ist. Dies ist gewöhnlich in den Anwendungen der Quantenfeldtheorie in der Teilchenphysik der Fall. Für endliche Vielteilchensysteme hingegen ist der ungestörte

Grundzustand gewöhnlich ein unkorrelierter Zustand mit endlicher Teilchenzahl. Für Fermi-Systeme ist ein solcher Zustand durch eine Slater-Determinante gegeben. Wie wir in Abschnitt 30.9.2 gezeigt haben, kann jede Slater-Determinante als Fock-Vakuum von Quasiteilchenoperatoren dargestellt werden, die dieselben Antikommutationsbeziehungen wie die ursprünglichen Feldoperatoren besitzen. Im Folgenden werden wir deshalb voraussetzen, dass die zeitunabhängigen Feldoperatoren des Schrödinger-Bildes, a_k, $a_k^\dagger$, Quasiteilchenoperatoren sind, deren Fock-Vakuum $|0\rangle$ den ungestörten Grundzustand $|\varphi_0\rangle$ des betrachteten Systems repräsentiert:

$$|\varphi_0\rangle = |0\rangle\,. \tag{34.182}$$

Die interessierenden Green'schen Funktionen sind als Erwartungswerte von zeitgeordneten Produkten der Feldoperatoren im exakten Grundzustand $|\phi_0\rangle$ definiert. Wie wir in Abschnitt 34.3.2 gezeigt haben, können wir diesen durch den ungestörten Grundzustand $|\varphi_0\rangle$ und mit Gl. (34.182) durch das Fock-Vakuum $|0\rangle$ ersetzen, wenn wir eine infinitesimale Wick-Rotation durchführen. Die Green'schen Funktionen führen dann auf Erwartungswerte von zeitgeordneten Produkten im Fock-Vakuum,

$$\langle 0|T \ldots a^\dagger \ldots a \ldots |0\rangle\,, \tag{34.183}$$

deren Berechnung sich durch Benutzung des Wick'schen Theorems wesentlich vereinfacht.

In der allgemeinen Form (34.27) des Wick'schen Theorems ist die Variable t eine abstrakte Variable, die eine eindimensionale Mannigfaltigkeit (z. B. die Zeitachse) parametrisiert. Auch die durch die Wick-Rotation in die komplexe Ebene gedrehte Zeitachse ist eine eindimensionale Mannigfaltigkeit. Folglich bleibt das Wick'sche Theorem auch nach einer (infinitesimalen oder endlichen) Wick-Rotation gültig. Die nachfolgend aus dem Wick'schen-Theorem hergeleiteten Beziehungen bleiben deshalb auch nach einer infinitesimalen Wick-Rotation gültig, auch wenn wir diese nicht explizit anzeigen werden.

Die allgemeine Form (34.27) des Wick'schen Theorems gilt für zeitabhängige Feldoperatoren $a(t)$, $a^\dagger(t)$, deren (Anti-)Kommutatoren *c-Zahlen* sind, siehe Fußnote 2. Dies ist insbesondere der Fall für die Feldoperatoren des Wechselwirkungsbildes, $a(t)_h$, $a^\dagger(t)_h$ (34.8), falls deren Zeitabhängigkeit durch einen Einteilchen-Hamilton-Operator h (34.5) generiert wurde. Die *zeitabhängigen* Feldoperatoren $a(t)_h$ bzw. $a^\dagger(t)_h$ sind dann Linearkombinationen (34.9) der *zeitunabhängigen* Operatoren a_k bzw. $a_k^\dagger$ und vernichten folglich das Vakuum $|0\rangle$:

$$a_k(t)_h|0\rangle = o\,, \langle 0|a_k^\dagger(t)_h = o\,. \tag{34.184}$$

Die allgemeine Form des Wick'schen Theorems (34.27), (G.37) für die Feldoperatoren im Wechselwirkungsbild lautet nach einer Umskalierung der Quellen $\eta \to i\eta/\hbar$:

$$T\exp\left[\frac{i}{\hbar}\int_{t_i}^{t_f} dt(\eta^*(t)\cdot a(t)_h + a^\dagger(t)_h\cdot\eta(t))\right]$$
$$=:\exp\left[\frac{i}{\hbar}\int_{t_i}^{t_f} dt(\eta^*(t)\cdot a(t)_h + a^\dagger(t)_h\cdot\eta(t))\right]:$$
$$\times\exp\left[-\frac{1}{\hbar^2}\int_{t_i}^{t_f} dt\int_{t_i}^{t_f} dt'\,\eta^*(t)\cdot\overline{a(t)_h a^\dagger}(t')_h\cdot\eta(t')\right]. \tag{34.185}$$

Beachten wir, dass die Kontraktion $\overline{a_l(t)_h a}{}_k^\dagger(t')_h$ eine c-Zahl ist (siehe Gl. (34.26)) und der Vakuumerwartungswert des Normalproduktes von Feldoperatoren verschwindet, was

$$\langle 0|:\exp\left[\frac{i}{\hbar}\int_{t_i}^{t_f} dt(\eta^*(t)\cdot a(t)_h + a^\dagger(t)_h\cdot\eta(t))\right]:|0\rangle = 1, \tag{34.186}$$

impliziert, so finden wir aus Gl. (34.185) die Beziehung

$$\langle 0|T\exp\left[\frac{i}{\hbar}\int_{t_i}^{t_f} dt\,(\eta^*(t)\cdot a(t)_h + a^\dagger(t)_h\cdot\eta(t))\right]|0\rangle$$
$$=\exp\left[-\frac{1}{\hbar^2}\int_{t_i}^{t_f} dt\int_{t_i}^{t_f} dt'\,\eta^*(t)\cdot\overline{a(t)_h a}{}^\dagger(t')_h\cdot\eta(t')\right]. \tag{34.187}$$

Dies ist das Wick'sche Theorem für erzeugende Funktionale: Die linke Seite dieser Gleichung ist die ungestörte Amplitude $z_h^\eta(t_f, t_i)$ (34.181) des erzeugenden Funktionals der Green'schen Funktionen im Wechselwirkungsbild für $|\varphi_0\rangle = |0\rangle$, für welche wir somit die Darstellung

$$z_h^\eta(t_f, t_i) = \exp\left[-\frac{1}{\hbar^2}\int_{t_i}^{t_f} dt\int_{t_i}^{t_f} dt'\,\eta^*(t)\cdot\overline{a(t)_h a}{}^\dagger(t')_h\cdot\eta(t')\right] \tag{34.188}$$

erhalten.

Für das Operatorpaar $a(t)_h a^\dagger(t')_h$ lautet das Wick'sche Theorem (34.28):

$$T(a(t)_h a^\dagger(t')_h) =: a(t)_h a^\dagger(t')_h : + \overline{a(t)_h a^\dagger}(t')_h\,. \tag{34.189}$$

Nehmen wir hiervon den Vakuumerwartungswert, so folgt mit $\langle 0| : a_h a_h^\dagger : |0\rangle = 0$

$$\overline{a_k(t)_h a}{}_l^\dagger(t')_h = \langle 0|T(a_k(t)_h a_l^\dagger(t')_h)|0\rangle\,, \tag{34.190}$$

womit die Kontraktion dieses Operatorpaares als Vakuumerwartungswert seines zeitgeordneten Produktes identifiziert ist. Bis auf einen Faktor $i\hbar$ ist die rechte Seite von Gl. (34.190) gerade die freie Einteilchen-Green'sche Funktion (34.47)

$$i\hbar G_{kl}(t,t') = \langle 0|Ta_k(t)a_l^\dagger(t')|0\rangle \tag{34.191}$$

mit dem ungestörten Grundzustand $|\varphi_0\rangle = |0\rangle$ als Referenzzustand $|\varphi\rangle$. Damit können wir die Kontraktion (34.190) durch die freie Einteilchen-Green'sche Funktion ausdrücken:

$$\overline{a_k(t)_h a}{}_l^\dagger(t')_h = i\hbar G_{kl}(t,t'). \tag{34.192}$$

Mit dieser Beziehung erhalten wir aus Gl. (34.187)

$$\begin{aligned}\langle 0|T\exp\left[\frac{i}{\hbar}\int_{t_i}^{t_f} dt\,(\eta^*(t)\cdot a(t)_h + a^\dagger(t)_h\cdot\eta(t))\right]|0\rangle \\ = \exp\left[-\frac{i}{\hbar}\int_{t_i}^{t_f} dt\int_{t_i}^{t_f} dt'\eta_l^*(t)G_{lk}(t,t')\eta_n(t)\right].\end{aligned} \tag{34.193}$$

und somit für die ungestörte Amplitude $z_h^\eta(t_f,t_i)$ (34.181) des erzeugenden Funktionals im Wechselwirkungsbild die Darstellung:

$$\boxed{z_h^\eta(t_f,t_i) = \exp\left[-\frac{i}{\hbar}\int_{t_i}^{t_f} dt\int_{t_i}^{t_f} dt'\eta_l^*(t)G_{lk}(t,t')\eta_n(t)\right].} \tag{34.194}$$

Damit lassen sich die ungestörten Vielteilchen-Green-Funktionen sämtlich durch die freie Einteilchen-Green-Funktion $G_{kl}(t_2,t_1)$ (34.191) ausdrücken.

Mit der Darstellung (34.194) von z_h^η finden wir für die Gesamtamplitude $\mathcal{Z}_h^\eta$ (34.180) des erzeugenden Funktionals im Wechselwirkungsbild mit dem Einteilchen-Operator h (34.5) als ungestörten Hamiltonian

$$\boxed{\begin{aligned}\mathcal{Z}_h^\eta(t_f,t_i) = \exp\left[-\frac{i}{\hbar}\int_{t_i}^{t_f} dt\,\mathsf{V}\left[\pm\frac{\hbar}{i}\frac{\delta}{\delta\eta(t)},\frac{\hbar}{i}\frac{\delta}{\delta\eta^*(t)}\right]\right] \\ \times\exp\left[-\frac{i}{\hbar}\int_{t_i}^{t_f} dt\int_{t_i}^{t_f} dt'\eta_l^*(t)G_{lk}(t,t')\eta_k(t)\right].\end{aligned}} \tag{34.195}$$

Diese Darstellung von $\mathcal{Z}_h^\eta(t_f, t_i)$ ist der Ausgangspunkt für eine störungstheoretische Berechnung der Green'schen Funktionen. Wir werden diese Rechnungen explizit in führender Ordnung in der Wechselwirkung V für Vielteilchensysteme bei endlichen Temperaturen in Kapitel 35 im Funktionalintegralzugang durchführen.

34.4.2 Funktionalintegralzugang

Das erzeugende Funktional der Green'schen Funktionen $\mathcal{Z}_\mu[\eta^*, \eta]$ (34.135) ist durch das Verhältnis der Amplituden $\mathcal{Z}_\mu^\eta$ (34.129) mit und ohne ($\eta = 0$) äußeren Quellen definiert. Für den Hamilton-Operator (34.4), (34.5) lautet die Funktionalintegraldarstellung (34.134) von $\mathcal{Z}_\mu^\eta$:

$$\begin{aligned}\mathcal{Z}_\mu^\eta = \int \mathcal{D}(\zeta^*, \zeta) \exp\left[-\frac{i}{\hbar}(1 - i\varepsilon) \int_{-\infty}^{\infty} dt\, \mathsf{V}(\zeta^*(t), \zeta(t))\right] \\ \times \exp\left\{\frac{i}{\hbar} \int_{-\infty}^{\infty} dt \zeta_k^*(t)[i\hbar\partial_t - (h - \mu)(1 - i\varepsilon)]_{kl}\zeta_l(t) \right. \\ \left. + \frac{i}{\hbar} \int_{-\infty}^{\infty} dt[\eta^*(t) \cdot \zeta(t) + \zeta^*(t) \cdot \eta(t)]\right\},\end{aligned} \tag{34.196}$$

wobei die infinitesimal Wick-Rotation durch die Ersetzung $\mathsf{H} \to \mathsf{H}(1 - i\varepsilon)$ vollzogen wurde. Die Funktionalintegration erfolgt über Felder, die den Randbedingungen $\zeta(\infty) = \pm\zeta(-\infty)$ genügen. Ferner haben wir den Wechselwirkungsanteil des Integranden als separaten Exponenten geschrieben. Dies ist im Funktionalintegral (im Gegensatz zum Zeitentwicklungsoperator) ohne Weiteres möglich, da $\mathsf{V}(\zeta^*, \zeta)$ kein Operator, sondern eine Funktion der klassischen Variablen ζ^*, ζ ist und somit mit dem Rest des Exponenten kommutiert. Um das erzeugende Funktional in eine für die Störentwicklung in der Wechselwirkung V geeignete Form zu bringen, entwickeln wir den Exponenten $\exp[-\frac{i}{\hbar} \int dt\, \mathsf{V}(\zeta^*, \zeta)]$ in Gl. (34.196) in eine Taylor-Reihe und ersetzen die klassischen Felder ζ^*, ζ in $\mathsf{V}(\zeta^*, \zeta)$ durch Ableitungen nach den Quellen η^*, η mittels der Identität[16]

$$\begin{aligned}&\mathsf{V}(\zeta^*, \zeta) \exp\left[\frac{i}{\hbar} \int_{-\infty}^{\infty} dt[\eta^*(t) \cdot \zeta(t) + \zeta^*(t) \cdot \eta(t)]\right] \\ &= \mathsf{V}\left(\pm\frac{\hbar}{i}\frac{\delta}{\delta\eta(t)}, \frac{\hbar}{i}\frac{\delta}{\delta\eta^*(t)}\right) \exp\left[\frac{i}{\hbar} \int_{-\infty}^{\infty} dt[\eta^*(t) \cdot \zeta(t) + \zeta^*(t) \cdot \eta(t)]\right]\end{aligned}$$

16 Der Einfachheit halber ignorieren wir den ε-Term in der Wechselwirkung V, da er für die störungstheoretischen Rechnungen ohnehin irrelevant ist.

Wir können dann die Potenzen von $\mathsf{V}(\pm\frac{\hbar}{i}\frac{\delta}{\delta\eta(t)}, \frac{\hbar}{i}\frac{\delta}{\delta\eta^*(t)})$ vor das Funktionalintegral ziehen und die Potenzreihe wieder aufsummieren und erhalten:

$$\mathcal{Z}^\eta_\mu = \exp\left[-\frac{i}{\hbar}\int_{-\infty}^{\infty} dt\, \mathsf{V}\left(\pm\frac{\hbar}{i}\frac{\delta}{\delta\eta(t)}, \frac{\hbar}{i}\frac{\delta}{\delta\eta^*(t)}\right)\right] z^\eta_\mu . \tag{34.197}$$

Das verbleibende Funktionalintegral

$$z^\eta_\mu = \int \mathcal{D}(\zeta^*,\zeta) \exp\left\{\frac{i}{\hbar}\int_{-\infty}^{\infty} dt \zeta^*_k(t)[i\hbar\partial_t - (h-\mu)(1-i\varepsilon)]_{kl}\zeta_l(t) + \frac{i}{\hbar}\int_{-\infty}^{\infty} dt[\eta^*(t)\cdot\zeta(t) + \zeta^*(t)\cdot\eta(t)]\right\} \tag{34.198}$$

repräsentiert die Spur

$$z^\eta_\mu = \mathrm{Sp}\, \mathsf{u}^\eta_\mu(\infty,-\infty)_\varepsilon \tag{34.199}$$

des Zeitentwicklungsoperators (34.160)

$$\mathsf{u}^\eta_\mu(t_2,t_1) = T\exp\left[-\frac{i}{\hbar}\int_{t_1}^{t_2} dt\,([\mathsf{h}(a^\dagger,a) - \mu\mathsf{N}(a^\dagger,a)](1-i\varepsilon) - [\eta^*(t)\cdot a + a^\dagger\cdot\eta(t)])\right] \tag{34.200}$$

des nichtwechselwirkenden Systems bei Anwesenheit der Quellen, nach Einführen des chemischen Potentials μ und nach Implementierung der infinitesimalen Wick-Rotation.

---

i Mit Gln. (34.199) und (34.130) finden wir aus Gleichung (34.197)

$$\mathrm{Sp}\,\mathsf{U}^\eta_\mu(\infty,-\infty)_\varepsilon = \exp\left[-\frac{i}{\hbar}(1-i\varepsilon)\int_{-\infty}^{\infty} dt\,\mathsf{V}\left(\pm\frac{\hbar}{i}\frac{\delta}{\delta\eta(t)}, \frac{\hbar}{i}\frac{\delta}{\delta\eta^*(t)}\right)\right]\mathrm{Sp}\,\mathsf{u}^\eta_\mu(\infty,-\infty)_\varepsilon. \tag{34.201}$$

Dieselbe Beziehung finden wir auch aus Gl. (34.159), wenn wir dort H durch $\mathsf{H} - \mu\mathsf{N}$ ersetzen, die infinitesimale Wick-Rotation mittels der Ersetzung (34.98) vornehmen und anschließend die Spur über den Fock-Raum nehmen. Oben haben wir diese Beziehung direkt im Funktionalintegralzugang, jedoch sehr viel einfacher als die analoge Beziehung (34.159) des Operatorzugangs gefunden.

Nach Gl. (34.128) gilt

$$\mathrm{Sp}\,\mathsf{u}^\eta_\mu(\infty,-\infty)_\varepsilon = \langle\varphi_0(N_0[\mu])|\mathsf{u}^\eta_\mu(\infty,-\infty)|\varphi_0(N_0[\mu])\rangle, \tag{34.202}$$

wobei $|\varphi_0(N_0[\mu])\rangle$ (34.171) der Grundzustand des ungestörten Hamilton-Operators h mit der Teilchenzahl $N_0[\mu]$ ist. Letztere ist durch die Bedingung (vergl. Gl. (34.109)):

$$\min_N [e_0(N) - \mu N] = e_0(N_0[\mu]) - \mu N_0[\mu] \tag{34.203}$$

bestimmt, wobei $e_0(N)$ die Grundzustandsenergie des ungestörten Systems mit der Teilchenzahl N ist. Damit repräsentiert z_μ^η (34.198) die ungestörte Vakuumamplitude

$$z_\mu^\eta = \langle \varphi_0(N_0[\mu]) | \mathrm{u}^\eta(\infty, -\infty) | \varphi_0(N_0[\mu]) \rangle . \tag{34.204}$$

Unter Benutzung der Definition der inversen freien Einteilchen-Green'schen Funktion bei endlichem chemischen Potential μ und nach infinitesimaler Wick-Rotation (vergl. Gl. (34.51))

$$G_{\mu kl}^{-1}(t, t') = [i\hbar\partial_t - (h - \mu)(1 - i\varepsilon)]_{kl} \delta(t, t') \tag{34.205}$$

lautet die ungestörte Vakuumamplitude (34.198)

$$z_\mu^\eta = \int \mathcal{D}(\zeta^*, \zeta) \exp\left\{ \frac{i}{\hbar} \int_{-\infty}^{\infty} dt \int_{-\infty}^{\infty} dt' \zeta_k^*(t) G_{\mu kl}^{-1}(t, t') \zeta_l(t') \right.$$
$$\left. + \int_{-\infty}^{\infty} dt [\eta_k^*(t) \zeta_k(t) + \zeta_k^*(t) \eta_k(t)] \right\} . \tag{34.206}$$

Nach Ausführen des Gauß-Integrals (siehe Gl. (H.11)) finden wir:

$$z_\mu^\eta = z_\mu^{\eta=0} \exp\left\{ -\frac{i}{\hbar} \int_{-\infty}^{\infty} dt \int_{-\infty}^{\infty} dt' \eta_k^*(t) G_{\mu kl}(t, t') \eta_l(t') \right\} , \tag{34.207}$$

wobei $G_\mu = (G_\mu^{-1})^{-1}$ die (ungestörte) Einteilchen-Green'sche Funktion ist, für die wir aus Gl. (34.205) die Darstellung

$$G_\mu(t, t') = [i\hbar\partial_t - (h - \mu)(1 - i\varepsilon)]^{-1} \delta(t, t') \tag{34.208}$$

erhalten. Ferner ist

$$z_\mu \equiv z_\mu^{\eta=0} = (\mathcal{D}et G_\mu^{-1})^{\mp 1} \tag{34.209}$$

nach Gln. (34.199) und (34.204) die ungestörte Vakuumamplitude bei Abwesenheit der Quellen, d. h. mit $\mathrm{u}_\mu = \mathrm{u}_\mu^{\eta=0}$ gilt die Beziehung:

$$(\mathcal{D}et G_\mu^{-1})^{\mp 1} = \langle \varphi_0(N_0[\mu]) | \mathrm{u}_\mu(\infty, -\infty) | \varphi_0(N_0[\mu]) \rangle . \tag{34.210}$$

Diese Größe fällt aus dem erzeugenden Funktional (34.135) heraus, für welches wir dann die Darstellung (34.179):

$$\boxed{\mathcal{Z}_\mu[\eta^*, \eta] = \frac{\mathcal{Z}^{\eta}_{\mu h}}{\mathcal{Z}^{\eta=0}_{\mu h}}} \tag{34.211}$$

mit der Amplitude

$$\boxed{\begin{aligned}\mathcal{Z}^{\eta}_{\mu h} = \exp&\left[-\frac{i}{\hbar}\int_{-\infty}^{\infty} dt\, \mathrm{V}\left(\pm\frac{\hbar}{i}\frac{\delta}{\delta\eta(t)}, \frac{\hbar}{i}\frac{\delta}{\delta\eta^*(t)}\right)\right]\\ &\times \exp\left\{-\frac{i}{\hbar}\int_{-\infty}^{\infty} dt \int_{-\infty}^{\infty} dt'\, \eta_k^*(t) G_{\mu kl}(t, t')\eta_l(t')\right\}\end{aligned}} \tag{34.212}$$

erhalten. Gl. (34.212) liefert die Verallgemeinerung der Wechselwirkungsdarstellung (34.195) des erzeugenden Funktionals der Green'schen Funktionen auf ein endliches chemisches Potential μ. Die obige Ableitung dieser Darstellung in der Funktionalintegralformulierung war wesentlich einfacher als die in den vorigen beiden Abschnitten gegebene Ableitung in der Operatorformulierung. Wir werden deshalb im Folgenden bevorzugt die Funktionalintegralformulierung benutzen.

Durch die Ausintegration der Felder $\zeta^*(t), \zeta(t)$ ist es uns gelungen, das erzeugende Funktional durch die freie Einteilchen-Green'sche Funktion $G_\mu(t, t')$ auszudrücken (siehe Gl. (34.212)), während ursprünglich die ungestörte Vakuumamplitude (34.206) nur durch ihr *Inverses* $G_\mu^{-1}(t, t')$ (34.205) definiert ist. Wie wir im Abschnitt 34.2.2 festgestellt haben, verlangt die Bestimmung der Green'schen Funktion aus ihrem Inversen die Vorgabe von Randbedingungen. Im vorliegenden Fall sind die erforderlichen Randbedingungen jedoch bereits durch die infinitesimale Wick-Rotation enthalten. Um dies zu erkennen, Fourier-transformieren wir die Green'sche Funktion (34.208) (siehe Gl. (34.56)). Benutzen wir in Gl. (34.208) die Fourier-Darstellung der δ-Funktion, so erhalten wir unmittelbar

$$G_\mu(\omega) = [\omega - (h - \mu)(1 - i\varepsilon)]^{-1}. \tag{34.213}$$

In der Basis, in der der Einteilchen-Hamilton-Operator und damit die Einteilchen-Green'sche Funktion diagonal ist,

$$h_{kl} = \delta_{kl}\epsilon_k, \quad G_{\mu kl}(\omega) = \delta_{kl} G_{\mu k}(\omega), \tag{34.214}$$

haben wir

$$G_{\mu k}(\omega) = [\omega - (\epsilon_k - \mu)(1 - i\varepsilon)]^{-1}. \tag{34.215}$$

Definieren wir die infinitesimale, für $\epsilon_k \neq \mu$ positiv-definite Größe

$$\delta = |\epsilon_k - \mu|\varepsilon, \tag{34.216}$$

so nimmt die Green'sche Funktion die folgende Gestalt an:

$$G_{\mu k}(\omega) = \begin{cases} G^{(+)}_{\mu k}(\omega) & \text{für } \epsilon_k > \mu \\ G^{(-)}_{\mu k}(\omega) & \text{für } \epsilon_k < \mu\,, \end{cases} \tag{34.217}$$

wobei

$$G^{(\pm)}_{\mu k}(\omega) = \frac{1}{\omega - (\epsilon_k - \mu) \pm i\delta}. \tag{34.218}$$

Damit die hier definierten Größen $G^{(\pm)}_{\mu k}(\omega)$ mit der retardierten bzw. avancierte Green'sche Funktion (34.151) übereinstimmen, müssen die folgenden Bedingungen gelten:

$$1 = \begin{cases} 1 \pm n_k[\mu] & \text{für } \epsilon_k > \mu \\ \mp n_k[\mu] & \text{für } \epsilon_k < \mu\,. \end{cases} \tag{34.219}$$

Für Fermi-Systeme (unteres Vorzeichen) erhalten wir:

$$n_k[\mu] = \begin{cases} 0 & \text{für } \epsilon_k > \mu \\ 1 & \text{für } \epsilon_k < \mu \end{cases} \tag{34.220}$$

und für Bose-Systeme

$$n_k[\mu] = 0 \quad \text{für } \epsilon_k > \mu. \tag{34.221}$$

Dies sind die korrekten Besetzungszahlen $n_k[\mu]$ (34.156), (34.157).[17] Für $\epsilon_k < \mu$ liefert Gl. (34.219) für Bose-Systeme einen Widerspruch: $1 = -n_k[\mu]$, da die Besetzungszahlen $n_k[\mu]$ positiv definit sind. Dies ist jedoch nicht verwunderlich, da für Bose-Systeme das chemische Potential μ stets kleiner als die minimale Einteilchenenergie $\epsilon_0 = \min(\epsilon_k)$ ist, siehe Abb. 31.5. Damit fixiert die infinitesimale Wick-Rotation die Randbedingungen für die Green'schen Funktionen und liefert über die Randbedingungen die korrekten Besetzungszahlen, die den ungestörten Grundzustand $|\varphi_0(N_0[\mu])\rangle$ spezifizieren.

17 Für Bosonen erfordert der Fall $\epsilon_k = \mu + 0$, der auf das Bosekondensat führt, eine etwas detailliertere Untersuchung, auf die wir hier verzichten.

35 Vielteilchensysteme bei endlichen Temperaturen

In diesem Kapitel behandeln wir wechselwirkende Vielteilchensysteme, die sich im thermodynamischen Gleichgewicht mit ihrer Umgebung befinden. Dies beinhaltet thermisches Gleichgewicht (bezüglich Energieaustausch) und chemisches Gleichgewicht (bezüglich Teilchenaustausch). Wie in Kapitel 31 gezeigt wurde, werden solche Systeme durch das großkanonische Ensemble beschrieben. In diesem Ensemble werden Energie und Teilchenzahl als *relevante Observablen* betrachtet. Die zentrale Größe für die Beschreibung dieser Systeme ist die großkanonische Zustandssumme

$$\mathcal{Z}(\beta,\mu) = \mathsf{Sp}\, e^{-\beta(\mathsf{H}-\mu\mathsf{N})}\,, \tag{35.1}$$

wobei H der Hamilton-Operator und N der Teilchenzahloperator ist. Ihre thermische Erwartungswerte (31.31)

$$\langle\cdots\rangle = \frac{\mathsf{Sp}(e^{-\beta(\mathsf{H}-\mu\mathsf{N})}\cdots)}{\mathsf{Sp}e^{-\beta(\mathsf{H}-\mu\mathsf{N})}} = \frac{1}{\mathcal{Z}(\beta,\mu)}\mathsf{Sp}(e^{-\beta(\mathsf{H}-\mu\mathsf{N})}\cdots) \tag{35.2}$$

können durch entsprechende Wahl der Lagrange-Multiplikatoren β (inverse Temperatur) und μ (chemisches Potential) von außen vorgegeben werden und lassen sich sehr einfach durch partielle Ableitungen aus $\mathcal{Z}(\beta,\mu)$ berechnen:

$$N = \langle\mathsf{N}\rangle = \frac{1}{\beta}\frac{\partial\ln\mathcal{Z}(\beta,\mu)}{\partial\mu}, \tag{35.3}$$

$$E = \langle\mathsf{H}\rangle = -\frac{\partial\ln\mathcal{Z}(\beta,\mu)}{\partial\beta} + \frac{\mu}{\beta}\frac{\partial\ln\mathcal{Z}(\beta,\mu)}{\partial\mu}. \tag{35.4}$$

Durch das Einführen von äußeren Quellen in die großkanonische Zustandssumme erhalten wir im nächsten Abschnitt das erzeugende Funktional der Green'schen Funktionen bei endlichen Temperaturen. In Abschnitt 35.2 werden wir dann das erzeugende Funktional für ein Vielteilchensystem mit Zweiteilchenwechselwirkung in Störungstheorie in erster Ordnung in der Wechselwirkung berechnen. Dies ermöglicht uns, die *Feynman-Diagramme* für Vielteilchensysteme einzuführen. Aus dem erzeugenden Funktional wird anschließend die thermische Energie und die Einteilchen-Green'sche Funktion berechnet. Schließlich werden wir zeigen, wie die Hartree-Fock-Approximation (bei endlichen Temperaturen) durch *Partialsummation* einer Klasse von Feynman-Diagrammen gewonnen werden kann, was uns zur *Dyson-Gleichung* führt. Im letzten Abschnitt 35.3 gelingt es im Rahmen des Funktionalintegralzuganges durch Einführen von kollektiven Bose-Feldern, Fermi-Theorien mit Zweiteilchenwechselwirkung in effektive Bose-Theorien zu transformieren, was als *Bosonisierung* bezeichnet wird. Aus der effektiven Bose-Theorie folgt die temperaturabhängige Hartree-Approximation als Sattelpunktsnäherung.

https://doi.org/10.1515/9783111625126-007

35.1 Green'sche Funktionen bei endlichen Temperaturen

Die bisher eingeführten Green'schen Funktionen waren bezüglich eines festen Referenzzustandes $|\phi\rangle$, gewöhnlich des Grundzustandes $|\phi_0\rangle$, definiert und beziehen sich daher auf Systeme mit der Temperatur $T = 0$. Bei $T = 0$ befinden sich isolierte Systeme im Grundzustand. Die fundamentale Größe für die quantenmechanische Beschreibung dieser Systeme ist daher die Grundzustands- oder Vakuumamplitude

$$\langle\phi_0|e^{-\frac{i}{\hbar}\mathsf{H}(t_f-t_i)}|\phi_0\rangle\,. \tag{35.5}$$

Isolierte Systeme sind aber eher die Ausnahme und stellen einen hypothetischen Idealfall dar, der in der Praxis selten realisiert ist. Reale Systeme unterliegen hingegen dem Einfluss ihrer Umgebung und werden durch die Wechselwirkung mit der Umgebung und dem damit verbundenen Energietransfer in angeregte Zustände versetzt. Befindet sich ein System im thermodynamischen Gleichgewicht mit seiner Umgebung, so nimmt es die Temperatur der Umgebung (des *Wärmebades*) an. Bei einer endlichen Temperatur T befindet sich ein System nur dann in guter Näherung im Grundzustand, wenn seine minimale Anregungsenergie groß gegenüber der thermischen Energie T ist.[1] Findet mit der Umgebung auch Teilchenaustausch statt, so ist die zentrale Größe für die Beschreibung der Systeme mit Temperatur $T = 1/\beta$ die großkanonische Zustandssumme (35.1) (siehe die Abschnitte 31.2.3 und 31.3).

35.1.1 Das erzeugende Funktional

Die großkanonische Zustandssumme (35.1) ergibt sich aus der Vakuumamplitude (35.5) durch die folgenden Ersetzungen

1. Die Zeit t wird zu imaginären Werten:

$$t = -i\hbar\tau, \qquad \tau - \text{reell}, \tag{35.6}$$

fortgesetzt und dabei die Länge des imaginären Zeitintervalls, $\tau_f - \tau_i$, mit der inversen Temperatur β identifiziert:[2]

$$t_f - t_i = -i\hbar\beta\,. \tag{35.7}$$

2. Der Hamilton-Operator H wird durch $\mathsf{H} - \mu\mathsf{N}$ ersetzt:

$$\mathsf{H} \to \mathsf{H} - \mu\mathsf{N}\,. \tag{35.8}$$

---

1 In unseren Einheiten ist die Boltzmann-Konstante k_B bereits in der Temperatur T enthalten, die somit die Dimension *Energie* besitzt, siehe Abschnitt 31.2.2.

2 Durch den Einschluss des Faktors $\hbar$ hat die imaginäre „Zeit" τ die Einheit Energie^{-1}.

3. Der Vakuumerwartungswert $\langle\phi_0|\cdots|\phi_0\rangle$ wird durch die Spur über den Zustandsraum ersetzt. Für Systeme aus identischen Teilchen ist dies die Spur über den Fock-Raum:

$$\langle\phi_0|\cdots|\phi_0\rangle \to \mathsf{Sp}(\cdots)\,. \tag{35.9}$$

Die relevante Amplitude $\mathcal{Z}^\eta(t_f,t_i)$ (34.82) für das erzeugende Funktional $Z[\eta^*,\eta]$ (34.69) der Green'schen Funktionen bei $T=0$ ergibt sich aus der Vakuumamplitude (35.5) durch den Einschluss äußerer Quellen, η,η^*, siehe Gl. (34.72). Aufgrund der oben festgestellten Korrespondenz zwischen der Vakuumamplitude (35.5) (für $T=0$) und der Zustandssumme (35.1) (für $T\neq 0$) erwarten wir, dass die Ersetzung (34.72):

$$\mathsf{H} \to \mathsf{H}^\eta = \mathsf{H} - \left[\eta^*\cdot a + a^\dagger\cdot\eta\right] \tag{35.10}$$

in der Zustandssumme (35.1) die relevante Amplitude $\mathcal{Z}^\eta(\beta,\mu)$ für das erzeugende Funktional

$$\mathcal{Z}[\eta^*,\eta] = \frac{\mathcal{Z}^\eta(\beta,\mu)}{\mathcal{Z}^{\eta=0}(\beta,\mu)} \tag{35.11}$$

der Green'schen Funktionen bei endlichen Temperaturen liefert. Die Ersetzung (35.10) in der Zustandssumme (35.1) ergibt

$$\mathcal{Z}^\eta(\beta,\mu) = \mathsf{Sp}\mathsf{U}^\eta(\tau_0+\beta,\tau_0)\,, \tag{35.12}$$

wobei

$$\mathsf{U}^\eta(\tau_2,\tau_1) = T\exp\left[-\int_{\tau_1}^{\tau_2} d\tau\,(\mathsf{H}-\mu\mathsf{N}-\left[\eta^*(\tau)\cdot a + a^\dagger\cdot\eta(\tau)\right])\right] \tag{35.13}$$

der zu imaginären Zeiten fortgesetzte Zeitentwicklungsoperator $\mathsf{U}^\eta_\mu(t_2,t_1)$ (34.114) zum Hamilton-Operator $\mathsf{H}^\eta_\mu := \mathsf{H}^\eta - \mu\mathsf{N}$ und τ_0 eine beliebig wählbare (imaginäre) Anfangszeit ist.[3] Man beachte, dass die Zeitentwicklungsoperatoren für imaginäre Zeiten nicht unitär sondern hermitesch sind.

Gehen wir wieder, wie bei $T=0$, zu einem Wechselwirkungsbild über mit dem Hamilton-Operator $\mathsf{H}_\mu := \mathsf{H}-\mu\mathsf{N}$ als ungestörten Anteil und dem Quellterm als Störung, so finden wir die zu Gl. (34.73) analoge Darstellung

3 Die Amplitude $\mathcal{Z}^\eta(\beta,\mu)$ (35.12) des erzeugenden Funktionals (35.11) der Green'schen Funktionen bei endlichen Temperaturen ergibt sich auch unmittelbar aus der bei $T=0$, Gl. (34.130) (nach Umskalierung der Quellen $i\eta/\hbar\to\eta$), indem die infinitesimale Wick-Rotation $t\to te^{-i\varepsilon}$, $\varepsilon\to 0$ durch die endliche Wick-Rotation $t=-i\hbar\tau$ ersetzt und statt des Limes $\tau\to\infty$ das imaginäre Zeitintervall mit der inversen Temperatur β identifiziert wird.

$$\mathsf{U}^{\eta}(\tau_2,\tau_1)=\mathsf{U}(\tau_2,\tau_0)\mathsf{U}^{\eta}_H(\tau_2,\tau_1)\mathsf{U}(\tau_0,\tau_1)\,, \tag{35.14}$$

wobei

$$\mathsf{U}(\tau_2,\tau_1)\equiv \mathsf{U}^{\eta=0}(\tau_2,\tau_1)=\exp[-(\mathsf{H}-\mu\mathsf{N})(\tau_2-\tau_1)] \tag{35.15}$$

der Zeitentwicklungsoperator des „ungestörten" Systems und

$$\mathsf{U}^{\eta}_H(\tau_2,\tau_1)=T\exp\left[\int_{\tau_1}^{\tau_2} d\tau(\eta^*(\tau)\cdot a(\tau)_H+a^\dagger(\tau)_H\cdot\eta(\tau))\right] \tag{35.16}$$

durch die Störung generiert wird. Hierin sind $a(\tau)_H$, $a^\dagger(\tau)_H$ die Feldoperatoren im Heisenberg-Bild, die sich aus den in Gl. (34.2) (für reelle Zeiten) definierten üblichen Feldoperatoren des Heisenberg-Bildes durch die Fortsetzung (35.6) der Zeit zu imaginären Werten und der Ersetzung (35.8) $\mathsf{H}\to\mathsf{H}-\mu\mathsf{N}$ ergeben:[4]

$$\begin{aligned} a_k(\tau)_H &= \mathsf{U}(\tau_0,\tau)a_k\mathsf{U}(\tau,\tau_0)\,,\\ a_k^\dagger(\tau)_H &= \mathsf{U}(\tau_0,\tau)a_k^\dagger\mathsf{U}(\tau,\tau_0). \end{aligned} \tag{35.17}$$

Da der Zeitentwicklungsoperator für imaginäre Zeiten, $\mathsf{U}(\tau_2,\tau_1)$ (35.15) nicht unitär ist, sind im Heisenberg-Bild die Erzeugungsoperatoren $a_k^\dagger(\tau)_H$ nicht die hermitesch Adjungierten der Vernichtungsoperatoren $a_k(\tau)_H$.

Mit Gl. (35.14) finden wir

$$\mathrm{Sp}\mathsf{U}^{\eta}(\tau_0+\beta,\tau_0)=\mathrm{Sp}[\mathsf{U}(\tau_0+\beta,\tau_0)\mathsf{U}^{\eta}_H(\tau_0+\beta,\tau_0)\mathsf{U}(\tau_0,\tau_0)] \tag{35.18}$$

$$=\mathrm{Sp}[e^{-\beta(\mathsf{H}-\mu\mathsf{N})}\mathsf{U}^{\eta}_H(\tau_0+\beta,\tau_0)]\,. \tag{35.19}$$

Unter Benutzung dieser Beziehung erhalten wir für das erzeugende Funktional (35.11) der Green'schen Funktionen bei endlichen Temperaturen die Darstellung

$$\mathcal{Z}[\eta^*,\eta]=\left\langle T\exp\left[\int_{\tau_0}^{\tau_0+\beta} d\tau[\eta^*(\tau)\cdot a(\tau)_H+a^\dagger(\tau)_H\cdot\eta(\tau)]\right]\right\rangle, \tag{35.20}$$

wobei T jetzt die Operatoren bezüglich der imaginären Zeit τ ordnet und $\langle\cdots\rangle$ der thermischen Erwartungswert (35.2) des großkanonischen Ensembles ist. Der Vergleich mit Gl. (34.59) zeigt, dass das erzeugende Funktional der Green'schen Funktionen bei $T\neq 0$ folgt aus dem bei $T=0$ durch die Fortsetzung (35.6) der Zeit zu imaginären Werten, der Ersetzung (35.8) $\mathsf{H}\to\mathsf{H}-\mu\mathsf{N}$ und der Ersetzung des Vakuumerwartungswertes

4 Die Operatoren $a_k(\tau)_H$, $a_k^\dagger(\tau)_H$ ergeben sich auch unmittelbar aus den Operatoren $a_k(t)_{H\mu}$, $a_k^\dagger(t)_{H\mu}$ (34.117) durch Fortsetzung der Zeit zu imaginären Werten.

$\langle\phi_0|\cdots|\phi_0\rangle$ durch den thermischen Erwartungswert $\langle\cdots\rangle$ (35.2) des großkanonischen Ensembles.

Nachfolgend benutzen wir wieder die (bereits in Gleichung (34.35) für reelle Zeiten eingeführte) kompakte Notation, wobei ein numerischer Index $1 = (k_1, \tau_1)$ jetzt für den Zustandsindex k_1 und die *imaginäre* Zeit τ_1 steht

$$a(1) := a_{k_1}(\tau_1)\,, \quad \eta(1) := \eta_{k_1}(\tau_1)\,, \quad \text{etc.} \tag{35.21}$$

35.1.2 Die thermischen Green'sche Funktionen

Die Green'schen Funktionen bei endlichen Temperaturen ergeben sich wieder durch (funktionale) Ableitungen des erzeugenden Funktionals $Z[\eta^*, \eta]$ (35.20) nach den Quellen η^*, η:

$$\mathcal{G}(1,\dots,n;1',\dots,m') = \frac{\delta}{\delta\eta^*(1)}\cdots\frac{\delta}{\delta\eta^*(n)}\left(\pm\frac{\delta}{\delta\eta(m')}\right)\cdots\left(\pm\frac{\delta}{\delta\eta(1')}\right)\mathcal{Z}[\eta^*,\eta]\Big|_{\eta=0,\eta^*=0}\,, \tag{35.22}$$

und sind völlig analog zu denen bei $T = 0$ für reelle Zeiten (siehe Gl. (34.41)) durch den thermischen Erwartungswert (35.2) von zeitgeordneten Produkten der Feldoperatoren im Heisenberg-Bild (35.17) definiert:

$$\mathcal{G}(1,\dots,n;1',\dots,m') = \langle Ta(1)_H\dots a(n)_H a^\dagger(m')_H\dots a^\dagger(1')_H\rangle\,. \tag{35.23}$$

---

i Aufgrund der Fortsetzung (35.6) der Zeit zu imaginären Werten, $t = -i\hbar\tau$, empfiehlt es sich, die thermischen Green'schen Funktionen ohne den Faktor $i\hbar$ zu definieren, der in der Definition (34.41), (34.143) der Green'schen Funktionen bei $T = 0$ enthalten ist. Abgesehen von diesem Faktor reduzieren sich die thermischen Green'sche Funktionen $\mathcal{G}[\beta]$ (35.23) im Limes $\beta \to \infty$ auf die $T = 0$-Green'schen Funktionen $\mathcal{G}_\mu$ (34.143), da sich in diesem Limes der Dichteoperator des großkanonischen Ensembles

$$\mathrm{D} = \frac{1}{\mathcal{Z}(\beta,\mu)}e^{-\beta(\mathrm{H}-\mu\mathrm{N})} \tag{35.24}$$

auf den Projektor auf den Grundzustand, $|\phi_0\rangle\langle\phi_0|$, reduziert, siehe Gl. (31.32). Wir werden den Übergang der thermischen Green'schen Funktionen $\mathcal{G}[\beta]$ für $\beta \to \infty$ in die $T = 0$-Green'schen Funktionen $\mathcal{G}_\mu$ explizit am Ende von Abschnitt 35.1.3 für die Einteilchen-Green'sche Funktion demonstrieren.

Aufgrund der Spur (und ihrer zyklischen Eigenschaft) im thermischen Erwartungswert (35.2) müssen die Green'schen Funktionen bei endlichen Temperaturen periodischen bzw. antiperiodischen Randbedingungen

$$\mathcal{G}_{\dots k_i\dots}(\dots,\tau_0+\beta,\dots) = \pm\mathcal{G}_{\dots k_i\dots}(\dots,\tau_0,\dots). \tag{35.25}$$

für Bose- bzw. Fermi-Systeme genügen. Als Beispiel betrachten wir die Einteilchen-Green'sche Funktion

$$\mathcal{G}(2,1) = \langle Ta(2)_H a^\dagger(1)_H \rangle \tag{35.26}$$

für die Zeitargumente $\tau_1 = \tau, \tau_2 = \tau_0 + \beta$:

$$\mathcal{G}_{kl}(\tau_0 + \beta, \tau) = \langle Ta_k(\tau_0 + \beta)_H a_l^\dagger(\tau)_H \rangle \,. \tag{35.27}$$

Mit der expliziten Form der Feldoperatoren im Heisenberg-Bild (für imaginäre Zeiten) (35.17) folgt aufgrund der zyklischen Eigenschaft der Spur im thermischen Erwartungswert für $\tau \in [\tau_0, \tau_0 + \beta]$

$$\begin{aligned}
&\mathrm{Sp}(e^{-\beta(\mathrm{H}-\mu\mathrm{N})} Ta_k(\tau_0 + \beta)_H a_l^\dagger(\tau)_H) \\
&= \mathrm{Sp}(e^{-\beta(\mathrm{H}-\mu\mathrm{N})} e^{\beta(\mathrm{H}-\mu\mathrm{N})} a_k e^{-\beta(\mathrm{H}-\mu\mathrm{N})} a_l^\dagger(\tau)_H) \\
&= \mathrm{Sp}(e^{-\beta(\mathrm{H}-\mu\mathrm{N})} a_l^\dagger(\tau)_H a_k) \\
&= \mathrm{Sp}(e^{-\beta(\mathrm{H}-\mu\mathrm{N})} a_l^\dagger(\tau)_H a_k(\tau_0)_H) \\
&= \pm\mathrm{Sp}(e^{-\beta(\mathrm{H}-\mu\mathrm{N})} Ta_k(\tau_0)_H a_l^\dagger(\tau)_H) \,.
\end{aligned}$$

woraus sich die (anti-)periodische Randbedingung

$$\mathcal{G}_{kl}(\tau_0 + \beta, \tau) = \pm\mathcal{G}_{kl}(\tau_0, \tau) \tag{35.28}$$

an die Green'sche Funktion (35.26) ergibt. Diese (Anti-)Periodizität ist ein Wesensmerkmal der Green'schen Funktionen bei endlichen Temperaturen. Die imaginäre Zeit τ kann deshalb auf das Intervall $[0, \beta]$ oder, aus Symmetriegründen, auf $\tau \in [-\beta/2, \beta/2]$ beschränkt werden, was die Wahl des (willkürlich wählbaren) Anfangszeitpunktes $\tau_0 = 0$ bzw. $\tau_0 = -\beta/2$ bedingt.

Für spätere Betrachtungen geben wir noch den gleichzeitigen Limes $\tau_1 \to \tau_2$ der Einteilchen-Green'sche Funktion $\mathcal{G}(2,1)$ (35.26) an. Aufgrund der zyklischen Eigenschaften der Spur gilt die Beziehung

$$\langle a_{k_1}^\dagger(\tau)_H a_{k_2}(\tau)_H \rangle = \langle a_{k_1}^\dagger a_{k_2} \rangle \,, \tag{35.29}$$

wobei $a_k^\dagger, a_k$ die zeitunabhängigen Feldoperatoren des Schrödinger-Bildes sind. Mit dieser Beziehung folgt aus der Definition (35.26) der Green'schen Funktion

$$\lim_{\varepsilon \to 0} \mathcal{G}_{k_2 k_1}(\tau, \tau + \varepsilon) = \pm\langle a_{k_1}^\dagger a_{k_2} \rangle \,, \tag{35.30}$$

wobei $\langle a_{k_1}^\dagger a_{k_2} \rangle$ die thermische Dichtematrix ist. Sie ist offensichtlich zeitunabhängig. Für ein nichtwechselwirkendes System haben wir diese Größe bereits in Abschnitt 31.3 kennengelernt, siehe Gln. (31.43), (31.44).

35.1.3 Die freie Einteilchen-Green'sche Funktion

Im folgenden ignorieren wir die Wechselwirkung V im Hamilton-Operator (34.4):

$$\mathsf{H}(a^\dagger, a) = \mathsf{h}(a^\dagger, a) + \mathsf{V}(a^\dagger, a) \tag{35.31}$$

und betrachten ein System unabhängiger Teilchen, welches durch den Hamilton-Operator (34.5)

$$\mathsf{h}(a^\dagger, a) = \sum_{kl} h_{kl} a_k^\dagger a_l \tag{35.32}$$

beschrieben wird. Für $\mathsf{V} = 0$ sind die im Abschnitt 34.1 definierten Feldoperatoren des Heisenberg- und Wechselwirkungsbildes identisch, $a(\tau)_H \equiv a(\tau)_h$. Die *freie* Einteilchen-Green'sche Funktion bei endlichen Temperaturen ist durch

$$G(2,1) = \langle T a(2)_h a^\dagger(1)_h \rangle_0 \tag{35.33}$$

definiert, wobei der thermische Erwartungswert (35.2) mit dem Hamiltonian $\mathsf{H} = \mathsf{h}$ zu nehmen ist:

$$\langle \cdots \rangle_0 = \frac{\mathrm{Sp}(e^{-\beta(\mathsf{h}-\mu\mathsf{N})} \ldots)}{\mathrm{Sp} e^{-\beta(\mathsf{h}-\mu\mathsf{N})}} \tag{35.34}$$

und die Feldoperatoren des Wechselwirkungsbildes $a(\tau)_h$, $a^\dagger(\tau)_h$ sich ebenfalls aus denen des Heisenberg-Bildes, $a(\tau)_H$, $a^\dagger(\tau)_H$ (35.17), durch die Ersetzung $\mathsf{H} = \mathsf{h}$ ergeben. Aus Gln. (34.9) und (34.10) finden wir durch analytische Fortsetzung der Zeit $t = -i\hbar\tau$ sowie durch Ersetzung von h_{kl} durch $h_{kl} - \mu\delta_{kl}$ die explizite (imaginäre) Zeitabhängigkeit dieser Operatoren

$$\begin{aligned} a_k(\tau)_h &= u_{kl}(\tau, \tau_0) a_l, \\ a_k^\dagger(\tau)_h &= a_l^\dagger u_{lk}(\tau_0, \tau), \end{aligned} \tag{35.35}$$

wobei

$$u(\tau, \tau_0) = e^{-(h-\mu)(\tau-\tau_0)} \tag{35.36}$$

der Einteilchen-Zeitentwicklungsoperator in der Ersten Quantisierung ist. Aus dieser Darstellung folgt, dass $G(2,1) \equiv G_{k_2 k_1}(\tau_2, \tau_1)$ (35.33) der Differentialgleichung

$$[(\partial_\tau - \mu)\delta_{km} + h_{km}] G_{ml}(\tau, \tau_1) = \delta_{kl} \delta_\pm(\tau, \tau_1) \tag{35.37}$$

genügt, wobei aufgrund der (Anti-)Periodizität (35.28) der Green'schen Funktion die hier auftretende δ-Funktion $\delta_\pm(\tau, \tau_1)$ ebenfalls (anti-)periodischen Randbedingungen genügen muss (siehe Gl. (J.10)):

$$\delta_\pm(\tau + \beta) = \pm\delta_\pm(\tau)\,. \tag{35.38}$$

Aus Gl. (35.37) extrahieren wir die durch

$$\int_{\tau_0}^{\tau_0+\beta} d\tau\, G^{-1}_{km}(\tau_2, \tau) G_{ml}(\tau, \tau_1) = \delta_{kl}\delta_\pm(\tau_2, \tau_1) \tag{35.39}$$

definierte inverse Green'sche Funktion

$$G^{-1}_{kl}(\tau_2, \tau_1) = \left[(\partial_{\tau_2} - \mu)\delta_{kl} + h_{kl}\right]\delta_\pm(\tau_2, \tau_1)\,. \tag{35.40}$$

In der Basis, in der der Hamilton-Operator h (35.32) diagonal ist, $h_{kl} = \epsilon_k \delta_{kl}$, ist offensichtlich auch G^{-1} diagonal, $G^{-1}_{kl}(\tau_2, \tau_1) = \delta_{kl} G^{-1}_k(\tau_2, \tau_1)$ mit

$$G^{-1}_k(\tau_2, \tau_1) = [\partial_{\tau_2} + \epsilon_k - \mu]\delta_\pm(\tau_2, \tau_1) \tag{35.41}$$

und die zeitabhängigen Feldoperatoren (35.35) sind durch

$$\begin{aligned} a_k(\tau)_h &= e^{-(\epsilon_k - \mu)(\tau - \tau_0)} a_k\,, \\ a^\dagger_k(\tau)_h &= e^{(\epsilon_k - \mu)(\tau - \tau_0)} a^\dagger_k \end{aligned} \tag{35.42}$$

gegeben. In dieser Basis finden wir für die freie Einteilchen-Green'sche Funktion (35.33):

$$G_{kl}(\tau_2, \tau_1) = e^{-(\epsilon_k - \mu)\tau_2} e^{(\epsilon_l - \mu)\tau_1} \left[\Theta(\tau_2 - \tau_1)\langle a_k a^\dagger_l\rangle_0 \pm \Theta(\tau_1 - \tau_2)\langle a^\dagger_l a_k\rangle_0\right]. \tag{35.43}$$

Die oben gewonnenen Beziehungen (35.37), (35.40) und (35.43) ergeben sich sämtlich durch analytische Fortsetzung (35.6) der Zeit zu imaginären Werten aus den analogen Beziehung (34.49), (34.52) und (34.20) für reelle Zeiten (unter Beachtung des zusätzlichen Faktors $i\hbar$, der in der Definition der $T = 0$-Green'schen Funktionen enthalten ist, siehe die Bemerkung im Abschnitt 35.1.2).

Die in der Green'schen Funktion (35.43) auftretenden thermischen Erwartungswerte wurden in Gl. (31.43) für $h_{kl} = \delta_{kl}\epsilon_k$ berechnet:

$$\begin{aligned} \langle a^\dagger_l a_k\rangle_0 &= \delta_{kl}\mathcal{N}^{(\pm)}_k\,, \\ \langle a_k a^\dagger_l\rangle_0 &= \delta_{kl}(1 \pm \mathcal{N}^{(\pm)}_k)\,, \end{aligned} \tag{35.44}$$

wobei

$$\mathcal{N}^{(\pm)}_k = \frac{1}{e^{\beta(\epsilon_k - \mu)} \mp 1} \tag{35.45}$$

die thermische Besetzungszahl des Einteilchen-Zustandes $|k\rangle$ ist, die für Bose- bzw. Fermi-Systeme in Gln. (31.54) bzw. (31.51) erhalten wurden. Wie erwartet ist die Einteilchen-Green'sche Funktion selbst ebenfalls diagonal, $G_{kl}(\tau_2, \tau_1) = \delta_{kl} G_k(\tau_2, \tau_1)$, und ihr Diagonalteil lautet:

$$\boxed{G_k(\tau_2,\tau_1) = e^{-(\epsilon_k-\mu)(\tau_2-\tau_1)}\left[\Theta(\tau_2-\tau_1)(1\pm\mathcal{N}_k^{(\pm)}) \pm \Theta(\tau_1-\tau_2)\mathcal{N}_k^{(\pm)}\right].} \tag{35.46}$$

Man überzeugt sich leicht, dass $G_k(\tau_2,\tau_1)$ der Periodizitätsbedingung (35.28) genügt: Für $0<\tau<\beta$ haben wir:

$$G_k(\beta,\tau) = e^{(\epsilon_k-\mu)\tau}e^{-(\epsilon_k-\mu)\beta}(1\pm\mathcal{N}_k^{(\pm)}), \tag{35.47}$$

$$G_k(0,\tau) = \pm e^{(\epsilon_k-\mu)\tau}\mathcal{N}_k^{(\pm)}. \tag{35.48}$$

Hieraus ergibt sich die Beziehung (35.28):

$$G_k(\beta,\tau) = \pm G_k(0,\tau)$$

unter Beachtung der Relation

$$e^{\beta(\epsilon_k-\mu)}\mathcal{N}_k^{(\pm)} = (1\pm\mathcal{N}_k^{(\pm)}), \tag{35.49}$$

die aus der expliziten Form der Besetzungszahlen $\mathcal{N}_k^{(\pm)}$ (35.45) folgt.

Die thermische Einteilchen-Green'sche Funktion (35.46) besitzt eine der Vakuum-Green'schen Funktion (34.150) analogen Form. Im Limes $\beta\to\infty$ und nach Fortsetzung der Zeit $\tau=\frac{i}{\hbar}t$ zu reellen Werten t geht die thermische Einteilchen-Green'sche Funktionen (bis auf einen Faktor $i\hbar$) in die Green'sche Funktion (34.150) bei $T=0$ über, wenn wir beachten, dass in diesem Limes die thermischen Besetzungszahlen $\mathcal{N}_k^{(\pm)}$ die korrekten $T=0$ Besetzungszahlen $n_k[\mu]$ (34.156), (34.157) liefern, siehe Gl. (34.155).

Bestimmung der Green'schen Funktion aus ihrem Inversen

Nachfolgend werden wir die thermischen Erwartungswerte

$$\langle a_k a_k^\dagger\rangle_0 = \lim_{\delta\to 0} G_k(\tau+\delta,\tau), \quad \langle a_k^\dagger a_k\rangle_0 = \pm\lim_{\delta\to 0} G_k(\tau-\delta,\tau) \tag{35.50}$$

direkt aus der Definition der Green'schen Funktion G (35.33) über ihr Inverses G^{-1} (35.41) berechnen, ohne auf die Ergebnisse (35.44) aus Abschnitt 31.3 zurückzugreifen. Zur Vereinfachung der Notation werden wir im Folgenden den Einteilchenindex k weglassen.

Bei gegebenem Hamilton-Operator kann die Green'sche Funktion G ganz allgemein aus ihrem Inversen G^{-1} (35.41) durch Vorgabe von entsprechenden Randbedingungen bestimmt werden, die den Referenzzustand $|\cdots\rangle$ bzw. das thermische Ensemble $\langle\cdots\rangle$ festlegen, bezüglich dessen die Green'schen Funktionen definiert sind. Die (anti-)periodischen Randbedingungen der thermischen Green'schen Funktionen sind aber bereits in ihren Inversen (35.41) aufgrund der anwesenden (anti-)periodischen δ-Funktion $\delta_\pm(\tau)$ enthalten, sodass in diesem Fall keine zusätzlichen Randbedingungen erforderlich sind und die Green'sche Funktion unmittelbar aus ihrem Inversen bestimmt werden kann. Dies gelingt sehr einfach durch Bestimmung der Eigenfunktionen $\varphi_n(\tau)$ und Eigenwerte λ_n des Integralkerns $G^{-1}(\tau,\tau')$:

$$\int_{-\beta/2}^{\beta/2} d\tau' G^{-1}(\tau,\tau')\varphi_n(\tau') = \lambda_n^{-1}\varphi_n(\tau). \tag{35.51}$$

Diese lassen sich sehr leicht durch Benutzung der Fourier-Darstellung (J.10) der (anti-)symmetrischen δ-Funktion $\delta_\pm(\tau)$ in der Definition von G^{-1} (35.41) gewinnen, was unmittelbar auf die Spektraldarstellung:

$$G^{-1}(\tau,\tau') = \frac{1}{\beta}\sum_{n=-\infty}^{\infty}\left[i\omega_n^\pm + \epsilon - \mu\right]e^{i\omega_n^\pm(\tau-\tau')} \stackrel{!}{\equiv} \sum_{n=-\infty}^{\infty}\varphi_n(\tau)\lambda_n^{-1}\varphi_n^*(\tau') \tag{35.52}$$

führt. Hieraus lesen wir die Eigenwerte

$$\lambda_n^{-1} = i\omega_n^\pm + \epsilon - \mu \tag{35.53}$$

und die orthonormierten Eigenfunktionen

$$\varphi_n(\tau) = \frac{1}{\sqrt{\beta}}e^{i\omega_n^\pm\tau} \tag{35.54}$$

ab, für die

$$\langle\varphi_n|\varphi_m\rangle = \int_{-\beta/2}^{\beta/2} d\tau\, \varphi_n^*(\tau)\varphi_m(\tau) = \delta_{nm}\,. \tag{35.55}$$

Aus (35.52) erhalten wir die Spektraldarstellung der Green'schen Funktion

$$G(\tau,\tau') = \sum_{n=-\infty}^{\infty}\varphi_n(\tau)\lambda_n\varphi_n^*(\tau') = \frac{1}{\beta}\sum_{n=-\infty}^{\infty}\frac{e^{i\omega_n^\pm(\tau-\tau')}}{i\omega_n^\pm + \epsilon - \mu}\,. \tag{35.56}$$

Hieraus finden wir für die thermischen Erwartungswerte (35.50)

$$\begin{aligned}\langle aa^\dagger\rangle_0 &= \lim_{\delta\to 0}\frac{1}{\beta}\sum_{n=-\infty}^{\infty}\frac{e^{i\delta\omega_n^\pm}}{i\omega_n^\pm + \epsilon - \mu}\,,\\ \langle a^\dagger a\rangle_0 &= \pm\lim_{\delta\to 0}\frac{1}{\beta}\sum_{n=-\infty}^{\infty}\frac{e^{-i\delta\omega_n^\pm}}{i\omega_n^\pm + \epsilon - \mu}\,.\end{aligned} \tag{35.57}$$

Die hier auftretenden Summen über die Matsubara-Frequenzen lassen sich mithilfe der Residuen-Theorie ausführen (siehe Anhang J). Aus Gl. (J.23) bzw. (J.26) finden wir:

$$\begin{aligned}\langle aa^\dagger\rangle_0 &= \mp\frac{1}{e^{-\beta(\epsilon-\mu)}\mp 1} = e^{\beta(\epsilon-\mu)}\mathcal{N}^{(\pm)} = 1 \pm \mathcal{N}^{(\pm)}\,,\\ \langle a^\dagger a\rangle_0 &= \frac{1}{e^{\beta(\epsilon-\mu)}\mp 1} = \mathcal{N}^{(\pm)}\,,\end{aligned} \tag{35.58}$$

wobei wir die Definition der thermischen Besetzungszahlen (35.45) sowie in der ersten Gleichung die Beziehung (35.49) benutzt haben. Dies sind genau die Ausdrücke (35.44), die wir im Abschnitt 31.3 durch eine direkte Berechnung der thermischen Erwartungswerte aus der großkanonischen Zustandssumme gefunden haben.

Die Green'sche Funktion $G(\tau,\tau')$ (35.46) ist bei $\tau = \tau'$ nicht stetig. Rechts- und linksseitige gleichzeitige Limes liefern unterschiedliche Ausdrücke, siehe Gl. (35.50). In den nachfolgenden Betrachtungen werden wir die Green'sche Funktion G oder auch ihr Inverses G^{-1} invertieren müssen. Wir wollen deshalb jetzt untersuchen, wie der gleichzeitige Limes sich bei Invertierung der Green'schen Funktion verhält. Dazu betrachten wir die inverse Green'sche Funktion bei einem um einen Betrag δ verschobenem Zeitargument $G^{-1}(\tau, \tau' + \delta)$. Diese besitzt die Spektraldarstellung (35.52),

$$G^{-1}(\tau,\tau'+\delta) \equiv G^{-1}(\tau-\delta,\tau') = \sum_{n=-\infty}^{\infty} \varphi_n(\tau-\delta)\lambda_n^{-1}\varphi_n^*(\tau') \equiv \sum_{n=-\infty}^{\infty} \varphi_n(\tau)\lambda_n^{-1}(\delta)\varphi_n^*(\tau'), \tag{35.59}$$

wobei wir im letzten Schritt die δ-abhängigen Eigenwerte

$$\lambda_n^{-1}(\delta) = e^{-i\omega_n^{\pm}\delta}\lambda_n^{-1} \tag{35.60}$$

eingeführt haben. Invertieren des Integralkerns $G^{-1}(\tau, \tau' + \delta)$ (35.59) ergibt:

$$\left[G^{-1}(\tau,\tau'+\delta)\right]^{-1} = \sum_{n=-\infty}^{\infty} \varphi_n(\tau)\lambda_n(\delta)\varphi_n^*(\tau'). \tag{35.61}$$

Da

$$\lambda_n(\delta) = e^{i\omega_n^{\pm}\delta}\lambda_n \tag{35.62}$$

und

$$\varphi_n(\tau)e^{i\omega_n^{\pm}\delta} = \varphi_n(\tau+\delta) \tag{35.63}$$

liefert die rechte Seite von Gl. (35.61) die Spektraldarstellung (35.56) der Green'schen Funktion $G(\tau + \delta, \tau')$. Damit erhalten wir die Beziehung

$$\left[G^{-1}(\tau,\tau'+\delta)\right]^{-1} = G(\tau+\delta,\tau'). \tag{35.64}$$

Bei der Invertierung der Green'schen Funktion geht offensichtlich der *rechtsseitige* gleichzeitige Limes in den *linksseitigen* über:

$$\lim_{\delta\to 0}\left[G^{-1}(\tau,\tau+\delta)\right]^{-1} = \lim_{\delta\to 0} G(\tau+\delta,\tau). \tag{35.65}$$

35.1.4 Funktionalintegraldarstellung des erzeugenden Funktionals

Die im Kapitel 33 abgeleiteten Pfadintegraldarstellungen gelten auch für explizit zeitabhängige Hamilton-Operatoren und somit auch bei Einschluss von Quelltermen. Für die großkanonische Zustandssumme bei Anwesenheit der Quellen, $\mathcal{Z}^\eta(\beta, \mu)$ (35.12), finden wir aus Gl. (33.34) nach der Ersetzung von H durch H^η (35.10) die Funktionalintegraldarstellung:

$$\boxed{\mathcal{Z}^\eta(\beta,\mu) = \int \mathcal{D}(\zeta^*,\zeta)\exp\left[-S_E[\zeta^*,\zeta] + \int_{\tau_0}^{\tau_0+\beta} d\tau\left(\eta^*(\tau)\cdot\zeta(\tau) + \zeta^*(\tau)\cdot\eta(\tau)\right)\right],} \tag{35.66}$$

wobei

$$S_E[\zeta^*,\zeta] = \int_{\tau_0}^{\tau_0+\beta} d\tau \left(\sum_l \zeta_l^*(\tau)(\partial_\tau - \mu)\zeta_l(\tau) + \mathsf{H}(\zeta^*,\zeta) \right) \tag{35.67}$$

die Euklidische Wirkung (33.35) ist und das Funktionalintegral sich über (anti-)periodische Felder $\zeta(\tau)$ erstreckt, die den Randbedingungen:

$$\zeta(\tau_0 + \beta) = \pm\zeta(\tau_0) \tag{35.68}$$

genügen. Aus Gl. (35.66) finden wir für das erzeugende Funktional (35.11) (vergl. auch Gl. (35.20)):

$$\mathcal{Z}[\eta^*,\eta] = \left\langle \exp\left[\int_{\tau_0}^{\tau_0+\beta} d\tau [\eta^*(\tau)\cdot\zeta(\tau) + \zeta^*(\tau)\cdot\eta(\tau)] \right] \right\rangle, \tag{35.69}$$

wobei

$$\langle\cdots\rangle = \frac{\int \mathcal{D}(\zeta^*,\zeta)\ldots e^{-S_E[\zeta^*,\zeta]}}{\int \mathcal{D}(\zeta^*,\zeta)e^{-S_E[\zeta^*,\zeta]}} \tag{35.70}$$

die Funktionalintegraldarstellung des thermischen Erwartungswertes (35.2) im großkanonischen Ensemble ist. Dementsprechend sind die Green'schen Funktionen (35.22) durch thermische Erwartungswerte der klassischen Felder ζ^*, ζ gegeben:

$$\mathcal{G}(1,\ldots,n;1',\ldots,n') = \langle\zeta(1)\ldots\zeta(n)\zeta^*(n')\ldots\zeta^*(1')\rangle\,. \tag{35.71}$$

Aufgrund der (anti-)periodischen Randbedingungen (35.68) an die klassischen Felder ζ^*, ζ im Funktionalintegral ist es sofort offensichtlich, dass die Green'schen Funktionen bei endlichen Temperaturen den periodischen bzw. antiperiodischen Randbedingungen (35.25) für Bose-bzw. Fermi-Systeme genügen.

35.1.5 Funktionalintegralberechnung der großkanonischen Zustandssumme

Nachfolgend berechnen wir die Großkanonische Zustandssumme für ein System nichtwechselwirkender identischer Teilchen im Funktionaintegralzugang.

Wir betrachten ein System identischer Teilchen, das durch einen Einteilchen-Hamilton-Operator h (35.32) beschrieben wird. Für diesen Hamilton-Operator erhalten wir die Funktionalintegraldarstellung der großkanonischen Zustandssumme

$$z(\beta,\mu) = \mathsf{Sp}\ \exp[-\beta(\mathsf{h}(a^\dagger,a) - \mu\mathsf{N}(a^\dagger,a))] \tag{35.72}$$

aus Gln. (35.66),(35.67), indem wir dort H durch h (35.32) ersetzen und die Quellen η^*, η auf Null setzen. Dies liefert die Funktionalintegraldarstellung:

$$z(\beta,\mu) = \int \mathcal{D}(\zeta^*,\zeta) \exp\left[-\int_{\tau_0}^{\tau_0+\beta} d\tau \int_{\tau_0}^{\tau_0+\beta} d\tau' \sum_{kl} \zeta_k^*(\tau) G_{kl}^{-1}(\tau,\tau')\zeta_l(\tau')\right], \tag{35.73}$$

wobei wir den Exponenten durch die inverse Einteilchen-Green'sche Funktion $G^{-1}(\tau,\tau')$ (35.40) ausgedrückt haben. Nach Ausführen des Gauß'schen Funktionalintegrals (siehe Gl. (H.11)) erhalten wir

$$z(\beta,\mu) = \left(\mathcal{D}et G^{-1}\right)^{\mp 1}. \tag{35.74}$$

Zur Berechnung der Funktionaldeterminante empfiehlt es sich, das Analog der aus der Matrizenrechnung bekannte Beziehung

$$\mathrm{Det}\, M = \exp[\mathrm{Sp} \ln M] \tag{35.75}$$

zu benutzen: Für die Funktionaldeterminante eines dimensionslosen Integralkerns $K(s,s')$, der eine Funktion der dimensionslosen Variable s, s' ist, gilt die Relation:

$$\mathcal{D}et K = \exp[\mathcal{S}p \ln K] = \exp\left[\int ds\, \mathrm{Sp}(\ln K)(s,s)\right], \tag{35.76}$$

wobei $\mathcal{S}p$ die funktionale Spur ist, die neben der gewöhnlichen Spur Sp über die diskreten Indizes noch die Integration über die kontinuerlichen Variablen beinhaltet.

Die inverse Green'sche Funktion hat die Dimension Energie^2, während die Green'sche Funktion selbst dimensionslos ist. (Die Variable τ (35.6) besitzt die Dimension Energie^{-1} und somit die δ-Funktion $\delta(\tau)$ die Dimension Energie.) Wir benutzen deshalb zunächst die Beziehung

$$\mathcal{D}et G^{-1} = (\mathcal{D}et G)^{-1} \tag{35.77}$$

und betrachten G als Funktion der dimensionslosen Variablen $s = \tau/\beta$:

$$\bar{G}(s,s') := G(s\beta, s'\beta'). \tag{35.78}$$

Unter Benutzung von Gl. (35.76) und (35.77) erhalten wir dann:

$$\mathcal{D}et G^{-1} = \exp\left[-\mathcal{S}p \ln \bar{G}\right] = \exp\left[-\int_0^1 ds\, \mathrm{Sp}(\ln \bar{G})(s,s)\right] = \exp\left[-\frac{1}{\beta}\int_0^\beta d\tau\, \mathrm{Sp}(\ln G)(\tau,\tau)\right]. \tag{35.79}$$

In der Einteilchenbasis, in der h und somit die Green'sche Funktion $G(\tau,\tau')$ diagonal ist, $h_{kl}=\delta_{kl}\epsilon_k$, $G_{kl}(\tau,\tau')=\delta_{kl}G_k(\tau,\tau')$, haben wir

$$\mathrm{Sp}(\ln G)(\tau,\tau)=\sum_k \ln G_k(\tau,\tau)\,. \tag{35.80}$$

Wählen wir den gleichzeitigen Limes als

$$G(\tau,\tau):=\lim_{\delta\to 0} G(\tau+\delta,\tau), \tag{35.81}$$

so erhalten wir aus der expliziten Form von $G_k(\tau,\tau')$ (35.46)

$$\ln G_k(\tau,\tau)=\ln\left[1\pm\mathcal{N}_k^{(\pm)}\right]. \tag{35.82}$$

Einsetzen dieses Ergebnisses in Gl. (35.80) liefert mit (35.79) für die großkanonische Zustandssumme (35.74)

$$z(\beta,\mu)=\prod_k\left[1\pm\mathcal{N}_k^{(\pm)}\right]^{\pm 1}. \tag{35.83}$$

Benutzen wir hier die Relation (35.49) sowie den expliziten Ausdruck (35.45) für die thermischen Besetzungszahlen $\mathcal{N}_k^{(\pm)}$, so finden wir nach elementaren Umformungen:

$$1\pm\mathcal{N}_k^{(\pm)}=e^{\beta(\epsilon_k-\mu)}\mathcal{N}_k^{(\pm)}=\frac{e^{\beta(\epsilon_k-\mu)}}{e^{\beta(\epsilon_k-\mu)}\mp 1}=\frac{1}{1\mp e^{-\beta(\epsilon_k-\mu)}}. \tag{35.84}$$

Einsetzen dieses Ergebnisses in Gl. (35.83) liefert die korrekte Zustandssumme eines Systems unabhängiger Teilchen:

$$z(\beta,\mu)=\prod_k\left[1\mp e^{-\beta(\epsilon_k-\mu)}\right]^{\mp 1}, \tag{35.85}$$

die wir bereits in Abschnitt 31.3 im Operatorzugang berechnet haben, siehe Gln. (31.50) und (31.53). Dies rechtfertigt die Wahl (35.81) des gleichzeitigen Limes.

35.2 Störungstheorie: Feynman-Diagramme

Für Vielteilchensysteme (wie allgemein in der Quantenfeldtheorie) lässt sich die Störungstheorie sehr elegant mithilfe von *Feynman-Diagrammen* formulieren, die zum einen die durch die einzelnen Störterme berücksichtigten physikalischen Prozesse veranschaulichen und zum anderen es erleichtern, die dominanten Störterme zu identifizieren. (Eine sehr einfache Form der Feynman-Diagramme haben wir bereits im Abschnitt 21.5 im Funktionalintegralzugang zur zeitabhängigen Störungstheorie für ein Teilchen in einem äußeren Potential kennengelernt.) In diesem Abschnitt leiten wir die zugehörigen Feynman-Regeln für ein wechselwirkendes Vielteilchensystem bei endlichen Temperaturen mit dem üblichen Hamilton-Operator H (35.31) ab und berechnen das erzeugende Funktional der Green'schen Funktionen in erster Ordnung der Störungstheorie in der Wechselwirkung V.

Für Vielteilchensysteme ist V gewöhnlich eine Zweiteilchenwechselwirkung

$$\mathsf{V}(a^\dagger, a) = \frac{1}{4} \sum_{klmn} \tilde{V}(kl, mn) a_k^\dagger a_l^\dagger a_n a_m \,, \tag{35.86}$$

wobei wir das (anti-)symmetrisierte Matrixelement

$$\tilde{V}(kl, mn) = V(kl, mn) \pm V(kl, nm) \tag{35.87}$$

eingeführt haben.

Um die nachfolgenden Rechnungen übersichtlich zu gestalten, benutzen wir wieder die in Gleichung (35.21) eingeführte kompakte Notation, wobei ein numerischer Index $1 = (k_1, \tau_1)$ für den Zustandsindex k_1 und die imaginäre Zeit τ_1 steht, z. B. $\zeta(1) := \zeta_{k_1}(\tau_1)$ etc. Ferner vereinbaren wir, dass bei einem wiederholten numerischen Index 1 über den entsprechenden Zustandsindex k_1 summiert und über das zugehörige Zeitargument τ_1 integriert wird, z. B.

$$\zeta^*(1)\,\eta(1) = \sum_{k_1} \int_{\tau_0}^{\tau_0+\beta} d\tau_1 \zeta_{k_1}^*(\tau_1) \eta_{k_1}(\tau_1). \tag{35.88}$$

Da bei den nachfolgenden Betrachtungen häufig Ableitungen nach den Quellen auftreten, definieren wir, analog zur Abkürzung $\partial_i = \partial/\partial x_i$ für die partiellen Ableitungen nach den Koordinaten x_i, für die Variationsableitungen nach den Quellen η, η^*:

$$\delta(1) := \frac{\delta}{\delta\eta(1)}, \quad \delta^*(1) := \frac{\delta}{\delta\eta^*(1)}\,, \tag{35.89}$$

sodass

$$\delta(1)\eta(2) = \delta(1,2), \quad \delta^*(1)\eta^*(2) = \delta(1,2)\,, \tag{35.90}$$

wobei

$$\delta(1,2) \equiv \delta_{k_1 k_2} \delta(\tau_1, \tau_2)\,. \tag{35.91}$$

Wir erinnern daran, dass diese Ableitungen $\delta(i)$, wie die Quellen $\eta(i)$ selbst, für Bose- bzw. Fermi-Systeme kommutieren bzw. antikommutieren:

$$\delta(1)\delta(2) = \pm\delta(2)\delta(1)\,. \tag{35.92}$$

Ferner definieren wir

$$h(1,2) := h_{k_1k_2}(\tau_1)\delta(\tau_1-\tau_2)\,, \tag{35.93}$$

$$\tilde{V}(1,2,3,4;\tau) := \tilde{V}(k_1k_2,k_3k_4)\delta(\tau-\tau_1)\,\delta(\tau-\tau_2)\,\delta(\tau-\tau_3)\,\delta(\tau-\tau_4)\,, \tag{35.94}$$

sodass wir die Wechselwirkung (35.86) (im Funktionalintegral (35.66)) in der Form

$$\begin{aligned} \mathsf{V}(\zeta^*(\tau),\zeta(\tau)) &\equiv \frac{1}{4}\sum_{k_1k_2k_3k_4}\tilde{V}(k_1k_2,k_3k_4)\zeta^*_{k_1}(\tau)\zeta^*_{k_2}(\tau)\zeta_{k_4}(\tau)\zeta_{k_3}(\tau) \\ &= \frac{1}{4}\tilde{V}(1,2,3,4;\tau)\zeta^*(1)\zeta^*(2)\zeta(4)\zeta(3) \end{aligned} \tag{35.95}$$

schreiben können. In dieser kompakten Notation lautet die durch Gl. (35.40) definierte inverse freie Einteilchen-Green'schen Funktion

$$G^{-1}(2,1) = (\partial_{\tau_2}-\mu)\delta(2,1) + h(2,1)\,. \tag{35.96}$$

35.2.1 Das erzeugende Funktional

Das erzeugende Funktional der Green'schen Funktionen bei endlichen Temperaturen $\mathcal{Z}[\eta^*,\eta]$ (35.11) ist durch das Verhältnis der Zustandssummen $\mathcal{Z}^\eta(\beta,\mu)$ (35.12) mit und ohne ($\eta = 0$) äußeren Quellen definiert. Für den Hamiltonoperator (35.31) lautet die Funktionalintegraldarstellung (35.66) von $\mathcal{Z}^\eta(\beta,\mu)$ (35.12) explizit:

$$\begin{aligned} \mathcal{Z}^\eta(\beta,\mu) = \int \mathcal{D}(\zeta^*,\zeta)\exp\left[-\int_{\tau_0}^{\tau_0+\beta} d\tau\,\zeta^*_k(\tau)[(\partial_\tau-\mu)\delta_{kl}+h_{kl}]\zeta_l(\tau)\right] \\ \times\exp\left[-\int_{\tau_0}^{\tau_0+\beta} d\tau\,[\mathsf{V}(\zeta^*(\tau),\zeta(\tau))+\eta^*(\tau)\cdot\zeta(\tau)+\zeta^*(\tau)\cdot\eta(\tau)]\right]. \end{aligned} \tag{35.97}$$

Analog zur Störungstheorie bei $T = 0$, siehe Abschnitt 34.4.2, ziehen wir die Wechselwirkung vor das Funktionalintegral, indem wir die Felder ζ^*, ζ in $\mathsf{V}(\zeta^*,\zeta)$ durch Ableitungen nach den Quellen, $\delta \equiv \delta/\delta\eta$, $\delta^* \equiv \delta/\delta\eta^*$, ersetzen:

$$\begin{aligned} &\exp\left[\int d\tau\,[-\mathsf{V}(\zeta^*,\zeta)+\eta^*\cdot\zeta+\zeta^*\cdot\eta]\right] \\ &= \exp\left[-\int d\tau\,\mathsf{V}(\pm\delta,\delta^*)\right]\exp\left[\int d\tau\,[\eta^*\cdot\zeta+\zeta^*\cdot\eta]\right]. \end{aligned} \tag{35.98}$$

Für die Zustandssumme (35.97) erhalten wir dann in der oben eingeführten kompakten Notation

$$\boxed{\mathcal{Z}^{\eta}(\beta,\mu) = \exp\left[-\int_{\tau_0}^{\tau_0+\beta} d\tau\, \mathsf{V}(\pm\delta,\delta^*)\right] z^{\eta}(\beta,\mu),} \tag{35.99}$$

wobei

$$z^{\eta}(\beta,\mu) = \int \mathcal{D}(\zeta^*,\zeta) \exp[-\zeta^*(2)G^{-1}(2,1)\zeta(1) + \eta^*(1)\zeta(1) + \zeta^*(1)\eta(1)] \tag{35.100}$$

die Funktionalintegraldarstellung der großkanonische Zustandssumme des nichtwechselwirkenden Systems bei Anwesenheit der Quellen,

$$z^{\eta}(\beta,\mu) = \mathsf{Sp}\,\mathsf{u}^{\eta}(\tau_0+\beta,\tau_0), \tag{35.101}$$

mit dem Zeitentwicklungsoperator:

$$\mathsf{u}^{\eta}(\tau_2,\tau_1) = T\exp\left[-\int_{\tau_1}^{\tau_2} d\tau\,(\mathsf{h}(a^\dagger,a) - \mu\mathsf{N}(a^\dagger,a) - [\eta^*(\tau)\cdot a + a^\dagger\cdot\eta(\tau)])\right] \tag{35.102}$$

ist. Unter Benutzung von Gl. (H.11) finden wir für das Gauß-Integral (35.100):

$$\boxed{z^{\eta}(\beta,\mu) = z(\beta,\mu)\exp[\eta^*(2)G(2,1)\eta(1)]\,,} \tag{35.103}$$

wobei

$$z(\beta,\mu) \equiv z^{\eta=0}(\beta,\mu) = \left(\mathcal{D}etG^{-1}\right)^{\mp 1} \tag{35.104}$$

gemäß (35.101) die großkanonische Zustandssumme (35.72) des nichtwechselwirkenden Systems,

$$z(\beta,\mu) = \mathsf{Sp}\,\mathsf{u}^{\eta=0}(\tau_0+\beta,\tau_0) = \mathsf{Sp}\,e^{-\beta(\mathsf{h}-\mu\mathsf{N})}\,, \tag{35.105}$$

ist. Ferner ist $G = (G^{-1})^{-1}$ in Gl. (35.103) die (ungestörte) Einteilchen-Green'sche Funktion, die in der Operatordarstellung durch Gln. (35.33) und (35.34) gegeben ist:

$$G(2,1) = \frac{\mathsf{Sp}[e^{-\beta(\mathsf{h}-\mu\mathsf{N})}Ta(2)_h a^\dagger(1)_h]}{\mathsf{Sp}e^{-\beta(\mathsf{h}-\mu\mathsf{N})}}\,. \tag{35.106}$$

---

i In das ursprüngliche Funktionalintegral (35.100) geht lediglich die inverse Green'sche Funktion $G^{-1}(2,1)$ ein. Durch Ausführen dieses Integrals haben wir jedoch einen Ausdruck gewonnen, der die Green'sche Funktion $G(2,1)$ selbst enthält. Wie bereits in Abschnitt 34.2.2 bemerkt, lässt sich die Green'sche Funktion $G(2,1)$ aus ihrem Inversen $G^{-1}(2,1)$ nur durch Vorgabe von zusätzlichen Randbedingungen bestimmen, die in der inversen Green'schen Funktion nicht enthalten sind. Diese erforderlichen Randbedingungen werden jedoch hier durch das Funktionalintegral bereits mitgeliefert: Aufgrund der (Anti-) Periodizität der Felder $\zeta(\tau)$ geht nur der periodische Teil der Quellen $\eta(\tau)$ in das Funktionalintegral (35.100) ein, da die (im Exponent enthaltene)

Integration über die imaginäre Zeit τ sich über das gesamte Intervall $[\tau_0, \tau_0 + \beta]$ erstreckt. Aus dem gleichen Grunde trägt für (anti-)periodische Quellen $\eta(\tau_0 + \beta) = \pm\eta(\tau_0)$ im Ergebnis (35.103) der funktionalen Integration auch nur der (anti-)periodische Teil der Green'schen Funktion $G(1, 2)$ bei. Damit genügen die aus dem Funktionalintegral gewonnenen Green'schen Funktionen den (anti-)periodischen Randbedingungen.

Einsetzen von Gl. (35.103) in Gl. (35.99) liefert für das erzeugende Funktional (35.11) der Green'schen Funktionen

$$\boxed{\mathcal{Z}[\eta^*, \eta] = \frac{\exp[-\int_{\tau_0}^{\tau_0+\beta} d\tau\, \mathrm{V}(\pm\delta, \delta^*)]\exp[\eta^*(2)G(2,1)\eta(1)]}{\exp[-\int_{\tau_0}^{\tau_0+\beta} d\tau\, \mathrm{V}(\pm\delta, \delta^*)]\exp[\eta^*(2)G(2,1)\eta(1)]|_{\eta=0}}} \tag{35.107}$$

wobei die Größe $z(\beta, \mu)$ (35.104) herausgefallen ist. Dies ist eine für die Störentwicklung in V geeignete Darstellung. Ignorieren wir hierin die Wechselwirkung V, so erhalten wir das erzeugende Funktional der *freien* Green'schen Funktionen

$$\boxed{z[\eta^*, \eta] = \exp[\eta^*(2)G(2,1)\eta(1)]\,.} \tag{35.108}$$

Diese lassen sich offensichtlich sämtlich durch die freie Einteilchen-Green'sche Funktion $G(2, 1)$ ausdrücken.

Wick'sches Theorem bei endlichen Temperaturen

Gl. (35.99) ist das Funktionalintegral-Analog der Operator-Identität (34.169) (für imaginäre Zeiten und nach Nehmen der Spur über den Fock-Raum):

$$\mathrm{Sp}\,\mathrm{U}^\eta(\tau_2, \tau_1) = \exp\left[-\int_{\tau_0}^{\tau_0+\beta} d\tau\, \mathrm{V}\big(\pm\delta/\delta\eta^*(\tau), \delta/\delta\eta(\tau)\big)\right]\mathrm{Sp}\,\mathrm{u}^\eta(\tau_2, \tau_1)\,. \tag{35.109}$$

Gehen wir im Einteilchen-Zeitentwicklungsoperator bei Anwesenheit der Quellen, $\mathrm{u}^\eta(\tau_2, \tau_1)$ (35.102), vom Schrödinger-Bild zu einem Wechselwirkungsbild über, in welchem h als ungestörter Operator und die Quellterme als Störung betrachtet werden, so gilt die zu Gl. (35.14) analoge Beziehung

$$\mathrm{u}^\eta(\tau_2, \tau_1) = \mathrm{u}(\tau_2, \tau_0)\mathrm{u}_H^\eta(\tau_2, \tau_1)\mathrm{u}(\tau_0, \tau_1)\,, \tag{35.110}$$

wobei

$$\mathrm{u}(\tau_2, \tau_1) \equiv \mathrm{u}^{\eta=0}(\tau_2, \tau_1) = \exp\left[-\left(\mathrm{h}(a^\dagger, a) - \mu\mathrm{N}(a^\dagger, a)\right)(\tau_2 - \tau_1)\right] \tag{35.111}$$

der Zeitentwicklungsoperator des ungestörten Systems und

$$\mathrm{u}_W^\eta(\tau_2, \tau_1) = T\,\exp\left[\int_{\tau_1}^{\tau_2} d\tau\big(\eta^*(\tau)\cdot a(\tau)_h + a^\dagger(\tau)_h\cdot\eta(\tau)\big)\right] \tag{35.112}$$

durch die Störung generiert wird. Hierin sind $a(\tau)_h$, $a^\dagger(\tau)_h$ die Feldoperatoren (35.35) im Wechselwirkungsbild. Nach dem Nehmen der Spur von Gl. (35.110), finden wir für die großkanonische Zustandssumme (35.101) des nichtwechselwirkenden Systems bei Anwesenheit der Quellen

$$\begin{aligned} z^\eta(\beta,\mu) &\equiv \mathrm{Sp}\, \mathrm{u}^\eta(\tau_0+\beta,\tau_0) \\ &= \mathrm{Sp}\left[\mathrm{u}(\tau_0+\beta,\tau_0)\mathrm{u}_h^\eta(\tau_0+\beta,\tau_0)\right] \\ &= \mathrm{Sp}\left[e^{-\beta(\mathrm{h}-\mu\mathrm{N})}\mathrm{u}_h^\eta(\tau_0+\beta,\tau_0)\right] \\ &= z(\beta,\mu)\langle \mathrm{u}_h^\eta(\tau_0+\beta,\tau_0)\rangle_0 , \end{aligned} \tag{35.113}$$

wobei wir die Definitionen der großkanonischen Zustandssumme (bei Abwesenheit der Quellen) $z(\beta,\mu)$ (35.105) und des thermischen Erwartungswertes $\langle\cdots\rangle_0$ (35.34) des nichtwechselwirkenden Systems benutzt haben. Setzen wir hier für $z^\eta(\beta,\mu)$ den Ausdruck (35.103) und für $\mathrm{u}_h^\eta(\tau_0+\beta,\tau_0)$ die explizite Form (35.112) ein, so erhalten wir die Verallgemeinerung von Gleichung (34.193) auf endliche Temperaturen

$$\left\langle T\exp\left[\int_{\tau_0}^{\tau_0+\beta} d\tau\left[\eta^*(\tau)\cdot a(\tau)_h + a^\dagger(\tau)_h\cdot\eta(\tau)\right]\right]\right\rangle_0 = \exp\left[\eta^*(2)G(2,1)\eta(1)\right]. \tag{35.114}$$

Mit der Definition (35.33) der freien Einteilchen-Green'schen Funktion finden wir hieraus schließlich das *Wick'sche Theorem für thermische Erwartungswerte* von zeitgeordneten Produkten von Feldoperatoren

$$\boxed{\begin{aligned} &\left\langle T\exp\left[\int_{\tau_0}^{\tau_0+\beta} d\tau\left[\eta^*(\tau)\cdot a(\tau)_h + a^\dagger(\tau)_h\cdot\eta(\tau)\right]\right]\right\rangle_0 \\ &= \exp\left[\eta^*(2)\langle Ta(2)_h a^\dagger(1)_h\rangle_0\,\eta(1)\right]. \end{aligned}} \tag{35.115}$$

Im Gegensatz zum Wick'schen Theorem (34.185) bei $T = 0$, das eine *Operatoridentität* ist, gilt das Wick'sche Theorem bei endlichen Temperaturen (35.115) nur für die thermischen *Erwartungswerte*.

35.2.2 Störungstheorie in erster Ordnung in der Wechselwirkung

Im Folgenden berechnen wir das erzeugende Funktional der vollen Green'schen Funktionen, $\mathcal{Z}[\eta^*,\eta]$ (35.11), in erster Ordnung Störungstheorie in der Wechselwirkung V.

Entwicklung des Exponenten in der Zustandssumme $\mathcal{Z}^\eta(\beta,\mu)$ (35.99) in erster Ordnung in V liefert:

$$\mathcal{Z}^\eta(\beta,\mu) = \left[1 - \int_{-\beta/2}^{\beta/2} d\tau\, \mathrm{V}(\pm\delta,\delta^*)\right] z^\eta(\beta,\mu). \tag{35.116}$$

Durch Ableitung von $z^\eta(\beta,\mu)$ (35.103) nach den Quellen findet man unter Benutzung von

$$\delta(1)z^\eta(\beta,\mu) = -\eta^*(2')G(2',1)z^\eta(\beta,\mu) \tag{35.117}$$

$$\delta^*(2)z^\eta(\beta,\mu) = G(2,1')\eta(1')z^\eta(\beta,\mu) \tag{35.118}$$

und unter Ausnutzung der Symmetrieeigenschaften von $\tilde{V}(1,2,3,4;\tau)$ (35.94), (35.87) nach einfacher, aber etwas länglicher Rechnung

$$
\begin{aligned}
&[-\mathsf{V}(\pm\delta(\tau),\delta^*(\tau))]z^\eta(\beta,\mu)\\
&\quad\equiv \frac{1}{4}[-\tilde{V}(1,2,3,4;\tau)]\delta(1)\delta(2)\delta^*(4)\delta^*(3)z^\eta(\beta,\mu)\\
&\quad= [-\tilde{V}(1,2,3,4;\tau)]\Big[\frac{1}{2}G(3,1)G(4,2) \pm \eta^*(2')G(2',2)G(3,1)G(4,4')\eta(4')\\
&\qquad+ \frac{1}{4}\eta^*(1')G(1',1)\eta^*(2')G(2',2)G(4,4')\eta(4')G(3,3')\eta(3')\Big]z^\eta(\beta,\mu)\,. \qquad (35.119)
\end{aligned}
$$

Mit diesem Resultat erhalten wir aus Gl. (35.116) für die Zustandssumme bei Anwesenheit der Quellen in erster Ordnung Störungstheorie in V

$$
\begin{aligned}
\mathcal{Z}^\eta(\beta,\mu) = z^\eta(\beta,\mu)\Bigg[&1 + \Delta + \eta^*(2')G(2',2)\Sigma(2,4)G(4,4')\eta(4')\\
&- \frac{1}{4}\int_{-\beta/2}^{\beta/2} d\tau\,[-\tilde{V}(1,2,3,4;\tau)]\\
&\times[\eta^*(1')G(1',1)\eta^*(2')G(2',2)G(4,4')\eta(4')G(3,3')\eta(3')]\Bigg]\,, \qquad (35.120)
\end{aligned}
$$

wobei wir die Größen

$$
\Delta = -\frac{1}{2}\int_{-\beta/2}^{\beta/2} d\tau\,\tilde{V}(1,2,3,4;\tau)G(3,1)G(4,2) \qquad (35.121)
$$

und

$$
\Sigma(2,4) = \mp\int_{-\beta/2}^{\beta/2} d\tau\tilde{V}(1,2,3,4;\tau)G(3,1) \qquad (35.122)
$$

eingeführt haben, deren physikalische Bedeutung sich in Abschnitt 35.2.4 bzw. 35.2.5 erschließen wird: Δ/β bzw. Σ liefert einen direkten Beitrag zur Gesamt- bzw. Einteilchen-Energie; Σ wird deshalb als *Selbstenergie* bezeichnet. Setzen wir in diese Ausdrücke die explizite Form (35.94) der Wechselwirkung $\tilde{V}(1,1',2,2';\tau)$ ein und führen die, entsprechend unserer Konvention (35.88), in ihnen enthaltenen Integrationen über die (imaginäre) Zeiten τ_i aus, so finden wir

$$
\Delta = -\frac{1}{2}\int_{-\beta/2}^{\beta/2} d\tau\,\tilde{V}(k_1k_2,k_3k_4)G_{k_3k_1}(\tau,\tau)G_{k_4k_2}(\tau,\tau)\,, \qquad (35.123)
$$

$$\Sigma(2,1) = \mp\tilde{V}(k_2k_2', k_1k_1')G_{k_1',k_2'}(\tau_1,\tau_1)\delta(\tau_2,\tau_1)\,, \tag{35.124}$$

wobei wir im letzten Ausdruck die Symmetrie $\tilde{V}(kl,mn) = \tilde{V}(lk,nm)$ benutzt und eine Umbenennung der Summationsindizes vorgenommen haben. Der hier auftretende gleichzeitige Limes der Green'schen Funktion (35.106)

$$G_{k_1k_2}(\tau,\tau) := \lim_{\varepsilon\to 0} G_{k_1k_2}(\tau,\tau+\varepsilon) = \pm\rho_{k_1k_2} \tag{35.125}$$

liefert analog zu Gl.(35.30) die *freie*, d. h. *ungestörte* Dichtematrix bei endlichen Temperaturen

$$\rho_{k_1k_2} = \langle a^\dagger_{k_2}a_{k_1}\rangle_0, \tag{35.126}$$

die zeitunabhängig ist (vergl. Gl. (35.29)).

---

i Aufgrund der Unstetigkeit des zeitgeordneten Produktes (34.21) ist die Green'sche Funktion $G(\tau_2,\tau_1)$ bei $\tau_2 = \tau_1$ nicht stetig, sodass linksseitiger und rechtsseitiger Grenzwert unterschiedliche Ergebnisse liefern. Wir werden in Abschnitt 35.3.2 streng zeigen, dass der gleichzeitige Limes in der Form

$$G_{k_1k_2}(\tau,\tau) \overset{!}{:=} \lim_{\varepsilon\to 0} G_{k_1k_2}(\tau,\tau+\varepsilon) = \langle a^\dagger_{k_2}(\tau)_h a_{k_1}(\tau)_h\rangle_0 \tag{35.127}$$

zu wählen ist. Hier begnügen wir uns mit einer plausiblen Erklärung: Bei der Ableitung der Funktionalintegraldarstellung der Übergangsamplitude (siehe Abschnitt 33.1.1) haben wir vorausgesetzt, dass der Hamilton-Operator *normalgeordnet* ist und somit die Erzeugungsoperatoren $a^\dagger$ links von den Vernichtungsoperatoren a stehen. Um dieselbe Anordnung der Feldoperatoren im thermischen Erwartungswert aus der Green'schen Funktion $G(\tau,\tau)$ zu erhalten, müssen wir in den gleichzeitigen Limes (35.127) wählen.

Mit der Beziehung (35.125) finden wir aus Gln. (35.123) und (35.124)

$$\Delta = -\frac{1}{2}\beta\tilde{V}(k_1k_2,k_3k_4)\rho_{k_3k_1}\rho_{k_4k_2}\,, \tag{35.128}$$

$$\Sigma(2,1) = -\tilde{V}(k_2k_2',k_1k_1')\rho_{k_1'k_2'}\delta(\tau_2,\tau_1)\,. \tag{35.129}$$

Gehen wir in die Basis, in der der Einteilchenhamiltonian (35.32) diagonal ist:

$$h_{kl} = \delta_{kl}\epsilon_k\,,\quad \mathrm{h}(a^\dagger,a) = \sum_k \epsilon_k a^\dagger_k a_k \tag{35.130}$$

und in der die freie Einteilchen-Green'sche Funktion durch Gl. (35.46) gegeben ist, so finden wir aus Gl. (35.125) für die Dichtematrix

$$\rho_{kl} = \delta_{kl}\mathcal{N}^{(\pm)}_k\,, \tag{35.131}$$

wobei $\mathcal{N}^{(\pm)}_k$ die thermischen Besetzungszahlen (35.45) sind. Für Δ (35.128) und Σ (35.129) erhalten wir somit

$$\Delta = -\frac{1}{2}\beta \sum_{kl} \tilde{V}(kl, kl)\mathcal{N}_k^{(\pm)}\mathcal{N}_l^{(\pm)}\,, \tag{35.132}$$

$$\Sigma(2,1) = -\sum_{l} \tilde{V}(k_2 l, k_1 l)\mathcal{N}_l^{(\pm)}\delta(\tau_2, \tau_1)\,. \tag{35.133}$$

Nach Einsetzen dieser Ausdrücke in Gl. (35.120) ist das erzeugende Funktional der Green'schen Funktionen $\mathcal{Z}[\eta^*, \eta]$ (35.11) in erster Ordnung Störungstheorie in der Wechselwirkung V explizit bekannt. Aus ihm werden wir in Abschnitt 35.2.4 bzw. Abschnitt 35.2.5 die Zustandssumme bzw. die Einteilchen-Green'sche Funktion berechnen.

35.2.3 Feynman-Diagramme

Die oben entwickelte Störungstheorie für das erzeugende Funktional der Green'schen Funktionen lässt sich graphisch mithilfe von *Feynman-Diagrammen* interpretieren, die die zeitliche Evolution unter dem Einfluss der Störung veranschaulichen. Nachfolgend wird die Feynman-diagrammatische Störungstheorie für ein wechselwirkendes Vielteilchensystem entwickelt. Dabei gehen wir wieder von der üblichen Form (35.31) des Hamilton-Operators H aus, der aus einem Einteilchenoperator h (35.32) und einer Zweiteilchenwechselwirkung V (35.86) besteht. Für diesen Hamilton-Operator lautet der Zeitentwicklungsoperator $\mathsf{U}^\eta(\tau_0+\beta, \tau_0)$ (35.13) in unserer oben eingeführten kompakten Notation:

$$\mathsf{U}^\eta(\tau_0+\beta, \tau_0) = T\exp\Bigg[-a^\dagger(2)G^{-1}(2,1)a(1) + \eta^*(1)a(1) + a^\dagger(1)\eta(1) \\ - \frac{1}{4}\int_{\tau_0}^{\tau_0+\beta} d\tau\, a^\dagger(2)a^\dagger(2')\tilde{V}(2,2',1,1';\tau)a(1')a(1)\Bigg]\,, \tag{35.134}$$

wobei wir die Definition (35.96) der inversen (ungestörten) Einteilchen-Green'schen Funktion $G^{-1}(2,1)$ sowie Gl. (35.94) benutzt haben.

Die diagrammatischen Darstellungen der einzelnen Elemente der Störreihenentwicklung in V sind in der Abbildung 35.1 gezeigt und werden im Folgenden erläutert:

1. Die Zeit verläuft in den Feynman-Diagrammen von unten nach oben.
2. Die Quelle $\eta(1) \equiv \eta_{k_1}(\tau_1)$ ist im Exponenten des Zeitentwicklungsoperators U^η (35.134) die Amplitude für die Erzeugung eines Teilchens zur Zeit τ_1 im Zustand k_1. Sie wird durch ein Kreuz $\times$ repräsentiert und die *Erzeugung* des Teilchens durch den von der Quelle *auslaufenden* Pfeil gekennzeichnet.

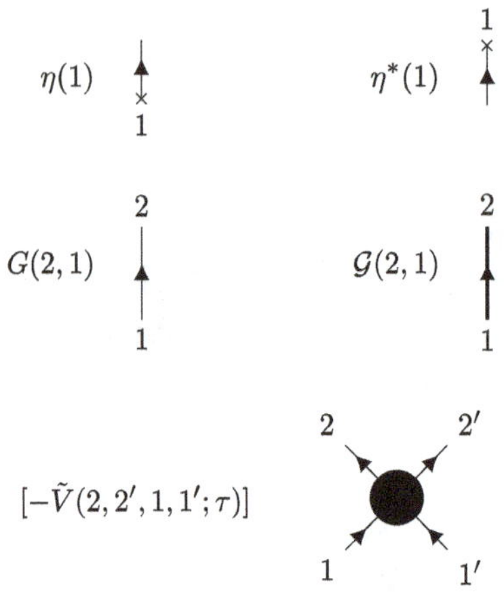

Abb. 35.1: Basiselemente der Feynman-diagrammatischen Darstellung der Störentwicklung in der Wechselwirkung V.

Die Quelle $\eta^*(1)$ ist die Amplitude für die Vernichtung eines Teilchens (ist also eigentlich eine „Senke" statt einer Quelle) und wird dementsprechend durch ein Kreuz mit einem in die Quelle einlaufenden Pfeil dargestellt.

3. Die *freie* oder *ungestörte* Einteilchen-Green'sche Funktion (Propagator) $G(2,1)$ beschreibt die Ausbreitung des Teilchens von $1 \equiv (\tau_1, k_1)$ nach $2 \equiv (\tau_2, k_2)$ (d. h. die Ausbreitung eines Teilchens, welches zur Zeit τ_1 im Zustand k_1 erzeugt und zur Zeit τ_2 im Zustand k_2 vernichtet wird) und wird deshalb durch eine gerichtete Linie (Linie mit Pfeil) dargestellt, die von 1 nach 2 verläuft. Analog wird die *volle* oder *gestörte* Green'sche Funktion $\mathcal{G}(2,1)$ durch eine *fette* gerichtete Linie dargestellt.
4. Das Matrixelement $[-\tilde{V}(2,2',1,1';\tau)]$ (35.94) der Wechselwirkung V geht in den Exponenten des Zeitentwicklungsoperators U^η (35.134) als die Amplitude für die Vernichtung von zwei Teilchen in $1 \equiv (\tau_1, k_1)$ und $1' \equiv (\tau_{1'}, k_{1'})$ sowie die Erzeugung von zwei Teilchen in $2 \equiv (\tau_2, k_2)$ und $2' \equiv (\tau_{2'}, k_{2'})$ ein und wird dementsprechend dargestellt durch einen fetten Punkt zur Zeit τ mit zwei einlaufenden und zwei auslaufenden Pfeilen mit den entsprechenden numerischen Indizes für die Quantenzahl und das Zeitargument. Sowohl bei den Quellen als auch bei der Wechselwirkung sind die Pfeile selbst nicht Bestandteile der Feynman-Diagrammelemente (im Gegensatz zu den Propagatoren $\mathcal{G}$ oder G), sondern zeigen nur an, welche Pfeile (d. h. Propagatoren) an diesen Elementen ein-oder auslaufen können.
5. Beginnt und endet ein Propagator am selben Wechselwirkungsvertex, wie z. B. in Abb 35.2, so bildet er eine geschlossene Schleife, die gewöhnlich als *Loop* bezeichnet wird. Eine geschlossene Schleife beinhaltet einen gleichzeitigen Limes des zugehörigen Propagators. Wie wir aus Gln. (35.30), (35.125) entnehmen, liefert der gleichzeitige Limes eines Fermion-Propagators ein zusätzliches Minuszeichen gegenüber einem Boson-Propagator. Eine geschlossene Fermion-Schleife in einem Feynman-

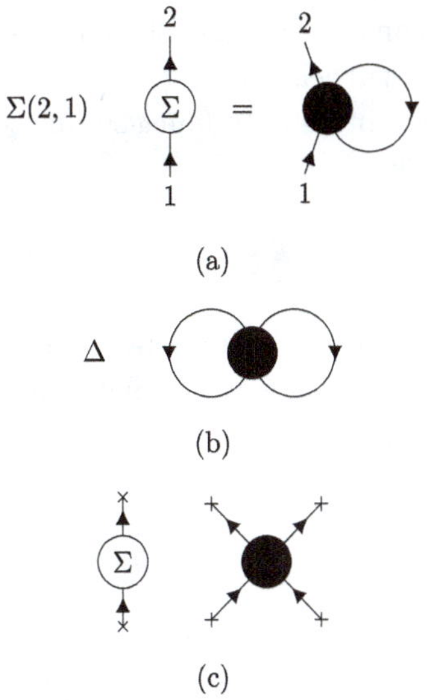

Abb. 35.2: Feynman-diagrammatische Darstellung (a) der Selbstenergie $\Sigma(2,1)$ (35.122), (b) des Vakuumbeitrages Δ (35.121) zur Zustandssumme (35.135) und (c) der Quellbeiträge zum erzeugenden Funktional (35.120) der Green'schen Funktionen. Sämtliche angegebenen Feynman-Diagramme zeigen nur die Beiträge erster Ordnung in der Wechselwirkung $\tilde{V}$.

Diagramm liefert somit einen zusätzlichen Faktor (-1). Da dies sowohl für den ungestörten Propagator G als auch für den vollen Propagator $\mathcal{G}$ gilt, ist es für diese Vorzeichenregel irrelevant, über wie viele Wechselwirkungsvertizes V die geschlossene Schleife läuft.

6. Schließlich wird über alle intermediären Quantenzahlen k_i bzw. Zeitargumente τ_i summiert bzw. integriert.

Mit diesen Regeln lassen sich die analytischen Ausdrücke direkt aus den entsprechenden Feynman-Diagrammen ablesen.

35.2.4 Die Zustandssumme

Die „Nullteilchen-Green'sche Funktion" ist bei endlichen Temperaturen die großkanonische Zustandssumme (35.1) $\mathcal{Z}(\beta,\mu) = \mathcal{Z}^{\eta=0}(\beta,\mu)$ bzw. bei $T = 0$ (und reellen Zeiten) die Vakuumamplitude (35.5). Letztere liefert die Übergangsamplitude vom Vakuumzustand $|\phi_0\rangle$ in den Vakuumzustand. Der Vakuumzustand enthält keine realen Teilchen. Während der Zeitevolution können jedoch zu beliebigen Zeiten Teilchen erzeugt bzw. vernichtet werden. Entsprechendes gilt für die Zustandssumme für imaginäre Zeiten, wobei der Vakuumzustand durch das Wärmebad (d. h. das großkanonische Ensemble) ersetzt ist. Da im Anfangs- bzw. Endzustand keine Teilchen vorhanden sind, können zur Vakuumamplitude bzw. zur großkanonischen Zustandssumme nur Feynman-Diagramme mit geschlossenen Propagatorlinien (geschlossene Schleifen) beitragen.

Für die großkanonischen Zustandssumme finden wir in erster Ordnung Störungstheorie in der Wechselwirkung V aus Gl.(35.120) für $\eta = 0$:

$$\mathcal{Z}(\beta, \mu) = \mathrm{z}(\beta, \mu)[1 + \Delta], \tag{35.135}$$

wobei z(β,μ) (35.105) die großkanonische Zustandssumme des nichtwechselwirkenden Systems ist. Diese Größe wurde in Abschnitt 31.2.3 berechnet. Aus Gl. (31.40) finden wir mit Gln. (31.50) und (31.53) in der Basis (35.130), in der der Einteilchenhamiltonian h diagonal ist ($h_{kl} = \delta_{kl}\epsilon_k$):

$$\mathrm{z}(\beta, \mu) = \prod_k \mathcal{Z}_k^{(\pm)}, \tag{35.136}$$

mit

$$\mathcal{Z}_k^{(\pm)} = \left[1 \mp e^{-\beta(\epsilon_k - \mu)}\right]^{\mp 1}. \tag{35.137}$$

Differentiation dieses Ausdrucks nach μ bzw. β liefert

$$\frac{1}{\beta} \frac{\partial \ln \mathcal{Z}_k^{(\pm)}}{\partial \mu} = \mathcal{N}_k^{(\pm)}, \tag{35.138}$$

$$-\frac{1}{\beta} \frac{\partial \ln \mathcal{Z}_k^{(\pm)}}{\partial \beta} = (\epsilon_k - \mu)\mathcal{N}_k^{(\pm)}, \tag{35.139}$$

wobei $\mathcal{N}_k^{(\pm)}$ die thermischen Besetzungszahlen (35.45) sind. Mit diesen Beziehungen finden wir für die Energie (35.4) des nichtwechselwirkenden Systems

$$E^{(0)} \equiv \langle \mathrm{h} \rangle = -\frac{\partial \mathrm{z}(\beta, \mu)}{\partial \beta} + \frac{\mu}{\beta} \frac{\partial \mathrm{z}(\beta, \mu)}{\partial \mu} \tag{35.140}$$

den erwarteten Ausdruck

$$E^{(0)} = \sum_k \epsilon_k \mathcal{N}_k^{(\pm)}. \tag{35.141}$$

Der Beitrag zur Energie in erster Ordnung in V, in welcher $\ln(1 + \Delta) \simeq \Delta$ gilt, ist nach Gl. (35.4) und (35.135) durch

$$E^{(1)} = -\frac{\partial \Delta}{\partial \beta} + \frac{\mu}{\beta} \frac{\partial \Delta}{\partial \mu} \tag{35.142}$$

gegeben. Mit dem Ausdruck (35.132) für Δ und den beiden Beziehungen

$$\frac{1}{\beta}\frac{\partial \mathcal{N}_k^{(\pm)}}{\partial \mu} = \mathcal{N}_k^{(\pm)}(1 \pm \mathcal{N}_k^{(\pm)}), \tag{35.143}$$

$$\frac{\partial \mathcal{N}_k^{(\pm)}}{\partial \beta} = -(\epsilon_k - \mu)\mathcal{N}_k^{(\pm)}(1 \pm \mathcal{N}_k^{(\pm)}) \tag{35.144}$$

finden wir

$$E^{(1)} = \frac{1}{2}\sum_{kl} \tilde{V}(kl,kl)\mathcal{N}_k^{(\pm)}\mathcal{N}_l^{(\pm)} - \sum_{k,l} \beta\epsilon_l \tilde{V}(kl,kl)\mathcal{N}_k^{(\pm)}\mathcal{N}_l^{(\pm)}(1 \pm \mathcal{N}_l^{(\pm)}), \tag{35.145}$$

wobei wir im zweiten Term die Symmetrie $\tilde{V}(kl,kl) = \tilde{V}(lk,lk)$ benutzt haben. Dieser Term verschwindet für $\beta \to \infty$ $(T \to 0)$, da in diesem Limes entweder $\mathcal{N}_k^{(\pm)}$ (für $\epsilon_k > \mu$) oder $(1 \pm \mathcal{N}_k^{(\pm)})$ (für $\epsilon_k < \mu$) exponentiell in β gegen Null geht.[5] Mit den $T = 0$-Besetzungszahlen, $n_k[\mu] := \lim_{\beta\to\infty} \mathcal{N}_k^{(\pm)}$ (siehe Gln. (34.156) und (34.157)) erhalten wir

$$E^{(1)}(T \to 0) = \frac{1}{2}\sum_{k,l} \tilde{V}(kl,kl)n_k[\mu]n_l[\mu]\,. \tag{35.147}$$

Dasselbe Ergebnis findet man auch in erster Ordnung Rayleigh-Schrödinger (stationären) Störungstheorie (siehe Gl. (30.98)), die bei $T = 0$ offensichtlich viel effizienter ist als die zeitabhängige Störungstheorie über die Green'schen Funktionen. Der Vorteil der Green'schen Funktionen besteht aber darin, dass zeitabhängige Prozesse (für reelle Zeiten) und temperaturabhängige Phänomene (für imaginäre Zeiten) beschrieben werden können, die der stationären Störungstheorie nicht zugänglich sind.

35.2.5 Die Einteilchen-Green'sche Funktion

Im folgenden berechnen wir die Einteilchen-Green'sche Funktion (35.22)

$$\mathcal{G}(2,1) = \frac{\delta}{\delta\eta(1)}\frac{\delta}{\delta\eta^*(2)}\mathcal{Z}[\eta^*,\eta]\Big|_{\eta=0,\eta^*=0} = \frac{1}{\mathcal{Z}^{\eta=0}(\beta,\mu)}\delta(1)\delta^*(2)\mathcal{Z}^{\eta}(\beta,\mu)\Big|_{\eta=0,\eta^*=0} \tag{35.148}$$

in erster Ordnung Störungstheorie in der Wechselwirkung V. In dieser Ordnung haben wir die großkanonische Zustandssumme bei Anwesenheit der Quellen $\mathcal{Z}^{\eta}(\beta,\mu)$ bereits in Abschnitt 35.2.2 berechnet. Aus Gln. (35.120) und (35.103) finden wir

$$\delta(1)\delta^*(2)\mathcal{Z}^{\eta}(\beta,\mu)\big|_{\eta=0} = z^{\eta=0}(\beta,\mu)\left[G(2,1)(1+\Delta) + G(2,2')\Sigma(2',1')G(1',1)\right]. \tag{35.149}$$

---

5 Dies lässt sich auch unmittelbar aus der Beziehung (35.49):

$$\left(1 \pm \mathcal{N}_k^{(\pm)}\right) = e^{\beta(\epsilon_k-\mu)}\mathcal{N}_k^{(\pm)} \tag{35.146}$$

ablesen, da die $\mathcal{N}_k^{(\pm)}$ für $\beta \to \infty$ endlich bleiben.

Zusammen mit dem Ausdruck (35.135) für die Zustandssumme $\mathcal{Z}^{\eta=0}(\beta,\mu) = \mathcal{Z}(\beta,\mu)$ erhalten wir

$$\mathcal{G}(2,1) = \frac{G(2,1)(1+\Delta) + G(2,2')\Sigma(2',1')G(1',1)}{1+\Delta}. \tag{35.150}$$

Man überzeugt sich leicht, dass die Zustandssumme des ungestörten Systems $z^{\eta=0}(\beta,\mu)$ (35.104) aus allen Green'schen Funktionen herausfällt. Nach Entwicklung des Nenners bis zu ersten Ordnung in $\Delta \sim V$

$$\frac{1}{1+\Delta} = 1 - \Delta + \cdots \tag{35.151}$$

finden wir schließlich für die Einteilchen-Green'sche Funktion in erster Ordnung in der Wechselwirkung V:

$$\mathcal{G}(2,1) = G(2,1) + G(2,2')\Sigma(2',1')G(1',1). \tag{35.152}$$

Dabei haben wir berücksichtigt, dass Σ (wie Δ) bereits von der Ordnung V ist und somit der Term $\Sigma\Delta$ in erster Ordnung in V nicht beiträgt. Neben der ungestörten Zustandssumme $z^{\eta=0}(\beta,\mu)$ ist auch der Störbeitrag Δ zur Zustandssumme $\mathcal{Z}(\beta,\mu)$ aus der Green'schen Funktion herausgefallen. Auch dies ist kein Spezifikum der Einteilchen-Green'schen Funktion. Abb. 35.3 zeigt die Feynman-diagrammatische Darstellung der Störentwicklung (35.152), wobei die Selbstenergie Σ ebenfalls durch ihr Feynman-Diagramm (Abb. 35.2(a)) ausgedrückt wurde, das nur den führenden Term in V enthält. Dieser ist oftmals dominant, jedoch allein gewöhnlich nicht ausreichend.

Für starkwechselwirkende Systeme versagt die Störungstheorie in V. Brauchbare Näherungen lassen sich jedoch durch Aufsummation von ganzen Klassen von Feynman-Diagrammen erhalten, was als *Partialsummation* bezeichnet wird. Bei der Einteilchen-Green'schen Funktion werden in der Partialsummation die in Abb. 35.4(a) dargestellten Diagrammketten aufsummiert, deren Glieder durch die Selbstenergie Σ gegeben und durch die ungestörte Einteilchen-Green'sche Funktion verknüpft sind:

$$\mathcal{G} = G + G\Sigma G + G\Sigma G\Sigma G + G\Sigma G\Sigma G\Sigma G + \cdots, \tag{35.153}$$

Diese Summe ist eine geometrische Reihe, die sich folglich aufsummieren lässt:

$$\mathcal{G} = G[1 - \Sigma G]^{-1}. \tag{35.154}$$

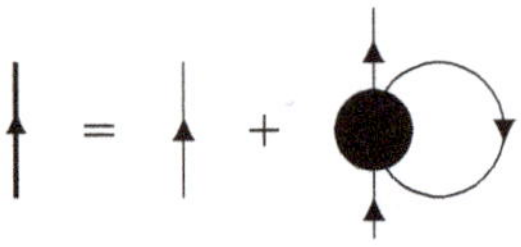

Abb. 35.3: Die Einteilchen-Green'sche Funktion in erster Ordnung der Störungstheorie in der Wechselwirkung.

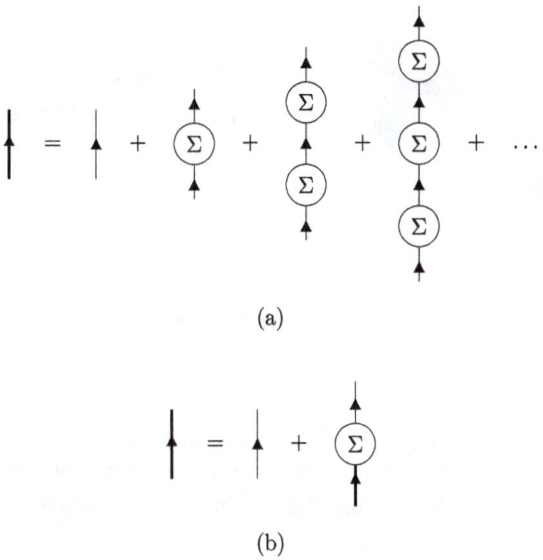

Abb. 35.4: (a) Partialsumme der Selbstenergie-Diagramme Σ. (b) Dyson-Gleichung der Einteilchen-Green'schen Funktion.

Alternativ können wir die unendliche Reihe (35.153) auch als Integralgleichung schreiben:

$$\mathcal{G}(2,1) = G(2,1) + G(2,2')\Sigma(2',1')\mathcal{G}(1',1)\,, \tag{35.155}$$

die als *Dyson-Gleichung* bezeichnet wird und Feynman-diagrammatisch in der Abb. 35.4(b) dargestellt ist. In der Tat liefert die Iteration dieser Gleichung die Partialsumme (35.153). Multiplizieren wir Gl. (35.155) von links mit G^{-1} und von rechts mit $\mathcal{G}^{-1}$, so finden wir

$$\mathcal{G}^{-1} = G^{-1} - \Sigma\,, \tag{35.156}$$

Dasselbe Ergebnis findet man natürlich auch aus Gl. (35.154). Setzen wir hier den expliziten Ausdruck der inversen freien Green'schen Funktion $G^{-1}(2,1)$ (35.96) ein, so erhalten wir für die inverse gestörte Green'schen Funktion

$$\mathcal{G}^{-1}(2,1) \;=\; (\partial_{\tau_2} - \mu)\delta(2,1) + h(2,1) - \Sigma(2,1)\,. \tag{35.157}$$

Durch die Partialsummation haben wir einen effektiven (gestörten) Einteilchen-Hamiltonoperator

$$\mathcal{H}(2,1) = h(2,1) - \Sigma(2,1) \tag{35.158}$$

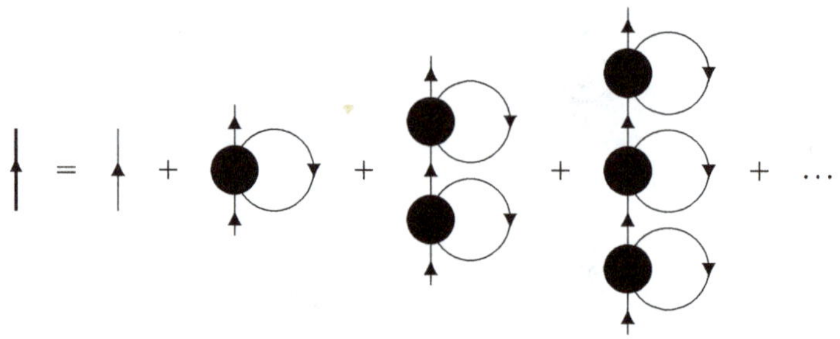

Abb. 35.5: Partialsumme der Selbstenergie-Diagramme von Abb. 35.4, wobei die Selbstenergie Σ auf die führende Ordnung in V beschränkt wurde.

erhalten, zu dem $\Sigma(2,1)$ einen additiven Beitrag liefert. Somit trägt $\Sigma(2,1)$ direkt zur gestörten Einteilchenenergie bei, was die Bezeichnung *Selbstenergie* rechtfertigt. Mit dem expliziten Ausdruck für $\Sigma(2,1)$ (35.129) in erster Ordnung Störungstheorie finden wir für den gestörten Einteilchen-Hamilton-Operator (35.158)

$$\mathcal{H}(2,1) = \mathcal{H}_{k_1 k_2}[\rho]\delta(\tau_2, \tau_1) \tag{35.159}$$

gerade den Hartree-Fock-Hamiltonian (31.83)

$$\mathcal{H}_{k_1 k_2}[\rho] = h_{k_1 k_2} + \tilde{V}(k_2 k_2', k_1 k_1')\rho_{k_1' k_2'} . \tag{35.160}$$

Dies zeigt, dass die Hartree-Fock-Näherung durch Partialsummation der in Abb. 35.5 gezeigten Feynman-Diagramme gewonnen wird und somit in der Tat eine nicht-störungstheoretische Näherung ist.

Wird der Hartree-Fock-Hamiltonian (35.160) als ungestörter Hamilton-Operator benutzt, so sind die in Abb. 35.5 gezeigten Feynman-Diagramme (die in der Partialsumme (35.153) bis zur unendlichen Ordnung in V enthalten sind) bereits berücksichtigt.

35.3 Bosonisierung und Mean-Field-Theorie

Der Funktionalintegralzugang gestattet nicht nur eine elegante Formulierung der Feynman-diagrammatischen Störentwicklung sondern zeichnet sich darüber hinaus auch durch eine große Flexibilität bei der Einführung von neuen, zusammengesetzten oder kollektiven Freiheitsgraden zur nichtstörungstheoretischen Beschreibung von komplexen Systemen aus. Dies soll im Folgenden anhand der Ableitung der Hartree-Theorie illustriert werden.

35.3.1 Bosonisierung

Ausgangspunkt einer Funktionalintegralbeschreibung ist bei $T = 0$ gewöhnlich die Amplitude $\mathcal{Z}^\eta$ (34.134) im erzeugenden Funktional $\mathcal{Z}[\eta^*, \eta]$ (34.69) der Green'schen Funktionen bzw. bei $T \neq 0$ die großkanonische Zustandssumme (35.66) bei Anwesenheit der Quellen

$$\mathcal{Z}^\eta(\beta,\mu) = \int\limits_{\zeta(\tau_0+\beta)=\pm\zeta(\tau_0)} \mathcal{D}(\zeta^*,\zeta)\exp\left[-S_E[\zeta^*,\zeta] + \int\limits_{\tau_0}^{\tau_0+\beta} d\tau(\eta_k^*(\tau)\zeta_k(\tau) + \zeta_k^*(\tau)\eta_k(\tau))\right] \tag{35.161}$$

mit der Euklidischen Wirkung (35.67)

$$S_E[\zeta^*,\zeta] = \int\limits_{\tau_0}^{\tau_0+\beta} d\tau\Big(\sum_l \zeta_l^*(\tau)(\partial_\tau - \mu)\zeta_l(\tau) + \mathsf{H}(\zeta^*,\zeta)\Big), \tag{35.162}$$

die durch den Hamilton-Operator definiert ist. Vielteilchensysteme werden gewöhnlich durch einen Hamilton-Operator der Form (34.4):

$$\mathsf{H}(a^\dagger, a) = \sum_{km} h_{km} a_k^\dagger a_m + \frac{1}{2}\sum_{klmn} V(kl,mn) a_k^\dagger a_l^\dagger a_n a_m \tag{35.163}$$

beschrieben, bestehend aus einem Einteilchenterm und einer Zweiteilchen-Wechselwirkung. Drei- und Mehrteilchen-Wechselwirkungen sind gewöhnlich vernachlässigbar. Die resultierende Wirkung (35.162) schreiben wir in der Form[6]

$$S_E[\zeta^*,\zeta](\beta,\mu) = \int\limits_{\tau_0}^{\tau_0+\beta} d\tau\,\Big[\zeta_k^*(\partial_\tau - \mu)\delta_{km} + h_{km})\zeta_m \; - \frac{1}{2}\zeta_k^*\zeta_m V_{km,ln}\zeta_l^*\zeta_n\Big], \tag{35.164}$$

wobei wir aus Zweckmäßigkeitsgründen die Matrix

$$V_{km,ln} := V(kl,mn)$$

definiert haben. Wegen $V(kl,mn) = V(lk,nm)$ ist

$$V_{km,ln} = V_{ln,km} \tag{35.165}$$

eine symmetrische Matrix. Da die Wechselwirkung ein hermitescher Operator ist, müssen ihre Matrixelemente der Symmetriebeziehung $V^*(kl,mn) = V(mn,kl)$ bzw.

$$V^*_{km,ln} = V_{mk,nl} \tag{35.166}$$

---

6 Hier und im Folgenden lassen wir wieder die Summationszeichen weg und vereinbaren, dass über doppelt auftretende Indizes summiert wird.

genügen. Für die weiteren Betrachtungen setzen wir eine *anziehende* Wechselwirkung voraus, sodass die Matrix $V_{km,ln}$ negativ-definit ist.

Aufgrund der Wechselwirkung V ist die Wirkung (35.164) von vierter Ordnung in den Feldern ζ^*, ζ und das Funktionalintegral (35.161) lässt sich nicht exakt (analytisch) ausführen. Für nicht-perturbative Näherungen empfiehlt es sich jedoch, die fundamentalen Felder ζ^*, ζ auszuintegrieren, da z. B. für Fermi-Systeme diese Felder Graßmann-Variablen sind, denen kein numerischer Wert zugeordnet werden kann. Aus diesem Grunde linearisieren wir die Wechselwirkung mit einem Bose-Feld χ (sowohl für Bose- als auch für Fermi-Systeme) mittels der Identität (H.13)

$$\int \mathcal{D}\chi \exp\left[\frac{1}{2}\int_{\tau_0}^{\tau_0+\beta} d\tau[\chi_{mk}V_{km,ln}\chi_{nl} - 2\zeta_k^*\zeta_m V_{km,ln}\chi_{nl}]\right] \tag{35.167}$$

$$= (\mathcal{D}et V)^{-1/2}\exp\left[-\frac{1}{2}\int_{\tau_0}^{\tau_0+\beta} d\tau\zeta_k^*\zeta_m V_{km,ln}\zeta_l^*\zeta_n\right].$$

Aufgrund der Symmetrie (35.166) der Wechselwirkung muss das hier eingeführte Bose-Feld die Symmetrie

$$\chi_{mk}^* = \chi_{km}$$

besitzen und somit hermitesch sein, $\chi^\dagger = \chi$. Die Identität (35.167) lässt sich sehr leicht durch quadratische Ergänzung

$$\chi V\chi - 2\zeta^*\zeta V\chi = (\chi - \zeta^*\zeta)V(\chi - \zeta^*\zeta) - \zeta^*\zeta V\zeta^*\zeta$$

und Verschiebung der Integrationsvariable $\chi - \zeta^*\zeta \to \chi$ beweisen, wodurch sich das Funktionalintegral in (35.167) auf ein Gauß-Integral über ein hermitesches Bose-Feld reduziert. Man beachte hier, dass die Matrix $V_{km,ln}$ per Voraussetzung negativ definit ist und somit nur negative Eigenwerte besitzt. (Andernfalls würde das Funktionalintegral (35.167) nicht existieren.)

Setzen wir die Identität (35.167) in die Zustandssumme (35.161) ein und vertauschen die Reihenfolge der Integrationen, so nimmt diese die folgende Gestalt an:

$$\mathcal{Z}^\eta(\beta,\mu) = (\mathcal{D}et V)^{1/2}\int \mathcal{D}\chi \exp\left[\frac{1}{2}\int_{\tau_0}^{\tau_0+\beta} d\tau\chi_{mk}V_{km,ln}\chi_{nl}\right]z^\eta[\chi](\beta,\mu), \tag{35.168}$$

wobei

$$z^\eta[\chi](\beta,\mu) = \int \mathcal{D}(\zeta^*,\zeta)\exp\left[-\int_{\tau_0}^{\tau_0+\beta} d\tau[\zeta_k^*((\partial_\tau - \mu)\delta_{km} + \mathcal{H}_{km}[\chi])\zeta_m + \eta_k^*\zeta_k + \zeta_k^*\eta_k]\right] \tag{35.169}$$

und wir den effektiven Einteilchen-Hamiltonian

$$\mathcal{H}_{km}[\chi] = h_{km} + V_{km,ln}\chi_{nl} \tag{35.170}$$

eingeführt haben. Nach Gln. (35.161), (35.162) ist Gleichung (35.169) die Funktionalintegraldarstellung der großkanonischen Zustandssumme (bei Anwesenheit von Quellen) eines Systems nichtwechselwirkender Teilchen, das durch den effektiven Einteilchen-Hamiltonian

$$\hat{\mathcal{H}}[\chi] = \sum_{kl} \mathcal{H}_{kl}[\chi] a_k^\dagger a_l \tag{35.171}$$

beschrieben wird:

$$z^\eta[\chi](\beta,\mu) = \mathrm{Sp}\,[\hat{\mathcal{U}}^\eta[\chi](\tau_0+\beta,\tau_0)]\,, \tag{35.172}$$

$$\hat{\mathcal{U}}^\eta[\chi](\tau_2,\tau_1) = T\exp\left[-\int_{\tau_1}^{\tau_2} d\tau[\hat{\mathcal{H}}[\chi(\tau)] - \mu\mathrm{N} + \eta_k^*(\tau)a_k + a_k^\dagger\eta_k(\tau)]\right]. \tag{35.173}$$

Gleichung (35.168) liefert somit eine *exakte* Darstellung der Zustandssumme $\mathcal{Z}^\eta(\beta,\mu)$ (bei Anwesenheit von Quellen) eines wechselwirkenden Vielteilchen-Systems als eine (durch die Integration über das Bose-Feld χ definierte) Überlagerung von Zustandssummen nichtwechselwirkender Systeme, $z^\eta[\chi](\beta,\mu)$. Die Überlagerung erfolgt mit einem Gauß'schen Gewicht, dessen „Breite" durch die Zweiteilchenwechselwirkung V gegeben ist.[7]

Durch die Linearisierung der Wechselwirkung mittels des Bose-Feldes χ ist das Funktionalintegral über die ursprünglichen Felder ζ^*, ζ zu einem Gauß-Integral (35.169) geworden, das sich natürlich analytisch ausführen lässt. Nach Einführen der inversen Green'schen Funktion zum Hamilton-Operator $\mathcal{H}_{km}[\chi(\tau)]$ (35.171),

$$G^{-1}_{km}[\chi](\tau,\tau') = ((\delta_{km}\partial_\tau - \mu) + \mathcal{H}_{km}[\chi(\tau)])\delta_\pm(\tau,\tau') \tag{35.174}$$

lautet das Funktionalintegral (35.169)

$$z^\eta[\chi](\beta,\mu) = \int \mathcal{D}(\zeta^*,\zeta)\exp\left[-\int_{\tau_0}^{\tau_0+\beta} d\tau \int_{\tau_0}^{\tau_0+\beta} d\tau'\,\zeta_k^*(\tau)G^{-1}_{km}[\chi](\tau,\tau')\zeta_m(\tau') + \int_{\tau_0}^{\tau_0+\beta} d\tau(\eta_k^*(\tau)\zeta_k(\tau) + \zeta_k^*(\tau)\eta_k(\tau))\right]. \tag{35.175}$$

7 Wir erinnern daran, dass $V_{km,ln}$ voraussetzungsgemäß eine negativ-definite Matrix ist.

Nach Ausführen der Integration über die Felder ζ^*, ζ mittels Gl. (H.11) erhalten wir

$$z^\eta[\chi](\beta,\mu) = z[\chi](\beta,\mu)\,\exp\left[\int_{\tau_0}^{\tau_0+\beta} d\tau \int_{\tau_0}^{\tau_0+\beta} d\tau'\eta_k^*(\tau)G_{km}[\chi](\tau,\tau')\eta_m(\tau')\right], \tag{35.176}$$

wobei

$$z[\chi](\beta,\mu) \equiv z^{\eta=0}[\chi](\beta,\mu) = \left(\mathcal{D}etG^{-1}[\chi]\right)^{\mp 1}. \tag{35.177}$$

nach Gl. (35.172) die großkanonische Zustandssumme des nichtwechselwirkenden Systems ist,

$$z[\chi](\beta,\mu) = \mathsf{Sp}\left[\hat{\mathcal{U}}[\chi](\tau_0+\beta,\tau_0)\right], \tag{35.178}$$

dessen Zeitentwicklungsoperator durch

$$\hat{\mathcal{U}}[\chi](\tau_2,\tau_1) \equiv \hat{\mathcal{U}}^{\eta=0}[\chi](\tau_2,\tau_1) = T\exp\left[-\int_{\tau_1}^{\tau_2} d\tau(\hat{\mathcal{H}}[\chi]-\mu\mathsf{N})\right], \tag{35.179}$$

gegeben ist. Vergleich der beiden Darstellungen (35.177) und (35.178) von $z[\chi](\beta,\mu)$ liefert die Beziehung

$$\left(\mathcal{D}etG^{-1}[\chi]\right)^{\mp 1} = \mathsf{Sp}\left[\hat{\mathcal{U}}[\chi](\tau_0+\beta,\tau_0)\right]. \tag{35.180}$$

Einsetzen von Gleichung (35.176) liefert eine effektive Bose-Theorie

$$\mathcal{Z}^\eta = (\mathcal{D}etV)^{1/2}\int \mathcal{D}\chi\,\exp\left[-S_E[\chi] + \int_{\tau_0}^{\tau_0+\beta} d\tau \int_{\tau_0}^{\tau_0+\beta} d\tau'\eta_k^*(\tau)G_{km}[\chi](\tau,\tau')\eta_m(\tau')\right] \tag{35.181}$$

mit der Wirkung

$$S_E[\chi] = -\frac{1}{2}\int_{\tau_0}^{\tau_0+\beta} d\tau\chi_{mk}(\tau)V_{km,ln}\chi_{nl}(\tau) - \ln\left[z[\chi](\beta,\mu)\right]. \tag{35.182}$$

Benutzen wir die Identität

$$\left(\mathcal{D}et(G^{-1}[\chi])\right)^{\mp 1} = \exp(\mp\mathcal{S}p\ln(G^{-1}[\chi])) \tag{35.183}$$

so erhalten wir aus Gl. (35.177)

$$z[\chi](\beta,\mu) = \exp(\mp\mathcal{S}p\ln(G^{-1}[\chi])). \tag{35.184}$$

Die Spur „$\mathcal{S}p$“ ist hier im funktionalen Sinne zu verstehen und beinhaltet neben der Summation über die diskreten Indizes auch die Integration über die kontinuierlichen Indizes (hier die imaginäre Zeit τ). Mit dieser Darstellung von $z[\chi](\beta,\mu)$ erhalten wir für die effektive Wirkung (35.182)

$$S_E[\chi] = -\frac{1}{2}\int_{\tau_0}^{\tau_0+\beta} d\tau \chi_{mk}(\tau) V_{km,ln} \chi_{nl}(\tau) \pm \mathcal{S}p \ln(G^{-1}[\chi]) \,. \tag{35.185}$$

Gleichung (35.181) mit der Wirkung (35.185) definiert eine effektive Theorie des Bose-Feldes χ. Durch die Linearisierung (35.167) der Zweiteilchenwechselwirkung und anschließender Integration über die ursprünglichen Felder ζ, ζ^* ist es damit gelungen, eine ursprüngliche Fermi-Theorie in eine Bose-Theorie zu transformieren, was als *Bosonisierung* bezeichnet wird. Die Bose-Theorie lässt sich gewöhnlich sehr viel einfacher behandeln, wie wir nachfolgend illustrieren werden.

35.3.2 Mean-Field-Approximation

Für eine sehr große Teilchenzahl $N \gg 1$ können wir erwarten, dass die Wirkung $S_E[\chi]$ (35.185) ebenfalls sehr groß ist, $S_E[\chi] \gg 1$, und folglich das Integral über das Feld χ in der *Sattelpunktsapproximation*[8] berechnet werden kann. Die Extrema der Wirkung (35.182) sind durch

$$\frac{\delta S_E[\chi]}{\delta \chi_{mk}(\tau)} = -V_{km,ln}\chi_{nl}(\tau) - \frac{\delta \ln z[\chi](\beta,\mu)}{\delta \chi_{mk}(\tau)} = 0 \tag{35.186}$$

gegeben. Verwenden wir für $z[\chi](\beta,\mu)$ den Ausdruck (35.184), so lautet die Sattelpunktsbedingung:

$$\frac{\delta S_E[\chi]}{\delta \chi_{mk}(\tau)} = -V_{km,ln}\chi_{nl}(\tau) \pm \frac{\delta \mathcal{S}p \ln G^{-1}[\chi]}{\delta \chi_{mk}(\tau)} = 0 \,. \tag{35.187}$$

Nach Benutzung der Kettenregel,

$$\begin{aligned}\frac{\delta \mathcal{S}p \ln G^{-1}[\chi]}{\delta \chi_{mk}(\tau)} &= \mathcal{S}p\left(G[\chi] \frac{\delta G^{-1}[\chi]}{\delta \chi_{mk}(\tau)} \right) \\ &\equiv \int d\tau_2 \int d\tau_1 G_{nl}[\chi](\tau_1,\tau_2) \frac{\delta G^{-1}_{ln}[\chi](\tau_2,\tau_1)}{\delta \chi_{mk}(\tau)} \,,\end{aligned}$$

finden wir aus Gln. (35.174) und (35.170)

8 Die Sattelpunktsapproximation für Integrale mit reellem, negativem Exponenten ist das Analogon der stationären Phasen-Approximation für Integrale mit imaginären Exponenten, siehe Abschnitt 5.1.

$$\frac{\delta G^{-1}_{ln}[\chi](\tau_2,\tau_1)}{\delta\chi_{mk}(\tau)} = V_{ln,km}\delta(\tau_2,\tau)\delta(\tau_2,\tau_1)\,,$$

und somit

$$\frac{\delta\, Sp \ln G^{-1}[\chi]}{\delta\chi_{mk}(\tau)} = G_{nl}[\chi](\tau,\tau)V_{ln,km}\,. \tag{35.188}$$

Einsetzen dieses Ergebnisses in Gl. (35.187) liefert

$$V_{km,ln}\left[\chi_{nl}(\tau) \mp G_{nl}[\chi](\tau,\tau)\right] = 0\,,$$

wobei wir die Symmetrie (35.165) der Matrix V benutzt haben. Nach Multiplikation mit der inversen Matrix V^{-1} reduziert sich die Sattelpunktsbedingung (35.187) auf[9]

$$\chi_{mk}(\tau) = \pm G_{mk}[\chi](\tau,\tau)\,. \tag{35.189}$$

Dies ist eine *nichtlineare* (funktionale) Gleichung für die Feldkonfigurationen $\chi(\tau)$, die die Wirkung extremieren. ($\chi(\tau)$ geht *linear* in das *inverse* Funktional $G^{-1}[\chi]$ (35.174) ein!)

Wie bereits zuvor bemerkt, ist die Green'sche Funktion $G(\tau_2,\tau_1)$ bei $\tau_2 = \tau_1$ nicht stetig, sodass linksseitiger und rechtsseitiger Limes unterschiedliche Ergebnisse liefern. Wie wir nachfolgend explizit zeigen werden, ist hier der rechtsseitige gleichzeitige Limes

$$G[\chi](\tau,\tau) \equiv \lim_{\varepsilon\to 0} G[\chi](\tau,\tau+\varepsilon) \tag{35.190}$$

zu nehmen.

Der gleichzeitige Limes der Green'schen Funktion in der Sattelpunktsbedingung (35.189).

Um zu zeigen, dass der gleichzeitige Limes hier in der Form (35.190) zu wählen ist, benutzen wir in der Sattelpunktsbedingung (35.186) für $z[\chi](\beta,\mu)$ die Operatordarstellung (35.178) und erhalten

$$\frac{\delta \ln z[\chi](\beta,\mu)}{\delta\chi_{mk}(\tau)} = \frac{1}{\mathrm{Sp}\,\hat{\mathcal{U}}[\chi](\tau_0+\beta,\tau_0)}\frac{\delta\,\mathrm{Sp}\,\hat{\mathcal{U}}[\chi](\tau_0+\beta,\tau_0)}{\delta\chi_{mk}(\tau)}\,. \tag{35.191}$$

Aus der Definition des Zeitentwicklungsoperators $\hat{\mathcal{U}}[\chi](\tau_0+\beta,\tau_0)$ (35.179) folgt unter Benutzung von Gl. (21.23):

$$\frac{\delta\hat{\mathcal{U}}[\chi](\tau_0+\beta,\tau_0)}{\delta\chi_{mk}(\tau)} = -\int\limits_{\tau_0}^{\tau_0+\beta} d\tau'\,\hat{\mathcal{U}}[\chi]\big(\tau_0+\beta,\tau'\big)\frac{\delta\hat{\mathcal{H}}[\chi](\tau')}{\delta\chi_{mk}(\tau)}\hat{\mathcal{U}}[\chi](\tau,\tau_0)\,. \tag{35.192}$$

---

9 Wir können uns hier auf den Unterraum des Konfigurationsraumes $\{km\}$ beschränken, in welchem die Matrix V regulär, d. h. invertierbar ist. Nur in diesem Unterraum existiert das Gauß-Integral (35.167), welches das χ-Feld einführt, sodass das χ-Feld auch nur in diesem Unterraum definiert ist.

Ferner finden wir aus der Definition von $\hat{\mathcal{H}}[\chi]$ (35.170), (35.171):

$$\frac{\delta\,\hat{\mathcal{H}}[\chi](\tau')}{\delta\chi_{mk}(\tau)} = a_l^\dagger a_n V_{ln,km}\delta(\tau,\tau') \tag{35.193}$$

und damit aus Gl. (35.192)

$$\begin{aligned}\frac{\delta\hat{\mathcal{U}}[\chi](\tau_0+\beta,\tau_0)}{\delta\chi_{mk}(\tau)} &= -\hat{\mathcal{U}}[\chi](\tau_0+\beta,\tau)a_l^\dagger a_n\hat{\mathcal{U}}[\chi](\tau,\tau_0)V_{ln,km}\\ &= -\hat{\mathcal{U}}[\chi](\tau_0+\beta,\tau_0)\hat{\mathcal{U}}[\chi](\tau_0,\tau)\,a_l^\dagger\,\hat{\mathcal{U}}[\chi](\tau,\tau_0)\hat{\mathcal{U}}[\chi](\tau_0,\tau)\,a_n\,\hat{\mathcal{U}}[\chi](\tau,\tau_0)V_{ln,km}\end{aligned} \tag{35.194}$$

wobei wir im letzten Schritt die Beziehung $\hat{\mathcal{U}}[\chi](\tau_2,\tau_1) = \hat{\mathcal{U}}[\chi](\tau_2,\tau_0)\hat{\mathcal{U}}[\chi](\tau_0,\tau_1)$ benutzt haben. Nach Einführen der Feldoperatoren im Heisenberg-Bild (siehe Gl. (35.17)) zum Hamiltonian $\hat{\mathcal{H}}[\chi]$ (35.171)[10]

$$\begin{aligned}a_k(\tau)_{\mathcal{H}} &= \hat{\mathcal{U}}[\chi](\tau_0,\tau)a_k\hat{\mathcal{U}}[\chi](\tau,\tau_0)\,,\\ a_k^\dagger(\tau)_{\mathcal{H}} &= \hat{\mathcal{U}}[\chi](\tau_0,\tau)a_l^\dagger\hat{\mathcal{U}}[\chi](\tau,\tau_0)\,,\end{aligned} \tag{35.198}$$

erhalten wir schließlich

$$\frac{\delta\hat{\mathcal{U}}[\chi](\tau_0+\beta,\tau_0)}{\delta\chi_{mk}(\tau)} = -\hat{\mathcal{U}}[\chi](\tau_0+\beta,\tau_0)a_l^\dagger(\tau)_{\mathcal{H}}a_n(\tau)_{\mathcal{H}}V_{ln,km}, \tag{35.199}$$

und somit aus Gl. (35.191)

$$\frac{\delta\ln z[\chi](\beta,\mu)}{\delta\chi_{mk}(\tau)} = -\langle a_l^\dagger(\tau)_{\mathcal{H}}a_n(\tau)_{\mathcal{H}}\rangle_{\mathcal{H}[\chi]}V_{ln,km}, \tag{35.200}$$

wobei wir den thermischen Erwartungswert

$$\langle\cdots\rangle_{\mathcal{H}[\chi]} = \frac{\mathrm{Sp}\,[\hat{\mathcal{U}}[\chi](\tau_0+\beta,\tau_0)\cdots]}{\mathrm{Sp}\,\hat{\mathcal{U}}[\chi](\tau_0+\beta,\tau_0)} \tag{35.201}$$

eingeführt haben. Mit der Relation (35.200) finden wir für die Sattelpunktsbedingung (35.186)

$$\chi_{mk}(\tau) = \langle a_k^\dagger(\tau)_{\mathcal{H}}a_m(\tau)_{\mathcal{H}}\rangle_{\mathcal{H}[\chi]}. \tag{35.202}$$

---

10 Da der Hamilton-Operator $\hat{\mathcal{H}}[\chi]$ (35.171) ein Einteilchen-Operator ist, besitzen die zeitabhängigen Feldoperatoren $a(\tau)$, $a^\dagger(\tau)$ (35.195) auch die alternative Darstellung (vergl. Gl. (35.35))

$$a_k(\tau)_{\mathcal{H}} = \mathcal{U}[\chi]_{kl}(\tau,\tau_0)a_l\,, \tag{35.195}$$

$$a_k^\dagger(\tau)_{\mathcal{H}} = a_l^\dagger\mathcal{U}[\chi]_{lk}(\tau_0,\tau)\,, \tag{35.196}$$

wobei a_k, $a_k^\dagger$ die *zeitunabhängigen* Feldoperatoren des Schödinger-Bildes sind und

$$\mathcal{U}[\chi](\tau,\tau_0) = Te^{-\int_{\tau_0}^{\tau}d\tau'(\mathcal{H}[\chi](\tau')-\mu)} \tag{35.197}$$

der 1-Teichen-Zeitentwicklungsoperator in der *Ersten* Quantisierung ist (im Gegensatz zu $\hat{\mathcal{U}}[\chi](\tau_2,\tau_1)$ (35.179), der ein Operator im Fock-Raum ist).

Aus den Überlegungen des Abschnitts 35.1.3 ist ersichtlich, dass die in Gl. (35.174) über ihr Inverses definierte Green'sche Funktion die Operatordarstellung

$$G_{mk}[\chi](\tau,\tau') = \langle T a_m(\tau)_{\mathcal{H}} a_k^\dagger(\tau')_{\mathcal{H}} \rangle_{\mathcal{H}[\chi]} \tag{35.203}$$

besitzt, wobei die zeitabhängigen Feldoperatoren $a_k(\tau)_{\mathcal{H}}, a_k^\dagger(\tau)_{\mathcal{H}}$ in Gl. (35.198) definiert sind. Nehmen wir hier den gleichzeitigen Limes in der Form (35.190), so liefert die Sattelpunktsbedingung (35.189) das Ergebnis (35.202) des Operatorzuganges.

Mit Gl. (35.190) ergibt sich unter Benutzung von Gln. (35.125) und (35.203) für den Sattelpunktswert (35.189) des Feldes χ die thermische Dichtematrix (35.126):

$$\chi_{mk}(\tau) = \langle a_k^\dagger a_m \rangle_{\mathcal{H}[\chi]} \tag{35.204}$$

Eine zeitabhängige Dichtematrix beschreibt eine kollektive Bewegung des Gesamtsystems. Daher wird $\chi(\tau)$ auch als *kollektives Feld* bezeichnet.

35.3.3 Mean-Field-Theorie

Die nichtlineare Gleichung (35.189) bzw. (35.204) besitzt sowohl zeitabhängige als auch zeitunabhängige Lösungen. Es empfiehlt sich, diese getrennt zu behandeln.

i) *Statische Mean-Field-Approximation*
Wir betrachten zunächst *zeitunabhängige* Lösungen der Gl. (35.189). Für zeitunabhängige χ empfiehlt es sich, den Hamilton-Operator $\mathcal{H}[\chi]$ (35.170) zu diagonalisieren, d. h. das Eigenwertproblem

$$\mathcal{H}[\chi]|\nu\rangle = \epsilon_\nu |\nu\rangle \tag{35.205}$$

zu lösen. In der Basis $|\nu\rangle$, in der $\mathcal{H}[\chi]$ diagonal ist, ist auch die Einteilchen-Green'sche Funktion (35.203) diagonal (siehe Abschnitt 34.2.2) und besitzt die Spektraldarstellung

$$G[\chi](\tau,\tau') = \sum_\nu |\nu\rangle G_\nu[\chi](\tau,\tau')\langle\nu| , \tag{35.206}$$

wobei $G_\nu[\chi](\tau,\tau')$ analog zu Gl. (35.46) durch

$$G_\nu[\chi](\tau,\tau') = e^{-(\epsilon_\nu-\mu)(\tau-\tau')}[(1 \pm \mathcal{N}_\nu)\Theta(\tau-\tau') \pm \mathcal{N}_\nu\Theta(\tau'-\tau)] \tag{35.207}$$

gegeben ist und $\mathcal{N}_\nu$ die thermischen Besetzungszahlen (35.45) der Einteilchen-Zustände $|\nu\rangle$ sind. Hieraus folgt

$$G_\nu[\chi](\tau,\tau+0) = \pm\mathcal{N}_\nu$$

und somit für den Sattelpunktswert (35.189) des Feldes χ

$$\chi_{mk} = \sum_{\nu} \langle m|\nu\rangle \mathcal{N}_\nu \langle \nu|k\rangle \,, \tag{35.208}$$

was in der Tat die thermische Einteilchen-Dichtematrix (30.104) ist.
Für gegebene Besetzungszahlen $\mathcal{N}_\nu$ definieren die beiden gekoppelten Gleichungen (35.205) und (35.208) ein *selbstkonsistentes* Eigenwertproblem, welches die *Hartree-Approximation* bei endlichen Temperaturen liefert (siehe Abschnitt 31.5).[11] Im hier benutzten Funktionalintegralzugang entsteht die Hartree-Approximation in der Sattelpunktsnäherung als eine Art „klassischer Limes" des quantenmechanischen Vielteilchenproblems.
Die Hartree-Approximation liefert eine sogenannte *Mean-Field-Theorie*, bei der das wechselwirkende Vielteilchensystem durch ein mittleres Einteilchenfeld, d. h. ein mittleres effektives Potential

$$\mathcal{V}[\chi] = \sum V_{km,ln} \chi_{nl} a_k^\dagger a_m \tag{35.209}$$

beschrieben wird, welches jedoch über die Sattelpunktsbedingung (35.189) selbstkonsistent aus der Zweiteilchen-Wechselwirkung bestimmt wird. Die Selbstkonsistenzbedingung (35.189) optimiert das effektive Potential (35.209) für die gegebene Wechselwirkung. Weitere Beispiele für eine Mean-Field-Theorie sind die Thomas-Fermi-Näherung (siehe Abschnitt 29.12) und die Hartree-Fock-Approximation (siehe Abschnitt 29.10.2).

Um die Hartree-Fock-Approximation zu erhalten, in welcher der effektive Einteilchen-Hamiltonian $\mathcal{H}[\chi]$ neben dem direkten (Hartree-)Term der Zweiteilchen-Wechselwirkung

$$V_{km,ln}\chi_{nl}$$

auch den zugehörigen Austauschterm

$$\pm V_{kn,lm}\chi_{nl}$$

enthält, d. h.

$$\mathcal{H}_{km}[\chi] = e_{km} + (V_{km,ln} \pm V_{kn,lm})\chi_{nl} \,,$$

müssen die führenden „Quantenkorrekturen" zum „klassischen" (Hartree-)Limes eingeschlossen werden.

ii) *Zeitabhängige Mean-Field-Approximation*
Für zeitabhängige Lösungen der Sattelpunktsbedingung (35.189) ist die Diagonalisierung von $\mathcal{H}[\chi(\tau)]$ nicht sehr sinnvoll, da diese zu jedem Zeitpunkt τ durchge-

11 Für $\beta \to \infty$ erhalten wir die gewöhnliche Hartree-Approximation bei $T = 0$, siehe Abschnitt 29.10.

führt werden müsste. Es ist dann effizienter, aus der Bewegungsgleichung (35.37) der Green'schen Funktion mittels der Beziehung (35.189) eine Bewegungsgleichung für das „klassische“ Feld $\chi(\tau)$, d. h. (35.208) für die Dichtematrix abzuleiten. Differentiation von Gl. (35.189) nach der Zeit liefert:

$$\pm\partial_\tau\chi(\tau) = \lim_{\tau_1\to\tau+0}\partial_\tau G[\chi](\tau,\tau_1) + \lim_{\tau_2\to\tau-0}\partial_\tau G[\chi](\tau_2,\tau)\,.$$

Setzen wir auf der rechten Seite die Bewegungsgleichung der Green'schen Funktion ein, die sich aus Gl. (35.174) zu

$$\begin{aligned}&\int d\tau'' G^{-1}_{km}[\chi](\tau,\tau'')G_{mn}[\chi](\tau'',\tau')\\ &= ((\partial_\tau-\mu)\delta_{km}+\mathcal{H}_{km}[\chi(\tau)])G_{mn}[\chi](\tau,\tau') \overset{!}{=} \delta_{kn}\delta_\pm(\tau,\tau')\end{aligned} \tag{35.210}$$

ergibt, sowie ihr Duales (vergl. (35.37) und (34.50)) und benutzen anschließend wieder die Sattelpunktsbedingung (35.189), so erhalten wir die „klassische“ Bewegungsgleichung des Bose-Feldes χ

$$-\partial_\tau\chi(\tau) = [\mathcal{H}[\chi(\tau)],\chi(\tau)]\,. \tag{35.211}$$

Man beachte, dass das chemische Potential aus dem Kommutator herausfällt. Da am Sattelpunkt (35.189) das Bose-Feld χ zur Dichtematrix wird, ist Gl. (35.211) auch die „klassische“ Bewegungsgleichung der Dichtematrix. Sie wurde ursprünglich im Operatorformalismus für reelle Zeiten $t = -i\hbar\tau$ abgeleitet:

$$i\hbar\partial_t\chi(t) = [\mathcal{H}[\chi(t)],\chi(t)] \tag{35.212}$$

und wird als *zeitabhängige Hartree-(Fock)-Gleichung* bezeichnet.[12] (Sie bleibt auch dann gültig, wenn der Austauschterm der Wechselwirkung mit in den Einteilchen-Hamiltonian $\mathcal{H}[\chi]$ eingeschlossen wird.) Diese Gleichung gestattet die Beschreibung von zeitabhängigen Prozessen in stark wechselwirkenden Systemen: Ist die Dichtematrix zu einer Anfangszeit t_0 bekannt, kann sie für nachfolgende Zeiten $t > t_0$ aus Gleichung (35.212) berechnet werden.

Die zeitabhängige Hartree-Fock-Gleichung (35.212) (für reelle Zeiten) wurde sehr erfolgreich auf die Beschreibung von Schwerionenreaktionen angewandt. In diesen Streuexperimenten werden zwei schwere Atomkerne, z. B. Uran und Blei, aufeinander geschossen. Dabei verschmelzen die Atomkerne (zumindest teilweise, je nach Einschußenergie und Stoßparameter) und fragmentieren anschließend. Aus

12 Die Ableitung der zeitabhängige Hartree-Gleichung im Funktionalintegralzugang durch Bosonisierung wurde ursprünglich in: H. Reinhardt, J.Phys.G 5 (1979) L91 für reelle Zeiten gegeben.

der (Massen-, Energie- und Winkel-)Verteilung der entstehenden Reaktionsprodukte lassen sich Rückschlüsse über das Verhalten von Kernmaterie bei endlichen Temperaturen und Baryonendichten ziehen.
Für imaginäre Zeiten beschreibt die Gleichung (35.211) quantenmechanische Tunnelprozesse in Vielteilchensystemen, wie z. B. die Kernspaltung. Um die Spaltung aus dem Grundzustand des Atomkerns zu beschreiben, muss der Limes $\beta \to \infty$ genommen werden.

Im Abschnitt 36.5 werden wir die Bosonisierung benutzen, um eine elegante Formulierung der BCS-Theorie der Supraleitung bei endlichen Temperaturen zu erhalten.

36 Theorie der Supraleitung

Einige Stoffe besitzen die Eigenschaft, dass ihr elektrischer Widerstand unterhalb einer kritischen Temperatur T_c verschwindet; sie werden als *Supraleiter* bezeichnet. Ein elektrischer Strom fließt in einem Supraleiter unterhalb von T_c ohne Verluste. Wird ein Supraleiter mit $T < T_c$ in ein äußeres Magnetfeld *(magnetische Feldstärke)* $\boldsymbol{H}$ gebracht, so werden dessen Feldlinien aus dem Gebiet des Supraleiters herausgedrängt, was als *Meißner-Effekt* bezeichnet wird. Genauer gesagt, fällt ein Magnetfeld, das an der Oberfläche eines Supraleiters wirkt, im Inneren des Supraleiters exponentiell mit dem Abstand von der Oberfläche ab. Im Inneren des Supraleiters verschwindet das Magnetfeld *(magnetische Induktion)*, $\boldsymbol{B} = 0$. Wegen $\boldsymbol{B} = \boldsymbol{H} + \boldsymbol{M}$ (wobei $\boldsymbol{M}$ die Magnetisierung ist) folgt $\boldsymbol{M} = -\boldsymbol{H}$ und der Supraleiter ist folglich ein perfekter Diamagnet. Das Eindringen des Magnetfeldes wird durch (sogenannte *London*-)Ströme an der Oberfläche des Supraleiters verhindert, die ein Gegenfeld zum äußeren Feld erzeugen, sodass das Gesamtmagnetfeld $\boldsymbol{B}$ im Inneren des Supraleiters verschwindet. Übersteigt das äußere Magnetfeld $\boldsymbol{H}$ eine kritische Stärke $H_c(T)$, die von der Temperatur $T < T_c$ des Supraleiters abhängt, so wird der supraleitende Zustand zerstört und das Material wird normalleitend, siehe Abb. 36.1(a).

Supraleiter mit den oben beschriebenen Eigenschaften werden als *Typ-I-Supraleiter* bezeichnet. In einigen Stoffen wird die Supraleitfähigkeit bis zu einer oberen kritischen Feldstärke $H_c(T)$, der (vollständige) Meißner-Effekt $\boldsymbol{B} = 0$ jedoch nur bis zu einer kleineren kritischen Feldstärke $H_{c_0}(T)$ beobachtet, siehe Abb. 36.1(b). Diese Materialien werden als *Typ-II-Supraleiter* bezeichnet. Magnetfelder der Stärke $H_{c_0} < H < H_c$ können in den Typ-II-Supraleiter zwar eindringen, zerstören jedoch dessen Supraleitfähigkeit nicht, reduzieren sie aber. Ihre Feldlinien bilden stattdessen reguläre Gitter von *magnetischen Flusswirbeln* (Vortexlinien), die auch als *Abrikosov-Vortices* bezeichnet werden, siehe Abb. 36.2. Im Inneren der Flusswirbel befindet sich das Material in der normalleitenden Phase. Die seit dem Jahr 1986 entdeckten sogenannten *Hochtempe-*

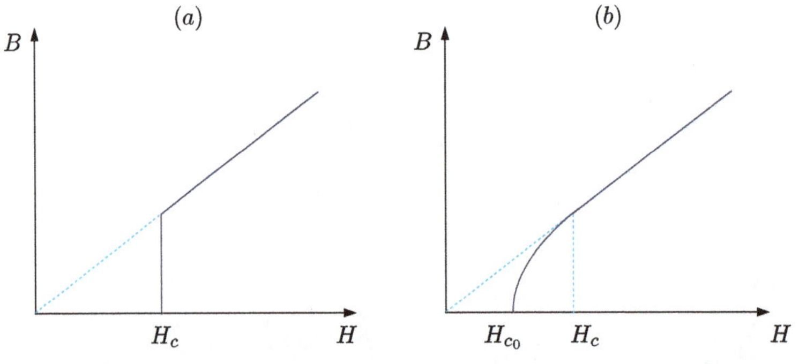

Abb. 36.1: Die magnetische Induktion B im Supraleiter als Funktion der (von außen angelegten) magnetischen Feldstärke H: (a) Typ-I- und (b) Typ-II-Supraleiter.

https://doi.org/10.1515/9783111625126-008

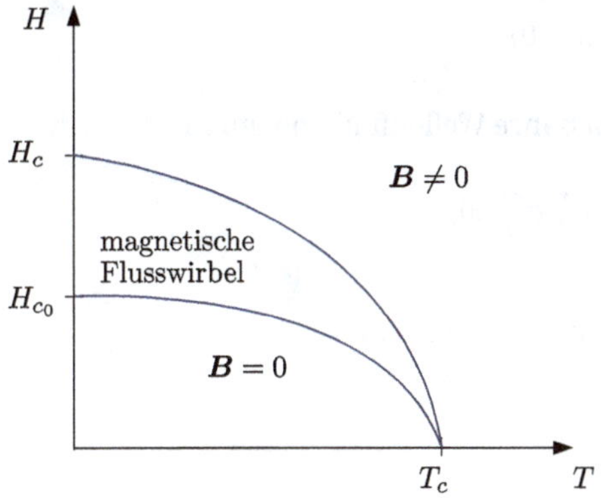

Abb. 36.2: Die kritischen magnetischen Feldstärken des Typ-II-Supraleiters als Funktion der Temperatur.

ratursupraleiter sind sämtlich Typ-II-Supraleiter. Vor der Entdeckung der Hochtemperatursupraleiter war Nb der Supraleiter mit der höchsten kritischen Temperatur von $T_c \sim 9{,}26\,\mathrm{K}$. Die Hochtemperatursupraleiter besitzen hingegen kritische Temperaturen um die 100 K. Die lange Zeit höchste kritische Temperatur von $T_c \sim 138\,\mathrm{K}$ wurde für $Hg_{12}Tl_3Ba_{30}Ca_{30}Cu_{45}O_{127}$ gefunden. Mittlerweile hat man jedoch unter Laborbedingungen Hochtemperatursupraleiter mit kritischen Temperaturen nahe Zimmertemperatur erzeugt.

Die theoretische Erklärung der gewöhnlichen Supraleitung wurde von Bardeen, Cooper und Schrieffer gegeben und ist heute unter dem Namen *BCS-Theorie* bekannt. Im Folgenden werden die Grundzüge dieser Theorie entwickelt. Diese Theorie besitzt auch konzeptionelle Bedeutung für die Kernphysik und Elementarteilchenphysik, worauf wir später noch eingehen werden.

36.1 Paarkorrelationen: Die BCS-Wellenfunktion

Die Leitungselektronen in einem Festkörper können in grober Näherung als unabhängige Teilchen betrachtet werden, deren Zustände durch den Impuls $\boldsymbol{p}$ und die Spinprojektion $\sigma = \uparrow, \downarrow$ bezüglich einer willkürlich wählbaren Quantisierungsrichtung charakterisiert werden.[1] Der Hamilton-Operator freier Leitungselektronen lautet in der Zweiten Quantisierung

$$\mathsf{H}_0 = \sum_{\boldsymbol{p}} e^0_{\boldsymbol{p}} \sum_{\sigma} a^\dagger_{\boldsymbol{p}\sigma} a_{\boldsymbol{p}\sigma}\,, \quad e^0_{\boldsymbol{p}} = \frac{\boldsymbol{p}^2}{2m}\,.$$

Im Grundzustand besetzen die Leitungselektronen sämtliche Einteilchenzustände

1 Da der Supraleiter eine endliche Ausdehnung besitzt, können wir die Impulse als diskret annehmen.

$$|\boldsymbol{p}\sigma\rangle = a^\dagger_{\boldsymbol{p}\sigma}|0\rangle$$

unterhalb der Fermi-Kante $e^0_F = p^2_F/2m$, sodass ihre Wellenfunktion durch

$$|\phi_0\rangle = \prod_{|\boldsymbol{p}|<p_F} a^\dagger_{\boldsymbol{p}\uparrow} a^\dagger_{-\boldsymbol{p}\downarrow}|0\rangle \tag{36.1}$$

gegeben ist.[2] Diese Slater-Determinante ist Eigenzustand von H_0

$$\mathsf{H}_0|\phi_0\rangle = E_0|\phi_0\rangle$$

zur Energie

$$E_0 = 2\sum_{|\boldsymbol{p}|<p_F} e^0_{\boldsymbol{p}}, \tag{36.2}$$

wobei der Faktor 2 von den beiden Spinprojektionen herrührt. Die Elektronen sind jedoch innerhalb des Festkörpers nicht tatsächlich frei: Durch die Gitterschwingungen (Phononen) des Festkörpers wird eine attraktive (Zweiteilchen-)Wechselwirkung zwischen den Elektronen induziert, die bevorzugt zwischen Elektronenpaaren mit entgegengesetztem Impuls und Spin wirkt, die als *Cooper-Paare* bezeichnet werden. In der Zweiten Quantisierung besitzt diese Wechselwirkung die Form:

$$\mathsf{H}_{\text{int}} = -\sum_{\boldsymbol{p},\boldsymbol{p}'} V(\boldsymbol{p},\boldsymbol{p}') a^\dagger_{\boldsymbol{p}\uparrow} a^\dagger_{-\boldsymbol{p}\downarrow} a_{-\boldsymbol{p}'\downarrow} a_{\boldsymbol{p}'\uparrow}\,. \tag{36.3}$$

Das negative Vorzeichen trägt dem anziehenden Charakter der Paarwechselwirkung Rechnung. (Die Diagonalelemente $V(\boldsymbol{p},\boldsymbol{p})$ sind somit positiv.) Damit die beiden Spinprojektionen $\sigma = \uparrow, \downarrow$ gleichberechtigt in die Wechselwirkung eingehen, muss diese die Symmetrie

$$V(\boldsymbol{p},\boldsymbol{p}') = V(-\boldsymbol{p},-\boldsymbol{p}') \tag{36.4}$$

besitzen, die durch die Homogenität des Raumes gewährleistet wird.

Der Hamilton-Operator (36.3) ist invariant unter der globalen Phasentransformation der Feldoperatoren

$$a_{\boldsymbol{p}\sigma} \to e^{i\alpha} a_{\boldsymbol{p}\sigma}\,, \quad a^\dagger_{\boldsymbol{p}\sigma} \to e^{-i\alpha} a^\dagger_{\boldsymbol{p}\sigma}\,, \tag{36.5}$$

die Ausdruck der Teilchenzahlerhaltung des Hamilton: Jeder Term des Hamilton-Operators enthält dieselbe Anzahl von Erzeugungs- wie Vernichtungsoperatoren.

2 Die spezielle Gruppierung der Fermi-Operatoren $a^\dagger_{\boldsymbol{p}\uparrow} a^\dagger_{-\boldsymbol{p}\downarrow}$ wurde in Antizipation der später betrachteten korrelierten Wellenfunktion (36.7) gewählt.

Die Slater-Determinante (36.1) ist nicht Eigenzustand des Gesamt-Hamilton-Operators der Leitungselektronen

$$\mathsf{H} = \mathsf{H}_0 + \mathsf{H}_{\text{int}} . \tag{36.6}$$

Vielmehr erwarten wir, dass aufgrund der Form der Wechselwirkung (36.3) im Grundzustand sich die Elektronen bevorzugt in Paarkonfigurationen mit entgegengesetztem Impuls und Spin aufhalten werden. Dies veranlasste BARDEEN, COOPER und SCHRIEFFER zu folgendem Ansatz für die Grundzustandswellenfunktion

$$\boxed{|\text{BCS}\rangle = \prod_{\boldsymbol{p}} (u_{\boldsymbol{p}} + v_{\boldsymbol{p}} a^\dagger_{\boldsymbol{p}\uparrow} a^\dagger_{-\boldsymbol{p}\downarrow})|0\rangle ,} \tag{36.7}$$

wobei das Produkt jetzt nicht mehr auf die Zustände unterhalb des Fermi-Impulses p_F beschränkt ist, sondern über sämtliche Impulszustände läuft. Ferner sind $u_{\boldsymbol{p}}$ und $v_{\boldsymbol{p}}$ zunächst noch unbestimmte Amplituden, die sich jedoch mittels des Variationsprinzips, siehe Kap. 20, durch Minimierung der Energie bestimmen lassen. Damit die beiden Spinprojektoren $\sigma = \uparrow, \downarrow$ gleichberechtigt in die Wellenfunktion (36.7) eingehen,

$$\begin{aligned} \prod_{\boldsymbol{p}} (u_{\boldsymbol{p}} + v_{\boldsymbol{p}} a^\dagger_{\boldsymbol{p}\uparrow} a^\dagger_{-\boldsymbol{p}\downarrow}) &\stackrel{!}{=} \prod_{\boldsymbol{p}} (u_{\boldsymbol{p}} + v_{\boldsymbol{p}} a^\dagger_{\boldsymbol{p}\downarrow} a^\dagger_{-\boldsymbol{p}\uparrow}) \\ &= \prod_{\boldsymbol{p}} (u_{-\boldsymbol{p}} + v_{-\boldsymbol{p}} a^\dagger_{-\boldsymbol{p}\downarrow} a^\dagger_{\boldsymbol{p}\uparrow}) = \prod_{\boldsymbol{p}} (u_{-\boldsymbol{p}} - v_{-\boldsymbol{p}} a^\dagger_{\boldsymbol{p}\uparrow} a^\dagger_{-\boldsymbol{p}\downarrow}) , \end{aligned}$$

(wobei wir in der zweiten Zeile den Index $\boldsymbol{p} \to (-\boldsymbol{p})$ ersetzt und die Antikommutationsbeziehung benutzt haben) müssen die Amplituden den Symmetriebeziehungen

$$u_{-\boldsymbol{p}} = u_{\boldsymbol{p}} , \quad v_{-\boldsymbol{p}} = -v_{\boldsymbol{p}} \tag{36.8}$$

genügen.

Die Wellenfunktion (36.1) ist als der Spezialfall

$$|u_{\boldsymbol{p}}| = \begin{cases} 0 , & p \le p_F \\ 1 , & p > p_F , \end{cases} \qquad |v_{\boldsymbol{p}}| = \begin{cases} 1 , & p \le p_F \\ 0 , & p > p_F \end{cases} \tag{36.9}$$

in der BCS-Funktion (36.7) enthalten. Für die von diesem Spezialfall abweichenden Werte der Amplituden $u_{\boldsymbol{p}}$ und $v_{\boldsymbol{p}}$ besitzt die BCS-Wellenfunktion keine gute Teilchenzahl mehr sondern ist eine Überlagerung von Zuständen mit einer beliebigen *geraden* Anzahl von Teilchen[3]

---

3 Durch den Einschluss von Zuständen mit beliebiger (geraden) Teilchenzahl wird der Raum der Testfunktionen vergrößert, was das Ergebnis der Variationsrechnung nur verbessern kann.

$$
\begin{aligned}
|\mathrm{BCS}\rangle = &\Big(\prod_p u_p\Big)|0\rangle + \sum_{p'}\Big(\prod_{p\neq p'} u_p\Big) v_{p'} a^\dagger_{p'\uparrow} a^\dagger_{-p'\downarrow}|0\rangle \\
&+ \sum_{p',p''}\Big(\prod_{p\neq p',p''} u_p\Big) v_{p'} v_{p''} a^\dagger_{p'\uparrow} a^\dagger_{-p'\downarrow} a^\dagger_{p''\uparrow} a^\dagger_{-p''\downarrow}|0\rangle \\
&+ \cdots .
\end{aligned}
$$

Die BCS-Wellenfunktion ist damit keine Eigenfunktion zum Teilchenzahloperator

$$
\mathsf{N} = \sum_{p,\sigma} \mathsf{n}_{p\sigma}, \qquad \mathsf{n}_{p\sigma} = a^\dagger_{p\sigma} a_{p\sigma}, \tag{36.10}
$$

wobei $\mathsf{n}_{p\sigma}$ der Besetzungszahloperator des Einteilchenzustandes $|\boldsymbol{p}\sigma\rangle$ ist.

Zur Vereinfachung der Notation ist es zweckmäßig, die Fermionenpaaroperatoren

$$
\mathsf{b}^\dagger_p = a^\dagger_{p\uparrow} a^\dagger_{-p\downarrow}, \qquad \mathsf{b}_p = a_{-p\downarrow} a_{p\uparrow} \tag{36.11}
$$

einzuführen, die den Kommutationsbeziehungen

$$
[\mathsf{b}_p, \mathsf{b}_{p'}] = 0 = [\mathsf{b}^\dagger_p, \mathsf{b}^\dagger_{p'}], \tag{36.12}
$$

$$
[\mathsf{b}_p, \mathsf{b}^\dagger_{p'}] = \delta_{pp'}(\hat{1} - \mathsf{n}_{p\uparrow} - \mathsf{n}_{p\downarrow}), \tag{36.13}
$$

$$
[\mathsf{n}_{p'\sigma}, \mathsf{b}^\dagger_p] = (\delta_{pp'}\delta_{\sigma\uparrow} + \delta_{p,-p'}\delta_{\sigma\downarrow})\mathsf{b}^\dagger_p \tag{36.14}
$$

genügen. Diese lassen sich sehr einfach unter Benutzung der Antikommutationsbeziehungen

$$
\{a_{p\sigma}, a_{p'\sigma'}\} = 0, \quad \{a^\dagger_{p\sigma}, a^\dagger_{p'\sigma'}\} = 0, \quad \{a_{p\sigma}, a^\dagger_{p'\sigma'}\} = \delta_{pp'}\delta_{\sigma\sigma'} \tag{36.15}
$$

der fundamentalen Fermi-Operatoren $a^\dagger_{p\sigma}$, $a_{p\sigma}$ zeigen. Werden die Besetzungszahloperatoren auf der rechten Seite von Gl. (36.13) vernachlässigt, so verhalten sich die Fermionenpaaroperatoren (36.11) in dieser Näherung wie Bose-Operatoren. Die Anwesenheit der Besetzungszahloperatoren $n_{p\sigma}$ zerstört jedoch die idealen Bose-Kommutationsbeziehungen und ist Ausdruck des Pauli-Prinzips.

Wegen (36.12) vertauschen die einzelnen Faktoren im BCS-Zustand (36.7)

$$
|\mathrm{BCS}\rangle = \prod_p (u_p + v_p \mathsf{b}^\dagger_p)|0\rangle . \tag{36.16}
$$

Da $(\mathsf{b}^\dagger_p)^2 = \hat{0}$, können wir den BCS-Zustand alternativ in der Form

$$
\begin{aligned}
|\mathrm{BCS}\rangle &= \text{const.} \exp\Big(\sum_p w_p \mathsf{b}^\dagger_p\Big)|0\rangle \\
&= \text{const.} \exp\Big(\sum_p w_p a^\dagger_{p\uparrow} a^\dagger_{-p\downarrow}\Big)|0\rangle
\end{aligned} \tag{36.17}
$$

mit

$$\text{const.} = \prod_p u_p\,, \quad w_p = \frac{v_p}{u_p}$$

schreiben, die an einen kohärenten (Bose-)Zustand (32.2) erinnert. Der letzte Ausdruck ist aber gerade die in (30.124) gefundene Quasiteilchen-Darstellung der Slater-Determinanten gemäß des Thouless-Theorems (siehe Abschnitt 30.9.3). Der Unterschied zu Gl. (30.124) besteht lediglich darin, dass im BCS-Zustand (36.17) die Slater-Determinante $|\phi\rangle$ von Gl. (30.124) durch das tatsächliche Teilchenvakuum $|0\rangle$ und die Quasiteilchenoperatoren $c_p^\dagger c_h^\dagger$ durch tatsächliche Teilchenoperatoren $a_{p\uparrow}^\dagger a_{-p\downarrow}^\dagger$ ersetzt wurden. Der BCS-Zustand besitzt deshalb die Eigenschaften von Slater-Determinanten, insbesondere gilt für diesen Zustand das Wick'sche Theorem.

Wegen

$$\mathsf{b}_{\boldsymbol{p}}|0\rangle = o\,, \quad \langle 0|\mathsf{b}_{\boldsymbol{p}}^\dagger = o \tag{36.18}$$

und $\mathsf{n}_{\boldsymbol{p}\sigma}|0\rangle = o$ folgt aus Gl. (36.13)

$$\mathsf{b}_{\boldsymbol{p}}\mathsf{b}_{\boldsymbol{p}'}^\dagger|0\rangle = \delta_{\boldsymbol{p},\boldsymbol{p}'}|0\rangle\,. \tag{36.19}$$

Mit den obigen Beziehungen ist es jetzt sehr einfach, die Norm des BCS-Zustandes (36.16) zu berechnen

$$\langle \mathrm{BCS}|\mathrm{BCS}\rangle = \langle 0|\prod_p [|u_p|^2 + u_p^* v_p \mathsf{b}_p^\dagger + v_p^* \mathsf{b}_p u_p + |v_p|^2 \mathsf{b}_p \mathsf{b}_p^\dagger]|0\rangle\,.$$

Mit (36.18) und (36.19) folgt

$$\langle \mathrm{BCS}|\mathrm{BCS}\rangle = \prod_p (|u_p|^2 + |v_p|^2)\,.$$

Fordern wir, dass dieser Zustand auf 1 normiert ist, so erhalten wir die Normierungsbedingung an die Amplituden[4]

$$\boxed{|u_p|^2 + |v_p|^2 = 1\,.} \tag{36.20}$$

Dass die BCS-Wellenfunktion keine gute Teilchenzahl besitzt, erkennt man auch, wenn man den Erwartungswert des Paaroperators (36.11) berechnet. Wir betrachten zunächst die Wirkung des Paarvernichtungsoperators b_p auf $|\mathrm{BCS}\rangle$. Um ein nichtverschwindendes Ergebnis zu erhalten, muss b_p durch den Erzeugungsoperator $\mathsf{b}_p^\dagger$ daran gehindert

---

4 Dabei setzen wir natürlich voraus, dass aus Symmetriegründen jeder Impuls $\boldsymbol{p}$ den gleichen Beitrag zur Normierung der BCS-Wellenfunktion liefert.

werden, auf das Fermivakuum $|0\rangle$ zu wirken, da er dieses vernichtet, $\mathrm{b}_{\boldsymbol{p}}|0\rangle = 0$. Mit Gl. (36.19) erhalten wir deshalb

$$\mathrm{b}_{\boldsymbol{p}}|\mathrm{BCS}\rangle = v_{\boldsymbol{p}} \prod_{\boldsymbol{p}' \neq \boldsymbol{p}} (u_{\boldsymbol{p}'} + v_{\boldsymbol{p}'} \mathrm{b}^{\dagger}_{\boldsymbol{p}'})|0\rangle . \tag{36.21}$$

Bilden wir das Skalarprodukt dieser Gleichungen mit der BCS-Wellenfunktion, so trägt aus dem bra-Vektor $\langle\mathrm{BCS}|$ vom Einteilchenzustand $\boldsymbol{p}' = \boldsymbol{p}$ nur die Amplitude $u^*_{\boldsymbol{p}}$ bei und wir finden

$$\langle \mathrm{b}_{\boldsymbol{p}} \rangle = u^*_{\boldsymbol{p}} v_{\boldsymbol{p}} , \tag{36.22}$$

wobei wir die Abkürzung

$$\langle \cdots \rangle = \langle \mathrm{BCS}| \cdots |\mathrm{BCS}\rangle$$

benutzt haben. Der Erwartungswert (36.22) verschwindet für einen normalleitenden Zustand (36.1) für den Gl. (36.9) gilt. Bilden wir das Skalarprodukt von Gl. (36.21) mit der hermitesch adjungierten Gleichung

$$\langle \mathrm{BCS}|\mathrm{b}^{\dagger}_{\boldsymbol{p}} = v^*_{\boldsymbol{p}} \langle 0| \prod_{\boldsymbol{p}' \neq \boldsymbol{p}} (u^*_{\boldsymbol{p}'} + v^*_{\boldsymbol{p}'} \mathrm{b}_{\boldsymbol{p}'}) ,$$

so finden wir für $\boldsymbol{p} \neq \boldsymbol{p}'$

$$\langle \mathrm{b}^{\dagger}_{\boldsymbol{p}} \mathrm{b}_{\boldsymbol{p}'} \rangle = v^*_{\boldsymbol{p}} v_{\boldsymbol{p}'} u_{\boldsymbol{p}} u^*_{\boldsymbol{p}'} . \tag{36.23}$$

Für $\boldsymbol{p}' = \boldsymbol{p}$ finden wir hingegen

$$\langle \mathrm{b}^{\dagger}_{\boldsymbol{p}} \mathrm{b}_{\boldsymbol{p}} \rangle = |v_{\boldsymbol{p}}|^2 .$$

Somit gibt $|v_{\boldsymbol{p}}|^2$ die mittlere Zahl der Cooper-Paare mit Impuls $\boldsymbol{p}$ im BCS-Zustand an. Dies ist bereits aus der BCS-Wellenfunktion (36.16) ersichtlich, in der $|v_{\boldsymbol{p}}|^2$ die Wahrscheinlichkeit für das Auftreten eines Cooper-Paares mit Impuls $\boldsymbol{p}$ ist.

36.2 Variation der Energie

Die noch unbekannten Amplituden $u_{\boldsymbol{p}}$, $v_{\boldsymbol{p}}$ im BCS-Zustand lassen sich durch Minimierung der Energie bestimmen. Wie oben gezeigt, besitzt die BCS-Wellenfunktion keine gute Teilchenzahl. Wir können jedoch bei der Variation die Teilchenzahl im Mittel erhalten, d. h. wir verlangen, dass die mittlere Teilchenzahl $\langle \mathrm{N} \rangle$ mit der (als gerade vorausgesetzten) tatsächlichen Teilchenzahl N übereinstimmt, was wir mithilfe eines Lagrange-Multiplikators μ erreichen, indem wir die Energie

$$E' = \langle \mathsf{H}' \rangle \tag{36.24}$$

mit

$$\mathsf{H}' = \mathsf{H} - \mu \mathsf{N} \tag{36.25}$$

minimieren. In Analogie zur Thermodynamik wird μ als chemisches Potential bezeichnet.

Der Erwartungswert des Besetzungszahloperators $\mathsf{n}_{p\sigma}$ (36.10) lässt sich leicht unter Benutzung der Kommutationsbeziehung (36.14) und $\mathsf{n}_{p\sigma}|0\rangle = o$ berechnen. Dies liefert

$$\langle \mathsf{n}_{p\sigma} \rangle = \begin{cases} |v_{\boldsymbol{p}}|^2 , & \sigma = \uparrow \\ |v_{-\boldsymbol{p}}|^2 , & \sigma = \downarrow . \end{cases} \tag{36.26}$$

Wegen $v_{-\boldsymbol{p}} = -v_{\boldsymbol{p}}$ (36.8) finden wir deshalb

$$\langle \mathsf{H}_0 \rangle = 2 \sum_{\boldsymbol{p}} e^0_{\boldsymbol{p}} |v_{\boldsymbol{p}}|^2 , \quad \langle \mathsf{N} \rangle = 2 \sum_{\boldsymbol{p}} |v_{\boldsymbol{p}}|^2 . \tag{36.27}$$

Die letzte Gleichung zeigt, dass $|v_{\boldsymbol{p}}|^2$ die Wahrscheinlichkeit ist, dass im BCS-Zustand (36.7) der Einteilchenzustand mit Impuls $\boldsymbol{p}$ mit zwei Elektronen (bzw. einem Cooper-Paar) besetzt ist.

Zur Berechnung von $\langle \mathsf{H}_{\text{int}} \rangle$ (36.3) benutzen wir die Beziehung (36.23). Der Einfachheit halber verwenden wir diese Beziehung auch für $\boldsymbol{p} = \boldsymbol{p}'$. Dies ist gerechtfertigt, da der Beitrag von den Termen mit $\boldsymbol{p} = \boldsymbol{p}'$ gegenüber den vielen Beiträgen von $\boldsymbol{p} \neq \boldsymbol{p}'$ vernachlässigbar ist. Wir erhalten dann

$$\langle \mathsf{H}_{\text{int}} \rangle = - \sum_{\boldsymbol{p},\boldsymbol{p}'} V(\boldsymbol{p},\boldsymbol{p}') v^*_{\boldsymbol{p}} u_{\boldsymbol{p}} u^*_{\boldsymbol{p}'} v_{\boldsymbol{p}'}$$

und für die Gesamtenergie (36.24) finden wir

$$E' = 2 \sum_{\boldsymbol{p}} e_{\boldsymbol{p}} |v_{\boldsymbol{p}}|^2 - \sum_{\boldsymbol{p},\boldsymbol{p}'} V(\boldsymbol{p},\boldsymbol{p}') v^*_{\boldsymbol{p}} u_{\boldsymbol{p}} u^*_{\boldsymbol{p}'} v_{\boldsymbol{p}'} , \tag{36.28}$$

wobei wir die Abkürzung

$$e_{\boldsymbol{p}} = e^0_{\boldsymbol{p}} - \mu \tag{36.29}$$

eingeführt haben.

Wir bestimmen jetzt die Amplituden $u_{\boldsymbol{p}}$, $v_{\boldsymbol{p}}$ durch Minimierung der Energie E' (36.28). Statt Real- und Imaginärteil können wir auch $u_{\boldsymbol{p}}$ und $u^*_{\boldsymbol{p}}$ bzw. $v_{\boldsymbol{p}}$ und $v^*_{\boldsymbol{p}}$ als unabhängige Variablen betrachten. Da das Energiefunktional E' (36.28) reell ist, liefert die Variation bezüglich $u^*_{\boldsymbol{p}}$ und $v^*_{\boldsymbol{p}}$ die komplex konjugierten Gleichungen zu den Extremalbedingungen, die aus der Variation nach $u_{\boldsymbol{p}}$ und $v_{\boldsymbol{p}}$ folgen. Wir beschränken uns deshalb im Folgenden auf die Variation von E' (36.28) bezüglich u_p^* und v_p^* bei festgehaltenen u_p und v_p. Aufgrund der Nebenbedingung (36.20) sind jedoch die Variationen δu_p^* und δv_p^* nicht unabhängig voneinander, sondern (für festgehaltene u_p und v_p) durch die Beziehung

$$u_p \delta u_p^* + v_p \delta v_p^* = 0$$

bzw.

$$\frac{\delta u_p^*}{\delta v_p^*} = -\frac{v_p}{u_p}$$

verknüpft. Unter Berücksichtigung dieser Bedingung liefert die Variation von E' (36.28) nach v_p^*

$$\frac{\delta E'}{\delta v_p^*} = 2e_p v_p - \sum_{p'} V(\boldsymbol{p}, \boldsymbol{p}') u_p u_{p'}^* v_{p'} + \sum_{p'} V(\boldsymbol{p}', \boldsymbol{p}) v_{p'}^* u_{p'} \frac{v_p^2}{u_p} \stackrel{!}{=} 0 . \tag{36.30}$$

Nach Einführen der Größe

$$\Delta_p := \sum_{p'} V(\boldsymbol{p}, \boldsymbol{p}') u_{p'}^* v_{p'} \tag{36.31}$$

vereinfacht sich Gl. (36.30) zu

$$2e_p v_p - u_p \Delta_p + \frac{v_p^2}{u_p} \Delta_p^* = 0 . \tag{36.32}$$

Hierbei haben wir $V^*(\boldsymbol{p}, \boldsymbol{p}') = V(\boldsymbol{p}', \boldsymbol{p})$ benutzt, was aus der Hermitizität der Paarwechselwirkung (36.3), $\mathsf{H}_{\text{int}}^\dagger \stackrel{!}{=} \mathsf{H}_{\text{int}}$, folgt. Wegen (36.4) und (36.8) besitzt die Größe Δ_p (36.31) die Symmetrie

$$\Delta_{-p} = -\Delta_p . \tag{36.33}$$

Multiplizieren wir Gl. (36.32) mit Δ_p^*/u_p, erhalten wir die quadratische Gleichung

$$\left(\frac{v_p}{u_p} \Delta_p^*\right)^2 + 2e_p \left(\frac{v_p}{u_p} \Delta_p^*\right) - |\Delta_p|^2 = 0 ,$$

deren Lösungen durch

$$\frac{v_p}{u_p} = \frac{1}{\Delta_p^*} \left(-e_p \pm \sqrt{e_p^2 + |\Delta_p|^2}\right)$$

gegeben sind. Führen wir die Abkürzung

$$\boxed{\varepsilon_p = \sqrt{e_p^2 + |\Delta_p|^2}} \tag{36.34}$$

ein, so finden wir nach elementaren Umformungen

$$\frac{v_p}{u_p} = \frac{-e_p \pm \varepsilon_p}{\Delta_p^*} = \frac{e_p^2 - \varepsilon_p^2}{\Delta_p^*(-e_p \mp \varepsilon_p)} = \frac{\Delta_p}{e_p \pm \varepsilon_p}. \tag{36.35}$$

Für freie Teilchen ($\Delta_p = 0$) muss das Verhältnis v_p/u_p der Amplituden nach Gl. (36.9) die Werte

$$\frac{v_p}{u_p} = \begin{cases} \infty, & p \le p_F \\ 0, & p > p_F \end{cases}$$

annehmen. Dies ist nur für das obere Vorzeichen in Gl. (36.35) der Fall (und nur dann, falls außerdem $\mu = e_F^0 \equiv p_F^2/2m$ gesetzt wird).[5] Deshalb ist die physikalische Lösung durch

$$\frac{v_p}{u_p} = \frac{\Delta_p}{e_p + \varepsilon_p} \tag{36.37}$$

gegeben. Einsetzen dieses Ausdruckes in die Normierungsbedingung (36.20) liefert nach einer elementaren Rechnung

$$\boxed{|u_p|^2 = \frac{1}{2}\left(1 + \frac{e_p}{\varepsilon_p}\right),} \tag{36.38}$$

womit aus der Normierungsbedingung

$$\boxed{|v_p|^2 = \frac{1}{2}\left(1 - \frac{e_p}{\varepsilon_p}\right)} \tag{36.39}$$

folgt.[6]

---

5 Dies ist sofort ersichtlich, wenn wir ε_p (36.32) für $\Delta_p \to 0$ entwickeln

$$\varepsilon_p = |e_p| + \frac{1}{2}|\Delta_p|^2/|e_p| \tag{36.36}$$

und beachten, dass

$$e_p = \begin{cases} -|e_p|, & p \le p_F \\ |e_p|, & p > p_F\,. \end{cases}$$

6 Einsetzen des Ausdruckes (36.39) in Gl. (36.27) liefert für $\Delta_p = 0$ die korrekte Teilchenzahl

$$\langle N \rangle = 2 \sum_{p<p_F} 1,$$

Durch Multiplikation von Gl. (36.37) mit $u_p u_p^* = |u_p|^2$,

$$\frac{v_p}{u_p} u_p u_p^* = \frac{\Delta_p}{e_p + \epsilon_p} |u_p|^2 , \tag{36.40}$$

und Benutzung von Gl. (36.38) finden wir

$$u_p^* v_p = \frac{1}{2} \frac{\Delta_p}{\varepsilon_p} . \tag{36.41}$$

Einsetzen dieses Ausdruckes in Gl. (36.31) liefert die sogenannte *Gap-Gleichung*

$$\boxed{\Delta_p = \frac{1}{2} \sum_{p'} V(\boldsymbol{p}, \boldsymbol{p}') \frac{\Delta_{p'}}{\sqrt{e_{p'}^2 + |\Delta_{p'}|^2}}} \tag{36.42}$$

für Δ_p. Diese Gleichung hat offenbar stets die triviale Lösung $\Delta_p = 0$, die jedoch für eine genügend starke anziehende Wechselwirkung $V(\boldsymbol{p}, \boldsymbol{p}')$ instabil wird. Das System geht dann in einen Zustand mit von Null verschiedenen Δ_p über.

Dies erkennt man sofort, wenn man die Energie am stationären Punkt (Minimum) berechnet. Einsetzen der Lösung (36.39) und (36.41) in Gl. (36.28) liefert unter Benutzung der Definition (36.31)

$$\begin{aligned} E' &= 2 \sum_p e_p \frac{1}{2} \left(1 - \frac{e_p}{\varepsilon_p} \right) - \sum_p \Delta_p \frac{1}{2} \frac{\Delta_p^*}{\varepsilon_p} \\ &= \sum_p \frac{1}{\varepsilon_p} \left[e_p (\varepsilon_p - e_p) - \frac{1}{2} |\Delta_p|^2 \right] . \end{aligned}$$

Benutzen wir im letzten Ausdruck

$$|\Delta_p|^2 = \varepsilon_p^2 - e_p^2 ,$$

so erhalten wir nach elementarer Rechnung für die Energie am stationären Punkt

$$E' = -\frac{1}{2} \sum_p \frac{(\varepsilon_p - e_p)^2}{\varepsilon_p} \tag{36.43}$$

bzw. mit (36.39)

$$E' = -2 \sum_p |v_p|^4 \varepsilon_p .$$

Dieser Ausdruck ist negativ definit. Die triviale Lösung $\Delta_p = 0$, für welche $\varepsilon_p = |e_p|$ gilt, besitzt hingegen die Energie

---

vorausgesetzt $\mu = e_F^0 = p_F^2/2m$. Dies zeigt, dass für freie Teilchen μ in der Tat mit der Fermi-Kante e_F^0 zu identifizieren ist.

$$E_0' = \sum_p (e_p - |e_p|) = -2 \sum_{|p|<p_F} |e_p| = 2 \sum_{|p|<p_F} e_p$$

in Übereinstimmung mit Gl. (36.2). Die nichttriviale Lösung $\Delta_p \neq 0$ besitzt die niedrigere Energie. In der Tat erhalten wir für die Energiedifferenz

$$\begin{aligned} \Delta E = E' - E_0' &= -\sum_{|p|<p_F} \left[\frac{1}{2} \frac{(\varepsilon_p - e_p)^2}{\varepsilon_p} + 2e_p \right] - \sum_{|p|>p_F} \frac{1}{2} \frac{(\varepsilon_p - e_p)^2}{\varepsilon_p} \\ &= -\frac{1}{2} \sum_{|p|<p_F} \frac{(\varepsilon_p + e_p)^2}{\varepsilon_p} - \frac{1}{2} \sum_{|p|>p_F} \frac{(\varepsilon_p - e_p)^2}{\varepsilon_p} \\ &= -\frac{1}{2} \sum_p \frac{(\varepsilon_p - |e_p|)^2}{\varepsilon_p} < 0 . \end{aligned} \tag{36.44}$$

Falls also eine nichttriviale Lösung der Gap-Gleichung (36.42) existiert, ist diese energetisch bevorzugt und somit im Grundzustand realisiert. Dazu muss die Paarwechselwirkung $V(\boldsymbol{p}, \boldsymbol{p}')$ eine kritische Stärke erreichen, wie im Abschnitt 36.4 anhand einer einfachen Modellrechnung gezeigt wird.

Bei bekannten Einteilchenenergien $e_p^0 = \boldsymbol{p}^2/2m$ und Wechselwirkung $V(\boldsymbol{p}, \boldsymbol{p}')$ liefert die Gap-Gleichung (36.42) für gegebenes chemisches Potential μ die Größe Δ_p, die als „Spalt“ oder „Lücke“ bezeichnet wird, siehe Abschnitt I. Das chemische Potential μ wird aus der Bedingung $\langle \mathrm{N} \rangle = N$ (= gerade) bestimmt, die mit (36.27) auf

$$2 \sum_p |v_p|^2 = N \tag{36.45}$$

führt. Gleichungen (36.42) und (36.45) sind gekoppelte nichtlineare Gleichungen für die Δ_p und μ, die sich iterativ lösen lassen. Aus Δ_p und μ lassen sich mittels Gln. (36.38) und (36.39) die Beträge der Amplituden u_p, v_p berechnen. Für jedes $\boldsymbol{p}$ können wir die Phase einer der beiden Amplituden u_p, v_p willkürlich wählen, wobei die Symmetrierelationen (36.8) beachten müssen. Da $u_{-p} = u_p$, empfiehlt es sich, die u_p reell und positiv zu wählen, $u_p = |u_p|$. Bei bekanntem u_p folgt dann die Amplitude v_p (einschließlich ihrer Phase) aus Gl. (36.37). v_p besitzt dann dieselbe Phase wie Δ_p, da $\varepsilon_p + e_p > 0$ für $\Delta_p| \neq 0$. (Man beachte, dass in der Tat v_p und Δ_p auch dieselbe Symmetrie besitzen, siehe Gl. (36.8) und (36.33).) Die BCS-Wellenfunktion $|\mathrm{BCS}\rangle$ (36.7) ist dann bekannt.

36.3 Quasiteilchen

Der oben mithilfe des Variationsprinzips bestimmte BCS-Zustand liefert die bestmögliche Beschreibung des *Grundzustandes* des Supraleiters, die mit einer Wellenfunktion unabhängiger Teilchen (Slater-Determinante) erreicht werden kann. Wir fragen jetzt nach den *Anregungen* des supraleitenden Zustandes, wenn ein Elektron hinzugefügt oder entfernt wird. Dazu wirken wir mit den Erzeugungs- bzw. Vernichtungsoperatoren der Elektronen auf den BCS-Zustand (36.7). Für den Erzeugungsoperator finden wir wegen $(a_{p\sigma}^\dagger)^2 = 0$

$$a^\dagger_{p\sigma}|\text{BCS}\rangle = u_p|\phi_{p\sigma}\rangle\,, \tag{36.46}$$

wobei der Zustand

$$|\phi_{p\sigma}\rangle = a^\dagger_{p\sigma}\prod_{p'\neq p}(u_{p'} + v_{p'}a^\dagger_{p'\uparrow}a^\dagger_{-p'\downarrow})|0\rangle \tag{36.47}$$

die Quantenzahlen eines einzelnen Elektrons trägt. Für die Spinprojektion $\sigma = \uparrow$ ergibt sich die Beziehung (36.46) unmittelbar, während für $\sigma = \downarrow$ noch die Symmetrie (36.8) $u_{-p} = u_p$ benutzt wurde. Für den Vernichtungsoperator finden wir wegen $a_{p\sigma}|0\rangle = 0$

$$a_{-p-\sigma}|\text{BCS}\rangle = -v_p|\phi_{p\sigma}\rangle\,, \tag{36.48}$$

wobei $(-\sigma)$ die zu σ entgegengesetzte Spinprojektion bezeichnet. Bemerkenswert ist, dass sowohl die Wirkung des Erzeugungs- als auch des Vernichtungsoperators, $a^\dagger_{p\sigma}$ bzw. $a_{-p-\sigma}$, auf $|\text{BCS}\rangle$ denselben Zustand $|\phi_{p\sigma}\rangle$ (jedoch mit unterschiedlichen Amplituden) liefert. Dies ist nur möglich, da der BCS-Zustand keine gute Teilchenzahl besitzt.

Aus (36.46) und (36.48) finden wir unter Benutzung der Normierungsbedingung (36.20), dass die Linearkombination

$$\boxed{c^\dagger_{p\sigma} = u^*_p a^\dagger_{p\sigma} - v^*_p a_{-p-\sigma}} \tag{36.49}$$

den BCS-Zustand in den Zustand $|\phi_{p\sigma}\rangle$ (36.47) überführt:

$$\boxed{c^\dagger_{p\sigma}|\text{BCS}\rangle = |\phi_{p\sigma}\rangle\,.} \tag{36.50}$$

Ferner ergibt sich aus (36.46) und (36.48) unter Berücksichtigung von $v_{-p} = -v_p$, dass der zu $c^\dagger_{p\sigma}$ hermitesch adjungierter Operator

$$\boxed{c_{p\sigma} = u_p a_{p\sigma} - v_p a^\dagger_{-p-\sigma}} \tag{36.51}$$

den BCS-Zustand vernichtet

$$\boxed{c_{p\sigma}|\text{BCS}\rangle = 0\,.} \tag{36.52}$$

Hieraus folgt mit (36.50), dass die Zustände $|\phi_{p\sigma}\rangle$ orthogonal zum BCS-Zustand sind,

$$\langle\phi_{p\sigma}|\text{BCS}\rangle = \langle\text{BCS}|c_{p\sigma}|\text{BCS}\rangle = 0\,, \tag{36.53}$$

und somit *angeregte* Zustände des Supraleiters beschreiben.

Die Operatoren $c_{p\sigma}, c^\dagger_{p\sigma}$ genügen den gewöhnlichen Fermi-Antikommutationsbeziehungen

$$\boxed{\{c_{p\sigma}, c_{p'\sigma'}\} = 0\,, \quad \{c^\dagger_{p\sigma}, c^\dagger_{p'\sigma'}\} = 0\,, \quad \{c_{p\sigma}, c^\dagger_{p'\sigma'}\} = \delta_{pp'}\delta_{\sigma\sigma'}\,.} \tag{36.54}$$

Diese Beziehungen folgen aus den Antikommutationsbeziehungen der ursprünglichen Fermi-Operatoren $a_{p\sigma}$, $a^\dagger_{p\sigma}$ unter Berücksichtigung der Symmetrierelationen (36.8) und der Normierungsbedingung (36.20) der Amplituden u_p, v_p

$$\begin{aligned}
\{c_{p\sigma}, c_{p'\sigma'}\} &= -u_p v_{p'}\{a_{p\sigma}, a^\dagger_{-p'-\sigma'}\} - v_p u_{p'}\{a^\dagger_{-p-\sigma}, a_{p'\sigma'}\} \\
&= -(u_p v_{-p} + v_p u_{-p})\delta_{p,-p'}\delta_{\sigma,-\sigma'} = (u_p v_p - v_p u_p)\delta_{p,-p'}\delta_{\sigma,-\sigma'} = 0\,, \qquad (36.55)\\
\{c_{p\sigma}, c^\dagger_{p'\sigma'}\} &= u_p u^*_{p'}\{a_{p\sigma}, a^\dagger_{p'\sigma'}\} + v_p v^*_{p'}\{a^\dagger_{-p-\sigma}, a_{-p'-\sigma'}\} \\
&= (|u_p|^2 + |v_p|^2)\delta_{pp'}\delta_{\sigma\sigma'} = \delta_{pp'}\delta_{\sigma\sigma'}\,. \qquad (36.56)
\end{aligned}$$

Aus der letzten Beziehung folgt mit (36.50) und (36.52), dass die Zustände $|\phi_{p\sigma}\rangle$ (36.50) orthonormiert sind

$$\begin{aligned}
\langle\phi_{p\sigma}|\phi_{p'\sigma'}\rangle &= \langle \mathrm{BCS}|c_{p\sigma}c^\dagger_{p'\sigma'}|\mathrm{BCS}\rangle \\
&= \langle \mathrm{BCS}|\{c_{p\sigma}, c^\dagger_{p'\sigma'}\}|\mathrm{BCS}\rangle = \delta_{pp'}\delta_{\sigma\sigma'}
\end{aligned} \tag{36.57}$$

und der Beziehung

$$c_{p'\sigma'}|\phi_{p\sigma}\rangle = \delta_{pp'}\delta_{\sigma\sigma'}|\mathrm{BCS}\rangle \tag{36.58}$$

genügen.

Die Feldoperatoren $c_{p\sigma}$, $c^\dagger_{p\sigma}$ besitzen ähnliche Eigenschaften wie die Erzeugungs- und Vernichtungsoperatoren von physikalischen Teilchen: Sie erfüllen die Fermi-Antikommutationsbeziehungen und der Operator $c_{p\sigma}$ vernichtet den BCS-Zustand, der folglich als Vakuum dient, während der Operator $c^\dagger_{p\sigma}$ aus dem BCS-Zustand einen (normierten) Zustand $|\phi_{p\sigma}\rangle$ mit Einteilchenquantenzahlen anregt, siehe Gl. (36.50). Mit den Operatoren $c_{p\sigma}$, $c^\dagger_{p\sigma}$ ist jedoch nicht die Erzeugung und Vernichtung von realen Teilchen verbunden, da z. B. der Erzeugungsoperator $c^\dagger_{p\uparrow}$ (36.49) eine Linearkombination aus der Erzeugung eines Elektrons mit Spin ↑ und der Vernichtung eines Elektrons mit Spin ↓ ist. Der Operator erzeugt folglich kein reales Elektron, aber er erzeugt ein Objekt mit gutem Spin, jedoch nicht mit einer wohl definierten Ladung.[7] Die Operatoren $c_{p\sigma}$, $c^\dagger_{p\sigma}$ werden deshalb als *Quasiteilchenoperatoren* bezeichnet. Mit dem durch die $c^\dagger_{p\sigma}$ über dem BCS-Zustand erzeugten Quasiteilchen ist die Anregungsenergie ε_p (36.34) verbunden, wie wir nachfolgend zeigen werden.

Unter Berücksichtigung der Symmetrien (36.8) der Amplituden u_p, v_p können wir die Quasiteilchen-Operatoren (36.49), (36.51) in der Form

7 Cooper-Paare besitzen hingegen die Ladung $-2e$ und den Spin 0.

$$c_{p\sigma} = u_p a_{p\sigma} + v_{-p} a_{-p-\sigma}\,, \tag{36.59}$$

$$c^\dagger_{-p-\sigma} = u^*_{-p} a^\dagger_{-p-\sigma} + v^*_p a_{p\sigma} \tag{36.60}$$

schreiben. Multiplikation von (36.59) mit u^*_p und (36.60) mit v_p ergibt

$$u^*_p c_{p\sigma} = |u_p|^2 a_{p\sigma} + u^*_p v_{-p} a^\dagger_{-p-\sigma}\,,$$

$$v_p c^\dagger_{-p-\sigma} = |v_p|^2 a_{p\sigma} + v_p u^*_{-p} a^\dagger_{-p-\sigma}\,.$$

Addition beider Gleichungen liefert unter Benutzung der Normierungsbedingung (36.20) und der Symmetrierelationen (36.8) die Umkehrtransformation

$$a_{p\sigma} = u^*_p c_{p\sigma} + v_p c^\dagger_{-p-\sigma} \tag{36.61}$$

von den Quasiteilchen-Operatoren zu den ursprünglichen Feldoperatoren. Durch hermitesche Konjugation folgt

$$a^\dagger_{p\sigma} = u_p c^\dagger_{p\sigma} + v^*_p c_{-p-\sigma}\,. \tag{36.62}$$

Mit diesen Beziehungen können wir den Hamilton-Operator (36.6) in den Quasiteilchenoperatoren ausdrücken. Dies ist explizit in der nachfolgenden Graubox durchgeführt. Unter Benutzung der oben abgeleiteten Normierungsbedingung (36.20) an die Amplituden u_p, v_p, ihrer Symmetrierelationen (36.8) sowie der Extremalbedingung (36.37) bzw. (36.41) an die BCS-Energie findet man

$$\mathsf{H}' = E' + \sum_p \varepsilon_p \sum_\sigma c^\dagger_{p\sigma} c_{p\sigma} + \mathsf{H}'(4)\,. \tag{36.63}$$

Der erste Term E' (36.73) ist die Grundzustandsenergie (36.28) des Supraleiters, die durch den Erwartungswert von H' im BCS-Zustand gegeben ist. Der zweite Term beschreibt ein System unabhängiger (Quasi-)Teilchen mit Energien ε_p (36.34). Der letzte Term, $\mathsf{H}'(4)$, schließlich enthält all die Korrelationen, die durch die BCS-Wellenfunktion bzw. die Quasiteilchen nicht erfasst werden. Diese Korrelationen können in vielen Fällen vernachlässigt werden. Der Hamilton-Operator H' reduziert sich dann auf den effektiven Ein(Quasi-)teilchenoperator

$$\mathsf{h} = E' + \sum_p \varepsilon_p \sum_\sigma c^\dagger_{p\sigma} c_{p\sigma}\,,$$

der wegen (36.52) den BCS-Zustand als Grundzustand

$$\mathsf{h}|\mathrm{BCS}\rangle = E'|\mathrm{BCS}\rangle$$

und die oben gefundenen Zustände $|\phi_{p\sigma}\rangle$ (36.50) als angeregte Zustände besitzt. In der Tat folgt mit (36.58) und (36.50)

$$\mathsf{h}|\phi_{p\sigma}\rangle = (E' + \varepsilon_{\boldsymbol{p}})|\phi_{p\sigma}\rangle\,.$$

Neben den Einteilchenanregungen $|\phi_{p\sigma}\rangle = c^\dagger_{p\sigma}|\mathrm{BCS}\rangle$ existieren natürlich auch Mehrteilchenanregungen

$$c^\dagger_{\boldsymbol{p}_1\sigma_1} c^\dagger_{\boldsymbol{p}_2\sigma_2} \cdots |\mathrm{BCS}\rangle\,,$$

die offenbar die Anregungsenergie $\varepsilon_{\boldsymbol{p}_1} + \varepsilon_{\boldsymbol{p}_2} + \cdots$ besitzen. Nach (36.53) sind sämtliche angeregte Zustände $|\phi_{p\sigma}\rangle$ orthogonal zum BCS-Zustand und nach (36.57) für verschiedene $\boldsymbol{p}$ oder σ auch untereinander orthogonal. Aus der Dispersionsbeziehung (36.34) ist ersichtlich, dass der Supraleiter bei der Fermikante (siehe Abb. 30.3) $e^0_{\boldsymbol{p}} = \epsilon_F(e_{\boldsymbol{p}} = 0)$ eine Energielücke $\Delta_{\boldsymbol{p}}$ besitzt, die, wie einleitend festgestellt, zur Supraleitung erforderlich ist. In Abschnitt 36.4 werden wir diese Energielücke explizit berechnen.

Quasiteilchendarstellung des Hamilton-Operators

Nachfolgend drücken wir den Hamiltonoperator (36.25)

$$\mathsf{H}' = \sum_{\boldsymbol{p}} e_{\boldsymbol{p}} \sum_{\sigma} \mathsf{n}_{\boldsymbol{p}\sigma} - \sum_{\boldsymbol{p},\boldsymbol{p}'} V(\boldsymbol{p},\boldsymbol{p}')\mathsf{b}^\dagger_{\boldsymbol{p}}\mathsf{b}_{\boldsymbol{p}'} \tag{36.64}$$

mittels Gln. (36.61), (36.62) durch die Quasiteilchenoperatoren $c_{p\sigma}, c^\dagger_{p\sigma}$ aus. Dazu bringen wir zunächst die Operatoren $\mathsf{n}_{p\sigma}$ (36.10) und $\mathsf{b}_{\boldsymbol{p}}$, $\mathsf{b}_{\boldsymbol{p}}$ (36.11) in Normalordnung (bezüglich der Quasiteilchenoperatoren). Dies liefert:

$$\mathsf{n}_{p\sigma} = |v_{\boldsymbol{p}}|^2 + \bar{\mathsf{n}}_{p\sigma}\,, \tag{36.65}$$

$$\mathsf{b}_{\boldsymbol{p}} = u^*_{\boldsymbol{p}} v_{\boldsymbol{p}} + \bar{\mathsf{b}}_{\boldsymbol{p}}\,, \tag{36.66}$$

$$\mathsf{b}^\dagger_{\boldsymbol{p}} = v^*_{\boldsymbol{p}} u_{\boldsymbol{p}} + \bar{\mathsf{b}}^\dagger_{\boldsymbol{p}}\,, \tag{36.67}$$

wobei

$$\bar{\mathsf{n}}_{p\sigma} = |u_{\boldsymbol{p}}|^2 \mathsf{N}_{p\sigma} - |v_{\boldsymbol{p}}|^2 \mathsf{N}_{-p-\sigma} + u_{\boldsymbol{p}} v_{\boldsymbol{p}} c^\dagger_{p\sigma} c^\dagger_{-p-\sigma} + u^*_{\boldsymbol{p}} v^*_{\boldsymbol{p}} c_{-p-\sigma} c_{p\sigma}\,, \tag{36.68}$$

$$\bar{\mathsf{b}}_{\boldsymbol{p}} = u^{*2}_{\boldsymbol{p}} \mathsf{B}_{\boldsymbol{p}} - v^2_{\boldsymbol{p}} \mathsf{B}^\dagger_{\boldsymbol{p}} - u^*_{\boldsymbol{p}} v_{\boldsymbol{p}} (\mathsf{N}_{p\uparrow} + \mathsf{N}_{-p\downarrow})\,, \tag{36.69}$$

$$\bar{\mathsf{b}}^\dagger_{\boldsymbol{p}} = u^2_{\boldsymbol{p}} \mathsf{B}^\dagger_{\boldsymbol{p}} - v^{*2}_{\boldsymbol{p}} \mathsf{B}_{\boldsymbol{p}} - u_{\boldsymbol{p}} v^*_{\boldsymbol{p}} (\mathsf{N}_{p\uparrow} + \mathsf{N}_{-p\downarrow}) \tag{36.70}$$

und wir die Besetzungszahl- und Paaroperatoren der Quasiteilchen

$$\mathsf{N}_{p\sigma} = c^\dagger_{p\sigma} c_{p\sigma}\,, \quad \mathsf{B}^\dagger_{\boldsymbol{p}} = c^\dagger_{p\uparrow} c^\dagger_{-p\downarrow}\,, \quad \mathsf{B}_{\boldsymbol{p}} = c_{-p\downarrow} c_{p\uparrow} \tag{36.71}$$

eingeführt haben: Ordnen wir die Terme in H' (36.64) nach ihrer Anzahl von Quasiteilchenoperatoren, so haben wir

$$\mathsf{H}' = \mathsf{H}'(0) + \mathsf{H}'(2) + \mathsf{H}'(4)\,, \tag{36.72}$$

wobei $\mathsf{H}'(n)$ die Terme mit n-Quasiteilchenoperatoren enthält. Für den Kontraktionsterm $\mathsf{H}'(0)$ finden wir den Erwartungswert (36.28) des Hamiltonians H' im BCS-Zustand

$$\mathsf{H}'(0) = \langle \mathrm{BCS}|H'|\mathrm{BCS}\rangle \equiv E'\,. \tag{36.73}$$

Die Terme zweiter Ordnung sind durch

$$\begin{aligned} \mathrm{H}'(2) &= \sum_{\boldsymbol{p}} e_{\boldsymbol{p}} \sum_{\sigma} \bar{\mathrm{n}}_{\boldsymbol{p}\sigma} - \sum_{\boldsymbol{p},\boldsymbol{p}'} V(\boldsymbol{p},\boldsymbol{p}')\left[v_{\boldsymbol{p}}^* u_{\boldsymbol{p}} \bar{\mathrm{b}}_{\boldsymbol{p}'} + \bar{\mathrm{b}}_{\boldsymbol{p}}^\dagger u_{\boldsymbol{p}'}^* v_{\boldsymbol{p}'}\right] \\ &= \sum_{\boldsymbol{p}} e_{\boldsymbol{p}} \sum_{\sigma} \bar{\mathrm{n}}_{\boldsymbol{p}\sigma} - \sum_{\boldsymbol{p}}\left(\bar{\mathrm{b}}_{\boldsymbol{p}} \Delta_{\boldsymbol{p}}^* + \Delta_{\boldsymbol{p}} \bar{\mathrm{b}}_{\boldsymbol{p}}^\dagger\right) \end{aligned} \tag{36.74}$$

gegeben, wobei wir die Definition (36.31) von $\Delta_{\boldsymbol{p}}$ und die Hermitizität der Wechselwirkung, $V^*(\boldsymbol{p},\boldsymbol{p}') = V(\boldsymbol{p}',\boldsymbol{p})$, benutzt haben. Setzen wir hier die expliziten Ausdrücke (36.65), ... (36.67) für die bilinearen Operatoren $\bar{n}, \bar{b}, \bar{b}^\dagger$ ein, so finden wir:

$$\mathrm{H}'(2) = \mathrm{H}'_{11} + \mathrm{H}'_{20+02} \tag{36.75}$$

mit

$$\mathrm{H}'_{11} = \sum_{\boldsymbol{p}}\left[e_{\boldsymbol{p}}\left(|u_{\boldsymbol{p}}|^2 - |v_{\boldsymbol{p}}|^2\right)\sum_{\sigma} \mathrm{N}_{\boldsymbol{p}\sigma} + \left(\Delta_{\boldsymbol{p}}^* u_{\boldsymbol{p}}^* v_{\boldsymbol{p}} + \Delta_{\boldsymbol{p}} u_{\boldsymbol{p}} v_{\boldsymbol{p}}^*\right)(\mathrm{N}_{\boldsymbol{p}\uparrow} + \mathrm{N}_{-\boldsymbol{p}\downarrow})\right], \tag{36.76}$$

$$\begin{aligned} \mathrm{H}'_{20+02} &= \sum_{\boldsymbol{p}} e_{\boldsymbol{p}} \sum_{\sigma}\left(u_{\boldsymbol{p}} v_{\boldsymbol{p}} c_{\boldsymbol{p}\sigma}^\dagger c_{-\boldsymbol{p}-\sigma}^\dagger + v_{\boldsymbol{p}}^* u_{\boldsymbol{p}}^* c_{-\boldsymbol{p}-\sigma} c_{\boldsymbol{p}\sigma}\right) \\ &\quad - \sum_{\boldsymbol{p}}\left[\Delta_{\boldsymbol{p}}\left(u_{\boldsymbol{p}}^2 \mathrm{B}_{\boldsymbol{p}}^\dagger - v_{\boldsymbol{p}}^{*2} \mathrm{B}_{\boldsymbol{p}}\right) + \Delta_{\boldsymbol{p}}^*\left(u_{\boldsymbol{p}}^{*2} \mathrm{B}_{\boldsymbol{p}} - v_{\boldsymbol{p}}^2 \mathrm{B}_{\boldsymbol{p}}^\dagger\right)\right]. \end{aligned} \tag{36.77}$$

Nach Berücksichtigung der Symmetrierelationen (36.8), (36.33) für $u_{\boldsymbol{p}}, v_{\boldsymbol{p}}$ und $\Delta_{\boldsymbol{p}}$ vereinfacht sich der diagonale Term zu

$$\mathrm{H}'_{11} = \sum_{\boldsymbol{p}}\left[e_{\boldsymbol{p}}\left(|u_{\boldsymbol{p}}|^2 - |v_{\boldsymbol{p}}|^2\right) + \Delta_{\boldsymbol{p}}^* u_{\boldsymbol{p}}^* v_{\boldsymbol{p}} + \Delta_{\boldsymbol{p}} u_{\boldsymbol{p}} v_{\boldsymbol{p}}^*\right]\sum_{\sigma} \mathrm{N}_{\boldsymbol{p}\sigma}.$$

Setzen wir hier die Lösung des Variationsproblems ein, d. h. die expliziten Ausdrücke (36.38), (36.39) und (36.34) für $|u_{\boldsymbol{p}}|^2$, $|v_{\boldsymbol{p}}|^2$ und $\varepsilon_{\boldsymbol{p}}$, so wie die Variationsbedingung (36.41), $u_{\boldsymbol{p}}^* v_{\boldsymbol{p}} = \Delta_{\boldsymbol{p}}/(2\varepsilon_{\boldsymbol{p}})$, ein, so finden wir

$$\mathrm{H}'_{11} = \sum_{\boldsymbol{p}} \varepsilon_{\boldsymbol{p}} \sum_{\sigma} \mathrm{N}_{\boldsymbol{p}\sigma} \equiv \sum_{\boldsymbol{p}} \varepsilon_{\boldsymbol{p}} \sum_{\sigma} c_{\boldsymbol{p}\sigma}^\dagger c_{\boldsymbol{p}\sigma}. \tag{36.78}$$

Im nichtdiagonalen Term H'_{20} (36.77) beachten wir, dass wegen $e_{-\boldsymbol{p}} = e_{\boldsymbol{p}}$ und den Symmetriebeziehungen (36.8) für die Amplituden $u_{\boldsymbol{p}}, v_{\boldsymbol{p}}$ sowie der Antikommutation der Quasiteilchenoperatoren die Relation

$$\sum_{\boldsymbol{p}} e_{\boldsymbol{p}} u_{\boldsymbol{p}} v_{\boldsymbol{p}} \sum_{\sigma} c_{\boldsymbol{p}\sigma}^\dagger c_{-\boldsymbol{p}-\sigma}^\dagger = 2\sum_{\boldsymbol{p}} e_{\boldsymbol{p}} u_{\boldsymbol{p}} v_{\boldsymbol{p}} \mathrm{B}_{\boldsymbol{p}}^\dagger$$

gilt und somit dieser Term sich zu

$$H'_{20+02} = \sum_{\boldsymbol{p}}\left[\left(2e_{\boldsymbol{p}} u_{\boldsymbol{p}} v_{\boldsymbol{p}} - \Delta_{\boldsymbol{p}} u_{\boldsymbol{p}}^2 + \Delta_{\boldsymbol{p}}^* v_{\boldsymbol{p}}^2\right)\mathrm{B}_p^\dagger + \left(2e_{\boldsymbol{p}} u_{\boldsymbol{p}}^* v_{\boldsymbol{p}}^* - \Delta_{\boldsymbol{p}}^* u_{\boldsymbol{p}}^{*2} + \Delta_{\boldsymbol{p}} v_{\boldsymbol{p}}^{*2}\right)\mathrm{B}_{\boldsymbol{p}}\right]$$

vereinfacht. Für den Koeffizienten von $\mathrm{B}_{\boldsymbol{p}}^\dagger$ finden wir unter Benutzung der Variationsgleichung (36.41) sowie der expliziten Ausdrücke (36.38), (36.39) für $|u_{\boldsymbol{p}}|^2$, $|v_{\boldsymbol{p}}|^2$

$$\begin{aligned} &2e_{\boldsymbol{p}} u_{\boldsymbol{p}} v_{\boldsymbol{p}} - \Delta_{\boldsymbol{p}} u_{\boldsymbol{p}}^2 + \Delta_{\boldsymbol{p}}^* v_{\boldsymbol{p}}^2 \\ &\overset{(36.41)}{=} 2u_{\boldsymbol{p}} v_{\boldsymbol{p}}\left[e_{\boldsymbol{p}} - \varepsilon_{\boldsymbol{p}}\left(|u_{\boldsymbol{p}}|^2 - |v_{\boldsymbol{p}}|^2\right)\right] \\ &\overset{(36.38),\,(36.39)}{=} 2u_{\boldsymbol{p}} v_{\boldsymbol{p}}\left[e_{\boldsymbol{p}} - \varepsilon_p \frac{e_p}{\varepsilon_p}\right] = 0 \end{aligned}$$

und somit

$$\mathrm{H}'_{20+02} = 0\,. \tag{36.79}$$

Damit finden wir in der Quasiteilchenbasis für den Hamilton-Operator (36.64)

$$\mathrm{H}' = E' + \sum_{p} \varepsilon_{p} \sum_{\sigma} c^{\dagger}_{p\sigma} c_{p\sigma} + \mathrm{H}'(4)\,. \tag{36.80}$$

N. N. Bogoljubov erklärte die Supraleitung, unabhängig von und etwa gleichzeitig mit Bardeen, Cooper und Schriefer, in einem alternativen Zugang, der jedoch auf dasselbe physikalische Bild bzw. denselben Mechanismus führt. Er ging ebenfalls von einem Hamilton-Operator mit Paarkorrelationen aus und startete mit der Quasiteilchen-Transformation (36.49), (36.50) der Feldoperatoren mit zunächst unbekannten Amplituden $u_{\boldsymbol{p}}$, $v_{\boldsymbol{p}}$. Aus der Forderung, dass die Quasiteilchen-Operatoren ebenfalls der Fermi-Statistik (36.54) unterliegen, folgen dann die Symmetriebeziehungen (36.8) sowie die Normierungsbedingung (36.20), siehe Gln. (36.55), (36.56). Schließlich forderte er, dass der Anteil des Hamilton-Operators quadratisch in den Quasiteilchen-Operatoren, $\mathrm{H}'(2)$ (36.74), (36.75), diagonal ist und somit der Anteil H'_{20+02} (36.76), der durch die Terme $\sim c^{\dagger}c^{\dagger}$ und $\sim cc$ gegeben ist, verschwindet. Dies führt auf dieselbe Bedingung (36.32) an die Amplituden $u_{\boldsymbol{p}}$, $v_{\boldsymbol{p}}$ wie die Minimierung des Erwartungswertes des Hamiltonians im BCS-Zustand (36.7). Dieser Zugang wird explizit im Anhang I entwickelt.

36.4 Die Energielücke

Ohne Wechselwirkung besetzen die Elektronen sämtliche Zustände unterhalb der Fermi-Kante e^0_F. Die Paarwechselwirkung regt Elektronen aus den Zuständen unterhalb e^0_F in Zustände oberhalb von e^0_F an. Ihr Effekt ist auf die Umgebung der Fermi-Kante beschränkt. Zur Lösung der Gap-Gleichung (36.42) nehmen wir deshalb für die Wechselwirkung die vereinfachende Form an

$$V(\boldsymbol{p},\boldsymbol{p}') = \begin{cases} g\,, & |e_{\boldsymbol{p}}|, |e_{\boldsymbol{p}'}| < \hbar\omega_D \\ 0\,, & \text{sonst}\,, \end{cases} \tag{36.81}$$

wobei g eine Konstante und ω_D eine für die Gitterschwingungen des Supraleiters charakteristische Frequenz ist, die als Abschneideparameter dient.[8] Für die Wechselwirkung (36.81) besitzt die Gap-Gleichung (36.42) die Lösung

$$\Delta_{\boldsymbol{p}} = \begin{cases} \Delta\,, & |e_{\boldsymbol{p}}| < \hbar\omega_D \\ 0\,, & \text{andernfalls}\,, \end{cases}$$

8 Der Abschneideparameter ω_D kann mit der sogenannten *Debye-Frequenz* identifiziert werden.

wobei die Konstante Δ reell gewählt werden kann und sich als Lösung der Gleichung

$$\Delta = \Delta \frac{1}{2} g \sum_{p}{}' \frac{1}{\sqrt{e_p^2 + \Delta^2}}$$

ergibt. Hierbei zeigt der Strich am Summationszeichen die Einschränkung auf das Intervall $|e_p| < \hbar\omega_D$ an. Wie die ursprüngliche Gap-Gleichung (36.42) besitzt auch diese Gleichung stets die triviale Lösung $\Delta = 0$, die jedoch energetisch instabil ist, sobald die nichttriviale Lösung $\Delta \neq 0$ existiert, siehe Gl. (36.44). Für $\Delta \neq 0$ vereinfacht sich diese Gleichung auf

$$\boxed{1 = \frac{1}{2} g \sum_{p}{}' \frac{1}{\sqrt{e_p^2 + \Delta^2}} .} \tag{36.82}$$

Damit eine nichttriviale Lösung $\Delta \neq 0$ existiert, muss die Paarwechselwirkung eine kritische Stärke g_c erreichen. Diese erhalten wir, indem wir in der reduzierten Gap-Gleichung (36.82) $\Delta = 0$ setzen

$$1 = \frac{1}{2} g_c \sum_{p}{}' \frac{1}{|e_p|} .$$

Wir gehen jetzt in der Gap-Gleichung (36.82) mittels Gl. (29.77) von der Summation zur Integration über die Impulse über

$$1 = \frac{1}{2} g V \int{}' \frac{d^3p}{(2\pi\hbar)^3} \frac{1}{\sqrt{e_p^2 + \Delta^2}} . \tag{36.83}$$

Hierbei ist V das Volumen und der Strich am Integrationszeichen zeigt wieder die Beschränkung der Integration auf Impulse $\boldsymbol{p}$ mit $|e_{\boldsymbol{p}}| < \hbar\omega_D$ an. Für die weitere Rechnung wechseln wir die Integrationsvariable von $p = |\boldsymbol{p}|$ zur Energie $e_{\boldsymbol{p}} = e_p = e_p^0 - \mu$, wobei $e_p^0 = p^2/2m$. Da der Integrand in (36.83) nur von $p = |\boldsymbol{p}|$ abhängt, haben wir

$$V \int{}' \frac{d^3p}{(2\pi\hbar)^3} = \frac{4\pi}{(2\pi\hbar)^3} V \int{}' dp\, p^2 = \frac{4\pi}{(2\pi\hbar)^3} V \int\limits_{-\hbar\omega_D}^{\hbar\omega_D} de \left(p^2 \frac{dp}{de_p} \right)_{e_p = e} . \tag{36.84}$$

Wir drücken den Integranden durch die Niveaudichte

$$n(e_p^0) = \frac{dN(e_p^0)}{de_p^0} \tag{36.85}$$

aus. Hierbei ist $dN(e_p^0)$ die Anzahl der Zustände im Volumen V und im Energieintervall $[e_p^0, e_p^0 + de_p^0]$. Nach den Überlegungen des Abschnitts 29.11 ist diese Zahl mit $d^3p = d\Omega p^2 dp$ durch

$$dN(e_p^0) = \frac{V}{(2\pi\hbar)^3} p^2 dp \int d\Omega = \frac{V 4\pi}{(2\pi\hbar)^3} p^2 dp$$

gegeben. Dies liefert für die Niveaudichte (36.85)

$$n(e_p^0) = V \frac{4\pi p^2}{(2\pi\hbar)^3} \frac{dp}{de_p^0} .$$

Mit diesem Ausdruck und wegen $de_p^0 = de_p$ können wir das gesuchte Integral (36.84) umschreiben zu

$$V \int' \frac{d^3p}{(2\pi\hbar)^3} \cdots = \int_{-\hbar\omega_D}^{\hbar\omega_D} de\, n(e + \mu) \ldots .$$

In realen Supraleitern gilt stets $\hbar\omega_D \ll \mu$, so dass wir das Integrationsmaß im letzten Ausdruck bei $e = 0$, d. h. an der Fermi-Kante $e_p^0 = \mu$, nehmen können:

$$V \int' \frac{d^3p}{(2\pi\hbar)^3} \ldots \simeq n(\mu) \int_{-\hbar\omega_D}^{\hbar\omega_D} de \ldots .$$

Damit erhalten wir für die Gap-Gleichung (36.83)

$$1 = gn(\mu) \int_0^{\hbar\omega_D} \frac{de}{\sqrt{e^2 + \Delta^2}} . \tag{36.86}$$

Mit

$$\int_0^{\hbar\omega_D} \frac{de}{\sqrt{e^2 + \Delta^2}} = \operatorname{arcsinh} \frac{\hbar\omega_D}{\Delta}$$

finden wir hieraus für die Energielücke

$$\Delta = \frac{\hbar\omega_D}{\sinh \frac{1}{gn(\mu)}} .$$

Für die realen supraleitenden Materialien ist stets $gn(\mu) \simeq 0{,}2 \ldots 0{,}3 \ll 1$, so dass

$$\boxed{\Delta \simeq 2\hbar\omega_D \exp\left(-\frac{1}{gn(\mu)} \right).} \tag{36.87}$$

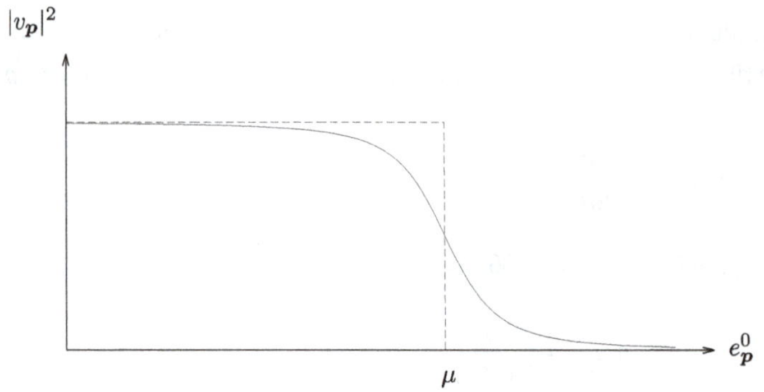

Abb. 36.3: Die mittleren Besetzungszahlen $\langle n_{p\sigma} \rangle = |v_p|^2$ als Funktion der Einteilchenenergien e_p^0 unter der Annahme, dass der Spalt $\Delta_p = \Delta$ im betrachteten Energiefenster konstant ist. Die gestrichelte Linie zeigt die Besetzungszahlen für $\Delta = 0$.

Nach Gl. (36.26) besitzt $|v_p|^2$ die Bedeutung der mittleren Besetzungszahl $\langle n_{p\sigma} \rangle$ eines Einteilchenzustandes mit Impuls $\boldsymbol{p}$ im BCS-Zustand. In Abb. 36.3 ist $|v_p|^2$ (36.39) illustriert unter der Annahme, dass der Spalt $|\Delta_p| = \Delta$ im betrachteten Impulsfenster unabhängig von $\boldsymbol{p}$ ist. Während für $\Delta_p = 0$ eine scharfe Fermi-Kante bei $\mu = p_F^2/2m$ existiert, ist diese für $\Delta_p \neq 0$ „aufgeweicht“: Zustände unterhalb von μ sind nur teilweise gefüllt, während auch Zustände oberhalb von μ mit einer gewissen Wahrscheinlichkeit besetzt sind.

In Abb. 36.4 sind die Quasiteilchenenergien ε_p (36.34) als Funktion der Energien e_p^0 der unkorrelierten Elektronen dargestellt. Das Spektrum des Supraleiters besitzt eine Lücke oder Spalt (engl. „gap“) der Breite Δ. Diese Lücke ist sehr wesentlich für die Entstehung der Supraleitung. Durch die Lücke können die Leitungselektronen (d. h. Elektronen in der Nähe der Fermi-Kante) nicht in angeregte Zustände gestreut werden. Anregungen der Elektronen in höher liegende Zustände wären mit einem Verlust an kinetischer Energie und damit mit einer Reduktion des elektrischen Stromes verbunden, der als elektrischer Widerstand beobachtet würde. Damit verhindert die Energielücke im Anregungsspektrum des Supraleiters das Auftreten eines elektrischen Widerstandes, sofern die thermischen Anregungsenergien kleiner als Δ sind, die Temperatur also hinreichend klein ist.

In Abschnitt 36.5 wird im Rahmen der Funktionalintegralbeschreibung eine elegante Formulierung der BCS-Theorie bei endlichen Temperaturen gegeben, die auf die Gap-Gleichung (36.125)

$$\Delta_p = \frac{1}{2} \sum_{p'} V(\boldsymbol{p}, \boldsymbol{p}') \frac{\Delta_{p'}}{\varepsilon_{p'}} \tanh \frac{\beta \varepsilon_{p'}}{2} \tag{36.88}$$

führt. Sie unterscheidet sich von der entsprechenden Gleichung (36.42) bei $T = 0$ nur durch den zusätzlichen Faktor $\tanh(\beta\varepsilon_p/2)$, der bei endlichen Temperaturen $T = 1/\beta$ de facto zu einer Abschwächung der Paarwechselwirkung führt. Setzen wir für die Paar-

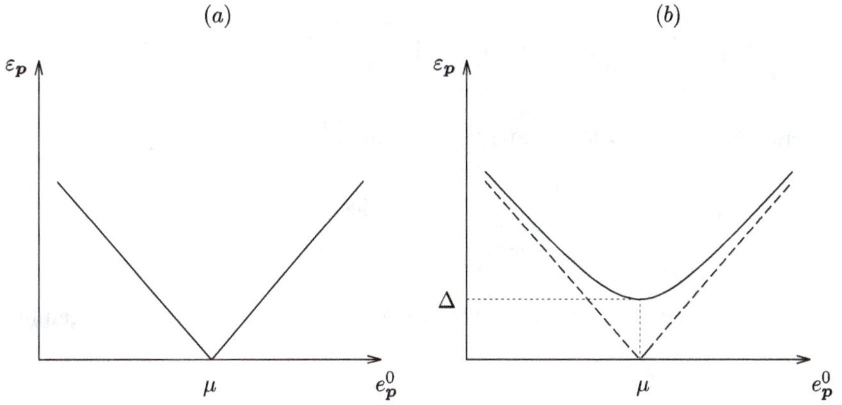

Abb. 36.4: Quasiteilchen-Spektrum in der Nähe der Fermi-Kante: (a) für einen normalen Leiter ($\Delta = 0$) und (b) für einen Supraleiter ($\Delta \neq 0$). (Für $\Delta = 0$ gilt $\mu = e_F^0 = \boldsymbol{p}_F^2/2m$.)

wechselwirkung wieder die Form (36.81) an und wiederholen die obigen Überlegungen, die zur Gleichung (36.86) führen, so reduziert sich die Gap-Gleichung (36.88) auf

$$1 = gn(\mu) \int_0^{\hbar\omega_D} de \, \frac{\tanh(\frac{\beta}{2}\sqrt{e^2 + \Delta^2})}{\sqrt{e^2 + \Delta^2}} \,, \tag{36.89}$$

welche den Spalt $\Delta(T)$ als Funktion der Temperatur $T = 1/\beta$ bestimmt. Für die kritische Temperatur T_c, bei der der Spalt verschwindet,

$$\Delta(T_c) = 0 \,,$$

finden wir aus (36.89)

$$1 = gn(\mu) \int_0^{\hbar\omega_D} \frac{de}{e} \tanh \frac{e}{2T_c} \,. \tag{36.90}$$

Nach Einführen der dimensionslosen Variable $x = e/(2T_c)$ und partieller Integration erhalten wir mit $x_0 = \hbar\omega_D/(2T_c)$

$$\frac{1}{gn(\mu)} = \int_0^{x_0} \frac{dx}{x} \tanh x = [\ln x \tanh x]_0^{x_0} - \int_0^{x_0} dx \, \frac{\ln x}{\cosh^2 x} \,.$$

In allen praktisch interessierenden Fällen gilt $x_0 \gg 1$. Wir können deshalb $\tanh x_0$ durch $\tanh(\infty) = 1$ ersetzen und die obere Integrationsgrenze im verbleibenden Integral nach Unendlich verschieben

$$\frac{1}{gn(\mu)} = \ln \frac{\hbar\omega_D}{2T_c} - \int_0^\infty dx \, \frac{\ln x}{\cosh^2 x} \,.$$

Das verbleibende Integral lässt sich analytisch nehmen[9]

$$\int_0^\infty dx \frac{\ln x}{\cosh^2 x} = -\ln \frac{4e^\gamma}{\pi} \,,$$

wobei $\gamma = 0{,}5772\ldots$ die Euler'sche Konstante ist. Nach elementaren Umformungen finden wir dann

$$T_c = \hbar\omega_D \frac{2e^\gamma}{\pi} e^{-1/gn(\mu)} \,.$$

Die kritische Temperatur hängt in gleicher Weise von $gn(\mu)$ ab wie die Spaltbreite $\Delta_0 = \Delta(T = 0)$ (36.87) bei der Temperatur $T = 0$. Das Verhältnis dieser beiden Größen ist eine universale Konstante

$$\boxed{\frac{\Delta_0}{T_c} = \pi e^{-\gamma} \simeq 1{,}76 \,,} \tag{36.91}$$

die unabhängig von dem speziellen supraleitenden Material ist.

Mithilfe von (36.90) können wir die Wechselwirkungsstärke $gn(\mu)$ aus der Gap-Gleichung (36.89) zu Gunsten der kritischen Temperatur T_c eliminieren. Dies liefert mit $\bar{\Delta} = \Delta/(2T_c)$

$$\int_0^\infty dx \left(\frac{\tanh[\frac{T_c}{T}\sqrt{x^2 + \bar{\Delta}^2}]}{\sqrt{x^2 + \bar{\Delta}^2}} - \frac{\tanh x}{x} \right) = 0 \,, \tag{36.92}$$

wobei wir wieder die dimensionslose Variable $x = e/(2T_c)$ benutzt haben und den Limes $x_0 = \hbar\omega_D/2T_c \to \infty$ genommen haben. Abbildung 36.5 zeigt die numerische Lösung dieser Gleichung für den Energiespalt Δ/T_c als Funktion von T/T_c. Der bei $T = 0$ gefundene Wert $\Delta(0)/T_c = 1{,}76388$ stimmt mit der analytischen Abschätzung (36.91) überein.

Der Mechanismus der Supraleitung, d. h. Paarbildung und Kondensation der Paare zur Ausbildung einer Energielücke, ist ein fundamentales Phänomen, das in vielen Bereichen der Physik anzutreffen ist. Zum Beispiel wird die Wechselwirkung der Nukleonen in schweren Atomkernen durch eine effektive Paarkraft dominiert, die über den Mechanismus der Supraleitung zu einer Energielücke im (1-Nukleon-)Anregungsspektrum führt.

---

9 Siehe I. S. Gradshteyn und I. M. Ryzhik, Table of Integrals, Series, and Products, Academic Press, San Diego, 1994.

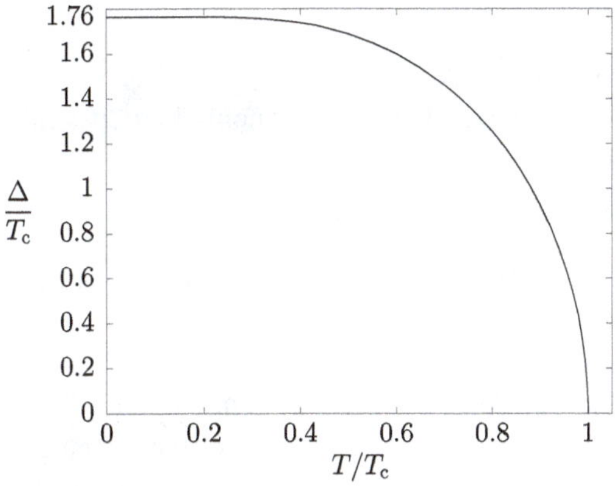

Abb. 36.5: Die Energielücke Δ (in Einheiten von T_c) als Funktion der Temperatur T/T_c, gewonnen durch numerische Lösung der Gl. (36.92).

Des Weiteren erhalten die *u*- und *d*-Quarks, aus denen unsere gewöhnliche Materie aufgebaut ist (die für 80 % der Masse des Universums verantwortlich ist), den weitaus größten Teil ihrer Massen durch die sogenannte *spontane Brechung der chiralen Symmetrie*. Dies ist ebenfalls ein Phänomen vom Typ der Supraleitung, bei dem Quark-Antiquark-Paare kondensieren. Die dabei entstehende Energielücke repräsentiert die Ruhemasse der „Quark-Quasiteilchen", die als *Konstituentenquarks* bezeichnet werden. Wie beim Supraleiter verschwindet auch hier die Energielücke (Ruhemasse) oberhalb einer kritischen Temperatur, die in diesem Fall allerdings ca. 200 MeV bzw. $\sim 10^{12}$ K beträgt. Solche Temperaturen haben im frühen Universum geherrscht und lassen sich im Labor in den (ultra-)relativistischen Schwerionenreaktionen erreichen.

36.5 BCS-Theorie bei endlichen Temperaturen

Bisher haben wir die BCS-Theorie der Supraleitung in der konventionellen Zweiten Quantisierung behandelt und den Grundzustand des supraleitenden Systems sowohl über das Variationsprinzip als auch mittels einer Bogoljubov-Transformation bestimmt. Eine wesentlich elegantere Formulierung der BCS-Theorie kann im Rahmen der Funktionalintegralbeschreibung mittels der im Abschnitt 35.3 behandelten *Bosonisierung* erreicht werden. Dabei wird die ursprüngliche Fermi-Theorie exakt in eine Bose-Theorie transformiert. Im vorliegenden Fall sind die Bosonen die Cooper-Paare, d. h. korrelierte Elektronenpaare, die sich in einem Supraleiter aufgrund der Paarwechselwirkung bilden. Die Funktionalintegralformulierung hat darüber hinaus den Vorteil, dass ohne zusätzlichen Aufwand Systeme bei endlichen Temperaturen behandelt werden können. Wir werden deshalb im Folgenden die Funktionalintegralformulierung der BCS-Theorie unmittelbar für endliche Temperaturen entwickeln.

36.5.1 Bosonisierung

Ausgangspunkt ist die Pfadintegraldarstellung (33.34) der großkanonischen Zustandssumme eines Fermi-Systems

$$\mathcal{Z}(\beta,\mu) = \int \mathcal{D}(\zeta^*,\zeta) \exp\left\{-\int_{-\beta/2}^{\beta/2} d\tau \left[\sum_{\boldsymbol{p},\sigma} \zeta^*_{\boldsymbol{p}\sigma}(\tau)(\partial_\tau - \mu)\zeta_{\boldsymbol{p}\sigma}(\tau) + \mathsf{H}(\zeta^*,\zeta)\right]\right\}, \quad (36.93)$$

wobei die Graßmann-Felder $\zeta_{\boldsymbol{p}\sigma}, \zeta^*_{\boldsymbol{p}\sigma}$ hier, wie die Fermi-Operatoren $a_{\boldsymbol{p}\sigma}, a^*_{\boldsymbol{p}\sigma}$, die Quantenzahlen des Impulses $\boldsymbol{p}$ und der Spinprojektion $\sigma \in \{\uparrow,\downarrow\}$ der Elektronen tragen und den üblichen antiperiodischen Randbedingungen $\zeta(\beta/2) = -\zeta(-\beta/2)$ genügen. Für den Hamilton-Operator (36.6) der Elektronen im Supraleiter haben wir die Darstellung in Graßmann-Variablen

$$\mathsf{H}(\zeta^*,\zeta) = \sum_{\boldsymbol{p},\sigma} e^0_{\boldsymbol{p}} \zeta^*_{\boldsymbol{p}\sigma}\zeta_{\boldsymbol{p}\sigma} - \sum_{\boldsymbol{p},\boldsymbol{p}'} V(\boldsymbol{p},\boldsymbol{p}')\zeta^*_{\boldsymbol{p}\uparrow}\zeta^*_{-\boldsymbol{p}\downarrow}\zeta_{-\boldsymbol{p}'\downarrow}\zeta_{\boldsymbol{p}'\uparrow}\,. \quad (36.94)$$

Hierbei ist $e^0_{\boldsymbol{p}} = \boldsymbol{p}^2/2m$ die ungestörte Einteilchenenergie und $V(\boldsymbol{p},\boldsymbol{p}')$ das Matrixelement der Paarwechselwirkung. Der Wechselwirkungsterm hindert uns daran, das Funktionalintegral über die Graßmann-Variablen explizit auszuführen. Um die Graßmann-Variablen dennoch ausintegrieren zu können, linearisieren wir die Wechselwirkung mittels der Identität, die sich als direkte Verallgemeinerung des komplexen Gauß-Integrals (B.15)

$$\exp[b^* v b] = v^{-1} \int \frac{d\Delta^*\, d\Delta}{2\pi i} \exp[-\Delta^* v^{-1}\Delta + \Delta^* b + b^*\Delta]$$

auf Funktionalintegrale (B.21) ergibt:

$$\begin{aligned}
&\exp\left[\int_{-\beta/2}^{\beta/2} d\tau \sum_{\boldsymbol{p},\boldsymbol{p}'} b^*_{\boldsymbol{p}}(\tau)V(\boldsymbol{p},\boldsymbol{p}')b_{\boldsymbol{p}}(\tau)\right] \\
&= \mathcal{D}et(V^{-1}(\boldsymbol{p},\boldsymbol{p}')) \int \mathcal{D}(\Delta^*,\Delta) \exp\left\{-\int_{-\beta/2}^{\beta/2} d\tau \left[\sum_{\boldsymbol{p},\boldsymbol{p}'} \Delta^*_{\boldsymbol{p}}(\tau)V^{-1}(\boldsymbol{p},\boldsymbol{p}')\Delta_{\boldsymbol{p}'}(\tau)\right.\right. \\
&\quad \left.\left. - \sum_{\boldsymbol{p}} (\Delta^*_{\boldsymbol{p}}(\tau)b_{\boldsymbol{p}}(\tau) + b^*_{\boldsymbol{p}}(\tau)\Delta_{\boldsymbol{p}}(\tau))\right]\right\}.
\end{aligned} \quad (36.95)$$

Hierbei sind $b_{\boldsymbol{p}}(\tau)$ beliebige komplexwertige Funktionen von τ. Das Funktionalintegrationsmaß $\mathcal{D}(\Delta^*,\Delta)$ der komplex konjugierten Variablen $\Delta_{\boldsymbol{p}}(\tau)$, $\Delta^*_{\boldsymbol{p}}(\tau)$ ist in Gln. (33.16), (33.18) definiert. Ferner bezeichnet $\mathcal{D}et V^{-1}(\boldsymbol{p},\boldsymbol{p}')$ die Funktionaldeterminante (A.37) des

Integralkerns $V^{-1}(\boldsymbol{p},\boldsymbol{p}')\delta(\tau,\tau')$, die wir jedoch im Folgenden nicht explizit benötigen werden.[10] Wählen wir

$$b_{\boldsymbol{p}}(\tau) = \zeta_{-\boldsymbol{p}\downarrow}(\tau)\,\zeta_{\boldsymbol{p}\uparrow}(\tau)\,, \quad b^*_{\boldsymbol{p}}(\tau) = \zeta^*_{\boldsymbol{p}\uparrow}(\tau)\,\zeta^*_{-\boldsymbol{p}\downarrow}(\tau)\,, \tag{36.96}$$

so erlangt der Exponent auf der linken Seite von Gl. (36.95) gerade die Form des Wechselwirkungsterms in Gl. (36.94). Man beachte, daß ein Paar von Graßmann-Variablen sich wie eine komplexe Variable verhält. Deshalb ist die Zuordnung (36.96) zulässig. Die $b_{\boldsymbol{p}}$, $b^*_{\boldsymbol{p}}$ sind offensichtlich die klassischen Analoga der in Gl. (36.11) eingeführten Fermionpaaroperatoren $\mathrm{b}_{\boldsymbol{p}}$, $\mathrm{b}^\dagger_{\boldsymbol{p}}$.

Für die $\Delta_{\boldsymbol{p}}(\tau)$ können wir die für Bose-Felder üblichen periodischen Randbedingungen

$$\Delta_{\boldsymbol{p}}(\tau+\beta) = \Delta_{\boldsymbol{p}}(\tau) \tag{36.97}$$

fordern. Dies folgt aus der letzten Zeile von Gl. (36.95): $\Delta_{\boldsymbol{p}}(\tau)$ koppelt an ein Paar von Graßmann-Variablen, $b_{\boldsymbol{p}} = \zeta_{-\boldsymbol{p}\downarrow}\zeta_{\boldsymbol{p}\uparrow}$, die ihrerseits antiperiodischen Randbedingungen $\zeta(\tau+\beta) = -\zeta(\tau)$ genügen. Ein Paar von Graßmann-Variablen ist somit periodisch in τ und folglich trägt im letzten Term zum Integral über τ nur der periodische Teil von $\Delta_{\boldsymbol{p}}(\tau)$ bei.

---

i

Für Gauß-Integrale liefert die Sattelpunktsnäherung bekanntlich das exakte Resultat. Durch Variation des Exponenten auf der rechten Seite von Gl. (36.95) nach $\Delta^*_p(\tau)$ finden wir (nach Multiplikation mit $V(\boldsymbol{p},\boldsymbol{p}')$) die Sattelpunktsbedingung

$$\Delta_{\boldsymbol{p}}(\tau) = \sum_{\boldsymbol{p}'} V(\boldsymbol{p},\boldsymbol{p}')\,b_{\boldsymbol{p}'}(\tau)\,. \tag{36.98}$$

Ersetzen wir hier $b_{\boldsymbol{p}}(\tau) = \zeta_{-\boldsymbol{p}\downarrow}\zeta_{\boldsymbol{p}\uparrow}$ durch den Paarerwartungswert (36.22) $\langle \mathrm{b}_{\boldsymbol{p}}\rangle = \langle a_{-\boldsymbol{p}\downarrow}a_{\boldsymbol{p}\uparrow}\rangle = u^*_{\boldsymbol{p}}v_{\boldsymbol{p}}$ erhalten wir den in Gl. (36.31) definierten Spaltparameter $\Delta_{\boldsymbol{p}}$. Damit ist die physikalische Bedeutung der Variable $\Delta_{\boldsymbol{p}}(\tau)$ – zumindest ihres Sattelpunktwertes – bekannt.

---

10 Unter Benutzung der Identität $\mathcal{D}et V^{-1} = \exp(\mathcal{S}p \ln V^{-1})$ und der Tatsache, dass die Matrix $V(\boldsymbol{p},\boldsymbol{p}')$ unabhängig von der (imaginären) Zeit τ ist, finden wir mit

$$\mathcal{S}p \ln V^{-1} = \int_{-\beta/2}^{\beta/2} d\tau \mathrm{Sp} \ln V^{-1} = \beta \mathrm{Sp} \ln V^{-1}$$

die Beziehung

$$\mathcal{D}et V^{-1} = \left(\det V^{-1}\right)^\beta ,$$

wobei $\det V^{-1}$ die Determinante der Matrix $V^{-1}(\boldsymbol{p},\boldsymbol{p}')$ im Impulsraum ist.

Mit der Identität (36.95) und der Wahl (36.96) gelingt es, den Wechselwirkungsterm aus dem Pfadintegral (36.93), (36.94) für die großkanonische Zustandssumme auf Kosten eines zusätzlichen Funktionalintegrals über die Bose-Variablen $\Delta_{\boldsymbol{p}}(\tau)$ zu eliminieren. Damit wird eine *exakte* Linearisierung der 2-Teilchen-Wechselwirkung erreicht.[11]

Nach Einsetzen von (36.95) in (36.93) erhalten wir[12]

$$\mathcal{Z}(\beta,\mu) = \int \mathcal{D}(\Delta^*,\Delta) \exp\left[- \int\limits_{-\beta/2}^{\beta/2} d\tau \sum_{\boldsymbol{p},\boldsymbol{p}'} \Delta^*_{\boldsymbol{p}}(\tau) V^{-1}(\boldsymbol{p},\boldsymbol{p}') \Delta_{\boldsymbol{p}'}(\tau) \right] \mathcal{Z}_{sp}(\beta,\mu) , \tag{36.99}$$

wobei

$$\begin{aligned} \mathcal{Z}_{sp}(\beta,\mu) = \int \mathcal{D}(\zeta^*,\zeta) \exp\Bigg\{ - \int\limits_{-\beta/2}^{\beta/2} d\tau \Bigg[\sum_{\boldsymbol{p}} \sum_{\sigma} \zeta^*_{\boldsymbol{p}\sigma}(\tau)(\partial_\tau + e_{\boldsymbol{p}})\zeta_{\boldsymbol{p}\sigma}(\tau) \\ - \sum_{\boldsymbol{p}} (\Delta^*_{\boldsymbol{p}}(\tau)\zeta_{-\boldsymbol{p}\downarrow}(\tau)\zeta_{\boldsymbol{p}\uparrow}(\tau) + \zeta^*_{\boldsymbol{p}\uparrow}(\tau)\zeta^*_{-\boldsymbol{p}\downarrow}(\tau)\Delta_{\boldsymbol{p}}(\tau)) \Bigg] \Bigg\} \end{aligned} \tag{36.100}$$

die Zustandssumme eines Systems unabhängiger (nichtwechselwirkender) Teilchen ist, die sich in einem „äußeren Feld" $\Delta_{\boldsymbol{p}}(\tau)$, $\Delta^*_{\boldsymbol{p}}(\tau)$ befinden, das auf Paare von Fermionen wirkt. Hierbei haben wir wieder $e_{\boldsymbol{p}} = e^0_{\boldsymbol{p}} - \mu$ gesetzt.

Das fermionische Funktionalintegral Gl. (36.100) ist vom Gauß-Typ und lässt sich folglich explizit nehmen. Dazu bringen wir es zunächst in eine etwas kompaktere Form. Der erste Term des Exponenten von Gl. (36.100) enthält die Summation über die Spinprojektionen $\sigma = \uparrow, \downarrow$. Den Beitrag von $\sigma = \downarrow$ formen wir um zu

$$\begin{aligned} &\int\limits_{-\beta/2}^{\beta/2} d\tau \sum_{\boldsymbol{p}} \zeta^*_{\boldsymbol{p}\downarrow}(\tau)(\partial_\tau + e_{\boldsymbol{p}})\zeta_{\boldsymbol{p}\downarrow}(\tau) \\ &= \int\limits_{-\beta/2}^{\beta/2} d\tau \sum_{\boldsymbol{p}} \zeta^*_{-\boldsymbol{p}\downarrow}(\tau)(\partial_\tau + e_{\boldsymbol{p}})\zeta_{-\boldsymbol{p}\downarrow}(\tau) \\ &= - \int\limits_{-\beta/2}^{\beta/2} d\tau \sum_{\boldsymbol{p}} [\partial_\tau \zeta_{-\boldsymbol{p}\downarrow}(\tau)\zeta^*_{-\boldsymbol{p}\downarrow}(\tau) + e_{\boldsymbol{p}} \zeta_{-\boldsymbol{p}\downarrow}(\tau)\zeta^*_{-\boldsymbol{p}\downarrow}(\tau)] \end{aligned}$$

---

11 Im Operatorzugang wird eine analoge Linearisierung im Zusammenhang mit der Bogoljubov-Transformation durchgeführt, siehe Gl. (I.1), die dort aber keine exakte Transformation, sondern eine approximative Vereinfachung des Hamilton-Operators ist.

12 Den irrelevanten ($\Delta_{\boldsymbol{p}}$-unabhängigen) Faktor $\mathcal{D}et(V^{-1}(\boldsymbol{p},\boldsymbol{p}'))$ absorbieren wir von nun an im funktionalen Integrationsmaß $\mathcal{D}(\Delta^*,\Delta)$.

$$= \int_{-\beta/2}^{\beta/2} d\tau \sum_{p} [\zeta_{-p\downarrow}(\tau)(\partial_\tau - e_p)\zeta^*_{-p\downarrow}(\tau)] .$$

Im ersten Schritt haben wir den Summationsindex $\boldsymbol{p}$ durch $-\boldsymbol{p}$ ersetzt. Dies ist zulässig, da sowohl über die positiven als auch die negativen Werte von $\boldsymbol{p}$ summiert wird. Im zweiten Schritt haben wir $\zeta^*\zeta = -\zeta\zeta^*$ benutzt und schließlich im letzten Schritt haben wir eine partielle Integration durchgeführt. Der dabei auftretende Randterm $\zeta_{-p\downarrow}(\tau)\zeta^*_{-p\downarrow}(\tau)|_{\tau=-\beta/2}^{\tau=\beta/2}$ verschwindet aufgrund der anti-periodischen Randbedingungen $\zeta(\beta/2) = -\zeta(-\beta/2)$. Unter Benutzung dieser Beziehung können wir den Integranden im Exponenten in Gl. (36.100) umformen zu

$$(\zeta^*_{p\uparrow}, \zeta_{-p\downarrow}) \begin{pmatrix} \partial_\tau + e_p & -\Delta_p(\tau) \\ -\Delta^*_p(\tau) & \partial_\tau - e_p \end{pmatrix} \begin{pmatrix} \zeta_{p\uparrow} \\ \zeta^*_{-p\downarrow} \end{pmatrix} . \tag{36.101}$$

Diese Darstellung suggeriert die Spinoren[13]

$$\psi^\dagger_p = (\zeta^*_{p\uparrow}, \zeta_{-p\downarrow}) , \quad \psi_p = \begin{pmatrix} \zeta_{p\uparrow} \\ \zeta^*_{-p\downarrow} \end{pmatrix} \tag{36.102}$$

und die (funktionale) Matrix (Integralkern)

$$G^{-1}_p(\tau, \tau') = \begin{pmatrix} \partial_\tau + e_p & -\Delta_p(\tau) \\ -\Delta^*_p(\tau) & \partial_\tau - e_p \end{pmatrix} \delta_-(\tau, \tau') \tag{36.103}$$

einzuführen, wobei $\delta_\pm(\tau, \tau') \equiv \delta_\pm(\tau - \tau')$ die (anti-)periodische δ-Funktion bezeichnet, die den Randbedingungen

$$\delta_\pm(\tau + \beta) = \pm\delta_\pm(\tau) \tag{36.104}$$

genügt, siehe Anhang J.

In der Spinornotation (36.102), (36.103) nimmt die fermionische Zustandssumme (36.100) die kompakte Gestalt

$$\mathcal{Z}_{sp}(\beta, \mu) = \int \mathcal{D}(\psi^\dagger, \psi) \exp\left[- \int_{-\beta/2}^{\beta/2} d\tau \int_{-\beta/2}^{\beta/2} d\tau' \sum_p \psi^\dagger_p(\tau) G^{-1}_p(\tau, \tau') \psi_p(\tau') \right] \tag{36.105}$$

an, wobei die Integration sich jetzt über die Spinorvariablen ψ_p, $\psi^\dagger_p$ erstreckt. Diese erfüllen gemäß (36.102), wie die ursprünglichen Graßmann-Variablen, antiperiodische Randbedingungen

13 Die ψ_p, $\psi^\dagger_p$ sind das Graßmann-Variablen-Pendant zu den in Gl. (I.5) definierten Spinor-Fermi-Operatoren.

$$\psi_{\boldsymbol{p}}(\beta/2) = -\psi_{\boldsymbol{p}}(-\beta/2)\,, \quad \psi_{\boldsymbol{p}}^\dagger(\beta/2) = -\psi_{\boldsymbol{p}}^\dagger(-\beta/2)\,.$$

Der Wechsel von den ursprünglichen Integrationsvariablen $\zeta_{\boldsymbol{p}\sigma}, \zeta_{\boldsymbol{p}\sigma}^*$ zu den Spinorvariablen $\psi_{\boldsymbol{p}}, \psi_{\boldsymbol{p}}^\dagger$ (36.102) liefert nur eine triviale Jacobi-Determinante, da die $\psi_{\boldsymbol{p}}, \psi_{\boldsymbol{p}}^\dagger$ nur eine Umgruppierung der $\zeta_{\boldsymbol{p}\sigma}, \zeta_{\boldsymbol{p}\sigma}^*$ sind. Ausführen der Integrationen in Gl. (36.105) liefert unter Benutzung von Gl. (H.11)

$$\mathcal{Z}_{sp}(\beta, \mu) = \prod_{\boldsymbol{p}} \mathcal{D}et\, G_{\boldsymbol{p}}^{-1} = \exp\left[\sum_{\boldsymbol{p}} \mathcal{S}p \ln G_{\boldsymbol{p}}^{-1}\right].$$

Hierbei ist sowohl die Determinante als auch die Spur im funktionalen Sinne zu verstehen. Letztere beinhaltet neben der Summation über die diskreten Indizes auch eine Integration über die (imaginäre) Zeit τ. Einsetzen dieses Ergebnisses in Gl. (36.99) liefert die großkanonische Zustandssumme einer effektiven Theorie in den Bose-Variablen $\Delta_{\boldsymbol{p}}(\tau), \Delta_{\boldsymbol{p}}^*(\tau)$

$$\mathcal{Z}(\beta, \mu) = \int \mathcal{D}(\Delta^*, \Delta) e^{-S[\Delta]}$$

mit der Wirkung

$$S[\Delta] = \int_{-\beta/2}^{\beta/2} d\tau \sum_{\boldsymbol{p},\boldsymbol{p}'} \Delta_{\boldsymbol{p}}^*(\tau) V^{-1}(\boldsymbol{p}, \boldsymbol{p}') \Delta_{\boldsymbol{p}'}(\tau) - \sum_{\boldsymbol{p}} \mathcal{S}p \ln G_{\boldsymbol{p}}^{-1}\,. \tag{36.106}$$

Diese Theorie ist äquivalent zur ursprünglichen Theorie (36.93) des wechselwirkenden Fermi-Systems. Der Vorteil der effektiven Bose-Theorie ist jedoch, dass sie semiklassischen Betrachtungen unmittelbar zugänglich ist.

36.5.2 Die Green'sche Funktion der Elektronen im Paarfeld

Nach Definition des Einteilchen-Hamilton-Operators der Elektronen im Paarfeld Δ

$$h_{\boldsymbol{p}}(\tau) = \begin{pmatrix} e_{\boldsymbol{p}} & -\Delta_{\boldsymbol{p}}(\tau) \\ -\Delta_{\boldsymbol{p}}^*(\tau) & -e_{\boldsymbol{p}} \end{pmatrix} \tag{36.107}$$

nimmt die Matrix $G_{\boldsymbol{p}}^{-1}(\tau, \tau')$ (36.103) die bekannte Form einer inversen thermischen Green'schen Funktion an (siehe Gl. (35.40))[14]

$$G_{\boldsymbol{p}}^{-1}(\tau, \tau') = (\partial_\tau + h_{\boldsymbol{p}}(\tau))\delta_-(\tau, \tau')\,.$$

14 Man beachte, dass das chemische Potential μ in die freie Einteilchenenergie $e_{\boldsymbol{p}}$ (36.29) absorbiert wurde.

Aus ihrer Definition (36.103) folgt mit (36.97) und (36.104), dass sie antiperiodischen Randbedingungen genügt

$$G_p^{-1}(\tau + \beta, \tau') = -G_p^{-1}(\tau, \tau').$$

Aus $G_p^{-1}(\tau, \tau')$ (36.103) finden wir wie üblich mittels der Identität

$$\int_{-\beta/2}^{\beta/2} d\tau'' G_p^{-1}(\tau, \tau'') G_p(\tau'', \tau') = \delta_-(\tau, \tau') \tag{36.108}$$

die Green'sche Funktion $G_p(\tau, \tau')$ selbst, die nach dieser Identität ebenfalls den für thermische Green'sche Funktionen von Fermionen üblichen antiperiodischen Randbedingungen genügt, siehe Abschnitt 35.1.2:

$$G_p(\tau + \beta, \tau') = -G_p(\tau, \tau').$$

Für zeitunabhängige Δ_p hängt die Green'sche Funktion $G_p(\tau, \tau')$ nur von der Zeitdifferenz $\tau, -\tau'$ ab und es empfiehlt sich eine Fourier-Zerlegung vorzunehmen. Funktionen $f_\pm(\tau)$, die den (anti-)periodischen Randbedingungen

$$f_\pm(\tau + \beta) = \pm f_\pm(\tau,)$$

genügen, besitzen die Fourier-Zerlegung (siehe Anhang J, Gln. (J.1), (J.2))

$$f_\pm(\tau) = \frac{1}{\beta} \sum_{n=-\infty}^{\infty} e^{i\omega_n^\pm \tau} f_\pm(\omega_n^\pm), \tag{36.109}$$

wobei

$$\omega_n^+ = \frac{2n\pi}{\beta}, \quad \omega_n^- = \frac{(2n+1)\pi}{\beta}$$

die bosonischen bzw. fermionischen Matsubara-Frequenzen sind. Im Limes $\beta \to \infty$, d. h. für verschwindende Temperatur $T = 0$, geht die Zerlegung (36.109) in die gewöhnliche Fourier-Zerlegung über, siehe Anhang J.

Unter Benutzung der Fourier-Darstellung der δ-Funktion (J.10)

$$\delta_\pm(\tau) = \frac{1}{\beta} \sum_{n=-\infty}^{\infty} e^{i\omega_n^\pm \tau}, \tag{36.110}$$

finden wir aus Gl.(36.103) die Fourier-Transformierte der inversen Green'schen Funktion

$$G_p^{-1}(\omega) = \begin{pmatrix} i\omega + e_p & -\Delta_p \\ -\Delta_p^* & i\omega - e_p \end{pmatrix} = i\omega + h_p. \tag{36.111}$$

Fourier-Transformation der Identität (36.108) liefert die Beziehung

$$G_p^{-1}(\omega)G_p(\omega) = 1\,. \tag{36.112}$$

Deshalb folgt durch Invertieren der Matrix (36.111) die Fourier-Transformierte der Green'schen Funktion

$$G_p(\omega) = (G_p^{-1}(\omega))^{-1} = \frac{1}{(i\omega)^2 - \varepsilon_p^2}\begin{pmatrix} i\omega - e_p & \Delta_p \\ \Delta_p^* & i\omega + e_p \end{pmatrix} = \frac{1}{(i\omega)^2 - \varepsilon_p^2}(i\omega - h_p)\,, \tag{36.113}$$

wobei

$$\varepsilon_p = \sqrt{e_p^2 + |\Delta_p|^2}$$

der positive Eigenwert von h_p (36.107) ist.[15] Damit ist die Green'sche Funktion

$$G_p(\tau, \tau') = \frac{1}{\beta}\sum_n e^{i\omega_n^-(\tau-\tau')}G_p(\omega_n^-) \tag{36.115}$$

bekannt.

36.5.3 Sattelpunktnäherung

Für Systeme, die aus einer großen Zahl von Teilchen bestehen, können wir erwarten, dass die Wirkung $S[\Delta]$ (36.106) sehr groß ist, sodass die Beiträge der einzelnen Feldkonfiguration zur Zustandssummme i. A. sehr klein sind. Die dominanten Beiträge zum Funktionalintegral kommen dann von den Feldkonfigurationen minimaler Wirkung. Wir können deshalb die Integrale über die Bose-Felder $\Delta_p(\tau)$, $\Delta_p^*(\tau)$ in der Sattelpunktsnäherung berechnen.

---

i Der aufmerksame Leser mag fragen, wieso sich die semiklassische Näherung nicht in der ursprünglichen Fermi-Theorie (36.94) durchführen lässt. Die Antwort ist einfach: Die Graßmann-Felder besitzen kein klassisches Analogon. (Man kann ihnen keinen numerischen Wert zuordnen.) Demgegenüber werden die fluktuierenden Bose-Felder am stationären Punkt zu gewöhnlichen klassischen Feldfunktionen, die an gegebenem Ort bzw. zur gegebenen Zeit einen konkreten (numerischen) Wert besitzen.

---

15 Die Größe ε_p ist die in Gl. (36.34) definierte Quasiteilchenenergie, falls wir das Paarfeld Δ_p mit dem in Gl.(36.31) definierten Spaltparameter identifizieren, der nach Benutzung von Gl. (36.22) durch

$$\Delta_p(\tau) = \sum_{p'} V(p, p')\langle b_{p'}\rangle\,. \tag{36.114}$$

gegeben ist. Diese Identifikation wird durch den Sattelpunktbedingung (36.98) des Feldes Δ_p hergestellt.

Variation der Wirkung (36.106) nach $\Delta_p^*(\tau)$ liefert die Extremalbedingung

$$\sum_{p'} V^{-1}(\boldsymbol{p},\boldsymbol{p}')\Delta_{p'}(\tau) = \frac{\delta}{\delta\Delta_p^*(\tau)}\sum_{p'} Sp(\ln G_{p'}^{-1}) . \tag{36.116}$$

(Variation nach $\Delta_p(\tau)$ liefert das Komplex-konjugierte dieser Gleichung.) Mit der Kettenregel finden wir

$$\begin{aligned}\frac{\delta}{\delta\Delta_p^*(\tau)} Sp \ln G_{p'}^{-1} &= Sp\left(G_{p'}\frac{\delta G_{p'}^{-1}}{\delta\Delta_p^*(\tau)}\right)\\ &\equiv \int_{-\beta/2}^{\beta/2} d\tau' \int_{-\beta/2}^{\beta/2} d\tau'' \mathrm{Sp}\left(G_{p'}(\tau',\tau'')\frac{\delta G_{p'}^{-1}(\tau'',\tau')}{\delta\Delta_p^*(\tau)}\right),\end{aligned} \tag{36.117}$$

wobei $G_p(\tau,\tau')$ das Inverse von $G_p^{-1}(\tau,\tau')$ ist, siehe Gl.(36.108). Mit der expliziten Form (36.103) von $G_p^{-1}(\tau,\tau')$ finden wir

$$\frac{\delta G_{p'}^{-1}(\tau',\tau'')}{\delta\Delta_p^*(\tau)} = -\delta_{pp'}\begin{pmatrix}0 & 0\\ \delta_+(\tau,\tau') & 0\end{pmatrix}\delta_-(\tau',\tau''), \tag{36.118}$$

wobei wir

$$\frac{\delta\Delta_p^*(\tau)}{\delta\Delta_{p'}^*(\tau')} = \delta_{pp'}\delta_+(\tau,\tau')$$

benutzt haben. Da die $\Delta_p(\tau)$ periodisch sind (siehe (36.97)), entsteht bei der Variation die periodische δ-Funktion $\delta_+(\tau,\tau')$. Einsetzen von (36.118) in Gl. (36.117) liefert

$$\frac{\delta Sp \ln G_{p'}^{-1}}{\delta\Delta_p^*(\tau)} = -\delta_{pp'}\mathrm{Sp}\left[\begin{pmatrix}0 & 0\\ 1 & 0\end{pmatrix} G_p(\tau,\tau)\right]. \tag{36.119}$$

Hierbei haben wir die Beziehungen (J.15)

$$\int_{-\beta/2}^{\beta/2} d\tau''\delta_+(\tau,\tau'')\delta_-(\tau'',\tau') = \delta_-(\tau,\tau') \tag{36.120}$$

und

$$\int_{-\beta/2}^{\beta/2} d\tau'' G_p(\tau,\tau'')\delta_-(\tau'',\tau') = G_p(\tau,\tau') \tag{36.121}$$

benutzt. Letztere gilt nach Gl. (J.11), da $G_{\boldsymbol{p}}(\tau, \tau')$ antiperiodischen Randbedingungen genügt, wie wir im nächsten Abschnitt zeigen werden. Mit (36.119) erhalten wir für die Sattelpunktsbedingung (36.116) (nach Multiplikation mit der Matrix $V(\boldsymbol{p}, \boldsymbol{p}')$)

$$\Delta_{\boldsymbol{p}}(\tau) = -\sum_{\boldsymbol{p}'} V(\boldsymbol{p}, \boldsymbol{p}') \mathrm{Sp}\left[\begin{pmatrix} 0 & 0 \\ 1 & 0 \end{pmatrix} G_{\boldsymbol{p}'}(\tau, \tau)\right] . \tag{36.122}$$

Da die Wechselwirkung $V(\boldsymbol{p}, \boldsymbol{p}')$ zeitunabhängig ist, können wir erwarten, dass diese Gleichung auch zeitunabhängige Lösungen besitzt. Zur weiteren Auswertung dieser Gleichung benötigen wir die explizite Form von $G_{\boldsymbol{p}}(\tau, \tau')$ für zeitunabhängige $\Delta_{\boldsymbol{p}}$.

36.5.4 Die Gap-Gleichung bei endlichen Temperaturen

Aus der durch Gln. (36.113), (36.115) gegebenen Green'schen Funktion finden wir für den in der Sattelpunktsbedingung (36.122) benötigten Ausdruck

$$\lim_{\tau' \to \tau} \mathrm{Sp}\left[\begin{pmatrix} 0 & 0 \\ 1 & 0 \end{pmatrix} G_{\boldsymbol{p}}(\tau, \tau')\right] = \frac{\Delta_{\boldsymbol{p}}}{\beta} \lim_{\delta \to 0} \sum_n \frac{e^{i\omega_n^- \delta}}{(i\omega_n^-)^2 - \varepsilon_{\boldsymbol{p}}^2} . \tag{36.123}$$

Hierbei haben wir zunächst eine endliche Zeitdifferenz $\delta = \tau - \tau'$ behalten. Die verbleibende Summe ist zwar absolut konvergent (auch im Limes $\delta \to 0$), allerdings empfiehlt es sich zu ihrer Berechnung, eine Partialbruchzerlegung durchzuführen, die nur für $\delta \neq 0$ erlaubt ist:

$$\lim_{\delta \to 0} \frac{1}{\beta} \sum_{n=-\infty}^{\infty} \frac{e^{i\omega_n^- \delta}}{(i\omega_n^-)^2 - \varepsilon_{\boldsymbol{p}}^2} = \lim_{\delta \to 0} \frac{1}{\beta} \sum_{n=-\infty}^{\infty} \frac{e^{i\omega_n^- \delta}}{2\varepsilon_{\boldsymbol{p}}} \left(\frac{1}{i\omega_n^- - \varepsilon_{\boldsymbol{p}}} - \frac{1}{i\omega_n^- + \varepsilon_{\boldsymbol{p}}} \right) . \tag{36.124}$$

Die beiden Summen wären ohne den Faktor $\exp(i\omega_n^- \delta)$ logarithmisch divergent. Deshalb müssen wir diesen Faktor zunächst beibehalten und dürfen den Limes $\delta \to 0$ erst nach Ausführen der Summation nehmen. Wir betonen jedoch, dass die Differenz der beiden Summen selbst für $\delta = 0$ absolut konvergent ist.

Die verbleibenden Summen lassen sich sehr leicht mit Hilfe der Residuentheorie auswerten, siehe Anhang J. Dies liefert (J.22)

$$\lim_{\delta \to 0} \frac{1}{\beta} \sum_{n=-\infty}^{\infty} \frac{e^{i\omega_n^- \delta}}{i\omega_n^- \mp \varepsilon_{\boldsymbol{p}}} = \frac{1}{e^{\pm \beta \varepsilon_p} + 1} .$$

Für das obere Vorzeichen ist der erhaltene Ausdruck gerade die Fermi-Verteilungsfunktion (31.51). Mit diesem Ergebnis erhalten wir für die Summe in Gl. (36.124)

$$\frac{1}{\beta} \sum_{n=-\infty}^{\infty} \frac{1}{(i\omega_n^-)^2 - \varepsilon_{\boldsymbol{p}}^2} = \frac{1}{2\varepsilon_{\boldsymbol{p}}} \left(\frac{1}{e^{\beta \varepsilon_p} + 1} - \frac{1}{e^{-\beta \varepsilon_p} + 1} \right) .$$

Verwenden wir hier

$$\frac{1}{e^{\pm x}+1} = \frac{e^{\mp \frac{x}{2}}}{e^{\frac{x}{2}} + e^{-\frac{x}{2}}},$$

so folgt

$$\frac{1}{\beta}\sum_{n=-\infty}^{\infty} \frac{1}{(i\omega_n^-)^2 - \varepsilon_{\boldsymbol{p}}^2} = -\frac{\tanh(\beta\varepsilon_{\boldsymbol{p}}/2)}{2\varepsilon_{\boldsymbol{p}}}.$$

Damit erhalten wir aus Gl. (36.123)

$$\mathrm{Sp}\left[\begin{pmatrix} 0 & 0 \\ 1 & 0 \end{pmatrix} G_{\boldsymbol{p}}(\tau,\tau)\right] = -\frac{\Delta_{\boldsymbol{p}}}{2\varepsilon_{\boldsymbol{p}}} \tanh\frac{\beta\varepsilon_{\boldsymbol{p}}}{2}.$$

Einsetzen dieser Beziehung in die Sattelpunktsbedingung (36.122) liefert die Gap-Gleichung bei endlichen Temperaturen

$$\boxed{\Delta_{\boldsymbol{p}} = \frac{1}{2}\sum_{\boldsymbol{p}'} V(\boldsymbol{p},\boldsymbol{p}')\frac{\Delta_{\boldsymbol{p}'}}{\varepsilon_{\boldsymbol{p}'}} \tanh\frac{\beta\varepsilon_{\boldsymbol{p}'}}{2}.} \tag{36.125}$$

Für die Temperatur $T = 0$ (d. h. im Limes $\beta \to \infty$) reduziert sich diese Gleichung auf die früher aus dem Variationsprinzip gefundene Gap-Gleichung (36.42), da $\lim_{x\to\infty} \tanh x = 1$.

Endliche Temperaturen $T > 0$ bewirken effektiv eine Abschwächung der Wechselwirkung, da $\tanh x < 1$ für endliche x. Für hohe Temperaturen $\beta \to 0$ existiert offenbar nur die triviale Lösung $\Delta_{\boldsymbol{p}} = 0$. Da eine kritische Wechselwirkungsstärke für eine nichttriviale Lösung $\Delta_p \neq 0$ erforderlich ist (siehe Abschnitt 36.4), können wir hieraus bereits schließen, dass es eine kritische Temperatur gibt, oberhalb derer die Supraleitung verschwindet. Die Lösung der Gleichung (36.125) wurde bereits in Abschnitt 36.4 besprochen.

37 Relativistische Felder

Relativistische Felder werden nach ihrem Transformationsverhalten unter Lorentz-Transformationen (siehe Anhang E.8)

$$x^\mu \to \tilde{x}^\mu = \Lambda^\mu{}_\nu(\omega)\, x^\nu \tag{37.1}$$

klassifiziert. Sie leben jeweils in einer bestimmten Darstellung der Lorentz-Gruppe:

1. *Skalare Felder* $\varphi(x)$ sind invariant unter Lorentz-Transformationen:

$$\varphi(x) \to \tilde{\varphi}(\tilde{x}) = \varphi(x)\,. \tag{37.2}$$

2. *Vektorfelder* $V^\mu(x)$ transformieren sich wie die Raum-Zeit-Koordinaten x^μ:[1]

$$V^\mu(x) \to \tilde{V}^\mu(\tilde{x}) = \Lambda^\mu{}_\nu(\omega)\, V^\nu(x)\,. \tag{37.3}$$

3. *Tensorfelder* $T^{\mu\nu\dots}(x)$ transformieren sich wie Produkte $x^\mu x^\nu \dots$ der Raum-Zeit-Koordinaten:

$$T^{\mu\nu\dots}(x) \to \tilde{T}^{\mu\nu\dots}(\tilde{x}) = \Lambda^\mu{}_\kappa(\omega)\Lambda^\nu{}_\lambda(\omega)\dots T^{\kappa\lambda\dots}(x)\,. \tag{37.4}$$

4. *Spinorfelder* $\Psi(x)$ transformieren sich nach der Spinordarstellung $\mathcal{R}(\omega)_{ij}$ (E.11.2) der Lorentz-Gruppe:

$$\psi_i(x) \to \tilde{\psi}_i(\tilde{x}) = \mathcal{R}(\omega)_{ij}\psi_j(x)\,. \tag{37.5}$$

Im Standard-Modell der Elementarteilchen treten nur die ersten beiden Spezies sowie das Spinorfeld auf: Das Higgs-Feld ist ein skalares Feld. Die fundamentalen Fermionen (Quarks und Leptonen) werden durch Spinorfelder beschrieben. Diese wechselwirken über den Austausch von Eichbosonen (Photonen, W- und Z-Bosonen und Gluonen), die Quanten von Vektorfeldern sind. Ein Beispiel für ein Tensorfeld ist das Gravitationsfeld $g^{\mu\nu}(x)$ der Allgemeinen Relativitätstheorie.

In Kapitel 28 haben wir die Klein-Gordon- und die Dirac-Gleichung als relativistische Verallgemeinerungen der Schrödinger-Gleichung für ein Teilchen mit Spin $s = 0$ bzw. $s = 1/2$ erhalten. Diese Gleichungen lassen sich aber auf einfachere Weise als klassische Bewegungsgleichungen (Euler-Lagrange-Gleichungen) für ein skalares Feld bzw. für ein Spinor-Feld aus einer relativistisch-invarianten Wirkung erhalten. Werden diese Felder quantisiert, beschreiben sie nicht mehr ein einzelnes Teilchen, sondern ein System identischer Teilchen mit beliebiger Teilchenzahl, deren Wellenfunktionen folglich den

---

1 Dies ist die relativistische Verallgemeinerung des Transformationsverhaltens (23.74) der Vektorfelder unter Drehungen im $\mathbf{R}^3$.

https://doi.org/10.1515/9783111625126-009

gesamten Fock-Raum der Zweiten Quantisierung aufspannen. Die Quantisierung der Felder kann sowohl durch die kanonische oder die Funktionalintegral-Quantisierung erfolgen. Das Feld $\phi(x) \equiv \phi(t, \boldsymbol{x})$ ist dabei selbst die Koordinate, genauer ein Ensemble von unendlich vielen Koordinaten, die durch den kontinuierlichen „Index" $\boldsymbol{x}$ unterschieden werden.

Im Band 1 sind wir vom Grundprinzip der Quantentheorie, der Summation über alle interferierenden Alternativen, ausgegangen, das uns auf die Funktionalintegraldarstellung der Übergangsamplitude führte. Aus dem Funktionalintegral haben wir dann die Schrödinger-Gleichung mit dem Hamilton-Operator abgeleitet. In analoger Weise haben wir in Abschnitt 28.4 durch Summation über sämtliche Trajektorien im Minkowski-Raum die Klein-Gordon-Gleichung als quantenmechanische Bewegungsgleichung für ein relativistisches Punktteilchen mit Spin $s = 0$ erhalten. Das Grundprinzip der Quantentheorie bleibt auch in der relativistischen Quantenfeldtheorie gültig, wobei das Feld $\phi(x)$ selbst die (verallgemeinerte) Koordinate ist: Die Wahrscheinlichkeitsamplitude $K(\phi_f, t_f; \phi_i, t_i)$ für den Übergang eines Feldes ϕ aus einer räumlichen (zeitunabhängigen) Feldkonfiguration $\phi_i(\boldsymbol{x})$ zur Zeit t_i in eine Feldkonfiguration $\phi_f(\boldsymbol{x})$ zur Zeit t_f ergibt sich durch Summation von $\exp[(i/\hbar)S[\phi]]$ über sämtliche zeitabhängigen Felder $\phi(t, \boldsymbol{x})$, die den Randbedingungen $\phi(t_i, \boldsymbol{x}) = \phi_i(\boldsymbol{x})$, $\phi(t_f, \boldsymbol{x}) = \phi_f(\boldsymbol{x})$ genügen, wobei $S[\phi]$ die relativistisch-invariante Wirkung des Feldes ist:

$$K(\phi_f, t_f; \phi_i, t_i) = \int\limits_{\phi(t_i,\boldsymbol{x})=\phi_i(\boldsymbol{x})}^{\phi(t_f,\boldsymbol{x})=\phi_f(\boldsymbol{x})} \mathcal{D}\phi(x) \exp \frac{i}{\hbar} S[\phi]. \tag{37.6}$$

Wie in der Quantenmechanik eines Punktteilchens (siehe Gln. (21.28), (21.29)) repräsentiert die Übergangsamplitude das Matrixelement des Zeitentwicklungsoperators in der „Koordinatendarstellung"

$$K(\phi_f, t_f; \phi_i, t_i) = \langle \phi_f, t_f | e^{-(i/\hbar)\mathsf{H}[\phi](t_f - t_i)} | \phi_i, t_i \rangle, \tag{37.7}$$

wobei $\mathsf{H}[\phi]$ der Hamilton-Operator des Quantenfeldes ϕ ist.

Wir haben bereits einleitend in Kapitel 33 darauf hingewiesen, dass aus konzeptioneller Sicht ein Quantenfeld ein System (unendlich vieler) identischer Teilchen repräsentiert. Deshalb lässt sich die in Kapitel 33 abgeleitete Funktionalintegralquantisierung von Vielteilchensystemen auch unmittelbar auf die Quantenfeldtheorie übertragen. Um von den Ergebnissen des Kapitels 33 Gebrauch zu machen, gehen wir bei der Quantisierung der Felder den umgekehrten Weg und leiten die Funktionalintegraldarstellung (37.6) der Übergangsamplitude aus der kanonisch quantisierten Theorie ab. Das prinzipielle Vorgehen ist dabei wie folgt:

Ausgehend von der Lagrange-Form der klassischen, relativistisch-invarianten Wirkung des Feldes ϕ

$$S[\phi] = \int d^4x \mathcal{L}(x) \tag{37.8}$$

führen wir zunächst den zur Feldkoordinate $\phi(x)$ gehörigen kanonisch konjugierten Impuls

$$\pi(x) = \frac{\delta S[\phi]}{\delta \partial_t \phi(x)} = \frac{\partial \mathcal{L}(x)}{\partial(\partial_t \phi(x))} \tag{37.9}$$

ein und gehen durch Legendre-Transformation der *Lagrange-Dichte* $\mathcal{L}(x)$ von den „Geschwindigkeiten" $\partial_t \phi(x)$ zu den Impulsen $\pi(x)$ über zur *Hamilton-Dichte*

$$\mathcal{H}[\pi, \phi](x) = \pi(x)\partial_t \phi(x) - \mathcal{L}(x)\,. \tag{37.10}$$

Nach kanonischer Quantisierung erhalten wir hieraus den Hamilton-Operator, den wir in der Zweiten Quantisierung aufschreiben. Aus diesem finden wir dann mit den Ergebnissen des Kapitels 33 die Funktionalintegraldarstellung (37.6) der Übergangsamplitude.

Wir führen die Quantisierung im Detail für das skalare Feld durch. Für die übrigen Felder verläuft die Quantisierung völlig analog. Besonderheiten treten allerdings bei der Quantisierung der Eichfelder aufgrund der Eichinvarianz auf, die wir deshalb ebenfalls detailliert behandeln werden.

In diesem Kapitel benutzen wir das in der Quantenfeldtheorie übliche Lorentz-Heaviside-Maßsystem mit $c = 1$ und $\hbar = 1$, sodass die Zeit $t = x^0 \equiv ct$ die Dimension einer Länge besitzt und die Wirkung dimensionslos ist.

37.1 Das skalare Feld

Wir beginnen mit dem einfachsten Feld, dem skalaren Feld $\varphi(x) \equiv \varphi(t, \boldsymbol{x})$. Das Feld repräsentiert ein Ensemble von unendlich vielen Koordinaten, die durch den kontinuierlichen Index $\boldsymbol{x}$ unterschieden werden.

37.1.1 Klassische Theorie des skalaren Feldes

Die klassischen Bewegungsgleichungen des Feldes ergeben sich, wie in der Punktmechanik, aus dem Prinzip der minimalen Wirkung. Die Wirkung eines relativistischen Feldes $\varphi(x)$ lässt sich in der Form

$$S[\varphi] = \int_M d^4x \mathcal{L}(x) \tag{37.11}$$

schreiben, wobei $\mathcal{L}(x)$ die Lagrange-Dichte ist und die Integration sich über den vierdimensionalen Minkowski-Raum M erstreckt. Invarianz unter Lorentz-Transformation verlangt, dass die Lagrange-Dichte neben den (verallgemeinerten) „Koordinaten“ $\varphi(x)$ nicht nur von den „Geschwindigkeiten“ $\partial_t \varphi$, sondern von allen Raum-Zeit-Ableitungen des Feldes $\partial_\mu \varphi$ in gleicher Weise abhängt

$$\mathcal{L} = \mathcal{L}(\varphi, \partial_\mu \varphi) . \tag{37.12}$$

Unter Poincaré-Transformationen (E.67) darf sich die Lagrange-Dichte nur um eine totale Vierer-Divergenz ändern,

$$\mathcal{L} \to \mathcal{L} + \partial_\mu V^\mu(\varphi, \partial_\mu \varphi) ,$$

was die Wirkung invariant lässt und somit keinen Einfluss auf die resultierenden Bewegungsgleichungen hat. Wegen der expliziten Abhängigkeit der Lagrange-Funktion von φ und $\partial_\mu \varphi$ ist die Variation der Wirkung durch

$$\delta S[\varphi] = \int_M d^4x \left(\frac{\partial \mathcal{L}(x)}{\partial \varphi(x)} \delta\varphi(x) + \frac{\partial \mathcal{L}(x)}{\partial(\partial_\mu \varphi(x))} \delta(\partial_\mu \varphi(x)) \right) \tag{37.13}$$

gegeben. Beachten wir, dass $\delta(\partial_\mu \varphi) = \partial_\mu \delta\varphi$ ist, so finden wir hieraus durch partielle Integration

$$\delta S[\varphi] = \int_M d^4x \left[\left(\frac{\partial \mathcal{L}}{\partial \varphi} - \partial_\mu \frac{\partial \mathcal{L}}{\partial(\partial_\mu \varphi)} \right) \delta\varphi + \partial_\mu \left(\frac{\partial \mathcal{L}}{\partial(\partial_\mu \varphi)} \delta\varphi \right) \right] . \tag{37.14}$$

Der letzte Term auf der rechten Seite lässt sich mithilfe des Gauß’schen Satzes umformen zu[2]

$$\int_M d^4x \partial_\mu \left(\frac{\partial \mathcal{L}}{\partial(\partial_\mu \varphi)} \delta\varphi \right) = \int_{\partial M} d\Sigma_\mu \frac{\partial \mathcal{L}}{\partial(\partial_\mu \varphi)} \delta\varphi , \tag{37.15}$$

wobei $d\Sigma_\mu$ ein infinitesimales „Flächenelement“ des vierdimensionalen Minkowski-Raumes M und somit ein Volumenelement im dreidimensionalen Raum dual zur μ-Achse ist. Das Oberflächenintegral erstreckt sich über den Rand ∂M des Minkowski-Raumes auf dem die Variation des Feldes voraussetzungsgemäß verschwindet, $\delta\varphi(x) = 0,\ x \in \partial M$, sodass dieser Term ebenfalls verschwindet. Die Variation der Wirkung vereinfacht sich dann zu

$$\frac{\delta S[\varphi]}{\delta \varphi(x)} = \frac{\partial \mathcal{L}}{\partial \varphi} - \partial_\mu \frac{\partial \mathcal{L}}{\partial(\partial_\mu \varphi)} \tag{37.16}$$

2 Dieser Term ist das vierdimensionale Analogon der totalen zeitlichen Ableitung, die bei der Variation der Wirkung eines nichtrelativistischen Punktteilchens auftritt.

und verschwindet für solche Feldkonfigurationen $\varphi(x)$, die der *Euler-Lagrange Gleichung*

$$\partial_\mu \frac{\partial \mathcal{L}}{\partial(\partial_\mu \varphi)} = \frac{\partial \mathcal{L}}{\partial \varphi} \tag{37.17}$$

genügen.

Die Lagrange-Dichte des skalaren Feldes ist durch

$$\mathcal{L} = \frac{1}{2}\partial_\mu \varphi \partial^\mu \varphi - \mathcal{U}(\varphi) \tag{37.18}$$

gegeben. Hierin ist

$$\mathcal{U}(\varphi) = \frac{1}{2} m^2 \varphi^2 + \mathcal{V}(\varphi) \tag{37.19}$$

die *Potentialdichte*, die neben dem Massenterm $\frac{1}{2}m^2\varphi^2$ noch die Selbstwechselwirkung des Feldes $\mathcal{V}(\varphi)$ enthält, die gewöhnlich die Form

$$\mathcal{V}(\varphi) = \frac{\lambda}{4!}\varphi^4 \tag{37.20}$$

besitzt, aber auch ein Term $\sim \varphi^3$ enthalten kann. (Ein linearer Term in $\mathcal{U}(\varphi)$ der Form $\kappa\varphi$ mit konstantem Koeffizienten κ lässt sich durch Verschiebung des Feldes $\varphi(x) + \kappa/m^2 \to \varphi(x)$ eliminieren.) Potenzen des Feldes höherer als vierter Ordnung machen die resultierende Quantenfeldtheorie unrenormierbar.[3]

Für die Lagrange-Dichte (37.18) ergibt sich die Euler-Lagrange-Gleichung

$$(\partial_\mu \partial^\mu + m^2)\varphi(x) + \mathcal{V}'(\varphi) = 0\,, \tag{37.21}$$

die sich bei Abwesenheit des Wechselwirkungspotentials $\mathcal{V}(\varphi)$ auf die Klein-Gordon-Gleichung (28.117)

$$(\partial_\mu \partial^\mu + m^2)\varphi(x) = 0 \tag{37.22}$$

reduziert.

Die zu den *verallgemeinerten Koordinaten* $\varphi(x)$ gehörigen *kanonischen konjugierten Impulse*

$$\pi(x) = \frac{\partial \mathcal{L}}{\partial(\partial_0 \varphi(x))} \tag{37.23}$$

sind wie in der Punktmechanik durch die Zeitableitung der Koordinaten gegeben:

3 Die Theorie ist dann nur mit einem ultraviolett-Abschneideparameter (UV-cut-off) definiert.

$$\pi(x) = \partial_0 \varphi(x). \tag{37.24}$$

Die *Legendre-Transformation* der Lagrange-Dichte von den „Geschwindigkeiten" $\partial_0 \varphi$ zu den Impulsen π liefert die Hamilton-Dichte

$$\mathcal{H}(\pi, \varphi) = \left[\pi(x)\partial_0 \varphi(x) - \mathcal{L}(\varphi, \partial_\mu \varphi)\right]_{\partial_0 \varphi = \pi} . \tag{37.25}$$

Für die Lagrange-Dichte (37.18) finden wir

$$\begin{aligned} \mathcal{H}(\pi, \varphi) &= \frac{1}{2}\pi^2 + \frac{1}{2}(\nabla \varphi)^2 + \mathcal{U}(\varphi) \\ &= \frac{1}{2}\pi^2 + \frac{1}{2}(\nabla \varphi)^2 + \frac{1}{2}m^2 \varphi^2(x) + \mathcal{V}(\varphi). \end{aligned} \tag{37.26}$$

Der erste Term ist die kinetische Energiedichte des Feldes, die wie üblich quadratisch in den Impulsen ist. Der zweite Term liefert eine Kopplung der Feldkoordinaten $\varphi(x)$ benachbarter Raumpunkte, ähnlich wie sie in elastischen Medien existiert. Der Massenterm repräsentiert ein harmonisches Oszillatorpotential (in der Feldkoordinate $\varphi(\boldsymbol{x})$), während $\mathcal{V}(\varphi)$ die anharmonische Potentialterme enthält.

Wie wir später sehen werden, ist für die nachfolgende Quantisierung der Potentialterm $\mathcal{V}[\varphi]$ irrelevant. Wir werden uns deshalb im Folgenden auf ein freies skalares Feld, $\mathcal{V}[\varphi] = 0$, beschränken, für welches die Lagrange-Dichte (37.18) durch

$$\mathcal{L} = \frac{1}{2}\partial_\mu \varphi \partial^\mu \varphi - \frac{1}{2}m^2 \varphi^2 \tag{37.27}$$

und die Hamilton-Dichte (37.26) durch

$$\mathcal{H}(\pi, \varphi) = \frac{1}{2}\pi^2 + \frac{1}{2}(\nabla \varphi)^2 + \frac{1}{2}m^2 \varphi^2(x) \tag{37.28}$$

gegeben sind.

37.1.2 Kanonische Quantisierung des skalaren Feldes

Wir führen die Quantisierung im Schrödinger-Bild durch. In diesem Bild sind die Operatoren zeitunabhängig. In Analogie zur Punktmechanik erfolgt die kanonische Quantisierung des Feldes, indem wir die klassischen, kanonisch konjugierten Feldkoordinaten und Impulse, $\varphi(x) = \varphi(t, \boldsymbol{x})$, $\pi(x) = \pi(t, \boldsymbol{x})$, zu einem (zwar beliebigen aber) festen Zeitpunkt t durch Operatoren $\hat{\varphi}(\boldsymbol{x})$ und $\hat{\pi}(\boldsymbol{x})$ ersetzen, für welche wir die üblichen kanonischen Vertauschungsrelationen (hier für Operatoren mit kontinuierlichen Indexsatz $\boldsymbol{x}$ und in Einheiten mit $\hbar = 1$) fordern:

$$\begin{aligned} \left[\hat{\varphi}(\boldsymbol{x}), \hat{\varphi}(\boldsymbol{y})\right] &= 0 = \left[\hat{\pi}(\boldsymbol{x}), \hat{\pi}(\boldsymbol{y})\right], \\ \left[\hat{\varphi}(\boldsymbol{x}), \hat{\pi}(\boldsymbol{y})\right] &= i\delta(\boldsymbol{x}, \boldsymbol{y}). \end{aligned} \tag{37.29}$$

In der kanonischen Quantisierung wird offenbar die Zeit $x^0 = t$ gegenüber den räumlichen Koordinaten x^i ausgezeichnet. Dadurch wird die Lorentz-Kovarianz gebrochen, nicht jedoch die relativistische Invarianz. (Andernfalls ließe sich aus der kanonisch quantisierten Theorie nicht die relativistisch-invariante und Lorentz-kovariante Funktionalintegralquantisierung ableiten, siehe Abschnitt 37.1.7.)

Durch die Ersetzung der klassischen Felder $\varphi(x), \pi(x)$ durch die entsprechenden Quantenoperatoren $\hat{\varphi}(x), \hat{\pi}(x)$ wird aus der klassischen Hamiltonfunktion

$$H[\pi, \varphi] = \int d^3x \mathcal{H}(\pi, \varphi), \tag{37.30}$$

der quantenmechanischer Hamilton-Operator

$$\hat{H} = H[\hat{\pi}, \hat{\varphi}]. \tag{37.31}$$

Aufgrund der einfachen Form der Hamilton-Funktion (37.26) bzw. (37.28) des skalaren Feldes stoßen wir bei der Ersetzung der klassischen Felder durch die entsprechenden quantenmechanischen Operatoren auf keinerlei Ordnungsprobleme und finden

$$\hat{H} = \frac{1}{2} \int d^3x [\hat{\pi}^2(\mathbf{x}) + (\vec{\nabla}\hat{\varphi}(\mathbf{x}))^2 + m^2 \hat{\varphi}^2(\mathbf{x})]. \tag{37.32}$$

Wie alle quantenmechanischen Systeme besitzt das Feld eine Wellenfunktion $|\psi(t)\rangle$, die der zeitabhängigen Schrödinger-Gleichung

$$i\partial_t |\psi(t)\rangle = \hat{H}|\psi(t)\rangle \tag{37.33}$$

genügt.[4] Bei Abwesenheit äußerer zeitabhängiger Felder lässt diese sich wie üblich durch den Ansatz

$$|\psi(t)\rangle = e^{-iEt}|\phi\rangle \tag{37.35}$$

auf die stationäre Schrödinger-Gleichung

$$\hat{H}|\phi\rangle = E|\phi\rangle \tag{37.36}$$

4 Die Schrödinger-Gleichung ist a priori relativistisch invariant. Sowohl der Operator der Energie, H, als auch der Operator des Impulses, p_k, werden auf äquivalente Weise durch Ableitungsoperatoren der Zeit bzw. der Raumkoordinate dargestellt:

$$H = i\partial_t, \quad p_k = -i\partial_k. \tag{37.34}$$

In der nichtrelativistischen Quantenmechanik wird jedoch ein nichtrelativistischer Ausdruck für die Energie, $H = p^2/2m + \cdots$, benutzt, wodurch in der resultierenden Schrödinger-Gleichung die relativistische Invarianz gebrochen wird.

reduzieren.In der *Koordinatendarstellung*[5] fällt der Operator $\hat{\varphi}(\boldsymbol{x})$ mit dem klassischen Feld $\varphi(\boldsymbol{x})$ zusammen und der Impulsoperator $\hat{\pi}(\boldsymbol{x})$ ergibt sich aus der Vertauschungsrelation (37.29) als (Variations-)Ableitung nach dem Feld $\varphi(\boldsymbol{x})$:

$$\hat{\varphi}(\boldsymbol{x}) = \varphi(\boldsymbol{x}), \quad \hat{\pi}(\boldsymbol{x}) = \frac{\delta}{i\delta\varphi(\boldsymbol{x})} . \tag{37.37}$$

Da das Feld $\varphi(\boldsymbol{x})$ von einem kontinuierlichen „Index" $\boldsymbol{x}$ abhängt, ist diese Ableitung eine Variationsableitung. Dementsprechend sind die Wellenfunktionen in der Koordinatendarstellung nicht durch gewöhnliche Funktionen sondern durch Funktionale des Feldes gegeben:

$$\langle\varphi|\psi(t)\rangle = \psi[\varphi](t) . \tag{37.38}$$

In der Koordinatendarstellung (37.37) finden wir für den Hamilton-Operator (37.32) des skalaren Feldes

$$\hat{H}[\varphi] = \frac{1}{2}\int d^3x\left[-\frac{\delta}{\delta\varphi(\boldsymbol{x})}\frac{\delta}{\delta\varphi(\boldsymbol{x})} + (\nabla\varphi(\boldsymbol{x}))^2 + m^2\varphi^2(x)\right]. \tag{37.39}$$

Wie in der Quantenmechanik von Punktteilchen spannen die Eigenzustände (Wellenfunktionale) von H einen Hilbert-Raum auf, in welchem ein Skalarprodukt mit den üblichen Eigenschaften durch

$$\langle\psi_1|\psi_2\rangle = \int \mathcal{D}\varphi(\boldsymbol{x})\psi_1^*[\varphi]\psi_2[\varphi] \tag{37.40}$$

definiert ist. Hierbei bezeichnet $\int \mathcal{D}\varphi(\boldsymbol{x})$ das Funktionalintegral über sämtliche räumliche Feldkonfigurationen $\varphi(\boldsymbol{x})$. Das Funktionalintegral lässt sich als ein gewöhnliches (unendlich-dimensionales) Vielfachintegral über die Variablen $\varphi(\boldsymbol{x})$ verstehen, die durch einen kontinuierlichen „Index" $\boldsymbol{x}$ charakterisiert sind. In Analogie zum Funktionalintegral über zeitabhängige Trajektorien in der Quantenmechanik (siehe Abschnitt 3.4) ist das Funktionalintegral über das Feld $\varphi(\boldsymbol{x})$ durch Diskretisierung des dreidimensionalen Raumes $\mathbb{R}^3$, d. h. durch eine Gitterzerlegung des Raumes in infinitesimale Würfel der Kantenlänge a definiert, wobei der Limes $a \to 0$ zu nehmen ist:

$$\int \mathcal{D}\varphi(\boldsymbol{x}) = \lim_{a\to 0}\prod_i \frac{d\varphi(\boldsymbol{x}_i)}{\sqrt{2\pi a^3}} . \tag{37.41}$$

Hierbei ist $\boldsymbol{x}_i$ der Ortsvektor zum Mittelpunkt des i-ten Würfels und das Produkt erstreckt sich über sämtliche Würfel des dreidimensionalen Raumes.[6]

5 Wir erinnern daran, dass das Feld $\varphi(\boldsymbol{x})$ selbst die Koordinate ist.

6 Man beachte, dass im Gegensatz zu Gl. (3.23) hier kein Faktor i in der Wurzel enthalten ist, da die Funktionalintegrale in der Norm (37.40) der Wellenfunktionale auf Gauß-Integrale statt Fresnel-Integrale führen, siehe unten.

37.1.3 Die Grundzustandswellenfunktion des freien skalaren Feldes

Zur Illustration des kanonischen Formalismus wollen wir die stationäre Schrödinger-Gleichung explizit für den Grundzustand $\langle\varphi|\phi_0\rangle = \phi_0[\varphi]$ des freien skalaren Feldes lösen. Der Hamilton-Operator (37.39) des skalaren Feldes lautet nach partieller Integration

$$\hat{H}[\varphi] = \frac{1}{2}\int d^3x\left[-\frac{\delta}{\delta\varphi(\boldsymbol{x})}\frac{\delta}{\delta\varphi(\boldsymbol{x})} + \varphi(\boldsymbol{x})(-\Delta + m^2)\varphi(\boldsymbol{x})\right]. \tag{37.42}$$

Er beschreibt einen Satz harmonischer Oszillatoren mit Koordinaten $\varphi(\boldsymbol{x})$, die aufgrund des Ableitungsterms $\varphi(\boldsymbol{x})(-\Delta)\varphi(\boldsymbol{x})$ gekoppelt sind. (Der Ableitungsterm koppelt die Koordinaten $\varphi(\boldsymbol{x})$ benachbarter Raumpunkte $\boldsymbol{x}$.) Die Grundzustandswellenfunktion eines harmonischen Oszillators ist bekanntlich durch eine Gauß-Funktion gegeben, siehe Kapitel 12. Dementsprechend ist die Grundzustandswellenfunktion eines Satzes gekoppelter Oszillatoren mit Koordinaten $\varphi(\boldsymbol{x})$ von der Form

$$\phi_0[\varphi] = \mathcal{N}\exp\left[-\frac{1}{2}\int d^3x\int d^3y\varphi(\boldsymbol{x})\omega(\boldsymbol{x},\boldsymbol{y})\varphi(\boldsymbol{y})\right], \tag{37.43}$$

wobei $\mathcal{N}$ eine Normierungskonstante und $\omega(\boldsymbol{x},\boldsymbol{y}) = \omega(\boldsymbol{y},\boldsymbol{x})$ ein symmetrischer Integralkern ist. Aufgrund der Homogenität des Raumes darf $\omega(\boldsymbol{x},\boldsymbol{y})$ nur von $\boldsymbol{x}-\boldsymbol{y}$ und wegen der Isotropie des Raumes nur von dem Betrag $|\boldsymbol{x}-\boldsymbol{y}|$ abhängen. Das Wellenfunktional des Grundzustandes $\phi_0[\varphi]$ (37.43) ist offensichtlich normierbar. Mit Gl. (B.13) finden wir

$$\langle\phi_0|\phi_0\rangle = \int\mathcal{D}\varphi\phi_0^*[\varphi]\phi_0[\varphi] = |\mathcal{N}|^2\mathcal{D}et^{-1/2}(2\omega), \tag{37.44}$$

womit sich die Normierungskonstante zu

$$\mathcal{N} = \mathcal{D}et^{1/4}(2\omega) \tag{37.45}$$

ergibt.

Setzen wir den Ansatz (37.43) in die Schrödinger-Gleichung

$$\hat{H}[\varphi]\phi_0[\varphi] = E_0\phi_0[\varphi] \tag{37.46}$$

ein und benutzen

$$\frac{\delta\phi_0[\varphi]}{\delta\varphi(\boldsymbol{x})} = -\int d^3y\omega(\boldsymbol{x},\boldsymbol{y})\varphi(\boldsymbol{y})\,\phi_0[\varphi], \tag{37.47}$$

$$\frac{\delta^2\phi_0[\varphi]}{\delta\varphi(\boldsymbol{x})\delta\varphi(\boldsymbol{x})} = \left[-\omega(\boldsymbol{x},\boldsymbol{x}) + \left(\int d^3y\omega(\boldsymbol{x},\boldsymbol{y})\varphi(\boldsymbol{y})\right)^2\right]\phi_0[\varphi] \tag{37.48}$$

$$= \left[-\omega(\boldsymbol{x},\boldsymbol{x}) + \int d^3y\int d^3z\,\varphi(\boldsymbol{z})\omega(\boldsymbol{z},\boldsymbol{x})\omega(\boldsymbol{x},\boldsymbol{y})\varphi(\boldsymbol{y})\right]\phi_0[\varphi] \tag{37.49}$$

sowie

$$\int d^3z\, \omega(\boldsymbol{x},\boldsymbol{z})\omega(\boldsymbol{z},\boldsymbol{y}) =: \omega^2(\boldsymbol{x},\boldsymbol{y}), \tag{37.50}$$

so erhalten wir

$$\frac{1}{2}\left[\int d^3x \int d^3y\, \varphi(\boldsymbol{x})[-\omega^2(\boldsymbol{x},\boldsymbol{y}) + (-\Delta + m^2)\delta(\boldsymbol{x},\boldsymbol{y})]\varphi(\boldsymbol{y}) \right.$$
$$\left. + \int d^3x\, \omega(\boldsymbol{x},\boldsymbol{x})\right]\phi_0[\varphi] = E_0\phi_0[\varphi]. \tag{37.51}$$

Damit diese Gleichung erfüllt ist, müssen sich die Terme quadratisch in $\varphi(\boldsymbol{x})$ wegheben. Dies fixiert den bisher noch unbestimmte Integralkern $\omega(\boldsymbol{x},\boldsymbol{y})$ zu

$$\omega^2(\boldsymbol{x},\boldsymbol{y}) = (-\Delta + m^2)\delta(\boldsymbol{x},\boldsymbol{y}) \tag{37.52}$$

und resultiert in der Grundzustandsenergie

$$E_0 = \frac{1}{2}\int d^3x\, \omega(\boldsymbol{x},\boldsymbol{x}). \tag{37.53}$$

Benutzen wir in Gl. (37.52) die Fourier-Darstellung (A.17) der δ-Funktion, so finden wir

$$\omega^2(\boldsymbol{x},\boldsymbol{y}) = \int \frac{d^3p}{(2\pi)^3} e^{i\boldsymbol{p}(\boldsymbol{x}-\boldsymbol{y})}(\boldsymbol{p}^2 + m^2) =: \int \frac{d^3p}{(2\pi)^3} e^{i\boldsymbol{p}(\boldsymbol{x}-\boldsymbol{y})}\omega^2(\boldsymbol{p}) \tag{37.54}$$

und somit für die hier definierte Fourier-Transformierte von $\omega^2(\boldsymbol{x},\boldsymbol{y})$:

$$\omega^2(\boldsymbol{p}) = \boldsymbol{p}^2 + m^2. \tag{37.55}$$

Benutzen wir dieselbe Definition der Fourier-Transformation auch für $\omega(\boldsymbol{x},\boldsymbol{y})$,

$$\omega(\boldsymbol{x},\boldsymbol{y}) = \int \frac{d^3p}{(2\pi)^3} e^{i\boldsymbol{p}(\boldsymbol{x}-\boldsymbol{y})}\omega(\boldsymbol{p}), \tag{37.56}$$

so folgt aus Gl. (37.50)

$$\omega^2(\boldsymbol{p}) = (\omega(\boldsymbol{p}))^2 \tag{37.57}$$

und somit aus Gl. (37.55)[7]

$$\omega(\boldsymbol{p}) = \sqrt{\boldsymbol{p}^2 + m^2}. \tag{37.58}$$

7 Das positive Vorzeichen der Wurzel ist hier zu wählen, da das negative Vorzeichen ein nichtnormierbares Wellenfunktional (37.43) liefern würde.

Dies ist die relativistische Energie-Impuls-Beziehung (28.22) eines Teilchens der Masse m (in Einheiten mit $c = 1$). Damit erhalten wir für die Energie (37.53) des Grundzustandes

$$E_0 = \frac{1}{2}\frac{V}{(2\pi)^3}\int d^3p\,\omega(\boldsymbol{p}) \tag{37.59}$$

wobei

$$V = \int d^3x\,1 \tag{37.60}$$

das Volumen des 3-dimensionalen Raumes ist. Man beachte, dass $\frac{Vd^3p}{(2\pi)^{3/2}}$ die Anzahl der Zustände im 3-dimensionalen Raum mit Impulsen aus dem Intervall $[\boldsymbol{p}, \boldsymbol{p} + d\boldsymbol{p}]$ ist, siehe Abschnitt 29.11. Damit ist E_0 (37.59) die Grundzustandsenergie eines Satzes ungekoppelter harmonischer Oszillatoren mit Frequenzen $\omega(\boldsymbol{p})$ (37.58).[8] Durch die Fourier-Transformation zur Impulsdarstellung wurden offenbar die in der Koordinatendarstellung gekoppelt erscheinenden Oszillatoren entkoppelt. Wir werden deshalb jetzt zur Impulsdarstellung des skalaren Feldes übergehen, die bequemerweise auch für die Zweite Quantisierung des Feldes benutzt wird. Aus dieser werden wir dann die Funktionalintegraldarstellung der Übergangsamplituden des skalaren Feldes gewinnen.

37.1.4 Impulsdarstellung

Wie oben bei der Grundzustandsenergie festgestellt, können wir die im skalaren Feld enthaltenen Oszillatoren entkoppeln, indem wir durch Fourier-Transformation von der Ortsdarstellung $\varphi(\boldsymbol{x}) = \langle\boldsymbol{x}|\varphi\rangle$ zur Impulsdarstellung $\varphi(\boldsymbol{p}) = \langle\boldsymbol{p}|\varphi\rangle$ übergehen. Aus

$$\varphi(\boldsymbol{x}) = \langle\boldsymbol{x}|\varphi\rangle = \int d^3p\langle\boldsymbol{x}|\boldsymbol{p}\rangle\langle\boldsymbol{p}|\varphi\rangle \tag{37.61}$$

finden wir mit Gl. (30.65):

$$\langle\boldsymbol{x}|\boldsymbol{p}\rangle = \frac{1}{(2\pi)^{3/2}}e^{i\boldsymbol{p}\cdot\boldsymbol{x}} \tag{37.62}$$

die Beziehung

$$\varphi(\boldsymbol{x}) = \int \frac{d^3p}{(2\pi)^{3/2}}e^{i\boldsymbol{p}\boldsymbol{x}}\varphi(\boldsymbol{p})\,. \tag{37.63}$$

Da das Feld $\varphi(\boldsymbol{x})$ reell ist, $\varphi^*(\boldsymbol{x}) = \varphi(\boldsymbol{x})$, besitzen seine Impulskomponenten

8 Die Grundzustandstandsenergie E_0 (37.59) ist offensichtlich divergent, jedoch für physikalische Betrachtungen irrelevant, da keine absoluten Energien, sondern nur Energiedifferenzen messbar sind.

$$\varphi(\boldsymbol{p}) = \int \frac{d^3x}{(2\pi)^{3/2}} e^{-i\boldsymbol{p}\boldsymbol{x}} \varphi(\boldsymbol{x}) \tag{37.64}$$

die Symmetrie

$$\varphi^*(\boldsymbol{p}) = \varphi(-\boldsymbol{p})\,. \tag{37.65}$$

Der zugehörige quantenmechanische Operator ist in der Ortsdarstellung hermitesch, $\hat{\varphi}^\dagger(\boldsymbol{x}) = \hat{\varphi}(\boldsymbol{x})$, sodass er in der Impulsdarstellung die Symmetrie

$$\hat{\varphi}^\dagger(\boldsymbol{p}) = \hat{\varphi}(-\boldsymbol{p}) \tag{37.66}$$

besitzt. Wegen

$$\frac{\delta\varphi(\boldsymbol{x})}{\delta\varphi(\boldsymbol{y})} = \delta(\boldsymbol{x} - \boldsymbol{y}) \tag{37.67}$$

folgt aus der inversen Fourier-Transformation (37.64)

$$\frac{\delta\varphi(\boldsymbol{p})}{\delta\varphi(\boldsymbol{x})} = \frac{1}{(2\pi)^{3/2}} e^{-i\boldsymbol{p}\boldsymbol{x}} \tag{37.68}$$

und somit unter Benutzung der Kettenregel

$$\frac{\delta}{\delta\varphi(\boldsymbol{x})} = \int d^3p \frac{\delta\varphi(\boldsymbol{p})}{\delta\varphi(\boldsymbol{x})} \frac{\delta}{\delta\varphi(\boldsymbol{p})} = \int \frac{d^3p}{(2\pi)^{3/2}} e^{-i\boldsymbol{p}\boldsymbol{x}} \frac{\delta}{\delta\varphi(\boldsymbol{p})} \tag{37.69}$$

für den Impulsoperator (37.37)

$$\hat{\pi}(\boldsymbol{x}) = \int \frac{d^3p}{(2\pi)^{3/2}} e^{-i\boldsymbol{p}\boldsymbol{x}} \hat{\pi}(\boldsymbol{p})\,, \quad \hat{\pi}(\boldsymbol{p}) = \frac{\delta}{i\delta\varphi(\boldsymbol{p})}\,. \tag{37.70}$$

(Man beachte das umgekehrte Vorzeichen im Exponenten gegenüber der Fouriertransformation (37.63) des Feldes $\varphi(x)$.) Aus der Symmetriebeziehung (37.65) des Feldes $\varphi(\boldsymbol{p})$ folgt für den Impulsoperator

$$\hat{\pi}^\dagger(\boldsymbol{p}) = \hat{\pi}(-\boldsymbol{p})\,. \tag{37.71}$$

Mit der zu Gl. (37.68) inversen Beziehung

$$\frac{\delta\varphi(\boldsymbol{x})}{\delta\varphi(\boldsymbol{p})} = (2\pi)^{3/2} e^{i\boldsymbol{p}\boldsymbol{x}} \tag{37.72}$$

folgt aus der inversen Fourier-Transformation (37.64)

$$\frac{\delta\varphi(\boldsymbol{p})}{\delta\varphi(\boldsymbol{q})} = \delta(\boldsymbol{p} - \boldsymbol{q})\,. \tag{37.73}$$

Damit transformieren sich die kanonischen Vertauschungsrelationen (37.29) in den Impulsraum zu

$$\begin{aligned}\left[\hat{\varphi}(\boldsymbol{p}), \hat{\varphi}(\boldsymbol{q})\right] &= 0 = \left[\hat{\pi}(\boldsymbol{p}), \hat{\pi}(\boldsymbol{q})\right], \\ \left[\hat{\varphi}(\boldsymbol{p}), \hat{\pi}(\boldsymbol{q})\right] &= i\delta(\boldsymbol{p}, \boldsymbol{q}).\end{aligned} \tag{37.74}$$

---

i Wählt man für den Impulsoperator dieselbe Definition (37.63) der Fouriertransformation wie für das Feld:

$$\hat{\pi}(\boldsymbol{x}) = \int \frac{d^3p}{(2\pi)^{3/2}} e^{i\boldsymbol{p}\boldsymbol{x}} \hat{\pi}(\boldsymbol{p}),$$

so besitzt dieser die Koordinatendarstellung

$$\hat{\pi}(\boldsymbol{p}) = \frac{\delta}{i\delta\varphi(-\boldsymbol{p})}$$

statt Gl. (37.70) und die kanonischen Kommutationsbeziehung lautet:

$$\left[\hat{\varphi}(\boldsymbol{p}), \hat{\pi}(\boldsymbol{q})\right] = i\delta(\boldsymbol{p} + \boldsymbol{q})$$

statt Gl. (37.74).

Mit (37.63), (37.70), (37.66) und (37.71) erhalten wir für den Hamilton-Operator (37.32) des freien skalaren Feldes in der Impulsdarstellung

$$H[\hat{\pi}, \hat{\varphi}] = \frac{1}{2} \int d^3p [\hat{\pi}^\dagger(\boldsymbol{p})\hat{\pi}(\boldsymbol{p}) + \omega^2(\boldsymbol{p})\hat{\varphi}^\dagger(\boldsymbol{p})\hat{\varphi}(\boldsymbol{p})]. \tag{37.75}$$

Dies ist in der Tat der Hamilton-Operator eines Satzes unabhängiger Oszillatoren mit Koordinaten $\varphi(\boldsymbol{p})$ und Frequenzen $\omega(\boldsymbol{p})$ (37.58). Konsistent hiermit finden wir unter Benutzung der obigen Beziehungen für das Vakuumwellenfunktional $\phi_0[\varphi]$ (37.43) in der Impulsdarstellung:

$$\phi_0[\varphi] = \mathcal{N} \exp\left[-\frac{1}{2} \int d^3p \varphi^*(\boldsymbol{p})\omega(\boldsymbol{p})\varphi(\boldsymbol{p})\right], \tag{37.76}$$

was wiederum die Grundzustandswellenfunktion eines Satzes ungekoppelter Oszillatoren ist.

37.1.5 Zweite Quantisierung des skalaren Feldes

Wir haben oben die kanonische Quantisierung des skalaren Feldes in Analogie zur kanonischen Quantisierung einer Punktmasse durchgeführt. Der dabei gefundene Hamilton-Operator (37.75) beschreibt ein System von Oszillatoren, die bei Einschluss des Wechselwirkungspotential $\mathcal{V}[\varphi]$ (37.20) gekoppelt sind. Für das freie skalare Feld[9] haben wir den Grundzustand (37.76) bereits gefunden. Im Folgenden wollen wir das gesamte Spektrum des Hamilton-Operators $\hat{H}[\hat{\pi}, \hat{\varphi}]$ (37.75) dieses Feldes bestimmen. Wie wir in Kapitel 12, Band 1 gesehen haben, lässt sich das Spektrum eines harmonischen Oszillators am einfachsten durch Einführen von Leiteroperatoren (Erzeugungs- und Vernichtungsoperatoren) $a^\dagger$, a bestimmen.

Impulsdarstellung

In der Impulsdarstellung beschreibt der Hamilton-Operator (37.75) des freien skalaren Feldes einen Satz von ungekoppelten harmonischen Oszillatoren mit Koordinaten $\varphi(\boldsymbol{p})$, die durch den Impuls $\boldsymbol{p}$ charakterisiert sind. Wir können deshalb jede Fourier-Komponente $\varphi(\boldsymbol{p})$ des Feldes wie die Koordinate eines unabhängigen harmonischen Oszillators behandeln und die Operatoren $\hat{\varphi}(\boldsymbol{p})$, $\hat{\pi}(\boldsymbol{p})$ für festes $\boldsymbol{p}$, analog zum Orts- und Impulsoperator des eindimensionalen Oszillators, siehe Gl. (12.54), durch Linearkombinationen von Erzeugungs- und Vernichtungsoperatoren $a(\boldsymbol{p})$, $a^\dagger(\boldsymbol{p})$ darstellen. Da jedoch die Operatoren $\hat{\varphi}(\boldsymbol{p})$, $\hat{\pi}(\boldsymbol{p})$ nicht hermitesch sind, sondern den Symmetriebeziehungen (37.66), (37.71):

$$\hat{\varphi}^\dagger(\boldsymbol{p}) = \hat{\varphi}(-\boldsymbol{p}), \quad \hat{\pi}^\dagger(\boldsymbol{p}) = \hat{\pi}(-\boldsymbol{p}) \tag{37.77}$$

genügen, besitzen sie die Darstellung

$$\begin{aligned} \hat{\varphi}(\boldsymbol{p}) &= \frac{1}{\sqrt{2\omega(\boldsymbol{p})}}\left(a(\boldsymbol{p}) + a^\dagger(-\boldsymbol{p})\right), \\ \hat{\pi}(\boldsymbol{p}) &= i\sqrt{\frac{\omega(\boldsymbol{p})}{2}}\left(a^\dagger(\boldsymbol{p}) - a(-\boldsymbol{p})\right), \end{aligned} \tag{37.78}$$

wobei die Feldoperatoren den üblichen Kommutationsbeziehungen:

$$\begin{aligned} \left[a(\boldsymbol{p}), a(\boldsymbol{q})\right] &= 0 = \left[a^\dagger(\boldsymbol{p}), a^\dagger(\boldsymbol{q})\right], \\ \left[a(\boldsymbol{p}), a^\dagger(\boldsymbol{q})\right] &= \delta(\boldsymbol{p}, \boldsymbol{q}) \end{aligned} \tag{37.79}$$

genügen. Diese garantieren, dass zwischen Koordinaten- und Impulsoperator des Feldes die kanonischen Kommutationsbeziehungen (37.74) erfüllt sind. Invertieren der Transformation (37.78) liefert

$$\begin{aligned} a(\boldsymbol{p}) &= \frac{1}{\sqrt{2}}\left(\sqrt{\omega(\boldsymbol{p})}\hat{\varphi}(\boldsymbol{p}) + \frac{i}{\sqrt{\omega(\boldsymbol{p})}}\hat{\pi}(-\boldsymbol{p})\right), \\ a^\dagger(\boldsymbol{p}) &= \frac{1}{\sqrt{2}}\left(\sqrt{\omega(\boldsymbol{p})}\hat{\varphi}(-\boldsymbol{p}) - \frac{i}{\sqrt{\omega(\boldsymbol{p})}}\hat{\pi}(\boldsymbol{p})\right), \end{aligned} \tag{37.80}$$

9 Ein freies skalares Feld wird auch als Klein-Gordon-Feld bezeichnet.

woraus wir mit Gl. (37.70) die Koordinatendarstellung der Feldoperatoren (im Impulsraum) erhalten:

$$a(\boldsymbol{p}) = \frac{1}{\sqrt{2}}\left(\sqrt{\omega(\boldsymbol{p})}\varphi(\boldsymbol{p}) + \frac{1}{\sqrt{\omega(\boldsymbol{p})}}\frac{\delta}{\delta\varphi^*(\boldsymbol{p})}\right),$$
$$a^\dagger(\boldsymbol{p}) = \frac{1}{\sqrt{2}}\left(\sqrt{\omega(\boldsymbol{p})}\varphi^*(\boldsymbol{p}) - \frac{1}{\sqrt{\omega(\boldsymbol{p})}}\frac{\delta}{\delta\varphi(\boldsymbol{p})}\right). \tag{37.81}$$

Wirken wir mit $a(\boldsymbol{p})$ auf das Grundzustandswellenfunktional (37.76), so finden wir

$$a(\boldsymbol{p})\phi_0[\varphi] = 0\,. \tag{37.82}$$

Wie erwartet, ist das Grundzustandswellenfunktional $\phi_0[\varphi] = \langle\varphi|\phi_0\rangle$ das Fock-Vakuum der Feldoperatoren $a(\boldsymbol{p})$, $a^\dagger(\boldsymbol{p})$:

$$|\phi_0\rangle = |0\rangle\,, \quad a(\boldsymbol{p})|0\rangle = 0\,. \tag{37.83}$$

Setzen wir die Darstellung (37.78) für die Fourier-Amplituden des Feld- und Impulsoperators in den Hamilton-Operator $H[\hat{\pi},\hat{\varphi}]$ (37.75) ein, so heben sich die Terme $\sim aa$ und $\sim a^\dagger a^\dagger$ weg und wir erhalten

$$\mathsf{H}(a^\dagger,a) = \frac{1}{4}\int d^3p\,\omega(\boldsymbol{p})[a(\boldsymbol{p})a^\dagger(\boldsymbol{p}) + a^\dagger(-\boldsymbol{p})a(-\boldsymbol{p}) + a^\dagger(\boldsymbol{p})a(\boldsymbol{p}) + a(-\boldsymbol{p})a^\dagger(-\boldsymbol{p})]\,. \tag{37.84}$$

Im zweiten und vierten Term ändern wir die Integrationsvariable von $\boldsymbol{p}$ nach $\boldsymbol{p}' = -\boldsymbol{p} \to \boldsymbol{p}$ und benutzen $\omega(-\boldsymbol{p}) = \omega(\boldsymbol{p})$. Dies liefert:

$$\mathsf{H}(a^\dagger,a) = \frac{1}{2}\int d^3p\,\omega(\boldsymbol{p})[a(\boldsymbol{p})a^\dagger(\boldsymbol{p}) + a^\dagger(\boldsymbol{p})a(\boldsymbol{p})]\,. \tag{37.85}$$

Durch Benutzung der Kommutationsbeziehung (37.79) im ersten Term können wir schließlich den Hamilton-Operator in Normalordnung bringen und finden

$$\mathsf{H}(a^\dagger,a) = \int d^3p\omega(\boldsymbol{p})a^\dagger(\boldsymbol{p})a(\boldsymbol{p}) + E_0\,, \tag{37.86}$$

wobei E_0 die Grundzustandsenergie (37.59) des skalaren Feldes ist, die wir bereits bei der Lösung der Schrödinger-Gleichung gefunden haben. Dies ist der Hamilton-Operator eines (unendlichen) Satzes unabhängiger harmonischer Oszillatoren, die zu den einzelnen Impulskomponenten $\boldsymbol{p}$ des Klein-Gordon-Feldes gehören und jeweils die Nullpunktsenergie $\frac{1}{2}\omega(\boldsymbol{p})$ besitzen. Dementsprechend lautet der Impulsoperator des Klein-Gordon-Feldes

$$\mathsf{p}(a^\dagger,a) = \int d^3p\,\boldsymbol{p}a^\dagger(\boldsymbol{p})a(\boldsymbol{p})\,. \tag{37.87}$$

Diesen Ausdruck haben wir bereits in Gl. (30.67) ganz allgemein für Systeme identischer Teilchen gefunden.

Ortsdarstellung

Die Zweite Quantisierung des skalaren Feldes lässt sich natürlich auch im Ortsraum durchführen, auch wenn die Koordinaten des freien skalaren Feldes dann gekoppelt sind.

Die Feldoperatoren des Ortsraumes $\Psi(\boldsymbol{x})$, $\Psi^\dagger(\boldsymbol{x})$ sind mit denen des Impulsraumes über die Fourier-Transformation (37.63)

$$\Psi(\boldsymbol{x}) = \int \frac{d^3p}{(2\pi)^{3/2}} e^{i\boldsymbol{p}\boldsymbol{x}} a(\boldsymbol{p}) \tag{37.88}$$

verknüpft, woraus durch hermitesche Konjugation

$$\Psi^\dagger(\boldsymbol{x}) = \int \frac{d^3p}{(2\pi)^{3/2}} e^{-i\boldsymbol{p}\boldsymbol{x}} a^\dagger(\boldsymbol{p}) \tag{37.89}$$

folgt. Durch diese Fourier-Transformation der Feldoperatoren finden wir im Ortsraum aus Gl. (37.79) die Kommutationsbeziehungen:

$$\begin{aligned} \left[\Psi(\boldsymbol{x}), \Psi(\boldsymbol{y})\right] &= 0 = \left[\Psi^\dagger(\boldsymbol{x}), \Psi^\dagger(\boldsymbol{y})\right], \\ \left[\Psi(\boldsymbol{x}), \Psi^\dagger(\boldsymbol{y})\right] &= \delta(\boldsymbol{x}, \boldsymbol{y}) \end{aligned} \tag{37.90}$$

und aus Gl. (37.86) den Hamilton-Operator

$$\mathsf{H}(\Psi^\dagger, \Psi) = \int d^3x \int d^3y \, \Psi^\dagger(\boldsymbol{x}) \, \omega(\boldsymbol{x}, \boldsymbol{y}) \Psi(\boldsymbol{y}) + E_0 \,, \tag{37.91}$$

mit der Grundzustandsenergie E_0 (37.53). Dabei haben wir die Fourier-Darstellung (37.56) von $\omega(\boldsymbol{x}, \boldsymbol{y})$ benutzt. In analoger Weise finden wir durch die Fourier-Transformation (37.88), (37.89) von Gl. (37.78) die Darstellung des Feld- und Impulsoperators in der Zweiten Quantisierung im Ortsraum:

$$\begin{aligned} \hat{\varphi}(\boldsymbol{x}) &= \frac{1}{\sqrt{2}} \int d^3y \omega^{-1/2}(\boldsymbol{x}, \boldsymbol{y}) \left[\Psi(\boldsymbol{y}) + \Psi^\dagger(\boldsymbol{y})\right], \\ \hat{\pi}(\boldsymbol{x}) &= \frac{i}{\sqrt{2}} \int d^3y \omega^{1/2}(\boldsymbol{x}, \boldsymbol{y}) \left[\Psi^\dagger(\boldsymbol{y}) - \Psi(\boldsymbol{y})\right] \end{aligned} \tag{37.92}$$

sowie aus Gl. (37.80) die inversen Beziehungen:

$$\begin{aligned} \Psi(\boldsymbol{x}) &= \frac{1}{\sqrt{2}} \int d^3y \left[\omega^{1/2}(\boldsymbol{x}, \boldsymbol{y}) \hat{\varphi}(\boldsymbol{y}) + i\omega^{-1/2}(\boldsymbol{x}, \boldsymbol{y}) \hat{\pi}(\boldsymbol{y})\right], \\ \Psi^\dagger(\boldsymbol{x}) &= \frac{1}{\sqrt{2}} \int d^3y \left[\omega^{1/2}(\boldsymbol{x}, \boldsymbol{y}) \hat{\varphi}(\boldsymbol{y}) - i\omega^{-1/2}(\boldsymbol{x}, \boldsymbol{y}) \hat{\pi}(\boldsymbol{y})\right]. \end{aligned} \tag{37.93}$$

Dabei wurde benutzt, dass der Kern $\omega(\boldsymbol{x},\boldsymbol{y})$ symmetrisch und hermitesch ist. Die Wurzel dieses Kerns ist nach Gl. (37.52) durch

$$\omega^{\pm 1/2}(\boldsymbol{x},\boldsymbol{y}) = \left[\sqrt{-\Delta + m^2}\right]^{\pm 1/2}\delta(\boldsymbol{x},\boldsymbol{y}) \tag{37.94}$$

gegeben.

37.1.6 Einteilchenanregungen des skalaren Feldes

Neben dem Grundzustand $|\phi_0\rangle = |0\rangle$ interessieren wir uns auch für die angeregten Zustände des Feldes. Diese finden wir durch Anwendung der Erzeugungsoperatoren auf das Fock-Vakuum:

$$a^\dagger(\boldsymbol{p})a^\dagger(\boldsymbol{q})\ldots|0\rangle\,. \tag{37.95}$$

Aus den Kommutationsbeziehungen von H (37.86) und p (37.87) mit $a^\dagger(\boldsymbol{p})$:

$$[\mathsf{H}, a^\dagger(\boldsymbol{p})] = \omega(\boldsymbol{p})a^\dagger(\boldsymbol{p})\,, \quad [\mathsf{p}, a^\dagger(\boldsymbol{p})] = \boldsymbol{p}\,a^\dagger(\boldsymbol{p}) \tag{37.96}$$

finden wir, dass die Zustände (37.95) die Energie

$$\omega(\boldsymbol{p}) + \omega(\boldsymbol{q}) + \cdots \tag{37.97}$$

und den Impuls

$$\boldsymbol{p} + \boldsymbol{q} + \cdots \tag{37.98}$$

besitzen. Wir können deshalb die durch $a^\dagger(\boldsymbol{p})$ erzeugte Anregung des Quantenfeldes $\varphi(\boldsymbol{x})$ als ein Teilchen mit Impuls $\boldsymbol{p}$ und Energie

$$E_p = \omega(\boldsymbol{p}) \equiv \sqrt{\boldsymbol{p}^2 + m^2} \tag{37.99}$$

interpretieren, in Übereinstimmung mit der relativistischen Energie-Impulsbeziehung (28.22). Ferner folgt aus den Kommutationsbeziehungen (37.79), dass diese Zustände sich bei einer Vertauschung von Teilchen nicht ändern und somit die Quanten des skalaren Feldes der Bose-Einstein-Statistik unterliegen. Dies haben wir natürlich aufgrund des Spin-Statistik-Theorems (siehe Abschnitt 29.6) erwartet, da das skalare Feld den Spin $s = 0$ besitzt.

Den Vakuumzustand können wir wie üblich normieren, $\langle 0|0\rangle = 1$. Die einfachste Normierung der Einteilchenzustände mit festem Impuls, $|\boldsymbol{p}\rangle \sim a^\dagger(\boldsymbol{p})|0\rangle$, wäre

$$\langle \boldsymbol{p}|\boldsymbol{q}\rangle = \delta(\boldsymbol{p},\boldsymbol{q}) \equiv \delta(\boldsymbol{p} - \boldsymbol{q})\,. \tag{37.100}$$

Diese Normierung ist jedoch für die Zustände von relativistischen Teilchen nicht geeignet, da die δ-Funktion nicht Lorentz-invariant ist (siehe unten).[10] Wenn die Quanten des skalaren Feldes physikalische Teilchen beschreiben sollen, sollten ihre Zustände dieselbe Normierung in allen Inertialsystemen besitzen.

Um eine relativistisch invariante Normierung zu finden, betrachten wir einen Lorentz-Boost (28.1) mit der Geschwindigkeit $\boldsymbol{v} = v\boldsymbol{e}_3$:

$$p_3 \to p_3' = \gamma(p_3 - vE_{\boldsymbol{p}}), \quad E_{\boldsymbol{p}} = \sqrt{m^2 + p_3^2 + \boldsymbol{p}_\perp^2}, \tag{37.101}$$

$$E_{\boldsymbol{p}} \to E_{\boldsymbol{p}}' = \gamma(E_{\boldsymbol{p}} - vp_3) = E_{\boldsymbol{p}'}, \tag{37.102}$$

wobei $\gamma = 1/\sqrt{1-v^2}$ und $\boldsymbol{p}_\perp$ die Impulskomponente senkrecht zu $\boldsymbol{e}_3$ bezeichnet.

Die Beziehung $E_{\boldsymbol{p}}' = E_{\boldsymbol{p}'}$ folgt aus der Äquivalenz aller Inertialsysteme. Sie lässt sich auch sehr leicht explizit beweisen:

Da die relativistische Energie $E_{\boldsymbol{p}} = \sqrt{m^2 + \boldsymbol{p}^2}$ einer Punktmasse m positiv definit ist, genügt es zu zeigen, dass $E_{\boldsymbol{p}}'^2 = E_{\boldsymbol{p}'}^2$. Per Definition ist

$$E_{\boldsymbol{p}'}^2 = m^2 + \left(\boldsymbol{p}_\perp'\right)^2 + \left(p_3'\right)^2. \tag{37.103}$$

Mit $\boldsymbol{p}_\perp' = \boldsymbol{p}_\perp$ und Gl. (37.101) folgt

$$\begin{aligned} E_{\boldsymbol{p}'}^2 &= m^2 + \boldsymbol{p}_\perp^2 + \gamma^2(p_3 - vE_{\boldsymbol{p}})^2 \\ &= m^2 + \boldsymbol{p}_\perp^2 + \gamma^2\left(p_3^2 - 2vp_3E_{\boldsymbol{p}} + v^2E_{\boldsymbol{p}}^2\right). \end{aligned} \tag{37.104}$$

Addieren wir hier eine Null in Form von $p_3^2 - p_3^2$, so finden wir nach Benutzung der Definition von $E_{\boldsymbol{p}}$:

$$E_{\boldsymbol{p}'}^2 = \left(1 + v^2\gamma^2\right)E_{\boldsymbol{p}}^2 - 2\gamma^2 vp_3E_{\boldsymbol{p}} + \left(\gamma^2 - 1\right)p_3^2. \tag{37.105}$$

Mit

$$1 + v^2\gamma^2 = \gamma^2, \quad \gamma^2 - 1 = v^2\gamma^2$$

erhalten wir schließlich die gewünschte Beziehung

$$E_{\boldsymbol{p}'}^2 = \gamma^2(E_{\boldsymbol{p}} - vp_3)^2 = \left(E_{\boldsymbol{p}}'\right)^2, \tag{37.106}$$

wobei wir im letzten Schritt die Definition von $E_{\boldsymbol{p}}'$ (37.102) benutzt haben.

---

10 Die Norm des Vakuumzustandes $|0\rangle$ ist eine eine gewöhnliche Zahl, die nicht von irgendwelchen kinematischen Variablen abhängt, und ist somit invariant unter Lorentz-Transformationen. Demgegenüber hängt die Norm (37.100) der Einteilchenzustände $|\boldsymbol{p}\rangle$ von dem Impuls $\boldsymbol{p}$ ab und unterliegt somit einer Lorentz-Transformation.

Aus der allgemeinen Beziehung (A.13) (mit $g(x) = f(x) - f(x_0)$)

$$\delta(f(x) - f(x_0)) = \frac{1}{|f'(x_0)|}\delta(x - x_0) \tag{37.107}$$

folgt

$$\delta(p_3' - q_3') = \frac{1}{\left|\frac{dp_3'}{dp_3}\right|}\delta(p_3 - q_3) \tag{37.108}$$

und somit

$$\delta(\boldsymbol{p}' - \boldsymbol{q}')\left|\frac{dp_3'}{dp_3}\right| = \delta(\boldsymbol{p} - \boldsymbol{q}) . \tag{37.109}$$

Aus Gl. (37.101) finden wir

$$\frac{dp_3'}{dp_3} = \gamma\left(1 - v\frac{dE_{\boldsymbol{p}}}{dp_3}\right), \tag{37.110}$$

und mit

$$\frac{dE_{\boldsymbol{p}}}{dp_3} = \frac{p_3}{E_{\boldsymbol{p}}}$$

und Gl. (37.102) folgt hieraus

$$\frac{dp_3'}{dp_3} = \gamma\left(1 - v\frac{p_3}{E_{\boldsymbol{p}}}\right) = \frac{\gamma}{E_{\boldsymbol{p}}}(E_{\boldsymbol{p}} - vp_3) = \frac{E_{\boldsymbol{p}'}}{E_{\boldsymbol{p}}} .$$

Mit dieser Relation erhalten wir aus Gl. (37.109)

$$\delta(\boldsymbol{p}' - \boldsymbol{q}')\frac{E_{\boldsymbol{p}'}}{E_{\boldsymbol{p}}} = \delta(\boldsymbol{p} - \boldsymbol{q}) . \tag{37.111}$$

Diese Gleichung zeigt, dass der Ausdruck

$$E_p\delta(\boldsymbol{p} - \boldsymbol{q}) \tag{37.112}$$

Lorentz-invariant ist. Deshalb definieren wir die relativistischen Einteilchenzustände durch

$$|\tilde{\boldsymbol{p}}\rangle = \sqrt{2E_{\boldsymbol{p}}}a^\dagger(\boldsymbol{p})|0\rangle , \tag{37.113}$$

sodass diese die Lorentz-invariante Normierung

$$\langle\tilde{\boldsymbol{p}}|\tilde{\boldsymbol{q}}\rangle = 2E_{\boldsymbol{p}}\delta(\boldsymbol{p} - \boldsymbol{q}) \tag{37.114}$$

besitzen. Der Faktor 2 ist hier unwesentlich, jedoch bequem wegen des Faktors 2 in $\frac{1}{\sqrt{2\omega(\boldsymbol{p})}}$, der in der Darstellung (37.78) der Fourier-Amplitude $\hat{\varphi}(\boldsymbol{p})$ des Klein-Gordon-Feldes durch die Feldoperatoren auftritt. Mit der obigen Normierung muss der Faktor $2E_{\boldsymbol{p}}$ auch an einigen anderen Stellen auftreten, so z. B. in der Vollständigkeitsrelation im Raum der Einteilchenzustände

$$\hat{1}_1 = \int \frac{d^3p}{2E_{\boldsymbol{p}}} |\tilde{\boldsymbol{p}}\rangle\langle\tilde{\boldsymbol{p}}| \,. \tag{37.115}$$

Hierin tritt explizit das relativistisch invariante Integrationsmaß (28.96)

$$\int \frac{d^3p}{2E_{\boldsymbol{p}}} = \int d^4p\, \delta(p^2 - m^2)\Theta(p^0) \tag{37.116}$$

auf, welches de facto das Integral über den $p^0 > 0$ Teil des Hyperboloids $p^2 = m^2$, der sogenannten *Massenschale*, darstellt, siehe Gl. (28.95), Band 2.

37.1.7 Funktionalintegralquantisierung des skalaren Feldes

In den vorangegangenen Abschnitten haben wir das skalare Feld zunächst kanonisch quantisiert und den resultierenden Hamilton-Operator (37.32), (37.39) dann mittels der Variablentransformation (37.78) in der zweiten Quantisierung (37.86) aufgeschrieben. Formal ist die Quantenfeldtheorie damit ein System identischer Teilchen. In der Tat haben wir im letzten Abschnitt explizit gezeigt, dass die skalare Quantenfeldtheorie ein System spinloser Bosonen beschreibt. Für Systeme identischer Teilchen haben wir in Kapitel 33 die Funktionalintegraldarstellung der Übergangsamplitude abgeleitet. Aus dieser haben wir dann im Abschnitt 34.3.3 die Funktionalintegraldarstellung des erzeugenden Funktionals der Green'schen Funktionen gefunden. Falls die Green'schen Funktionen bezüglich des Vakuumzustandes $|\phi_0(N = 0)\rangle$ definiert sind, was in den Anwendungen der Quantenfeldtheorie gewöhnlich der Fall ist, haben wir für die Amplitude (34.139),

$$\mathcal{Z}^\eta = \langle\phi_0(N = 0)|\mathrm{U}^\eta(\infty, -\infty)|\phi_0(N = 0)\rangle, \tag{37.117}$$

im erzeugenden Funktional (34.140) die Funktionalintegraldarstellung (34.141),

$$\mathcal{Z}^\eta = \int \mathcal{D}(\zeta^*, \zeta) \exp\left[iS[\zeta^*, \zeta]_\varepsilon + \int dt[\eta^*(t)\cdot\zeta(t) + \zeta^*(t)\cdot\eta(t)]\right], \tag{37.118}$$

erhalten, wobei die Integration über die Zeit sich von $-\infty$ bis ∞ erstreckt. Die Funktionalintegration erfolgt über Felder $\zeta(t)$, die den (anti-)periodischen Randbedingungen $\zeta(\infty) = \pm\zeta(-\infty)$ für Bose- bzw. Fermi-Systeme genügen und die Wirkung ist durch

$$S[\zeta^*,\zeta]_\varepsilon = \int dt[\zeta^*(t)\cdot i\partial_t\zeta(t) - \mathsf{H}(\zeta^*(t),\zeta(t))(1-i\varepsilon)] \tag{37.119}$$

gegeben. Hierin ist $\mathsf{H}(\zeta^*,\zeta)$ die klassische Hamilton-Funktion, die sich aus dem Hamilton-Operator in der Zweiten Quantisierung, $\mathsf{H}(a^\dagger,a)$, nach Ersetzung der Feldoperatoren $a^\dagger$, a durch die klassischen Variablen $\zeta^*(t)$, $\zeta(t)$ ergibt.[11] In der Wirkung (37.119) ist die infinitesimale Wick-Rotation (angezeigt durch den Index ε) mittels der Ersetzung (34.98) $\mathsf{H} \longrightarrow \mathsf{H}(1-i\varepsilon)$ implementiert, siehe Abschnitt 34.3.2. Ferner haben wir die in Gl. (32.64) eingeführte kompakte Notation benutzt, in der der *Punkt* $\cdot$ das Skalarprodukt im Einteilchen-Konfigurationsraum bedeutet und somit die Summation bzw. Integration über die enthaltenen Einteilchen-Quantenzahlen impliziert. In der Impulsdarstellung tragen die Feldoperatoren $a(\boldsymbol{p})$ und somit ihre klassischen Analoga $\zeta(\boldsymbol{p})$ sowie die zugehörigen Quellen $\eta(\boldsymbol{p})$ als Quantenzahlen den Dreier-Impuls $\boldsymbol{p}$. Demzufolge impliziert der *Punkt* hier die Integration über den Impuls, z. B.

$$\eta^*(t)\cdot\zeta(t) \equiv \int d^3p\,\eta^*(t,\boldsymbol{p})\zeta(t,\boldsymbol{p}). \tag{37.120}$$

Aus dem Hamilton-Operator $\mathsf{H}(a^\dagger,a)$ (37.86) des freien skalaren Feldes finden wir

$$\mathsf{H}(\zeta^*,\zeta) = \int d^3p\,\omega(\boldsymbol{p})\zeta^*(\boldsymbol{p})\zeta(\boldsymbol{p}), \tag{37.121}$$

wobei wir die irrelevante Konstante E_0 (37.59) weggelassen haben. Das Funktionalintegrationsmaß ist in Gl. (33.23) definiert und lautet in der Impulsdarstellung:

$$\mathcal{D}(\zeta^*,\zeta) \equiv \prod_{t,\boldsymbol{p}} \frac{d\zeta^*(t,\boldsymbol{p})\,d\zeta(t,\boldsymbol{p})}{i2\pi}. \tag{37.122}$$

37.1.7.1 Hamilton-Form

So wie die Erzeugungs- und Vernichtungsoperatoren $a(\boldsymbol{p})$, $a^\dagger(\boldsymbol{p})$ durch Linearkombinationen (37.80) der Feld- und Impulsoperatoren $\hat{\varphi}(\boldsymbol{p})$, $\hat{\pi}(\boldsymbol{p})$ gegeben sind, können wir auch ihre klassischen Analoga $\zeta(t,\boldsymbol{p})$, $\zeta^*(t,\boldsymbol{p})$ durch klassischen Feld- und Impulsvariablen $\varphi(t,\boldsymbol{p})$, $\pi(t,\boldsymbol{p})$ ausdrücken:

$$\begin{aligned}
\zeta(t,\boldsymbol{p}) &= \frac{1}{\sqrt{2}}\left(\sqrt{\omega(\boldsymbol{p})}\varphi(t,\boldsymbol{p}) + \frac{i}{\sqrt{\omega(\boldsymbol{p})}}\pi(t,-\boldsymbol{p})\right), \\
\zeta^*(t,\boldsymbol{p}) &= \frac{1}{\sqrt{2}}\left(\sqrt{\omega(\boldsymbol{p})}\varphi(t,-\boldsymbol{p}) - \frac{i}{\sqrt{\omega(\boldsymbol{p})}}\pi(t,\boldsymbol{p})\right),
\end{aligned} \tag{37.123}$$

---

11 Wir erinnern hier daran, dass die $\zeta(t)$ die Eigenwerte von a sind. Die Zeitabhängigkeit der $\zeta(t)$ ergibt sich aus den zeitabhängigen kohärenten Zuständen $|\zeta(t)\rangle$, die als Eigenzustände der Vernichtungsoperatoren, $a|\zeta(t)\rangle = \zeta(t)|\zeta(t)\rangle$, bei der Ableitung der Funktionalintegraldarstellung der Übergangsamplitude benutzt wurden, siehe Abschnitt 33.1.

die, in Analogie zu Gl. (37.77), wie das ursprüngliche klassische skalare Feld die Symmetrie (37.65):

$$\varphi(t,-\boldsymbol{p}) = \varphi^*(t,\boldsymbol{p}), \quad \pi(t,-\boldsymbol{p}) = \pi^*(t,\boldsymbol{p}) \tag{37.124}$$

besitzen und folglich im Ortsraum reell sind.

Nachfolgend führen wir die Transformation (37.123) für die einzelnen Bestandteile des Funktionaleintegrals (37.118) durch. Dabei werden wir von der Symmetrie (37.124) Gebrauch machen und oftmals eine Änderung der Integrationsvariable $\boldsymbol{p} \to -\boldsymbol{p}$ vornehmen:

1. Der zeitliche Ableitungsterm in der Wirkung (37.119) transformiert sich mit der Ersetzung (37.123) in:

$$\begin{aligned}\int dt\, \zeta^*(t) \cdot i\partial_t \zeta(t) &\equiv \int dt \int d^3p\, \zeta^*(t,\boldsymbol{p}) i\partial_t \zeta(t,\boldsymbol{p}) \\ &= \frac{1}{2} \int dt \int d^3p \Big[i\omega(\boldsymbol{p})\varphi(t,-\boldsymbol{p})\dot{\varphi}(t,\boldsymbol{p}) + i\frac{1}{\omega(\boldsymbol{p})}\pi(t,\boldsymbol{p})\dot{\pi}(t,-\boldsymbol{p}) \\ &\quad + \pi(t,\boldsymbol{p})\dot{\varphi}(t,\boldsymbol{p}) - \varphi(t,-\boldsymbol{p})\dot{\pi}(t,-\boldsymbol{p}) \Big] . \end{aligned} \tag{37.125}$$

Hierin sind die ersten beiden Terme totale zeitliche Ableitungen, wovon man sich leicht überzeugt, wenn man die Symmetrie $\omega(-\boldsymbol{p}) = \omega(\boldsymbol{p})$ berücksichtigt: Nach einer Änderung der Integrationsvariable $\boldsymbol{p} \to -\boldsymbol{p}$ erhalten wir für den ersten Term:

$$\begin{aligned}\int d^3p\, \omega(\boldsymbol{p})\varphi(t,-\boldsymbol{p})\dot{\varphi}(t,\boldsymbol{p}) &= \frac{1}{2} \int d^3p\, \omega(\boldsymbol{p}) [\varphi(t,-\boldsymbol{p})\dot{\varphi}(t,\boldsymbol{p}) + \varphi(t,\boldsymbol{p})\dot{\varphi}(t,-\boldsymbol{p})] \\ &= \frac{1}{2} \int d^3p\, \omega(\boldsymbol{p}) \partial_t [\varphi(t,-\boldsymbol{p})\varphi(t,\boldsymbol{p})] \\ &= \frac{1}{2} \partial_t \int d^3p\, \omega(\boldsymbol{p}) \varphi^*(t,\boldsymbol{p})\varphi(t,\boldsymbol{p}) . \end{aligned}$$

Im letzten Schritt haben wir benutzt, dass $\omega(\boldsymbol{p})$ (37.58) nicht von der Zeit abhängt. Auf analoge Weise findet man auch, dass der zweite Term in Gl. (37.125) eine totale zeitliche Ableitung ist. Nach Weglassen dieser irrelevanten totalen zeitlichen Ableitungen in Gl. (37.125) sowie einer partiellen Integration bezüglich der Zeit[12] und einer Änderung der Integrationsvariable $\boldsymbol{p} \to -\boldsymbol{p}$ im letzten Term von Gl. (37.125) erhalten wir

$$\int dt\, \zeta^*(t) \cdot i\partial_t \zeta(t) = \int dt \int d^3p\, \pi(t,\boldsymbol{p})\dot{\varphi}(t,\boldsymbol{p}) . \tag{37.126}$$

---

12 Die dabei auftretenden Randterme verschwinden aufgrund der periodischen Rendbedingungen $\zeta(\infty,\boldsymbol{p}) = \zeta(-\infty,\boldsymbol{p})$.

2. In analoger Weise finden wir durch die Transformation (37.123) aus $\mathsf{H}(\zeta^*, \zeta)$ (37.121) die gewöhnliche klassische Hamilton-Funktion des skalaren Feldes in der Impulsdarstellung (siehe Gl. (37.75)):[13]

$$\begin{aligned} \mathsf{H}(\zeta^*, \zeta) &= \frac{1}{2} \int d^3p [\pi^*(\boldsymbol{p})\pi(\boldsymbol{p}) + \omega^2(\boldsymbol{p})\varphi^*(\boldsymbol{p})\varphi(\boldsymbol{p})] \\ &= \int d^3p\, \mathcal{H}(\pi, \varphi) \equiv H(\pi, \varphi). \end{aligned} \tag{37.127}$$

3. Für die Quellterme in Gl. (37.118) ergibt sich nach der Variablentransformation (37.123) unter Benutzung der Symmetriebeziehungen (37.124)

$$\int d^3p[\eta^*(\boldsymbol{p})\zeta(\boldsymbol{p}) + \zeta^*(\boldsymbol{p})\eta(\boldsymbol{p})] = \int d^3p[j^*(\boldsymbol{p})\varphi(\boldsymbol{p}) + k^*(\boldsymbol{p})\pi(\boldsymbol{p})], \tag{37.128}$$

wobei wir die Quellen

$$j(\boldsymbol{p}) = \sqrt{\frac{\omega(\boldsymbol{p})}{2}}[\eta(\boldsymbol{p}) + \eta^*(-\boldsymbol{p})], \tag{37.129}$$

$$k(\boldsymbol{p}) = \frac{i}{\sqrt{2\omega(\boldsymbol{p})}}[\eta^*(\boldsymbol{p}) - \eta(-\boldsymbol{p})] \tag{37.130}$$

eingeführt haben. Sie genügen offensichtlich den Symmetriebeziehungen

$$j^*(\boldsymbol{p}) = j(-\boldsymbol{p}), \quad k^*(\boldsymbol{p}) = k(-\boldsymbol{p}) \tag{37.131}$$

und sind folglich reell im Ortsraum. Die Quelle $k(\boldsymbol{p})$ für das Impulsfeld wird im Folgenden nicht mehr benötigt und wir setzen deshalb von nun an $k(\boldsymbol{p}) = 0$.[14]

4. Unter der Variablentransformation (37.123) transformiert sich das Funktionalintegrationsmaß (37.122) zu

$$\mathcal{D}(\zeta^*, \zeta) \equiv \prod_{t,\boldsymbol{p}} \frac{d\zeta^*(t, \boldsymbol{p})\, d\zeta(t, \boldsymbol{p})}{i2\pi} = \prod_{t,\boldsymbol{p}} \frac{d\pi(t, \boldsymbol{p})\, d\varphi(t, \boldsymbol{p})}{2\pi} =: \mathcal{D}(\pi, \varphi). \tag{37.133}$$

Diese Beziehung erscheint auf den ersten Blick offensichtlich. Nach genauerer Betrachtung ist sie dies jedoch nicht, da die Transformation (37.123) die Variablen

---

13 Das Zeitargument an den klassischen Variablen π, φ unterdrücken wir, wenn immer es irrelevant ist.

14 Man beachte, dass die Quellen $\eta(\boldsymbol{p})$ ursprünglich komplexwertig sind und folglich im Impulsraum $\eta^*(\boldsymbol{p}) \neq \eta(-\boldsymbol{p})$. Erst durch die Forderung $k(\boldsymbol{p}) = 0$ wird durch Gl. (37.130) die Symmetrie $\eta^*(\boldsymbol{p}) = \eta(-\boldsymbol{p})$ hergestellt, womit sich aus Gl. (37.129) die Beziehung

$$j(\boldsymbol{p}) = \sqrt{2\omega(\boldsymbol{p})}\eta(\boldsymbol{p}) \tag{37.132}$$

ergibt.

mit Impulskomponenten $\boldsymbol{p}$ und $-\boldsymbol{p}$ mischt. Des Weiteren: Während $\zeta(\boldsymbol{p})$ und $\zeta(-\boldsymbol{p})$ unabhängige Variablen sind, besitzen die Variablen $\varphi(\boldsymbol{p})$ und $\pi(\boldsymbol{p})$ die Symmetrie (37.124). Nachfolgend werden wir deshalb die Beziehung (37.133) beweisen.

Transformation (37.133) *des Funktionalintegrationsmaßes auf kanonische Variablen*

Um das Integrationsmaß $\mathcal{D}(\zeta^*, \zeta)$ durch die kanonischen Variablen π, φ auszudrücken, müssen wir zunächst die unabhängigen Variablen bestimmen. Dazu zerlegen wir die komplexen Variablen in ihre reellen Bestandteile:

$$\zeta(\boldsymbol{p}) = \zeta_1(\boldsymbol{p}) + i\zeta_2(\boldsymbol{p}), \quad \varphi(\boldsymbol{p}) = \varphi_1(\boldsymbol{p}) + i\varphi_2(\boldsymbol{p}), \quad \pi(\boldsymbol{p}) = \pi_1(\boldsymbol{p}) + i\pi_2(\boldsymbol{p}) . \tag{37.134}$$

Aufgrund der Symmetrie (37.124) gelten die Beziehungen

$$\begin{aligned} \varphi_1(-\boldsymbol{p}) &= \varphi_1(\boldsymbol{p}), \quad \varphi_2(-\boldsymbol{p}) = -\varphi_2(\boldsymbol{p}), \\ \pi_1(-\boldsymbol{p}) &= \pi_1(\boldsymbol{p}), \quad \pi_2(-\boldsymbol{p}) = -\pi_2(\boldsymbol{p}), \end{aligned} \tag{37.135}$$

während die $\zeta_i(\boldsymbol{p})$ und $\zeta_i(-\boldsymbol{p})$ unabhängige Variablen sind. Beschränken wir also die Impulsvariable $\boldsymbol{p}$ auf einen Halbraum des Impulsraumes $\mathbb{R}^3$, so sind die unabhängigen Variablen einerseits $\zeta_1(\boldsymbol{p})$, $\zeta_2(\boldsymbol{p})$, $\zeta_1(-\boldsymbol{p})$, $\zeta_2(-\boldsymbol{p})$ und andererseits $\varphi_1(\boldsymbol{p})$, $\varphi_2(\boldsymbol{p})$, $\pi_1(\boldsymbol{p})$, $\pi_2(\boldsymbol{p})$. Aus Gl. (37.123) finden wir die Transformation zwischen diesen beiden Sätzen von unabhängigen Variablen

$$\begin{aligned} \zeta_1(\boldsymbol{p}) &= \frac{1}{\sqrt{2}}\left(\sqrt{\omega(\boldsymbol{p})}\varphi_1(\boldsymbol{p}) + \frac{1}{\sqrt{\omega(\boldsymbol{p})}}\pi_2(\boldsymbol{p})\right), \\ \zeta_2(\boldsymbol{p}) &= \frac{1}{\sqrt{2}}\left(\sqrt{\omega(\boldsymbol{p})}\varphi_2(\boldsymbol{p}) + \frac{1}{\sqrt{\omega(\boldsymbol{p})}}\pi_1(\boldsymbol{p})\right), \\ \zeta_1(-\boldsymbol{p}) &= \frac{1}{\sqrt{2}}\left(\sqrt{\omega(\boldsymbol{p})}\varphi_1(\boldsymbol{p}) - \frac{1}{\sqrt{\omega(\boldsymbol{p})}}\pi_2(\boldsymbol{p})\right), \\ \zeta_2(-\boldsymbol{p}) &= \frac{1}{\sqrt{2}}\left(-\sqrt{\omega(\boldsymbol{p})}\varphi_2(\boldsymbol{p}) + \frac{1}{\sqrt{\omega(\boldsymbol{p})}}\pi_1(\boldsymbol{p})\right). \end{aligned} \tag{37.136}$$

Die Jacobi-Matrix dieser Transformation lautet:

$$\frac{\partial(\zeta_1(\boldsymbol{p}), \zeta_2(\boldsymbol{p}), \zeta_1(-\boldsymbol{p}), \zeta_2(-\boldsymbol{p}))}{\partial(\varphi_1(\boldsymbol{p}), \varphi_2(\boldsymbol{p}), \pi_1(\boldsymbol{p}), \pi_2(\boldsymbol{p}))} = \frac{1}{\sqrt{2}}\begin{pmatrix} x & 0 & 0 & \frac{1}{x} \\ 0 & x & \frac{1}{x} & 0 \\ x & 0 & 0 & -\frac{1}{x} \\ 0 & -x & \frac{1}{x} & 0 \end{pmatrix}, \tag{37.137}$$

wobei wir $\sqrt{\omega(\boldsymbol{p})} = x$ gesetzt haben. Die Determinante dieser Matrix ist 1. Bezeichnen wir mit $\boldsymbol{p}^+$ die Impulse der gewählten Hälfte des Impulsraumes, so finden wir für das Integrationsmaß (37.122) unter Benutzung von

$$d\zeta^* d\zeta = i2\pi d\zeta_1 d\zeta_2 \tag{37.138}$$

folglich:

$$\mathcal{D}(\zeta^*, \zeta) \equiv \prod_{t,\boldsymbol{p}} \frac{d\zeta^*(t,\boldsymbol{p})\, d\zeta(t,\boldsymbol{p})}{i2\pi} = \prod_{t,\boldsymbol{p}} \frac{d\zeta_1(t,\boldsymbol{p})\, d\zeta_2(t,\boldsymbol{p})}{\pi}$$

$$
\begin{aligned}
&= \prod_{t,\boldsymbol{p}^+} \frac{d\zeta_1(t,\boldsymbol{p})\, d\zeta_2(t,\boldsymbol{p})}{\pi} \frac{d\zeta_1(t,-\boldsymbol{p})\, d\zeta_2(t,-\boldsymbol{p})}{\pi} \\
&= \prod_{t,\boldsymbol{p}^+} \frac{d\varphi_1(t,\boldsymbol{p}) d\varphi_2(t,\boldsymbol{p}) d\pi_1(t,\boldsymbol{p}) d\pi_2(t,\boldsymbol{p})}{\pi^2} \\
&= \prod_{t,\boldsymbol{p}^+} \frac{d\varphi_1(t,\boldsymbol{p}) d\varphi_2(t,\boldsymbol{p}) d\pi_1(t,-\boldsymbol{p}) d\pi_2(t,-\boldsymbol{p})}{\pi^2} (-1)\,,
\end{aligned}
$$

wobei wir im letzten Schritt die Symmetriebeziehungen (37.135) benutzt haben. Nach Verwendung der zu Gl. (37.138) analogen Beziehung für die Variablen $\varphi(t,\boldsymbol{p})$ und $\pi(t,\boldsymbol{p})$ sowie der Symmetriebeziehungen (37.124) erhalten wir schließlich:

$$
\begin{aligned}
\mathcal{D}(\zeta^*,\zeta) &= \prod_{t,\boldsymbol{p}^+} \frac{d\varphi^*(t,\boldsymbol{p}) d\varphi(t,\boldsymbol{p}) d\pi^*(t,-\boldsymbol{p}) d\pi(t,-\boldsymbol{p})}{(i2\pi)^2} (-1) \\
&= \prod_{t,\boldsymbol{p}^+} \frac{d\pi(t,\boldsymbol{p}) d\varphi(t,\boldsymbol{p})}{2\pi} \frac{d\pi(t,-\boldsymbol{p}) d\varphi(t,-\boldsymbol{p})}{2\pi} \\
&= \prod_{t,\boldsymbol{p}} \frac{d\pi(t,\boldsymbol{p}) d\varphi(t,\boldsymbol{p})}{2\pi} \equiv \mathcal{D}(\pi,\varphi)\,.
\end{aligned}
\tag{37.139}
$$

Damit ist die Beziehung (37.133) bewiesen.

Mit den oben abgeleiteten Beziehungen finden wir aus Gln. (37.118), (37.119) die Funktionalintegraldarstellung der Amplitude des erzeugenden Funktionals in den kanonischen Variablen:

$$
\mathcal{Z}^j = \int \mathcal{D}(\pi,\varphi) \exp\left[iS[\pi,\varphi]_\varepsilon + i \int dt \int d^3p j(t,\boldsymbol{p})\varphi(t,\boldsymbol{p}) \right] \tag{37.140}
$$

wobei die Quelle j in Gl. (37.129) definiert ist und wir die Quelle (37.130) $k = 0$ gesetzt haben. Ferner lautet die Wirkung (37.119)

$$
S[\pi,\varphi]_\varepsilon = \int dt \left[\int d^3p \pi(t,\boldsymbol{p})\dot{\varphi}(t,\boldsymbol{p}) - \mathcal{H}(\pi(t),\varphi(t))(1-i\varepsilon) \right], \tag{37.141}
$$

wobei $\mathcal{H}(\pi,\varphi)$ die klassische Hamilton-Funktion (37.127) in den kanonischen Variablen ist. Abgesehen von der infinitesimalen Wick-Rotation (die uns die Vakuumamplitude auswählt) ist dies die Phasenraumdarstellung des Funktionalintegrals (siehe Abschnitt 3.5, Band 1) eines Systems von Punktteilchen mit Koordinaten $\varphi_{\boldsymbol{p}}(t) \equiv \varphi(t,\boldsymbol{p})$ und Impulsen $\pi_{\boldsymbol{p}}(t) \equiv \pi(t,\boldsymbol{p})$.

Schließlich gehen wir von der Impulsdarstellung zurück zur Ortsdarstellung. Dabei transformiert sich das Funktionalintegrationsmaß auf triviale Weise:

$$
\mathcal{D}(\pi,\varphi) = \prod_{t,\boldsymbol{p}} \frac{d\pi(t,\boldsymbol{p})\, d\varphi(t,\boldsymbol{p})}{2\pi} = \prod_{t,\boldsymbol{x}} \frac{d\pi(t,\boldsymbol{x}) d\varphi(t,\boldsymbol{x})}{2\pi}, \tag{37.142}
$$

da die Fouriertransformation (37.63), (37.64) unitär ist. Mit der expliziten Form der Hamilton-Dichte (37.127) erhalten wir dann aus Gln. (37.140), (37.141) für die Amplitude des erzeugenden Funktionals die Funktionalintegraldarstellung:

$$\mathcal{Z}^j = \int \mathcal{D}(\pi, \varphi) \exp\left[iS[\pi, \varphi]_\varepsilon + i \int dt \int d^3x j(t, \boldsymbol{x}) \varphi(t, \boldsymbol{x}) \right] \tag{37.143}$$

mit der Wirkung:

$$\begin{aligned} S[\pi, \varphi]_\varepsilon = \int dt \int d^3x \Big[& \pi(t, \boldsymbol{x}) \dot{\varphi}(t, \boldsymbol{x}) - \frac{1}{2} \pi^2(t, \boldsymbol{x})(1 - i\varepsilon) \\ & - \left(\frac{1}{2} \varphi(t, \boldsymbol{x})(-\Delta + m^2) \varphi(t, \boldsymbol{x}) \right)(1 - i\varepsilon) \Big], \end{aligned} \tag{37.144}$$

wobei wir den expliziten Ausdruck (37.52) für $\omega^2(\boldsymbol{x}, \boldsymbol{y})$ benutzt haben.

37.1.7.2 Kovariante Lagrange-Form

Um auf die Lagrange-Form des Funktionalintegrals der Vakuumamplitude $\mathcal{Z}^j$ (37.143) zu gelangen, müssen wir die Integration über die Impulsvariablen $\pi(t, \boldsymbol{x})$ ausführen. Das Funktionalintegral über ein relativistisches Feld ist über eine Diskretisierung von Raum- und Zeit als Vielfachintegral definiert. Wir benutzen eine kartesische Gitterzerlegung des Minkowski-Raumes (reguläres orthogonales Gitter) mit Gitterlänge a und bezeichnen mit $x_k \equiv (t_k, \boldsymbol{x}_k)$ die Koordinaten der Gitterpunkte. Dann lautet das relevante Funktionalintegral (37.143) explizit:

$$\begin{aligned} \mathcal{Z}^j &= \int \mathcal{D}(\pi, \varphi) \exp\left[-\frac{i}{2} \int dt \int d^3x (\pi^2(t, \boldsymbol{x})(1 - i\varepsilon) - 2\pi(t, \boldsymbol{x}) \dot{\varphi}(t, \boldsymbol{x})) + \cdots \right] \\ &= \lim_{a \to 0} \int \prod_k \frac{d\pi(t_k, \boldsymbol{x}_k) d\varphi(t_k, \boldsymbol{x}_k))}{2\pi} \\ &\quad \times \exp\left[-\frac{i}{2} a^4 \sum_k (\pi^2(t_k, \boldsymbol{x}_k)(1 - i\varepsilon) - 2\pi(t_k, \boldsymbol{x}_k) \dot{\varphi}(t_k, \boldsymbol{x}_k)) + \cdots \right] \end{aligned} \tag{37.145}$$

wobei im Exponenten das Integral über den Minkowski-Raum zur Riemann-Summe über die Gitterpunkte wurde und die drei Punkte für die Terme stehen, die nicht von den Impulsvariablen abhängen.

Nach Ausführen der Integration über die Impulsvariablen mittels Gl. (B.13) finden wir

$$\begin{aligned} \mathcal{Z}^j &= \lim_{a \to 0} \int \prod_k \frac{d\varphi(t_k, \boldsymbol{x}_k)}{\sqrt{i 2\pi a^4}} \exp\left[\frac{i}{2} a^4 \sum_k \frac{1}{1 - i\varepsilon} \dot{\varphi}^2(t_k, \boldsymbol{x}_k) + \cdots \right] \\ &= \int \mathcal{D}\varphi \exp\left[\frac{i}{2} \int dt \int d^3x \frac{1}{1 - i\varepsilon} \dot{\varphi}^2(t, \boldsymbol{x}) + \cdots \right], \end{aligned} \tag{37.146}$$

wobei wir das funktionale Integrationsmaß über das Feld $\varphi(x)$ durch die Gitterdarstellung:

$$\int \mathcal{D}\varphi \ldots = \lim_{a\to 0} \int \prod_k \frac{d\varphi(t_k, \boldsymbol{x}_k)}{\sqrt{i2\pi a^4}} \ldots \tag{37.147}$$

definiert haben.

Beachten wir, dass für infinitesimale ε die Beziehung $(1 - i\varepsilon)^{-1} = (1 + i\varepsilon)$ gilt, und führen in der Wirkung (37.144) die partielle Integration:

$$\int d^3x \varphi(t, \boldsymbol{x})(-\Delta)\varphi(t, \boldsymbol{x}) = \int d^3x (\nabla\varphi(t, \boldsymbol{x}))^2 \tag{37.148}$$

durch, so erhalten wir für die Vakuumamplitude (37.143) nach Integration über die Impulsvariable die folgende Funktionalintegraldarstellung:

$$\boxed{\mathcal{Z}^j = \int \mathcal{D}\varphi \exp\left[iS[\varphi]_\varepsilon + i\int d^4x j(x)\varphi(x)\right],} \tag{37.149}$$

wobei die Wirkung durch

$$\boxed{S[\varphi]_\varepsilon = \int d^4x [\mathcal{L}(x) + i\varepsilon\mathcal{H}(x)]} \tag{37.150}$$

gegeben ist. Hierin sind $\mathcal{L}(x)$ die kovariante Lagrange-Dichte (37.27) und

$$\mathcal{H}(x) = \frac{1}{2}[(\partial_t\varphi(x))^2 + (\nabla\varphi(x))^2 + m^2\varphi^2(x)] \tag{37.151}$$

die klassische Energie-Dichte des skalaren Feldes. Letztere ergibt sich auch aus der Hamilton-Dichte $\mathcal{H}(\pi, \varphi)$ (37.28), wenn die Impulsvariable $\pi(x)$ durch ihren klassischen Wert (37.24) $\partial_t\varphi(x)$ ersetzt wird. Man beachte, dass das Dämpfungsglied in der Wirkung (37.150) mit der klassischen Energie-Dichte $\mathcal{H}(x)$ (37.151) kommt, die im Gegensatz zur Lagrange-Dichte $\mathcal{L}(x)$ (37.27) positiv-definit ist.

Aus der Vakuumamplitude $\mathcal{Z}^j$ (37.149) erhalten wir das erzeugende Funktional (vgl. Gl. (34.69))

$$\mathcal{Z}[j] = \frac{\mathcal{Z}^j}{\mathcal{Z}^{j=0}} \tag{37.152}$$

der Green'schen Funktionen des skalaren Feldes:

$$\boxed{\mathcal{Z}[j] = \left\langle \exp\left(i\int d^4x j(x)\varphi(x)\right)\right\rangle,} \tag{37.153}$$

wobei der Erwartungswert durch

$$\boxed{\langle\cdots\rangle = \frac{\int \mathcal{D}\varphi \ldots \exp(i\,S[\varphi]_\varepsilon)}{\int \mathcal{D}\varphi \exp(i\,S[\varphi]_\varepsilon)}} \tag{37.154}$$

definiert ist. Wie für die Vielteilchensysteme ergeben sich die Green'schen Funktionen (34.60) des skalaren Feldes

$$i\mathcal{G}(1,\ldots,n) = \left(\frac{1}{i}\frac{\delta}{\delta j(1)}\cdots\frac{1}{i}\frac{\delta}{\delta j(n)}\mathcal{Z}[j]\right)_{j=0} \tag{37.155}$$

als Erwartungswerte von Produkten der klassischen Felder, vgl. Gl. (34.146):

$$i\mathcal{G}(1,\ldots,n) = \langle\varphi(1)\ldots\varphi(n)\rangle. \tag{37.156}$$

Hierbei bezeichnet ein numerischer Index einen Satz von Koordinaten des Minkowski-Raumes, $1 \equiv \{x_1^\mu\}$.

37.1.7.3 Zusammenhang zwischen infinitesimaler Wick-Rotation und kausaler Randbedingung

In der Impulsdarstellung lautet das Dämpfungsglied in der Wirkung (37.150)

$$i\varepsilon \int d^4x\mathcal{H}(x) = \frac{1}{2}\int d^4p\varphi^*(p)[i\varepsilon(p_0^2 + \boldsymbol{p}^2 + m^2)]\varphi(p). \tag{37.157}$$

Der numerische Wert des Dämpfungsgliedes ist irrelevant, da wir schließlich den Limes $\varepsilon \to 0$ nehmen müssen. Entscheidend ist nur sein Vorzeichen. Deshalb können wir $\varepsilon(p_0^2 + \boldsymbol{p}^2 + m^2)$ durch

$$\delta := \varepsilon m^2 \tag{37.158}$$

ersetzen und den Limes $\delta \to 0$ nehmen. Das Dämpfungsglied in der Wirkung (37.150) vereinfacht sich dann zu

$$i\varepsilon \int d^4x\mathcal{H}(x) \to i\delta\frac{1}{2}\int d^4p\varphi^*(p)\varphi(p) = i\delta\frac{1}{2}\int d^4x\varphi^2(x)\,. \tag{37.159}$$

Aus Gl. (37.149) finden wir dann nach einer partiellen Integration,

$$\int d^4x\partial_\mu\varphi(x)\partial^\mu\varphi(x) = -\int d^4x\varphi(x)\partial_\mu\partial^\mu\varphi(x), \tag{37.160}$$

für die Amplitude des erzeugenden Funktionals der Green'schen Funktionen des freien skalaren Feldes die folgende Funktionalintegraldarstellung:

$$\mathcal{Z}^j = \int \mathcal{D}\varphi \exp\left[iS[\varphi] + i\int d^4xj(x)\varphi(x)\right] \tag{37.161}$$

mit der Wirkung

$$S[\varphi] = \frac{1}{2} \int d^4x \int d^4y \varphi(x) K^{-1}(x,y) \varphi(y), \tag{37.162}$$

wobei

$$K^{-1}(x,y) = (-\partial_\mu \partial^\mu - m^2 + i\delta)\delta^4(x,y) \tag{37.163}$$

die inverse Green'sche Funktion (28.84) der Klein-Gordon-Gleichung (28.117) mit kausaler Randbedingung ist. $K(x,y)$ wird als *Feynman Propagator* bezeichnet. Wie die obige Ableitung zeigt, ist die kausale Randbedingung eine unmittelbare Folge der infinitesimalen Wick-Rotation, die hier gewährleistet, dass die Green'schen Funktionen bezüglich des Vakuumzustandes $|\phi_0(N=0)\rangle = |0\rangle$ (37.83) definiert sind, siehe Abschnitt 34.3.2.

Mit der Wirkung (37.162) erhalten wir für die Amplitude des erzeugenden Funktionals (37.161) des freien skalaren Feldes das Gauss-Integral:

$$\mathcal{Z}^j = \int \mathcal{D}\varphi(x) \exp\left[\frac{i}{2} \int d^4x \int d^4y\, \varphi(x) K^{-1}(x,y) \varphi(y) + i \int d^4x\, j(x) \varphi(x)\right]. \tag{37.164}$$

Ausführen des Funktionalintegrals (siehe Gl. (B.13)) liefert:

$$\mathcal{Z}^j = \left(\mathcal{D}et K^{-1}\right)^{-1/2} \exp\left[\frac{i}{2} \int d^4x \int d^4y\, j(x) K(x,y) j(y)\right] \tag{37.165}$$

und somit für das erzeugende Funktional (37.152)

$$\mathcal{Z}[j] = \exp\left[\frac{i}{2} \int d^4x \int d^4y\, j(x) K(x,y) j(y)\right]. \tag{37.166}$$

Für die Einteilchen-Green'sche Funktion[15] des freien skalaren Feldes,

$$G(x,y) = \langle \varphi(x) \varphi(y) \rangle = \left(\frac{\delta}{i\delta j(x)} \frac{\delta}{i\delta j(y)} \mathcal{Z}[j] \right)_{j=0}, \tag{37.167}$$

finden wir aus Gl. (37.166) die Green'sche Funktion der Klein-Gordon-Gleichung:

$$G(x,y) = K(x,y). \tag{37.168}$$

Dies ist nicht verwunderlich, da die Klein-Gordon-Gleichung die klassische Bewegungsgleichung des skalaren Feldes ist, siehe Abschnitt 37.1.1. Diese Green'sche Funktion haben wir in Abschnitt 28.4.3 als den Propagator (Übergangsamplitude) für ein relativistisches spinloses Teilchen durch Summation über sämtliche Trajektorien dieses Teilchens

15 In der Quantenfeldtheorie wird die Einteilchen-Green'sche Funktion gewöhnlich als Zweipunktfunktion bezeichnet, da sie von den Koordinaten zweier Punkte des Minkowski-Raumes abhängt.

im Minkowski-Raum erhalten. Dieser Zusammenhang ist natürlich auch nicht überraschend, da die Einteilchen-Green'sche Funktion gerade die Ausbreitung eines einzelnen Teilchens beschreibt und die Quanten des skalaren Feldes spinlose Teilchen repräsentieren, wie wir in Abschnitt 37.1.6 gezeigt haben.

Wie aus Gl. (37.166) ersichtlich ist, lassen sich für das freie skalare Feld sämtliche Green'sche Funktionen durch die Green'sche Funktion der Klein-Gordon-Gleichung, d. h. durch die Zweipunktfunktion $G(x, y)$ ausdrücken.

37.1.7.4 Wechselwirkende Felder

Wir haben oben gezeigt, dass die Funktionalintegraldarstellung der Übergangsamplitude, die für Vielteilchensysteme aus der Zweiten Quantisierung abgeleitet wurde, wenn sie auf eine freie skalare Feldtheorie angewandt wird, ein Funktionalintegral über dieses Feld mit der gewöhnlichen relativistisch-kovarianten Form der Wirkung liefert. Die wesentlichen Schritte in dieser Ableitung waren, dass die komplexen klassischen Analoga ζ, ζ^* der Erzeugungs- bzw. Vernichtungsoperatoren $a, a^\dagger$ durch die klassische Feld- und Impulsvariablen φ, π ausgedrückt wurden und das Funktionalintegral über die Impulsvariablen π explizit ausgeführt wurde. Entscheidend dafür war natürlich, dass die Impulsvariablen maximal quadratisch im Exponenten auftreten. Man überzeugt sich leicht, dass die obige Ableitung auch für wechselwirkende Feldtheorien gültig bleibt. Auch in den wechselwirkenden Theorien tritt die „Geschwindigkeit" $\partial_t \varphi$ maximal quadratisch in der Lagrange-Funktion auf, sodass auch die zugehörige Hamilton-Funktion die Impulsvariable $\pi(x)$ maximal quadratisch enthält und somit das Funktionalintegral über diese Variablen ausgeführt werden kann. Gewöhnlich bestehen die Wechselwirkungsterme ausschließlich aus Potenzen der Felder, nicht deren Zeitableitungen. Dies gilt insbesondere für die φ^4-Theorie, die durch den Lagrangian (37.18) definiert ist. Auch für diese Theorie gilt die Funktionalintegraldarstellung (37.149) mit der Wirkung (37.150), wobei die Energiedichte durch

$$\mathcal{H}(x) = \frac{1}{2}\left[(\partial_t \varphi(x))^2 + (\nabla \varphi(x))^2\right] + \mathcal{U}(\varphi) \tag{37.169}$$

gegeben ist.

Generell kann die Wirkung aus Kausalitätsgründen die Geschwindigkeiten maximal in der zweiten Potenz enthalten, sodass sich die Impulsvariablen des Feldes stets ausintegrieren lassen. Die oben gegebene Ableitung der relativistisch-kovarianten Form (37.149) des Funktionalintegrals der quantenmechanischen Übergangsamplitude gilt deshalb für beliebige reelle wechselwirkende skalare Bosefelder. Darüber hinaus ist das prinzipielle Vorgehen dasselbe auch bei anderen Bose-Felder wie wir dies explizit für die Eichfelder im nächsten Abschnitt demonstrieren werden.

Wir haben oben ein reelles skalares Feld betrachtet. Die obigen Überlegungen lassen sich jedoch leicht auf ein *komplexes* skalares Feld verallgemeinern. Ein komplexes skalares Feld $\varphi(x) = \varphi_1(x) + i\varphi_2(x)$ besteht aus zwei reellen Feldern $\varphi_{n=1,2}(x)$, deren kinetische Energien nicht gekoppelt sind. Die oben für ein reelles skalares Feld angegebene Funktionalintegral-Quantisierung bleibt daher auch für ein komplexes skalares Feld gültig.

37.2 Eichfelder

In diesem Unterkapitel wird die Quantisierung von Eichfeldern $A^\mu(x)$ durchgeführt. Eichfelder sind masselose Vektorfelder. Sie besitzen folglich den Spin $s = 1$ und treten als Vermittler der Wechselwirkung zwischen den fundamentalen Fermionen, den Leptonen und Quarks, im Standardmodell der Elementarteilchen auf. Die Quantisierung dieser Felder verläuft weitestgehend parallel zur Quantisierung des skalaren Feldes. Jedoch ist hier die Eichinvarianz zu berücksichtigen, die die Quantisierung erheblich verkompliziert. Wir werden uns hier auf die *Abel'schen Eichfelder*, wie z. B. das Photonfeld der *Quantenelektrodynamik* (QED) beschränken. Bei den *nichtabelschen Eichfeldern* wie dem Gluonfeld der *Quantenchromodynamik* (QCD) treten zusätzliche Komplikationen auf, die mit der nichttrivialen topologischen Struktur der Eichgruppen verknüpft sind und deren Behandlung den Rahmen dieses Buches sprengen würden.

37.2.1 Klassische Eichfelder

Die Lagrange-Dichte eines Abel'schen Eichfeldes A^μ bei Anwesenheit eines äußeren Stromes $j^\mu(x)$ (siehe Gln. (28.36), (28.37)) lautet in unseren Einheiten mit $c = 1$:

$$\mathcal{L}^j(x) = \mathcal{L}(x) - j_\mu(x)A^\mu(x)\,, \quad \mathcal{L}(x) = -\frac{1}{4}F_{\mu\nu}(x)F^{\mu\nu}(x), \tag{37.170}$$

wobei

$$F^{\mu\nu}(x) = \partial^\mu A^\nu(x) - \partial^\nu A^\mu(x) \tag{37.171}$$

der Feldstärketensor ist. Der äußere Strom j^μ repräsentiert offensichtlich eine Quelle für das Eichfeld.

Variation der Wirkung

$$S^j[A] = \int d^4x\mathcal{L}^j(x) \tag{37.172}$$

nach dem Eichfeld,

$$\frac{\delta S^j[A]}{\delta A^\nu(x)} = 0, \tag{37.173}$$

liefert die *inhomogenen* Maxwell-Gleichungen (28.32):

$$\partial_\mu F^{\mu\nu}(x) \;=\; j^\nu(x) \tag{37.174}$$

als klassische Bewegungsgleichungen, während die *homogenen* Maxwell-Gleichungen (28.24) sich aus der *Bianchi-Identität* (28.31):

$$\partial_\mu \tilde{F}^{\mu\nu}(x) = 0, \quad \tilde{F}^{\mu\nu}(x) = \frac{1}{2}\varepsilon^{\mu\nu\kappa\lambda}F_{\kappa\lambda}$$

ergeben. Wegen

$$\partial_\mu \partial_\nu F^{\mu\nu}(x) = 0 \tag{37.175}$$

muss der äußere Strom $j^\mu(x)$ in der klassischen Theorie erhalten sein,[16]

$$\partial_\mu j^\mu(x) = 0\,. \tag{37.176}$$

Für *erhaltene Ströme* ist die Wirkung (37.172) invariant unter den *Eichtransformationen*

$$A_\mu \to A_\mu^\alpha \;= = A_\mu \;-\; \partial_\mu \alpha\,. \tag{37.177}$$

Während der Feldstärketensor $F_{\mu\nu}$ (37.171) wegen

$$\partial_\mu \partial_\nu \alpha(x) \;=\; \partial_\nu \partial_\mu \alpha(x) \tag{37.178}$$

per se eichinvariant ist, ist der Kopplungsterm $\int j_\mu(x)A^\mu(x)$ nur für erhaltene Ströme, $\partial_\mu j^\mu(x) = 0$, invariant, wie eine partielle Integration,

$$\int d^4x\, j^\mu(x)\partial_\mu \alpha(x) \;=\; -\int d^4x\, \alpha(x)\partial_\mu j^\mu(x), \tag{37.179}$$

zeigt. Der hierbei (nach Anwendung des Gauß'schen Integralsatzes) auftretende Oberflächenterm verschwindet, da die Ströme im Unendlichen verschwinden.

Zur kanonischen Quantisierung gehen wir wieder, wie beim skalaren Feld, zunächst von der Lagrange- zur Hamilton-Formulierung über. Die kanonischen Impulse $\Pi_\mu(x)$ konjugiert zur „Koordinate" $A^\mu(x)$ sind durch die Ableitung der Lagrange-Dichte nach den „Geschwindigkeiten" $\partial_0 A^\mu(x)$ gegeben

$$\Pi_\mu(x) = \frac{\partial \mathcal{L}^j(x)}{\partial(\partial_0 A^\mu(x))} = \frac{\partial \mathcal{L}(x)}{\partial(\partial_0 A^\mu(x))} = F_{\mu 0}(x)\,. \tag{37.180}$$

Für die räumlichen Impulse finden wir das elektrische Feld (28.29)

16 Die Stromerhaltung gilt jedoch i. A. nicht in der Quantentheorie, wenn $j^\mu(x)$ der Strom von fluktuierenden Quantenfeldern ist. Insbesondere gilt die Stromerhaltung nicht, wenn $j^\mu(x)$ als Quelle für das Eichfeld verwendet wird und somit beliebige Werte annehmen kann.

$$\Pi_k(x) = E_k(x) = -E^k(x)\,, \tag{37.181}$$

während der zeitliche Impuls aufgrund der Antisymmetrie des Feldstärketensors verschwindet:

$$\Pi_0(x) = 0\,. \tag{37.182}$$

Das Verschwinden eines kanonischen Impulses deutet auf die Anwesenheit eines unphysikalischen (überzähligen) Freiheitsgrades hin, der hier durch die Eichinvarianz enthalten ist.

Die klassische Hamilton-Dichte ergibt sich wieder durch Legendre-Transformation der Lagrange-Dichte von den Geschwindigkeiten $\partial_0 A^\mu(x)$ zu den Impulsen $\Pi_\mu(x)$,

$$\mathcal{H}^j(\Pi, A)(x) = \Pi_\mu(x)\partial_0 A^\mu(x) - \mathcal{L}^j(x)\,, \tag{37.183}$$

und ist durch

$$\mathcal{H}^j(\Pi, A)(x) = \frac{1}{2}[\mathbf{\Pi}^2(x) + \boldsymbol{B}^2(x)] + j_\mu(x)A^\mu(x) \tag{37.184}$$

gegeben, wobei $\boldsymbol{B}$ das Magnetfeld (28.29) ist.

37.2.2 Kanonische Quantisierung des Eichfeldes

Für die räumlichen Komponenten des Eichfeldes erfolgt die Quantisierung wie gewöhnlich, analog zur Quantisierung des skalaren Feldes, durch die Ersetzung der klassischen Variablen an einer festen (aber beliebigen) Zeit t durch zeitunabhängige Operatoren,

$$A^k(t, \boldsymbol{x}) \to \hat{A}^k(\boldsymbol{x})\,, \quad \Pi_k(t, \boldsymbol{x}) \to \hat{\Pi}_k(\boldsymbol{x})\,, \tag{37.185}$$

die den kanonischen Vertauschungsrelationen (vgl. Gl. (37.29)):

$$\begin{aligned} [\hat{A}^k(\boldsymbol{x}), \hat{A}^l(\boldsymbol{y})] &= 0 = [\hat{\Pi}_k(\boldsymbol{x}), \hat{\Pi}_l(\boldsymbol{y})]\,, \\ [\hat{A}^k(\boldsymbol{x}), \hat{\Pi}_l(\boldsymbol{y})] &= i\delta^k_l\,\delta(\boldsymbol{x}, \boldsymbol{y}) \end{aligned} \tag{37.186}$$

genügen.

In der *Koordinatendarstellung* fällt der Operator der „Koordinate", $\hat{\boldsymbol{A}}(\boldsymbol{x})$, mit dem klassischen Feld $\boldsymbol{A}(\boldsymbol{x})$ zusammen und der Impulsoperator $\hat{\mathbf{\Pi}}(\boldsymbol{x})$ des Feldes ist nach Gl. (37.186) durch die Ableitung nach der Feldkoordinate $A(\boldsymbol{x})$ gegeben:

$$\hat{A}^k(\boldsymbol{x}) \equiv A^k(\boldsymbol{x})\,, \quad \hat{\Pi}_k(\boldsymbol{x}) = \frac{\delta}{i\delta A^k(\boldsymbol{x})}\,. \tag{37.187}$$

Die kanonischen Kommutationsbeziehungen können offensichtlich nicht für die zeitlichen Komponenten gefordert werden, da $\Pi_0(x) = 0$. Dieses Problem können wir umgehen, indem wir die *Weyl-Eichung*

$$A^0 = 0 \tag{37.188}$$

benutzen. Durch die Ersetzung (37.185) in der der klassischen Hamilton-Funktion

$$H^j[\Pi, A] = \int d^3x \mathcal{H}^j(\Pi, A)(\boldsymbol{x}) \tag{37.189}$$

finden wir den quantenmechanischen Hamilton-Operator in der Weyl-Eichung

$$\hat{H}^j \equiv H^j[\hat{\boldsymbol{\Pi}}, \hat{\boldsymbol{A}}] = \frac{1}{2}\int d^3x[\hat{\boldsymbol{\Pi}}^2(x) + \boldsymbol{B}^2[\hat{\boldsymbol{A}}](x)] - \int d^3x \boldsymbol{j}(\boldsymbol{x}) \cdot \hat{\boldsymbol{A}}(x)\,. \tag{37.190}$$

Bemerkenswert ist, dass dieser Hamilton-Operator nicht mehr die Ladungsdichte $\rho = j^0$ enthält. Ferner verlieren wir durch die Weyl-Eichung die zur Feldkoordinate $A^0(x)$ gehörige Bewegungsgleichung. In der klassischen Theorie

$$\frac{\delta S^j[A]}{\delta A^0(x)} = \partial^\mu F_{\mu 0}(x) - j_0(x) = 0 \tag{37.191}$$

ist diese das Gauß'sche Gesetz:[17]

$$\nabla \cdot \boldsymbol{E} = \rho\,, \quad \rho \equiv j^0\,. \tag{37.192}$$

In der Hamilton-Formulierung wird das elektrische Feld $\boldsymbol{E}$ zum kanonischen Impuls $(-\boldsymbol{\Pi})$ (37.181) und folglich lautet hier das Gauß'sche Gesetz

$$-\nabla \cdot \boldsymbol{\Pi} = \rho\,. \tag{37.193}$$

In der Quantentheorie schließlich wird die klassische Variable $\boldsymbol{\Pi}$ zum Operator $\hat{\boldsymbol{\Pi}}$. Das Gauß'sche Gesetz lässt sich dann offensichtlich nicht auf der Operatorebene lösen, sondern muss als Zwangsbedingung an die Wellenfunktion gestellt werden,

$$\hat{G}(\boldsymbol{x})|\Psi\rangle = \rho|\Psi\rangle\,, \quad \hat{G}(\boldsymbol{x}) = -\nabla \cdot \hat{\boldsymbol{\Pi}}\,, \tag{37.194}$$

17 Streng genommen ist die Gleichung $\delta S^j[A]/\delta A^0(x) = 0$ und somit das Gauß'sche Gesetz (37.192) keine Bewegungsgleichung, da die Zeitableitung von $A_0(x)$ nicht im Lagrangian enthalten ist, sondern eine Zwangsbedingung, die zusätzlich an die Dynamik gestellt werden muss.

um zu gewährleisten, dass sich die resultierende Quantenfeldtheorie im klassischen Limes auf die bekannte Maxwell-Theorie reduziert.[18] Darüber hinaus garantiert die Zwangsbedingung (37.194), dass bei Abwesenheit von äußeren Ladungen, $\rho = 0$, das Wellenfunktional $\Psi[\boldsymbol{A}] = \langle \boldsymbol{A}|\Psi\rangle$ eichinvariant ist: Der im Gauß'schen Gesetz auftretende Operator $\hat{G}(\boldsymbol{x})$ ist der Generator von zeitunabhängigen Eichtransformationen, die durch den unitären Operator

$$\hat{U}[\alpha] = \exp\left[-i\int d^3x\, \alpha(\boldsymbol{x})\hat{G}(\boldsymbol{x})\right] \tag{37.195}$$

vermittelt werden. Letzterer besitzt die Form (23.18) eines unitären Operators kontinuierlicher Symmetrien. Setzen wir hier den expliziten Ausdruck von $\hat{G}(\boldsymbol{x})$ (37.194) ein und führen eine partielle Integration durch, so nimmt dieser Operator die Gestalt

$$\hat{U}[\alpha] = \exp\left[-i\int d^3x\, (\nabla\alpha(\boldsymbol{x}))\cdot\hat{\boldsymbol{\Pi}}(\boldsymbol{x})\right] \tag{37.196}$$

an. Wir erkennen hier die Analogie zum Translationsoperator (23.22), der die räumlichen Koordinaten verschiebt, siehe Gl. (23.24). In gleicher Weise bewirkt der Operator $\hat{U}[\alpha]$ eine Verschiebung (der Koordinate) des Eichfeldes um $-\nabla\alpha$, d. h. eine Eichtransformation:

$$\hat{U}[\alpha]\hat{\boldsymbol{A}}\hat{U}^{-1}[\alpha] = \hat{\boldsymbol{A}} - \nabla\alpha \tag{37.197}$$

und analog zu Gleichung (23.23) finden wir

$$\hat{U}[\alpha]\Psi[\boldsymbol{A}] = \Psi[\boldsymbol{A} - \nabla\alpha]\,. \tag{37.198}$$

Bei Abwesenheit einer äußeren Ladung $\rho = 0$ reduziert sich das Gauß'sche Gesetz (37.194) auf

$$\hat{G}(\boldsymbol{x})\Psi[\boldsymbol{A}] = 0\,, \tag{37.199}$$

woraus

$$\hat{U}[\alpha]\Psi[\boldsymbol{A}] = \Psi[\boldsymbol{A}] \tag{37.200}$$

und somit aus Gl. (37.198) die Eichinvarianz des Wellenfunktionals,

$$\Psi[\boldsymbol{A}] = \Psi[\boldsymbol{A} - \nabla\alpha], \tag{37.201}$$

folgt.

---

18 In Abschnitt 37.2.4 werden wir aus der so resultierenden Quantenfeldtheorie die Funktionalintegralformulierung der QED erhalten, wobei der Exponent des Funktionalintegrals tatsächlich (neben den Quelltermen) durch die gewöhnlich klassische Wirkung (37.172) der Maxwell-Theorie gegeben ist.

Beweis von Gleichung (37.198)

Der Beweis erfolgt analog zum Beweis von Gl. (23.23): Wir gehen in die Basis der Impulseigenzustände $|\boldsymbol{\Pi}\rangle$

$$\hat{\boldsymbol{\Pi}}(\boldsymbol{x})|\boldsymbol{\Pi}\rangle = \boldsymbol{\Pi}(\boldsymbol{x})|\boldsymbol{\Pi}\rangle,$$

die der Vollständigkeitsrelation

$$\hat{1} = \int \mathcal{D}\boldsymbol{\Pi}|\boldsymbol{\Pi}\rangle\langle\boldsymbol{\Pi}| \tag{37.202}$$

genügen. Hierbei haben wir zweckmäßigerweise das Integrationsmaß über das Impulsfeld durch:

$$\mathcal{D}\boldsymbol{\Pi} = \prod_{\boldsymbol{x}} \frac{d\boldsymbol{\Pi}(\boldsymbol{x})}{2\pi} \tag{37.203}$$

definiert, sodass die Impulseigenzustände die Koordinatendarstellung

$$\langle\boldsymbol{A}|\boldsymbol{\Pi}\rangle = \exp\left[i\int d^3x\boldsymbol{A}(\boldsymbol{x})\boldsymbol{\Pi}(\boldsymbol{x})\right] \tag{37.204}$$

besitzen (vgl. die analogen Beziehungen (10.51), (10.53) für ein Punktteilchen).

Unter Benutzung der Vollständigkeitsrelation (37.202), der dualen Eigenwertgleichung

$$\langle\boldsymbol{\Pi}|\hat{\boldsymbol{\Pi}}(\boldsymbol{x}) = \boldsymbol{\Pi}(\boldsymbol{x})\langle\boldsymbol{\Pi}| \tag{37.205}$$

sowie der Koordinatendarstellung der Impulseigenzustände (37.204) finden wir

$$\begin{aligned}
\hat{\mathcal{U}}[\alpha]\Psi[\boldsymbol{A}] &= \langle\boldsymbol{A}|\hat{U}[\alpha]|\Psi\rangle \\
&\overset{(37.202)}{=} \int \mathcal{D}\boldsymbol{\Pi}(\boldsymbol{x})\langle\boldsymbol{A}|\boldsymbol{\Pi}\rangle\langle\boldsymbol{\Pi}|\hat{U}[\alpha]|\Psi\rangle \\
&\overset{(37.205)}{=} \int \mathcal{D}\boldsymbol{\Pi}(\boldsymbol{x})\langle\boldsymbol{A}|\boldsymbol{\Pi}\rangle\exp\left[-i\int d^3x\nabla\alpha(\boldsymbol{x})\boldsymbol{\Pi}(\boldsymbol{x})\right]\langle\boldsymbol{\Pi}|\Psi\rangle \\
&\overset{(37.204)}{=} \int \mathcal{D}\boldsymbol{\Pi}(\boldsymbol{x})\exp\left[i\int d^3x\big(\boldsymbol{A}(\boldsymbol{x}) - \nabla\alpha(\boldsymbol{x})\big)\boldsymbol{\Pi}(\boldsymbol{x})\right]\langle\boldsymbol{\Pi}|\Psi\rangle \\
&\overset{(37.204)}{=} \int \mathcal{D}\boldsymbol{\Pi}(\boldsymbol{x})\langle\boldsymbol{A} - \nabla\alpha(\boldsymbol{x})|\boldsymbol{\Pi}\rangle\langle\boldsymbol{\Pi}|\Psi\rangle \\
&\overset{(37.202)}{=} \langle\boldsymbol{A} - \nabla\alpha|\Psi\rangle = \Psi[\boldsymbol{A} - \nabla\alpha]\,.
\end{aligned} \tag{37.206}$$

37.2.2.1 Trennung von eichinvarianten und eichabhängigen Freiheitsgraden

Zur Extraktion der eichinvarianten Freiheitsgrade führen wir die orthogonalen Projektoren

$$\begin{aligned}
l_{ij}(\boldsymbol{x}) = \nabla_i\Delta^{-1}\nabla_j\,,\quad t_{ij}(\boldsymbol{x}) = \delta_{ij} - l_{ij}(\boldsymbol{x})\,,\\
l_{ik}(\boldsymbol{x})l_{kj}(\boldsymbol{x}) = l_{ij}(\boldsymbol{x}),\quad t_{ik}(\boldsymbol{x})t_{kj}(\boldsymbol{x}) = t_{ij}(\boldsymbol{x}),\quad l_{ik}(\boldsymbol{x})t_{kj}(\boldsymbol{x}) = 0
\end{aligned} \tag{37.207}$$

auf die longitudinalen und transversalen Anteile eines Vektors im $\mathbb{R}^3$ ein.[19] Durch Multiplikation von A_k mit $\delta_{ik} = l_{ik} + t_{ik}$ zerlegen wir das Eichfeld in seine longitudinale und transversale Komponente:

$$\boldsymbol{A}(\boldsymbol{x}) = \boldsymbol{A}^{||}(\boldsymbol{x}) + \boldsymbol{A}^{\perp}(\boldsymbol{x}), \quad A_i^{||}(\boldsymbol{x}) = l_{ij}(\boldsymbol{x})A_j(\boldsymbol{x}), \quad A_i^{\perp}(\boldsymbol{x}) = t_{ij}(\boldsymbol{x})A_j(\boldsymbol{x})\,. \tag{37.210}$$

Unter einer Eichtransformation (37.177) der räumlichen Komponente $\boldsymbol{A}(\boldsymbol{x})$ des Eichfeldes,

$$\boldsymbol{A} \to \boldsymbol{A} - \nabla\alpha, \tag{37.211}$$

transformiert sich nur die longitudinale Komponente $\boldsymbol{A}^{||}(\boldsymbol{x})$, während die transversale Komponente $\boldsymbol{A}^{\perp}(\boldsymbol{x})$ eichinvariant ist:

$$\boldsymbol{A}^{||}(\boldsymbol{x}) \to \boldsymbol{A}^{||}(\boldsymbol{x}) - \nabla\alpha(\boldsymbol{x})\,, \quad \boldsymbol{A}^{\perp}(\boldsymbol{x}) \to \boldsymbol{A}^{\perp}(\boldsymbol{x})\,. \tag{37.212}$$

Es empfiehlt sich konsequenter Weise auch den Impulsoperator (37.187) in seine longitudinale und transversale Komponente zu zerlegen:

$$\hat{\boldsymbol{\Pi}}(\boldsymbol{x}) = \hat{\boldsymbol{\Pi}}^{||}(\boldsymbol{x}) + \hat{\boldsymbol{\Pi}}^{\perp}(\boldsymbol{x}). \tag{37.213}$$

Dazu benutzen wir die Kettenregel

$$\frac{\delta}{\delta A_k(\boldsymbol{x})} = \int d^3y \left[\frac{\delta A_l^{||}(\boldsymbol{y})}{\delta A_k(\boldsymbol{x})} \frac{\delta}{\delta A_l^{||}(\boldsymbol{y})} + \frac{\delta A_l^{\perp}(\boldsymbol{y})}{\delta A_k(\boldsymbol{x})} \frac{\delta}{\delta A_l^{\perp}(\boldsymbol{y})} \right]. \tag{37.214}$$

---

19 Da wir es im Folgenden nur mit den räumlichen Komponenten der Vierervektoren zu tun haben, folgen wir von jetzt an der allgemein üblichen Konvention, die wir auch in den vorigen Kapiteln benutzt haben, und kennzeichnen die kontravarianten Komponenten im $\mathbb{R}^3$ durch untere Indizes, d. h. wir ersetzen:

$$x^k \to x_k, \quad A^k \to A_k, \quad \nabla^k \to \nabla_k \quad \text{etc.} \tag{37.208}$$

In diesem Zusammenhang erinnern wir daran, dass die *kontravarianten* Komponenten des Nabla-Operators, ∇^k, als die *kovarianten* Komponenten des Ableitungsoperators ∂_k definiert sind, siehe Gl. (28.11). Nach der Ersetzung (37.208) haben wir folglich

$$\nabla^k \to \nabla_k = \partial_k,$$

sodass der untere Index von ∇_k tatsächlich eine kovariante Vektorkomponente bezeichnet. Dasselbe gilt für den Impulsoperator (37.187), der nach der Ersetzung (37.208) die Koordinatendarstellung:

$$\hat{\Pi}_k(x) = \frac{\delta}{i\delta A_k(x)} \tag{37.209}$$

besitzt. Ferner ist zu beachten, dass das Kronecker-Symbol der relativistischen Notation, δ_l^k, dem gewöhnlichen Kronecker δ_{kl} entspricht.

Aus Gl. (37.210) folgt

$$\frac{\delta A_l^{||}(y)}{\delta A_k(x)} = l_{lk}(y)\delta(y,x), \quad \frac{\delta A_l^{\perp}(y)}{\delta A_k(x)} = t_{lk}(y)\delta(y,x) \tag{37.215}$$

und somit für die Variationsableitung

$$\frac{\delta}{\delta A_k(x)} = \int d^3y \left[(l_{lk}(y)\delta(y-x))\frac{\delta}{\delta A_l^{||}(y)} + (t_{lk}(y)\delta(y-x))\frac{\delta}{\delta A_l^{\perp}(y)} \right]. \tag{37.216}$$

Nach Ausführen der Integration finden wir für die Komponenten des Impulsoperators

$$\hat{\Pi}_k^{||}(x) = l_{kj}(x)\frac{\delta}{i\delta A_j^{||}(x)}, \quad \hat{\Pi}_k^{\perp}(x) = t_{kj}(x)\frac{\delta}{i\delta A_j^{\perp}(x)}. \tag{37.217}$$

Wenn diese Impulsoperatoren auf ein skalares Funktional, z. B. auf das Wellenfunktional wirken, können die orthogonalen Projektoren $l_{kj}(x)$ und $t_{kj}(x)$ entfallen,

$$\hat{\Pi}_k^{||}(x)\Psi[A] = \frac{\delta}{i\delta A_k^{||}(x)}\Psi[A] = V_k^{||}[A](x), \tag{37.218}$$

$$\hat{\Pi}_k^{\perp}(x)\Psi[A] = \frac{\delta}{i\delta A_k^{\perp}(x)}\Psi[A] = V_k^{\perp}[A](x), \tag{37.219}$$

da die Variationsableitung nach $A_k^{||}(x)$ bzw. $A_k^{\perp}(x)$ einen longitudinalen bzw. transversalen Vektor, $V_k^{||}[A](x)$ bzw. $V_k^{\perp}[A](x)$ liefert und $l_{kj}(x)$ bzw. $t_{kj}(x)$ die Einheitsmatrix im longitudinalen bzw. transversalen Unterraum ist:

$$l_{kj}(x)V_j^{||}[A](x) = V_k^{||}[A](x), \quad t_{kj}(x)V_j^{\perp}[A](x) = V_k^{\perp}[A](x).$$

Da $\hat{\mathbf{\Pi}}^{||}(x) \cdot \hat{\mathbf{\Pi}}^{\perp}(x) = 0$ zerfällt auch die kinetische (elektrische) Energie in einen longitudinalen und einen transversalen Anteil

$$\hat{\mathbf{\Pi}}^2(x) = \hat{\mathbf{\Pi}}^{||2}(x) + \hat{\mathbf{\Pi}}^{\perp 2}(x) \tag{37.220}$$

und wegen $\nabla \times \hat{\boldsymbol{A}}^{||}(x) = 0$ hängt das Magnetfeld nur von der transversalen Komponente ab, $\boldsymbol{B}[A] = \boldsymbol{B}[A^{\perp}]$. Damit ist es uns gelungen, den Hamilton-Operator (37.190)

$$\hat{H}^j = \hat{H}_{\perp}^j + \hat{H}_{||}^j \tag{37.221}$$

in einen eichinvarianten

$$\hat{H}_{\perp}^j = \frac{1}{2}\int d^3x [\hat{\mathbf{\Pi}}^{\perp 2}(x) + \boldsymbol{B}^2[\hat{\boldsymbol{A}}^{\perp}](x)] - \int d^3x\, \boldsymbol{j}(x) \cdot \hat{\boldsymbol{A}}^{\perp}(x) \tag{37.222}$$

und einen eichabhängigen Anteil

$$\hat{H}^j_{\|} = \frac{1}{2}\int d^3x\,\hat{\boldsymbol{\Pi}}^{\|2}(\boldsymbol{x}) - \int d^3x\,\boldsymbol{j}(\boldsymbol{x})\cdot\hat{\boldsymbol{A}}^{\|}(\boldsymbol{x}) \tag{37.223}$$

zu zerlegen. Wegen der Orthogonalität von longitudinalen und transversalen Vektorkomponenten zerfallen auch die kanonischen Kommutationsbeziehungen (37.186) in zwei unabhängige Sätze, für die longitudinalen

$$\begin{aligned}[\hat{A}^{\|}_k(\boldsymbol{x}),\hat{A}^{\|}_l(\boldsymbol{y})] &= 0 = [\hat{\Pi}^{\|}_k(\boldsymbol{x}),\hat{\Pi}^{\|}_l(\boldsymbol{y})]\,,\\ [\hat{A}^{\|}_k(\boldsymbol{x}),\hat{\Pi}^{\|}_l(\boldsymbol{y})] &= il_{kl}(\boldsymbol{x})\delta(\boldsymbol{x},\boldsymbol{y})\end{aligned} \tag{37.224}$$

bzw. transversalen

$$\begin{aligned}[\hat{A}^{\perp}_k(\boldsymbol{x}),\hat{A}^{\perp}_l(\boldsymbol{y})] &= 0 = [\hat{\Pi}^{\perp}_k(\boldsymbol{x}),\hat{\Pi}^{\perp}_l(\boldsymbol{y})]\,,\\ [\hat{A}^{\perp}_k(\boldsymbol{x}),\hat{\Pi}^{\perp}_l(\boldsymbol{y})] &= it_{kl}(\boldsymbol{x})\delta(\boldsymbol{x},\boldsymbol{y})\end{aligned} \tag{37.225}$$

Operatoren. Ferner geht wegen $\nabla\cdot\hat{\boldsymbol{\Pi}}^{\perp} = 0$ nur der longitudinale Impulsoperator $\hat{\boldsymbol{\Pi}}^{\|}$ in das Gauß'sche Gesetz (37.194) ein:

$$-\nabla\cdot\hat{\boldsymbol{\Pi}}^{\|}|\Psi\rangle = \rho|\Psi\rangle\,. \tag{37.226}$$

Dies ist nicht verwunderlich, da das Gauß'sche Gesetz das Verhalten der Wellenfunktion unter Eichtransformationen bestimmt und nur der longitudinale Impulsoperator (37.217) auf die eichabhängigen Freiheitsgrade $\boldsymbol{A}^{\|}(\boldsymbol{x})$ wirkt.

Das Gauß'sche Gesetz (37.226) als Zwangsbedingung an das Wellenfunktional verkompliziert die Lösung der Schrödinger-Gleichung. Wir können uns jedoch von dieser Bedingung befreien, indem wir das Gauß'sche Gesetz explizit in den Hamilton-Operator einarbeiten, was wir im nächsten Abschnitt tun werden.

37.2.2.2 Auflösung des Gauß'schen Gesetzes

Um das Gauß'sche Gesetz in den Hamilton-Operator zu implementieren, stellen wir den longitudinalen Impulsoperator zunächst als Gradient eines skalaren Operators $\hat{\phi}$ dar:

$$\hat{\boldsymbol{\Pi}}^{\|}(\boldsymbol{x}) = \nabla\hat{\phi}(\boldsymbol{x})\,, \tag{37.227}$$

womit das Gauß'sche Gesetz (37.226) die Form einer Poisson-Gleichung

$$-\Delta\hat{\phi}(\boldsymbol{x})\Psi[\boldsymbol{A}] = \rho(\boldsymbol{x})\Psi[\boldsymbol{A}] \tag{37.228}$$

annimmt. Hieraus finden wir

$$\hat{\phi}(\boldsymbol{x})\Psi[\boldsymbol{A}] = (-\Delta)^{-1}\rho(\boldsymbol{x})\Psi[\boldsymbol{A}]\,. \tag{37.229}$$

Mit der Green'schen Funktion (21.100) des Laplace-Operators

$$\langle \boldsymbol{x}|(-\triangle)^{-1}|\boldsymbol{x}'\rangle \equiv (-\Delta)^{-1}\delta(\boldsymbol{x},\boldsymbol{x}') = \frac{1}{4\pi|\boldsymbol{x}-\boldsymbol{x}'|} \tag{37.230}$$

erhalten wir auf der rechten Seite dieser Gleichung für den Ausdruck vor dem Wellenfunktional das bekannte skalare Potential einer Ladungsverteilung $\rho(\boldsymbol{x})$:

$$\phi(\boldsymbol{x}) = (-\Delta)^{-1}\rho(\boldsymbol{x}) = \int d^3x' \frac{\rho(\boldsymbol{x}')}{4\pi|\boldsymbol{x}-\boldsymbol{x}'|}, \tag{37.231}$$

sodass Gl. (37.229) die Gestalt

$$\hat{\phi}(\boldsymbol{x})\Psi[\boldsymbol{A}] = \phi(\boldsymbol{x})\Psi[\boldsymbol{A}] \tag{37.232}$$

annimmt. Mit Gl. (37.227) erhalten wir hieraus schließlich

$$\hat{\boldsymbol{\Pi}}^{||}(\boldsymbol{x})\Psi[\boldsymbol{A}] = -\boldsymbol{\mathcal{E}}(\boldsymbol{x})\Psi[\boldsymbol{A}], \tag{37.233}$$

wobei

$$\boldsymbol{\mathcal{E}}(\boldsymbol{x}) = -\nabla\phi(\boldsymbol{x}) = -\nabla(-\Delta)^{-1}\rho(\boldsymbol{x}) \tag{37.234}$$

das klassische elektrische Feld ist, das von einer Ladungsdichte $\rho(\boldsymbol{x})$ erzeugt wird.

Gleichung (37.233) liefert die Wirkung des longitudinalen Impulsoperators auf die Wellenfunktion. Wir betonen jedoch, dass diese Gleichung, wie das Gauß'sche Gesetz (37.226), aus der sie abgeleitet wurde, keine Operatorgleichung, sondern nur eine Bedingung an das Wellenfunktional $\Psi[\boldsymbol{A}]$ ist. Sie ist aber ausreichend, um das Gauß'sche Gesetz in den Hamilton-Operator einzuarbeiten und es damit als Zwangsbedingung an das Wellenfunktional loszuwerden. Dazu betrachten wir ein beliebiges Matrixelement des Operators des longitudinalen Anteils der kinetischen Energie, $\langle\Psi_1|\hat{\boldsymbol{\Pi}}^{||2}(x)|\Psi_2\rangle$. Nach der Zerlegung (37.210) des Eichfeldes in seine longitudinalen und transversalen Komponenten haben wir $\int \mathcal{D}\boldsymbol{A} = \int \mathcal{D}\boldsymbol{A}^{||} \int \mathcal{D}\boldsymbol{A}^{\perp}$ und somit

$$\langle\Psi_1|\int d^3x \hat{\boldsymbol{\Pi}}^{||2}(\boldsymbol{x})|\Psi_2\rangle = \int \mathcal{D}\boldsymbol{A}^{||}\int \mathcal{D}\boldsymbol{A}^{\perp}\Psi_1^*[\boldsymbol{A}]\int d^3x \hat{\boldsymbol{\Pi}}^{||2}(\boldsymbol{x})\Psi_2[\boldsymbol{A}]. \tag{37.235}$$

Benutzen wir hier die explizite Form des Impulsoperators $\boldsymbol{\Pi}^{||}$ (37.217) und führen eine partielle (Funktional-) Integration in der Variable $\boldsymbol{A}^{||}$ durch,

$$\int \mathcal{D}\boldsymbol{A}^{||}\Psi_1^*[\boldsymbol{A}]\left(-\int d^3x \frac{\delta}{\delta A^{||}(\boldsymbol{x})_k}\frac{\delta}{\delta A_k^{||}(\boldsymbol{x})}\right)\Psi_2[\boldsymbol{A}] = \int \mathcal{D}\boldsymbol{A}^{||}\int d^3x \frac{\delta\Psi_1^*[\boldsymbol{A}]}{\delta A_k^{||}(\boldsymbol{x})}\frac{\delta\Psi_2[\boldsymbol{A}]}{\delta A^{||}(\boldsymbol{x})_k}, \tag{37.236}$$

so erhalten wir:

$$\langle\Psi_1|\int d^3x\, \hat{\boldsymbol{\Pi}}^{||2}(\boldsymbol{x})|\Psi_2\rangle = \int \mathcal{D}\boldsymbol{A}^{||}\int \mathcal{D}\boldsymbol{A}^{\perp}\int d^3x\, (\hat{\boldsymbol{\Pi}}^{||}(\boldsymbol{x})\Psi_1[\boldsymbol{A}])^*\hat{\boldsymbol{\Pi}}^{||}(\boldsymbol{x})\Psi_2[\boldsymbol{A}], \tag{37.237}$$

wobei wir

$$-\hat{\mathbf{\Pi}}^{||}(\boldsymbol{x})\Psi^*[\boldsymbol{A}] = (\hat{\mathbf{\Pi}}^{||}(\boldsymbol{x})\Psi[\boldsymbol{A}])^* \tag{37.238}$$

benutzt haben.[20] Setzen wir auf der rechten Seite von Gl. (37.237) das Gauß'sche Gesetz (37.233) ein, so finden wir

$$\langle\Psi_1| \int d^3x\, \hat{\mathbf{\Pi}}^{||2}(\boldsymbol{x})|\Psi_2\rangle = \langle\Psi_1| \int d^3x\, \boldsymbol{\mathcal{E}}^2(\boldsymbol{x})|\Psi_2\rangle. \tag{37.239}$$

Da diese Beziehung für beliebige Wellenfunktionale $|\Psi_1\rangle$, $|\Psi_2\rangle$ gilt, können wir sie auch im Hamilton-Operator $\hat{H}^j_{||}$ (37.223) benutzen, der dann durch

$$\hat{H}^j_{||} = E_C[\rho] - \int d^3x\, \boldsymbol{j}(\boldsymbol{x}) \cdot \hat{\boldsymbol{A}}^{||}(\boldsymbol{x}) \tag{37.240}$$

mit

$$E_C[\rho] = \frac{1}{2} \int d^3x\, \boldsymbol{\mathcal{E}}^2(\boldsymbol{x}) \tag{37.241}$$

gegeben ist. Dieser Term ist nichts weiter als die klassische Coulomb-Energie einer elektrischen Ladungsdichte $\rho(\boldsymbol{x})$. Um diese Energie direkt durch ρ auszudrücken, benutzen wir Gl. (37.234) und erhalten nach einer partiellen Integration:

$$\int d^3x\, \boldsymbol{\mathcal{E}}^2(\boldsymbol{x}) = -\int d^3x\, \boldsymbol{\mathcal{E}}(\boldsymbol{x})\nabla\phi(\boldsymbol{x}) = \int d^3x\, (\nabla\boldsymbol{\mathcal{E}}(\boldsymbol{x}))\phi(\boldsymbol{x})\,. \tag{37.242}$$

Nach Benutzung des klassischen Gauß-Gesetzes

$$\nabla\boldsymbol{\mathcal{E}}(\boldsymbol{x}) = \rho(\boldsymbol{x}) \tag{37.243}$$

sowie dem expliziten Ausdruck (37.231) von $\phi(\boldsymbol{x})$ finden wir aus (37.241) schließlich den gewünschten Ausdruck:

$$E_C[\rho] = \frac{1}{2} \int d^3x \int d^3x' \, \frac{\rho(\boldsymbol{x})\rho(\boldsymbol{x}')}{4\pi|\boldsymbol{x} - \boldsymbol{x}'|}\,. \tag{37.244}$$

Wie die obige Ableitung zeigt, entsteht die Coulomb-Energie $E_C[\rho]$ aus dem longitudinalen Anteil der kinetischen Energie des Eichfeldes, die wiederum in Anbetracht von Gl. (37.181) bzw. (37.233) die Energie des elektrischen Feldes repräsentiert.

Durch die Implementierung des Gauß'schen Gesetzes in den Hamilton-Operator ist auch die elektrische Ladungsdichte ρ wieder präsent, die infolge der Weyl-Eichung $A_0 = 0$ nicht mehr im Kopplungsterm $j_\mu A^\mu = \rho A^0 - \boldsymbol{j}\boldsymbol{A}$ enthalten war.

20 Der Oberflächenterm verschwindet hier, da normierbare Wellenfunktionale $\Psi[\boldsymbol{A}]$ für $\boldsymbol{A}(\boldsymbol{x}) \to \infty$ genügend schnell verschwinden.

37.2.2.3 Implementierung der Coulomb-Eichung

Aus der Koordinatendarstellung (37.209) von $\boldsymbol{\Pi}^{||}(\boldsymbol{x})$ und Gl. (37.233) folgt, dass für $\boldsymbol{\mathcal{E}}(\boldsymbol{x}) = 0$, d. h. bei Abwesenheit von elektrischen Ladungen, $\rho = 0$, das Wellenfunktional nicht von $\boldsymbol{A}^{||}(\boldsymbol{x})$ und somit nur vom eichinvarianten Anteil $\boldsymbol{A}^{\perp}(\boldsymbol{x})$ abhängt und damit selbst eichinvariant ist:

$$\Psi[\boldsymbol{A}] = \Psi[\boldsymbol{A}^{\perp}] \quad \text{für } \rho = 0 \,. \tag{37.245}$$

Bei Anwesenheit von Ladungen hingegen kann das Wellenfunktional in den Raumgebieten mit $\boldsymbol{\mathcal{E}}(\boldsymbol{x}) \neq 0$ auch von $\boldsymbol{A}^{||}(\boldsymbol{x})$ abhängen und ist folglich nicht eichinvariant. Wir können dennoch auch in diesem Fall die eichabhängige longitudinale Komponente $\boldsymbol{A}^{||}(\boldsymbol{x})$ leicht eliminieren, indem wir die nach der Weyl-Eichung $A^0 = 0$ noch verbleibende Invarianz unter *zeitunabhängigen* Eichtransformationen (37.211) durch die Coulomb-Eichung

$$\nabla \cdot \boldsymbol{A} = 0 \tag{37.246}$$

fixieren. Da die Coulomb-Eichung unmittelbar die eichinvarianten Freiheitsgrade $\boldsymbol{A}^{\perp}(\boldsymbol{x})$ liefert, wird sie auch als *physikalische Eichung* bezeichnet. Die durch die Coulomb-Eichung implizierte Bedingung

$$\boldsymbol{A}^{||}(\boldsymbol{x}) = 0 \tag{37.247}$$

bedeutet jedoch nicht, dass auch die longitudinale Komponente des Impulsoperators, $\hat{\boldsymbol{\Pi}}^{||}(\boldsymbol{x})$, verschwindet. In der Tat zeigt Gl. (37.233), dass für $\rho \neq 0$ und somit $\boldsymbol{\mathcal{E}}(\boldsymbol{x}) \neq 0$ die Wirkung von $\hat{\boldsymbol{\Pi}}^{||}(\boldsymbol{x})$ auf $\psi[\boldsymbol{A}]$ ein von Null verschiedenes Ergebnis liefert. Vor Coulomb-Eichung ist der Impulsoperator als Folge der kanonischen Kommutationsbeziehungen (in der Koordinatendarstellung) als Ableitungsoperator (37.187) $\delta/i\delta\boldsymbol{A}^{||}(\boldsymbol{x})$ im Koordinatenraum (Raum der Feldkonfigurationen $A(x)$) realisiert. Es ist jedoch offensichtlich, dass in Coulomb-Eichung, da $\boldsymbol{A}^{||}(\boldsymbol{x}) = 0$, die kanonischen Kommutationsbeziehungen (37.224) der longitudinalen Operatoren verloren gehen und somit die Darstellung (37.217) $\hat{\boldsymbol{\Pi}}^{||}(\boldsymbol{x}) = \delta/i\delta\boldsymbol{A}^{||}(\boldsymbol{x})$ nicht mehr existiert. (Außerdem würde uns die Wirkung des Ableitungsoperators $\hat{\boldsymbol{\Pi}}^{||}(\boldsymbol{x}) = \delta/i\delta\boldsymbol{A}^{||}(\boldsymbol{x})$ von einer anfänglichen Hyperfläche $\boldsymbol{A}^{||}(\boldsymbol{x}) = 0$ weg in benachbarte Regionen führen, in denen $\boldsymbol{A}^{||}(\boldsymbol{x}) \neq 0$ und damit $\nabla \cdot \boldsymbol{A} \neq 0$.) Wir haben somit in Coulomb-Eichung keine explizite Realisierung von $\hat{\boldsymbol{\Pi}}^{||}(\boldsymbol{x})$ zur Verfügung, sondern kennen nur die Wirkung von $\hat{\boldsymbol{\Pi}}^{||}(\boldsymbol{x})$ auf das Wellenfunktional, siehe Gl. (37.233). Wie oben gezeigt, reicht dies jedoch aus, um $\hat{\boldsymbol{\Pi}}^{||}(\boldsymbol{x})$ aus dem Hamilton-Operator zu eliminieren.

Aus Gln. (37.221), (37.222) und (37.240) finden wir für den Hamilton-Operator in Coulomb-Eichung die Darstellung:

$$H^j[\hat{\Pi}^{\perp}, \hat{A}^{\perp}] = \int d^3x \left(\frac{1}{2}[\hat{\boldsymbol{\Pi}}^{\perp 2}(\boldsymbol{x}) + \boldsymbol{B}^2[\hat{\boldsymbol{A}}^{\perp}](\boldsymbol{x})] - \boldsymbol{j}(\boldsymbol{x}) \cdot \hat{\boldsymbol{A}}^{\perp}(\boldsymbol{x}) \right) + E_C[\rho] \,. \tag{37.248}$$

Nachdem wir die longitudinalen Freiheitsgrade (einschließlich $\boldsymbol{\Pi}^{\|}$) komplett aus dem Hamilton-Operator entfernt haben, können wir die Coulomb-Eichbedingung (37.247) auch ins Wellenfunktional einsetzen und uns im Koordinatenraum auf die Hyperebene $A^{\|} = 0$ beschränken. Das Skalarprodukt im Hilbert-Raum der Wellenfunktionale des Abel'schen Eichfeldes ist somit in Coulomb-Eichung durch

$$\langle \Psi_1 | \Psi_2 \rangle = \int \mathcal{D}\boldsymbol{A}^{\perp} \Psi_1^*[\boldsymbol{A}^{\perp}] \Psi_2[\boldsymbol{A}^{\perp}]. \tag{37.249}$$

gegeben.[21]

Wie wir bei der Auflösung des Gauß'schen Gesetzes gesehen haben, repräsentiert die Coulomb-Energie $E_C[\rho]$ die kinetische Energie des longitudinalen Impulses des Eichfeldes. Auch wenn sie nicht von der dynamischen Feldkoordinate $\boldsymbol{A}^{\perp}(\boldsymbol{x})$ abhängt, müssen wir sie deshalb dennoch als Bestandteil des Hamilton-Operators betrachten. Im Gegensatz zur Ladungsdichte ρ geht der vektorielle Anteil $\boldsymbol{j}$ des äußeren Stromes nach wie vor nur als Quelle in den Hamilton-Operator (37.248) ein, die bei der Untersuchung der quantenmechanischen Eigenschaften des Eichfeldes ignoriert werden kann. Wir werden deshalb im Folgenden den Quellterm

$$H_Q[\hat{A}^{\perp}; \boldsymbol{j}] = -\int d^3x\, \boldsymbol{j}(\boldsymbol{x}) \hat{\boldsymbol{A}}^{\perp}(\boldsymbol{x}) \tag{37.250}$$

im Hamilton-Operator (37.248) vernachlässigen. Dieser ist dann durch:

$$H[\hat{\Pi}^{\perp}, \hat{A}^{\perp}; \rho] = \frac{1}{2} \int d^3x [\hat{\boldsymbol{\Pi}}^{\perp 2}(\boldsymbol{x}) + \boldsymbol{B}^2[\hat{\boldsymbol{A}}^{\perp}](\boldsymbol{x})] + E_C[\rho] \tag{37.251}$$

gegeben.

Nach einer partiellen Integration im Potentialterm,

$$\int d^3x\, \boldsymbol{B}^2[\boldsymbol{A}] = \int d^3x [\boldsymbol{A}^{\perp}(\boldsymbol{x})(-\Delta)\boldsymbol{A}^{\perp}(\boldsymbol{x})], \tag{37.252}$$

lautet der Hamilton-Operator (37.251) in der Koordinatendarstellung:

$$\hat{H}[A^{\perp}; \rho] = \frac{1}{2} \int d^3x \left[-\frac{\delta}{\delta A_i^{\perp}(\boldsymbol{x})} \frac{\delta}{\delta A_i^{\perp}(\boldsymbol{x})} + A_i^{\perp}(\boldsymbol{x})(-\Delta)A_i^{\perp}(\boldsymbol{x}) \right] + E_C[\rho]. \tag{37.253}$$

Abgesehen von der Coulomb-Energie $E_C[\rho]$, die nicht vom Eichfeld $\boldsymbol{A}^{\perp}$ abhängt, ist dies der Hamilton-Operator eines Satzes harmonischer Oszillatoren mit Koordinaten $A_i^{\perp}(\boldsymbol{x})$,

21 Diese einfache Form des Skalarproduktes ergibt sich aufgrund der Eliminierung der eichabhängigen Freiheitsgrade $\boldsymbol{A}^{\|}(\boldsymbol{x})$ durch die Coulomb-Eichung. In den *nichtabelschen* Eichtheorien ist der transversale Anteil des Eichfeldes $\boldsymbol{A}^{\perp}(\boldsymbol{x})$ nicht eichinvariant und folglich tritt auch in der Coulomb-Eichung im Skalarprodukt noch ein Jacobian (die sogenannte Faddeev-Popov-Determinante, siehe Abschnitt 37.2.4.4) auf, der von $\boldsymbol{A}^{\perp}(\boldsymbol{x})$ abhängt.

wobei die Koordinaten an benachbarten Raumpunkten $\boldsymbol{x}$ über den Laplace-Operator im Potentialterm gekoppelt sind. Ignorieren wir den Vektorindex i an der Feldkoordinate $A_i^{\perp}(\boldsymbol{x})$, so ist dies der Hamilton-Operator (37.42) eines masselosen skalaren Feldes. Analog zum skalaren Feld lässt sich natürlich auch hier die Schrödinger-Gleichung

$$\hat{H}[A^{\perp};\rho]\,\phi[\boldsymbol{A}^{\perp}] = E[\rho]\,\phi[\boldsymbol{A}^{\perp}] \tag{37.254}$$

analytisch lösen. Für die Grundzustandswellenfunktion findet man analog zu Gl. (37.43) das Gauß-Funktional:

$$\phi_0[\boldsymbol{A}^{\perp}] = \mathcal{N}\exp\left[-\frac{1}{2}\int d^3x\int d^3y A_k^{\perp}(\boldsymbol{x})\omega_{kl}(\boldsymbol{x},\boldsymbol{y})A_l^{\perp}(\boldsymbol{y})\right] \tag{37.255}$$

mit

$$\omega_{kl}(\boldsymbol{x},\boldsymbol{y}) = t_{kl}(\boldsymbol{x})\omega(\boldsymbol{x},\boldsymbol{y}), \quad \omega(\boldsymbol{x},\boldsymbol{y}) = \sqrt{-\Delta}\,\delta(\boldsymbol{x},\boldsymbol{y}), \tag{37.256}$$

und für die Grundzustandsenergie

$$E_0[\rho] = E_0 + E_C[\rho], \tag{37.257}$$

wobei

$$E_0 = \int d^3x\,\omega(\boldsymbol{x},\boldsymbol{x}) \tag{37.258}$$

die Nullpunktsenergie der harmonischen Oszillatoren ist. Der zusätzliche Faktor 2 gegenüber der Energie (37.53) des skalaren Feldes resultiert aus der Spur über den transversalen Projektor, $t_{kk}(x) = 2$.

Das Wellenfunktional (37.255) ist eichinvariant, da es nur von den eichinvarianten Freiheitsgraden $\boldsymbol{A}^{\perp}(\boldsymbol{x})$ des Eichfeldes abhängt. Dies haben wir natürlich erwartet, da keine äußeren Ladungen anwesend sind. Die Eichinvarianz wird manifest, wenn wir das Wellenfunktional (37.255) durch das Magnetfeld ausdrücken. Dazu benutzen wir

$$\begin{aligned}\int d^3x A_i^{\perp}(\boldsymbol{x})\sqrt{-\Delta}A_i^{\perp}(\boldsymbol{x}) &= \int d^3x A_i(\boldsymbol{x})t_{ij}\sqrt{-\Delta}A_j(\boldsymbol{x}),\\ \sqrt{-\Delta} &= (-\Delta)(\sqrt{-\Delta})^{-1}\end{aligned} \tag{37.259}$$

sowie

$$t_{ij}(\boldsymbol{x})\Delta = \delta_{ij}\Delta - \nabla_i\nabla_j = \varepsilon_{kmi}\varepsilon_{knj}\nabla_m\nabla_j \tag{37.260}$$

und erhalten nach einer partiellen Integration:

$$\int d^3x A_i^{\perp}(\boldsymbol{x})\sqrt{-\Delta}A_i^{\perp}(\boldsymbol{x}) = \int d^3x \varepsilon_{kmi}\nabla_m A_i(\boldsymbol{x})(\sqrt{-\Delta})^{-1}\varepsilon_{knj}\nabla_j A_j(\boldsymbol{x})$$

$$= \int d^3x \int d^3y \boldsymbol{B}(\boldsymbol{x}) \cdot \langle \boldsymbol{x}|(\sqrt{-\Delta})^{-1}|\boldsymbol{y}\rangle \boldsymbol{B}(\boldsymbol{y}) \tag{37.261}$$

wobei $\boldsymbol{B}(\boldsymbol{x}) = \nabla \times \boldsymbol{A}(\boldsymbol{x}) = \nabla \times \boldsymbol{A}^{\perp}(\boldsymbol{x})$ das Magnetfeld und

$$\langle \boldsymbol{x}|(\sqrt{-\Delta})^{-1}|\boldsymbol{y}\rangle \equiv (\sqrt{-\Delta})^{-1}\delta(\boldsymbol{x},\boldsymbol{y}) \tag{37.262}$$

die Green'sche Funktion des Operators $\sqrt{-\Delta}$ ist. Diese lässt sich völlig analog zu der des Laplace-Operators $(-\Delta)$ durch Fourier-Transformation berechnen (siehe unten). Man findet

$$\langle \boldsymbol{x}|(\sqrt{-\Delta})^{-1}|\boldsymbol{y}\rangle = \frac{1}{2\pi^2|\boldsymbol{x}-\boldsymbol{y}|^2}. \tag{37.263}$$

Nach Einsetzen dieses Ausdrucks in Gl. (37.261) erhalten wir für das Vakuumwellenfunktional (37.255) des Abel'schen Eichfeldes:

$$\phi_0[\boldsymbol{A}^{\perp}] = \mathcal{N} \exp\left[-\frac{1}{2}\int d^3x \int d^3y \frac{\boldsymbol{B}(\boldsymbol{x}) \cdot \boldsymbol{B}(\boldsymbol{y})}{2\pi^2|\boldsymbol{x}-\boldsymbol{y}|^2}\right]. \tag{37.264}$$

Dieser Ausdruck ist offensichtlich eichinvariant.

Berechnung der Green'schen Funktion von $\sqrt{-\Delta}$.

Zur Berechnung der Green'schen Funktion gehen wir in die Impulsdarstellung:

$$\langle \boldsymbol{x}|(\sqrt{-\Delta})^{-1}|\boldsymbol{y}\rangle = \int d^3p \langle \boldsymbol{x}|\boldsymbol{p}\rangle\langle \boldsymbol{p}|(\sqrt{-\Delta})^{-1}|\boldsymbol{p}\rangle\langle \boldsymbol{p}|\boldsymbol{y}\rangle = \int \frac{d^3p}{(2\pi)^3}\frac{e^{i\boldsymbol{p}\cdot(\boldsymbol{x}-\boldsymbol{y})}}{\sqrt{\boldsymbol{p}^2}}. \tag{37.265}$$

Zweckmäßigerweise benutzen wir sphärische Koordinaten und legen die z-Achse des $\boldsymbol{p}$-Raumes in Richtung des Vektors $(\boldsymbol{x}-\boldsymbol{y})$. Mit $z = \cos\theta$, wobei θ der Winkel zwischen den Vektoren $\boldsymbol{p}$ und $(\boldsymbol{x}-\boldsymbol{y})$ ist, erhalten wir

$$\begin{aligned}\langle \boldsymbol{x}|(\sqrt{-\Delta})^{-1}|\boldsymbol{y}\rangle &= \int_0^\infty \frac{dpp}{(2\pi)^2}\int_{-1}^{1} dz e^{izp|\boldsymbol{x}-\boldsymbol{y}|} \\ &= \frac{1}{2\pi^2|\boldsymbol{x}-\boldsymbol{y}|}\int_0^\infty dp \sin p|\boldsymbol{x}-\boldsymbol{y}| \\ &= \frac{1}{2\pi^2|\boldsymbol{x}-\boldsymbol{y}|^2}\int_0^\infty dr \sin r\,.\end{aligned} \tag{37.266}$$

Das verbleibende Radialintegral liefert nach Regularisierung

$$\int_0^\infty dr \sin r := \lim_{\delta\to 0}\int_0^\infty dr e^{-\delta r}\sin r = \lim_{\delta\to 0}\frac{1}{\delta^2+1} = 1, \tag{37.267}$$

sodass wir den in Gl. (37.263) angegebenen Ausdruck erhalten.

Die in der Ortsdarstellung gekoppelten Oszillatoren lassen sich wieder, wie beim skalaren Feld, durch Fourier-Transformation zur Impulsdarstellung entkoppeln, siehe Abschnitt 37.1.4.

Einschluss des Quellterms $H_Q[\hat{A}^\perp;\boldsymbol{j}]$ (37.250)

In der Quantenfeldtheorie werden die äußeren Ströme j gewöhnlich nur als (infinitesimale) Quelle zur einfachen Gewinnung der Green'schen Funktionen aus dem erzeugenden Funktional benutzt. Nach Ableitung des erzeugenden Funktionals werden die Quellen dann wieder auf Null gesetzt, siehe Abschnitt 34.3. In den Anwendungen der QED kann j jedoch auch ein realer elektrischer Strom sein. Deshalb ist eine berechtigte Frage: Wie verändert sich der Grundzustand und dessen Energie, wenn der Quellterm $\hat{H}_Q$ (37.250) mit in den Hamilton-Operator bei der Lösung der Schrödinger-Gleichung eingeschlossen wird? In der Koordinatendarstellung lautet der volle Hamilton-Operator (37.251) bei Einschluss der Quellen nach der partiellen Integration (37.252) im Potentialterm:

$$\hat{H}^j\left[A^\perp\right] = \int d^3x\left[-\frac{1}{2}\frac{\delta}{\delta A_i^\perp(\boldsymbol{x})}\frac{\delta}{\delta A_i^\perp(\boldsymbol{x})} + \frac{1}{2}A_i^\perp(\boldsymbol{x})(-\Delta)A_i^\perp(\boldsymbol{x}) - j_i^\perp(\boldsymbol{x})A_i^\perp(\boldsymbol{x})\right] + E_C[\rho]\,, \tag{37.268}$$

wobei wir $\boldsymbol{j}\cdot\boldsymbol{A}^\perp = \boldsymbol{j}^\perp\cdot\boldsymbol{A}^\perp$ benutzt haben. Aufgrund des einbezogenen Quellterms enthält der Hamilton-Operator jetzt auch einen Term linear in der Koordinate $A_i^\perp(\boldsymbol{x})$. Dieser lässt sich wie üblich durch eine Koordinatentransformation beseitigen. Dazu führen wir das von dem äußeren Strom $\boldsymbol{j}$ erzeugte klassische Vektorpotential $\boldsymbol{\mathcal{A}}(\boldsymbol{x})$ ein:

$$-\Delta\boldsymbol{\mathcal{A}}(\boldsymbol{x}) = \boldsymbol{j}(\boldsymbol{x}) \tag{37.269}$$

und erhalten mit

$$\int d^3x\,\boldsymbol{j}^\perp(\boldsymbol{x})\cdot\boldsymbol{A}^\perp(\boldsymbol{x}) = \int d^3x\,\boldsymbol{A}^\perp(\boldsymbol{x})\cdot(-\Delta)\boldsymbol{\mathcal{A}}^\perp(\boldsymbol{x}) \tag{37.270}$$

durch quadratische Ergänzung

$$\begin{aligned}&\frac{1}{2}\int\boldsymbol{A}^\perp\cdot(-\Delta)\boldsymbol{A}^\perp - \int\boldsymbol{j}^\perp(\boldsymbol{x})\cdot\boldsymbol{A}^\perp(\boldsymbol{x})\\ &\quad = \frac{1}{2}\int\left(\boldsymbol{A}^\perp - \boldsymbol{\mathcal{A}}^\perp\right)\cdot(-\Delta)\left(\boldsymbol{A}^\perp - \boldsymbol{\mathcal{A}}^\perp\right) - E_M\left[\boldsymbol{j}^\perp\right],\end{aligned} \tag{37.271}$$

wobei

$$E_M[\boldsymbol{j}] = \frac{1}{2}\int\boldsymbol{\mathcal{A}}\cdot(-\Delta)\boldsymbol{\mathcal{A}}\,. \tag{37.272}$$

Setzen wir die Beziehung (37.271) in den Hamilton-Operator (37.268) ein, so erhalten wir

$$\begin{aligned}\hat{H}^j\left[A^\perp\right] = \int d^3x&\left[-\frac{1}{2}\frac{\delta}{\delta A_i^\perp(\boldsymbol{x})}\frac{\delta}{\delta A_i^\perp(\boldsymbol{x})} + \frac{1}{2}\left(A_i^\perp(\boldsymbol{x}) - \mathcal{A}_i\right)(-\Delta)\left(A_i^\perp(\boldsymbol{x}) - \mathcal{A}_i\right)\right]\\ &+ E_C[\rho] - E_M[\boldsymbol{j}]\,.\end{aligned} \tag{37.273}$$

Abgesehen von den beiden Energien $E_C[\rho]$ und $E_M[\boldsymbol{j}]$, die nicht vom Eichfeld $\boldsymbol{A}^\perp$ abhängen, ist dies der Hamilton-Operator eines Satzes verschobener harmonischer Oszillatoren mit Koordinaten $A_i^\perp(\boldsymbol{x})$, deren Potentialminimum sich bei $\boldsymbol{A}^\perp = \boldsymbol{\mathcal{A}}^\perp$ befindet. Für die Grundzustandswellenfunktion findet man analog zu Gl. (37.43)

$$\phi_0^j[\mathbf{A}^\perp] = \mathcal{N} \exp\left[-\frac{1}{2}\int d^3x \int d^3y \left(A_k^\perp(\mathbf{x}) - \mathcal{A}_k\right)\omega_{kl}(\mathbf{x},\mathbf{y})\left(A_l^\perp(\mathbf{x}) - \mathcal{A}_l\right)\right]. \tag{37.274}$$

Die verschobenen Quantenoszillatoren haben natürlich dasselbe Spektrum wie die unverschobenen, die um den Koordinatenwert $\mathbf{A}^\perp = 0$ schwingen. Deshalb finden wir für die Grundzustandsenergie bei Anwesenheit des äußeren Stromes $\boldsymbol{j}$:

$$E_0^j = E_0[\rho] - E_M[\boldsymbol{j}] = E_0 + E_C[\rho] - E_M[\boldsymbol{j}], \tag{37.275}$$

wobei E_0 (37.258) die Grundzustandsenergie bei Abwesenheit von Ladungen und Strömen ist. Man beachte, dass

$$E_M[\boldsymbol{j}] > 0 \quad \text{für } \boldsymbol{j} \neq 0. \tag{37.276}$$

Damit wird durch das Einschalten eines äußeren Stromes $\boldsymbol{j}$ die Energie des Photonenfeldes abgesenkt.

Die oben eingeführte Größe $E_M[\boldsymbol{j}]$ (37.272) ist die klassische Energie eines stationären Stromes $\boldsymbol{j}$, der gemäß der Poisson-Gleichung (37.269) das Vektorpotential

$$\mathcal{A}(\mathbf{x}) = \int d^3y \langle \mathbf{x}|(-\Delta)^{-1}|\mathbf{y}\rangle \boldsymbol{j}(\mathbf{y}) \tag{37.277}$$

erzeugt: Mit der Poisson-Gleichung (37.269) und Gl. (37.277) sowie unter Benutzung der Green'schen Funktion (21.100) des Laplace-Operators finden wir für diese Größe

$$E_M[\boldsymbol{j}] = \frac{1}{2}\int \boldsymbol{j} \cdot (-\Delta)^{-1}\boldsymbol{j} = \frac{1}{2}\int d^3x \int d^3y \frac{\boldsymbol{j}(\mathbf{x}) \cdot \boldsymbol{j}(\mathbf{y})}{4\pi|\mathbf{x} - \mathbf{y}|} \tag{37.278}$$

und hieraus nach Verwendung der Maxwell-Gleichungen:

$$\nabla \times \mathcal{B} = \boldsymbol{j}, \quad \nabla \cdot \mathcal{B} = 0 \tag{37.279}$$

sowie der Laplace-Gleichung:

$$(-\Delta)^{-1} \frac{1}{4\pi|\mathbf{x} - \mathbf{y}|} = \delta(\mathbf{x},\mathbf{y}) \tag{37.280}$$

die klassische Energie des Magnetfeldes $\mathcal{B} = \nabla \times \mathcal{A}$, welches durch den äußeren Strom $\boldsymbol{j}$ erzeugt wird:

$$E_M[\boldsymbol{j}] = \frac{1}{2}\int d^3x\, \mathcal{B}(x) \cdot \mathcal{B}(x). \tag{37.281}$$

Zur Energie E_0^j (37.275) des Photonfeldes bei Anwesenheit des äußeren Stromes $\boldsymbol{j}$ müssen wir noch dessen klassische Energie $E_M[\boldsymbol{j}]$ addieren, um die Gesamtenergie:

$$E_0^{\text{tot}} = E_0^j + E_M[\boldsymbol{j}] = E_0[\rho] \tag{37.282}$$

zu erhalten. Diese ist offenbar unabhängig vom äußeren Strom $\boldsymbol{j}$. Durch den äußeren Strom wird das Vakuum des Eichfeldes offenbar so verändert, das die Gesamtenergie (Energie des Photonfeldes $E_0[\rho]$ plus klassische Energie $E_M[\boldsymbol{j}]$ des äußeren Stromes) konstant bleibt und somit unabhängig von $\boldsymbol{j}$ ist. Da die Erzeugung eines Stromes eine Energie erfordert, würde man eigentlich erwarten, dass die Gesamtenergie durch Einschalten des äußeren Stromes zunimmt. Dass dies nicht passiert, lässt sich sehr einfach an dem folgenden analogen mechanischen Systems verstehen:

Ein harmonischer Oszillator (mit Koordinate x), der den Gesetzen der Quantenmechanik unterliegt und durch den Hamilton-Operator

$$H_0(x) = \frac{p^2}{2m} + \frac{1}{2}m\omega^2 x^2 \tag{37.283}$$

beschrieben wird, koppele an eine klassische Punktmasse M (mit Koordinate Q), die sich in einem Oszillatorpotential mit Frequenz Ω befindet und folglich die potentielle Energie

$$E_{\text{klass}}(Q) = \frac{1}{2}M\Omega^2 Q^2 \tag{37.284}$$

besitzt. Der Kopplungsterm laute:

$$H_{\text{Quelle}}(x, Q) = -\alpha m\omega^2 xQ\,, \tag{37.285}$$

wobei der dimensionslose Parameter α die Stärke der Kopplung kontrolliert. Für den Quantenoszillator stellt die Koordinate Q der klassischen Punktmasse eine äußere Quelle dar.

Der Hamilton-Operator des an die klassische Punktmasse M gekoppelten Quantenoszillators

$$\begin{aligned} H^Q(x) &= H_0(x) + H_{\text{Quelle}}(x, Q) \\ &= \frac{p^2}{2m} + \frac{1}{2}m\omega^2 x^2 - \alpha m\omega^2 xQ \end{aligned} \tag{37.286}$$

lässt sich durch quadratische Ergänzung in die Form

$$H^Q(x) = H_0(x - \alpha Q) - E_{\text{WW}}(Q) \tag{37.287}$$

bringen, wobei

$$E_{\text{WW}}(Q) = \frac{1}{2}m\omega^2\alpha^2 Q^2 \tag{37.288}$$

eine klassischen Energie ist, da sie nur von der Koordinate Q der klassischen Punktmasse, nicht jedoch von der Variable des Quantenoszillators abhängt.

Der verschobene Quantenoszillator $H_0(x-\alpha Q)$ besitzt dieselben Energieeigenwerte E_n wie der ungekoppelte Oszillator $H_0(x)$, während seine Wellenfunktionen $\varphi_n^Q(x)$ sich aus denen des ungekoppelten Oszillators, $\varphi_n(x)$, durch Verschiebung des Argumentes ergeben:

$$\varphi_n^Q(x) = \varphi_n(x - \alpha Q)\,. \tag{37.289}$$

Die klassische Energie $E_{\text{WW}}(Q)$ (37.288) im Hamilton-Operator $H^Q(x)$ (37.287) des gekoppelten Oszillators hat keinen Einfluss auf dessen Wellenfunktionen, sodass diese durch die des verschobenen Oszillators, $\varphi_n^Q(x)$ (37.289), gegeben sind. Die klassische Energie $E_{\text{WW}}(Q)$ (37.288) trägt jedoch zu den Energieeigenwerten des gekoppelten Oszillators $H^Q(x)$ (37.285) bei, die durch

$$E_n^Q = E_n - E_{\text{WW}}(Q) \tag{37.290}$$

gegeben sind. Durch die Kopplung des Quantenoszillators an die klassische Punktmasse wird dessen Energie offenbar um den Betrag $E_{\text{WW}}(Q)$ abgesenkt.

Um die Gesamtenergie zu erhalten, müssen wir zu den Energieeigenwerten des gekoppelten Oszillators, E_n^Q, (37.290) noch die Energie der klassischen Punktmasse, $E_{\text{klass}}(Q)$ (37.284), addieren, sodass die Energieeigenwerte des gekoppelten Systems durch

$$E_n^{\text{total}}(Q) = E_n^Q + E_{\text{klass}}(Q) = E_n - E_{\text{WW}}(Q) + E_{\text{klass}}(Q) \tag{37.291}$$

gegeben sind.

Die Energie $E_{\text{WW}}(Q)$ (37.288) muss offenbar als die Wechselwirkungsenergie interpretiert werden, da genau um diesen Beitrag die Energie des gekoppelten System gegenüber der Energie der beiden ungekoppelten Oszillatoren reduziert ist. Sie ist die einzige Energie, die von der Kopplungskonstante a abhängt. Ferner verschwindet $E_{\text{WW}}[Q]$ beim Abschalten der Kopplung, $a = 0$.

Wählen wir die Kopplungskonstante

$$a = \sqrt{\frac{M}{m}\frac{\Omega}{\omega}}, \tag{37.292}$$

so kompensiert die Wechselwirkungsenergie $E_{\text{WW}}[Q]$ (37.288) gerade die potentielle Energie der klassischen Punktmasse, $E_{\text{klass}}(Q)$ (37.284), sodass die Gesamtenergie des gekoppelten Systems unabhängig von der Auslenkung Q des klassischen Oszillators aus seiner Ruhelage $Q = 0$ ist. Dies entspricht der Situation beim oben betrachteten Eichfeld,[22] wo die Wechselwirkungsenergie (siehe Gl. (37.275)) durch

$$E_{\text{WW}}[\boldsymbol{j}] = E_M[\boldsymbol{j}], \tag{37.293}$$

gegeben ist und somit die klassische Energie $E_M[\boldsymbol{j}]$ (37.278) des äußeren Stromes kompensiert.

37.2.2.4 Impulsdarstellung

Für die Fourier-Transformation des Vektorfeldes und seines kanonischen Impulses benutzen wir dieselben Definitionen (37.63), (37.70) wie für das skalare Feld. Die Transformation von der Ortsdarstellung in die Impulsdarstellung verläuft dann für das Vektorfeld völlig analog zu der des skalaren Feldes. Deshalb werden wir die Rechnungen nicht im Detail wiederholen, sondern uns darauf beschränken, die wesentlichen Ergebnisse anzugeben, die für die weiteren Untersuchungen relevant sind.

Da in der Ortsdarstellung das Vektorfeld und sein kanonischer Impuls reell bzw. die zugehörigen quantenmechanischen Operatoren hermitesch sind, $\hat{\boldsymbol{A}}^{\perp\dagger}(\boldsymbol{x}) = \hat{\boldsymbol{A}}^{\perp}(\boldsymbol{x})$, $\hat{\boldsymbol{\Pi}}^{\perp\dagger}(\boldsymbol{x}) = \hat{\boldsymbol{\Pi}}^{\perp}(\boldsymbol{x})$, besitzen sie in der Impulsdarstellung die Symmetrie

$$\hat{\boldsymbol{A}}^{\perp\dagger}(\boldsymbol{p}) = \hat{\boldsymbol{A}}^{\perp}(-\boldsymbol{p}), \quad \hat{\boldsymbol{\Pi}}^{\perp\dagger}(\boldsymbol{p}) = \hat{\boldsymbol{\Pi}}^{\perp}(-\boldsymbol{p}). \tag{37.294}$$

Die Transversalitätsbedingungen $\nabla \cdot \hat{\boldsymbol{A}}^{\perp}(\boldsymbol{x}) = 0$, $\nabla \cdot \hat{\boldsymbol{\Pi}}^{\perp}(\boldsymbol{x}) = 0$ lauten in der Impulsdarstellung

---

22 Streng genommen erhalten wir das mechanische Analogon des Eichfeldes, das an einen äußeren Strom koppelt, wenn wir $M = m$ und $\Omega = \omega$ wählen, was $a = 1$ impliziert.

$$\boldsymbol{p} \cdot \boldsymbol{A}^{\perp}(\boldsymbol{p}) = 0, \quad \boldsymbol{p} \cdot \hat{\boldsymbol{\Pi}}^{\perp}(\boldsymbol{p}) = 0 . \tag{37.295}$$

Für das transversale Feld findet man im Impulsraum die Beziehung (vgl. Gln. (37.73) und (37.215))

$$\frac{\delta A_k^{\perp}(\boldsymbol{p})}{\delta A_l^{\perp}(\boldsymbol{q})} = t_{kl}(\boldsymbol{p})\delta(\boldsymbol{p}, \boldsymbol{q}) \tag{37.296}$$

wobei

$$t_{kl}(\boldsymbol{p}) = \delta_{kl} - \frac{p_k p_l}{\boldsymbol{p}^2} \tag{37.297}$$

der transversale Projektor (37.207) im Impulsraum ist. Die kanonischen Vertauschungsrelationen (37.225) transformieren sich in den Impulsraum zu

$$\begin{aligned} [\hat{A}_k^{\perp}(\boldsymbol{p}), \hat{A}_l^{\perp}(\boldsymbol{q})] &= 0 = [\hat{\Pi}_k^{\perp}(\boldsymbol{p}), \hat{\Pi}_l^{\perp}((\boldsymbol{q})] , \\ [\hat{A}_k^{\perp}(\boldsymbol{p}), \hat{\Pi}_l^{\perp}(\boldsymbol{q})] &= i t_{kl}(\boldsymbol{p})\delta(\boldsymbol{p}, \boldsymbol{q}), \end{aligned} \tag{37.298}$$

woraus sich mit Gl. (37.296) die Koordinatendarstellung des Impulsoperators

$$\hat{\Pi}_k^{\perp}(\boldsymbol{p}) = \frac{\delta}{i\delta A_k^{\perp}(\boldsymbol{p})} \tag{37.299}$$

ergibt. Der Hamilton-Operator (37.251) des Abel'schen Vektorfeldes lautet in der Impulsdarstellung:

$$H[\hat{\Pi}^{\perp}, \hat{A}^{\perp}; \rho] = \frac{1}{2} \int d^3p [\hat{\Pi}_k^{\perp\dagger}(\boldsymbol{p})\hat{\Pi}_k^{\perp}(\boldsymbol{p}) + A_k^{\perp\dagger}(\boldsymbol{p})\omega^2(\boldsymbol{p})A_k^{\perp}(\boldsymbol{p})] + E_C[\rho] , \tag{37.300}$$

mit der Coulomb-Energie

$$E_C[\rho] = \frac{1}{2} \int d^3p \rho^*(\boldsymbol{p})\omega^{-2}(\boldsymbol{p})\, \rho(\boldsymbol{p}), \tag{37.301}$$

wobei

$$\omega(\boldsymbol{p}) = \sqrt{\boldsymbol{p}^2} \tag{37.302}$$

die relativistische Energie eines masselosen Teilchens mit Impuls $\boldsymbol{p}$ ist.

Der Hamilton-Operator des Vektorfeldes (37.300) mit dem Grundzustandswellenfunktional (37.255) in der Impulsdarstellung

$$\phi_0[\boldsymbol{A}^{\perp}] = \mathcal{N} \exp\left[-\frac{1}{2} \int d^3p A_k^{\perp *}(\boldsymbol{p})\omega(\boldsymbol{p})A_k^{\perp}(\boldsymbol{p})\right] \tag{37.303}$$

beschreibt einen Satz von ungekoppelten harmonischen Oszillatoren mit Koordinaten $A_k^{\perp}(\boldsymbol{p})$. Jedoch sind für festen Impuls $\boldsymbol{p}$ die drei Vektorkomponenten $A_k^{\perp}$ aufgrund der

Transversalität nicht linear unabhängig. Die transversalen Vektoren $\boldsymbol{A}^{\perp}(\boldsymbol{p}), \boldsymbol{\Pi}^{\perp}(\boldsymbol{p})$ besitzen (für festen Impuls $\boldsymbol{p}$) nur zwei linear unabhängige Komponenten. Dies spiegelt sich auch im Auftreten des transversalen Projektors $t_{kl}(\boldsymbol{p})$ in den Kommutationsbeziehungen (37.298) wieder. Um die bei der Quantisierung des skalaren Feldes gewonnenen Ergebnisse unmittelbar auf das Vektorfeld übertragen zu können, müssen wir jedoch vorher das Vektorfeld durch unabhängige Koordinaten ausdrücken. Dies gelingt im nächsten Abschnitt durch Übergang zur Helizitätsbasis.

37.2.2.5 Helizitätsbasis

Um die linear unabhängigen Komponenten der transversalen Vektoren zu extrahieren, empfiehlt es sich, zwei orthogonale Einheitsvektoren $\boldsymbol{e}^{(r=1,2)}(\boldsymbol{p})$ einzuführen, die zusammen mit dem Einheitsvektor in Impulsrichtung $\boldsymbol{e}^{(3)}(\boldsymbol{p}) = \hat{\boldsymbol{p}} = \boldsymbol{p}/|\boldsymbol{p}|$ ein orthogonales rechtshändiges Dreibein bilden, siehe Abb. 37.1. Aus diesen generieren wir die sogenannte *Helizitätsbasis*:[23]

$$\boldsymbol{e}_{\sigma=\pm1}(\boldsymbol{p}) = \frac{1}{\sqrt{2}}\left[\boldsymbol{e}^{(1)}(\boldsymbol{p}) \pm i\boldsymbol{e}^{(2)}(\boldsymbol{p})\right]. \tag{37.304}$$

Offensichtlich sind die beiden Helizitätsvektoren $\boldsymbol{e}_{\sigma=\pm1}(\boldsymbol{p})$ über die komplexe Konjugation verbunden:

$$\boldsymbol{e}^{*}_{\sigma}(\boldsymbol{p}) = \boldsymbol{e}_{-\sigma}(\boldsymbol{p}) \tag{37.305}$$

und genügen den Orthogonalitätsbedingungen

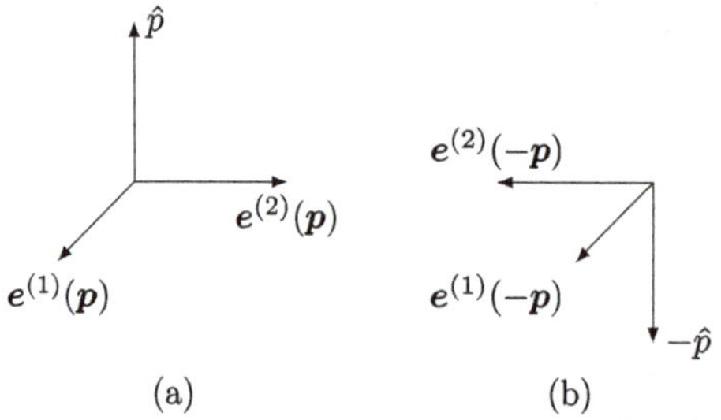

Abb. 37.1: (a) Orthogonales rechtshändiges Dreibein $\boldsymbol{e}^{(i=1,2,3)}(\boldsymbol{p})$ mit der Impulsrichtung $\hat{p}$ als 3-Achse, $\boldsymbol{e}^{(3)}(\boldsymbol{p}) = \hat{p}$. (b) Orthogonales Dreibein $\boldsymbol{e}^{(i)}(-\boldsymbol{p})$, das durch Drehung um den Winkel π um die $\boldsymbol{e}^{(1)}(\boldsymbol{p})$-Achse aus dem Dreibein $\boldsymbol{e}^{(i)}(\boldsymbol{p})$ erzeugt wird.

---

23 Die *Helizität* σ ist definiert als die Projektion des Spins $\boldsymbol{s}$ auf die Impulsrichtung $\sigma = \boldsymbol{s}\cdot\hat{\boldsymbol{p}}$. Das Photon besitzt Spin $s = 1$ und folglich die beiden Helizitätszustände $\sigma = \pm1$. Wird die Quantisierungsachse des Drehimpulses in $\hat{p}$-Richtung gelegt, so liefern die Helizitätskomponenten des Drehimpulsoperators $L_\sigma = \boldsymbol{e}_\sigma(\boldsymbol{p})\cdot\boldsymbol{L}$ (bis auf einen Faktor $\sqrt{2}$) gerade die Leiteroperatoren (15.18) $L_\pm$, die die Drehimpulsquantenzahl um eine Einheit erhöhen bzw. verringern: $L_\sigma|l\,m\rangle \sim |l\,m+\sigma\rangle$.

$$\hat{\boldsymbol{p}} \cdot \boldsymbol{e}_\sigma(\boldsymbol{p}) = 0\,, \quad \boldsymbol{e}^*_\sigma(\boldsymbol{p}) \cdot \boldsymbol{e}_\tau(\boldsymbol{p}) \equiv \boldsymbol{e}_{-\sigma}(\boldsymbol{p}) \cdot \boldsymbol{e}_\tau(\boldsymbol{p}) = \delta_{\sigma\tau}\,. \tag{37.306}$$

Das Dreibein zum Impuls $-\boldsymbol{p}$ können wir uns aus dem zum Impuls $\boldsymbol{p}$ erzeugen, indem wir eine Drehung um den Winkel π um die $\boldsymbol{e}^{(1)}(\boldsymbol{p})$-Achse durchführen. Dabei bleibt natürlich der Vektor $\boldsymbol{e}^{(1)}(\boldsymbol{p})$ unverändert, während der Vektor $\boldsymbol{e}^{(2)}(\boldsymbol{p})$ sowie der Impulsvektor $\boldsymbol{p}$ umgeklappt wird. Damit erhalten wir die Beziehungen

$$\boldsymbol{e}^{(1)}(-\boldsymbol{p}) = \boldsymbol{e}^{(1)}(\boldsymbol{p}), \quad \boldsymbol{e}^{(2)}(-\boldsymbol{p}) = -\boldsymbol{e}^{(2)}(\boldsymbol{p}) \tag{37.307}$$

und somit für die Helizitätsvektoren (37.304)

$$\boldsymbol{e}_\sigma(-\boldsymbol{p}) = \boldsymbol{e}_{-\sigma}(\boldsymbol{p}) \equiv \boldsymbol{e}^*_\sigma(\boldsymbol{p})\,. \tag{37.308}$$

Die Helizitätsbasis ist sehr vorteilhaft für transversale Vektoren, da sie die beiden linear unabhängigen Komponenten dieser Vektoren extrahiert. Wie die beiden Basisvektoren $\boldsymbol{e}^{(r)}(\boldsymbol{p})$ bilden auch die Helizitätsvektoren $\boldsymbol{e}_\sigma(\boldsymbol{p})$ eine vollständige orthonormale Basis im transversalen Unterraum, in welchen der transversale Projektor $t_{kl}(\boldsymbol{p})$ des $\mathbb{R}^3$ die Einheitsmatrix repräsentiert, sodass die Beziehungen

$$\sum_{r=1}^{2} e^{(r)}_k(\boldsymbol{p}) e^{(r)}_l(\boldsymbol{p}) = t_{kl}(\boldsymbol{p}), \quad \sum_{\sigma=\pm 1} e_{\sigma k}(\boldsymbol{p}) e^*_{\sigma l}(\boldsymbol{p}) = t_{kl}(\boldsymbol{p}) \tag{37.309}$$

gelten. Mit der letzten Darstellung des transversalen Projektors können wir einen transversalen Vektor $V^\perp_k(\boldsymbol{p}) = t_{kl}(\boldsymbol{p}) V_l(\boldsymbol{p})$ in der Helizitätsbasis ausdrücken:

$$\boldsymbol{V}^\perp = \sum_\sigma \boldsymbol{e}_\sigma(\boldsymbol{p}) V_\sigma(\boldsymbol{p}), \quad V_\sigma(\boldsymbol{p}) = \boldsymbol{e}^*_\sigma(\boldsymbol{p}) \cdot \boldsymbol{V}(\boldsymbol{p}). \tag{37.310}$$

Die Operatoren der Koordinaten und Impulse in der Helizitätsbasis[24]

$$\hat{A}_\sigma(\boldsymbol{p}) = \boldsymbol{e}^*_\sigma(\boldsymbol{p}) \cdot \hat{\boldsymbol{A}}(\boldsymbol{p}), \quad \hat{\Pi}_\sigma(\boldsymbol{p}) = \boldsymbol{e}^*_\sigma(-\boldsymbol{p}) \cdot \hat{\boldsymbol{\Pi}}(\boldsymbol{p}) = \boldsymbol{e}_\sigma(\boldsymbol{p}) \cdot \hat{\boldsymbol{\Pi}}(\boldsymbol{p}) \tag{37.311}$$

besitzen wegen Gln. (37.294), (37.305) und (37.308) die Symmetrien

$$\hat{A}^\dagger_\sigma(\boldsymbol{p}) = \hat{A}_\sigma(-\boldsymbol{p}), \quad \hat{\Pi}^\dagger_\sigma(\boldsymbol{p}) = \hat{\Pi}_\sigma(-\boldsymbol{p}) \tag{37.312}$$

und erfüllen die Kommutationsbeziehungen

$$\begin{aligned} \left[\hat{A}_\sigma(\boldsymbol{p}), \hat{A}_\tau(\boldsymbol{q})\right] &= 0 = \left[\hat{\Pi}_\sigma(\boldsymbol{p}), \hat{\Pi}_\tau(\boldsymbol{q})\right], \\ \left[\hat{A}_\sigma(\boldsymbol{p}), \hat{\Pi}_\tau(\boldsymbol{q})\right] &= i\delta_{\sigma\tau}\delta(\boldsymbol{p}, \boldsymbol{q}), \end{aligned} \tag{37.313}$$

24 Das zusätzliche Minuszeichen in $\boldsymbol{e}^*_\sigma(-\boldsymbol{p})$ in der Definition von $\hat{\Pi}_\sigma(\boldsymbol{p})$ gegenüber der Definition von $\hat{A}_\sigma(\boldsymbol{p})$ entsteht auf Grund des zusätzlichen Minuszeichens im Exponenten der Fourier-Transformation des Impulse $\Pi(\boldsymbol{p})$ (37.70) gegenüber der der Koordinate $A(\boldsymbol{p})$ (37.63).

woraus wir die Koordinatendarstellung

$$\hat{A}_\sigma(\boldsymbol{p}) = A_\sigma(\boldsymbol{p}), \quad \hat{\Pi}_\sigma(\boldsymbol{p}) = \frac{\delta}{i\delta A_\sigma(\boldsymbol{p})} \tag{37.314}$$

erhalten. In der Helizitätsbasis finden wir für den Hamilton-Operator (37.300) des Eichfeldes

$$H[\hat{\Pi}^\perp, \hat{A}^\perp; \rho] = \frac{1}{2} \int d^3p \sum_\sigma [\hat{\Pi}^\dagger_\sigma(\boldsymbol{p})\hat{\Pi}_\sigma(\boldsymbol{p}) + \hat{A}^\dagger_\sigma(\boldsymbol{p})\omega^2(\boldsymbol{p})\hat{A}_\sigma(\boldsymbol{p})] + E_C[\rho]\,. \tag{37.315}$$

Durch den Übergang zur Helizitätsbasis ist es gelungen, die Theorie komplett durch die beiden unbhängigen Freiheitsgrade $A_{\sigma=\pm1}$ des masselosen Vektorfeldes auszudrücken.

Analog zu Gl. (37.76) ist das Vakuumwellenfunktional (37.303) des freien Photonfeldes in der Helizitätsbasis durch

$$\phi_0[\boldsymbol{A}^\perp] = \mathcal{N} \exp\left[-\frac{1}{2} \int d^3p \sum_\sigma A^*_\sigma(\boldsymbol{p})\omega(\boldsymbol{p})A_\sigma(\boldsymbol{p})\right] \tag{37.316}$$

gegeben. Die Energie des Grundzustandes $E_0[\rho]$ (37.257) ändert sich natürlich durch den Übergang in die Impulsdarstellung und Helizitätsbasis nicht. Die Nullpunktsenergie E_0 (37.258) lautet in dieser Darstellung

$$E_0 = \frac{V}{(2\pi)^3} \int d^3p\, \omega(\boldsymbol{p}), \tag{37.317}$$

wobei der zusätzliche Faktor 2 gegenüber der Grundzustandsenergie (37.59) des skalaren Feldes hier durch die Summation über die beiden Helizitätszustände $\sigma = \pm1$ entsteht.

37.2.3 Zweite Quantisierung des Eichfeldes

Der Hamilton-Operator des Vektorfeldes (37.315) beschreibt einen Satz von ungekoppelten harmonischen Oszillatoren mit Koordinaten $A_\sigma(\boldsymbol{p})$, die durch den Impuls $\boldsymbol{p}$ sowie die Helizität σ charakterisiert sind, wobei die Oszillatorfrequenz $\omega(\boldsymbol{p})$ nicht von der Helizität abhängt. Wir können deshalb jede Fourier-Mode des Feldes wie die Koordinate eines harmonischen Oszillators behandeln und die Operatoren $\hat{A}_\sigma(\boldsymbol{p})$, $\hat{\Pi}_\sigma(\boldsymbol{p})$ für jedes feste $\boldsymbol{p}$ und σ analog zum gewöhnlichen Oszillator (siehe Gl. (12.54)) durch Linearkombinationen von Erzeugungs- und Vernichtungsoperatoren $a_\sigma(\boldsymbol{p})$, $a^\dagger_\sigma(\boldsymbol{p})$ ausdrücken, die jetzt ebenfalls den Impuls $\boldsymbol{p}$ und die Helizität σ als Quantenzahlen tragen. Da jedoch die Koordinaten- und Impulsoperatoren zu einem festen Impuls $\boldsymbol{p}$ nicht hermitesch sind, sondern der Beziehung (37.312) genügen, besitzen sie die Darstellung (vgl. Gl. (37.78))

$$\hat{A}_\sigma(\boldsymbol{p}) = \frac{1}{\sqrt{2\omega(\boldsymbol{p})}}\left(a_\sigma(\boldsymbol{p}) + a^\dagger_\sigma(-\boldsymbol{p})\right),$$

$$\hat{\Pi}_\sigma(\boldsymbol{p}) = i\sqrt{\frac{\omega(\boldsymbol{p})}{2}}\left(a_\sigma^\dagger(\boldsymbol{p}) - a_\sigma(-\boldsymbol{p})\right), \tag{37.318}$$

wobei die Feldoperatoren den Vertauschungsrelationen

$$\begin{aligned}\left[a_\sigma(\boldsymbol{p}), a_\tau(\boldsymbol{q})\right] &= 0 = \left[a_\sigma^\dagger(\boldsymbol{p}), a_\tau^\dagger(\boldsymbol{q})\right],\\ \left[a_\sigma(\boldsymbol{p}), a_\tau^\dagger(\boldsymbol{q})\right] &= \delta_{\sigma\tau}\delta(\boldsymbol{p}, \boldsymbol{q}),\end{aligned} \tag{37.319}$$

genügen. Diese garantieren, dass zwischen Koordinaten- und Impulsoperator des Feldes die kanonischen Quantisierungsbedingungen (37.313) erfüllt sind.

Nach Ausführen der Transformation (37.318) und Ausnutzung der Kommutationsbeziehung (37.319) finden wir für den Hamilton-Operator $H[\hat{\Pi}^\perp, \hat{A}^\perp; \rho]$ (37.315) des Eichfeldes in der Zweiten Quantisierung:

$$\mathsf{H}(a^\dagger, a; \rho) = \int d^3p \sum_\sigma \omega(\boldsymbol{p}) a_\sigma^\dagger(\boldsymbol{p}) a_\sigma(\boldsymbol{p}) + E_C[\rho] + E_0\,. \tag{37.320}$$

Während die Nullpunktsenergie E_0 (37.317) eine triviale additive Konstante ist, die wir im Folgenden ignorieren werden, müssen wir die Coulomb-Energie $E_C[\rho]$ (37.301) unbedingt im Hamilton-Operator behalten, auch wenn sie nicht von den Feldoperatoren abhängt, da zum einen sie den longitudinalen Anteil der kinetischen Energie des Photonfeldes repräsentiert (siehe Gl. (37.239)) und zum anderen $\rho = j^0$ als Quelle agiert.

Invertieren der Transformation (37.318) liefert:

$$\begin{aligned} a_\sigma(\boldsymbol{p}) &= \frac{1}{\sqrt{2}}\left(\sqrt{\omega(\boldsymbol{p})}\hat{A}_\sigma(\boldsymbol{p}) + \frac{i}{\sqrt{\omega(\boldsymbol{p})}}\hat{\Pi}_\sigma(-\boldsymbol{p})\right),\\ a_\sigma^\dagger(\boldsymbol{p}) &= \frac{1}{\sqrt{2}}\left(\sqrt{\omega(\boldsymbol{p})}\hat{A}_\sigma(-\boldsymbol{p}) - \frac{i}{\sqrt{\omega(\boldsymbol{p})}}\hat{\Pi}_\sigma(\boldsymbol{p})\right). \end{aligned} \tag{37.321}$$

Wirken wir mit dem Vernichtungsoperator in der Koordinatendarstellung (37.314),

$$a_\sigma(\boldsymbol{p}) = \frac{1}{\sqrt{2}}\left(\sqrt{\omega(\boldsymbol{p})}A_\sigma(\boldsymbol{p}) + \frac{1}{\sqrt{\omega(\boldsymbol{p})}}\frac{\delta}{\delta A_\sigma^*(\boldsymbol{p})}\right), \tag{37.322}$$

auf die Grundzustandswellenfunktion (37.303), so finden wir

$$a_\sigma(\boldsymbol{p})\phi_0[\boldsymbol{A}^\perp] = 0\,. \tag{37.323}$$

Wie erwartet, ist die Grundzustandswellenfunktion $\phi_0[\boldsymbol{A}^\perp]$ (37.303) das Fock-Vakuum,

$$|\phi_0\rangle = |0\rangle\,, \tag{37.324}$$

der Feldoperatoren $a_\sigma(\boldsymbol{p})$, $a_\sigma^\dagger(\boldsymbol{p})$.

37.2.4 Funktionalintegralquantisierung des Eichfeldes

Abgesehen von der klassischen Coulomb-Energie $E_C[\rho]$ (37.301) (die nicht von den Feldoperatoren abhängt) hat der Hamilton-Operator des Eichfeldes (37.315) exakt die Gestalt des Hamilton-Operators (37.75) von zwei unabhängigen (masselosen) skalaren Felder, die durch den Helizitätsindex $\sigma = \pm 1$ unterschieden werden. Wir können deshalb dieselben Manipulationen wie beim skalaren Feld durchführen, um zur Funktionalintegralquantisierung zu gelangen. Wir werden dabei von den für das skalare Feld abgeleiteten Ergebnissen Gebrauch machen, ohne ihre Ableitung zu wiederholen. Wir werden lediglich die Besonderheiten herausarbeiten, die durch die vektorielle Struktur des Feldes und die Eichinvarianz der Theorie bedingt sind.

Für die Amplitude $\mathcal{Z}^\eta$ (34.139) im erzeugenden Funktional der Green'schen Funktionen (Vakuumübergangsamplitude bei Anwesenheit einer äußeren Quelle η) benutzen wir wieder, wie beim skalaren Feld, die Funktionalintegraldarstellung (34.141) bzw. (37.118):

$$\mathcal{Z}^\eta = \int \mathcal{D}(\zeta^*, \zeta) \exp\left[iS[\zeta^*, \zeta; \rho]_\varepsilon + \int dt [\eta^*(t) \cdot \zeta(t) + \zeta(t)^* \cdot \eta(t)] \right] \tag{37.325}$$

mit der Wirkung (34.142) bzw. (37.119)

$$S[\zeta^*, \zeta; \rho]_\varepsilon = \int dt [\zeta^*(t) \cdot i\partial_t \zeta(t) - \mathsf{H}(\zeta^*, \zeta; \rho)(1 - i\varepsilon)], \tag{37.326}$$

in der die infinitesimale Wick-Rotation (34.2) durch die Ersetzung (34.98) $\mathsf{H} \to \mathsf{H}(1 - i\varepsilon)$ implementiert wurde.[25] Für das skalare Feld haben wir in Abschnitt 37.1.7 gezeigt, dass die infinitesimale Wick-Rotation letztendlich kausale Randbedingungen an die Green'schen Funktionen bewirkt. Wir können erwarten, dass dies auch für das Vektorfeld gilt, da dieses de facto aus zwei unabhängigen skalaren Feldern $A_{\sigma=\pm1}$ besteht. Dies ist tatsächlich der Fall. Jedoch aufgrund der überzähligen (unphysikalischen) Freiheitsgrade im Eichfeld enthält die Ableitung dieses Ergebnisses hier einige neue Elemente, die wir explizit angeben werden.

Für das Eichfeld besitzt die klassische Variable $\zeta \equiv \zeta_\sigma(\boldsymbol{p})$ als Eigenwert des Vernichtungsoperators $a_\sigma(\boldsymbol{p})$ neben dem (kontinuierlichen) Impulsindex $\boldsymbol{p}$ noch die Helizitätsquantenzahl σ. Demzufolge lautet das Funktionalintegrationsmaß, vgl. Gl. (37.122):

$$\int \mathcal{D}(\zeta^*, \zeta) \equiv \int \prod_{\sigma, \boldsymbol{p}, t} \frac{d\zeta_\sigma^*(t, \boldsymbol{p})\, d\zeta_\sigma(t, \boldsymbol{p})}{i2\pi}\,. \tag{37.327}$$

---

25 Man beachte, dass im Funktionalintegral (37.325) der Quellterm von der infinitesimalen Wick-Rotation nicht erfasst wird. Dies gewährleistet, dass die infinitesimale Wick-Rotation den Grundzustand bei *Abwesenheit* der äußeren Quellen liefert und somit das zugehörige erzeugende Funktional $\mathcal{Z}[\eta^*, \eta] = \mathcal{Z}^\eta / \mathcal{Z}^{\eta=0}$ auch die Green'schen Funktionen liefert, die bezüglich des Grundzustandes bei Abwesenheit der Quellen definiert sind.

Mit dem Hamilton-Operator (37.320) des Eichfeldes finden wir für die klassische Wirkung (37.326)

$$S[\zeta^*,\zeta;\rho]_\varepsilon = \int dt\left[\int d^3p \sum_\sigma [\zeta^*_\sigma(t,\boldsymbol{p})\cdot[i\partial_t - \omega(\boldsymbol{p})(1-i\varepsilon)]\zeta_\sigma(t,\boldsymbol{p})] - E_C[\rho](1-i\varepsilon)\right], \tag{37.328}$$

wobei wir die irrelevante Konstante E_0 (37.317) weggelassen haben. Ferner lautet der Quellterm in (37.325) für die QED:

$$\eta^*(t)\cdot\zeta(t) + \zeta(t)^*\cdot\eta(t) = \int d^3p \sum_\sigma [\eta^*_\sigma(t,\boldsymbol{p})\zeta_\sigma(t,\boldsymbol{p}) + \zeta^*_\sigma(t,\boldsymbol{p})\eta_\sigma(t,\boldsymbol{p})]. \tag{37.329}$$

37.2.4.1 Hamilton-Form

Analog zur Darstellung (37.321) der Feldoperatoren $a^\dagger_\sigma(\boldsymbol{p})$, $a_\sigma(\boldsymbol{p})$ durch die Koordinaten- und Impulsoperatoren, $\hat{A}_\sigma(\boldsymbol{p})$, $\hat{\Pi}_\sigma(\boldsymbol{p})$, können wir auch die klassischen Variablen $\zeta_\sigma(t,\boldsymbol{p})$, $\zeta^*_\sigma(t,\boldsymbol{p})$ durch *klassische* Feld- und Impulsvariablen, $A_\sigma(t,\boldsymbol{p})$, $\Pi_\sigma(t,\boldsymbol{p})$, ausdrücken:

$$\begin{aligned} \zeta_\sigma(\boldsymbol{p}) &= \frac{1}{\sqrt{2}}\left(\sqrt{\omega(\boldsymbol{p})}A_\sigma(\boldsymbol{p}) + \frac{i}{\sqrt{\omega(\boldsymbol{p})}}\Pi_\sigma(-\boldsymbol{p})\right), \\ \zeta^*_\sigma(\boldsymbol{p}) &= \frac{1}{\sqrt{2}}\left(\sqrt{\omega(\boldsymbol{p})}A_\sigma(-\boldsymbol{p}) - \frac{i}{\sqrt{\omega(\boldsymbol{p})}}\Pi_\sigma(\boldsymbol{p})\right), \end{aligned} \tag{37.330}$$

Durch elementare Umformungen, ähnlich wie in Abschnitt 37.1.7 für das skalare Feld, d. h. durch Ausnutzung der Symmetrie der klassischen Felder

$$A^*_\sigma(\boldsymbol{p}) = A_\sigma(-\boldsymbol{p}), \quad \Pi^*_\sigma(\boldsymbol{p}) = \Pi_\sigma(-\boldsymbol{p}), \tag{37.331}$$

partieller Integration bezüglich der Zeit und Weglassen von irrelevanten totalen zeitlichen Ableitungen findet man dann für die Wirkung (37.328) die Hamilton-Form (vgl. Gl. (37.141)):

$$S[\boldsymbol{\Pi}^\perp,\boldsymbol{A}^\perp;\rho]_\varepsilon = \int dt\left[\int d^3p \sum_\sigma \Pi_\sigma(t,\boldsymbol{p})\dot{A}_\sigma(t,\boldsymbol{p}) - H[\boldsymbol{\Pi}^\perp(t),\boldsymbol{A}^\perp(t);\rho](1-i\varepsilon)\right]. \tag{37.332}$$

Hierin ist

$$H[\boldsymbol{\Pi}^\perp,\boldsymbol{A}^\perp;\rho] = \frac{1}{2}\int d^3p \sum_\sigma [\Pi^*_\sigma(\boldsymbol{p})\Pi_\sigma(\boldsymbol{p}) + \omega(\boldsymbol{p})^2 A^*_\sigma(\boldsymbol{p})A_\sigma(\boldsymbol{p})] + E_C[\rho] \tag{37.333}$$

die durch Gl. (37.315) definierte klassische Hamilton-Funktion des Eichfeldes in der Helizitätsbasis. Da Quellen beliebig wählbar sind, können wir vom Quellterm (37.329) fordern, dass er nach der Ersetzung (37.330) die in der Wirkung S^j (37.172) enthaltene Kopplung des Eichfeldes an den Strom $\boldsymbol{j}$ reproduziert:

$$\int d^3p \sum_\sigma [\eta^*_\sigma(\boldsymbol{p})\zeta_\sigma(\boldsymbol{p}) + \zeta^*_\sigma(\boldsymbol{p})\eta_\sigma(\boldsymbol{p})] \stackrel{!}{=} \int d^3p \sum_\sigma j^*_\sigma(\boldsymbol{p})A_\sigma(\boldsymbol{p}), \tag{37.334}$$

wobei $j_\sigma(\boldsymbol{p}) = \boldsymbol{e}^*_\sigma(\boldsymbol{p}) \cdot \boldsymbol{j}(\boldsymbol{p})$ die Helizitätskomponente von $\boldsymbol{j}(\boldsymbol{p})$ ist. Dazu müssen wir die Quelle in der Form:

$$\eta_\sigma(\boldsymbol{p}) = \frac{j_\sigma(\boldsymbol{p})}{\sqrt{2\omega(\boldsymbol{p})}} \tag{37.335}$$

wählen. Da der Strom $\boldsymbol{j}$ im Ortsraum reell ist, sind die Quellen η und η^* hier keine unabhängigen Variablen, sondern über die Beziehung $\eta^*_\sigma(\boldsymbol{p}) = \eta_\sigma(-\boldsymbol{p})$ verknüpft, siehe auch Gln. (37.129), (37.132).

Unter der linearen Variablentransformation (37.330) transformiert sich das funktionale Integrationsmaß $\mathcal{D}(\zeta^*, \zeta)$ (37.327) zu (vgl. Gl. (37.133))

$$\begin{aligned} \mathcal{D}(\zeta^*, \zeta) &\equiv \prod_{t,\boldsymbol{p}} \prod_\sigma \frac{d\zeta^*_\sigma(t,\boldsymbol{p})d\zeta_\sigma(t,\boldsymbol{p})}{2\pi i} \\ &= \prod_{t,\boldsymbol{p}} \prod_\sigma \frac{d\Pi_\sigma(t,\boldsymbol{p})dA_\sigma(t,\boldsymbol{p})}{2\pi} =: \mathcal{D}(\Pi^\perp, A^\perp)\,. \end{aligned} \tag{37.336}$$

Damit erhalten wir für die Vakuumamplitude $\mathcal{Z}^j \equiv \mathcal{Z}^\eta$ (37.325) das folgende Funktionalintegral über die kanonischen Variablen

$$\mathcal{Z}^j = \int \mathcal{D}(\Pi^\perp, A^\perp) \exp\left[iS[\boldsymbol{\Pi}^\perp, \boldsymbol{A}^\perp; \rho]_\varepsilon + i \int dt \int d^3p \sum_\sigma j^*_\sigma(t,\boldsymbol{p})A_\sigma(t,\boldsymbol{p}) \right] \tag{37.337}$$

mit der Wirkung $S[\boldsymbol{\Pi}^\perp, \boldsymbol{A}^\perp; \rho]_\varepsilon$ (37.332).

37.2.4.2 Lagrange-Form

Um auf eine kovariante Form des Funktionalintegrals zu kommen, müssen wir von der Hamilton-Form der Wirkung zur Lagrange-Form gelangen. Dazu müssen wir in Gl. (37.337) das Gauß-Integral über die Impulsvariablen $\Pi_\sigma(\boldsymbol{p})$ ausführen:[26]

$$\begin{aligned} &\int \mathcal{D}(\Pi^\perp A^\perp) \exp\left[-\frac{i}{2} \int dt \int d^3p \sum_\sigma (\Pi^*_\sigma(t,\boldsymbol{p})\Pi_\sigma(t,\boldsymbol{p})(1 - i\varepsilon) - 2\Pi_\sigma(t,\boldsymbol{p})\dot{A}_\sigma(t,\boldsymbol{p})) \dots \right] \\ &\quad = \int \mathcal{D}A^\perp \exp\left[i\frac{1}{2} \int dt \int d^3p \sum_\sigma \frac{1}{(1 - i\varepsilon)} \dot{A}^*_\sigma(t,\boldsymbol{p})\dot{A}_\sigma(t,\boldsymbol{p}) \dots \right]. \end{aligned} \tag{37.338}$$

Für die Vakuumamplitude (37.337) finden wir dann

---

26 Die Beziehung (37.338) ergibt sich aus Gl. (37.145), nachdem dort die (im Ortsraum reellen) Felder Fourier-transformiert wurden.

$$\mathcal{Z}^j = \int \mathcal{D}A^\perp \exp\left[iS[\boldsymbol{A}^\perp;\rho]_\varepsilon + i\int dt\int d^3p\sum_\sigma j^*_\sigma(t,\boldsymbol{p})A_\sigma(t,\boldsymbol{p})\right] \tag{37.339}$$

mit der (infinitesimal Wick-rotierten) Lagrange-Form der klassischen Wirkung

$$\begin{aligned} S[\boldsymbol{A}^\perp;\rho]_\varepsilon = \int dt\int d^3p\sum_\sigma\Big[&\frac{1}{2}\partial_t A^*_\sigma(t,\boldsymbol{p})\partial_t A_\sigma(t,\boldsymbol{p})(1+i\varepsilon)\\ &-\frac{1}{2}\omega^2(\boldsymbol{p})A^*_\sigma(t,\boldsymbol{p})A_\sigma(t,\boldsymbol{p})(1-i\varepsilon)-\frac{1}{2}\rho^*(t,\boldsymbol{p})\omega^{-2}(\boldsymbol{p})\,\rho(t,\boldsymbol{p})(1-i\varepsilon)\Big], \end{aligned} \tag{37.340}$$

wobei wir wieder den expliziten Ausdruck (37.301) für die Coulomb-Energie $E_C[\rho]$ eingesetzt und $(1-i\varepsilon)^{-1} \simeq (1+i\varepsilon)$ benutzt haben.

Von der Helizitätsbasis $A_\sigma(\boldsymbol{p})$ (37.310) gehen wir unter Benutzung der Vollständigkeitsrelation (37.309) im transversalen Unterraum in die kartesische Vektorbasis $A_i(\boldsymbol{p})$, wobei wegen $t_{ij}(\boldsymbol{p})A_j(\boldsymbol{p}) = A^\perp_i(\boldsymbol{p})$ nur die transversale Komponente $\boldsymbol{A}^\perp$ des Eichfeldes erhalten wird. Anschließend gehen wir von der Impulsdarstellung $A^\perp_k(t,\boldsymbol{p})$ zur Ortsdarstellung $A^\perp_k(t,\boldsymbol{x})$, vgl. die analogen Transformationen für das skalare Feld in Abschnitt 37.1.7. In der Ortsdarstellung finden wir für die Wirkung (37.340)

$$\begin{aligned} S[\boldsymbol{A}^\perp,\rho]_\varepsilon = \frac{1}{2}\int d^4x\Big[&\partial_t\boldsymbol{A}^\perp(t,\boldsymbol{x})\cdot\partial_t\boldsymbol{A}^\perp(t,\boldsymbol{x})(1+i\varepsilon)\\ &-\int d^3y\boldsymbol{A}^\perp(t,\boldsymbol{x})\cdot\omega^2(\boldsymbol{x},\boldsymbol{y})\boldsymbol{A}^\perp(t,\boldsymbol{y})(1-i\varepsilon)\\ &-\int d^3y\rho(t,\boldsymbol{x})\omega^{-2}(\boldsymbol{x},\boldsymbol{y})\rho(t,\boldsymbol{y})(1-i\varepsilon)\Big], \end{aligned} \tag{37.341}$$

wobei

$$\omega^2(\boldsymbol{x},\boldsymbol{y}) = (-\Delta)\delta(\boldsymbol{x},\boldsymbol{y}) \tag{37.342}$$

die Ortsdarstellung von $\omega^2(\boldsymbol{p}) = \boldsymbol{p}^2$ ist. Mit dem Quellterm

$$\int d^3p\sum_\sigma j^*_\sigma(t,\boldsymbol{p})A_\sigma(t,\boldsymbol{p}) = \int d^3x\,\boldsymbol{j}(t,\boldsymbol{x})\cdot\boldsymbol{A}^\perp(t,\boldsymbol{x}) \tag{37.343}$$

erhalten wir aus Gl. (37.339) das Funktionalintegral

$$Z^j = \int \mathcal{D}A^\perp \exp\left[iS[\boldsymbol{A}^\perp,\rho]_\varepsilon + i\int d^4x\,\boldsymbol{j}(x)\cdot\boldsymbol{A}^\perp(x)\right] \tag{37.344}$$

mit der Wirkung $S[\boldsymbol{A}^\perp,\rho]_\varepsilon$ (37.341). Benutzen wir wieder eine Gitterzerlegung des Minkowski-Raumes mit Gitterlänge a, so lautet das Funktionalintegrationsmaß

$$\mathcal{D}A^\perp = \prod_k \frac{d\boldsymbol{A}^\perp(t_k,\boldsymbol{x}_k)}{\sqrt{i2\pi a^4}}, \tag{37.345}$$

wobei sich das Produkt über sämtlich Gitterpunkte $x_k = (t_k,\boldsymbol{x}_k)$ erstreckt.

37.2.4.3 Kovariante Darstellung

Beim skalaren Feld konnten wir das Funktionalintegral der Vakuumamplitude $\mathcal{Z}^j$ in eine kovariante Form (37.161) bringen, wobei die durch die infinitesimale Wick-Rotation induzierten ε-Terme der Wirkung lediglich kausale Randbedingungen in den Green'schen Funktionen bewirkten. Der Exponent im Funktionalintegral (37.344) des Eichfeldes:

$$S^j[\boldsymbol{A}^\perp, \rho]_\varepsilon = S[\boldsymbol{A}^\perp, \rho]_\varepsilon + \int d^4x \boldsymbol{j}(x) \cdot \boldsymbol{A}^\perp(x)$$

ist jedoch, selbst bei Vernachlässigung der ε-Terme, verschieden von der kovarianten klassischen Wirkung $S^j[A]$ (37.172). Ferner fehlen im Funktionalintegral (37.344) das temporäre Eichfeld A^0 sowie die longitudinale Komponente $\boldsymbol{A}^{||}$. Dennoch lässt sich auch das Funktionalintegral (37.344) in die folgende kovariante Form bringen, in der allerdings die Coulomb-Eichung $\boldsymbol{A}^{||} = 0$ implementiert ist:

$$\mathcal{Z}^j = \int \mathcal{D}A^0 \mathcal{D}\boldsymbol{A}^\perp \exp\left[iS[A]_\varepsilon - i\int d^4x j_\mu(x) A^\mu(x)\right]_{\boldsymbol{A}^{||}=0} . \tag{37.346}$$

Hierin ist die Wirkung durch

$$S[A]_\varepsilon = \int d^4x \left[\mathcal{L}(x) + i\varepsilon\mathcal{H}(x)\right] \tag{37.347}$$

gegeben, wobei

$$\mathcal{L}(x) = \frac{1}{2}(\boldsymbol{E}^2(x) - \boldsymbol{B}^2(x)) \tag{37.348}$$

die kovariante Lagrang-Dichte (37.170) und

$$\mathcal{H}(x) = \frac{1}{2}(\boldsymbol{E}^2(x) + \boldsymbol{B}^2(x)) \tag{37.349}$$

die klassische Energie-Dichte des Eichfeldes ist, die wir hier durch die elektromagnetischen Felder

$$\boldsymbol{E} = -\nabla A^0 - \partial_t \boldsymbol{A}, \quad \boldsymbol{B} = \nabla \times \boldsymbol{A} \tag{37.350}$$

ausgedrückt haben. Sowohl $\mathcal{L}(x)$ als auch $\mathcal{H}(x)$ und damit auch die Wirkung $S[A]_\varepsilon$ (37.347) sind eichinvariant.[27]

---

27 Dies gilt auch für die in Abschnitt 37.4.2 behandelten nichtabelschen Eichtheorien, in denen das elektrische und magnetische Feld *nicht eichinvariant*, sondern nur *eichkovariant* sind, siehe Gl. (37.420).

Beweis der Identität der Funktionalintegrale (37.344) *und* (37.346)

Die kovariante Wirkung $S^j[A]$ (37.172) enthält die Quellen $j^\mu \equiv \{j^0, \boldsymbol{j}\} \equiv \{\rho, \boldsymbol{j}\}$ nur linear, während ρ quadratisch in der Wirkung (37.341) auftritt. Die quadratische Abhängigkeit lässt sich in eine lineare umwandeln durch Linearisierung des nichtlokalen Coulomb-Terms mittels eines reellen Bose-Feldes $A^0(x)$:

$$\begin{aligned}&\exp\left[-\frac{i}{2}\int dt\int d^3x\int d^3y\rho(t,\boldsymbol{x})\omega^{-2}(\boldsymbol{x},\boldsymbol{y})\rho(t,\boldsymbol{y})(1-i\varepsilon)\right]\\&=\int \mathcal{D}A^0(x)\exp\left[\frac{i}{2}\int dt\int d^3x\int d^3yA^0(t,\boldsymbol{x})\omega^2(\boldsymbol{x},\boldsymbol{y})A^0(t,\boldsymbol{y})\frac{1}{1-i\varepsilon}\right.\\&\left.-i\int_{t_i}^{t_f}dt\int d^3x\rho(t,\boldsymbol{x})A^0(t,\boldsymbol{x})\right],\end{aligned}\tag{37.351}$$

wobei

$$\mathcal{D}A^0=\prod_{t,\boldsymbol{x}}\frac{dA^0(t,\boldsymbol{x})}{\sqrt{i2\pi}}.\tag{37.352}$$

Mit dieser Identität erhalten wir aus Gl. (37.344) das Funktionalintegral

$$Z^j=\int\mathcal{D}A^0\mathcal{D}A^\perp\exp\left[iS\left[A^0,A^\perp\right]_\varepsilon-i\int d^4x\left[\rho(t,\boldsymbol{x})A^0(t,\boldsymbol{x})-\boldsymbol{j}(t,\boldsymbol{x})\cdot\boldsymbol{A}^\perp(t,\boldsymbol{x})\right]\right]\tag{37.353}$$

mit der Wirkung

$$\begin{aligned}S\left[A^0,\boldsymbol{A}^\perp\right]\varepsilon=\frac{1}{2}\int dt\int d^3x\big[&\partial_t\boldsymbol{A}^\perp(t,\boldsymbol{x})\cdot\partial_t\boldsymbol{A}^\perp(t,\boldsymbol{x})(1+i\varepsilon)\\&+A^0(t,\boldsymbol{x})(-\Delta)A^0(t,\boldsymbol{x})(1+i\varepsilon)-\boldsymbol{A}^\perp(t,\boldsymbol{x})(-\Delta)\boldsymbol{A}^\perp(t,\boldsymbol{x})(1-i\varepsilon)\big],\end{aligned}\tag{37.354}$$

wobei wir den expliziten Ausdruck (37.342) für $\omega^2(\boldsymbol{x},\boldsymbol{y})$ eingesetzt haben. Das Bose-Feld A^0 geht in die Wirkung (37.354) wie die zeitliche Komponente des Eichfeldes ein und kann folglich auch mit dieser identifiziert werden. Um die Wirkung (37.354) in eine kovariante Form zu bringen, benutzen wir $\Delta = \nabla\cdot\nabla$ und führen im zweiten und dritten Term jeweils eine partielle Integration durch. Die dabei (nach Benutzung des Gauß'schen Integralsatzes) auftretenden Oberflächenterme verschwinden, da für eine endliche Wirkung die Felder $A^\mu(t,\boldsymbol{x})$ für $|\boldsymbol{x}|\to\infty$ genügend schnell (d. h. mindestens wie $\sim 1/|\boldsymbol{x}|$) gegen Null gehen. Die partielle Integration des zweiten Terms in (37.354) liefert:

$$\int d^3xA^0(t,\boldsymbol{x})(-\Delta)A^0(t,\boldsymbol{x})=\int d^3x\nabla A^0(t,\boldsymbol{x})\cdot\nabla A^0(t,\boldsymbol{x}).\tag{37.355}$$

Im dritten Term benutzen wir $A_k^\perp(x)=t_{kl}(\boldsymbol{x})A_l(x)$ sowie

$$\Delta\,t_{kl}(x)=\delta_{kl}\nabla_m\nabla_m-\nabla_k\nabla_l=\varepsilon_{ikm}\varepsilon_{iln}\nabla_m\nabla_n\tag{37.356}$$

und erhalten nach partieller Integration

$$\int d^3x\boldsymbol{A}^\perp(t,\boldsymbol{x})\cdot(-\Delta)\boldsymbol{A}^\perp(t,\boldsymbol{x})=\int d^3x(\nabla\times\boldsymbol{A})\cdot(\nabla\times\boldsymbol{A})=\int d^3x\boldsymbol{B}^2.\tag{37.357}$$

Nach diesen Umformungen finden wir für die Wirkung (37.354)

$$S\left[A^0, \mathbf{A}^\perp\right]_\varepsilon = \int d^4x \left[\frac{1}{2} \partial_t \mathbf{A}^\perp(x) \cdot \partial_t \mathbf{A}^\perp(x)(1 + i\varepsilon) \right.$$
$$\left. + \frac{1}{2} \nabla A^0(t, \mathbf{x}) \cdot \nabla A^0(t, \mathbf{x})(1 + i\varepsilon) - \frac{1}{2} \mathbf{B}^2(t, \mathbf{x})(1 - i\varepsilon) \right]. \tag{37.358}$$

Damit stimmt der Potentialterm $\sim \mathbf{B}^2$ beider Wirkungen $S[A^0, \mathbf{A}^\perp]_\varepsilon$ und $S^j[A]$ (37.347) überein. Es lässt sich nun auch leicht zeigen, dass die ersten beiden Terme der Wirkung $S[A^0, \mathbf{A}^\perp]_\varepsilon$ (37.358) den kinetischen Term $\sim \mathbf{E}^2$ von $S^j[A]$ in der Coulomb-Eichung liefern: Mit dem expliziten Ausdruck (37.350) für das elektrische Feld lautet die kinetische Energie des Eichfeldes:

$$\int d^3x \mathbf{E}^2 = \int d^3x \left(\nabla A^0 + \partial_t \mathbf{A}\right)^2$$
$$= \int d^3x \left(\nabla A^0 \cdot \nabla A^0 + \partial_t \mathbf{A} \cdot \partial_t \mathbf{A}\right) + 2 \int d^3x \nabla A^0 \cdot \partial_t \mathbf{A}. \tag{37.359}$$

Der erste Term auf der rechten Seite dieser Gleichung ist auch in der Wirkung $S[A^0, \mathbf{A}^\perp]_\varepsilon$ (37.358) enthalten. Der zweite Term ist nach Implementierung der Coulomb-Eichung $\mathbf{A} = \mathbf{A}^\perp$ ebenfalls in $S[A^0, A^\perp]$ enthalten. Der letzte Term in Gl. (37.359) fehlt in der Wirkung $S[A^0, \mathbf{A}^\perp]_\varepsilon$ (37.358). Dieser Term verschwindet jedoch in der Coulomb-Eichung, wie man nach partieller Integration,

$$\int d^3x \nabla A^0 \cdot \partial_t \mathbf{A} = - \int d^3x A^0 \partial_t \nabla \cdot \mathbf{A} = 0, \tag{37.360}$$

erkennt. Mit den letzten beiden Beziehungen ergibt sich die Wirkung (37.358) zu

$$S\left[A^0, \mathbf{A}^\perp\right]_\varepsilon = \frac{1}{2} \int d^4x \left[\mathbf{E}^2(t, \mathbf{x})(1 + i\varepsilon) - \mathbf{B}^2(t, \mathbf{x})(1 - i\varepsilon)\right]_{A^{||}=0}. \tag{37.361}$$

Dies entspricht gerade der Wirkung $S[A]_\varepsilon$ (37.347) in der Coulomb-Eichung. Damit ist die Funktionalintegraldarstellung (37.346) aus Gl. (37.344) hergeleitet.

37.2.4.4 Eichunabhängige Darstellung

Durch die in Gl. (37.351) durchgeführte Linearisierung des Coulomb-Terms haben wir die zeitliche Komponente $A^0(x)$ des Eichfeldes zurückgewonnen, die wir durch Implementierung der Weyl-Eichung (37.188) in der kanonischen Quantisierung verloren hatten. Es fehlt jedoch im Funktionalintegral (37.353) nach wie vor die longitudinale Komponente $A^{||}(x)$ des Eichfeldes, die durch die Wahl der Coulomb-Eichung eliminiert wurde. Um dennoch in Gl. (37.353) über sämtliche kartesischen Komponenten des Eichfeldes integrieren zu können, implementieren wir die Bedingung

$$\mathbf{A}^{||}(x) \equiv \mathbf{A}^{||}(t, \mathbf{x}) = 0 \tag{37.362}$$

mittels einer (funktionalen) δ-Funktion. Dazu stellen wir $\mathbf{A}^{||}(x)$ als Gradient eines skalaren Feldes $\chi(x)$ dar

$$\mathbf{A}^{||}(x) = -\nabla\chi(x) \tag{37.363}$$

und benutzen das δ-Funktional

$$\delta[\chi] := \prod_x \delta(\chi(x)), \tag{37.364}$$

um die Integration über das Eichfeld $\boldsymbol{A}$ auf die Hyperfläche $\boldsymbol{A}^{||}(x) = 0$ einzuschränken. Ferner ist es zweckmäßig, das Argument $\chi(x)$ dieses δ-Funktionals durch die Coulomb-Eichbedingung

$$\nabla \cdot \boldsymbol{A}(x) \equiv \nabla \cdot \boldsymbol{A}(t, \boldsymbol{x}) = 0 \tag{37.365}$$

auszudrücken.[28] Mit

$$\nabla \cdot \boldsymbol{A}(x) = \nabla \cdot \boldsymbol{A}^{||}(x) = -\Delta\chi(x) \tag{37.366}$$

finden wir unter Benutzung von Gl. (A.36)

$$\delta[\nabla \cdot \boldsymbol{A}] = \delta[-\Delta\chi(x)] = (\mathcal{D}et(-\Delta))^{-1}\delta[\chi]. \tag{37.367}$$

Damit gilt für ein beliebiges Funktional $F[A]$ des Eichfeldes A^μ die folgende Identität:

$$\int \mathcal{D}A^0\mathcal{D}A^\perp F[A]_{\boldsymbol{A}^{||}=0} = \int \prod_\mu \mathcal{D}A^\mu \delta[\nabla \cdot \boldsymbol{A}]\mathcal{D}et(-\Delta)F[A]. \tag{37.368}$$

Benutzen wir diese Identität in Gl. (37.346), so finden wir die folgende Funktionalintegraldarstellung der Vakuumamplitude

$$\mathcal{Z}^j = \int \mathcal{D}A\delta[\nabla \cdot \boldsymbol{A}]\mathcal{D}et(-\Delta) \exp\left(iS[A]_\varepsilon - i\int d^4x\, j_\mu(x)A^\mu(x)\right). \tag{37.369}$$

Hierin wird über sämtliche Komponenten des Eichfeldes integriert:

$$\mathcal{D}A := \prod_x \prod_\mu \frac{dA^\mu(x)}{\sqrt{i2\pi}}. \tag{37.370}$$

Ferner ist der *ε-unabhängige* Teil der hier eingehenden Wirkung $S[A]_\varepsilon$ (37.347) kovariant.

Wie beim skalaren Feld lässt sich auch hier zeigen, dass der *ε-abhängige* Teil der Wirkung zu kausalen Randbedingungen an die Green'schen Funktionen führt. Da die

---

28 Man beachte, dass die Coulomb-Eichung hier (im Gegensatz zur Coulomb-Eichung (37.246) in der kanonischen Quantisierung) für ein *zeitabhängiges* Feld $\boldsymbol{A}(t, \boldsymbol{x})$ gefordert wird. Dies erfordert *raumzeitabhängige* Eichtransformationen und fixiert die Eichung bereits vollständig. In der kanonischen Quantisierung hingegen wurde die Coulomb-Eichbedingung nur für die Felder an einem einzigen Zeitpunkt gefordert, was nur *zeitunabhängige* Eichtransformationen erfordert, die durch die Weyl-Eichung $A^0 = 0$ noch nicht fixiert sind.

nötigen Umformungen identisch zu denen beim skalaren Feld sind, werden wir sie hier nicht wiederholen.

Die oben in der Coulomb-Eichung gewonnene eichfixierte Funktionalintegraldarstellung (37.369) der Vakuumübergangsamplitude lässt sich aufgrund der Eichinvarianz der Wirkung $S[A]_\varepsilon$ (37.347) auf beliebige Eichbedingungen

$$f[A](x) = 0 \tag{37.371}$$

verallgemeinern:

$$\boxed{\mathcal{Z}^j = \int \prod_\mu \mathcal{D}A_\mu(x)\delta[f[A]]\mathcal{D}et\mathcal{M}_{\mathrm{FP}}[A] \exp\left(iS[A]_\varepsilon - i\int d^4 j_\mu(x)A^\mu(x)\right).} \tag{37.372}$$

Hierin ist

$$\boxed{\mathcal{M}_{\mathrm{FP}}[A](x,y) = \left.\frac{\delta f[A^\alpha(x)]}{\delta\alpha(y)}\right|_{\alpha=0}} \tag{37.373}$$

die Variationsableitung des eichfixierenden Funktionals $f[A]$ (37.371), genommen am eichtransformierten Feld (37.177) $A^\alpha_\mu = A_\mu - \partial_\mu\alpha$, nach der Eichvariablen $\alpha(x)$. Wesentlich ist hier, dass aufgrund des eichfixierenden δ-Funktionals $\delta[f[A](x)]$ die Funktionaldeterminante $\mathcal{D}et\mathcal{M}_{\mathrm{FP}}[A]$ nur für Feldkonfigurationen berechnet werden muss, die die Eichbedingung (37.371) erfüllen.

Die Darstellung (37.372) ist eichinvariant, d. h. unabhängig von dem gewählten eichfixierenden Funktional $f[A]$ (37.371). Um dies zu erkennen bemerken wir, dass jede alternative Eichfixierungsbedingung

$$\tilde{f}[A](x) = 0 \tag{37.374}$$

sich aus der ursprünglichen Bedingung (37.371) durch eine Eichtransformation von $A \to A^\beta$ gewinnen lässt:

$$\tilde{f}[A] = f[A^\beta]\,. \tag{37.375}$$

Da sowohl die Wirkung (37.347) als auch das Integrationsmaß eichinvariant sind,

$$S[A^\beta]_\varepsilon = S[A]_\varepsilon, \quad \mathcal{D}A^\beta = \mathcal{D}(A - \partial\beta) = \mathcal{D}A \tag{37.376}$$

können wir durch eine Variablentransformation $A^\beta \to A$ das Funktionalintegral (37.372) mit der Eichbedingung $\tilde{f}[A](x) = 0$ auf das mit der Eichbedingung $f[A](x) = 0$ zurückführen. Damit ist die Eichinvarianz der Funktionalintegraldarstellung (37.372) nachgewiesen.

Aufgrund der Eichinvarianz genügt es, die Darstellung (37.372) in einer konkreten Eichung zu beweisen: Für die Coulomb-Eichung,

$$f[A](x) = \nabla \cdot \boldsymbol{A}(x)\,, \tag{37.377}$$

haben wir

$$f[A^\alpha](x) = \nabla \cdot (\boldsymbol{A}(x) - \nabla\alpha(x)), \qquad \frac{\delta f[A^\alpha](x)}{\delta\alpha(y)} = -\Delta\delta(x,y) \tag{37.378}$$

und Gl. (37.372) reduziert sich auf unser oben streng abgeleites Ergebnis (37.369). Damit ist die Funktionalintegraldarstellung (37.372) bewiesen.

Das eichfixierende δ-Funktional $\delta[f[A]]$ in Gl. (37.372) ist sehr wesentlich. Ohne dieses wäre das Funktionalintegral aufgrund der Eichinvarianz der Wirkung $S[A]_\varepsilon$ nicht wohl definiert, da das Funktionalintegral über das Eichfeld auch die Integration über die lokale Eichgruppe enthält, die ohne Eichfixierung auf eine Divergenz führen würde.

Die Implementierung der Eichfixierung im Funktionalintegral mittels eines δ-Funktionals wird als *Faddeev-Popov-Methode* und dementsprechend $\mathcal{D}et\mathcal{M}_{\mathrm{FP}}[A]$ als *Faddeev-Popov-Determinante* bezeichnet. Sie lässt sich unmittelbar auf die nichtabelschen Eichtheorien verallgemeinern. In unserer oben gegebenen Ableitung des Funktionalintegrals (37.372) der Vakuumamplitude hat sich das eichfixierende δ-Funktional zwangsläufig aus der ausschließlich in eichinvarianten Variablen formulierten kanonisch quantisierten Theorie ergeben.

---

i

In der Quantenfeldtheorie geht man heutzutage gewöhnlich nicht von der kanonischen, sondern von der Funktionalintegralquantisierung (37.372) aus, die sich mittlerweile als die Standardmethode der Feldquantisierung etabliert hat. Dies gilt sowohl für die störungstheoretischen Rechnungen im Kontinuum als auch für die numerischen Rechnungen auf dem Raum-Zeit-Gitter. Gemäß dem Prinzip der interferierenden Alternativen schreibt man unmittelbar das Funktionalintegral für die Übergangsamplitude bzw. für das erzeugende Funktional der Green'schen Funktionen mit der kovarianten Wirkung auf. Jedoch wird die kanonische Quantisierung bevorzugt für nichtstörungstheoretische Rechnungen im Kontinuum verwendet, da diese hier (ähnlich wie in der gewöhnlichen Quantenmechanik eines spinlosen Teilchens) sehr viel effizienter als der Funktionalintegralzugang ist. Ferner hat uns die kanonische Quantisierung erlaubt, eine strenge Ableitung des eichfixierten Funktionalintegrals (37.372) zu geben.

37.3 Spinorfelder

Die Fermionen (Teilchen mit halbzahligem Spin) erscheinen in der Quantenfeldtheorie als die Quanten von Fermi- oder Spinorfeldern. Dies sind Felder, die sich unter Lorentz-Transformationen nach einer Spinor-Darstellung der Lorentz-Gruppe (siehe Anhang E.11.2) transformieren. Im Standardmodell der Elementarteilchen treten nur Fermionen mit Spin $s = 1/2$ auf. Wir werden uns deshalb im Folgenden auf diese beschränken. Die nachfolgenden Betrachtungen lassen sich jedoch unmittelbar auf Fermi-Felder mit höherem Spin übertragen.

Klassische Fermi-Felder

Klassische Fermi-Felder mit Spin $s = 1/2$ sind Dirac-Spinoren (28.129),

$$\psi(x) = \begin{pmatrix} \psi_1(x) \\ \psi_2(x) \\ \psi_3(x) \\ \psi_4(x) \end{pmatrix}, \tag{37.379}$$

deren Komponenten $\psi_i(x)$ Graßmann-wertige Funktionen des Minkowski-Raumes sind. Die $\psi_i(x)$ genügen folglich der Graßmann-Algebra:

$$\{\psi_i(x), \psi_j(y)\} = 0\,, \quad \{\psi_i^*(x), \psi_j^*(y)\} = 0\,,$$
$$\{\psi_i(x), \psi_j^*(y)\} = 0\,. \tag{37.380}$$

Die „klassische" Wirkung eines freien Fermi-Feldes

$$S_f[\bar{\psi}, \psi] = \int d^4x \, \mathcal{L}_f(x) \tag{37.381}$$

ist durch die Lagrange-Dichte

$$\mathcal{L}_f(x) = \bar{\psi}(x)(i\partial\!\!\!/ - m)\psi(x) \tag{37.382}$$

definiert, wobei wir die in Abschnitt 28.6 eingeführte kovariante Notation

$$\partial\!\!\!/ = \gamma^\mu \partial_\mu\,, \quad \bar{\psi}(x) = \psi^\dagger(x)\gamma^0 \tag{37.383}$$

benutzt haben und γ^μ die in Gl. (28.136) definierten Dirac-Matrizen sind. Ferner ist m die Masse des Fermions. Variation der Wirkung $S_f[\bar{\psi}, \psi]$ nach dem Fermi-Feld $\bar{\psi}(x)$ liefert die Dirac-Gleichung (28.135)

$$i\partial\!\!\!/\psi = m\psi\,. \tag{37.384}$$

Man beachte: Die Dirac-Gleichung erscheint in der Quantenfeldtheorie als klassische Bewegungsgleichung (Euler-Lagrange-Gleichung) des Fermi-Feldes, während sie in der „Ersten Quantisierung" (siehe Kap. 28) als relativistische Verallgemeinerung der Schrödinger-Gleichung betrachtet wird.

Quantisierung des Fermi-Feldes

Die Quantisierung des Fermi-Feldes erfolgt, wie üblich, indem die klassischen Fermi-Felder $\psi(x)$, $\psi^*(x)$ zu einer festen Zeit $x^0 = t$ durch Feldoperatoren $\hat{\psi}(\boldsymbol{x})$, $\hat{\psi}^\dagger(\boldsymbol{x})$ ersetzt werden, die hier ebenfalls Dirac-Spinoren,[29]

$$\hat{\psi}(x) = \begin{pmatrix} \hat{\psi}_1(x) \\ \hat{\psi}_2(x) \\ \hat{\psi}_3(x) \\ \hat{\psi}_4(x) \end{pmatrix}, \quad \hat{\psi}^\dagger(x) = \left(\hat{\psi}_1^\dagger(x)\ \hat{\psi}_2^\dagger(x)\ \hat{\psi}_3^\dagger(x)\ \hat{\psi}_4^\dagger(x)\right),$$

sind und deren Komponenten $\hat{\psi}_r(\boldsymbol{x})$, $\hat{\psi}_r^\dagger(\boldsymbol{x})$ die für Fermionen üblichen Antivertauschungsrelationen (30.92)

$$\{\hat{\psi}_r(\boldsymbol{x}), \hat{\psi}_s(\boldsymbol{y})\} = 0\,, \quad \{\hat{\psi}_r^\dagger(\boldsymbol{x}), \hat{\psi}_s^\dagger(\boldsymbol{y})\} = 0\,,$$
$$\{\hat{\psi}_r(\boldsymbol{x}), \hat{\psi}_s^\dagger(\boldsymbol{y})\} = \delta_{rs}\delta^3(\boldsymbol{x},\boldsymbol{y})$$

erfüllen.

Ein Fermion mit Spin 1/2 besitzt den Einteilchen-(Dirac)-Hamilton-Operator (28.131)

$$h(\boldsymbol{x}) = \boldsymbol{\alpha p} + \beta m\,,$$

wobei die Matrizen α^k und β mit den Dirac-Matrizen γ^μ über die Beziehungen:

$$\gamma^0 = \beta, \quad \gamma^k = \beta\alpha^k \tag{37.385}$$

verknüpft sind und explizit in Gl. (28.128) angegeben sind. Dementsprechend lautet der Hamilton-Operator eines Systems von freien relativistischen Fermionen mit Spin 1/2 in der Zweiten Quantisierung

$$\mathsf{H}(\hat{\psi}^\dagger, \hat{\psi}) = \int d^3x\, \hat{\psi}^\dagger(\boldsymbol{x}) h(\boldsymbol{x}) \hat{\psi}(\boldsymbol{x})\,. \tag{37.386}$$

Mit diesem Hamilton-Operator erhalten wir aus (37.118), (37.119) die Funktionalintegral-darstellung der Amplitude des erzeugenden Funktionals der Green'schen Funktionen

$$\mathcal{Z}^\eta = \int \mathcal{D}\psi^\dagger \mathcal{D}\psi \exp\Bigg(i \int_{-\infty}^{\infty} dt \int d^3x\, (\psi^\dagger(x)[i\partial_t - h(x)]\psi(x)$$
$$+ \psi^\dagger(x)\eta(x) + \eta^\dagger(x)\psi(x))\Bigg)\,, \tag{37.387}$$

29 Zur Unterscheidung von den oben eingeführten Graßmann-Feldern ψ haben wir die Feldoperatoren (wie bereits beim skalaren und Vektorfeld) mit einem „ˆ" gekennzeichnet: $\hat{\psi}$.

wobei die Quellen $\eta(x)$, wie die klassischen Fermi-Felder $\psi(x)$ (37.379), Dirac-Spinoren sind, deren Komponenten Graßmann-wertigen Funktionen des Minkowski-Raumes sind. Nehmen wir eine Umdefinition der Quellen vor:[30]

$$\eta \to \gamma^0 \eta\,, \quad \eta^\dagger \to \eta^\dagger \gamma^0 \equiv \bar{\eta}\,, \tag{37.388}$$

so lautet das Funktionalintegral (37.387) in der kovarianten Notation (37.383)

$$\mathcal{Z}^\eta = \int \mathcal{D}\bar{\psi}\mathcal{D}\psi \exp\left(iS_f[\bar{\psi}, \psi] + i \int d^4x [\bar{\eta}(x)\psi(x) + \bar{\psi}(x)\eta(x)] \right), \tag{37.389}$$

wobei $S_f[\bar{\psi}, \psi]$ die klassische Wirkung (37.381) des Fermi-Feldes ist.

Kopplung an die Eichfelder

Wechselwirkungen zwischen den Teilchen bzw. deren Felder sind generell durch Potenzen höherer als zweiter Ordnung der Felder in der Lagrange-Dichte gegeben. Diese Wechselwirkungen können explizit durch höhere Potenzen eines einzelnen Feldes gegeben sein (wie z. B. beim skalaren Feld (37.20)), was als Selbstwechselwirkung bezeichnet wird, oder durch die Kopplung an andere Felder generiert werden. In den Eichtheorien wechselwirken die Fermionen ausschließlich durch deren Kopplung an die Eichfelder. Wie wir im Abschnitt 28.9 gesehen haben, erfolgt die Kopplung von Fermionen mit elektrischer Ladung q an das elektromagnetische Feld $A^\mu(x)$ durch Ersetzen des Ableitungsoperators ∂_μ durch die kovariante Ableitung (28.161)

$$D_\mu = \partial_\mu + igA_\mu\,, \quad g = q\,. \tag{37.390}$$

Die elektrische Ladung q fungiert dabei als Kopplungskonstante g. Mit der Ersetzung des Ableitungsoperators ∂_μ durch die kovariante Ableitung D_μ erhalten wir aus Gl. (37.382) die Lagrange-Dichte

$$\mathcal{L}_f(x) = \bar{\psi}(x)(i\not{D} - m)\psi(x). \tag{37.391}$$

Diese ist invariant unter der Eichtransformation $A_\mu \to A_\mu^\alpha = A_\mu - \partial_\mu\alpha$, falls sich das Fermi-Feld dabei wie

$$\psi \to \psi^\alpha = U(\alpha)\psi, \quad U(\alpha) = e^{ig\alpha}, \tag{37.392}$$

transformiert.

---

30 Aus der expliziten Form der Matrix $\gamma^0 \equiv \beta$ (28.128) erkennen wir, dass diese Umdefinition lediglich ein Vorzeichenwechsel in den beiden unteren Komponenten $\eta_{i=3,4}$ des Dirac-Spinors η bedeutet.

Über die kovariante Ableitung D_μ (37.390) enthält die zugehörige Wirkung

$$S_f[\bar{\psi},\psi] = \int d^4x\, \bar{\psi}(x)(i\not{D} - m)\psi(x) \tag{37.393}$$

die Kopplung

$$S_{\text{int}} = -\int d^4x j^\mu(x) A_\mu(x) \tag{37.394}$$

des Eichfeldes $A^\mu(x)$ an den Fermionenstrom

$$j^\mu(x) = g\bar{\psi}(x)\gamma^\mu\psi(x)\,, \tag{37.395}$$

die Feynman-diagrammatisch in Abb. 37.2(a) dargestellt ist. Dieser Strom ist erhalten, $\partial_\mu j^\mu(x) = 0$, für Fermi-Felder $\psi(x)$, die der Dirac-Gleichung (37.384) bzw. bei Anwesenheit des Eichfeldes der Gleichung

$$i\not{D}\psi(x) = m\psi(x) \tag{37.396}$$

genügen.[31]

Beweis der Stromerhaltung für klassische Fermi-Felder

Durch hermitesche Konjugation der Dirac-Gleichung (37.396) erhält man unter Berücksichtigung der Symmetrie

$$\gamma^0\gamma_\mu^\dagger\gamma^0 = \gamma_\mu \tag{37.397}$$

die duale Gleichung

$$\bar{\psi}(x)(-i\overleftarrow{\not{\partial}} - g\not{A}) = m\bar{\psi}(x)\,. \tag{37.398}$$

Für die Divergenz des Stromes

$$i\partial_\mu j^\mu(x) = i\big(\partial_\mu\bar{\psi}(x)\big)\gamma^\mu\psi(x) + \bar{\psi}(x)\gamma^\mu i\partial_\mu\psi(x) \tag{37.399}$$

finden wir nach Einsetzen der Dirac-Gleichung (37.396)

$$(i\not{\partial} - g\not{A})\psi(x) = m\psi(x) \tag{37.400}$$

und ihrem Dualen (37.398)

$$i\partial_\mu j^\mu(x) = -\bar{\psi}(x)(g\not{A} + m)\psi(x) + \bar{\psi}(x)(g\not{A} + m)\psi(x) = 0 \tag{37.401}$$

---

31 Wir erinnern daran, dass in der klassischen Theorie der Strom $j^\mu(x)$ erhalten sein muss, da sonst ein Widerspruch in der Maxwell-Gleichung (37.174) auftritt, siehe Abschnitt 37.2.1.

Abb. 37.2: Feynman-diagrammatische Darstellung der Elektron-Photon-Kopplung. (a) Kopplungsterm (37.394) in der Wirkung (37.393), (b) führende Korrektur in der QED. Eine durchgezogene Linie mit Pfeil repräsentiert ein Elektron, eine Wellenlinie ein Photon.

Mittels der kovarianten Ableitung (37.390) lässt sich der Feldstärketensor (37.171) in der Form

$$F_{\mu\nu} = -\frac{i}{g}[D_\mu, D_\nu] \tag{37.402}$$

darstellen, von der wir später noch Gebrauch machen werden.

37.4 Eichtheorien

Entsprechend der vorliegenden Eichgruppe unterscheiden wir *Abel'sche* und *nichtabelsche* Eichtheorien. Während die Abel'schen Eichfelder keine Selbstwechselwirkung besitzen, sondern nur an die Materiefelder (gewöhnlich Fermi-Felder) koppeln, wechselwirken die Eichfelder in den nichtabelschen Theorien auch miteinander. Die einfachste Eichtheorie ist die Abel'sche Theorie mit der Eichgruppe $U(1)$. Der Prototyp dieser Theorie ist die Quantenelektrodynamik, die auch historisch zuerst entwickelt wurde.

37.4.1 Quantenelektrodynamik

Addieren wir den Fermi-Lagrangian $\mathcal{L}_f(x)$ (37.391) zum Lagrangian des Eichfeldes (37.170), so erhalten wir die Lagrange-Dichte der *Quantenelektrodynamik* (QED)

$$\mathcal{L}_{\text{QED}}(x) = -\frac{1}{4}F_{\mu\nu}(x)F^{\mu\nu}(x) + \bar{\psi}(x)\,(i\not{D} - m)\,\psi(x)\,, \tag{37.403}$$

wobei $F_{\mu\nu}(x)$ der Feldstärketensor (37.171) ist und die Kopplungskonstante g in der kovarianten Ableitung D_μ (37.390) die elektrische Ladung $(-e)$ des Elektrons ist.

Addieren wir zum Exponenten von Gl. (37.372) die klassische Wirkung (37.393) des Fermi-Feldes $\psi(x)$ sowie dessen Quellterme (siehe Gl. (37.389)) und integrieren über dieses Feld, so erhalten wir die Amplitude des erzeugende Funktionals der QED

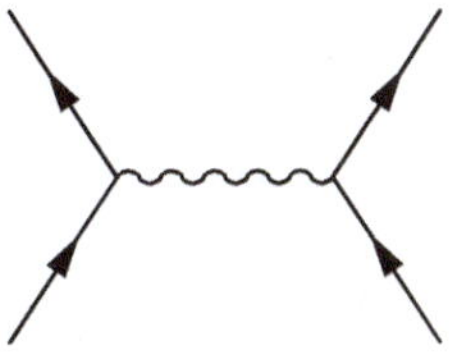

Abb. 37.3: Durch Austausch von Eichbosonen induzierte Wechselwirkung der Fermionen.

$$\boxed{\begin{aligned} \mathcal{Z}^{j,\eta} &= \int \mathcal{D}A^{\mu}(x)\delta[f[A](x)]\mathcal{D}et\mathcal{M}_{\mathrm{FP}}[A] \int \mathcal{D}\bar{\psi}(x)\mathcal{D}\psi(x) \\ &\quad \times \exp\left(i \int d^4x \mathcal{L}_{\mathrm{QED}}(x) + i \int d^4x [j_{\mu}(x)A^{\mu}(x) + \bar{\eta}(x)\psi(x) + \bar{\psi}(x)\eta(x)] \right). \end{aligned}} \quad (37.404)$$

Durch Ableitung von $\mathcal{Z}^{j,\eta}$ (37.404) nach den Quellen $\bar{\eta}$, η, j lassen sich sämtliche Green'schen Funktionen bzw. Vakuumerwartungswerte der QED erzeugen:

$$\begin{aligned} &\langle \hat{\bar{\psi}}(x_1) \ldots \hat{\psi}(x_2) \ldots \hat{A}_{\mu}(x_3) \rangle \\ &= \frac{\int \mathcal{D}A^{\mu}(x) \int \mathcal{D}\bar{\psi}(x)\mathcal{D}\psi(x)\, \bar{\psi}(x_1) \ldots \psi(x_2) \ldots A_{\mu}(x_3) \exp(i \int d^4x \mathcal{L}_{\mathrm{QED}}(x))}{\int \mathcal{D}A^{\mu}(x) \int \mathcal{D}\bar{\psi}(x)\mathcal{D}\psi(x) \exp(i \int d^4x \mathcal{L}_{\mathrm{QED}}(x))}\,. \end{aligned}$$

Das Funktionalintegral (37.404) beschreibt sämtliche elektromagnetischen Phänomene bzw. Prozesse in der Quantenwelt. Durch den Austausch von Photonen (den Quanten des Eichfeldes $A^{\mu}(x)$) wird eine Wechselwirkung zwischen den Elektronen induziert, siehe Abb. 37.3, deren Stärke durch das Quadrat der Kopplungskonstante ($g = -e$), und in natürlichen Einheiten, durch die Feinstrukturkonstante (28.212)

$$\alpha = \frac{e^2}{4\pi\hbar c} \simeq \frac{1}{137} \quad (37.405)$$

gegeben ist. Da diese Größe sehr klein ist, lässt sich das Funktionalintegral (37.404) störungstheoretisch, d. h. durch Entwicklung nach Potenzen von ($g = -e$) bzw. α, berechnen. Diese Rechnungen wurden teilweise bis zur Ordnung α^5 durchgeführt. Dabei wurde eine exzellente Übereinstimmung mit dem Experiment erhalten. Als Beispiel geben wir das magnetische Moment des Elektrons an: In Abschnitt 28.10 haben wir gesehen, dass die Dirac-Gleichung für ein Teilchen mit Spin $s = 1/2$, mit der Masse m und mit der Ladung q das magnetische Moment (28.185)

$$\mu_s = g_s \frac{q}{2mc} s$$

mit einem Landé-Faktor $g_s = 2$ liefert. Zu diesem Wert gibt es aufgrund der Quantenfluktuationen des Eichfeldes $A^{\mu}(x)$ Korrekturen, die sich im Rahmen der QED störungstheoretisch berechnen lassen. Die Korrektur führender Ordnung ist durch das in Abb. 37.2(b) gezeigte Feynman-Diagramm gegeben und beträgt α/π, sodass in dieser Ordnung

$$g_s = 2 + \frac{\alpha}{\pi} + O(\alpha^2)\,.$$

Führt man die Berechnung von g_s bis zur Ordnung α^5 durch, erhält man mit

$$\alpha^{-1} = 137{,}035999174(35)$$

folgendes Ergebnis

$$\begin{aligned}\frac{g-2}{2} &= \frac{1}{2}\frac{\alpha}{\pi} - 0{,}328478966\left(\frac{\alpha}{\pi}\right)^2 + 1{,}181241456\left(\frac{\alpha}{\pi}\right)^3 \\ &\quad - 1{,}9097(20)\left(\frac{\alpha}{\pi}\right)^4 + 9{,}16(58)\left(\frac{\alpha}{\pi}\right)^5 \\ &= 1159652181{,}78(77)\cdot 10^{-12}\,,\end{aligned}$$

während der experimentelle Wert

$$\frac{g-2}{2} = 1159652180{,}76\cdot 10^{-12}$$

beträgt (Stand 2022). Die Übereinstimmung von Theorie und Experiment ist beeindruckend. Solche präzisen Vorhersagen, wie sie die QED liefert, wurden bisher in keiner anderen Quantenfeldtheorie erreicht.

Die QED ist die einfachste realistische Eichtheorie. Sie ist Bestandteil des Standardmodells der Elementarteilchen. Die übrigen Eichtheorien des Standardmodells, die die *Schwache* und *Starke Wechselwirkung* beschreiben, sind nichtabelsche Verallgemeinerungen der QED.

37.4.2 Nichtabelsche Eichtheorien

Für die Teilchenphysik sind neben der oben behandelten Abel'schen Theorie mit der $U(1)$- Eichgruppe vor allem die nichtabelschen Eichtheorien mit den unitären Gruppen $U(N)$ bzw. speziellen unitären Gruppen $\mathrm{SU}(N)$ relevant, mit $N = 2$ und $N = 3$ für die Schwache bzw. Starke Wechselwirkung. Da die $U(N)$-Gruppe in eine $U(1)$-Gruppe und eine $\mathrm{SU}(N)$-Gruppe zerlegt werden kann (siehe Anhang E), werden wir uns im Folgenden auf die $\mathrm{SU}(N)$-Gruppe konzentrieren. Die Elemente U dieser Gruppe sind N-dimensionale unitäre Matrizen mit $\det U = 1$, die sich ebenfalls (wie die Elemente (37.392) der $U(1)$ Gruppe) in der Form

$$U(\alpha) = \exp(ig\alpha) \tag{37.406}$$

darstellen lassen. Allerdings ist die „Phase" α hier keine reelle Zahl, sondern eine *hermitesche spurlose Matrix*, die durch eine Linearkombination der Erzeuger t_a, $a = 1, 2, \ldots, N^2 - 1$, der Eichgruppe gegeben ist:

$$a = a^a\, t_a\,. \tag{37.407}$$

Letztere genügen der Algebra

$$[t_a, t_b] = f_{abc} t_c\,, \tag{37.408}$$

wobei f_{abc} die *Strukturkonstanten* sind. Im Zusammenhang mit dem Drehimpuls haben wir bereits die SU(2)-Gruppe kennengelernt, deren Erzeuger in der fundamentalen Darstellung (die Darstellung minimaler Dimension $d = N$) die Pauli-Matrizen σ_a sind,

$$t_a = \frac{1}{2}\sigma_a,$$

und deren Strukturkonstanten die Komponenten des total antisymmetrischen Tensors ε_{abc} sind:

$$f_{abc} = \varepsilon_{abc}\,.$$

Dabei wurde die Normierung der Erzeuger:

$$\mathrm{Sp}(t_a t_b) = \frac{1}{2}\delta_{ab} \tag{37.409}$$

benutzt.

Zu jedem Erzeuger t_a der Gruppe gehört ein Eichfeld $A^a_\mu(x)$, das damit in der *adjungierten* Darstellung der Eichgruppe lebt. Für die Eichgruppe SU(N) gibt es folglich $N^2 - 1$ Eichfelder $A^a_\mu(x)$, die sich zu dem matrixwertigen Feld

$$A_\mu(x) = A^a_\mu(x)\, t_a \tag{37.410}$$

zusammenfassen lassen, wobei die Summation über a von $a = 1$ bis $a = N^2 - 1$ läuft.

Die Fermionen der Eichtheorien leben gewöhnlich in der fundamentalen Darstellung. Folglich sind ihre Felder $\psi(x)$ nicht nur Spinoren, sondern auch N-dimensionale Vektoren, d. h. jede Komponente $\psi_i(x)$ des Spinors $\psi(x)$ (37.379) ist auch ein N-dimensionaler Vektor

$$\psi_i = \begin{pmatrix} \psi_{i1} \\ \psi_{i2} \\ \dots \\ \psi_{iN} \end{pmatrix}. \tag{37.411}$$

Prinzipiell können die Fermionen auch in höher dimensionalen Darstellungen der Eichgruppe leben, z. B. in der adjungierten Darstellung. Diese treten aber nicht in dem Standardmodell der Elementarteilchen auf, wohl aber in dessen *supersymmetrischen* Erweiterungen, in denen Fermionen und Bosonen in derselben Darstellung der Eichgruppe leben.

Wie in den Abel'schen Theorien koppeln die Fermionen über die kovariante Ableitung (37.390)

$$D_\mu = \partial_\mu + igA_\mu(x) \tag{37.412}$$

an das Eichfeld. Formal hat der Lagrangian der Fermi-Felder damit dieselbe Gestalt (37.393) wie in den Abel'schen Theorien:

$$\mathcal{L}_f(x) = \bar{\psi}(x)(i\not{D} - mc)\psi(x)\,, \tag{37.413}$$

jedoch sind die $A_\mu(x)$ hier hermitesche Matrizen (37.410). Da die Matrizen $A_\mu(x)$ zu verschiedenen μ nicht kommutieren, enthält der Feldstärketensor (37.414)

$$F_{\mu\nu} = \frac{1}{ig}[D_\mu, D_\nu] \tag{37.414}$$

auch Terme quadratisch im Eichfeld:

$$F_{\mu\nu} = \partial_\mu A_\nu - \partial_\nu A_\mu + ig[A_\mu, A_\nu]\,.$$

Benutzen wir die Algebra (37.408), so lässt sich $F_{\mu\nu}$, wie das Eichfeld A_μ (37.410), als Linearkombination der Generatoren darstellen:

$$F_{\mu\nu} = F^a_{\mu\nu}(x)\,t_a\,.$$

Unter Ausnutzung der Antisymmetrie der Strukturkonstanten f_{abc} finden wir für die Komponenten $F^a_{\mu\nu}(x)$ des Feldstärketensors:

$$F^a_{\mu\nu}(x) = \partial_\mu A^a_\nu(x) - \partial_\nu A^a_\mu(x) - gf_{abc}A^b_\mu(x)A^c_\nu(x)\,. \tag{37.415}$$

In der Lagrange-Dichte des Eichfeldes (vgl. (37.170))

$$\mathcal{L}_g(x) = -\frac{1}{4}F^a_{\mu\nu}F^{\mu\nu}_a = -\frac{1}{2}\,\mathrm{Sp}(F_{\mu\nu}F^{\mu\nu}) \tag{37.416}$$

treten dann neben den üblichen quadratischen Termen (die bereits in der QED vorhanden sind) auch Terme dritter und vierter Ordnung im Eichfeld auf

$$\begin{aligned} &\sim g\,f_{abc}\partial_\mu A^a_\nu A^b_\mu A^c_\nu\,,\\ &\sim g^2\,f_{abc}f_{ab'c'}A^b_\mu A^c_\nu A^{b'}_\mu A^{c'}_\nu\,, \end{aligned} \tag{37.417}$$

die eine Selbstwechselwirkung des Eichfeldes repräsentieren, siehe Abb. 37.4. Diese Selbstwechselwirkung führt zu qualitativ neuen Phänomenen wie der *asymptotischen Freiheit* und des *Farbeinschlusses (Confinement)*, die im nächsten Abschnitt besprochen werden.

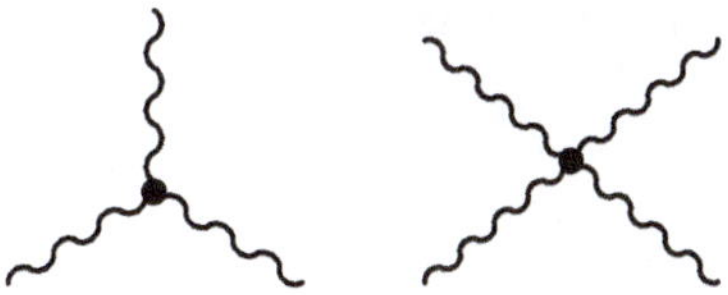

Abb. 37.4: Feynman-diagrammatische Darstellung der Selbstwechselwirkung (37.417) der nichtabelschen Eichfelder.

Addieren wir zur Lagrange-Dichte (37.416) des Eichfeldes noch die des Fermi-Feldes (37.413), so erhalten wir die Lagrange-Dichte der nichtabelschen Eichtheorie:

$$\mathcal{L}(x) = \mathcal{L}_g(x) + \mathcal{L}_f(x)\,. \tag{37.418}$$

Diese ist invariant unter der Eichtransformation

$$\Psi \to U\Psi, \quad A_\mu \to UA_\mu U^\dagger + \frac{1}{ig}U\partial_\mu U^\dagger, \tag{37.419}$$

wobei die $U = U(\alpha)$ die in Gln. (37.406), (37.407) definierten Elemente der Eichgruppe sind. Die Eichinvarianz von $\mathcal{L}(x)$ ist offensichtlich, wenn man beachtet, dass sich unter Eichtransformationen D_μ und somit wegen Gl. (37.414) auch $F_{\mu\nu}$ kovariant transformieren:

$$D_\mu \to UD_\mu U^\dagger, \quad F_{\mu\nu} \to UF_{\mu\nu}U^\dagger. \tag{37.420}$$

Im Standardmodell der Elementarteilchen koppeln die Fermi-Felder und die Eichfelder der Schwachen Wechselwirkung zusätzlich noch an ein skalares Feld $\phi(x)$, das *Higgs-Feld*, wodurch ihre sogenannten *nackten* Massen generiert werden, siehe nächsten Abschnitt.

37.5 Das Standardmodell der Elementarteilchen

Nach unserem heutigen Erkenntnisstand lassen sich alle fundamentalen Kräfte der Natur durch Eichtheorien beschreiben. Die Eichtheorien der elektromagnetischen, Schwachen und Starken Wechselwirkung bilden das sogenannte *Standardmodell* der Elementarteilchen. (Die Gravitation ist hier ausgeschlossen.[32]) Die Materieteilchen des Standardmodells sind sämtlich Fermionen mit Spin 1/2 und werden in *Quarks* und *Leptonen* unterteilt. Zu den Leptonen gehören die Elektronen (e), die Myonen (μ) und die

32 Bei der Gravitation werden allerdings keine inneren Freiheitsgrade, sondern die allgemeinen Koordinatentransformationen von Raum und Zeit selbst geeicht. Die hieraus resultierenden Probleme bei der Quantisierung der Gravitation schließen diese Kraft momentan aus dem Standardmodell aus.

Tab. 37.1: Fermionen des Standardmodells der Elementarteilchen. Die Zahlen unter den Symbolen geben die Teilchenmassen (genauer die Ruheenergien mc^2) in GeV an.

Elek. Ladung	Familie			Spin = 1/2
+2/3	**u** 0,002	**c** 1,3	**t** 175	Quarks
−1/3	**d** 0,005	**s** 0,1	**b** 4,2	
0	ν_e 10^{-9}	ν_μ <0,002	ν_τ <0,02	Leptonen
−1	**e** 0,0005	μ 0,106	τ 1,777	

Tab. 37.2: Eichbosonen des Standardmodells der Elementarteilchen.

Elek. Ladung	Name	Masse / GeV	Kraft	Spin = 1
0	**g**	0	stark	Gluon
0	γ	0	EM	Photon
0	Z^0	91,2	schwach	*Z*-Boson
−1	W^-	80,4		*W*-Bosonen
+1	W^+	80,4		

Taus (τ), sowie deren Neutrinos (ν_e, ν_μ, ν_τ). Während die Leptonen nur elektromagnetische und schwache Wechselwirkung besitzen, unterliegen die Quarks darüber hinaus auch der Starken Wechselwirkung. Leptonen und Quarks lassen sich gemäß ihrer (elektro-)schwachen Wechselwirkung in jeweils drei *Familien* gruppieren, siehe Tabelle 37.1. Ähnlich wie Proton und Neutron (23.104) bilden die beiden Teilchen einer Familie ein Isospindublett, z. B. (u, d).

Die Eichbosonen des Standardmodells besitzen alle Spin 1. Zu ihnen gehören die masselosen *Photonen* und *Gluonen*, die die langreichweitige elektromagnetische bzw. Starke Wechselwirkung vermitteln sowie die sehr massiven $W^\pm$- und Z^0-*Bosonen*, deren Austausch die kurzreichweitige schwache Wechselwirkung hervorruft, siehe Tabelle 37.2. Eine Sonderstellung nimmt im Standardmodell das *Higgs-Boson* ein, das Spin 0 besitzt und für die Massenerzeugung verantwortlich ist. Es war lange Zeit das einzige noch fehlende Teilchen des Standardmodells und wurde im Dezember 2012 am CERN experimentell gefunden. Mit einer Masse von 125 GeV ist es das schwerste Boson, jedoch noch nicht das schwerste Elementarteilchen. (Dieses ist das Top-Quark.)

Praktisch alle Materie auf der Erde setzt sich aus den beiden Quarks der ersten Familie (u und d) sowie den Elektronen e zusammen. Aus kosmologischen Gründen vermutet man jedoch im interstellaren Raum große Mengen bisher unbekannter *dunkler Materie*. Während etwa die u- und d-Quarks eine (nackte) Masse (die durch ihre Kopplung an das Higgs-Boson generiert wird) von nur wenigen MeV besitzen, sind die aus ihnen zusammengesetzten Hadronen, wie die Protonen und Neutronen, etwa um einen Faktor 100 schwerer. Diese zusätzliche Masse wird durch die starke Wechselwirkung der

Quarks dynamisch erzeugt. Der überwiegende Teil der Masse der uns bekannten Materie im Universum, die von Protonen und Neutronen aufgebracht wird, hat damit seinen Ursprung *nicht* in der Kopplung der Materieteilchen an das Higgs-Boson, sondern ist ein Effekt der starken Wechselwirkung der Quarks.

Die Quarks besitzen neben ihrer elektrischen und schwachen Ladung, die mit ihren Flavour-Quantenzahlen verknüpft ist, noch eine sogenannte Farbladung. Diese kann drei verschiedene Werte annehmen, die gewöhnlich mit rot, grün und blau bezeichnet werden.[33] Die Farbladung koppelt an die Gluonen, die zusammen mit den Quarks die fundamentalen Bausteine der *Quantenchromodynamik*, der SU(3)-Eichheorie der starken Wechselwirkung, bilden, wobei die 3 von den drei Werten der Farbladung der Quarks herrührt. Während in der Elektrodynamik (als Abel'sche Eichtheorie) die Eichbosonen, die Photonen, selbst keine elektrische Ladung besitzen und daher keine Kräfte aufeinander ausüben (zwei Lichtstrahlen durchdringen einander wechselwirkungsfrei), tragen die Gluonen selbst eine Farbladung und wechselwirken somit untereinander, siehe Gl. (37.417). Diese Selbstwechselwirkung der Gluonen verleiht der starken Kraft außergewöhnliche Eigenschaften:

1) Asymptotische Freiheit

Trotz der Bezeichnung „Starke Wechselwirkung" wird die vermittelte Kraft bei sehr hohen Energien beliebig klein. Dies bedeutet, dass die Wechselwirkung zwischen zwei Quarks im Limes unendlich hoher Energien verschwindet. Die Quarks sind *asymptotisch frei*. In Abb. 37.5 ist die sog. laufende Kopplungskonstante (das nichtabelsche Analogon der Feinstrukturkonstante (37.405)) als Funktion der Energie aufgetragen.

Da in der Quantentheorie hohe Energien und damit hohe Impulse kleinen de Broglie-Wellenlängen entsprechen, bedeutet die asymptotische Freiheit auch, dass

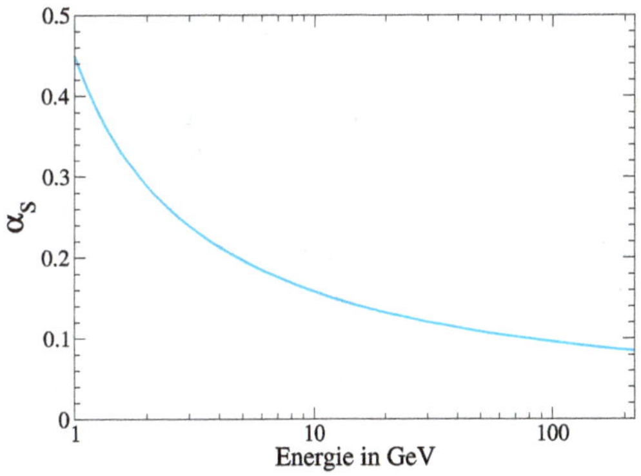

Abb. 37.5: Die sogenannte „laufende", d. h. energieabhängige Kopplungskonstante α_S der Quantenchromodynamik.

33 Die Verbreitung des Farbfernsehens Anfang der 1970er Jahre, in der Zeit als die QCD formuliert wurde, inspirierte ihre Erfinder, die Ladungen der starken Wechselwirkung als *Farbladungen* zu bezeichnen.

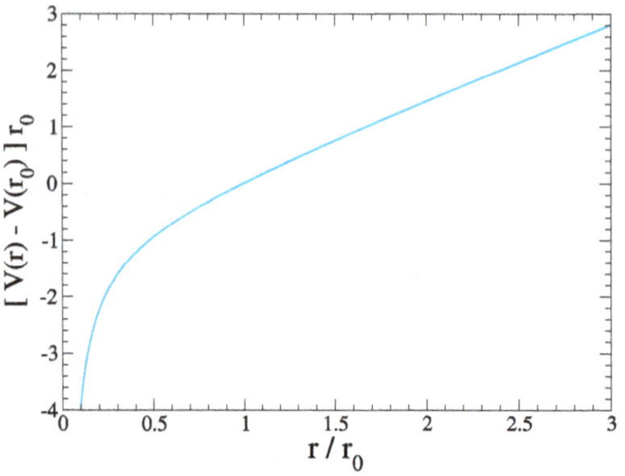

Abb. 37.6: Das Quark-Antiquark-Potential, wobei $r_0 \simeq 0.5$ fm als Referenzskala verwendet wurde.

die Quarks sich auf kleinen Abständen wie freie Teilchen verhalten. Sie sind also innerhalb der von ihnen gebildeten Hadronen frei. Erst wenn sie sich weiter voneinander entfernen, wird ihre starke Wechselwirkung wirklich stark und bindet die Quarks zu Hadronen, deren Gesamtfarbladung verschwindet. Für die Entdeckung der asymptotischen Freiheit wurden 2004 D. Gross, H. D. Politzer und F. Wilczek mit dem Nobelpreis gewürdigt.

2) Farbeinschluss (Confinement)

Bei niedrigen Energien und Impulsen bzw. großen Abständen gewinnt die starke Kraft immer mehr an Stärke. In Abb. 37.6 ist das Potential zwischen einem Quark und einem Antiquark als Funktion des Abstandes gezeigt. Das Potential steigt bei großen Abständen linear an, die Kraft bleibt somit konstant anstatt abzunehmen. Dies ist völlig konträr zu allen anderen Kräften, die wir kennen, da diese mit wachsendem Abstand immer kleiner werden. Dieses Verhalten hat zur Folge, dass unendlich viel Energie benötigt wird, um die Quarks zu separieren, die natürlich nicht zur Verfügung steht. Die Quarks sind somit dauerhaft aneinander gebunden, d. h. die Farbladungen, die sie tragen, sind in die Hadronen eingeschlossen. Dieses Phänomen wird als *Farbeinschluss* oder *Confinement* bezeichnet. Die Gesamtfarbladung der Quarks innerhalb der Hadronen verschwindet, sodass diese nach außen farbneutral bzw. „weiß" erscheinen. Experimentell wurden bisher weder freie Quarks noch farbgeladene Hadronen gefunden.

Was passiert, wenn man versucht, die Quarks voneinander zu trennen, ist in Abb. 37.7 im Falle eines Mesons dargestellt. Aufgrund der Selbstwechselwirkung der Gluonen ziehen sich die Feldlinien des zwischen den Farbladungen bestehenden Gluonfeldes an und bilden einen Flussschlauch aus. Nimmt der Abstand zwischen den Quarks weiter zu, so wird es energetisch günstiger, aus dem Vakuum ein Quark-Antiquark-Paar zu erzeugen, an dem die Gluonenfeldlinien enden können, womit der Flussschlauch in zwei Teile bricht. Aus dem ursprünglichen Meson erhält man dann also nicht etwa zwei freie Quarks, sondern zwei „farblose" Mesonen.

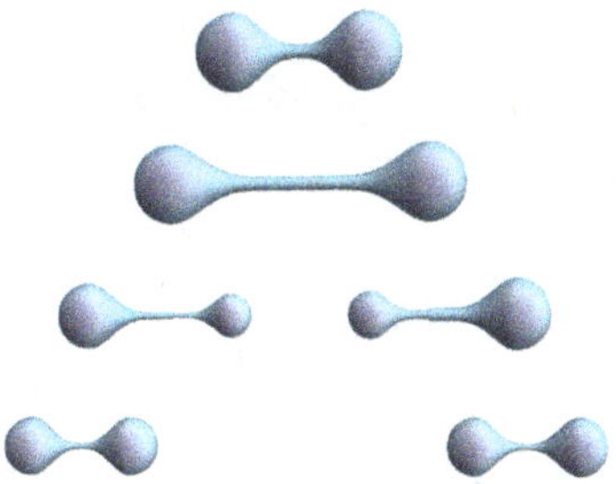

Abb. 37.7: Brechung des Flussschlauches des Gluonfeldes durch Quark-Antiquark-Paarerzeugung.

Eine ausführliche Behandlung der nichtabelsche Eichtheorien ist an dieser Stelle leider nicht möglich, ohne den Rahmen des Buches zu sprengen. Wir begnügen uns hier damit noch zu erwähnen, dass auch die Gravitationstheorie (d. h. die Allgemeine Relativitätstheorie) sich als Eichtheorie interpretieren lässt, deren Eichgruppe durch die Gruppe der allgemeinen Koordinatentransformationen im Minkowski-Raum gegeben ist, die die Lorentz-Gruppe (siehe Anhang E) als Untergruppe enthält.

Die Quantenfeldtheorie wurde ursprünglich in der Elementarteilchentheorie entwickelt, hat aber inzwischen auch in vielen anderen Gebieten der modernen Physik Einzug gehalten, insbesondere auch in der Theorie der kondensierten Materie. Zur Illustration und als eine nichttriviale Anwendung der in diesem Buch entwickelten feldtheoretischen Methoden haben wir im vorigen Kapitel 36 die Supraleitung behandelt.

F Zweite Quantisierung

F.1 Operatoren in der Zweiten Quantisierung

Nachfolgend geben wir eine strenge, detaillierte Ableitung der Darstellung von Operatoren in der zweiten Quantisierung. Wir führen die Betrachtungen explizit nur für Fermi-Systeme durch, da sie für Bose-Systeme völlig analog verlaufen.

Für Fermi-Systeme lautet der Einheitsoperator im Fockraum (30.22)

$$\hat{1}^{(-)} = \sum_{N=0}^{\infty} \hat{1}_N^{(-)} , \tag{F.1}$$

wobei

$$\hat{1}_N^{(-)} = \frac{1}{N!} \sum_{k_1,\dots,k_N} |k_1, k_2, \dots, k_N\rangle_N \, {}_N\langle k_1, k_2, \dots, k_N| \tag{F.2}$$

der Einheitsoperator im Raum der total antisymmetrischen N-Teilchen-Zustände ist.[1] Der Normierungsfaktor $1/N!$ tritt auf, da wir hier uneingeschränkt über sämtliche Einteilchenzustände k_i summieren (bzw. integrieren).

Wir betrachten eine Observable O eines Systems aus N *unterscheidbaren* Teilchen. Eine solche Observable ist ein Operator, der im Hilbertraum $\mathbb{H}_N$ (30.4) wirkt. Der Einheitsoperator $\hat{1}_N^{(-)}$ in $\mathbb{H}_N^{(-)}$ ist ein Projektor in $\mathbb{H}_N$, mit dessen Hilfe wir den Operator O in einen Operator

$$\hat{1}_N^{(-)} O \hat{1}_N^{(-)}$$

überführen können, der ausschließlich in $\mathbb{H}_N^{(-)}$ wirkt. Dementsprechend können wir eine beliebige Observable O von Systemen unterscheidbarer Teilchen (die auch in den Hilberträumen $\mathbb{H}_N$ zu verschiedenen N wirken kann) mittels des Einheitsoperators $\hat{1}^{(-)}$ (F.1) in die entsprechende Observable für Fermionen, d. h. in den Operator des Fock-Raumes

$$\mathsf{O} = \hat{1}^{(-)} O \hat{1}^{(-)} \tag{F.3}$$

überführen. Mit der Darstellung (F.1), (F.2) des Einheitsoperators in $\mathbb{H}^-$ erhalten wir:

$$\begin{aligned} \mathsf{O} = \sum_{N=0}^{\infty} \frac{1}{N!} \sum_{M=0}^{\infty} \frac{1}{M!} \sum_{k_1,\dots,k_N} \sum_{l_1,\dots,l_M} |k_1 \dots k_N\rangle_N \\ \times {}_N\langle k_1 \dots k_N | O | l_1 \dots l_M\rangle_M \, {}_M\langle l_1 \dots l_M| \, . \end{aligned} \tag{F.4}$$

---

1 Da wir es in Abschnitt F.1 ausschließlich mit Fermi-Systemen zu tun haben, unterdrücken wir den Superskript (−) an den total antisymmetrischen Zuständen $|k_1, k_2, \dots\rangle_N^{(-)}$.

https://doi.org/10.1515/9783111625126-010

Der Einfachheit halber beschränken wir uns auf Observable, welche die Teilchenzahl nicht verletzen. Dann hat der Operator keine Matrixelemente zwischen Zuständen mit verschiedenen Teilchenzahlen und zu den Summen in Gl. (F.4) trägt nur der Term $M = N$ bei:

$$\mathsf{O} = \sum_{N=0}^{\infty} \left(\frac{1}{N!}\right)^2 \sum_{k_1,\dots,k_N} \sum_{l_1,\dots,l_N} |k_1 \dots k_N\rangle_N \, {}_N\langle k_1 \dots k_N|O|l_1 \dots l_N\rangle_N \, {}_N\langle l_1 \dots l_N| \,. \tag{F.5}$$

Nach Definition der total antisymmetrischen Wellenfunktionen (30.6) haben wir:

$${}_N\langle k_1 \dots k_N|O|l_1 \dots l_N\rangle_N = (\sqrt{N!})^2 \, {}_N\langle k_1 \dots k_N|\mathcal{A}O\mathcal{A}|l_1 \dots l_N\rangle_N \,.$$

Wenn dieser Ausdruck in (F.5) eingesetzt wird, können die Antisymmetrisierungsprojektoren $\mathcal{A}$ entfallen, da aufgrund der Summation über alle Einteilchen-Quantenzahlen $k_1, \dots, k_N$ bzw. $l_1, \dots, l_N$ durch die Anwesenheit der antisymmetrischen Zustandsvektoren $|k_1 \dots k_N\rangle_N$ bzw. $|l_1 \dots l_N\rangle_N$ bereits gewährleistet wird, dass nur der antisymmetrische Anteil der N-Teilchen-Wellenfunktion $|k_1 \dots k_N\rangle_N$ beiträgt. Aus (F.5) finden wir deshalb die Darstellung

$$\mathsf{O} = \sum_{N=0}^{\infty} \frac{1}{N!} \sum_{k_1,\dots,k_N} \sum_{l_1,\dots,l_N} |k_1 \dots k_N\rangle_N \, {}_N\langle k_1 \dots k_N|O|l_1 \dots l_N\rangle_N \, {}_N\langle l_1 \dots l_N| \,. \tag{F.6}$$

Damit ist es gelungen, den Operator O (F.3) durch seine Matrixelemente im Hilbert-Raum der N unterscheidbaren Teilchen $\mathbb{H}_N$ auszudrücken. Diese Matrixelemente sind aus der gewöhnlichen (Ersten) Quantisierung bekannt bzw. können in der gewohnten Weise berechnet werden. Die explizite Darstellung hängt natürlich von der betrachteten Observable, d. h. von seinen Matrixelementen ${}_N\langle k_1 \dots k_N|O|l_1 \dots l_N\rangle_N$ ab. Wir werden im Folgenden die explizite Darstellung für die in der Praxis relevanten Observablen bestimmen. Zuvor geben wir noch die allgemeine Darstellung an, die auch für Operatoren gilt, welche die Teilchenzahlerhaltung verletzen. Diese ergibt sich durch analoge Überlegungen, wenn man in (F.4) die Summation über die Teilchenzahlen nicht auf die Terme mit $M = N$ einschränkt:

$$\begin{aligned}
\mathsf{O} &= \sum_{N=0}^{\infty} \sum_{M=0}^{\infty} \frac{1}{\sqrt{N!}} \frac{1}{\sqrt{M!}} \sum_{k_1,\dots,k_N} \sum_{l_1,\dots,l_M} |k_1 \dots k_N\rangle_N \\
&\quad \times {}_N\langle k_1 k_2 \dots k_N|O|l_1 l_2 \dots l_N\rangle_M \, {}_M\langle l_1 \dots l_M| \\
&= \sum_{N=0}^{\infty} \sum_{M=0}^{\infty} \frac{1}{\sqrt{N!}} \frac{1}{\sqrt{M!}} \sum_{k_1,\dots,k_N} \sum_{l_1,\dots,l_M} a_{k_1}^\dagger a_{k_2}^\dagger \dots a_{k_N}^\dagger |0\rangle \\
&\quad \times {}_N\langle k_1 k_2 \dots k_N|O|l_1 l_2 \dots l_N\rangle_M \langle 0|a_{l_M} \dots a_{l_2} a_{l_1} \,,
\end{aligned} \tag{F.7}$$

wobei wir im letzten Schritt Gl. (30.35) benutzt haben. Diese Darstellung gilt für beliebige Operatoren eines Fermi-Systems. Im Allgemeinen haben wir es mit Operatoren zu tun, die die Teilchenzahl um eine feste Zahl n ändern, z. B. um n vergrösern. Dann sind nur die Matrixelemente mit $N = n+M$ von null verschieden und die Doppelsumme über die Teilchenzahlen N, M reduziert sich wie bei den Teilchenzahl erhaltenden Operatoren auf eine einfache Summe.

F.1.1 Einteilchen-Operatoren

Von besonderem Interesse sind die durch die Gleichungen (30.8), (30.9) definierten Einteilchenoperatoren. Beachten wir, dass die Basiszustände $|k_1 \dots k_N\rangle_N$ (30.3) des $\mathbb{H}_N$ durch das Tensorprodukt der Einteilchen-Zustände gegeben sind, so finden wir für das Matrixelement dieser Operatoren

$$
\begin{aligned}
{}_N\langle k_1 \dots k_N | \sum_{i=1}^{N} \hat{O}_i | l_1 \dots l_N \rangle_N &= \sum_{i=1}^{N} \langle k_i | \hat{O}^{(i)} | l_i \rangle \prod_{\substack{j=1 \\ (j \neq i)}}^{N} \langle k_j | \hat{1}^{(j)} | l_j \rangle \\
&= \sum_{i=1}^{N} \langle k_i | \hat{O}^{(i)} | l_i \rangle \prod_{\substack{j=1 \\ (j \neq i)}}^{N} \delta(k_j, l_j) \,.
\end{aligned}
$$

Das Einsetzen dieses Ausdruckes in die Fock-Raumdarstellung (F.6) liefert:

$$
\mathsf{O} = \sum_{N=1}^{\infty} \frac{1}{N!} \sum_{k_1,\dots,k_N} \sum_{l_1,\dots,l_N} \sum_{i=1}^{N} \langle k_i | \hat{O}^{(i)} | l_i \rangle \left(\prod_{\substack{j=1 \\ (j \neq i)}}^{N} \delta(k_j, l_j) \right) |k_1 \dots k_N\rangle_{N\,N}\langle l_1 \dots l_N| \,. \tag{F.8}
$$

Die Summation über die Teilchenzahl in Gl. (F.8) muss jetzt bei $N = 1$ beginnen, da ein Einteilchen-Operator im Hilbert-Raum eines einzelnen Teilchens definiert ist und somit nur auf Zustände wirken kann, in denen sich mindestens ein Teilchen befindet. Der Vakuumzustand $|0\rangle$, d. h. der Term mit $N = 0$ trägt somit nicht zur Summe (F.8) bei.

Wir nehmen jetzt die folgende Umbenennung der Summationsindizes vor:

$$
k_i \quad \longleftrightarrow \quad k_1 \,, \quad l_i \quad \longleftrightarrow \quad l_1 \,.
$$

Unter Ausnutzung der Antisymmetrie der Basiszustände des Fock-Raumes

$$
\begin{aligned}
&|k_i k_2 \dots k_1 \dots k_N\rangle_{N\,N}\langle l_i l_2 \dots l_1 \dots l_N| \\
&\quad = |k_1 k_2 \dots k_i \dots k_N\rangle_{N\,N}\langle l_1 l_2 \dots l_i \dots l_N|
\end{aligned}
$$

erhalten wir dann:

$$
\mathsf{O} = \sum_{N=1}^{\infty} \frac{1}{N!} \sum_{i=1}^{N} \sum_{k_1,\dots,k_N} \sum_{l_1,\dots,l_N} \langle k_1 | \hat{O}^{(i)} | l_1 \rangle \left(\prod_{j=2}^{N} \delta(k_j, l_j) \right) |k_1 k_2 \dots k_N\rangle_{N\,N}\langle l_1 l_2 \dots l_N| \,. \tag{F.9}
$$

Aufgrund der $N-1$ Kronecker-Symbole $\delta(k_i, l_i)$, $i = 2, 3, \ldots N$ können wir die Summation über $l_2, l_3, \ldots, l_N$ in trivialer Weise ausführen.

Für identische Teilchen sind die Matrixelemente $\langle k_1|\hat{O}^{(i)}|l_1\rangle$ für alle Teilchen dieselben und somit unabhängig vom Index i, sodass wir diesen weglassen können, was wir durch die Notation

$$\langle k|\hat{O}^{(i)}|l\rangle =: O(k, l)$$

zum Ausdruck bringen. Der Summand in Gl. (F.9) ist damit unabhängig vom Index i und die Summe über diesen Index liefert einfach einen Faktor N und wir erhalten:

$$\mathsf{O} = \sum_{N=1}^{\infty} \frac{1}{(N-1)!} \sum_{k_1, l_1} O(k_1, l_1) \sum_{k_2, \ldots, k_N} |k_1 k_2 \ldots k_N\rangle_N \, {}_N\langle l_1 k_2 \ldots k_N| \,. \tag{F.10}$$

Schreiben wir die Basisvektoren des Fock-Raumes unter Benutzung von (30.34) in der Form

$$|k_1 k_2 \ldots k_N\rangle_N = a_{k_1}^{\dagger} |k_2 \ldots k_N\rangle_{N-1} \,,$$
$${}_N\langle l_1 k_2 \ldots k_N| = {}_{N-1}\langle k_2 \ldots k_N| a_{l_1} \,,$$

so erhalten wir aus (F.10) die Darstellung

$$\mathsf{O} = \sum_{k_1, l_1} O(k_1, l_1) a_{k_1}^{\dagger} \left\{ \sum_{N=1}^{\infty} \frac{1}{(N-1)!} \sum_{k_2, \ldots, k_N} |k_2 \ldots k_N\rangle_{N-1} \, {}_{N-1}\langle k_2 \ldots k_N| \right\} a_{l_1} \,.$$

Der Ausdruck in der geschweiften Klammer ist aber gerade der Einheitsoperator im Fock-Raum, $\hat{1}^{(-)}$, siehe Gln. (F.1), (F.2), was man unmittelbar durch Umbenennung des Summationsindex $N' = N - 1$ erkennt. Damit erhalten wir für einen Einteilchen-Operator O, der im Hilbert-Raum von N unterscheidbaren Teilchen $\mathbb{H}_N$ durch Gl. (30.8), (30.9) gegeben ist, die Fock-Raum-Darstellung (in der Zweiten Quantisierung)

$$\mathsf{O} = \sum_{k,l} O(k, l) a_k^{\dagger} a_l \,, \tag{F.11}$$

wobei

$$O(k, l) = \langle k|\hat{O}|l\rangle = \int d^3x \, \varphi_k^*(\boldsymbol{x}) \hat{O}(\boldsymbol{x}) \varphi_l(\boldsymbol{x})$$

die Einteilchen-Matrixelemente der Observable $\hat{O}$ in $\mathbb{H}_{N=1}$ sind.

Die oben für Fermi-Systeme abgeleitete Darstellung (F.11) der Einteilchenoperatoren in der zweiten Quantisierung gilt auch für Bose-Systeme. In der Tat wurde diese Darstellung (in stark vereinfachter Form) in Abschnitt 30.7.1 für Bose-Systeme abgeleitet, siehe Gl. (30.63).

F.1.2 Zweiteilchen-Operatoren

Analog verfährt man mit Operatoren, die auf mehr als ein Teilchen wirken. Relevant sind vor allem noch Zweiteilchen-Operatoren, die in der Ersten Quantisierung die Gestalt (30.11)

$$O = \frac{1}{2} \sum_{i \neq j} \hat{O}^{(i,j)} \tag{F.12}$$

besitzen, wobei $\hat{O}^{(i,j)}$ ein Operator ist, der auf die Koordinate des i-ten und j-ten Teilchens wirkt. Für das Matrixelement eines Zweiteilchenoperators (F.12) in den Basiszuständen (30.3) finden wir

$$\begin{aligned} &{}_N\langle k_1, k_2, \ldots, k_N | \frac{1}{2} \sum_{i \neq j} O^{(i,j)} | l_1, l_2, \ldots l_N \rangle_N \\ &= \frac{1}{2} \sum_{i \neq j} {}_2\langle k_i k_j | O^{(i,j)} | l_i l_j \rangle_2 \prod_{\substack{m=1 \\ (m \neq i,j)}}^{N} \langle k_m | l_m \rangle \\ &= \frac{1}{2} \sum_{i \neq j} {}_2\langle k_i k_j | O^{(i,j)} | l_i l_j \rangle_2 \prod_{\substack{m=1 \\ (m \neq i,j)}}^{N} \delta(k_m, l_m) \,, \end{aligned}$$

wobei wir wieder die korrekte Orthonormierung der Einteilchenzustände $|k_m\rangle$ vorausgesetzt haben. Einsetzen dieses Ausdruckes in Gl. (F.6) liefert:

$$\begin{aligned} \mathsf{O} = &\sum_{N=2}^{\infty} \frac{1}{N!} \sum_{k_1,\ldots,k_N} \sum_{l_1,\ldots,l_N} |k_1, \ldots, k_i, \ldots, k_j, \ldots, k_N\rangle_N \\ &\times \frac{1}{2} \sum_{i \neq j} {}_2\langle k_i k_j | O^{(i,j)} | l_i l_j \rangle_2 \prod_{\substack{m=1 \\ (m \neq i,j)}}^{N} \delta_{(k_m, l_m)} \, {}_N\langle l_1, \ldots l_i, \ldots, l_j, \ldots l_N | \,. \end{aligned}$$

Die Summation über die Teilchenzahl beginnt hier natürlich bei $N = 2$, da ein Zweiteilchenoperator nur für Systeme mit mindestens zwei Teilchen definiert ist.

Nach Umbenennung der Summationsindizes:

$$\begin{aligned} k_i &\longleftrightarrow k_1 \,, \quad l_i \longleftrightarrow l_1 \,, \\ k_j &\longleftrightarrow k_2 \,, \quad l_j \longleftrightarrow l_2 \end{aligned}$$

und Ausnutzung der Antisymmetrie der Basiszustände $|k_1, \ldots, k_N\rangle_N$ finden wir

$$\begin{aligned} \mathsf{O} = &\sum_{N=2}^{\infty} \frac{1}{N!} \frac{1}{2} \sum_{i \neq j} \sum_{k_1,\ldots,k_N} \sum_{l_1,\ldots l_N} \frac{1}{2} {}_2\langle k_1 k_2 | O^{(i,j)} | l_1 l_2 \rangle_2 \\ &\times \prod_{m=3}^{N} \delta(k_m, l_m) | k_1 k_2, \ldots, k_N \rangle_N \, {}_N\langle l_1, l_2, \ldots, l_N | \,. \end{aligned} \tag{F.13}$$

Wegen der Anwesenheit der $N - 2$ Kronecker-Symbole $\delta(k_m, l_m)$ können wir die Summation über $l_3, \dots, l_N$ in trivialer Weise ausführen. Für identische Teilchen sind die Matrixelemente

$$_2\langle k_1 k_2 | O^{(i,j)} | l_1 l_2 \rangle_2 =: O(k_1 k_2, l_1 l_2)$$

für sämtliche Teilchenpaare (i,j) gleich und somit unabhängig von den Indizes (i,j). Der Summand in Gl. (F.13) ist somit unabhängig von den Indizes (i,j) und die Summation über diese Indizes liefert

$$\sum_{i \neq j} 1 \equiv \sum_{\substack{i,j=1 \\ (i \neq j)}}^{N} 1 = \sum_{i=1}^{N} \sum_{\substack{j=1 \\ (j \neq i)}}^{N} 1 = \sum_{i=1}^{N} (N-1) = N(N-1).$$

Damit finden wir aus Gl. (F.13)

$$\begin{aligned} \mathsf{O} = \frac{1}{2} \sum_{k_1, k_2, l_1, l_2} & O(k_1 k_2, l_1 l_2) \sum_{N=2}^{\infty} \frac{1}{(N-2)!} \\ & \times \sum_{k_3, \dots, k_N} |k_1, k_2, k_3, \dots, k_N\rangle_N \, {}_N\langle l_1, l_2, k_3, \dots, k_n| \, . \end{aligned}$$

Schreiben wir hier die Basisvektoren des Fockraumes unter Benutzung von (30.34) in der Form

$$\begin{aligned} |k_1, k_2, k_3, \dots, k_N\rangle_N &= a_{k_1}^\dagger a_{k_2}^\dagger |k_3, \dots, k_N\rangle_{N-2} \, , \\ {}_N\langle l_1, l_2, k_3, \dots, k_N| &= {}_{N-2}\langle k_3, \dots, k_N| a_{l_2} a_{l_1} \, , \end{aligned}$$

so erhalten wir

$$\begin{aligned} \mathsf{O} = \frac{1}{2} \sum_{k_1, k_2, l_1, l_2} & O(k_1 k_2, l_1 l_2) a_{k_1}^\dagger a_{k_2}^\dagger \\ & \times \left\{ \sum_{N=2}^{\infty} \frac{1}{(N-2)!} \sum_{k_3, \dots, k_N} |k_3, \dots, k_N\rangle_{N-2} \, {}_{N-2}\langle k_3, \dots, k_N| \right\} a_{l_2} a_{l_1} \, . \end{aligned}$$

Der Ausdruck in der geschweiften Klammer ist der Einheitsoperator im Fock-Raum (F.1), (F.2), was man sofort nach Umbenennung des Summationsindizes $N' = N - 2$ erkennt. Damit erhalten wir für einen Zweiteilchen-Operator (F.12) die Fock-Raum-Darstellung (in der zweiten Quantisierung)

$$\mathsf{O} = \frac{1}{2} \sum_{k,l,m,n} O(kl, mn) a_k^\dagger a_l^\dagger a_n a_m \, ,$$

wobei

$$O(kl, mn) = {}_2\langle kl|\hat{O}|mn\rangle_2 = \int d^3x \int d^3y\, \varphi_k^*(\boldsymbol{x})\varphi_l^*(\boldsymbol{y})\hat{O}(\boldsymbol{x},\boldsymbol{y})\varphi_m(\boldsymbol{x})\varphi_n(\boldsymbol{y})$$

die Zweiteilchen-Matrixelemente des betrachteten Operators in der gewöhnlichen (Ersten) Quantisierung sind. Man beachte, dass die Vernichtungsoperatoren $a_n a_m$ in *umgekehrter* Reihenfolge im Vergleich zu den Einteilchen-Quantenzahlen m, n in dem Zweiteilchen-Matrixelement auftreten.

F.2 Spuridentitäten im Fock-Raum

Die in den Abschnitten 31.3.1 und 31.3.2 abgeleiteten Ausdrücke für die Zustandssummen von Bose- und Fermi-Systemen lassen sich unmittelbar auf einen beliebigen nichtdiagonalen (Einteilchen-)Hamilton-Operator

$$\mathsf{H} = \sum_{k,l} a_k^\dagger H_{kl} a_k \tag{F.14}$$

verallgemeinern. Dies gelingt mittels der Beziehung

$$\boxed{\mathrm{Sp}\,(e^{-\beta \mathsf{H}}) = \det[(\mathbb{1} \mp e^{-\beta H})^{\mp 1}]}\,, \tag{F.15}$$

wobei das obere (untere) Vorzeichen für Bose-(Fermi-)Systeme gilt. Man beachte, dass auf der linken Seite der Operator H in der zweiten Quantisierung, auf der rechten Seite die Matrix H_{kl} aus (F.14) steht. Der Einfachheit halber haben wir hier vorausgesetzt, dass $\mu = 0$ bzw. dass der Operator $-\mu\mathsf{N}$ bereits in H absorbiert wurde. Die Beziehung (F.15) gilt für jeden beliebigen hermiteschen Einteilchenoperator H des Fock-Raumes. Wir zeigen zunächst, dass die rechte Seite von (F.15) in der Tat die großkanonische Zustandssumme (31.40) liefert. Dazu bemerken wir, dass H eine hermitesche Matrix ist und somit diagonalisiert werden kann:

$$H = U^\dagger E U\,. \tag{F.16}$$

Hierbei ist E eine Diagonalmatrix

$$E_{kl} = \delta_{kl}\epsilon_k \tag{F.17}$$

und U eine unitäre Matrix. Es gilt deshalb:

$$\begin{aligned}\mathbb{1} \mp e^{-\beta H} &= \mathbb{1} \mp e^{-\beta U^\dagger E U} \\ &= U^\dagger U \mp U^\dagger e^{-\beta E} U \\ &= U^\dagger (1 \mp e^{-\beta E}) U\end{aligned}$$

und wegen $\det(AB) = \det(A)\det(B)$ und $\det(U)\det(U^\dagger) = 1$ folgt

$$\det(\mathbb{1} \mp e^{-\beta H})^{\mp 1} = \det(\mathbb{1} \mp e^{-\beta E})^{\mp 1} = \prod_k (1 \mp e^{-\beta \epsilon_k})^{\mp 1}$$
$$= \prod_k \mathcal{Z}_k(\beta, \mu = 0) = \mathcal{Z}(\beta, \mu = 0) \,. \tag{F.18}$$

Der letzte Ausdruck ist bereits die großkanonische Zustandssumme (31.40) eines Bose- bzw. Fermi-Systems für $\mu = 0$, siehe Gl. (31.53) bzw. (31.50). Es bleibt noch die Identität (F.15) zu beweisen. Dazu stellen wir zunächst die unitäre Matrix U in (F.16) in der Form

$$U = e^{iQ}$$

dar, wobei Q eine hermitesche Matrix ist. Aus dieser können wir den hermiteschen Operator im Fock-Raum

$$\mathsf{Q} = \sum_{kl} a_k^\dagger Q_{kl} a_l$$

bilden. Folglich ist

$$\mathsf{U} = e^{i\mathsf{Q}}$$

ein unitärer Operator im Fock-Raum. Mittels Gl. (F.16) lässt sich dann sehr leicht zeigen, dass dieser Operator den Hamilton-Operator (F.14) diagonalisiert:

$$\mathsf{H} = \mathsf{U}^\dagger \mathsf{E} \mathsf{U} \,, \quad \mathsf{E} = \sum_k \epsilon_k a_k^\dagger a_k \,, \tag{F.19}$$

wobei ϵ_k die in (F.16), (F.17) definierten Eigenwerte der Matrix H_{kl} sind. Zum Beweis dieser Beziehung benutzen wir die Entwicklung (C.17), wonach

$$U^\dagger E U = \sum \frac{i^n}{n!} [\ldots [[E, Q], Q], \ldots, Q] \,, \tag{F.20}$$
$$\mathsf{U}^\dagger \mathsf{E} \mathsf{U} = \sum \frac{i^n}{n!} [\ldots [[\mathsf{E}, \mathsf{Q}], \mathsf{Q}], \ldots, \mathsf{Q}] \,. \tag{F.21}$$

Nach wiederholter Anwendung der Beziehung (30.75)

$$[\mathsf{E}, \mathsf{Q}] = \sum_{k,l} ([E, Q])_{kl} a_k^\dagger a_l$$

finden wir:

$$[\ldots [[\mathsf{E}, \mathsf{Q}], \mathsf{Q}], \ldots \mathsf{Q}] = \sum_{kl} ([\ldots [[E, Q], Q], \ldots Q])_{kl} a_k^\dagger a_l \,.$$

Das Einsetzen in (F.21) und die Benutzung von (F.20) liefern:

$$\mathsf{U}^\dagger \mathsf{E} \mathsf{U} = \sum_{k,l} (U^\dagger E U)_{kl} a_k^\dagger a_l \,.$$

Der Ausdruck in der Klammer ist nach (F.16) gerade H_{kl}, was mit (F.14) die gewünschte Beziehung (F.19) liefert. Aus dieser Gleichung folgt unmittelbar:

$$e^{-\beta \mathsf{H}} = \mathsf{U}^\dagger e^{-\beta \mathsf{E}} \mathsf{U}$$

und in Anbetracht der zyklischen Eigenschaft der Spur:

$$\mathrm{Sp}\,(e^{-\beta \mathsf{H}}) = \mathrm{Sp}\,(\mathsf{U}^\dagger e^{-\beta \mathsf{E}} \mathsf{U}) = \mathrm{Sp}\,(\mathsf{U}\mathsf{U}^\dagger e^{-\beta \mathsf{E}}) = \mathrm{Sp}\,(e^{-\beta \mathsf{E}}) \,. \tag{F.22}$$

Mit (F.18) und (F.22) haben wir die ursprünglich zu beweisende Identität (F.15) auf die entsprechende Beziehung für diagonale Operatoren E (F.19)

$$\mathrm{Sp}\,(e^{-\beta \mathsf{E}}) = \prod_k (1 \mp e^{-\beta \epsilon_k})^{\mp 1}$$

zurückgeführt, die wir bereits bewiesen haben, siehe Gl. (31.53) für Bose- und Gl. (31.50) für Fermi-Systeme.

Die Identität (F.15) lässt sich auch verwenden, um die Spur von inversen Potenzen des Operators H im Fock-Raum mittels der Zustandssumme zu berechnen. Dazu benutzen wir die Identität

$$\mathsf{H}^{-n} = \frac{1}{(n-1)!} \int_0^\infty d\tau \tau^{n-1} e^{-\tau \mathsf{H}} \,, \tag{F.23}$$

die unmittelbar nach Substitution $\tau \mathsf{H} = x$ aus

$$\int_0^\infty dx x^n e^{-x} = n!$$

folgt. Bilden wir die Spur von Gl. (F.23) und verwenden (F.15) erhalten wir

$$\mathrm{Sp}(\mathsf{H}^{-n}) = \frac{1}{(n-1)!} \int_0^\infty d\tau \tau^{n-1} \det(\mathbb{1} \mp e^{-\tau H})^{\mp 1}) \,.$$

Mit (F.18) folgt hieraus

$$\mathrm{Sp}(\mathsf{H}^{-n}) = \frac{1}{(n-1)!} \int_0^\infty d\beta \beta^{n-1} \mathcal{Z}(\beta, \mu = 0) \,.$$

G Wick'sches Theorem

Systeme aus identischen Teilchen werden vorteilhaft in der zweiten Quantisierung beschrieben, da hier die erforderliche (Anti-)Symmetrie der Wellenfunktion automatisch durch die Algebra der Feldoperatoren gewährleistet wird. Nichtwechselwirkende Teilchen oder Quasiteilchen besitzen einen Hamilton-Operator, der quadratisch in den Feldoperatoren ist, und für den die Schrödinger-Gleichung folglich exakt lösbar ist. Die Wellenfunktionen nichtwechselwirkender Systeme sind reine Produktzustände, siehe Gl. (30.108), d. h. (anti-)symmetrisierte Produkte von Einteilchenfunktionen (Slater-Determinanten für Fermi-Systeme). Selbst für wechselwirkende Systeme empfiehlt es sich, diese Produktzustände als Basiszustände zu benutzen, nach denen der exakte Zustand entwickelt wird. Die Berechnung der Erwartungswerte von Produkten von Feldoperatoren in solchen Basiszuständen vereinfacht sich enorm durch die Benutzung des *Wick'schen Theorems*, welches wir in vereinfachter Form (d. h. für zeitunabhängige Feldoperatoren) bereits in Abschnitt 30.7.4 kennengelernt haben und das im Folgenden in seiner allgemeinsten Form entwickelt werden soll. Wie die Ableitung zeigen wird, ist das Wick'sche Theorem wesentlich allgemeiner als die gewöhnlich bekannte Form für zeitabhängige Feldoperatoren.

G.1 Abstrakte Form des Wick'schen Theorems

Wir leiten zunächst einige nützliche Operatorbeziehungen her, die es uns später erlauben werden, das Wick'sche Theorem in allgemeiner und kompakter Form abzuleiten.

Wir betrachten zwei Operatoren A und B, deren Kommutator $[A, B]$ sowohl mit A als auch B vertauscht: $[A, [A, B]] = 0$, $[B, [A, B]] = 0$. Dann gilt bekanntlich die Baker-Campbell-Hausdorff-Formel (C.19)

$$e^A e^B = e^{A+B} e^{\frac{1}{2}[A,B]} \,. \tag{G.1}$$

Diese Beziehung lässt sich unmittelbar auf einen Satz von Operatoren $A_1, A_2, \ldots, A_n$ verallgemeinern, deren Kommutatoren $[A_k, A_l]$ mit sämtlichen A_i kommutieren. Aus

$$[A_i, [A_k, A_l]] = 0$$

folgt, dass auch sämtliche $[A_k, A_l]$ untereinander kommutieren

$$[[A_i, A_j], [A_k, A_l]] = 0 \,. \tag{G.2}$$

Die Sukzessive Anwendung von Gl. (G.1) liefert:

$$e^{A_n} e^{A_{n-1}} \ldots e^{A_2} e^{A_1} = \exp\left(\sum_{k=1}^{n} A_k\right) \exp\left(\frac{1}{2} \sum_{i>j} [A_i, A_j]\right). \tag{G.3}$$

https://doi.org/10.1515/9783111625126-011

Die Reihenfolge der Operatoren A_k auf der linken Seite von Gl. (G.3) manifestiert sich auf der rechten Seite in der Reihenfolge $i > j$ der Operatoren A_i, A_j in den Kommutatoren. So findet man z. B. für die umgekehrte Reihenfolge der A_k auf der linken Seite

$$e^{A_1}e^{A_2}\dots e^{A_n} = \exp\left(\sum_{k=1}^{n} A_k\right)\exp\left(\frac{1}{2}\sum_{i<j}[A_i,A_j]\right).$$

Schließlich betrachten wir zwei Sätze von Operatoren $A_1,\dots,A_n$ und $B_1,\dots,B_n$ mit den folgenden Eigenschaften:

1. Die A_k und B_k kommutieren jeweils untereinander

$$[A_k,A_l] = \hat{0}, \quad [B_k,B_l] = \hat{0}, \tag{G.4}$$

2. Ihre Kommutatoren $[A_k,B_l]$ vertauschen mit sämtlichen A_k und B_k

$$\big[A_i,[A_k,B_l]\big] = \hat{0}, \quad \big[B_i,[A_k,B_l]\big] = \hat{0}. \tag{G.5}$$

Offenbar vertauschen dann die Kommutatoren

$$[A_k + B_k, A_l + B_l] = [A_k,B_l] + [B_k,A_l]$$

mit den Operatoren $(A_k + B_k)$ und wir dürfen in Gl. (G.3) die A_k durch $A_k + B_k$ ersetzen und erhalten:

$$\begin{aligned} &e^{A_n+B_n}e^{A_{n-1}+B_{n-1}}\dots e^{A_1+B_1} \\ &\quad = \exp\left(\sum_{k=1}^{n}(A_k+B_k)\right)\exp\left(\frac{1}{2}\sum_{k>l}[A_k+B_k,A_l+B_l]\right) \\ &\quad = \exp\left(\sum_k A_k + \sum_k B_k\right)\exp\left(\frac{1}{2}\sum_{k>l}([A_k,B_l]+[B_k,A_l])\right). \end{aligned} \tag{G.6}$$

Wenden wir jetzt noch einmal Gl. (G.1) auf die Operatoren

$$A = \sum_k A_k, \quad B = \sum_k B_k$$

an, so haben wir wegen $[A,B] = \sum_{k,l}[A_k,B_l]$:

$$\exp\left(\sum_k A_k + \sum_k B_k\right) = \exp\left(\sum_k A_k\right)\exp\left(\sum_k B_k\right)\exp\left(-\frac{1}{2}\sum_{k,l}[A_k,B_l]\right). \tag{G.7}$$

Da

$$\sum_{k,l}[A_k,B_l] = \left(\sum_{k>l} + \sum_{k=l} + \sum_{k<l}\right)[A_k,B_l]$$

liefert das Einsetzen der Gl. (G.7) in die Gl. (G.6) die Beziehung

$$e^{A_n+B_n}e^{A_{n-1}+B_{n-1}}\dots e^{A_1+B_1}$$
$$= \exp\Big(\sum_k A_k\Big)\exp\Big(\sum_k B_k\Big)\exp\Big(-\sum_{k<l}[A_k,B_l]\Big)\exp\Big(-\frac{1}{2}\sum_k[A_k,B_k]\Big). \qquad (G.8)$$

Benutzen wir, dass für Operatoren A_k, B_l mit den in Gln. (G.4), (G.5) definierten Eigenschaften auch sämtliche $[A_k,B_l]$ untereinander kommutieren, $[[A_i,B_j],[A_k,B_l]] = 0$, so erhalten wir schließlich

$$e^{A_n+B_n}e^{A_{n-1}+B_{n-1}}\dots e^{A_1+B_1}$$
$$= \exp\Big(\sum_k A_k\Big)\exp\Big(\sum_k B_k\Big)\exp\Big(-\sum_{k<l}[A_k,B_l]-\frac{1}{2}\sum_k[A_k,B_k]\Big). \qquad (G.9)$$

Um diese Gleichung in eine kompaktere Form zu bringen, definieren wir nachfolgend für die Operatoren A_k, B_l ein Normalprodukt, ein T-Produkt sowie eine Kontraktion:

Das *Normalprodukt* der Operatoren A_k und B_k, bezeichnet durch ein vor- und nachgestellten Doppelpunkt, definieren wir als das Produkt, bei dem die A_k links von den B_k angeordnet sind:

$$:B_kA_lA_mB_nA_p: = A_lA_mA_pB_kB_n\,.$$

Dabei ist wegen (G.4) die relative Reihenfolge der A_k bzw. der B_k untereinander irrelevant.

Innerhalb eines Normalproduktes kommutieren offensichtlich die Operatoren:

$$:B_kA_l: = :A_lB_k: = A_lB_k\,. \qquad (G.10)$$

Somit verschwindet das Normalprodukt eines Kommutators:

$$:[A_iB_j\dots,B_kA_l\dots]: = \hat{0}\,.$$

Das Normalprodukt wird oftmals auch als *normalgeordnetes Produkt* bezeichnet. Für das Normalprodukt gilt das Distributivgesetz. Bezeichnen wir die Operatoren A_k und B_k kollektiv mit C_k, so lautet dieses:

$$\begin{aligned} :(\alpha_1C_1+\alpha_2C_2)C_3: &= :\alpha_1C_1C_3+\alpha_2C_2C_3: \\ &= \alpha_1:C_1C_3: + \alpha_2:C_2C_3:, \end{aligned} \qquad (G.11)$$

wobei α_1 und α_2 beliebige komplexe Zahlen oder Graßmann-Variablen sind.

Das *T-Produkt* von Operatoren C_k (d. h. von Operatoren A_k oder B_k oder beiden) ist als *das* Produkt definiert, in welchem die Operatoren nach abnehmenden Indizes angeordnet sind, z. B.:

$$T(C_2C_1C_3) = C_3C_2C_1\,.$$

Für zwei Operatoren mit gleichem Index gibt es mehrere Optionen, das T-Produkt zu definieren. Wir wählen die symmetrisierte Form

$$T(A_k B_k) = \frac{1}{2}(A_k B_k + B_k A_k)\,,$$

die sich als vorteilhaft erweisen wird. Offensichtlich gilt auch für das T-Produkt das Distributivgesetz:

$$\begin{aligned} T\big[(\alpha_1 C_1 + \alpha_2 C_2)C_3\big] &= T(\alpha_1 C_1 C_3 + \alpha_2 C_2 C_3) \\ &= \alpha_1 T(C_1 C_3) + \alpha_2 T(C_2 C_3)\,. \end{aligned} \tag{G.12}$$

Die *Kontraktion* $\overbracket{C_k C_l}$ zweier Operatoren ist als die Differenz zwischen ihrem T-Produkt und ihrem Normalprodukt definiert:

$$\overbracket{C_k C_l} = T(C_k C_l) - \,:C_k C_l:\,. \tag{G.13}$$

Aus dieser Definition folgt für die Kontraktion von einem Operator A_k mit einem Operator B_l:

$$\overbracket{A_k B_l} = \begin{cases} \hat{0}\,, & k > l \\ -\frac{1}{2}[A_k, B_k]\,, & k = l \\ -[A_k, B_l]\,, & k < l\,. \end{cases} \tag{G.14}$$

Ferner gilt:

$$\overbracket{A_k B_l} = \overbracket{B_l A_k}\;. \tag{G.15}$$

Da die Operatoren A_k bzw. B_k untereinander kommutieren, siehe Gl. (G.4), verschwinden ihre Kontraktionen:

$$\overbracket{A_k A_l} = \hat{0}\,, \quad \overbracket{B_k B_l} = \hat{0}\,.$$

Für Funktionen von Operatoren sind Normal- und T-Produkt über ihre Taylor-Entwicklung definiert.

Unter Benutzung der Definitionen von T- und Normalprodukt finden wir:[1]

$$e^{A_n+B_n} e^{A_{n-1}+B_{n-1}} \ldots e^{A_1+B_1} = T\exp\Big(\sum_k (A_k + B_k)\Big), \tag{G.16}$$

1 Statt $T(\exp\ldots)$ schreiben wir gewöhnlich $T\exp\ldots$.

sowie

$$\exp\Big(\sum_k A_k\Big)\exp\Big(\sum_k B_k\Big) = :\exp\Big(\sum_k (A_k + B_k)\Big): . \tag{G.17}$$

Ferner folgt aus Gl. (G.14):

$$\sum_{k<l} [A_k, B_l] + \frac{1}{2}\sum_k [A_k, B_k] = -\sum_{k,l} \overbracket{A_k B_l} . \tag{G.18}$$

Unter Benutzung von Gln. (G.16), (G.17) und (G.18) können wir die Beziehung (G.9) in der Form

$$T\exp\Big(\sum_k (A_k + B_k)\Big) = :\exp\Big(\sum_k (A_k + B_k)\Big):\ \exp\Big(\sum_{k,l} \overbracket{A_k B_l}\Big) \tag{G.19}$$

schreiben. Diese Beziehung und damit insbesondere die Definitionen von T-Produkt, Normalprodukt und Kontraktion lassen sich verallgemeinern für Operatoren A, B, die von einem kontinuierlichen „Index“ t, wie z. B. der Zeit, statt von einem diskreten Index k abhängen. Dies gelingt, indem wir die kontinuierliche Variable t diskretisieren, d. h. ihren Definitionsbereich $[t_a, t_b]$ in infinitesimale Intervalle der Länge ε unterteilen:

$$t_b - t_a = N\varepsilon ,$$

dann

$$t_k = t_a + k\varepsilon , \quad A_k = A(t_k)$$

setzen und schließlich den Limes $\varepsilon \to 0$ (bzw. $N \to \infty$) nehmen. Die oben angegebenen Definitionen von Normalprodukt und T-Produkt bleiben auch für kontinuierliche Indizes gültig. Dies ist offensichtlich für das Normalprodukt, das nicht vom Index abhängt, während das T-Produkt für Operatoren, die von einer kontinuierlichen Variable t abhängen, offenbar dann durch

$$T(C(t)C'(t')) = \begin{cases} C(t)C'(t') , & t > t' \\ \frac{1}{2}[C(t)C'(t) + C'(t)C(t)] , & t = t' \\ C'(t')C(t) , & t < t' \end{cases} \tag{G.20}$$

definiert ist, wobei die Operatoren $C(t)$, $C'(t)$ sowohl für die Operatoren $A(t)$ als auch $B(t)$ stehen können. Dies ist genau die bereits in Abschnitt 21.1.2 angegebene Definition des zeitgeordneten Produktes, siehe Gl. (21.15). Die Größe „T“ auf der linken Seite kann dabei formal als Zeitordnungsoperator interpretiert werden. Für die durch (G.13) definierte Kontraktion finden wir aus (G.20) analog zu (G.14)

$$\overbracket{A(t)B}(t') = \begin{cases} 0\,, & t > t' \\ -\frac{1}{2}[A(t), B(t')]\,, & t = t' \\ -[A(t), B(t')]\,, & t < t'\,. \end{cases} \tag{G.21}$$

Ferner gilt

$$\overbracket{A(t)A}(t') = 0 = \overbracket{B(t)B}(t')\,, \tag{G.22}$$

sowie (vergl. (G.15))

$$\overbracket{A(t)B}(t') = \overbracket{B(t')A}(t)\;. \tag{G.23}$$

Ersetzen wir in der Identität (G.19) die Operatoren A_k durch $\varepsilon A(t_k)$ und beachten, dass

$$\lim_{\varepsilon \to 0} \varepsilon \sum_{k=1}^{N} A(t_k) = \int_{t_a}^{t_b} dt\, A(t)\,,$$

so erhalten wir die Beziehung

$$\boxed{\begin{aligned} &T \exp\left[\int_{t_a}^{t_b} dt\, (A(t) + B(t))\right] \\ &\quad =: \exp\left[\int_{t_a}^{t_b} dt\, (A(t) + B(t))\right] : \exp\left[\int_{t_a}^{t_b} dt \int_{t_a}^{t_b} dt'\, \overbracket{A(t)B}(t')\right]. \end{aligned}} \tag{G.24}$$

Wie aus ihrer Ableitung (Benutzung der Baker-Campbell-Hausdorff-Formel (G.1)) hervorgeht, gilt die Beziehung (G.24), unter der Voraussetzung, dass die Kommutatoren $[A(t), B(t')]$ und somit die Kontraktionen $\overbracket{A(t)B}(t')$ mit sämtlichen $A(t'')$ und $B(t'')$ kommutieren. Gleichung (G.24) ist die allgemeinste Form des *Wick'schen Theorems*. Aus ihr werden wir im nächsten Abschnitt das Wick'sche Theorem für Feldoperatoren ableiten.

G.2 Wick'sches Theorem für Feldoperatoren

Die Zeitabhängigkeit der Feldoperatoren $a_l(t)$, $a_l^\dagger(t)$ wird gewöhnlich durch den Übergang zum Heisenberg- oder Wechselwirkungsbild hervorgerufen, siehe die Abschnitte 21.3 und 34.1. Für die nachfolgenden Betrachtungen ist es allerdings nicht notwendig, dass die Zeitabhängigkeit der Feldoperatoren auf diese Weise erzeugt wurde. Sie kann auch einfach als eine parametrische Abhängigkeit künstlich eingeführt sein, um dann durch geeignete Wahl des Zeitargumentes eine Reihenfolge der Operatoren mithilfe des zeitgeordneten Produktes festzulegen. Von dieser Möglichkeit werden wir auch Gebrauch machen. Notwendig ist jedoch, dass die zeitabhängigen Feldoperatoren den üblichen (Anti-)Kommutationsbeziehungen genügen:

$$[a_k(t), a_l(t')]_\mp = \hat{0} = [a_k^\dagger(t), a_l^\dagger(t')]_\mp\,, \tag{G.25}$$

$$[a_k(t), a_l^\dagger(t')]_\mp = c\text{-Zahl}\,, \tag{G.26}$$

wobei hier und im Folgenden das obere (untere) Vorzeichen für Bose-(Fermi-)Systeme gilt. Die letzte Bedingung ist notwendig, damit die $[a_k, a_l^\dagger]_\pm$ mit den a_k und $a_k^\dagger$ kommutieren. In Abschnitt 34.1 haben wir explizit gesehen, dass die Bedingungen (G.25), (G.26) erfüllt sind, wenn die Zeitabhängigkeit der Feldoperatoren durch einen 1-Teilchen-Hamilton-Operator induziert ist. Für ein wechselwirkendes System ist die Bedingung (G.26) folglich nicht im Heisenberg-Bild, wohl aber im Wechselwirkungsbild erfüllt, vorausgesetzt die gesamte Wechselwirkung wird als Störung betrachtet.

Wir wählen jetzt die Operatoren $A(t)$, $B(t)$ in der Form[2]

$$\begin{aligned} A(t) &= \sum_k a_k^\dagger(t)\,\eta_k(t) \equiv a^\dagger(t)\cdot\eta(t)\,, \\ B(t) &= \sum_k \eta_k^*(t)\,a_k(t) \equiv \eta^*(t)\cdot a(t)\,, \end{aligned} \tag{G.27}$$

wobei $a_k^\dagger(t)$, $a_k(t)$ entweder Bose- oder Fermi-Feldoperatoren sind. Ferner sollen die als *Quellen* bezeichneten $\eta_k(t)$ komplexe Zahlen für Bose-Systeme und Graßmann-Variablen für Fermi-Systeme sein.

Unter der Voraussetzung (G.25), (G.26) genügen die in Gl. (G.27) definierten Operatoren $A(t)$, $B(t)$ den Kommutationsbeziehungen

$$[A(t), A(t')] = \hat{0}\,, \quad [B(t), B(t')] = \hat{0}\,. \tag{G.28}$$

Für Bose-Operatoren ist dies offensichtlich, da die komplexen Zahlen $\eta_l(t)$ aus den Kommutatoren gezogen werden können. Auch für Fermi-Systeme überzeugt man sich leicht von der Gültigkeit der Kommutationsbeziehungen (G.28) unter Beachtung der Eigenschaften der Graßmann-Variablen, mit deren Hilfe man z. B.

$$[B(t), B(t')] = \sum_{l,k} \eta_k^*(t')\eta_l^*(t)\{a_l(t), a_k(t')\} = \hat{0}$$

2 Wir werden im Folgenden wieder häufig die bereits in Gl. (32.64) eingeführte kondensierte Notation des „Skalarproduktes" benutzen, in welcher wir Einteilchenindizes, über die summiert wird, weglassen. Wir werden diese Indizes nur dann explizit angeben, wenn ihre Zuordnung nicht offensichtlich ist. Auch den „Punkt" im Skalarprodukt werden wir gelegentlich weglassen, wenn die Zuordnung der Summationsindizes eindeutig ist.

erhält. Für den noch verbleibenden Kommutator finden wir

$$[B(t), A(t')] = \sum_{k,l} \eta_k^*(t)\eta_l(t')[a_k(t), a_l^\dagger(t')]_\mp \,.$$

Da nach Voraussetzung (G.26) diese Größe kein Operator mehr ist, kommutiert sie mit $A(t'')$ und $B(t'')$

$$\begin{aligned}
[A(t''), [B(t), A(t')]] &= \hat{0}\,, \\
[B(t''), [B(t), A(t')]] &= \hat{0}\,.
\end{aligned} \tag{G.29}$$

Damit erfüllen die in Gl. (G.27) definierten Operatoren $A(t)$, $B(t)$ sämtliche Voraussetzungen, die bei der Ableitung der Beziehung (G.24) gestellt wurden.

Die Operatoren $A(t)$, $B(t)$ (G.27) sind als Linearkombinationen der Erzeugungs- und Vernichtungsoperatoren definiert. Unter Benutzung der Distributivgesetze (G.11), (G.12) ergeben sich aus den T- und Normalprodukten der Operatoren $A(t)$, $B(t)$ die bereits in Abschnitt 34.1 angegebenen Definitionen dieser Produkte für die Feldoperatoren $a^\dagger(t)$, $a(t)$, wobei Bose- und Fermi-Operatoren auch gleichzeitig vorhanden sein können. Beim Übergang vom zeitgeordneten Produkt der Operatoren $A(t)$, $B(t)$ zu dem der Feldoperatoren $a^\dagger$, a mittels des Distributivgesetzes ist zu beachten, dass der T-Operator dann nicht mehr auf die Quellen η^*, η wirkt (obwohl die Graßmann-Variablen mit den Fermioperatoren a, $a^\dagger$ antikommutieren), sondern nur noch auf die Feldoperatoren wirkt. So gilt z. B.:

$$\begin{aligned}
T(B(t)A(t')) &\equiv T(\eta^*(t) \cdot a(t)a^\dagger(t') \cdot \eta(t')) \\
&\stackrel{!}{=} \eta^*(t) \cdot T(a(t)a^\dagger(t')) \cdot \eta(t') \\
&= \sum_{k,l} \eta_k^*(t)\eta_l(t')T(a_k(t)a_l^\dagger(t')).
\end{aligned} \tag{G.30}$$

(Für Bose-Systemen ist die Reihenfolge der Quellen $\eta(t)$, $\eta^*(t')$ natürlich irrelevant.) Nach Gl. (G.20) gilt

$$T(B(t)A(t')) = \begin{cases} B(t)A(t')\,, & t > t' \\ A(t')B(t)\,, & t < t'\,. \end{cases} \tag{G.31}$$

Setzen wir hier auf der rechten Seite die expliziten Ausdrücke (G.27) der $A(t)$, $B(t)$ ein, erhalten wir

$$T(B(t)A(t')) = \begin{cases} \sum_{k,l} \eta_k^*(t)\eta_l(t')a_k(t)a_l^\dagger(t')\,, & t > t' \\ \pm \sum_{k,l} \eta_k^*(t)\eta_l(t')a_l^\dagger(t')a_k(t)\,, & t < t'\,. \end{cases} \tag{G.32}$$

Der Vergleich der rechten seiten von Gln. (G.30) und (G.31) liefert die korrekte Definition (34.21) des zeitgeordneten Produktes der Feldoperatoren:

$$T(a_k(t)a_l^\dagger(t')) = \begin{cases} a_k(t)a_l^\dagger(t'), & t > t' \\ \pm a_l^\dagger(t')a_k(t), & t < t'. \end{cases} \tag{G.33}$$

Mittels des Distributivgesetzes folgt natürlich auch aus dem Normalprodukt der Operatoren $A(t)$, $B(t)$ das der Feldoperatoren. Dabei ist zu beachten, dass für die klassischen Quellen η^*, η kein Normalprodukt definiert ist. Als Beispiel betrachten wir das Normalprodukt $: a_l a_k^\dagger :$. Um dies zu erhalten, bilden wir das Normalprodukt (G.10)

$$: BA := AB\,. \tag{G.34}$$

Für die linke Seite erhalten wir unter Benutzung von (G.11)

$$: BA := \sum_{k,l} : \eta_k^* a_k a_l^\dagger \eta_l := \sum_{k,l} \eta_k^* : a_k a_l^\dagger : \eta_l\,. \tag{G.35}$$

Andererseits haben wir für Bose- bzw. Fermi-Systeme

$$AB = \sum_{k,l} a_l^\dagger \eta_l \eta_k^* a_k = \pm \sum_{k,l} \eta_k^* a_l^\dagger a_k \eta_l\,. \tag{G.36}$$

Das Einsetzen von Gln. (G.35) und (G.36) in (G.34) liefert, da die η_k^*, η_l beliebig waren,

$$: a_k a_l^\dagger := \pm a_l^\dagger a_k\,,$$

was mit der in Abschnitt 34.1 gegebenen Definition übereinstimmt.

Setzen wir die Operatoren (G.27) in Gl. (G.24) ein und benutzen (G.23),

$$\overline{A(t)B}(t') = \overline{B(t')A}(t) = \eta^*(t')\cdot\overline{a(t')a}^\dagger(t)\cdot\eta(t)\,,$$

so erhalten wir die Beziehung

$$\boxed{\begin{aligned} &T\exp\left[\int_{t_a}^{t_b} dt(\eta^*(t)\cdot a(t) + a^\dagger(t)\cdot\eta(t))\right] \\ &\quad =: \exp\left[\int_{t_a}^{t_b} dt(\eta^*(t)\cdot a(t) + a^\dagger(t)\cdot\eta(t))\right] : \\ &\quad \times \exp\left[\int_{t_a}^{t_b} dt \int_{t_a}^{t_b} dt'\, \eta^*(t)\cdot\overline{a(t)a}^\dagger(t')\cdot\eta(t')\right]. \end{aligned}} \tag{G.37}$$

Dies ist die allgemeinste Form des *Wick'schen Theorems* für Feldoperatoren, die den (Anti-) Kommutationsbeziehungen (G.25), (G.26) genügen. Die gewöhnliche Form des

Wick'schen Theorems erhält man hieraus, indem man die Exponentialfunktionen entwickelt und die Koeffizienten der unabhängigen Potenzen von η und η^* auf der rechten und linken Seite gleichsetzt. Identifiziert man die Koeffizienten von $\eta^*(t)\eta(t')$, so erhält man:

$$T(a(t)a^\dagger(t')) = :a(t)a^\dagger(t'): + \overline{a(t)a^\dagger}(t') \,. \tag{G.38}$$

Dies ist gerade die Definition (34.23) der Kontraktionen von Erzeugungs- und Vernichtungsoperatoren. Durch Identifikation der Koeffizienten von $\eta^*(t_1)\eta^*(t_2)\eta(t_3)\eta(t_4)$ erhält man die Beziehung

$$\begin{aligned} T(a(t_1)a(t_2)a^\dagger(t_3)a^\dagger(t_4)) = &:a(t_1)a(t_2)a^\dagger(t_3)a^\dagger(t_4): \\ &+ :a(t_1)a^\dagger(t_4): \overline{a(t_2)a^\dagger}(t_3) + :a(t_2)a^\dagger(t_3): \overline{a(t_1)a^\dagger}(t_4) \\ &\pm :a(t_1)a^\dagger(t_3): \overline{a(t_2)a^\dagger}(t_4) \pm :a(t_2)a^\dagger(t_4): \overline{a(t_1)a^\dagger}(t_3) \\ &+ \overline{a(t_1)a^\dagger}(t_4)\, \overline{a(t_2)a^\dagger}(t_3) \pm \overline{a(t_1)a^\dagger}(t_3)\, \overline{a(t_2)a^\dagger}(t_4) \,. \end{aligned} \tag{G.39}$$

Ganz allgemein (für eine beliebige Potenz von η und η^*) findet man die gewöhnliche Form des Wick'schen Theorems:

Das T-Produkt von Erzeugungs- und Vernichtungsoperatoren ist gleich dem normalgeordneten Produkt plus der Summe aller normalgeordneten Produkte mit einem Paar von kontrahierten Operatoren plus allen normalgeordneten Produkte mit zwei Kontraktionen usw. bis alle möglichen Kontraktionen der Operatoren erschöpft sind. Jeder dabei entstehende Term wird multipliziert mit dem Charakter $\chi(P)$ der Permutation P, die erforderlich ist, um die kontrahierten Fermi-Operatoren zusammenzubringen.

---

i Das durch die Permutation P der Fermi-Operatoren auftretende Vorzeichen $\chi(P) = \pm 1$ lässt sich vermeiden, wenn man beim Bilden der Kontraktion die Positionen der Operatoren beibehält. So lässt sich Gl. (G.39) alternativ schreiben als

$$\begin{aligned} T\big(a(t_1)a(t_2)a^\dagger(t_3)a^\dagger(t_4)\big) = &:a(t_1)a(t_2)a^\dagger(t_3)a^\dagger(t_4): \\ &+ :a(t_1)\,\overline{a(t_2)a}^\dagger(t_3)a^\dagger(t_4): + :\overline{a(t_1)a(t_2)a^\dagger(t_3)a}^\dagger(t_4): \\ &+ :a(t_1)\,\overline{a(t_2)a^\dagger(t_3)a}^\dagger(t_4): + :\overline{a(t_1)a(t_2)a}^\dagger(t_3)a^\dagger(t_4): \\ &+ :\overline{a(t_1)\overline{a(t_2)a}^\dagger(t_3)a}^\dagger(t_4): + :\underline{a(t_1)\overline{a(t_2)a}}^\dagger\overline{(t_3)a}^\dagger(t_4): \,. \end{aligned}$$

Das zeitgeordnete Produkt ergibt sich dann einfach als Summe der Normalprodukte mit allen möglichen Kontraktionen der Feldoperatoren. Diese Darstellung besitzt jedoch nur formale Bedeutung. Wenn die explizite Form der Kontraktionen eingesetzt werden soll, kehrt man zwangsläufig wieder zu der Form (G.39) zurück.

G.3 Anwendungen

G.3.1 Matrixelemente in kohärenten Zuständen

Wir setzen jetz voraus, dass die zeitabhängigen Feldoperatoren durch die des Wechselwirkungsbildes $a(t)_h$, $a^\dagger(t)_h$ (34.8), (34.9) gegeben sind und bilden das Matrixelement der Identität (G.37) zwischen zwei kohärenten Zuständen $\langle\alpha|$ und $|\beta\rangle$. Der Exponent mit den Kontraktionen $\overline{aa}^\dagger$ ist eine c-Zahl und kann aus dem Matrixelement herausgezogen werden. Da im Normalprodukt die $a^\dagger$ sämtlich links von den a stehen, lässt sich dessen Matrixelement sehr leicht unter Benutzung von Gln. (34.16), (34.17) nehmen

$$\begin{aligned}\langle\alpha| : \exp\left[\int_{t_a}^{t_b} dt(\eta^*(t)\cdot a(t)_h + a^\dagger(t)_h\cdot\eta(t))\right] : |\beta\rangle \\ = \exp\left[\int_{t_a}^{t_b} dt(\eta^*(t)\cdot\beta(t)_h + \alpha^*(t)_h\cdot\eta(t))\right]\langle\alpha|\beta\rangle ,\end{aligned}$$

wobei die Zeitabhängigkeit der Variablen $\alpha(t)_h$, $\beta(t)_h$ durch (34.18) gegeben ist. Folglich erhalten wir aus (G.37)

$$\boxed{\begin{aligned}&\frac{1}{\langle\alpha|\beta\rangle}\langle\alpha|T\exp\left[\int_{t_a}^{t_b} dt(\eta^*(t)\cdot a(t)_h + a^\dagger(t)_h\cdot\eta(t))\right]|\beta\rangle \\ &= \exp\left[\int_{t_a}^{t_b} dt(\eta^*(t)\cdot\beta(t)_h + \alpha^*(t)_h\cdot\eta(t))\right] \\ &\times\exp\left[\int_{t_a}^{t_b} dt\int_{t_a}^{t_b} dt'(\eta^*(t)\cdot\overline{a(t)_h a}^\dagger(t')_h\cdot\eta(t'))\right].\end{aligned}} \tag{G.40}$$

Durch Ableiten nach den Quellen $\eta(t)$, $\eta^*(t)$ erhalten wir aus (G.40) ein Wick-Theorem für die Matrixelemente zwischen kohärenten Zuständen. Da die kohärenten Zustände eine (über-)vollständige Basis für den Fock-Raum bilden, können wir mittels (G.40) die Matrixelemente zwischen beliebigen Zuständen durch die Kontraktionen ausdrücken. Für $\alpha = \beta = 0$ reduziert sich (G.40) auf das Wick'sche Theorem (34.187) für Vakuumerwartungswerte. Bilden wir von der Beziehung (G.40) die Ableitung $\frac{\delta}{\delta\eta_l(t')}\frac{\delta}{\delta\eta_k^*(t)}$ und setzen anschließend $\eta = 0 = \eta^*$, so erhalten wir

$$\frac{\langle\alpha|Ta_k(t)_h a_l^\dagger(t')_h|\beta\rangle}{\langle\alpha|\beta\rangle} = \beta_k(t)_h\alpha_l^*(t')_h + \overline{a_k(t)_h a}_l^\dagger(t')_h .$$

Dieselbe Beziehung erhält man natürlich auch, indem man das Matrixelement $\langle\alpha|\cdots|\beta\rangle$ von Gl. (G.38) nimmt.

G.3.2 Ensemble-Mittel

Für die Beschreibung von Vielteilchensystemen bei endlichen Temperaturen benötigen wir Ensemble-Mittelwerte (31.31) von Funktionen der Feldoperatoren:

$$\langle \mathsf{O}(a^\dagger, a)\rangle = \frac{\mathrm{Sp}(e^{-\mathsf{K}}\mathsf{O}(a^\dagger, a))}{\mathrm{Sp}\, e^{-\mathsf{K}}} . \tag{G.41}$$

Diese lassen sich ähnlich wie die Vakuumerwartungswerte elegant mittels des Wick'schen Theorems berechnen, falls K ein *Einteilchenoperator* ist. Für das großkanonische Ensemble ist K in Gl. (31.37) definiert. Für wechselwirkende Systeme ist $\mathsf{K} = \beta(\mathsf{H} - \mu\mathsf{N})$ jedoch kein Einteilchenoperator. Um das Wick'sche Theorem dennoch benutzen zu können, wird deshalb in vielen Anwendungen der volle Hamiltonoperator H in K durch einen effektiven Einteilchenoperator h (34.5) ersetzt, der z. B. durch Minimierung der freien Energie bestimmt wird, wie in Abschnitt 31.5 beschrieben. Die nachfolgenden Betrachtungen werden wir deshalb für den Einteilchenoperator

$$\mathsf{K} = \beta(\mathsf{h} - \mu\mathsf{N}) = \sum_{k,l} K_{kl} a_k^\dagger a_l \tag{G.42}$$

durchführen.

Wir nehmen jetzt das durch Gln. (G.41), (G.42) definierte Ensemble-Mittel der Identität (G.37) (die allgemeinste Form des Wick'schen Theorems). Dazu drücken wir die Spur mittels Gl. (32.104) durch die kohärenten Zustände aus

$$\mathrm{Sp}(e^{-\mathsf{K}}T(\cdots)) = \int d\mu(\zeta)\langle\pm\zeta|T(\cdots)|e^{-K}\zeta\rangle ,$$

wobei wir Gl. (32.103) verwendet haben. Für den Integranden benutzen wir jetzt Gl. (G.40), wo wir $\alpha = \pm\zeta$ und $\beta = e^{-K}\zeta$ setzen und erhalten

$$\begin{aligned}
&\mathrm{Sp}\left(e^{-\mathsf{K}}T \exp \int dt(\eta^*(t)\cdot a(t)_h + a^\dagger(t)_h\cdot\eta(t))\right) \\
&\quad = \int d\mu(\zeta)\langle\pm\zeta|e^{-K}\zeta\rangle \exp\left[\int dt(\eta^*(t)\cdot(e^{-K}\zeta)(t)_h \pm \zeta^*(t)_h\cdot\eta(t))\right] \\
&\quad\quad \times \exp\left[\int_{t_a}^{t_b} dt \int_{t_a}^{t_b} dt' \eta^*(t)\cdot \overline{a(t)_h a^\dagger(t')_h}\cdot\eta(t')\right] .
\end{aligned} \tag{G.43}$$

Der letzte Exponent hängt nicht von den Integrationsvariablen ζ_k, ζ_k^* ab. Mit dem Ausdruck (32.66) für den Überlapp von zwei kohärenten Zuständen und der expliziten Zeitabhängigkeit (34.18) der klassischen Variablen

$$\begin{aligned} \zeta_k(t)_h &= u_{kl}(t)\zeta_l\,, \quad u(t) := u(t,t_0)\,, \\ (e^{-K}\zeta)_k(t)_h &= u_{kl}(t)(e^{-K}\zeta)_l \end{aligned}$$

erhalten wir dann das Gauß-Integral

$$\begin{aligned} &\int \frac{d\zeta^* d\zeta}{(2\pi i)^\lambda} \exp\left[-\zeta^*(\hat{1} \mp e^{-K})\zeta + \int dt(\eta^*(t)u(t)e^{-K}\cdot\zeta \pm \zeta^*\cdot u^\dagger(t)\eta(t))\right] \\ &= \det(\hat{1} \mp e^{-K})^{\mp 1} \exp\left[\pm \int dtdt'\eta^*(t)u(t)e^{-K}\left(1 \mp e^{-K}\right)^{-1} u^\dagger(t')\eta(t')\right]. \end{aligned} \tag{G.44}$$

Die Determinante ist nach Gl. (32.107) gerade die Zustandssumme Sp exp(−K). Mit (G.44) und den expliziten Ausdrücken für die Kontraktionen (34.26) finden wir dann aus (G.43)

$$\boxed{\begin{aligned} &\left\langle T \exp \int dt(\eta^*(t)\cdot a(t)_h + a^\dagger(t)_h\cdot\eta(t))\right\rangle \\ &\quad = \exp \int dtdt'\eta^*(t)\cdot u(t)[\pm\rho + \Theta(t-t')]u^\dagger(t')\cdot\eta(t')\,, \end{aligned}} \tag{G.45}$$

wobei $\langle \ldots \rangle$ auf der linken Seite das Ensemblemittel (G.41) bezeichnet. Ferner haben wir die Definition (32.109) des thermischen Dichteoperators ρ benutzt.[3] Gleichung (G.45) ist die allgemeinste Form des Wick'schen Theorems für Ensemble-Mittel. Nach dieser Gleichung lassen sich die Ensemble-Mittel von zeitgeordneten Produkten der Feldoperatoren (34.9) vollständig durch die thermische Dichtematrix ρ und den Zeitentwicklungsoperator $u(t)$ (34.10) ausdrücken. Da im rechten Exponenten η^* stets gepaart mit η auftritt, verschwinden alle thermischen Erwartungswerte (Ensemble-Mittel) von Produkten von Feldoperatoren mit einer ungleichen Zahl von a- und $a^\dagger$- Operatoren. Dies ist Ausdruck der Teilchenzahlerhaltung. Im großkanonischen Ensemble treten zwar beliebige Teilchenzahlen auf, jedoch hat jeder Zustand des Fock-Raumes eine feste Teilchenzahl.

Für *zeitunabhängige* Feldoperatoren benutzen wir die Zeitabhängigkeit der Quellen $\eta(t)$, $\eta^*(t)$ nur als Label, um eine vorgegebene Reihenfolge der Feldoperatoren mittels des zeitgeordneten Produktes zu gewährleisten. In diesem Fall ist $u(t) = 1$ und Gleichung (G.45) vereinfacht sich zu

$$\boxed{\left\langle T \exp \int dt(\eta^*(t)\cdot a + a^\dagger\cdot\eta(t))\right\rangle = \exp \int dtdt'\eta^*(t)[\pm\rho + \Theta(t-t')]\eta(t')\,.} \tag{G.46}$$

3 Wir erinnern daran, dass die hier auftretenden Größen Vektoren η_k bzw. Matrizen u_{kl}, ρ_{kl} in der Basis der 1-Teilchen-Zustände sind, wir aber Indizes, über die summiert wird, nicht angeben.

Die Ensemble-Mittel der Produkte von Feldoperatoren lassen sich dann allein durch die thermische Dichtematrix ρ (32.109) ausdrücken. Durch Ableitung nach den Quellen η, η^* in Gl. (G.46) lassen sich die gewünschten Erwartungswerte der Feldoperatoren erzeugen. Gl. (G.46) ist deshalb das erzeugende Funktional für Ensemble-Mittel (G.41), für welche der Dichteoperator $\exp(-\mathsf{K})$ durch den Exponent des Einteilchenoperators K (G.42) gegeben ist.

Wählen wir in Gl. (G.46) die Zeitabhängigkeit der Quellen in der Form

$$\eta(t) = \delta(t - t_0 - \varepsilon)\eta\,, \quad \eta^*(t) = \delta(t - t_0 + \varepsilon)\eta^*$$

mit $\varepsilon > 0$, so werden im zeitgeordneten Produkt die $a^\dagger(t_0)_h = a^\dagger$ (siehe Gl. (34.8)) links der $a(t_0)_h = a$ angeordnet

$$T \exp \int dt(\eta^*(t)\cdot a(t)_h + a^\dagger(t)_h\cdot\eta(t)) = \exp(a^\dagger\cdot\eta)\exp(\eta^*\cdot a)\,,$$

während sich der Exponent auf der rechten Seite zu

$$\int dt \int dt'\eta^*(t)[\pm\rho + \Theta(t - t')]\eta(t') = \pm\eta^*\rho\eta$$

vereinfacht, sodass wir die Beziehung (32.108)

$$\langle\exp(a^\dagger\cdot\eta)\exp(\eta^*\cdot a)\rangle = \exp[\pm\eta^*\rho\eta] \tag{G.47}$$

für die *zeitunabhängigen* Feldoperatoren erhalten.

Zur Illustration der Nützlichkeit des Wick'schen Theorems in der Form des erzeugenden Funktionals berechnen wir aus (G.46) einige (thermische) Erwartungswerte, die wir in früheren Betrachtungen benötigten. Bilden wir die Ableitung[4]

$$\lim_{\varepsilon\to 0} \frac{\delta}{\delta\eta_l(t+\varepsilon)}\frac{\delta}{\delta\eta_k^*(t)}$$

und setzen anschließend $\eta = 0 = \eta^*$, so erhalten wir

$$\langle a_l^\dagger a_k\rangle = \rho_{kl}\,. \tag{G.48}$$

Aus der Ableitung

$$\lim_{\varepsilon\to 0} \frac{\delta}{\delta\eta_l(t-\varepsilon)}\frac{\delta}{\delta\eta_k^*(t)}$$

finden wir hingegen

4 Der Limes $\epsilon \to 0$ darf erst genommen werden, nachdem sämtliche Ableitungen nach den Quellen η, η^* ausgeführt wurden.

$$\left\langle a_k a_l^\dagger \right\rangle = \delta_{kl} \pm \rho_{kl} \,.$$

Schließlich betrachten wir noch die Ableitung

$$\lim_{\varepsilon \to 0} \frac{\delta}{\delta \eta_k(t+3\varepsilon)} \frac{\delta}{\delta \eta_l(t+2\varepsilon)} \frac{\delta}{\delta \eta_m^*(t+\varepsilon)} \frac{\delta}{\delta \eta_n^*(t)}$$

welche auf

$$\left\langle a_k^\dagger a_l^\dagger a_m a_n \right\rangle = \rho_{ml}\rho_{nk} \pm \rho_{mk}\rho_{nl} \tag{G.49}$$

führt. In analoger Weise findet man in der Ortsdarstellung der Feldoperatoren

$$\begin{aligned} \left\langle \psi^\dagger(\boldsymbol{y})\psi(\boldsymbol{x}) \right\rangle &= \rho(\boldsymbol{x},\boldsymbol{y})\,, \\ \left\langle \psi^\dagger(\boldsymbol{y}_1)\psi^\dagger(\boldsymbol{y}_2)\psi(\boldsymbol{x}_2)\psi(\boldsymbol{x}_1) \right\rangle &= \rho(\boldsymbol{x}_2,\boldsymbol{y}_2)\rho(\boldsymbol{x}_1,\boldsymbol{y}_1) \pm \rho(\boldsymbol{x}_2,\boldsymbol{y}_1)\rho(\boldsymbol{x}_1,\boldsymbol{y}_2)\,. \end{aligned} \tag{G.50}$$

Die Erwartungswerte (G.48), (G.49) lassen sich natürlich einfacher aus Gl. (G.47) berechnen.

H Gauß-Integrale über Graßmann-Variablen

Für die Anwendungen der kohärenten Zustände zur Beschreibung von Bose- und Fermi-Systemen benötigen wir mehrdimensionale Gauß-Integrale über komplexe Variablen bzw. Graßmann-Variablen, die sich jedoch auf die entsprechenden eindimensionalen Gauß-Integrale zurückführen lassen. Die Gauß-Integrale über komplexe Variablen wurde bereits in Anhang B.2 behandelt. Hier konzentrieren wir uns auf auf die Gauß-Integrale über Graßmann-Variablen.

Das eindimensionale Gauß-Integral über eine komplexe Graßmann-Variable wurde bereits in Gl. (32.33) berechnet

$$\int d\zeta^* d\zeta e^{-a\zeta^*\zeta} = a\,. \tag{H.1}$$

Durch den Einschluss linearer Terme im Exponenten lässt sich dieses Integral erweitern zu

$$\int d\zeta^* d\zeta e^{-a\zeta^*\zeta+\eta^*\zeta+\zeta^*\chi} = a\exp\left[\frac{1}{a}\eta^*\chi\right], \tag{H.2}$$

wobei η^* und χ ebenfalls Graßmann-Variablen sind. Der Beweis erfolgt durch die Taylorentwicklung des Integranden:

$$\begin{aligned}
&\int d\zeta^* d\zeta e^{-a\zeta^*\zeta+\eta^*\zeta+\zeta^*\chi}\\
&= \int d\zeta^* d\zeta\left(1 - a\zeta^*\zeta + \cdots + \frac{1}{2}(\eta^*\zeta\zeta^*\chi + \zeta^*\chi\eta^*\zeta) + \cdots\right)\\
&= a + \eta^*\chi = a\left(1 + \frac{1}{a}\eta^*\chi\right) = a\exp\left[\frac{1}{a}\eta^*\chi\right],
\end{aligned}$$

wobei wir bei der Taylorentwicklung nur die Terme angegeben haben, die nach Ausführen der Integration nicht verschwinden. Man beachte, dass die Gauß-Integrale über komplexe und Graßmann-Variablen inverse Ergebnisse liefern, vgl. Gln. (B.15) und (H.1). Dies gilt auch für mehrdimensionale Gauß-Integrale:

$$\int \prod_{j=1}^{N} d\zeta_j^*\, d\zeta_j\, \exp\left(-\sum_{k,l=1}^{N} \zeta_k^* A_{kl}\zeta_l\right), \tag{H.3}$$

wobei A eine reguläre $N \times N$-Matrix ist. Um den Unterschied zwischen den Integralen über komplexe und Graßmann-Variablen aufzuzeigen, werden wir nachfolgend die Integrale über beide Variablen parallel behandeln.

Für die Anwendungen in der Quantentheorie benötigen wir die mehrdimensionalen Gauß-Integrale (H.3) für hermitesche Matrizen $A^\dagger = A$. Der Exponent ist dann reell bzw. invariant unter Involution:

https://doi.org/10.1515/9783111625126-012

$$(\zeta_k^* A_{kl} \zeta_l)^* = \zeta_l^* A_{kl}^* \zeta_k = \zeta_l^* A_{lk}^\dagger \zeta_k = \zeta_l^* A_{lk} \zeta_k$$

für komplexe bzw. Graßmann-Variablen ζ_k^*, ζ_k. Für Graßmann-Variablen lässt sich das Integral durch Taylorentwicklung der Exponentialfunktion berechnen, wobei die Entwicklung nach dem Glied N-ter Ordnung abbricht. Für komplexe Variablen existiert das Integral (H.3) nur, falls die Realteile der Eigenwerte von A sämtlich *positiv definit* sind. In beiden Fällen lässt sich das mehrdimensionale Gauß-Integral (H.3) durch Diagonalisierung der hermiteschen Matrix A mittels einer unitären Transformation $U^\dagger = U^{-1}$

$$A_{kl} = \sum_m U_{km}^\dagger a_m U_{ml}, \tag{H.4}$$

wobei a_m die Eigenwerte von A und $U_{km}^\dagger$ die Komponenten der zugehörigen (orthonormierten) Eigenvektoren sind, auf ein Produkt von eindimensionalen Integralen der Form (B.15) bzw. (H.2) zurückführen. Dazu führen wir die unitäre Transformation der Integrationsvariablen

$$y_m = \sum_k U_{mk} \zeta_k, \quad y_m^* = \sum_k \zeta_k^* U_{km}^\dagger \tag{H.5}$$

durch. Dabei bleibt das Integrationsmaß invariant

$$\prod_{m=1}^N dy_m^* \, dy_m = \prod_{i=1}^N d\zeta_i^* \, d\zeta_i . \tag{H.6}$$

Dies gilt sowohl für gewöhnliche komplexe Variablen als auch für Graßmann-Variablen, obwohl sich deren Differentiale zueinander invers transformieren:

Für komplexe Variablen finden wir aus (H.5) durch Bildung des Differentials

$$dy_m = \sum_k U_{mk} \, d\zeta_k , \quad dy_m^* = \sum_k d\zeta_k^* \, U_{km}^\dagger .$$

Hieraus finden wir für die Jacobi-Matrix dieser Transformation

$$\frac{\partial(y_k^*, y_k)}{\partial(\zeta_l^*, \zeta_l)} = \begin{pmatrix} \frac{\partial y_k^*}{\partial \zeta_l^*} & 0 \\ 0 & \frac{\partial y_k}{\partial \zeta_l} \end{pmatrix} = \begin{pmatrix} U_{lk}^\dagger & 0 \\ 0 & U_{kl} \end{pmatrix} = \begin{pmatrix} (U^\dagger)^T & 0 \\ 0 & U \end{pmatrix}_{kl} =: J_{kl}(U) . \tag{H.7}$$

Für Graßmann-Variablen folgt aufgrund ihrer Integrationsregeln (32.28) aus (H.5) (vgl. hierzu Gln. (32.29) und (32.30))

$$dy_m = \sum_k U_{mk}^{-1} d\zeta_k , \quad dy_m^* = \sum_k d\zeta_k^* \left(U^{-1}\right)_{km}^\dagger , \tag{H.8}$$

woraus sich für die Jacobi-Matrix

$$\frac{\partial(y_k^*, y_k)}{\partial(\zeta_k^*, \zeta_k)} = J_{kl}\left(U^{-1}\right) \tag{H.9}$$

ergibt. Da voraussetzungsgemäß $U^\dagger = U^{-1}$, besitzt die Jacobi-Matrix sowohl für die komplexen Variablen (H.7) als auch für die Graßmann-Variablen (H.9) die Determinante eins:

$$\det J(U) = \left(\det U^\dagger\right) \det U = \det\left(U^\dagger U\right) = 1 = \det J\left(U^{-1}\right).$$

Für den Exponenten in (H.3) finden wir mit (H.4) und (H.5):

$$\sum_{k,l} \zeta_k^* A_{kl} \zeta_l = \sum_m a_m \gamma_m^* \gamma_m ,$$

sodass das N-dimensionale Gauß-Integral (H.3) in ein Produkt von N eindimensionalen Gauß-Integralen zerfällt, die wir bereits in (H.1) bzw. (B.15) berechnet haben. Mit

$$\prod_{m=1}^{N} a_m = \det A$$

finden wir

$$\int \prod_{j=1}^{N} \frac{d\zeta_j^*\, d\zeta_j}{C} \exp\left(- \sum_{k,l=1}^{N} \zeta_k^* A_{kl} \zeta_l \right) = (\det A)^{\mp 1} ,$$

wobei wir die Konstante

$$C = \begin{cases} 2\pi i & \text{für komplexe Variablen} \\ 1 & \text{für Graßmann-Variablen} \end{cases}$$

eingeführt haben und das obere bzw. untere Vorzeichen für komplexe bzw. Graßmann-Variablen gilt.

Das obige Ergebnis lässt sich verallgemeinern für Integrale, die im Exponenten lineare Terme enthalten. Durch quadratische Ergänzung findet man:

$$\boxed{\begin{aligned} &\int \prod_{j=1}^{N} d(\zeta_j^*, \zeta_j)\ \exp\left(- \sum_{k,l} \zeta_k^* A_{kl} \zeta_l + \sum_k (\zeta_k^* \chi_k + \eta_k^* \zeta_k) \right) \\ &\quad = (\det A)^{\mp 1} \exp\left(\sum_{k,l} \eta_k^* (A^{-1})_{kl} \chi_l \right), \end{aligned}} \tag{H.10}$$

wobei wir zur Vereinfachung der Notation, entsprechend unseren früheren Definitionen (32.7) und (32.58),

$$d(\zeta^*, \zeta) := \frac{d\zeta^*\, d\zeta}{C}$$

gesetzt haben. Diese Beziehung lässt sich ebenfalls unmittelbar durch Diagonalisierung der hermiteschen Matrix A beweisen.

Oftmals ist es zweckmäßig, die Ortsdarstellung (30.89) zu benutzen. Die zu den Feldoperatoren $\psi(x)$, $\psi^\dagger(x)$ gehörigen komplexen bzw. Graßmann-Variablen $\zeta(x)$, $\zeta^*(x)$ sind dann ebenfalls Felder, die von einem kontinuierlichen „Index" x abhängen. Aus dem mehrdimensionalen Integral (H.10) wird dann ein *Funktionalintegral* über die komplexen bzw. Graßmann-Felder $\zeta(x)$, $\zeta^*(x)$

$$\boxed{\begin{aligned}&\int \mathcal{D}(\zeta^*,\zeta)\exp\left[-\int dx\, dy\, \zeta^*(x)A(x,y)\zeta(y) + \int dx(\zeta^*(x)\chi(x) + \eta^*(x)\zeta(x))\right]\\ &\quad = (\mathcal{D}et A)^{\mp 1}\exp\left[\int dx\, dy\, \eta^*(x)A^{-1}(x,y)\chi(y)\right],\end{aligned}} \tag{H.11}$$

mit dem Integrationsmaß

$$\int \prod_x \frac{d\zeta^*(x)\, d\zeta(x)}{C} \ldots =: \int \mathcal{D}(\zeta^*,\zeta)\ldots .$$

Hierbei ist $A(x,y)$ ein hermitescher Integralkern, $A^\dagger(x,y) \equiv A^*(y,x) = A(x,y)$, und $\mathcal{D}et A$ seine Funktionaldeterminante. Diese ist, analog zur Determinante einer Matrix, durch das Produkt der Eigenwerte des Integralkerns

$$\int dy\, A(x,y)\varphi_k(y) = a_k \varphi(x)$$

definiert:

$$\mathcal{D}et A = \prod_k a_k\,. \tag{H.12}$$

Das Gauß-Integral (H.11) lässt sich unmittelbar auch auf bilokale Felder $\zeta(x,y)$ verallgemeinern. Von besonderem Interesse sind dabei hermitesche Felder $\zeta^\dagger(x,y) \equiv \zeta^*(y,x) = \zeta(x,y)$. Obwohl diese i. A. komplex sind, besitzen sie nur dieselbe Anzahl von unabhängigen Komponenten (Variablen) wie die reellen Felder. Dementsprechend liefern die Gauß-Integrale über diese Felder ein analoges Ergebnis wie die Integrale über die reellen Felder (siehe Anhang B):

$$\boxed{\int \mathcal{D}\zeta \exp\left[-\frac{1}{2}\int \zeta A \zeta + \int \zeta\chi\right] = (\mathcal{D}et A)^{\mp 1/2}\exp\left[\frac{1}{2}\int \chi A^{-1}\chi\right],} \tag{H.13}$$

wovon man sich leicht überzeugt, indem man das hermitesche Feld in seine unabhängigen Komponenten zerlegt. Wie beim Gauß-Integral über reelle Felder (B.13) ist A ein symmetrischer Integralkern

$$A(x,y;x',y') = A(x',y';x,y)$$

mit positiv definiten Eigenwerten und besitzt darüber hinaus die Symmetrie

$$A^*(x,y;x',y') = A(y,x;y',x').$$

I Die Bogoljubov-Transformation

In Ergänzung zu Kapitel 36 geben wir nachfolgend eine alternative (jedoch zum Variationszugang äquivalente) Beschreibung der Supraleitung, die nicht von der Grundzustandswellenfunktion ausgeht, sondern eine algebraische Diagonalisierung des Hamilton-Operators (36.6) durchführt. Diese Methode geht auf N. N. Bogoljubov zurück und hat den Vorteil, dass sie neben dem Grundzustand auch unmittelbar die angeregten Zustände liefert.

Der Einfachheit halber benutzen wir sofort die *Näherung des mittleren Feldes*, in welcher die Zweiteilchenwechselwirkung (36.3) im Sinne der Hartree-Fock-Näherung „linearisiert" wird, d. h. durch einen effektiven Einteilchenoperator ersetzt wird

$$\begin{aligned}\sum_{\boldsymbol{p},\boldsymbol{p}'} V(\boldsymbol{p},\boldsymbol{p}')\mathsf{b}^\dagger_{\boldsymbol{p}}\mathsf{b}_{\boldsymbol{p}'} &\longrightarrow \sum_{\boldsymbol{p},\boldsymbol{p}'} V(\boldsymbol{p},\boldsymbol{p}')\left[\langle\mathsf{b}^\dagger_{\boldsymbol{p}}\rangle\mathsf{b}_{\boldsymbol{p}'} + \mathsf{b}^\dagger_{\boldsymbol{p}}\langle\mathsf{b}_{\boldsymbol{p}'}\rangle - \langle\mathsf{b}^\dagger_{\boldsymbol{p}}\rangle\langle\mathsf{b}_{\boldsymbol{p}'}\rangle\right] \\ &= \sum_{\boldsymbol{p}}(\Delta^*_{\boldsymbol{p}}\mathsf{b}_{\boldsymbol{p}} + \mathsf{b}^\dagger_{\boldsymbol{p}}\Delta_{\boldsymbol{p}}) - \sum_{\boldsymbol{p},\boldsymbol{p}'}\Delta^*_{\boldsymbol{p}}V^{-1}(\boldsymbol{p},\boldsymbol{p}')\Delta_{\boldsymbol{p}'}\,, \end{aligned} \tag{I.1}$$

wobei $\langle\cdot\cdot\rangle$ den Erwartungswert im noch zu bestimmenden Grundzustand bezeichnet und wir im letzten Schritt

$$\Delta_{\boldsymbol{p}} := \sum_{\boldsymbol{p}'} V(\boldsymbol{p},\boldsymbol{p}')\langle\mathsf{b}_{\boldsymbol{p}'}\rangle \tag{I.2}$$

gesetzt haben.

Für die BCS-Wellenfunktion, für die $\langle\mathsf{b}_{\boldsymbol{p}}\rangle$ durch (36.22) gegeben ist, stimmt die hier definierte Größe $\Delta_{\boldsymbol{p}}$ mit der in Gl. (36.31) eingeführten Größe $\Delta_{\boldsymbol{p}}$ überein. Für die nachfolgenden Überlegungen benötigen wir jedoch diesen Zusammenhang und allgemein die explizite Form der Grundzustandswellenfunktion nicht. **i**

Die Konstante

$$\sum_{\boldsymbol{p},\boldsymbol{p}'}\langle\mathsf{b}^\dagger_{\boldsymbol{p}}\rangle V(\boldsymbol{p},\boldsymbol{p}')\langle\mathsf{b}_{\boldsymbol{p}'}\rangle = \sum_{\boldsymbol{p},\boldsymbol{p}'}\Delta^*_{\boldsymbol{p}}V^{-1}(\boldsymbol{p},\boldsymbol{p}')\Delta_{\boldsymbol{p}'} \tag{I.3}$$

wurde hier abgezogen, damit der Einteilchen-Hamilton-Operator auf der rechten Seite von Gl. (I.1) denselben Erwartungswert wie die ursprüngliche Wechselwirkung in der faktorisierenden Näherung

$$\langle\mathsf{b}^\dagger_{\boldsymbol{p}}\mathsf{b}_{\boldsymbol{p}'}\rangle \simeq \langle\mathsf{b}^\dagger_{\boldsymbol{p}}\rangle\langle\mathsf{b}_{\boldsymbol{p}'}\rangle$$

besitzt. Ferner haben wir vorausgesetzt, dass die zu $V(\boldsymbol{p},\boldsymbol{p}')$ inverse Matrix $V^{-1}(\boldsymbol{p},\boldsymbol{p}')$ existiert.[1]

---

1 Dies ist keine prinzipielle Einschränkung: Falls die Matrix $V(\boldsymbol{p},\boldsymbol{p}')$ nicht invertierbar ist, besitzt sie Eigenwerte null. Im Raum der zugehörigen Eigenvektoren verschwindet dann auch die Größe (I.2) $\Delta_{\boldsymbol{p}}$,

https://doi.org/10.1515/9783111625126-013

Mit der Linearisierung (I.1) nimmt der Hamilton-Operator (36.25), (36.6) die Gestalt

$$\mathsf{H}' = \sum_{p} e_{p} \sum_{\sigma} \mathsf{n}_{p\sigma} - \sum_{p} (\mathsf{b}_{p}^{\dagger}\Delta_{p} + \Delta_{p}^{*}\mathsf{b}_{p}) + \sum_{p,p'} \Delta_{p}^{*} V^{-1}(\boldsymbol{p},\boldsymbol{p}')\Delta_{p'} \tag{I.4}$$

an. Dieser Operator besitzt keine gute Teilchenzahl. Dies ist jedoch kein Manko, sondern beabsichtigt. (Auch bei Benutzung der BCS-Wellenfunktion wird die Teilchenzahlerhaltung verletzt.)

I.1 Diagonalisierung des Hamilton-Operators

Um die Energieeigenwerte und -eigenfunktionen von H' zu finden, führen wir zunächst die Spinorbasis

$$\psi_{p}^{\dagger} = (a_{p\uparrow}^{\dagger}, a_{-p\downarrow}), \quad \psi_{p} = \begin{pmatrix} a_{p\uparrow} \\ a_{-p\downarrow}^{\dagger} \end{pmatrix} \tag{I.5}$$

ein, in welcher der Hamilton-Operator (I.4) die kompakte Form

$$\mathsf{H}' = \bar{E}' + \sum_{p} \psi_{p}^{\dagger} h_{p} \psi_{p} \tag{I.6}$$

annimmt, wobei

$$\bar{E}' = \sum_{p} e_{p} + \sum_{p,p'} \Delta_{p}^{*} V^{-1}(\boldsymbol{p},\boldsymbol{p}')\Delta_{p}$$

und wir die Matrix

$$h_{p} = \begin{pmatrix} e_{p} & -\Delta_{p} \\ -\Delta_{p}^{*} & -e_{p} \end{pmatrix} \tag{I.7}$$

eingeführt haben. Zur Diagonalisierung des Hamilton-Operators (I.6) lösen wir die Eigenwertgleichung der Matrix h_{p}

$$h_{p}\chi_{p} = \lambda_{p}\chi_{p} \,. \tag{I.8}$$

Aus der Säkulargleichung

$$\det(h_{p} - \lambda_{p}) = \lambda_{p}^{2} - e_{p}^{2} - |\Delta_{p}|^{2} = 0$$

---

sodass der Ausdruck (I.3) auch für nicht invertierbare $V(\boldsymbol{p},\boldsymbol{p}')$ existiert. Die Matrix $V^{-1}(\boldsymbol{p},\boldsymbol{p}')$ bezeichnet dann das Inverse von $V(\boldsymbol{p},\boldsymbol{p}')$ im Unterraum, der von den Eigenvektoren mit nicht verschwindenden Eigenwerten aufgespannt wird.

finden wir die Eigenwerte

$$\lambda_{p\pm} = \pm\varepsilon_p\,, \quad \varepsilon_p = \sqrt{e_p^2 + |\Delta_p|^2}\,, \tag{I.9}$$

die formal mit den in Gl. (36.34) definierten Größen übereinstimmen.[2] Da h_p hermitesch ist, sind die Eigenvektoren

$$\chi_{p\pm} = \begin{pmatrix} r_{p\pm} \\ s_{p\pm} \end{pmatrix} . \tag{I.10}$$

zu den beiden verschiedenen Eigenwerten $\pm\varepsilon_p$ orthogonal und mit entsprechender Normierung gilt

$$\chi_{p\tau}^\dagger \chi_{p\tau'} = \delta_{\tau\tau'}\,, \quad \tau, \tau' = \pm\,, \tag{I.11}$$

bzw. in Komponenten

$$r_{p\tau}^* r_{p\tau'} + s_{p\tau}^* s_{p\tau'} = \delta_{\tau\tau'}\,. \tag{I.12}$$

Die Matrix h_p (I.7) besitzt dann die Spektraldarstellung

$$h_p = \varepsilon_p(\chi_{p+}\chi_{p+}^\dagger - \chi_{p-}\chi_{p-}^\dagger)$$

mit deren Hilfe der Hamilton-Operator (I.6) die Form

$$\mathsf{H}' = \bar{E}' + \sum_p \varepsilon_p[(\psi_p^\dagger \chi_{p+})(\chi_{p+}^\dagger \psi_p) - (\psi_p^\dagger \chi_{p-})(\chi_{p-}^\dagger \psi_p)] \tag{I.13}$$

annimmt. Zur weiteren Vereinfachung dieses Ausdruckes führen wir die Feldoperatoren

$$\begin{aligned} \chi_{p+}^\dagger \psi_p &\equiv r_{p+}^* a_{p\uparrow} + s_{p+}^* a_{-p\downarrow}^\dagger =: c_{p\uparrow}\,, \quad \chi_{p-}^\dagger \psi_p \equiv r_{p-}^* a_{p\uparrow} + s_{p-}^* a_{-p\downarrow}^\dagger =: c_{-p\downarrow}^\dagger\,, \\ \psi_p^\dagger \chi_{p+} &\equiv r_{p+} a_{p\uparrow}^\dagger + s_{p+} a_{-p\downarrow} =: c_{p\uparrow}^\dagger\,, \quad \psi_p^\dagger \chi_{p-} \equiv r_{p-} a_{p\uparrow}^\dagger + s_{p-} a_{-p\downarrow} =: c_{-p\downarrow} \end{aligned} \tag{I.14}$$

ein, wobei die zweite Zeile das hermitesche adjungierte der ersten ist. Aus den Antikommutationsbeziehungen der ursprünglichen Teilchen-Erzeugungs- und Vernichtungsoperatoren $a_{p\sigma}^\dagger$, $a_{p\sigma}$ und der Orthonormierung (I.11) der Eigenvektoren $\chi_{p\sigma}$ (I.10) folgt, dass die hier eingeführten Feldoperatoren ebenfalls den gewöhnlichen Fermi-Antikommutationsbeziehungen

$$\{c_{p\sigma}, c_{p'\sigma'}\} = 0\,, \quad \{c_{p\sigma}^\dagger, c_{p'\sigma'}^\dagger\} = 0\,, \quad \{c_{p\sigma}, c_{p'\sigma'}^\dagger\} = \delta_{pp'}\delta_{\sigma\sigma'} \tag{I.15}$$

---

2 Wir erinnern jedoch daran, dass die hier benutzte Größe Δ_p (I.2) nur für die BCS-Wellenfunktion (für welche (36.22), $\langle b_p \rangle = u_p^* v_p$ gilt) mit der in Gl. (36.34) eingehenden Größe Δ_p (36.31) übereinstimmt.

genügen. Bezüglich Ladung und Spin besitzen diese Operatoren eine ähnliche Struktur wie die in Gl. (36.51) definierten Quasiteilchenoperatoren, sodass dieser Begriff auch für diese Operatoren zutrifft.[3]

Mit den in (I.14) definierten Quasiteilchenoperatoren finden wir für den Hamilton-Operator (I.13)

$$\begin{aligned} \mathsf{H}' &= E' + \sum_{p} \varepsilon_p (c^\dagger_{p\uparrow} c_{p\uparrow} + c^\dagger_{-p\downarrow} c_{-p\downarrow}) \\ &= E' + \sum_{p} \varepsilon_p \sum_{\sigma} c^\dagger_{p\sigma} c_{p\sigma} , \end{aligned} \tag{I.16}$$

wobei

$$E' = \bar{E}' - \sum_{p} \varepsilon_p = \sum_{p} (e_p - \varepsilon_p) + \sum_{p,p'} \Delta^*_p V^{-1}(\boldsymbol{p}, \boldsymbol{p}') \Delta_{p'} . \tag{I.17}$$

Damit ist H' (I.16) der Hamilton-Operator eines Systems unabhängiger (Quasi-) Teilchen mit Energie ε_p. Sein Grundzustand ist offensichtlich durch das Vakuum der Quasiteilchen-Operatoren $c^\dagger_{p\sigma}$, $c_{p\sigma}$ (I.14) gegeben, das wir zur Unterscheidung von dem tatsächlichen Teilchenvakuum $|0\rangle$ mit $|\tilde{0}\rangle$ bezeichnen

$$c_{p\sigma}|\tilde{0}\rangle = o , \quad \langle\tilde{0}|c^\dagger_{p\sigma} = o , \tag{I.18}$$

und besitzt die Energie E' (I.17).

Die Transformation (I.14) von den Erzeugungs- und Vernichtungsoperatoren $a^\dagger_{p\sigma}$, $a_{p\sigma}$ der realen Elektronen zu den Quasiteilchenoperatoren $c^\dagger_{p\sigma}$, $c_{p\sigma}$, die den Einteilchen-Hamilton-Operator H' (I.4) auf die Diagonalform (I.16) bringt, wird als *Bogoljubov-Transformation* bezeichnet.

I.2 Bestimmung der Wellenfunktionen

Die Bogoljubov-Transformation gestattet eine alternative Beschreibung des supraleitenden Grundzustandes ohne auf die Variationsrechnung zurückzugreifen und einen expliziten Ansatz für die Grundzustandswellenfunktion machen zu müssen, wie wir jetzt explizit zeigen werden. Dazu müssen wir noch den in Gleichung (I.2) eingeführten „Spalt" Δ_p bestimmen, wozu wir den Erwartungswert $\langle \mathsf{b}_p \rangle = \langle a_{-p\downarrow} a_{p\uparrow} \rangle$ im Grundzustand $|\tilde{0}\rangle$ (I.18) benötigen. Um diesen zu erhalten, invertieren wir die Transformation (I.14). Unter Benutzung der Vollständigkeitsrelation

---

3 In der Tat werden wir weiter unten zeigen, dass die in (I.14) eingeführten Operatoren mit den in Abschnitt 36.3 gefundenen Quasiteilchenoperatoren (36.51) übereinstimmen.

$$\sum_\tau \chi_{p\tau}\chi^\dagger_{p\tau} = \mathbb{1} = \begin{pmatrix} 1 & 0 \\ 0 & 1 \end{pmatrix}$$

finden wir aus der ersten Zeile von Gl. (I.14)

$$\psi_p = \chi_{p+}c_{p\uparrow} + \chi_{p-}c^\dagger_{-p\downarrow} \,. \tag{I.19}$$

Die zweite Zeile von (I.14) liefert die hermitesch adjungierte Beziehung

$$\psi^\dagger_p = c^\dagger_{p\uparrow}\chi^\dagger_{p+} + c_{-p\downarrow}\chi^\dagger_{p-} \,. \tag{I.20}$$

Schreiben wir diese beiden Gleichungen in Komponenten auf, so erhalten wir von der oberen Zeile von (I.19) bzw. von der zweiten Spalte von (I.20) die Beziehungen

$$\begin{aligned} a_{p\uparrow} &= r_{p+}c_{p\uparrow} + r_{p-}c^\dagger_{-p\downarrow} \,, \\ a_{-p\downarrow} &= s^*_{p-}c_{-p\downarrow} + s^*_{p+}c^\dagger_{p\uparrow} \,. \end{aligned} \tag{I.21}$$

Die verbleibende zweite Zeile von Gl. (I.19) und erste Spalte von (I.20) liefern die hermitesch adjungierten Relationen. Aus (I.21) finden wir unter Ausnutzung der Antikommutationsbeziehung (I.15) für den Paaroperator b_p (36.11)

$$\begin{aligned} \mathrm{b}_p = a_{-p\downarrow}a_{p\uparrow} &= s^*_{p-}r_{p-}(1 - c^\dagger_{-p\downarrow}c_{-p\downarrow}) + s^*_{p+}r_{p+}c^\dagger_{p\uparrow}c_{p\uparrow} \\ &\quad + s^*_{p-}r_{p+}c_{-p\downarrow}c_{p\uparrow} + s_{p+}r_{p-}c^\dagger_{p\uparrow}c^\dagger_{-p\downarrow} \,. \end{aligned}$$

Für den Erwartungswert des Paaroperators im Grundzustand $|\tilde{0}\rangle$ des Supraleiters erhalten wir mit (I.18) dann

$$\langle \mathrm{b}_p \rangle = \langle \tilde{0}|a_{-p\downarrow}a_{p\uparrow}|\tilde{0}\rangle = s^*_{p-}r_{p-} \,.$$

Einsetzen dieses Ausdruckes in (I.2) liefert

$$\Delta_p = \sum_{p'} V(\boldsymbol{p}, \boldsymbol{p}')r_{p'-}s^*_{p'-} \,. \tag{I.22}$$

Aus der Eigenwertgleichung (I.8) finden wir mit (I.9) für die Amplituden r_p, s_p der Eigenvektoren (I.10) χ_p die beiden Beziehungen

$$\begin{aligned} (e_p - \lambda_p)r_p &= \Delta_p s_p \,, \\ -(e_p + \lambda_p)s_p &= \Delta^*_p r_p \,, \end{aligned}$$

bzw. mit der expliziten Form der Eigenwerte λ_p (I.9)

$$\frac{r_{p\pm}}{s_{p\pm}} = \frac{\Delta_p}{e_p \mp \varepsilon_p} \,, \tag{I.23}$$

$$-\frac{s_{p\pm}}{r_{p\pm}} = \frac{\Delta_p^*}{e_p \pm \varepsilon_p} . \tag{I.24}$$

Beide Gleichungen sind äquivalent, wenn man die explizite Form der Eigenwerte ε_p (I.9) berücksichtigt. Eine dieser beiden Gleichungen bestimmt zusammen mit der Normierungsbedingung (I.12)

$$|r_{p\pm}|^2 + |s_{p\pm}|^2 = 1 \tag{I.25}$$

die Eigenvektoren bis auf eine eine irrelevante globale Phase: Multiplikation von Gl. (I.23) mit ihrem komplex Konjugierten liefert zusammen mit der Normierungsbedingung (I.25)

$$|r_{p\pm}|^2 = \frac{1}{2}\left(1 \pm \frac{e_p}{\varepsilon_p}\right),$$
$$|s_{p\pm}|^2 = \frac{1}{2}\left(1 \mp \frac{e_p}{\varepsilon_p}\right). \tag{I.26}$$

Multiplizieren wir (I.23) mit $s_{p\pm}s_{p\pm}^* = |s_{p\pm}|^2$, erhalten wir unter Benutzung von (I.26)

$$r_{p\pm}s_{p\pm}^* = \mp\frac{1}{2}\frac{\Delta_p}{\varepsilon_p} .$$

Einsetzen dieses Ausdruckes (mit dem unteren Vorzeichen) in Gl. (I.22) liefert die Gap-Gleichung (36.42)

$$\Delta_p = \frac{1}{2}\sum_{p'} V(\boldsymbol{p},\boldsymbol{p}')\frac{\Delta_{p'}}{\varepsilon_{p'}} . \tag{I.27}$$

Damit sind die in den Gln. (36.31) und (I.2) definierten Größen Δ_p identisch. Dasselbe gilt dann auch für die in Gln. (36.34) und (I.9) definierten Größe ε_p. Ein Vergleich von Gln. (36.38), (36.39) mit (I.26) liefert dann die Beziehungen

$$|s_{p-}|^2 = |u_p|^2 = |r_{p+}|^2 ,$$
$$|r_{p-}|^2 = |v_p|^2 = |s_{p+}|^2 . \tag{I.28}$$

Für den negativen Eigenwert $\lambda_p = -\varepsilon_p$, für den das untere Vorzeichen in Gln. (I.23) und (I.24) gilt, ist die rechte Seite von Gl. (I.23) identisch mit der rechten Seite der aus dem Variationsprinzip erhalten Bestimmungsgleichung (36.37) für die Amplituden u_p, v_p und wir finden

$$\frac{r_{p-}}{s_{p-}} = \frac{v_p}{u_p} .$$

Da die r_p, s_p auch betragsmäßig gleich den Amplituden v_p, u_p sind (siehe Gl. (I.28)), erhalten wir (bis auf eine irrelevante globale Phase) die Beziehung

$$\chi_{p-} \equiv \begin{pmatrix} r_{p-} \\ s_{p-} \end{pmatrix} = \begin{pmatrix} v_p \\ u_p \end{pmatrix} . \tag{I.29}$$

Für den Eigenwert $\lambda_p = \varepsilon_p$ finden wir analog durch Vergleich von Gl. (I.24) (oberes Vorzeichen) und Gl. (36.37) den zugehörigen Eigenvektor (bis auf eine irrelevante globale Phase) in der Form

$$\chi_{p+} \equiv \begin{pmatrix} r_{p+} \\ s_{p+} \end{pmatrix} = \begin{pmatrix} u_p^* \\ -v_p^* \end{pmatrix} . \tag{I.30}$$

Mit den letzten beiden Beziehungen (I.29) und (I.30) aber stimmen die in Gl. (I.14) definierten Quasiteilchenoperatoren $c_{p\sigma}^\dagger$, $c_{p\sigma}$ mit den in Abschnitt I eingeführten Quasiteilchenoperatoren (36.51) überein, deren Vakuum die BCS-Wellenfunktion $|\mathrm{BCS}\rangle$ ist, siehe Gl. (36.52). Aus (I.18) folgt somit (bis auf eine irrelevante Phase)

$$|\tilde{0}\rangle = |\mathrm{BCS}\rangle .$$

Die Bogoljubov-Transformation ist somit äquivalent zum Variationsprinzip mit dem BCS-Ansatz für die Grundzustandswellenfunktion. Die Bogoljubov-Transformation hat jedoch den Vorteil, dass sie neben dem Grundzustand auch unmittelbar die angeregten Zustände des Supraleiters liefert. Diese werden, wie wir bereits im Abschnitt 36.3 gesehen haben, durch Anwendung der Quasiteilchenerzeugungsoperatoren $c_{p\sigma}^\dagger$ auf das BCS-Vakuum erhalten

$$c_{p_1\sigma_1}^\dagger c_{p_2\sigma_2}^\dagger \cdots |\mathrm{BCS}\rangle$$

und besitzen nach (I.16) die Anregungsenergie

$$\varepsilon_{p_1} + \varepsilon_{p_2} + \cdots .$$

Mit jeder Quasiteilchenanregung $c_{p\sigma}^\dagger$ ist die Anregungsenergie ε_p (I.9) verknüpft.

J (Anti-)Periodische Funktionen und Matsubara-Summen

Wie wir in Kapitel 33 festgestellt haben, führt die Thermodynamik von Vielteilchensystemen bei endlichen Temperaturen auf Felder $\psi(\tau)$, die auf einem endlichen Intervall $[-\beta/2, \beta/2]$ der euklidischen Zeit τ definiert sind und entweder periodische (für Bosonen) oder anti-periodische (für Fermionen) Randbedingungen erfüllen

$$\psi_\pm(\beta/2) = \pm\psi_\pm(-\beta/2)\,.$$

Hierbei ist $\beta = 1/T$ die inverse Temperatur. Solche Funktionen besitzen diskrete Fourier-Transformationen

$$\psi_\pm(\tau) = \frac{1}{\beta}\sum_{n=-\infty}^{\infty} e^{i\omega_n^\pm \tau}\psi_\pm(\omega_n^\pm)\,, \tag{J.1}$$

$$\psi_\pm(\omega_n^\pm) = \int\limits_{-\frac{\beta}{2}}^{\frac{\beta}{2}} d\tau\, e^{-i\omega_n^\pm \tau}\psi_\pm(\tau)\,,$$

wobei

$$\boxed{\omega_n^+ := \frac{2n\pi}{\beta}\,, \qquad \omega_n^- := \frac{(2n+1)\pi}{\beta}} \tag{J.2}$$

die Matsubara-Frequenzen für Bosonen bzw. Fermionen sind.

Im Limes $\beta \to \infty$ geht die obige Zerlegung nach Matsubara-Frequenzen in die gewöhnliche Fourier-Zerlegung

$$\lim_{\beta\to\infty}\frac{1}{\beta}\sum_{n=-\infty}^{\infty} e^{i\omega_n^\pm \tau}\psi_\pm(\omega_n^\pm) = \int\limits_{-\infty}^{\infty}\frac{d\omega}{2\pi}\, e^{i\omega\tau}\psi_\pm(\omega) \tag{J.3}$$

über. Ganz allgemein gilt für jede Matsubara-Summe

$$\lim_{\beta\to\infty}\frac{1}{\beta}\sum_{n=-\infty}^{\infty} f(\omega_n^\pm) = \int\limits_{-\infty}^{\infty}\frac{d\omega}{2\pi} f(\omega)\,. \tag{J.4}$$

Um dies zu zeigen, schreiben wir die Matsubara-Summe in der Form

$$\lim_{\beta\to\infty}\frac{1}{\beta}\sum_{n=-\infty}^{\infty} f(\omega_n^\pm) = \int\limits_{-\infty}^{\infty} d\omega f(\omega)\,\frac{1}{\beta}\sum_{n=-\infty}^{\infty}\delta(\omega-\omega_n^\pm)\,. \tag{J.5}$$

https://doi.org/10.1515/9783111625126-014

Für die Summe über die δ-Funktionen benutzen wir die Poisson-Formel (5.41). Setzen wir in dieser $x = \beta\omega$ bzw. $x = \beta\omega - \pi$, so finden wir für die obigen Bose- bzw. Fermi-Masubara-Summen

$$\frac{1}{\beta}\sum_{n=-\infty}^{\infty} \delta(\omega - \omega_n^+) = \frac{1}{2\pi}\sum_{m=-\infty}^{\infty} e^{im\beta\omega}\,, \tag{J.6}$$

$$\frac{1}{\beta}\sum_{n=-\infty}^{\infty} \delta(\omega - \omega_n^-) = \frac{1}{2\pi}\sum_{m=-\infty}^{\infty} (-1)^m\, e^{im\beta\omega}\,. \tag{J.7}$$

Setzen wir diese Beziehungen in Gl.(J.5) ein, so erhalten wir schließlich

$$\frac{1}{\beta}\sum_{n=-\infty}^{\infty} f(\omega_n^+) = \int_{-\infty}^{\infty} \frac{d\omega}{2\pi} f(\omega) \sum_{m=-\infty}^{\infty} e^{im\beta\omega}\,, \tag{J.8}$$

$$\frac{1}{\beta}\sum_{n=-\infty}^{\infty} f(\omega_n^-) = \int_{-\infty}^{\infty} \frac{d\omega}{2\pi} f(\omega) \sum_{m=-\infty}^{\infty} (-1)^m\, e^{im\beta\omega}\,. \tag{J.9}$$

Im Limes $\beta \to \infty$ überlebt von der Summe über m jeweils nur der Term mit $m = 0$, womit sich die letzten beiben Beziehungen auf Gleichung (J.4) reduzieren.

J.1 (Anti-)Periodische δ-Funktionen

Setzen wir auf der rechten Seite von (J.1) $\psi(\omega_n) = 1$, so erhalten wir die Fourier-Darstellung der periodischen bzw. antiperiodischen δ-Funktionen

$$\boxed{\delta_\pm(\tau) = \frac{1}{\beta}\sum_{n=-\infty}^{\infty} e^{i\omega_n^\pm \tau}\,,} \tag{J.10}$$

die den Randbedingungen

$$\delta_\pm(\tau + \beta) = \pm\delta_\pm(\tau)$$

genügen. Da

$$\omega_n^- = \omega_n^+ + \frac{\pi}{\beta}$$

folgt

$$\delta_-(\tau) = e^{i\frac{\pi}{\beta}\tau}\delta_+(\tau)\,.$$

Für die (anti-)periodischen Funktionen $\delta_\pm(\tau, \tau') \equiv \delta_\pm(\tau - \tau')$ gilt die Relation

$$\int_{-\beta/2}^{\beta/2} d\tau'\, \delta_\pm(\tau,\tau')\psi_\pm(\tau') = \psi_\pm(\tau)\,, \tag{J.11}$$

die man mittels der Beziehung

$$\frac{1}{\beta}\int_{-\beta/2}^{\beta/2} d\tau\, e^{i(\omega_m^\pm-\omega_n^\pm)\tau} = \delta_{m,n}$$

beweist, die sowohl für die Bose- als auch die Fermi-Matsubara-Frequenzen gilt. Aus (J.11) folgt insbesondere

$$\int_{-\beta/2}^{\beta/2} d\tau''\delta_\pm(\tau,\tau'')\delta_\pm(\tau'',\tau') = \delta_\pm(\tau,\tau')\,.$$

Setzen wir in (J.11) $\psi_+(\tau) = 1$, so folgt

$$\int_{-\beta/2}^{\beta/2} d\tau\, \delta_+(\tau) = 1\,.$$

Die antiperiodische δ-Funktion erfüllt dieselbe Normierung

$$\int_{-\beta/2}^{\beta/2} d\tau\, \delta_-(\tau) = 1\,, \tag{J.12}$$

obwohl dies nicht aus (J.11) gefolgert werden kann (da $\Psi_-(\tau = 0) = 0$) und auch nicht offensichtlich ist. Zum Beweis von Gl. (J.12) benutzen wir die Fourier-Zerlegung (J.10) von $\delta_-(\tau)$ sowie

$$\frac{1}{\beta}\int_{-\beta/2}^{\beta/2} d\tau\, e^{i\omega\tau} = \frac{\sin\beta\frac{\omega}{2}}{\frac{\beta\omega}{2}}\,, \tag{J.13}$$

und finden

$$\int_{-\beta/2}^{\beta/2} d\tau\, \delta_-(\tau) = \sum_{n=-\infty}^{\infty}\frac{1}{\beta}\int_{-\beta/2}^{\beta/2} d\tau\, e^{i\omega_n^-\tau} = \sum_{n=-\infty}^{\infty}\frac{\sin\frac{\beta\omega_n^-}{2}}{\frac{\beta\omega_m^-}{2}} = \frac{2}{\pi}\sum_{n=-\infty}^{\infty}\frac{(-1)^n}{(2n+1)}$$

wobei wir im letzten Schritt

$$\sin\frac{\beta\omega_k^-}{2} = \sin\left(k\pi + \frac{\pi}{2}\right) = \cos(k\pi) = (-1)^k \tag{J.14}$$

benutzt haben. Die verbleibende Summe ist bekannt[1]

$$\sum_{n=-\infty}^{\infty} \frac{(-1)^n}{(2n+1)} = 2\sum_{n=0}^{\infty} \frac{(-1)^n}{(2n+1)} = \frac{\pi}{2},$$

womit in der Tat (J.12) folgt.

Schließlich zeigen wir noch die Beziehung

$$\boxed{\int_{-\beta/2}^{\beta/2} d\tau'' \delta_+(\tau,\tau'')\delta_-(\tau'',\tau') = \delta_-(\tau,\tau'),} \tag{J.15}$$

die in Abschnitt 36.5 benötigt wird. Dazu verwenden wir wieder die Fourier-Zerlegung (J.10)

$$\begin{aligned} I(\tau,\tau') &:= \int_{-\beta/2}^{\beta/2} d\tau'' \delta_+(\tau,\tau'')\delta_-(\tau'',\tau') \\ &= \frac{1}{\beta}\sum_{n=-\infty}^{\infty} \frac{1}{\beta}\sum_{m=-\infty}^{\infty} e^{i\omega_n^+\tau} e^{-i\omega_m^-\tau'} \int_{-\beta/2}^{\beta/2} d\tau'' e^{i\tau''(\omega_m^- - \omega_n^+)} . \end{aligned} \tag{J.16}$$

Benutzen wir

$$\omega_m^- - \omega_n^+ = \omega_{m-n}^-$$

und (J.13), so können wir den Ausdruck (J.16) umformen zu

$$I(\tau,\tau') = \frac{1}{\beta}\sum_{m=-\infty}^{\infty} e^{i\omega_m^-(\tau-\tau')} \sum_{n=-\infty}^{\infty} e^{-i\omega_{m-n}^-\tau} \frac{\sin\frac{\beta\omega_{m-n}^-}{2}}{\frac{\beta\omega_{m-n}^-}{2}} .$$

Für ein festes m können wir statt über n über den Index $k = m - n$ summieren. Mit (J.14) finden wir

$$I(\tau,\tau') = \frac{1}{\beta}\sum_{m=-\infty}^{\infty} e^{i\omega_m^-(\tau-\tau')} \frac{2}{\pi}\sum_{k=-\infty}^{\infty} (-1)^k \frac{e^{-i\omega_k^-\tau}}{2k+1} . \tag{J.17}$$

Nach Benutzung von

$$e^{-i\omega_k^-\tau} = \cos(\omega_k^-\tau) - i\sin(\omega_k^-\tau)$$

1 Siehe I. S. Gradshteyn und I.M.Ryzhik, Table of Integrals, Series, and Products, Academic Press, San Diego, 1994.

$$= \cos(2k+1)x - i\sin(2k+1)x\,, \qquad x = \frac{\pi\tau}{\beta}$$

lässt sich die Summe über k ausführen. Die Summe des Imaginärteils verschwindet aus Symmetriegründen. Um dies zu sehen, schreiben wir sie in der Form

$$\sum_{k=-\infty}^{\infty} (-1)^k \frac{\sin(2k+1)x}{2k+1} = \sum_{k=0}^{\infty} (-1)^k \frac{\sin(2k+1)x}{2k+1} + \sum_{k=-1}^{-\infty} (-1)^k \frac{\sin(2k+1)x}{2k+1}\,.$$

Setzen wir in der ersten Summe $k = n - 1$ und in der zweiten $k = -n$, so erkennen wir, dass die beiden Summen sich wegheben. Mit derselben Substitution erhalten wir für den Realteil[2]

$$\sum_{k=-\infty}^{\infty} (-1)^k \frac{\cos(2k+1)x}{2k+1} = 2\sum_{n=1}^{\infty} (-)^{n-1} \frac{\cos(2n-1)x}{2n-1} = \frac{\pi}{2}$$

für $-\frac{\pi}{2} \le x \le \frac{\pi}{2}$. Für $-\frac{\beta}{2} \le \tau \le \frac{\beta}{2}$ ist die Variable x tatsächlich auf dieses Intervall beschränkt. Damit finden wir aus (J.17)

$$I(\tau,\tau') = \frac{1}{\beta} \sum_{m=-\infty}^{\infty} e^{i\omega_m^-(\tau-\tau')} \equiv \delta_-(\tau,\tau')\,,$$

womit die Beziehung (J.15) bewiesen ist.

J.2 Matsubara-Summen

Die Berechnung von Summen über Matsubara-Frequenzen ω_n lässt sich gewöhnlich am einfachsten mittels Konturintegration durchführen. Dazu benötigt man meromorphe Funktionen $g(z)$ mit einfachen Polen bei $z = i\omega_n$. Falls die Funktion $g(z)$ einfache Polstellen bei $z = i\omega_n$ mit Residuum 1 besitzt, finden wir unter Benutzung des *Residuensatzes* (5.43) für jede meromorphe Funktion $f(z)$, die in einer Umgebung von $z = i\omega_n$ holomorph ist

$$\boxed{\sum_{n=-\infty}^{\infty} f(i\omega_n^{\pm}) = \frac{1}{2\pi i} \oint_C dz f(z) g_{\pm}(z)\,,} \tag{J.18}$$

wobei die Kontur C die imaginäre Achse (und somit sämtliche Pole $z = i\omega_n^{\pm}$) im mathematisch positiven Sinn umschließt, siehe Abb. J.1. Bei geeigneter Beschaffenheit der Funktionen $f(z)$ und $g(z)$ lässt sich dann die Kontur C so deformieren, dass nur die

2 Siehe I. S. Gradshteyn und I.M.Ryzhik, Table of Integrals, Series, and Products, Academic Press, San Diego, 1994.

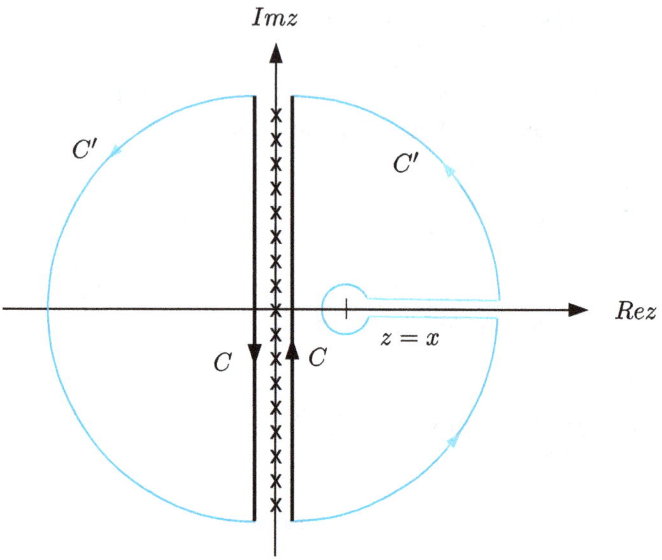

Abb. J.1: Der Integrationsweg C in Gl. (J.18). Dieser lässt sich in die Kontur C' deformieren, falls $f(z)$ nur einen einfachen Pol bei $z = x$ besitzt.

Polstellen von $f(z)$ beitragen, was die Berechnung der Matsubara-Summe (J.18) sehr wesentlich vereinfacht. Für Bose-Systeme empfiehlt es sich, die Funktion

$$\boxed{g_+(z) = \frac{\beta}{e^{\beta z} - 1}} \tag{J.19}$$

zu wählen, die einfache Polstellen bei $z = i\omega_n^+$ mit Residuum 1 besitzt. Für Fermi-Systeme ist eine geeignete Wahl

$$\boxed{g_-(z) = -\frac{\beta}{e^{\beta z} + 1}}\,, \tag{J.20}$$

die einfache Polstellen bei $z = i\omega_n^-$ mit Residuum 1 besitzt.

Wir illustrieren die Methode für die in Abschnitt 36.5 benötigten Summe über die Bose-Matsubara-Frequenzen

$$s_B(x) = \lim_{\delta \to 0} \frac{1}{\beta} \sum_{n=-\infty}^{\infty} \frac{e^{i\delta\omega_n^+}}{i\omega_n^+ - x}\,.$$

Unter Verwendung von Gl. (J.19) und (J.18) haben wir

$$s_B(x) = \frac{1}{2\pi i} \oint_C \frac{dz}{e^{\beta z} - 1} \frac{e^{\delta z}}{z - x}\,.$$

Da der Integrand nur Polstellen auf der imaginären Achse und bei $z = x$ besitzt, können wir die Kontur C in die Kontur C' deformieren, siehe Abb. J.1. Für $|z| \to \infty$ und $\mathrm{Re}\, z > 0$ ist der Integrand von der Ordnung

$$\frac{1}{|z|} \exp(-(\beta - \delta)\,\mathrm{Re}\, z)\,,$$

während für $|z| \to \infty$ und $\mathrm{Re}\, z < 0$ der Integrand von der Ordnung

$$\frac{1}{|z|} \exp(\delta\, \mathrm{Re}\, z)$$

ist. Da $\beta > \delta > 0$, verschwinden die Beiträge zum Integral von den halbkreisförmigen Abschnitten des Weges C'. Die Beiträge von den beiden Wegen parallel zur $\mathrm{Re}\, z$-Achse kompensieren sich, da diese beiden Wege in entgegengesetzter Richtung durchlaufen werden. Der einzige nicht-verschwindende Beitrag kommt von dem geschlossenen Weg um den Pol bei $z = x$ und wir erhalten unter Benutzung des Residuensatzes (5.43)

$$\lim_{\delta \to 0} \frac{1}{\beta} \sum_{n=-\infty}^{\infty} \frac{e^{i\omega_n^+ \delta}}{i\omega_n^+ - x} = -\frac{1}{e^{\beta x} - 1}\,. \tag{J.21}$$

Das Minuszeichen entsteht, da der Kreis um den Pol bei $z = x$ vom Weg C' im mathematisch negativen Sinn durchlaufen wird. Für die analoge Summe über die fermionischen Matsubara-Frequenzen finden wir unter Benutzung von Gl. (J.20) und (J.18)

$$\lim_{\delta \to 0} \frac{1}{\beta} \sum_{n=-\infty}^{\infty} \frac{e^{i\omega_n^- \delta}}{i\omega_n^- - x} = -\lim_{\delta \to 0} \frac{1}{2\pi i} \oint_C \frac{dz}{e^{\beta z} + 1} \frac{e^{iz\delta}}{z - x} = \frac{1}{e^{\beta x} + 1}\,. \tag{J.22}$$

Die Brüche auf der rechten Seite von Gl. (J.21) bzw. (J.22) sind die Bose- bzw. Fermiverteilungsfunktionen. Die beiden Beziehungen (J.21) und (J.22) lassen sich zusammenfassen zu:

$$\lim_{\delta \to 0} \frac{1}{\beta} \sum_{n=-\infty}^{\infty} \frac{e^{i\omega_n^\pm \delta}}{i\omega_n^\pm - x} = \mp \frac{1}{e^{\beta x} \mp 1}\,. \tag{J.23}$$

Beachten wir, dass aufgrund der Symmetrie der Matsubara-Frequenzen (J.2):

$$\omega_{-n}^+ = -\omega_n^+\,, \quad \omega_{-n}^- = -\omega_{n-1}^- \tag{J.24}$$

für jede Funktion $f(x)$ gilt:

$$\sum_{n=-\infty}^{\infty} f(\omega_n^\pm) = \sum_{n=-\infty}^{\infty} f(-\omega_n^\pm)\,, \tag{J.25}$$

so erhalten wir aus Gl. (J.23) die analoge Beziehung:

$$\lim_{\delta \to 0} \frac{1}{\beta} \sum_{n=-\infty}^{\infty} \frac{e^{-i\omega_n^\pm \delta}}{i\omega_n^\pm + x} = \pm \frac{1}{e^{\beta x} \mp 1}\,. \tag{J.26}$$

Stichwortverzeichnis

https://doi.org/10.1515/9783111625126-015

www.ingramcontent.com/pod-product-compliance
Lightning Source LLC
Chambersburg PA
CBHW080133220326
41598CB00032B/5051